画法几何与机械制图

第2版

主　编　莫春柳　陈和恩　李　冰
副主编　黄宪明　王　梅　栾天昕

中国教育出版传媒集团
高等教育出版社·北京

内容简介

本书根据教育部高等学校工程图学课程教学指导分委员会2019年制订的《高等学校工程图学课程教学基本要求》和现行的有关国家标准，总结编者多年的教学经验和近年来教学改革研究的成果编写而成。

本书主要内容包括投影的基础知识，制图的基本知识，基本立体，轴测图，组合体，机械图样表示法，标准结构和标准件、常用件表示法，零件图，装配图，计算机绘图及建模基础等，书后附有附录。

本书配有多种形态的数字化教学资源，并借助二维码技术将数字化资源与教材相关内容关联，构成以教材为核心的教学资源体系。

与本书配套的李冰、莫春柳、黄宪明主编《画法几何与机械制图习题集》（第2版）同时出版，可供选用。

本书及配套习题集可作为普通高等学校机械类、近机械类各专业制图课程的教材，也可供其他专业的师生、社会学习者和工程技术人员参考。

图书在版编目（CIP）数据

画法几何与机械制图 / 莫春柳，陈和恩，李冰主编；黄宪明，王梅，栾天昕副主编. -- 2版. -- 北京：高等教育出版社，2024.8. --ISBN 978-7-04-062474-8

Ⅰ. TH126

中国国家版本馆CIP数据核字第20249VN548号

Huafa Jihe yu Jixie Zhitu

策划编辑　庚　欣　　责任编辑　庚　欣　　封面设计　李卫青　　版式设计　杜微言
责任绘图　马天驰　　责任校对　窦丽娜　　责任印制　沈心怡

出版发行　高等教育出版社
社　　址　北京市西城区德外大街4号
邮政编码　100120
印　　刷　运河（唐山）印务有限公司
开　　本　787 mm×1092 mm　1/16
印　　张　28
字　　数　690千字
购书热线　010-58581118
咨询电话　400-810-0598
网　　址　http://www.hep.edu.cn
　　　　　http://www.hep.com.cn
网上订购　http://www.hepmall.com.cn
　　　　　http://www.hepmall.com
　　　　　http://www.hepmall.cn
版　　次　2021年5月第1版
　　　　　2024年8月第2版
印　　次　2024年8月第1次印刷
定　　价　58.00元

本书如有缺页、倒页、脱页等质量问题，请到所购图书销售部门联系调换

物 料 号　62474-00

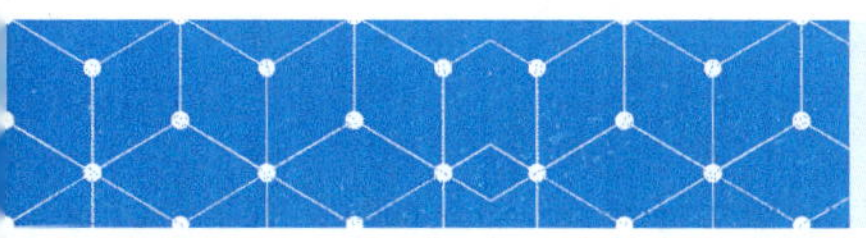

新形态教材网使用说明

画法几何与机械制图

第2版

主　编　莫春柳　陈和恩　李　冰
副主编　黄宪明　王　梅　栾天昕

计算机访问：

1　计算机访问https://abooks.hep.com.cn/12387939。

2　注册并登录，进入“个人中心”，点击“绑定防伪码”，输入图书封底防伪码（20位密码，刮开涂层可见），完成课程绑定。

3　在“个人中心”→“我的学习”中选择本书，开始学习。

手机访问：

1　手机微信扫描下方二维码。

2　注册并登录后，点击“扫码”按钮，使用“扫码绑图书”功能或者输入图书封底防伪码（20位密码，刮开涂层可见），完成课程绑定。

3　在“个人中心”→“我的图书”中选择本书，开始学习。

课程绑定后一年为数字课程使用有效期。受硬件限制，部分内容无法在手机端显示，请按提示通过计算机访问学习。

如有使用问题，请直接在页面点击答疑图标进行问题咨询。

https://abooks.hep.com.cn/12387939

前　言

本书根据教育部高等学校工程图学课程教学指导分委员会2019年制订的《高等学校工程图学课程教学基本要求》和现行的有关国家标准，总结编者多年的教学经验和近年来教学改革研究的成果编写而成。

本书围绕培养空间思维能力和工程设计表达能力这个核心目标，突出以下几个特点：

1. 将计算机三维构型的思路融入组合体的构型、组合体形体分析等内容中，为培养学生使用现代化工具进行数字化设计的能力打基础。

2. 尺寸标注是工程图样中的重要内容，是培养学生工程意识的重要环节。编者在长期的教学过程中发现，很多学生对尺寸标注相关内容的理解和应用比较薄弱，因此，本书从第3章制图的基础知识开始引入尺寸标注相关内容，涵盖从简单形体到复杂零件，以强化对学生学习的指导。

3. 以培养学生空间思维和图样认知能力为目标，构建以教材为核心的数字化教学资源体系。利用二维码技术将相关资源与教材中的图例关联，读者使用智能手机等电子设备，即可观看相关资源。

4. 本书配有网络教学资源，包括网络课程（广东省线上一流本科课程）、电子教案及习题解答，为课堂教学和解题提供帮助和指导。

与本书配套的李冰、莫春柳、黄宪明主编《画法几何与机械制图习题集》（第2版）同时出版，部分习题配有AR数字资源，全部习题配有习题解答。

本书由莫春柳、陈和恩、李冰任主编，黄宪明、王梅、栾天昕任副主编。具体分工如下：莫春柳负责第1章，4.4~4.6节，第6章，第8章，附录；王梅、莫春柳、李冰负责第2章；陈和恩负责第3章，4.1~4.3节，第10章；黄宪明负责第5章和第11章；李冰负责第7章；栾天昕、莫春柳、李冰负责第9章。唐卫东、邱镇山负责制作本书和配套习题集的视频资源。

北京理工大学张彤教授审阅了本书，并提出了许多宝贵的修改意见和建议，在此表示衷心感谢。广东工业大学冯开平教授等前辈和同行为本书的顺利出版打下了良好的基础，本书在编写过程中参考了一些其他作者的同类著作，在此向他们表示感谢。

由于编者水平有限，书中缺点和错误在所难免，敬请读者批评指正。

联系方式：mocl@gdut.edu.cn

编者

2024年4月于广州

目 录

第1章

绪　论

1. 课程的性质

“按图施工”这句话，凸显了图在工业生产中的重要性，反映了图与生产加工的关系。这里所说的图，专指工程图样。

工程图样是工程技术人员表达设计构想、加工要求和成品质量等工程信息的载体，是技术交流不可或缺的工具，是工程界共同的技术语言。机械图样是机械行业的工程图样。

画法几何与机械制图是一门讲授绘制和阅读机械图样的理论、方法和技术的课程，是机械类各专业必修的技术基础课。

2. 课程的教学目标

(1) 以机械图样形成原理、表达方法为基础，掌握正确表达工程设计思想的基本方法，掌握机械图样的绘制和阅读方法，具有机械零部件的表达能力和专业图样的阅读能力。

(2) 了解国家标准《技术制图》和《机械制图》，以及绘制零件图、装配图所涉及的其他相关标准，并深刻理解遵守行业标准的重要性。

(3) 掌握计算机绘图和建模的基本技术。

3. 课程的主要内容

本课程的教学内容可归纳为四个模块：画法几何、制图基础、机械制图、计算机绘图及建模。

(1) 画法几何

1799 年，法国学者蒙日（Gaspard Monge）提出了用多面正投影图表达空间形体，奠定了画法几何的理论基础。该模块由第 2 章、第 4 章、第 5 章构成，教学内容涉及多面正投影基础、几何元素和基本立体的多面正投影、轴测投影等。

(2) 制图基础

该模块由第 3 章、第 6 章、第 7 章构成，教学内容涉及制图基础、组合体的视图表达及尺寸标注、机械图样的表示法等。

(3) 机械制图

该模块由第 8 章、第 9 章、第 10 章构成，教学内容涉及标准结构和标准件、常用件的表示法，零件图，装配图等内容。

(4) 计算机绘图及建模

该模块由第 11 章，以及与各章节图例绑定的数字资源构成，教学内容涉及 AutoCAD 绘图基础和 SOLIDWORKS 建模基础等。

4. 课程的学习方法

本课程是一门既有理论基础又有很强的实践性的技术基础课，要学好、会用本课程的内容，必须经过大量的绘图和读图训练，在绘图和读图的实践中学习课程知识，掌握绘图技能，提高读图能力。

(1) 理解画法几何的基本原理,并能运用这些原理进行形体分析、线面分析、结构分析。

(2) 多练习勤思考,注意将图形和物体相结合,培养空间想象能力和构型能力。

(3) 在课程学习和练习时,要注意培养耐心、细致的工作作风,一丝不苟的工作态度。

完成本课程的学习,只是掌握了阅读和绘制机械图样的基本能力,需要在后续课程中不断学习和训练,以达到实际应用水平。

第2章

投影的基础知识

2.1 投影法基础

物体在光源的照射下会产生影子。投影法是从这一自然现象抽象出来的，并随着科学技术的发展得到总结和应用。通常把光源抽象为投射中心，从光源发出并通过物体上各点的线称为投射线，投射线通过物体向选定的平面进行投射，并在该面上得到图形的方法称为投影法。选定的平面称为投影面，投射得到的图形称为投影。如图 2-1 所示，投射线、物体、投影面构成了投影法的三个要素。

工程上常用的投影法分为两类：中心投影法和平行投影法。

2.1.1 中心投影法

所有的投射线都交汇于投射中心的投影法，称为中心投影法。如图 2-1 所示，一组发自投射中心 S 的投射线通过空间$\triangle ABC$，在投影面上形成投影$\triangle abc$。一般空间物体用大写字母表示，而投影用相应的小写字母表示。

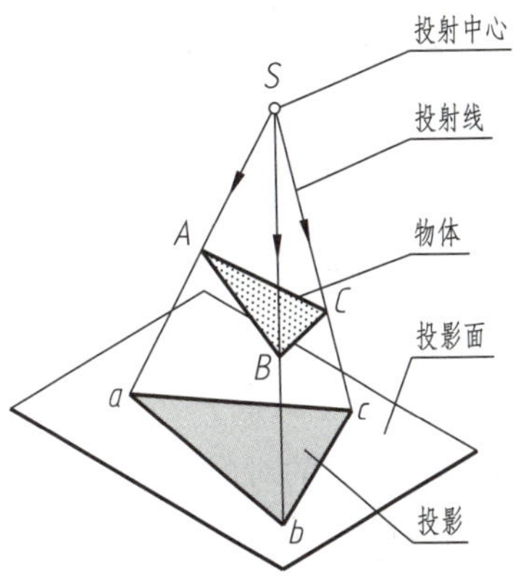

图 2-1　中心投影法

2.1.2 平行投影法

假想把图 2-1 中的投射中心 S 移到无穷远处，此时通过物体的投射线可视为相互平行。这种投射线相互平行的投影法，称为平行投影法。平行投射线、投影面和物体构成平行投影体系。

平行投影法中的投射线是一组平行线，根据投射线与投影面的关系是垂直还是倾斜，平行投影法可以分为正投影法和斜投影法，由此得到的投影分别称为正投影和斜投影，如图 2-2 所示。

图 2-3a 所示的三面投影图和图 2-3b 所示的正等轴测图都是利用平行正投影法绘制的，而图 2-3c 所示的透视图则是利用中心投影法绘制的。

本书后续章节中，除轴测图一章介绍的斜轴测图之外，一般提到的投影都是指正投影。

2.1.3 平行投影的基本性质

空间物体都是由点、线、面等基本几何元素组成，在绘制工程图样时，必须掌握基本几何元

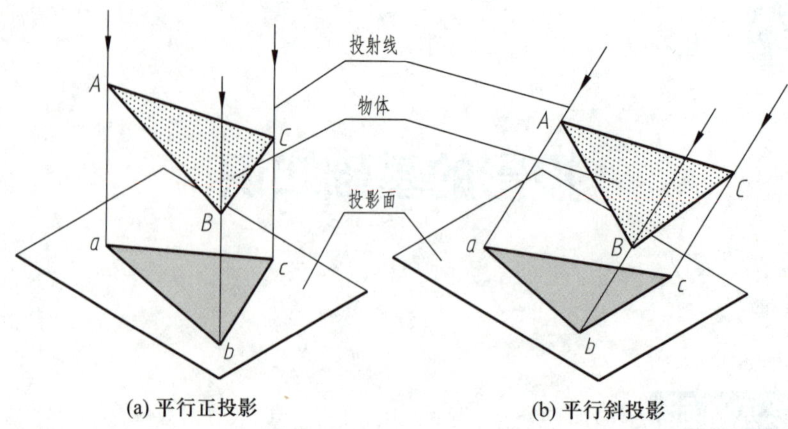

(a) 平行正投影　　(b) 平行斜投影

图 2-2 平行投影法

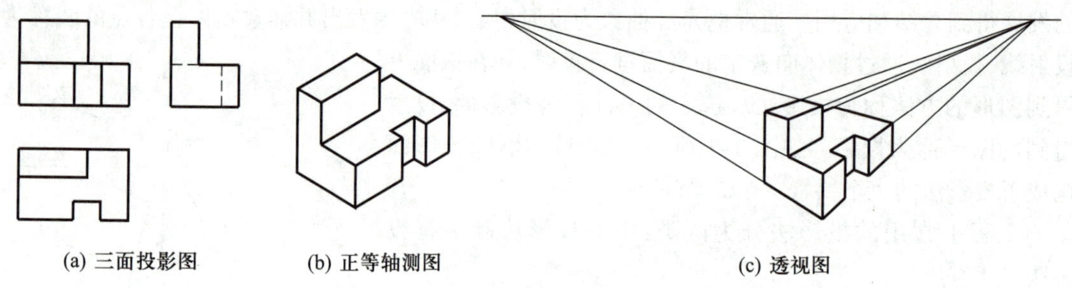

(a) 三面投影图　　(b) 正等轴测图　　(c) 透视图

图 2-3 三面投影图、正等轴测图和透视图

素与其投影的对应关系，才能正确表达物体的形状。利用平行投影法绘制工程图时，几何元素与其投影的对应关系由平行投影的基本性质决定。

正投影具有下列基本性质。

1. 显实性

当平面图形或线段平行于投影面时，其投影反映实形或实长的性质，这一特性称为显实性。

如图 2-4 所示，空间平面图形 Q 平行于投影面，其投影 q 与该平面图形全等，即投影 q 反映该平面图形的实形；空间线段 AB 平行于投影面，其投影 ab 的长度与 AB 长度相等，即投影 ab 反映该线段的实长。

2. 积聚性

当线段、平面或曲面图形垂直于投影面时，其投影分别积聚为点、直线或曲线，这一特性称为积聚性。

图 2-4 中的平面 P 垂直于投影面，其投影积聚成一直线；图 2-4 中的线段 CD 垂直于投影面，其投影积聚成一个点 $c(d)$。

3. 类似性

当平面图形或线段对投影面倾斜时，平面图形的投影为类似图形，线段的投影仍是线段，这一特性称为类似性。平面图形的类似性表现为凸凹相同、边数相等、线段平行关系不变、线段直曲性不变，如图 2-4 中的平面 R。

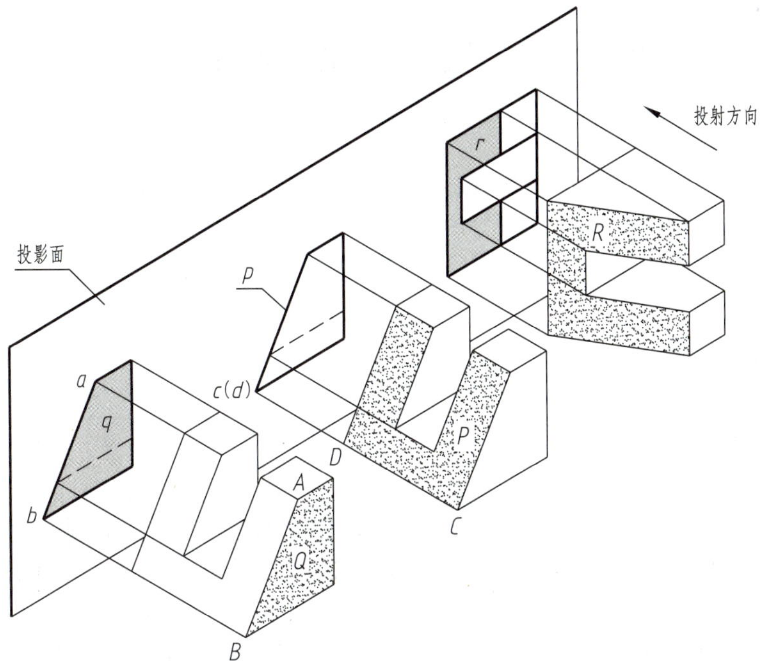

图 2-4 平行投影的显实性、积聚性和类似性

4. 从属性

从属性是指直线上的点、平面上的点或线，其投影仍属于该直线或平面的投影。如图 2-5 所示，点 M 属于直线 DE，其投影 m 仍属于直线的投影 de；点 N 属于 $\triangle ABC$ 内的一条直线，则其投影 n 仍属于该平面内直线的投影。

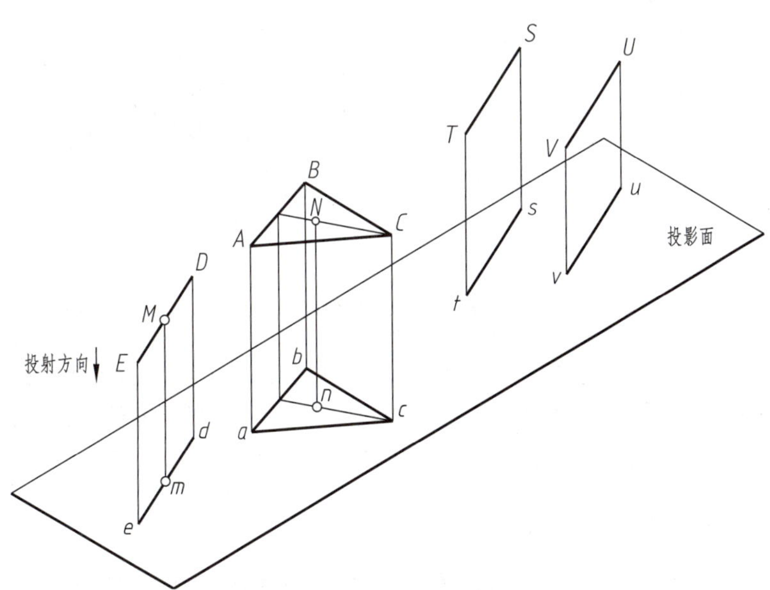

图 2-5 平行投影的从属性、平行性和定比性

5. 平行性

空间相互平行的直线，其投影一定相互平行(特殊情况下重合)。如图 2-5 所示，若 *ST*//*UV*，则有 *st*//*uv*。

6. 定比性

线段上的点分割线段成一定比例，则该点的投影将线段的投影分割成相同比例。即点分线段之比，投影前后不变，这一特性称为定比性。如图 2-5 所示，点 *M* 分线段 *DE*，则有 *DM*/*ME*=*dm*/*me*。

2.2 投影体系

2.2.1 单面投影

如果知道一个点的空间位置，则可以在投影面上画出该点的投影；但是只知道点在一个投影面上的投影，则无法唯一确定该点的空间位置。图 2-6 中，空间点 A_1、A_2、A_3 在同一条投射线上，它们在投影面上的投影都是 *a*。空间物体在一个投影面上的投影只能表达该物体一个方向的几何特征，无法唯一表达物体的完整结构和空间位置。如图 2-6 所示的两个立体，虽然底板形状不同，但在投影面上的投影却是完全相同的。

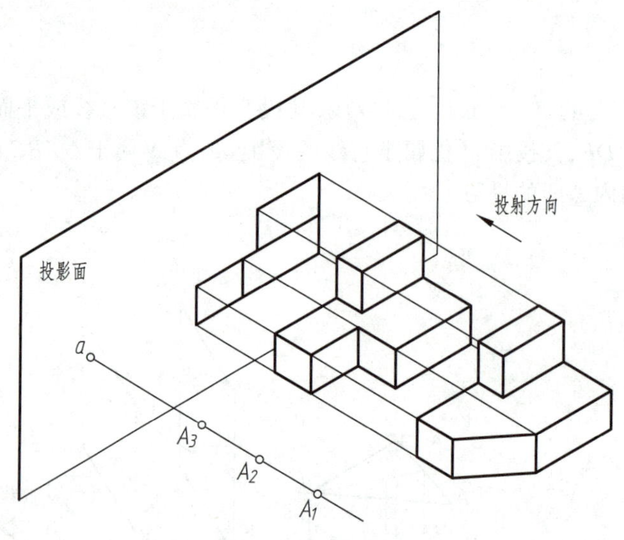

图 2-6 单面投影

为了准确表达物体的结构形状，需要从多个方向投射，画出物体的多面投影图。绘制工程图样时，通常以两个或三个互相垂直的平面作为投影面，构成两投影面体系或三投影面体系，画出物体的两面投影或三面投影。图 2-7 所示为物体的三面投影。

2.2.2 两投影面体系

两个互相垂直的投影面构成两投影面体系。图 2-8a 中的两投影面体系将空间分为四个分角。正立投影面用字母 *V* 表示，简称 *V* 面；水平投影面用字母 *H* 表示，简称 *H* 面。

2.2.3 三投影面体系

三个互相垂直的投影面构成三投影面体系。如图 2-8b 所示，在原来的 V/H 投影体系中增加一个侧立投影面 W（简称 W 面），三个投影面将空间分为八个分角，国际上常用的投影空间为第一分角和第三分角，我国的工程图样多采用第一角画法。第一分角为 V 面之前、H 面之上、W 面之左的区域，如图 2-8b 所示。相互垂直的三个投影面之间的交线称为投影轴。V 面与 H 面交线称为 OX 轴，H 面与 W 面交线称为 OY 轴，V 面和 W 面交线称为 OZ 轴，三条投影轴垂直相交于一点，称为原点 O。OX 轴、OY 轴和 OZ 轴分别表示物体长、宽、高三个主要测量方向。

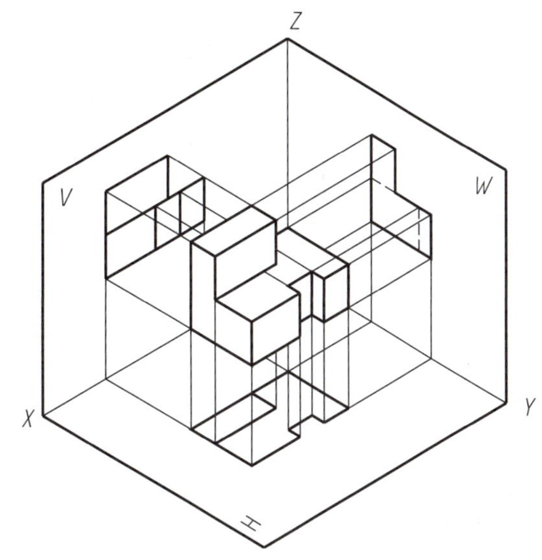

图 2-7 物体的三面投影

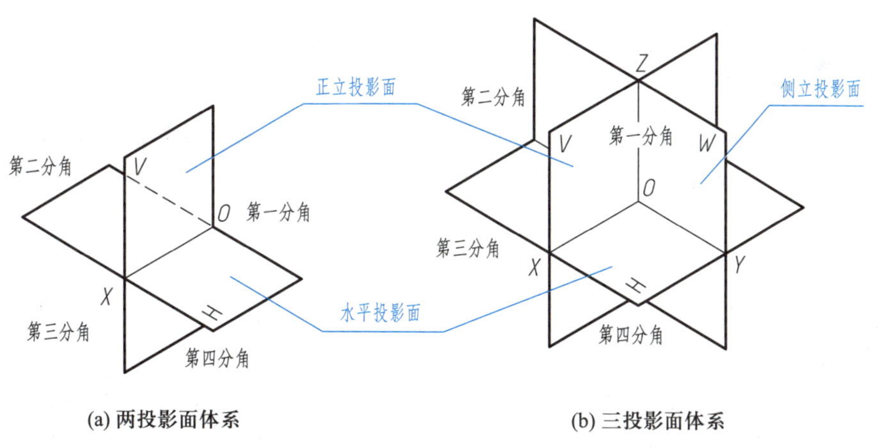

(a) 两投影面体系

(b) 三投影面体系

图 2-8 投影体系

2.2.4 三面投影的形成

如图 2-9a 所示，物体放置在三投影面体系中，从前向后投射，在 V 面上得到物体的正面投影（V 面投影）；从上向下投射，在 H 面上得到物体的水平投影（H 面投影）；从左向右投射，在 W 面上得到物体的侧面投影（W 面投影）。

为了将 V、H、W 三面投影画在同一张图纸上，需要将三个投影面展开。按国家标准规定，展开时保持 V 面不动，H 面绕 OX 轴向下旋转 90° 至与 V 面共面，W 面绕 OZ 轴向右旋转 90° 至与 V 面共面。在展开的过程中，OY 轴被分为两条，一条随着 H 面旋转到 OY_H 位置，另一条随着 W 面旋转到 OY_W 位置。图 2-9b 所示为展开后得到的物体三面投影。

从图 2-9b 可以看出，V 面和 H 面可构成两投影面体系，V 面和 W 面也可构成两投影面体系。工程中可以根据物体形状特征选择合适的投影体系。

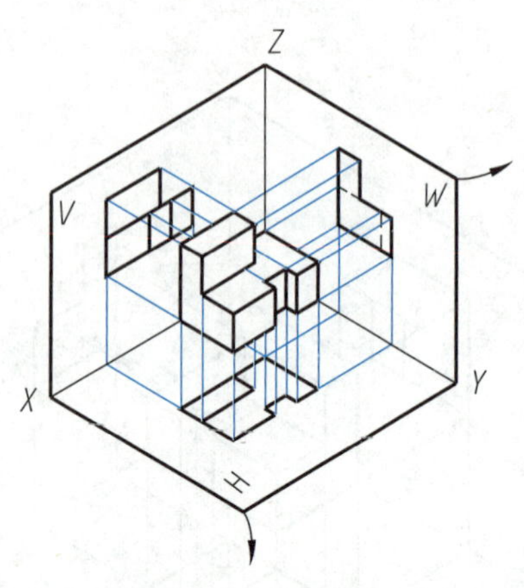

(a) 三面投影的形成及投影面展开

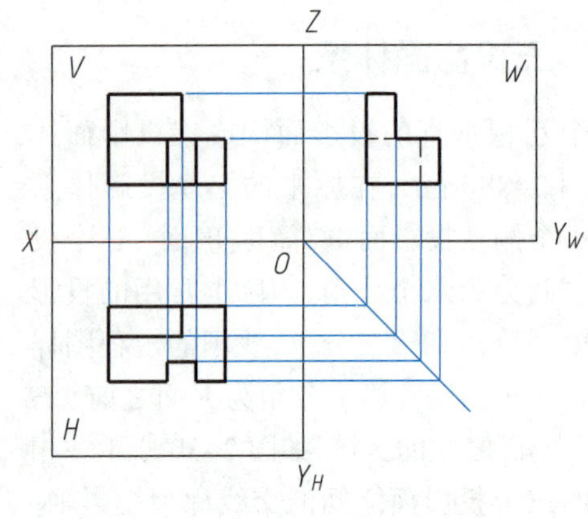

(b) 三面投影

图 2-9 三面投影的形成

2.3 点、直线、平面的投影

立体表面包含点(顶点)、线(棱边、交线等)、面(平面、曲面)三大类几何元素,下面以立体上的点、直线和平面为例,分析几何元素在投影体系中的投影规律。

2.3.1 点的投影

点是构成立体最基本的几何元素。

1. 点的两面投影

将空间点置于两投影面体系第一分角,从前向后投射,在 *V* 面上得到该点的正面投影;从上向下投射,在 *H* 面上得到该点的水平投影。国标规定用大写拉丁字母表示空间点,用同名的小写字母表示该点的水平投影,用同名的小写字母加上角撇表示该点的正面投影,投影之间用细实线连接,该细实线称为投影连线。如图 2-10a 所示,空间点用 *A* 表示,点 *A* 的正面投影用

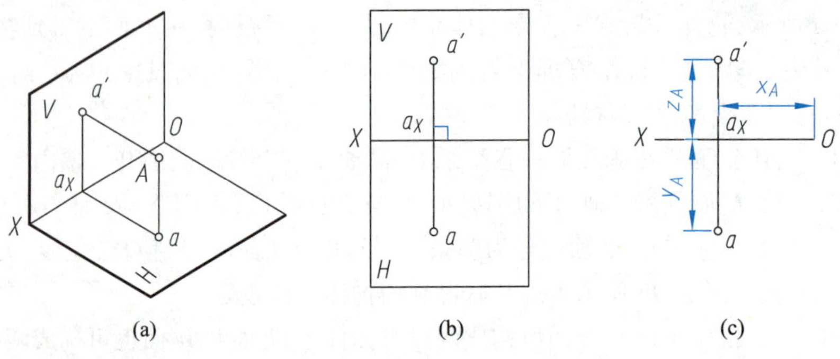

图 2-10 点的两面投影

a' 表示，点 A 的水平投影用 a 表示。为了将两面投影绘制在一张图纸上，需保持 V 面不动，将 H 面绕 OX 轴向下旋转 90° 至与 V 面共面，得到图 2-10b 所示的展开图形，点 A 的两面投影 a、a' 之间的连线为投影连线。由于投影面范围的大小不影响投影的形成，因此绘图时去掉投影面的边框，得到图 2-10c 所示图形。图中，投影连线 aa' 与 OX 轴垂直，aa' 与 OX 轴的交点标记为 a_X。由此可以总结出点的两面投影规律：

(1) 点的投影连线垂直于投影轴，如图 2-10b 中，$aa' \perp OX$；

(2) 点的 V 面投影 a' 到投影轴 OX 的距离，等于空间点 A 到 H 面的距离，点的 H 面投影 a 到投影轴 OX 的距离，等于空间点 A 到 V 面的距离，即 $a'a_X=Aa$，$aa_X=Aa'$，如图 2-10a 所示。

当空间点位置确定后，其两面投影也唯一确定。图 2-10c 中标记的 x_A、y_A、z_A 确定了点 A 的空间位置，分别表示点 A 在 X、Y、Z 三个方向的坐标。

2. 点的三面投影

将空间点置于三投影面体系中，从左向右投射可在 W 面上得到该点的侧面投影。规定点的侧面投影用同名小写字母加上角两撇表示，如空间点 A 的侧面投影用 a'' 表示。

三投影面体系中包含了 V/H 和 V/W 两个两投影面体系，故上述两面投影规律仍然适用。图 2-11 表示了点 A 三面投影 a'、a、a'' 的形成，投影之间的投影连线用细实线绘制。

点的三面投影规律如下：

(1) 点的两面投影连线垂直于相应的投影轴。如 aa' 垂直于 OX 轴，$a'a''$ 垂直于 OZ 轴；

(2) 点的水平投影 a 到投影轴 OX 的距离，等于点的侧面投影 a'' 到投影轴 OZ 的距离。

图 2-11c 中的四分之一圆弧是作图辅助线，以保证 a、a'' 的 y 坐标相等。图 2-12b 和图 2-13 中直角 Y_HOY_W 的角平分线与图 2-11c 中的圆弧辅助线作用相同。

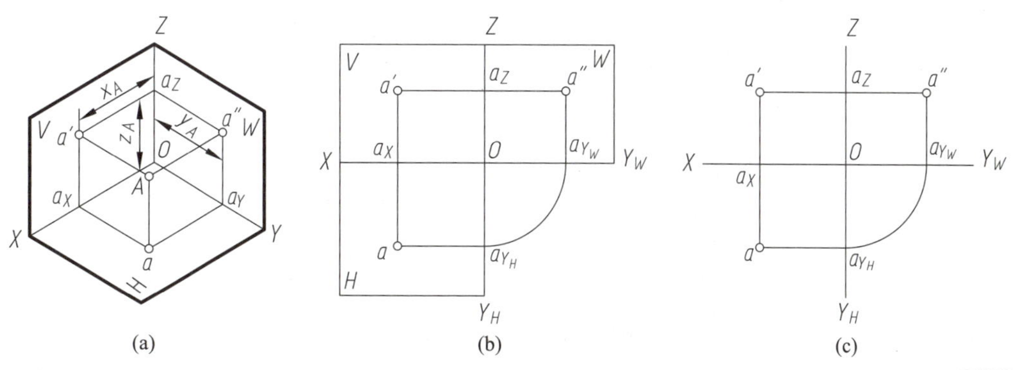

图 2-11 点的三面投影

3. 点的坐标和投影的关系

如果把投影面当作坐标面，把投影轴当作坐标轴，坐标轴的交点 O 为坐标原点，规定 OX 轴从点 O 向左为正，OY 轴从点 O 向前为正，OZ 轴从点 O 向上为正，反之均为负，则点的投影和点的坐标就可以一一对应起来。从图 2-11a 可以看出点的投影与坐标的关系：

$$a'a_Z=aa_Y=Aa''=x_A;$$

$$aa_X=a''a_Z=Aa'=y_A;$$

$$a'a_X=a''a_Y=Aa=z_A。$$

上述 X、Y、Z 三个方向的坐标值 x_A、y_A、z_A 分别反映点 A 到 W、V、H 面的距离。

4. 两点的相对位置

空间点的相对位置可以在三面投影中直接反映出来。如图 2-12 所示，立体上的 A、B、C 三个点，从 H 面投影可知这些点的前后、左右位置关系，从 V 面投影可知这些点的上下、左右位置关系，从 W 面投影可知这些点的前后、上下位置关系。从图 2-12b 中投影的相对位置可以看出，点 C 在点 A、B 的上方，点 A 在点 B 的前方、在点 C 的左侧。

也可以通过比较两点的坐标值得到两点的位置关系，即 x 坐标越大，其位置越靠左；y 坐标越大，其位置越靠前；z 坐标越大，其位置越靠上。

5. 重影点及其可见性

当空间两点位于某投影面的同一条投射线上时，两点在该投影面上的投影重合，这两点称为对该投影面的重影点。如图 2-12a 所示，立体上的点 A 和点 B 就是对 V 面的重影点。显而易见，重影点必有两坐标相等，而另一坐标不等，如 A、B 两点的 x、z 坐标相等而 y 坐标不等。

在投射过程中，重影点中先遇到投射线者可见，后遇到投射线者被前者遮挡，不可见。例如图 2-12 中的点 A 位于点 B 的正前方，从前向后投射时，点 A 可见，点 B 被点 A 遮挡，不可见，规定将不可见点的投影用加圆括号的方式表示，写成 (b')。如图 2-12b 中重影点标记 $a'(b')$，表示点 A 在前，点 B 在后，点 B 对 V 面不可见。

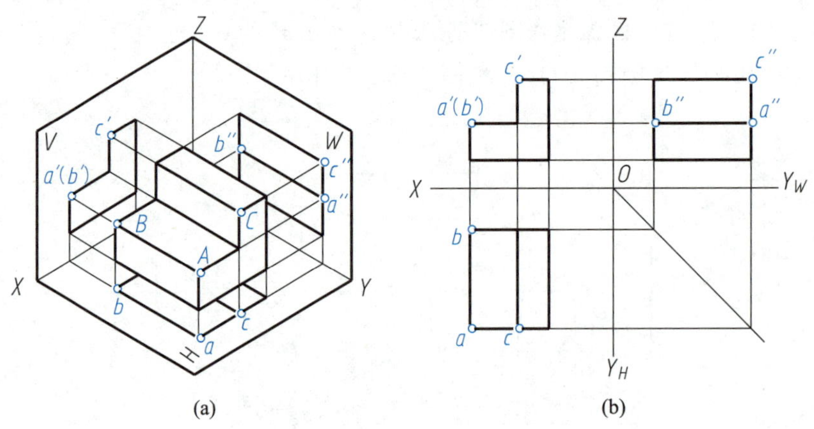

图 2-12 点的相对位置及重影点

判断重影点的可见性的方法：上方的点遮挡下方的点；前方的点遮挡后方的点；左侧的点遮挡右侧的点。据此可对各投影面的重影点做出可见性分析。

例 2-1 如图 2-13a 所示，根据点 A、B、C、D 的两面投影，求其第三面投影，并说明点 C、D 的空间位置。

分析：根据点的两面投影求第三面投影时，要遵循点的投影规律作图。

作图步骤：

求点 A：依据 a 到 OX 轴的距离等于 a'' 到 OZ 轴的距离，可求出 a''，作图过程如图 2-13b 所示。从作图结果可知，点 A、B 是对 W 面的重影点，左侧的点 B 遮挡右侧的点 A，所以其 W 面投影标记为 $b''(a'')$。

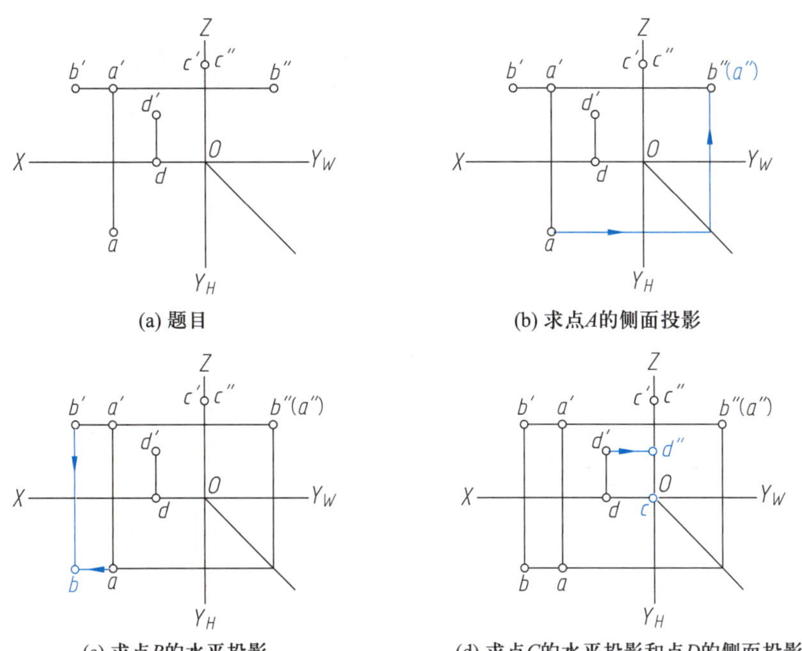

图 2-13　已知点的两面投影求其第三面投影

求点 B：依据 b 到 OX 轴的距离等于 b'' 到 OZ 轴的距离，可求出 b，作图过程如图 2-13c 所示。

求点 C：由于 c' 和 c'' 重叠在 OZ 轴上，即点 C 与 V 面和 W 面的距离为 0，因此可判断点 C 在 OZ 轴上，其 H 面投影重合于原点，如图 2-13d 所示。

求点 D：由于 d 在 OX 轴上，即点 D 与 V 面的距离为 0，因此可判断点 D 在 V 面上，按照投影规律可求出 d''，d'' 在 OZ 轴上，如图 2-13d 所示。

2.3.2　直线的投影

直线的投影一般仍是直线。求作直线的三面投影时，可作出直线上两个点的三面投影，用粗实线分别连接它们的同面投影即可。直线对 H 面、V 面、W 面的倾角分别用 α、β、γ 表示，如图 2-15 所示。

1. 直线的分类及其投影特性

根据直线相对于投影面的位置，可以将直线分为投影面平行线、投影面垂直线和一般位置直线三类。

(1) 投影面平行线

与一个投影面平行并与另两个投影面倾斜的直线，称为投影面平行线。投影面平行线分为正平线、水平线、侧平线三种。正平线平行于 V 面，水平线平行于 H 面，侧平线平行于 W 面。表 2-1 列出了三种投影面平行线的投影特性。

表 2-1 投影面平行线的投影特性

名称	立体图	三面投影图	投影特性
正平线	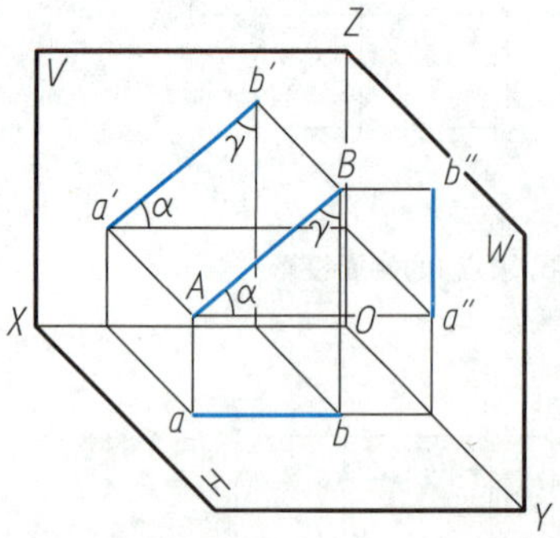	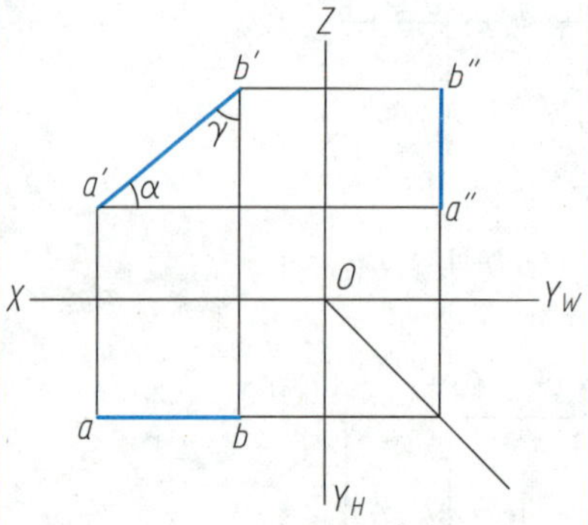	(1) 水平投影和侧面投影平行于相应的投影轴，如图中 $ab // OX$、$a''b'' // OZ$ (2) 正面投影反映实长，如图中 $a'b'=AB$ (3) V 面投影反映倾角 α 和 γ
水平线	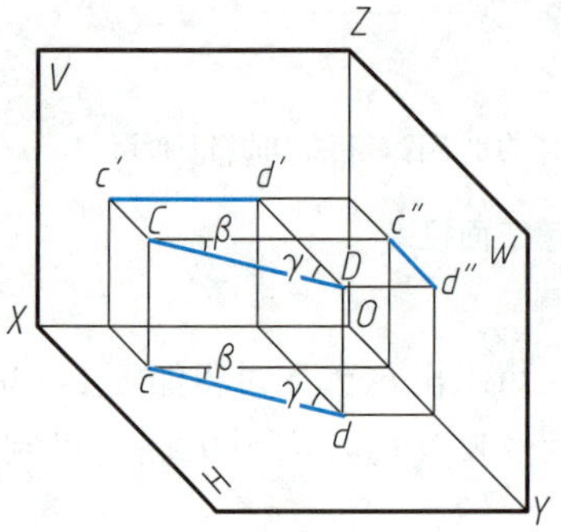	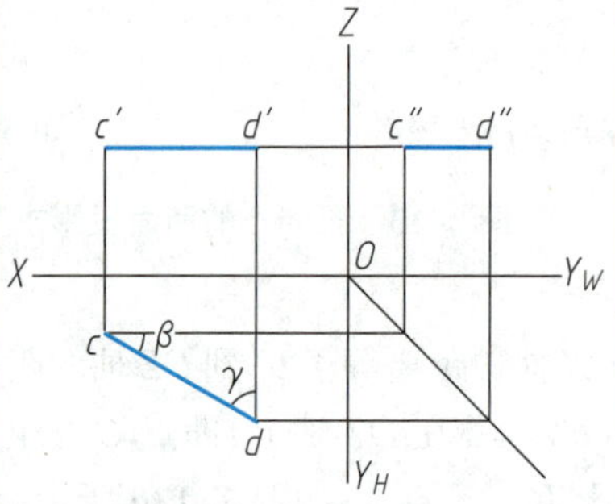	(1) 正面投影和侧面投影平行于相应的投影轴，如图中 $c'd' // OX$、$c''d'' // OY_W$ (2) 水平投影反映实长，如图中 $cd=CD$ (3) H 面投影反映倾角 β 和 γ
侧平线	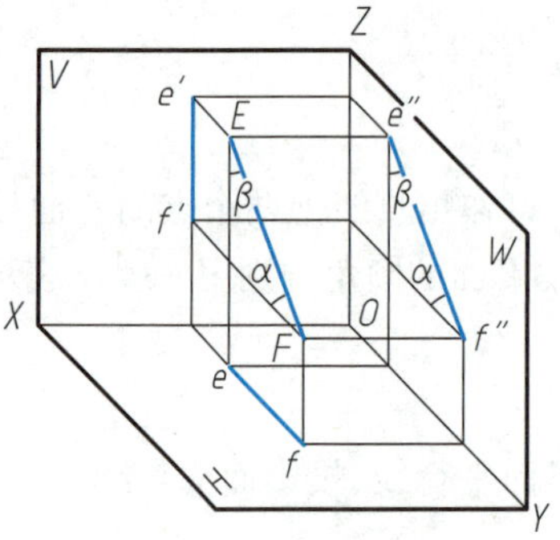	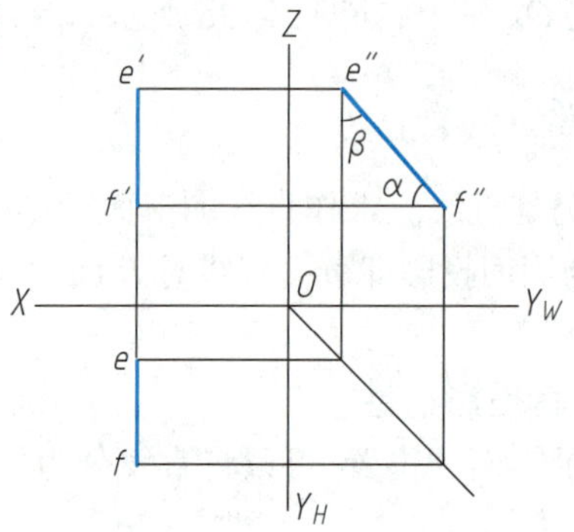	(1) 正面投影和水平投影平行于相应的投影轴，如图中 $e'f' // OZ$、$ef // OY_H$ (2) 侧面投影反映实长，如图中 $e''f''=EF$ (3) W 面投影反映倾角 α 和 β

(2) 投影面垂直线

垂直于某一投影面的直线称为投影面垂直线。投影面垂直线分为正垂线、铅垂线和侧垂线三种。正垂线垂直于 V 面，铅垂线垂直于 H 面，侧垂线垂直于 W 面。表 2-2 列出了三种投影面垂直线的投影特性。

表 2-2 投影面垂直线的投影特性

名称	立体图	三面投影图	投影特性
正垂线	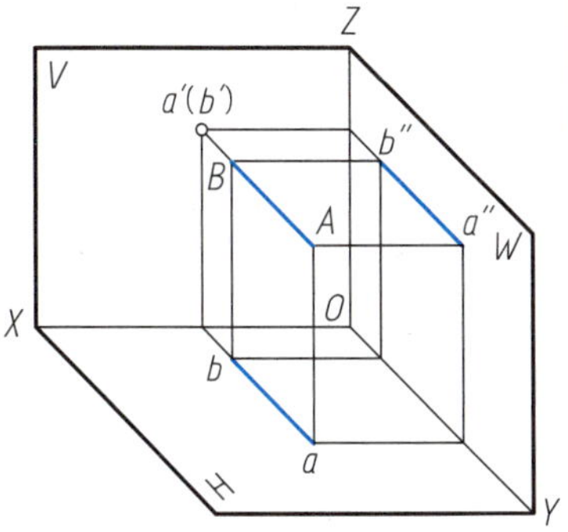	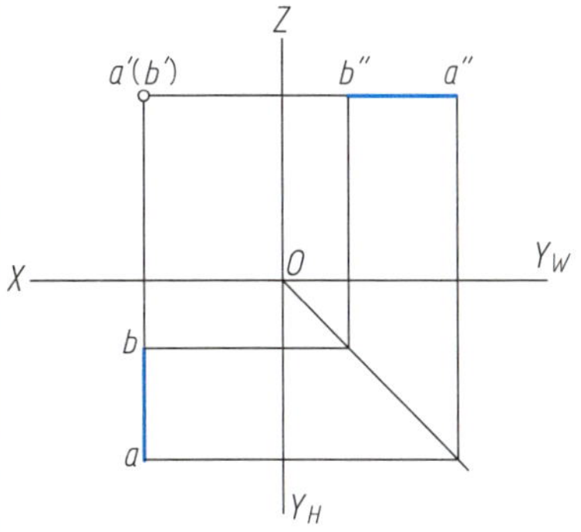	(1) 正面投影积聚为一点，如图中线段 AB 的正面投影 $a'(b')$ (2) 水平投影和侧面投影平行于 OY 轴，如图中 $ab // OY_H$、$a''b'' // OY_W$
铅垂线	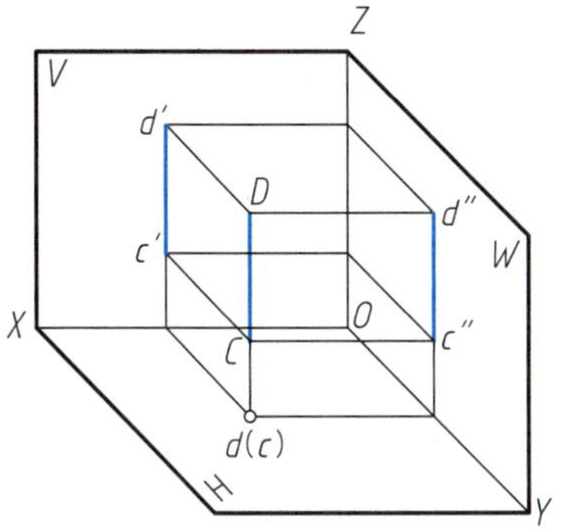	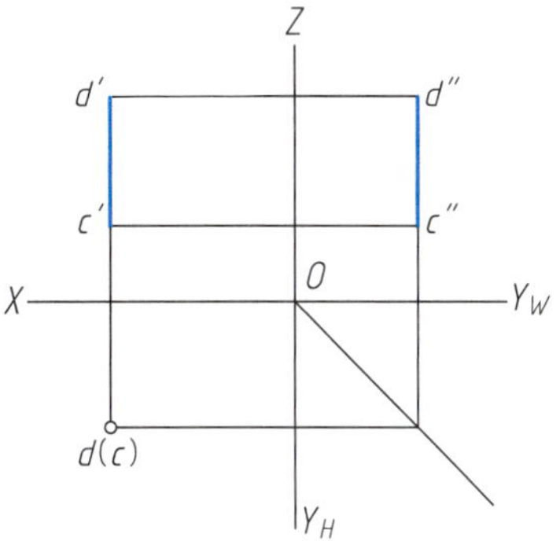	(1) 水平投影积聚为一点，如图中线段 CD 的水平投影 $d(c)$ (2) 正面投影和侧面投影平行于 OZ 轴，如图中 $c'd' // c''d'' // OZ$
侧垂线	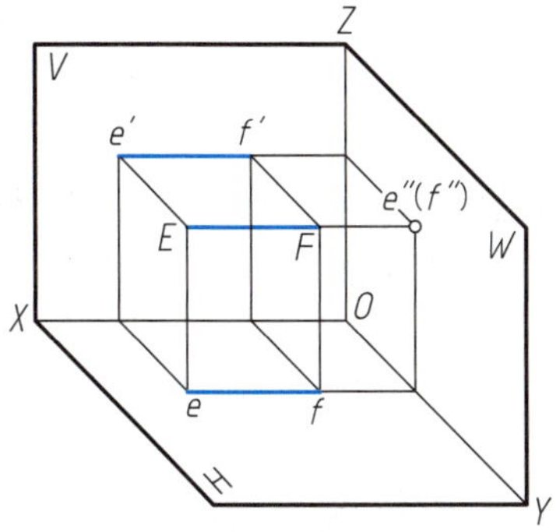	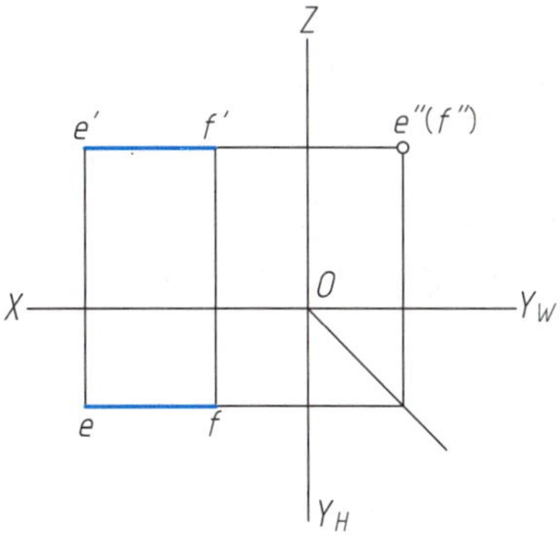	(1) 侧面投影积聚为一点，如图中线段 EF 的侧面投影 $e''(f'')$ (2) 正面投影和水平投影平行于 OX 轴，如图中 $e'f' // ef // OX$

例 2-2 如图 2-14a 所示，已知水平线 AB 端点 A 的两面投影，AB 对 V 面的倾角为 30°，长度为 40，点 B 在点 A 的右前方，试完成 AB 的两面投影。

分析：根据水平线的投影性质，可知 $a'b' // OX$、ab=40，且 ab 与 OX 轴的夹角为 30°。根据线段两端点的相对位置即可求出 AB 的两面投影。

作图步骤：

第一步，过 a' 作平行于 OX 轴的辅助线，过 a 向右前方作 30°的辅助线，如图 2-14b 所示。

第二步，以 a 为圆心，以 40 为半径作圆弧与倾斜的辅助线相交，得到点 B 的水平投影 b，然

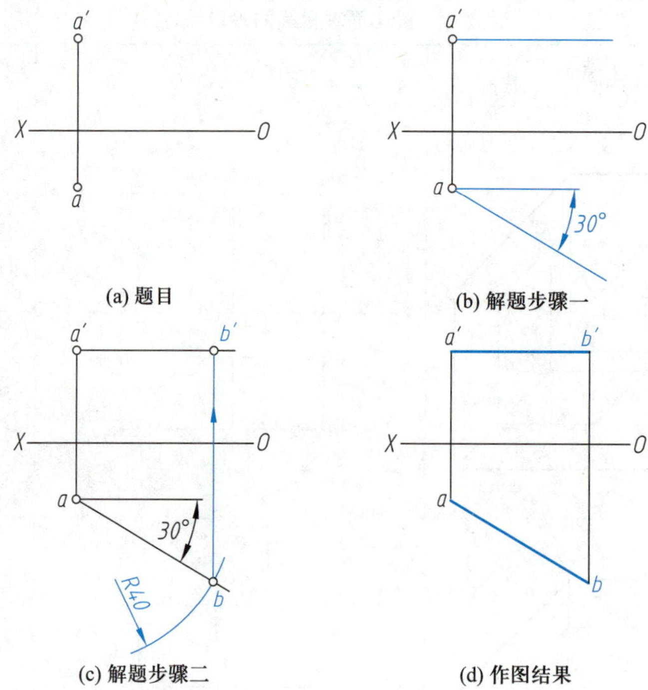

图 2-14 根据已知条件作直线的投影

后过 b 向 V 面作竖直的投影连线与水平辅助线相交,得到点 B 的正面投影 b',如图 2-14c 所示。

第三步,用粗实线连接 ab 和 $a'b'$,完成 AB 的两面投影,如图 2-14d 所示。

(3) 一般位置直线

与三个投影面既不平行也不垂直的直线,称为一般位置直线。一般位置直线的三面投影都与投影轴倾斜,且不反映实长。如图 2-15 所示,线段 AB 是一般位置直线,其三面投影与投影轴都倾斜,而且都比线段的实际长度短。

一般位置直线的投影与投影轴的夹角不反映该直线对投影面的倾角,如图 2-15 所示。从图中可知,直线 AB 的正面投影 $a'b'$ 与 OX 轴的夹角 θ 大于 AB 对 H 面的倾角 α。

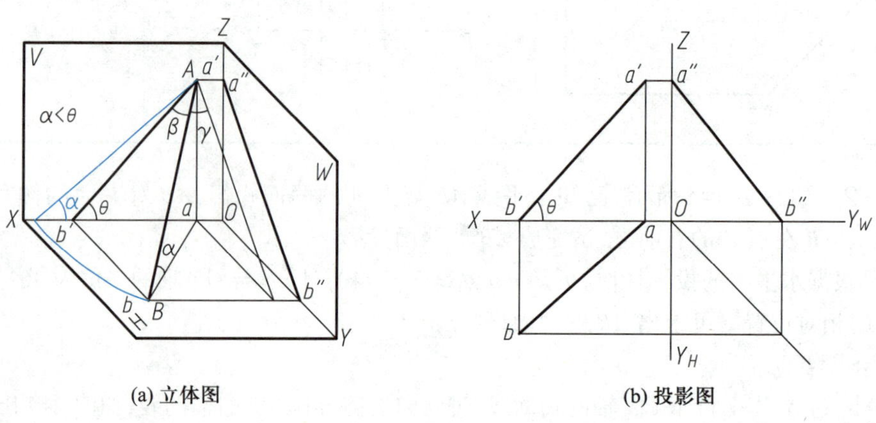

图 2-15 一般位置直线及其对投影面的倾角

2. 求一般位置直线的实长及其对投影面的倾角

一般位置直线的投影不反映线段的真实长度，也不反映线段对投影面的倾角。但是，如果已知线段的两面投影，线段的空间位置就完全确定了，可以根据两面投影通过图解法求出线段的实长及其对投影面的倾角。

如图 2-16a 所示，已知一般位置直线 AB 及其两面投影 $a'b'$、ab。在梯形 $AabB$ 平面中，从点 A 作辅助直线 AC 平行于 ab，则得到直角三角形 ABC，其斜边 AB 为线段的实长，斜边 AB 与底边 AC 的夹角则为 AB 对 H 面的倾角 α。其中，直角边 $AC=ab$，另一直角边 BC 为 AB 两端点到 H 面的距离差，即高度坐标之差 Δz。从投影图中可以看出，Δz 也等于投影 $b'c'$。如图 2-16b 所示，以 AB 的水平投影 ab 为一直角边，以 AB 两端点到 H 面的距离之差 Δz 为另一直角边，做出直角三角形 abb_1，斜边 ab_1 即为 AB 的实长，斜边与 ab 的夹角即为 AB 对 H 面的倾角 α。这种利用直角三角形求线段的实长及其对投影面倾角的方法，称为直角三角形法。

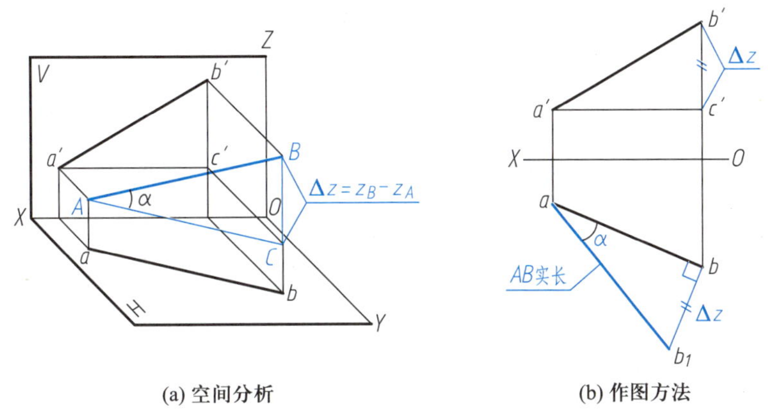

(a) 空间分析　　(b) 作图方法

图 2-16　求一般位置线段实长及其对 H 面的倾角

同理，可以利用直角三角形法求出一般位置直线的实长及其对 V 面的倾角。如图 2-17 所示，以 AB 的正面投影 $a'b'$ 为一直角边，以 AB 两端点 Y 方向的坐标差 Δy 为另一直角边，作出直角三角形，则可求得 AB 的实长及其对 V 面的倾角 β。

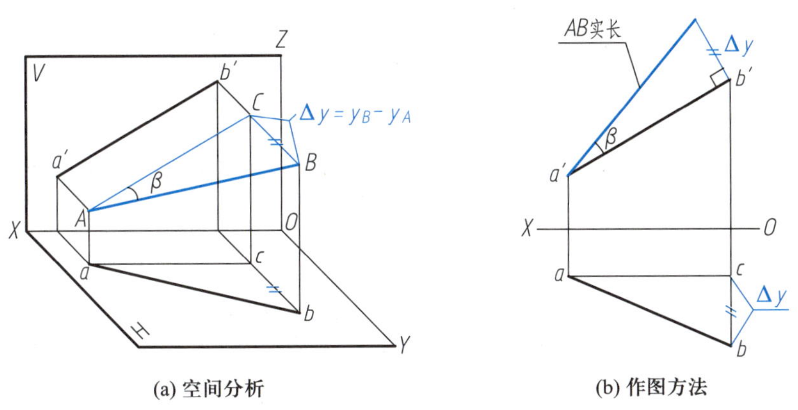

(a) 空间分析　　(b) 作图方法

图 2-17　求一般位置线段实长及其对 V 面的倾角

例 2-3 已知线段 AB 的两面投影(图 2-18a),求 AB 的实长及其对 W 面的倾角 γ。

分析:由 AB 的 V 面投影和 W 面投影可知,AB 为一般位置直线。由图 2-18b 可以看出,如果过点 A 作平行于 $a''b''$ 的辅助线 AC,得到直角三角形 ABC,该直角三角形一直角边 AC 与侧面投影 $a''b''$ 相等,另一直角边 BC 等于 AB 两端点到 W 面的距离差,即 X 方向的坐标差 Δx,在 V 面投影中可以作图求出 Δx。

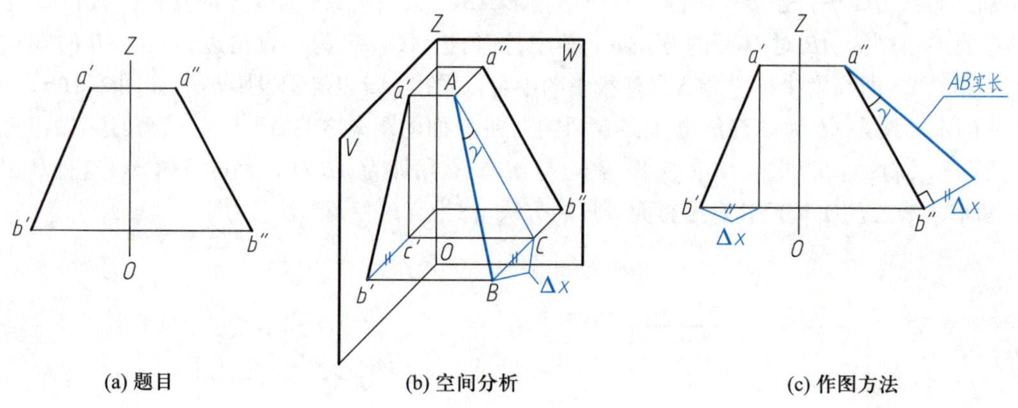

(a) 题目 (b) 空间分析 (c) 作图方法

图 2-18 求一般位置线段实长及其对 W 面的倾角

作图步骤:

第一步,过 a' 作平行于 OZ 轴的辅助线,确定 AB 两端点到 W 面的距离差 Δx。

第二步,以直线的侧面投影 $a''b''$ 为一直角边,以 Δx 为另一直角边,作出直角三角形。

第三步,直角三角形斜边即为 AB 的实长,斜边与 $a''b''$ 的夹角为 AB 对 W 面的倾角 γ。

请思考:本例如果需要求出 AB 对 V 面的倾角 β,应如何应用直角三角形法求解?

3. 直线上的点

直线上点的投影仍然在直线的同面投影上,且该点分线段所成的比例,投影后仍保持不变。

例 2-4 如图 2-19 所示,已知直线 AB 和 CD 的两面投影,点 E 在 AB 上,AE 长度为 L;点 F 在直线 CD 上,点 F 的 H 面投影已知。求作点 E 的两面投影和点 F 的 V 面投影。

分析:本题中主要考查的知识点是定比性、从属性以及直角三角形法。AB 为一般位置直线,CD 为侧平线。根据点的投影连线垂直于投影轴,直线上的点的投影仍在直线的同面投影上

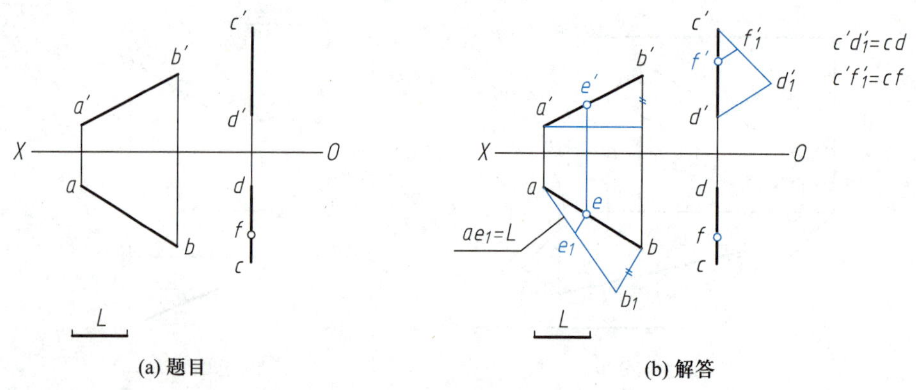

(a) 题目 (b) 解答

图 2-19 求直线上的点

(从属性),且点分线段之比投影前后不变(定比性)等投影特性可知,点 F 在直线 CD 上,一定有 $CF : FD=cf : fd=c'f' : f'd'$。已知一个投影可以利用比例关系求出点 F 的另一个未知投影。同样的,点 E 在直线 AB 上,则一定有 $AE : EB=ae : eb=a'e' : e'b'$,且 $ee' \perp OX$,点 E 的投影未知,但题目中 AE 实长已知,因此求点 E 的关键在于求出 AB 实长,在 AB 上截取 AE 实长即可确定点 E,进而可以利用比例关系求出点 E 的两面投影。

作图步骤:

第一步,求点 F 的正面投影 f'。过 c' 任意作一条直线,截取线段 $c'd_1'=cd$、$c'f_1'=cf$,将 d_1' 和 d' 相连,过 f_1' 作 $d'd_1'$ 的平行线交 $c'd'$ 于 f',如图 2-19b 所示。

第二步,利用直角三角形法求出 AB 的实长,截取 AE 实长 L,利用比例关系求出点 E 的水平投影 e。过 e 作竖直的投影连线与 $a'b'$ 相交,交点即为点 E 的 V 面投影 e'。

4. 两直线的相对位置关系

两直线的相对位置有平行、相交、交叉(异面)三种。

(1) 两直线平行

从平行投影的基本性质可知:空间相互平行的两条直线,其在 V、H、W 面上的同面投影必然相互平行;反之,如果两条直线的同面投影相互平行,则直线在空间也一定相互平行。

例 2-5 如图 2-20a 所示,已知直线 AB 及点 C 的两面投影,直线 CD 与 AB 平行,点 D 距离 V 面 20 mm,试完成直线 CD 的两面投影。

分析:本题考查的知识点为点的投影规律以及平行直线的投影特性。由已知条件 $AB /\!/ CD$,可知 $cd /\!/ ab$ 和 $c'd' /\!/ a'b'$;由点 D 距 V 面 20 mm,可知 d 到 OX 轴的距离为 20 mm。

作图步骤:

第一步,在 H 面作与 OX 轴平行且距离为 20 mm 的辅助线,所有与 V 面距离为 20 mm 的点的水平投影都在这条辅助线上,如图 2-20b 所示。

第二步,在 H 面过 c 作直线平行于 ab,与辅助线相交,交点即为 d,过 d 作投影连线垂直于 OX 轴;在 V 面上过 c' 作直线平行于 $a'b'$,与所作的投影连线的交点即为 d',如图 2-20c 所示。

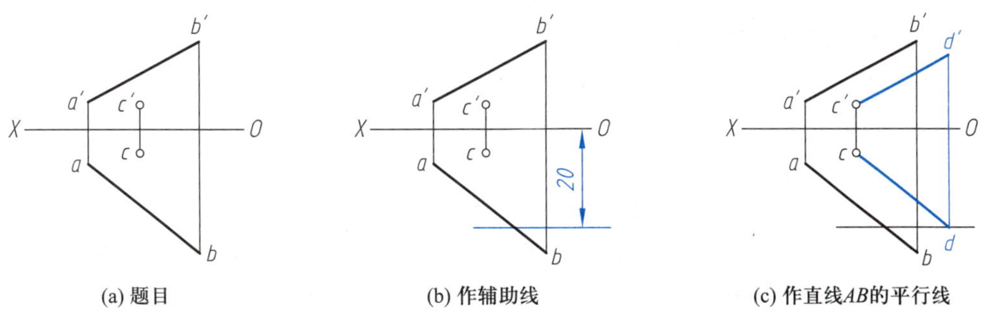

(a) 题目 (b) 作辅助线 (c) 作直线AB的平行线

图 2-20 求平行直线

(2) 两直线相交

相交两直线的共有点,即为直线的交点。根据投影基本特性中的从属性,直线交点的投影必是直线同面投影的交点,交点的投影符合点的投影规律。

例 2-6 如图 2-21a 所示,已知直线 AB 的两面投影,以及点 C 的水平投影 c,且已知 CD 是与 AB 相交的水平线,CD 距离 H 面 15 mm,长度为 30 mm,求作 CD 的两面投影。

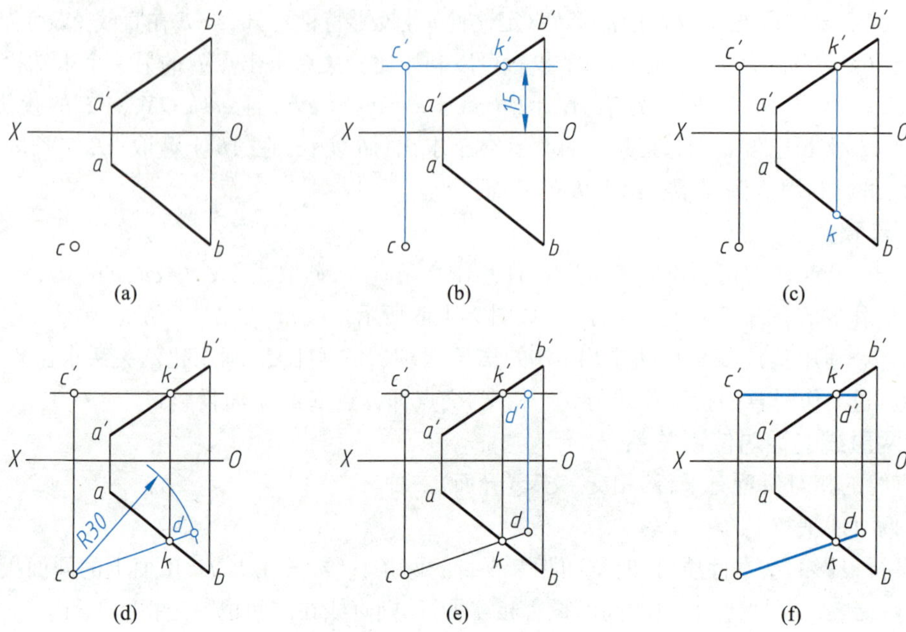

图 2–21 求相交直线

分析:本题考查的知识点为投影面平行线的投影特性以及两直线相交的投影特性,解题关键在于求出两直线交点的位置。根据 *CD* 为水平线,*CD* 距离 *H* 面 15 mm,长度为 30 mm 等条件,可知其正面投影 *c′d′* 平行于 *OX* 轴且与 *OX* 轴的距离为 15 mm,水平投影 *cd* 反映 *CD* 的实长,由此可确定直线 *CD* 的投影。

作图步骤:

第一步,在 *V* 面上作与 *OX* 轴平行且相距 15 mm 的辅助线,根据 $cc' \perp OX$,可以确定 *c′*;辅助线与 *a′b′* 的交点即为直线 *AB* 与 *CD* 交点 *K* 的 *V* 面投影 *k′*(图 2–21b)。

第二步,按照点的投影规律,过 *k′* 向 *H* 面作投影连线交 *ab* 于 *k*(图 2–21c)。

第三步,连接 *ck* 并延长,截取线段长度 30 mm,端点为 *d*(图 2–21d);过 *d* 向 *V* 面作投影连线,与水平辅助线相交,交点为 *d′*(图 2–21e)。

第四步,用粗实线描深 *cd* 和 *c′d′*,完成直线 *CD* 的两面投影(图 2–21f)。

(3) 两直线交叉

如果两直线既不平行,也不相交,则为交叉直线。交叉直线的投影既不符合平行直线的投影特性,也不符合相交直线的投影特性。图 2–22 所示的直线 *AB* 和 *CD* 为交叉直线。

交叉直线的同面投影可能会有“交点”,但这些“交点”只是两直线对该投影面的重影点。如 *AB* 上的点 *E* 和 *CD* 上的点 *F* 在 *V* 面上的投影 *e′*、*f′* 重合,从其 *H* 面投影 *e*、*f* 的位置可知,点 *F* 位于点 *E* 的前方。读者可自行分析点 *M* 和点 *N* 的位置关系。

5. 直角投影定理

定理:空间垂直的两条直线,若其中一条直线平行于某投影面,则两直线在该投影面上的投影仍然互相垂直。

如图 2–23 所示,*AB*、*BC* 为垂直相交两直线,其中 *AB* 平行于 *H* 面(为水平线),*BC* 为一般位置直线。现证明两直线的水平投影 *ab* 和 *bc* 仍然相互垂直,即 $\angle abc$ 为直角。

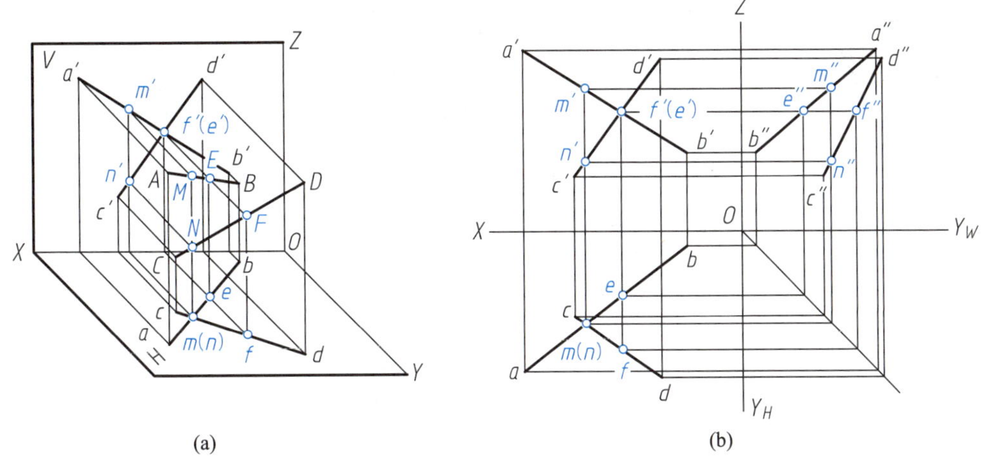

(a) (b)

图 2-22 两交叉直线的投影

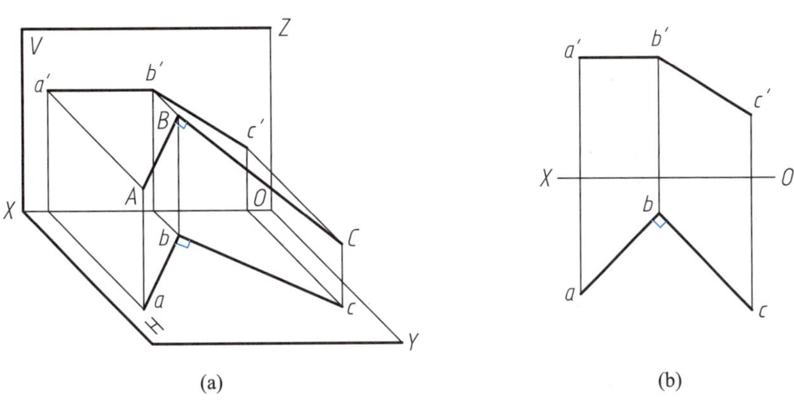

(a) (b)

图 2-23 直角投影定理

证明：因为 $AB \perp Bb$、$AB \perp BC$，所以 AB 垂直于平面 $BbcC$，由此可知 AB 垂直于平面 $BbcC$ 内的所有直线，所以 $AB \perp bc$。又因 $AB // ab$，所以有 $ab \perp bc$，即 $\angle abc=90°$。

例 2-7 如图 2-24a 所示，已知铅垂线 AB 与一般位置直线 CD，求作两直线的公垂线 EF。

分析：两交叉直线的公垂线即与两直线都垂直相交的直线。与铅垂线垂直的直线一定与 H 面平行，因此公垂线 EF 为水平线；水平线 $EF \perp CD$，根据直角投影定理，有 $ef \perp cd$。

作图步骤：

设点 E 在直线 AB 上，点 F 在直线 CD 上。

第一步，因为点 E 在 AB 上，所以 e 在 ab 的积聚投影上。据前面分析可知 $ef \perp cd$，因此从 e 向 cd 作垂线，与 cd 交于 f，如图 2-24b 所示。

第二步，由 f 向上作竖直投影连线，交 $c'd'$ 于 f'；因为 EF 为水平线，过 f' 作 OX 轴的平行线交 $a'b'$ 于 e'。用粗实线描深 ef 和 $e'f'$，完成公垂线 EF 的两面投影，如图 2-24c 所示。

2.3.3 平面的投影

1. 平面在投影图中的表示法

平面在投影图中有两种表示法。

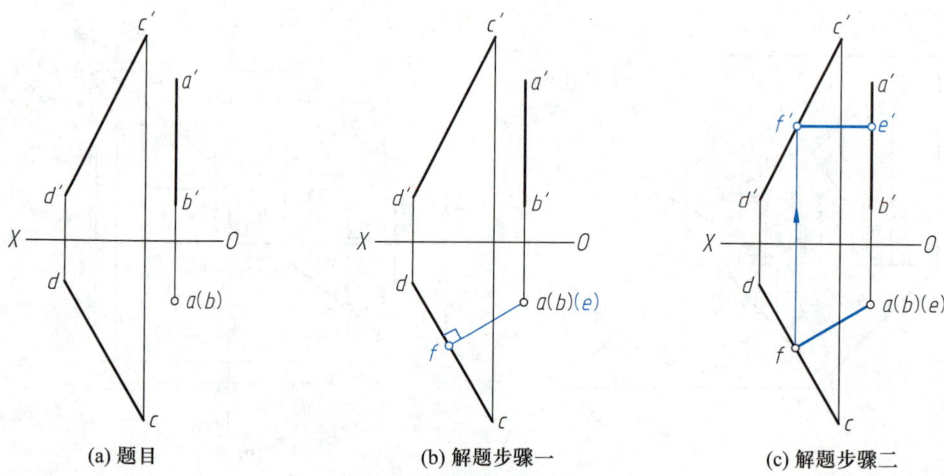

图 2-24 求两直线的公垂线

(1) 用几何元素表示平面

平面可用下列任意一组几何元素来表示：不在同一条直线上的三点（图 2-25a），直线和直线外一点（图 2-25b），两条相交直线（图 2-25c），两条平行直线（图 2-25d），任意平面图形（图 2-25e）。

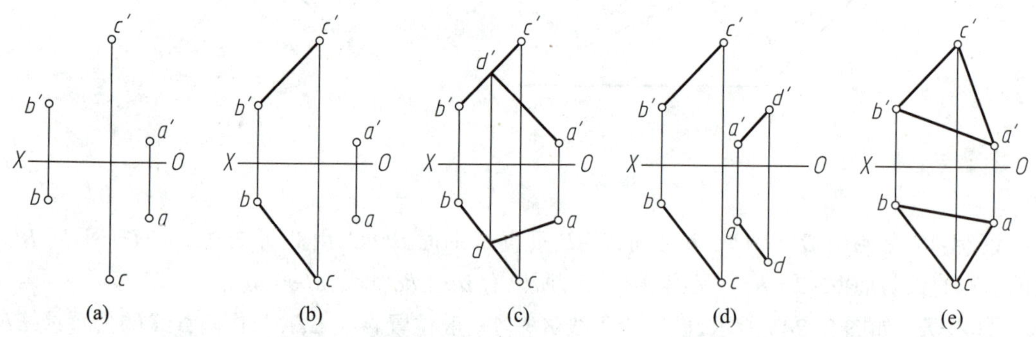

图 2-25 用几何元素表示平面

(2) 用平面的迹线表示平面

平面与投影面的交线称为平面的迹线。图解法求解空间问题时，经常需要作出用迹线表示的辅助平面。如图 2-26a 所示，平面 P 有三条迹线，平面 P 与 H 面的交线称为水平迹线，用 P_H 表示；平面 P 与 V 面的交线称为正面迹线，用 P_V 表示；平面 P 与 W 面的交线称为侧面迹线，用 P_W 表示。同一平面的两条迹线可能相交，也可能平行，两迹线相交时，其交点称为迹线的集合点，如图 2-26b 中的 P_X、P_Y、P_Z。由于迹线既是平面内的直线，又是投影面内的直线，所以迹线的一个投影与其本身重合，另两个投影与相应的投影轴重合。用迹线表示平面时，为了简明起见，一般只标注迹线本身，而不再标注迹线的投影，如图 2-26c 所示。在后续实际应用中，常用与其积聚性投影重合的迹线来表示投影面垂直面和投影面平行面，如图 2-26d 所示用迹线表示的铅垂面，图 2-26f 所示用迹线表示的水平面。

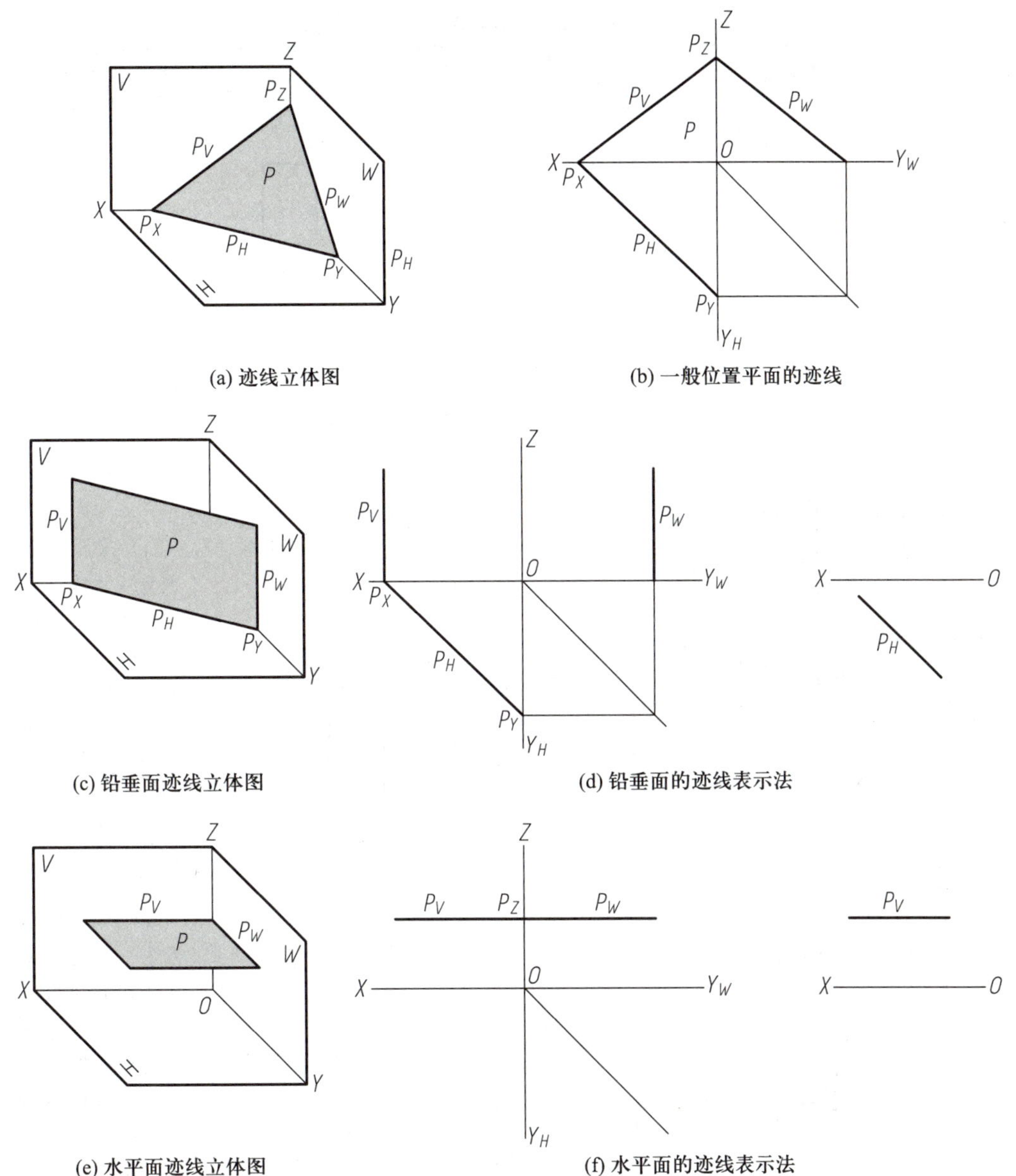

图 2-26 平面的迹线表示法

2. 平面的分类

根据平面相对于投影面的位置，可将平面分为投影面垂直面、投影面平行面和一般位置平面三类。

(1) 投影面垂直面

垂直于一个投影面，与另两个投影面倾斜的平面，称为投影面垂直面。投影面垂直面分为正垂面、铅垂面和侧垂面三种，正垂面仅垂直于 *V* 面，铅垂面仅垂直于 *H* 面，侧垂面仅垂直于 *W* 面。投影面垂直面的投影特性详见表 2-3。

表 2-3 投影面垂直面的投影特性

名称	立体图	三面投影图	投影特性
正垂面	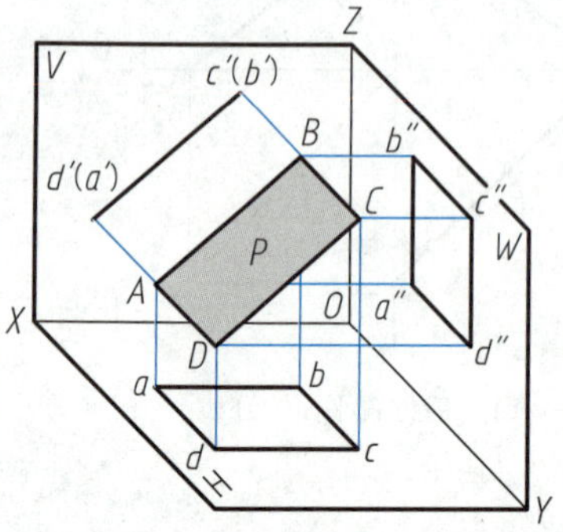	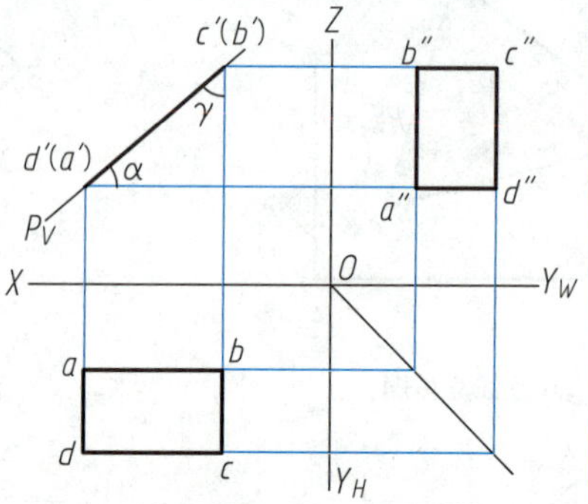	(1) 正面投影积聚为一直线,反映对 H 面和 W 面的倾角 (2) 水平投影和侧面投影具有类似性 (3) 可用正面迹线 P_V 表示
铅垂面	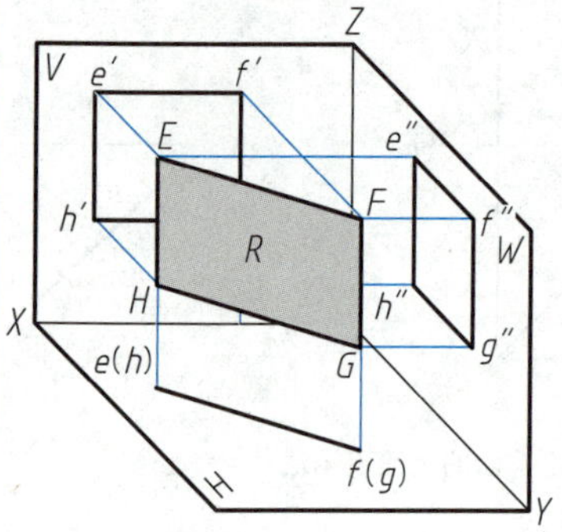	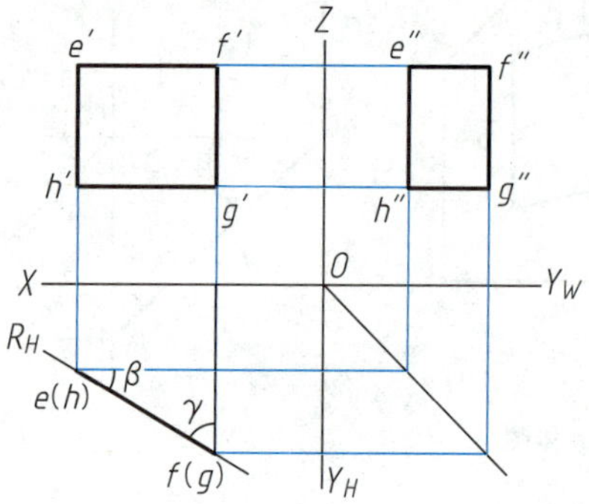	(1) 水平投影积聚为一直线,反映对 V 面和 W 面的倾角 (2) 正面投影和侧面投影具有类似性 (3) 可用水平迹线 R_H 表示
侧垂面	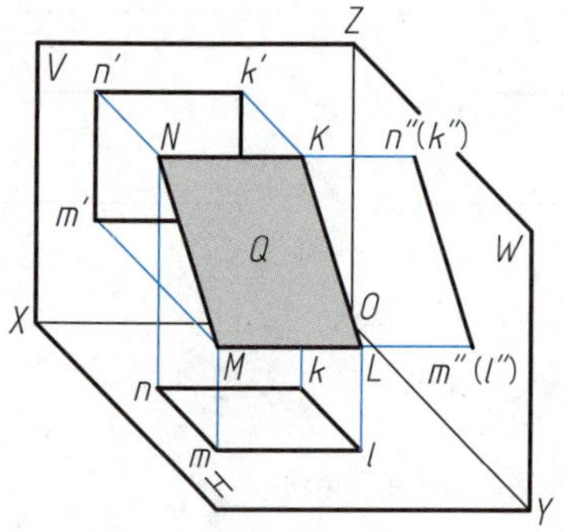	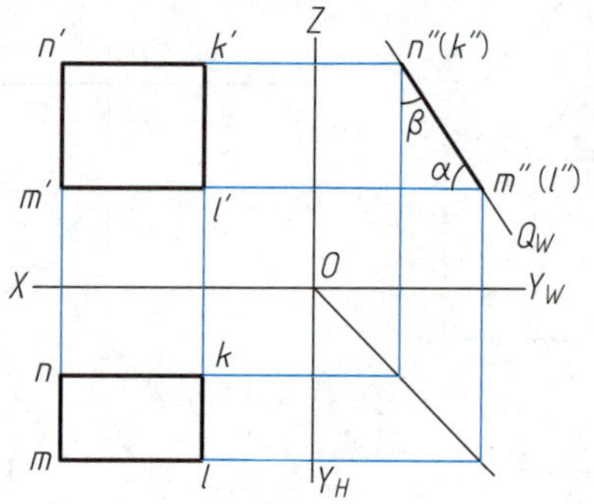	(1) 侧面投影积聚为一直线,反映对 H 面和 V 面的倾角 (2) 正面投影和水平投影具有类似性 (3) 可用侧面迹线 Q_W 表示

投影面垂直面在与之垂直的投影面上的迹线与其积聚性投影重合,在另外两个投影面上的迹线则是垂直于相应投影轴的直线,并由积聚性投影与相应投影轴的交点引出,如图 2-26c、d 所示。

(2) 投影面平行面

平行于某一投影面的平面,称为投影面平行面。投影面平行面分为正平面、水平面和侧平面三种,正平面平行于 V 面,水平面平行于 H 面,侧平面平行于 W 面。投影面平行面的投影特性详见表 2-4。

投影面平行面在与之平行的投影面上无迹线,而在与之垂直的另外两个投影面上,其迹线与平面的积聚性投影重合,且与相应的投影轴平行,如图 2-26e、f 所示。

表 2-4 投影面平行面的投影特性

名称	立体图	三面投影图	投影特性
正平面	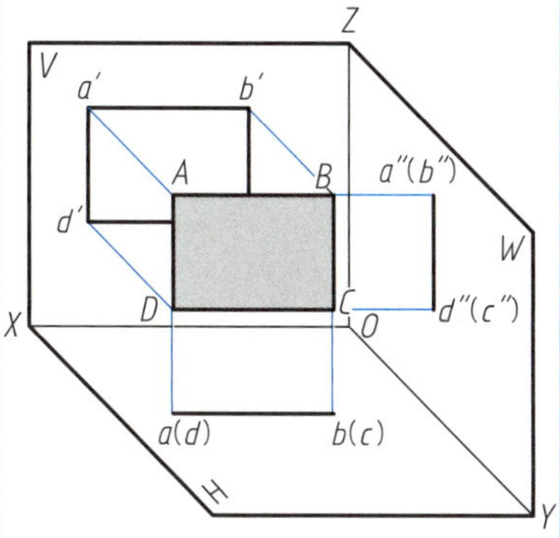	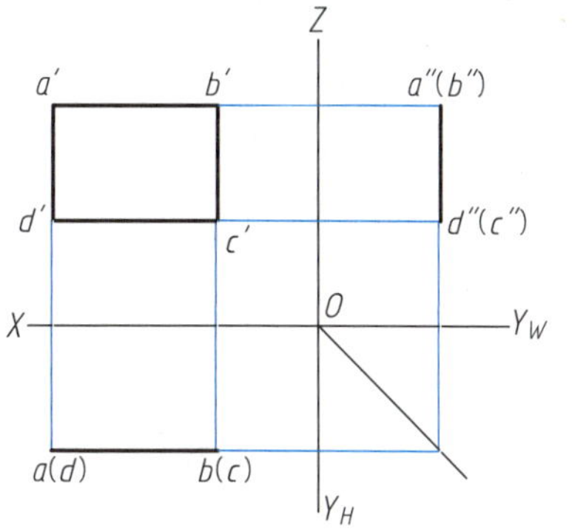	(1) 水平投影和侧面投影积聚为与 *OY* 轴垂直的直线 (2) 正面投影反映实形
水平面	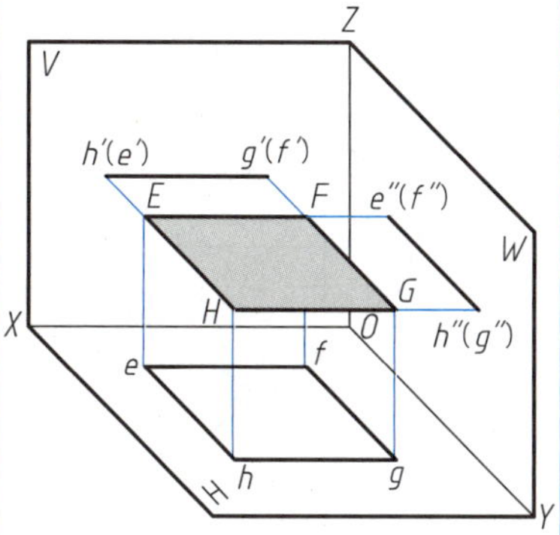	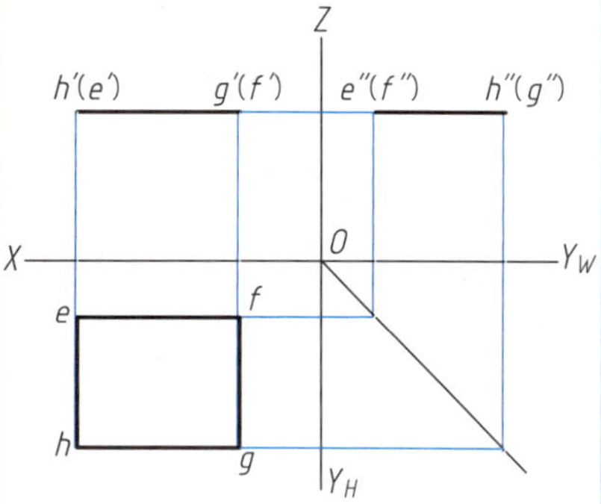	(1) 正面投影和侧面投影积聚为与 *OZ* 轴垂直的直线 (2) 水平投影反映实形
侧平面	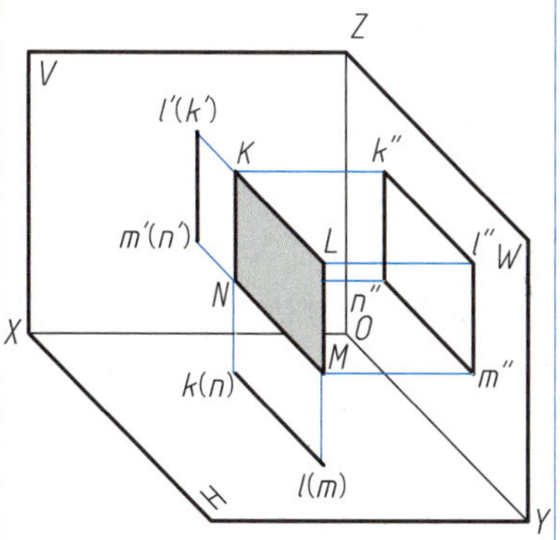	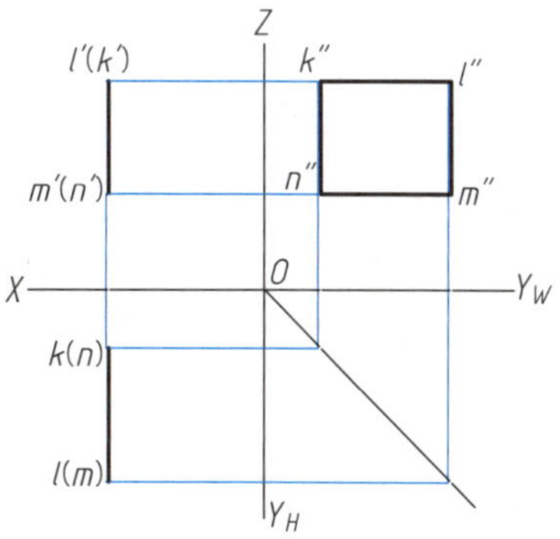	(1) 正面投影和水平投影积聚为与 *OX* 轴垂直的直线 (2) 侧面投影反映实形

(3) 一般位置平面

与三个投影面既不平行也不垂直的平面，称为一般位置平面。一般位置平面的三面投影都没有积聚性，也都不反映实形，是原图形的类似形，如图 2-27 所示。一般位置平面的投影也不反映对投影面的倾角。

一般位置平面与三个投影面都有迹线，如图 2-26a、b 所示，一般位置平面的迹线都与投影轴倾斜。

3. 属于平面的点和线

点属于平面的几何条件：点必定在平面内的一条已知直线上。图 2-28a 中的点 *D* 在直线

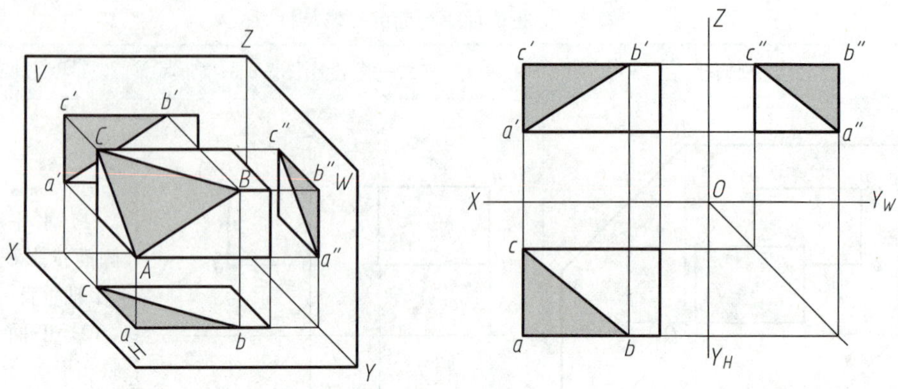

图 2-27 一般位置平面

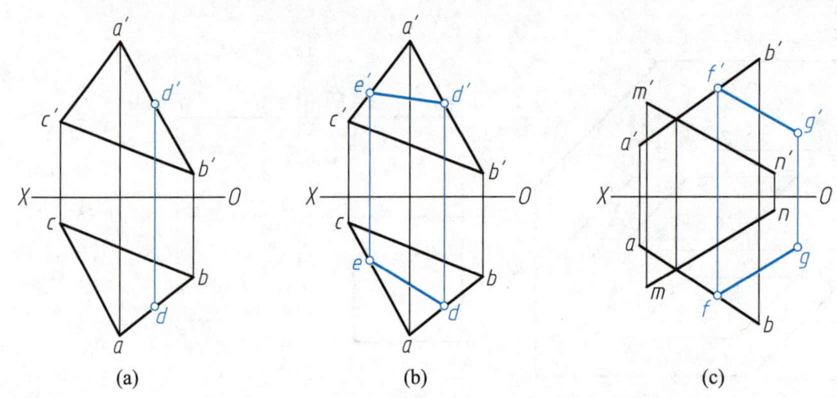

图 2-28 点和直线属于平面的几何条件

AB 上，故点 *D* 属于由△*ABC* 确定的平面。

直线属于平面的几何条件：直线必定通过平面内的两个点（如图 2-28b 中 *DE*），或通过平面内的一个点并平行于该平面内的一条已知直线（如图 2-28c 中 *FG*）。

例 2-8 已知平面 *ABC* 及点 *D* 的两面投影如图 2-29a 所示，判断点 *D* 是否属于平面 *ABC*。

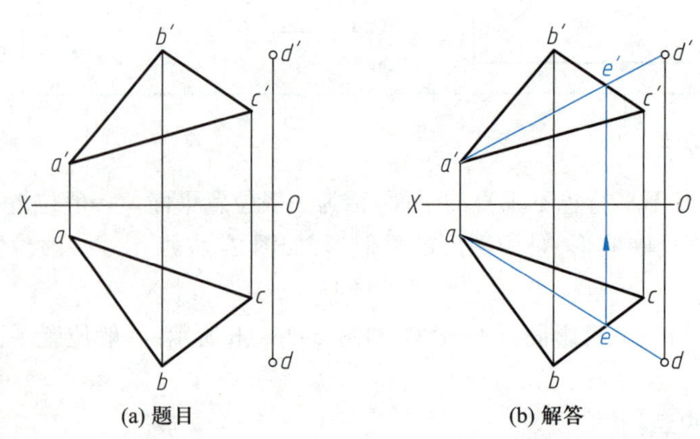

图 2-29 判断点是否属于平面

分析：如果点 D 属于平面 ABC，则 AD 一定属于平面 ABC，且 AD 与 BC 是两条相交直线。

作图步骤：

第一步，连接 ad 与 bc 交于 e，过 e 向 V 面作投影连线，交于 $b'c'$ 于 e'。

第二步，连接 $a'e'$，延长通过 d'，说明 D 在 AE 的延长线上，AD 与 BC 是相交直线，交点为 E。由此可判断点 D 属于平面 ABC。

例 2-9　已知平面 ABC 的两面投影如图 2-30a 所示，且已知点 D 在平面 ABC 内，点 D 距离 V 面 15 mm，距离 H 面 22 mm，求点 D 的两面投影。

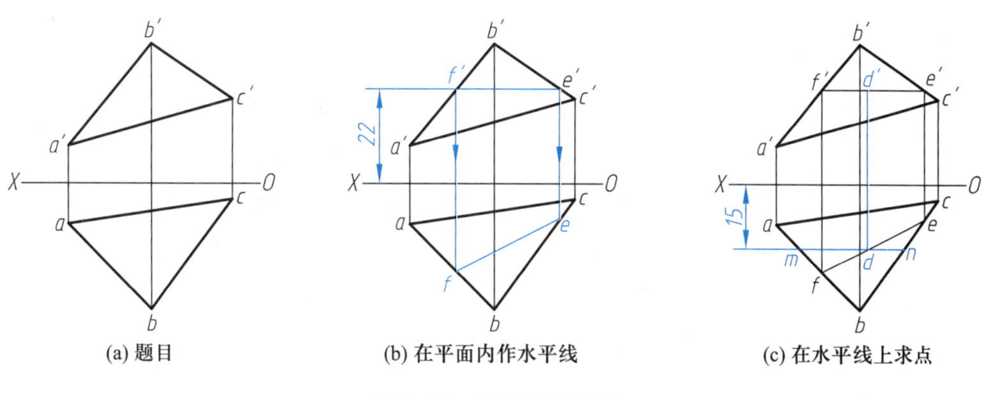

图 2-30　求平面内的点

分析：根据已知条件可知，点 D 在平面内距离 H 面 22 mm 的水平线上，同时也在平面内距离 V 面 15 mm 的正平线上，这两条直线的交点就是所求点 D。

作图步骤：

第一步，作平面内距 H 面 22 mm 的水平线 EF 的正面投影 $e'f'$ 及其水平投影 ef。

第二步，作平面内距 V 面 15 mm 的正平线的水平投影 mn，mn 和 ef 的交点为 d；过 d 向 V 面作投影连线，交 $e'f'$ 于 d'。即求得点 D 的两面投影。

请思考另一种解题方法。

例 2-10　如图 2-31a 所示，$ABCD$ 是正方形，已知 BC 的两面投影，且已知点 A 在点 B 的左侧，两点的 x 坐标差为 8 mm。试完成该正方形的两面投影。

分析：本题考查的知识点为直角投影定理和直角三角形法。正方形 $ABCD$ 的 BC 边为水平线，bc 反映 BC 实长，即已知正方形的边长等于 bc，$AB=BC=bc$。$AB \perp BC$，BC 是水平线，根据直角投影定理，可知 $ab \perp bc$。根据点 A 在点 B 左侧 8 mm 这一已知条件可求出点 A 的水平投影 a。已知 AB 实长和投影 ab，根据直角三角形法求一般位置直线实长的方法，可以求出 AB 两端点的高度差，根据 a 和此高度差即可求出 a'。最后利用平行性完成正方形四边的两面投影。

作图步骤：

第一步，求点 A 的水平投影。在 b 的左侧 8 mm 处作竖直的辅助线，这条辅助线也是 aa' 的投影连线；以 b 为垂足，作 bc 的垂线与辅助线交于 a，如图 2-31b 所示。

第二步，构造直角三角形。以 a 为圆心，以 bc 为半径作圆弧，与 bc 相交于点 1，在这个直角三角形内，斜边为 AB 实长，一直角边为 ab，则另一直角边 $b1$ 即为 AB 两端点到 H 面的距离差，

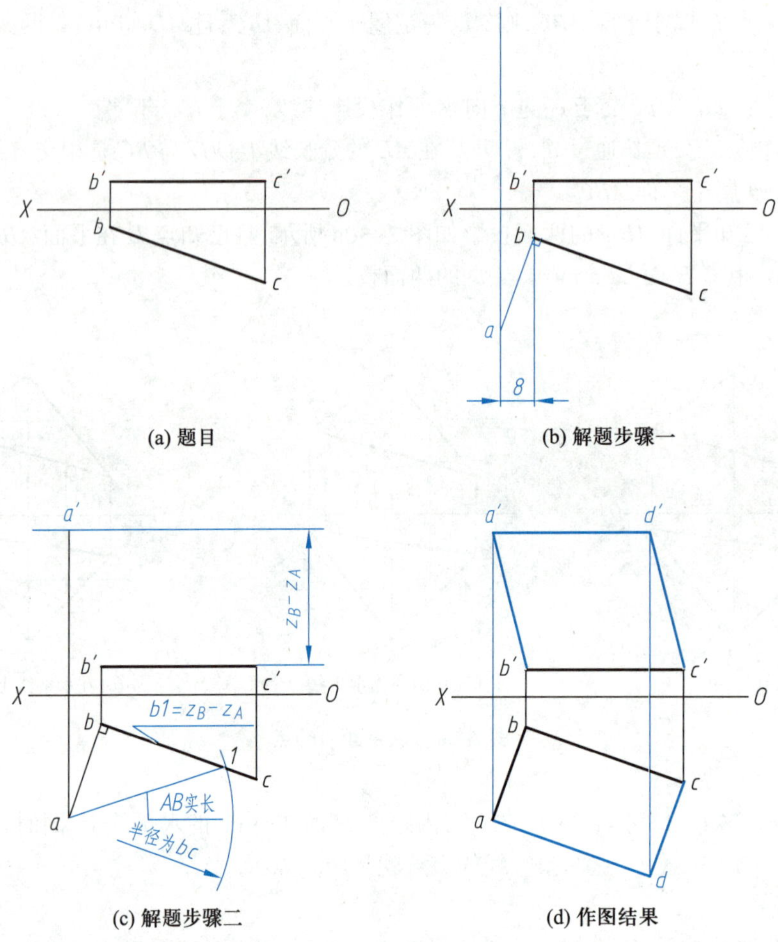

(a) 题目 (b) 解题步骤一

(c) 解题步骤二 (d) 作图结果

图 2–31 求正方形的两面投影

即高度差 $|z_B-z_A|$，如图 2–31c 所示。

第三步，求点 A 的正面投影。在 $b'c'$ 上方作相距 $|z_B-z_A|$ 的水平辅助线，与竖直的投影连线相交于 a'，如图 2–31c 所示。

第四步，连接 $a'b'$，之后按照对边平行且相等的关系作出平行四边形 $a'b'c'd'$ 和 $abcd$，用粗实线描深各边，完成正方形的两面投影，如图 2–31d 所示。

2.4 直线与平面、平面与平面的相对位置关系

2.4.1 线面相对位置关系

直线与平面、平面与平面的相对位置关系（统称线面位置关系）有平行和相交两种。其中相交又分为垂直相交和倾斜相交。因此将线面相对位置关系分为三类问题来讨论：平行问题、相交问题、垂直问题。

表 2–5 列出了平行、相交、垂直三类线面位置关系问题的相关几何条件、图例及说明。

表 2–5　线面位置关系

<table>
<tr><th>问题类型</th><th>图例</th><th>几何条件及图例说明</th></tr>
<tr><td rowspan="2">平行问题</td><td>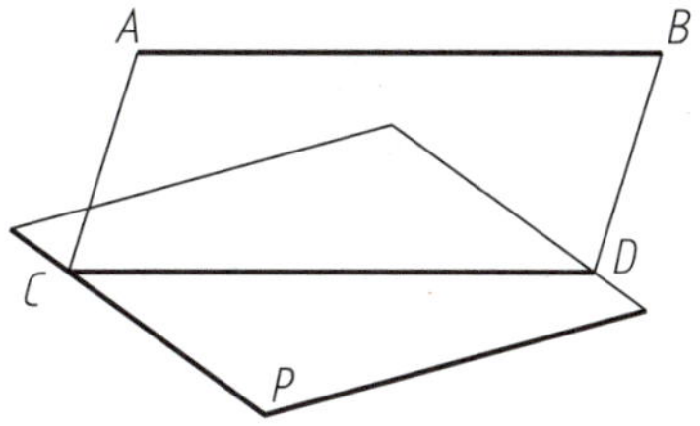
</td><td>线面平行的几何条件：若平面外一直线平行于平面内的某一直线，则此直线与该平面平行
如：直线 AB 平行于平面 P 内的直线 CD，则 AB∥平面 P</td></tr>
<tr><td>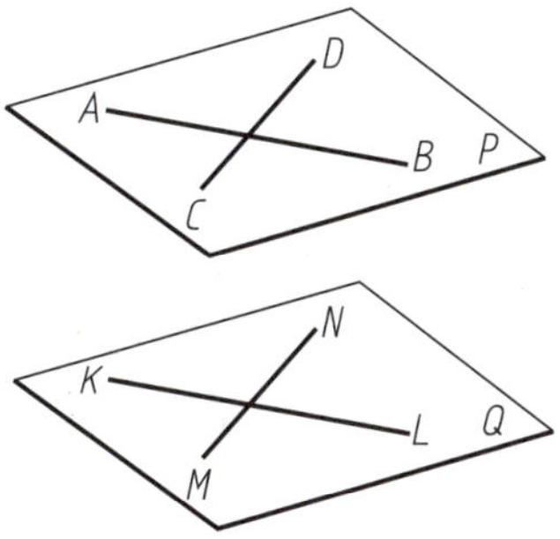
</td><td>面面平行的几何条件：若一平面内的两相交直线对应平行于另一平面内的两相交直线，则这两个平面互相平行
如：平面 P 内的相交直线 AB 和 CD 对应平行于平面 Q 内的相交直线 KL 和 MN，则平面 P∥平面 Q</td></tr>
<tr><td rowspan="2">相交问题</td><td>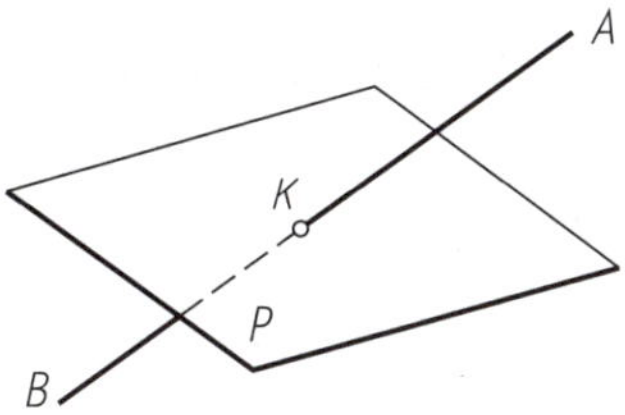
</td><td>直线与平面相交，其交点是直线与平面的共有点
如：直线 AB 与平面 P 相交，交点 K 既在直线 AB 上，也在平面 P 内</td></tr>
<tr><td>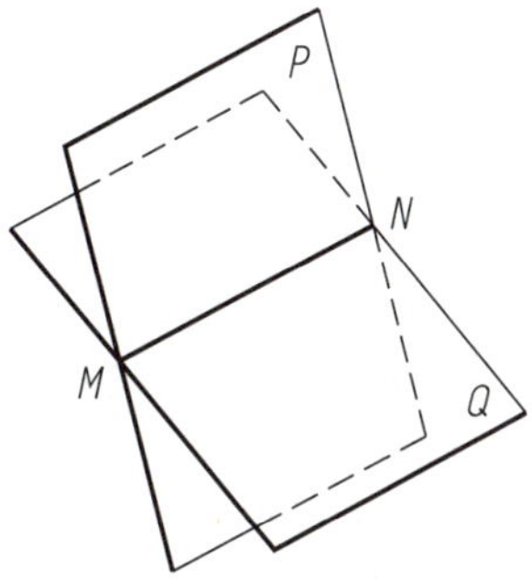
</td><td>两平面相交，其交线是一条直线，交线是两平面的共有线
如：平面 P 与平面 Q 相交，交线 MN 既在平面 P 内，也在平面 Q 内</td></tr>
<tr><td>垂直问题</td><td>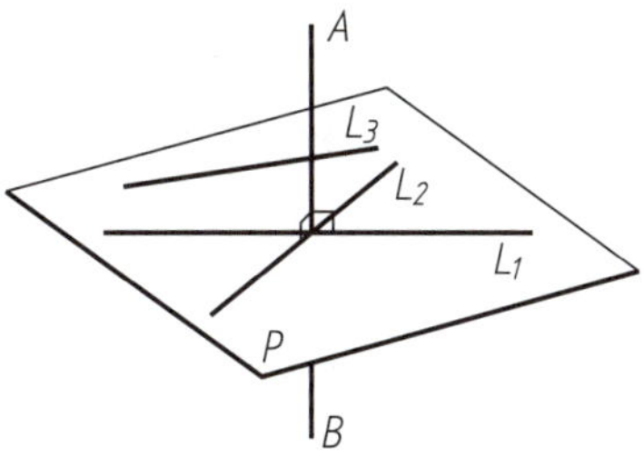
</td><td>直线与平面垂直的几何条件：若一直线垂直于某一平面内的两条相交直线，则此直线垂直于该平面
如：直线 L_1 和 L_2 为平面 P 内的相交直线，如 $AB \perp L_1$、$AB \perp L_2$，则 $AB \perp$ 平面 P
若一直线垂直于某一平面，则此直线垂直于该平面内的所有直线，包括相交垂直、交叉垂直
如：直线 L_3 为平面 P 内的直线，若 $AB \perp$ 平面 P，且不与 L_3 相交，则 L_3 与 AB 交叉垂直</td></tr>
</table>

续表

问题类型	图例	几何条件及图例说明
垂直问题		两平面垂直的几何条件：若一平面内包含另一平面的垂线，则这两个平面相互垂直 如：*AB* 为平面 *Q* 内的直线，且 *AB*⊥平面 *P*，则平面 *Q*⊥平面 *P*

2.4.2 平行问题

1. 直线与平面平行

利用直线与平面平行的几何条件解决以下问题。

例 2-11 已知△*ABC* 和点 *D* 的两面投影，如图 2-32a 所示。过已知点 *D*：(1) 作直线与平面 *ABC* 平行；(2) 作水平线与平面 *ABC* 平行。

作图步骤：

(1) 如图 2-32b 所示，作投影 *d′f′*∥*b′c′*、*df*∥*bc*，则直线 *DF*∥*BC*，*BC* 为平面 *ABC* 内的一条直线，因此 *DF*∥*ABC*；在平面 *ABC* 内作直线 *AK*，投影为 *a′k′*、*ak*，作 *d′e′*∥*a′k′*，*de*∥*ak*，则直线 *DE*∥*AK*，*AK* 为平面 *ABC* 内的一条直线，因此 *DF*∥*ABC*。

结论：过点 *D* 可以作无数条与平面 *ABC* 平行的直线。

推论：过平面外一点可以作无数条与平面平行的直线。

(2) 在平面 *ABC* 内作水平线 *CG*，投影为 *c′g′*、*cg*，作 *d′h′*∥*c′g′*，*dh*∥*cg*，则直线 *DH* 为平行于平面 *ABC* 的水平线，如图 2-32c 所示。

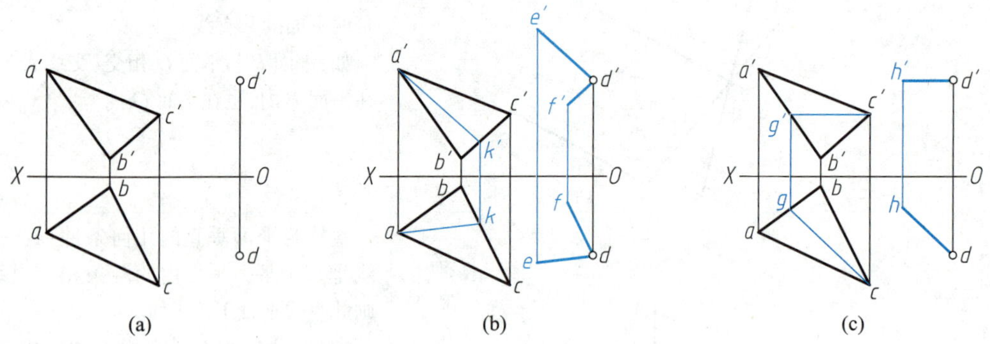

图 2-32 过已知点作直线与平面平行

结论：过点 *D* 只能作一条与平面 *ABC* 平行的水平线。

对于线面平行的特殊情况，即直线与投影面垂直面平行，可应用以下规律作图。

规律：若一直线与某一投影面的垂直面平行，则该直线必有一个投影平行于该平面具有积聚性的投影。

具体情况说明：若直线与正垂面平行，则直线的正面投影与正垂面的正面积聚投影平行；若直线与铅垂面平行，则直线的水平投影与铅垂面的水平积聚投影平行。

例 2-12 已知条件如图 2-33a 所示，要求过点 C 作一直线 CD 与平面 $EFGH$ 平行，且与直线 AB 相交于点 D。

分析：

(1) 已知平面 $EFGH$ 为正垂面，其正面投影有积聚性。过点 C 的直线 CD 与正垂面平行，则其正面投影 $c'd'$ 平行于正垂面的积聚投影。

(2) 所作直线与直线 AB 相交，交点 D 的两面投影满足点的投影规律。

作图步骤：

第一步，过 c' 作直线平行于 $e'f'g'h'$，与 $a'b'$ 交于 d'，如图 2-33b 所示。

第二步，求出交点的水平投影 d，连接 cd，如图 2-33c 所示。所作直线 CD 满足与已知平面平行、与已知直线相交的条件。

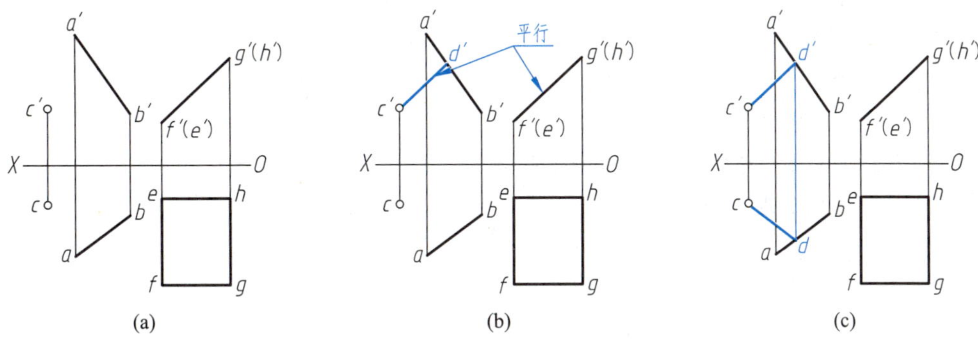

图 2-33 过点作直线与平面平行与直线相交

2. 平面与平面平行

利用平面与平面平行的几何条件解决以下问题。

例 2-13 已知两平面的投影，如图 2-34a 所示，判断两平面是否平行。

分析：通过判断两平面内的两条相交直线是否对应平行，即可知两平面是否平行。为了作

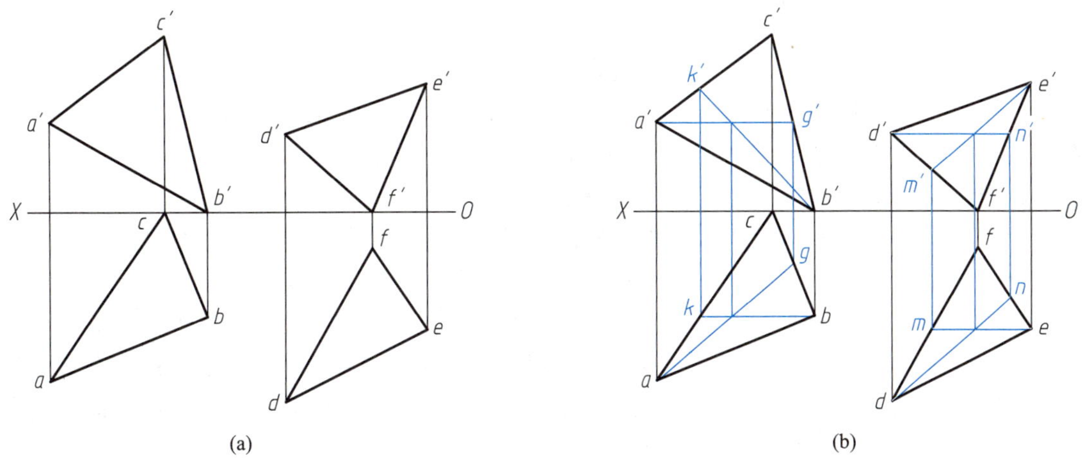

图 2-34 判断两平面是否平行

图方便及准确，可在两个平面内作水平线和正平线。

作图步骤：

第一步，在平面 *ABC* 内作水平线 *AG*，其两面投影为 *a'g'*、*ag*；在平面 *DEF* 内作水平线 *DN*，其两面投影为 *d'n'* 和 *dn*。*a'g'*∥*d'n'*∥*OX*，且 *ag*∥*dn*，因此可知 *AG* 与 *DN* 平行。

第二步，在平面 *ABC* 内作正平线 *BK*，其两面投影为 *b'k'* 和 *bk*；在平面 *DEF* 内作正平线 *EM*，其两面投影为 *e'm'* 和 *em*。*bk*∥*em*∥*OX*，而 *b'k'* 与 *e'm'* 不平行，因此可知 *BK* 与 *EM* 不平行。作图结果如图 2–34b 所示。

由此可判定该两平面不平行。

对于面面平行的特殊情况，即两个投影面的垂直面平行，可应用以下规律作图。

规律：若两个投影面的垂直面有积聚性的投影相互平行，则两平面相互平行。

具体情况说明：若两个正垂面的正面积聚投影平行，则这两个平面平行；若两个铅垂面的水平积聚投影平行，则这两个平面平行。如图 2–35 所示，铅垂面△*ABC* 和 *DEFG*，它们的水平投影 *bac*∥*defg*，因此这两个铅垂面平行。

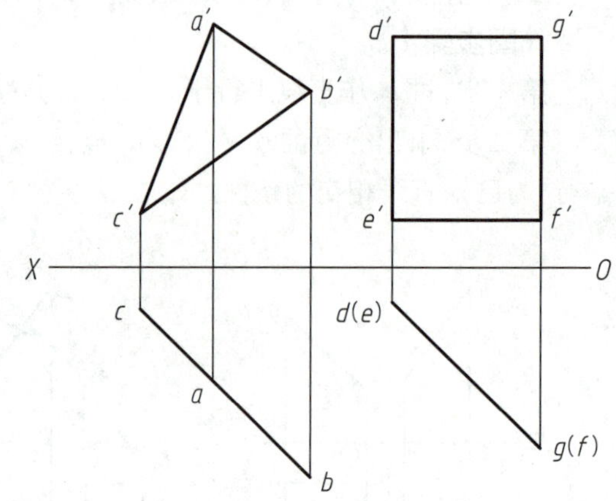

图 2–35 面面平行的特殊情况

2.4.3 相交问题

直线与平面、平面与平面相交的问题包括求交点、求交线，并判断线、面的遮挡关系，确定可见部分。

直线与平面的交点是直线和平面的共有点，它将直线分为两段，这两段位于平面的不同侧。

平面与平面的交线是两平面的共有线，它将每个平面都分为两部分。

1. 相交的特殊情况

相交问题所涉及的几何元素，至少有一个处于与投影面垂直的位置，这类情况属于相交的特殊情况。

例 2–14 已知直线 *MN* 和铅垂面 *ABCD* 的两面投影，如图 2–36a 所示，求 *MN* 与 *ABCD* 的交点，并判断直线的可见性。

分析：这是一般位置直线与特殊位置平面相交的问题。由于 *ABCD* 是铅垂面，很容易作出线面交点的投影，如图 2–36b 所示。在 *H* 面上，*ABCD* 积聚为一条直线，线、面投影没有重叠，不需要判断可见性；在 *V* 面上，直线与平面的投影有重叠，需要判断可见性。

作图步骤：

第一步，求作交点 *K*。交点的水平投影 *k* 在 *MN* 水平投影和 *ABCD* 的水平积聚投影的交点处，正面投影 *k'* 在直线的正面投影 *m'n'* 上，如图 2–36c 所示。

第二步，判断对 *V* 面的可见性。交点 *K* 将直线 *MN* 分成两段，从水平投影可以看出，*kn* 段在 *abcd* 的右前侧，说明 *KN* 段在 *ABCD* 之前，因此 *KN* 段可见，*k'n'* 用粗实线表示；*km* 段在平面的左后侧，说明 *KM* 段在 *ABCD* 之后，*k'm'* 位于 *a'b'c'd'* 范围内的部分用细虚线表示。其余部分画成粗实线，如图 2–36c 所示。

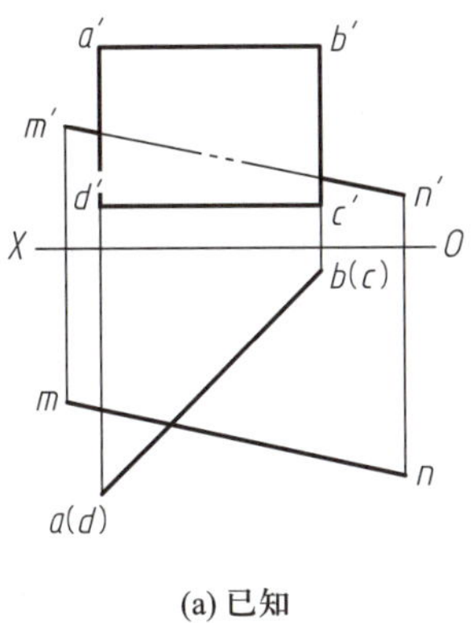

(a) 已知

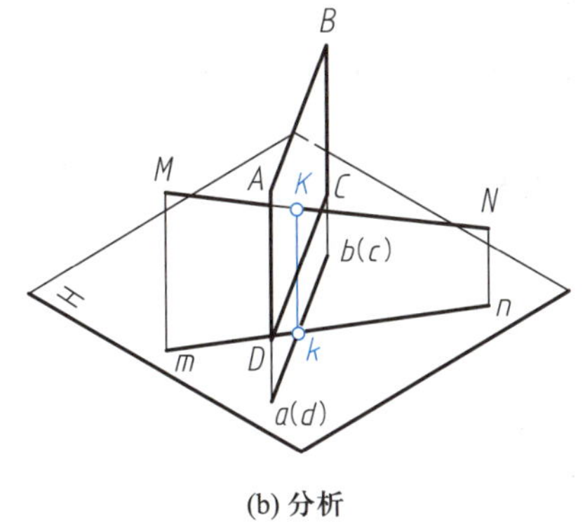

(b) 分析

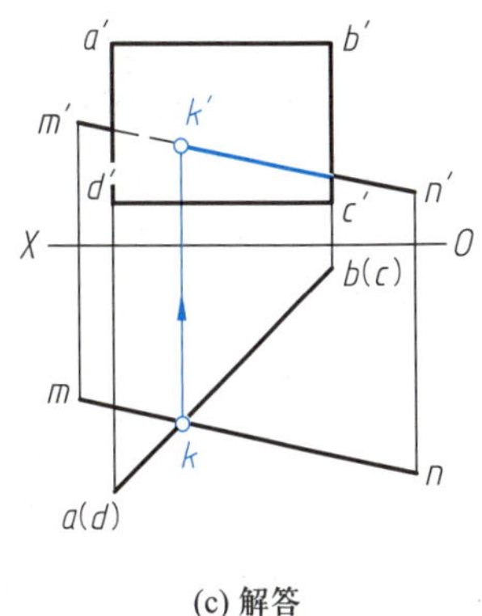

(c) 解答

图 2-36　一般位置直线与特殊位置平面相交

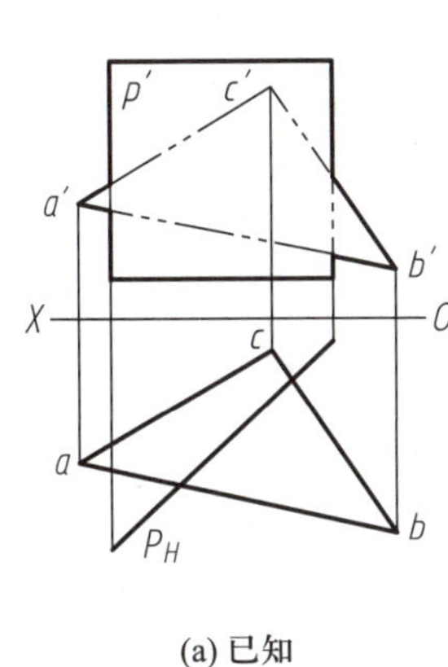

(a) 已知

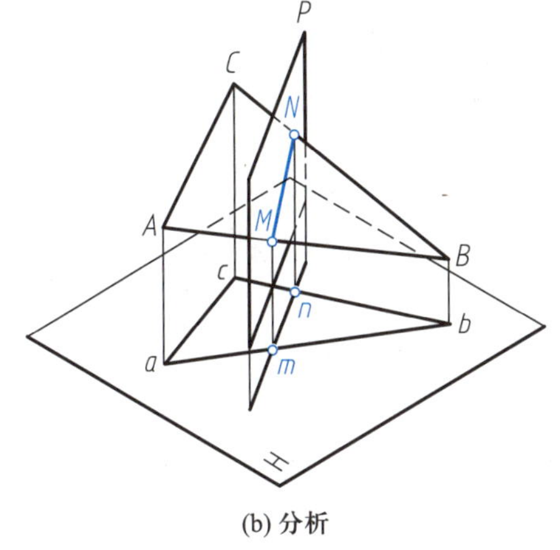

(b) 分析

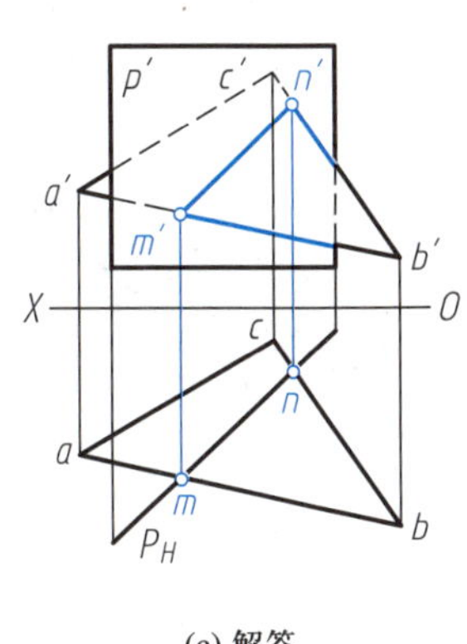

(c) 解答

图 2-37　特殊位置平面与一般位置平面相交

例 2-15　已知铅垂面 *P* 与一般位置平面△*ABC* 的两面投影，如图 2-37a 所示，求两平面的交线，并判断可见性。

分析：分别求出△*ABC* 的边 *AB* 和 *BC* 与平面 *P* 的交点，两交点的连线即为两平面的交线，如图 2-37b 所示。两平面在 *V* 面的投影有重叠，需要判断可见性。

作图步骤：

第一步，求交线。*AB*、*BC* 与平面 *P* 的交点 *M*、*N*，其水平投影 *m*、*n* 为 *ab*、*bc* 与铅垂面积聚投影的交点。再由 *m*、*n* 求出 *m*′ 和 *n*′。用粗实线连接 *m*′*n*′，如图 2-37c 所示。

第二步，判断可见性。交线 *MN* 将△*ABC* 分为 *AMNC* 和 *BMN* 两部分，从水平投影可以看出，*BMN* 在平面 *P* 右前侧，对 *V* 面可见，*b*′*m*′*n*′ 画成粗实线；*AMNC* 与平面 *P* 投影重叠部分对 *V* 面不可见，其正面投影画成细虚线，如图 2-37c 所示。

小结：

(1) 当几何元素在某投影面上的投影有重叠时，说明对该投影面几何元素相互有遮挡，需要判断可见性。

(2) 对 *V* 面的可见性需要通过前后位置关系来判断，前方遮挡后方，而水平投影反映前后位置关系，因此可利用水平投影来判断对 *V* 面的可见性。

(3) 两平面交线始终是可见的。

例 2-16 已知水平面△*ABC* 和正垂面 *DEFG* 的两面投影，如图 2-38a 所示，求两平面的交线 *MN*，并判断可见性。

分析：两平面的正面投影都有积聚性，积聚投影的交点即为交线的正面投影。交线的正面投影积聚为一个点，说明交线是正垂线，如图 2-38b 所示。两平面的水平投影有重叠，因此对 *H* 面需要判断可见性。

作图步骤：

第一步，求交线。交线的正面投影在两平面积聚投影的相交处，标记为 $m'(n')$。交线为正垂线，因此 $mn \perp OX$；mn 在两平面水平投影的重叠区域内，因此 m 在 dg 上，n 在 ab 上，如图 2-38c 所示。

第二步，判断可见性。交线 *MN* 将两平面分为左、右两部分，从正面投影可以看出，交线右侧四边形在三角形上方，交线左侧则相反。因此对于 *H* 面，交线右侧△*ABC* 在两平面重叠部分不可见，其水平投影画成细虚线，*DEFG* 可见，其水平投影画成粗实线；交线左侧△*ABC* 可见，其水平投影画成粗实线，*DEFG* 在两平面重叠部分不可见，其投影画成细虚线，如图 2-38c 所示。

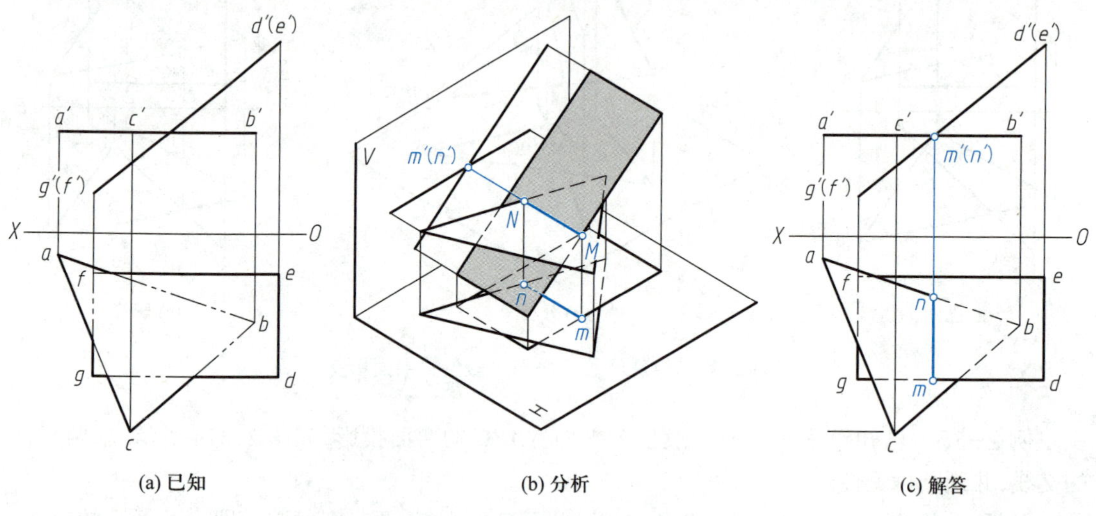

(a) 已知 (b) 分析 (c) 解答

图 2-38 两特殊位置平面相交

小结：对 *H* 面的可见性需要通过上下位置关系来判断，上方遮挡下方，而正面投影反映上下位置关系，因此可利用正面投影来判断对 *H* 面的可见性。

例 2-17 已知正垂线 *DE* 与一般位置平面△*ABC* 的两面投影，如图 2-39a 所示，求直线与平面的交点 *K*，并判断直线 *DE* 的可见性。

分析：线面位置关系如图 2-39b 所示。交点为线面共有点，所以交点的投影在直线的同面投影上，因此交点的正面投影在直线的积聚投影上。利用点在平面内的几何条件可作出交点的水平投影。直线 *DE* 的正面投影积聚为一个点，不需要判断可见性；线、面的水平投影有重叠，因此对 *H* 面需要判断可见性。本例将介绍应用重影点来判断可见性的方法。

作图步骤：

第一步，求交点。交点的正面投影 k' 与直线的积聚投影 $d'(e')$ 重合。交点在平面内，则其一定在平面内的一条已知直线上，作过点 *K* 的直线 *BF* 的两面投影 $b'f'$ 和 bf，k 在 bf 上，如图 2-40a

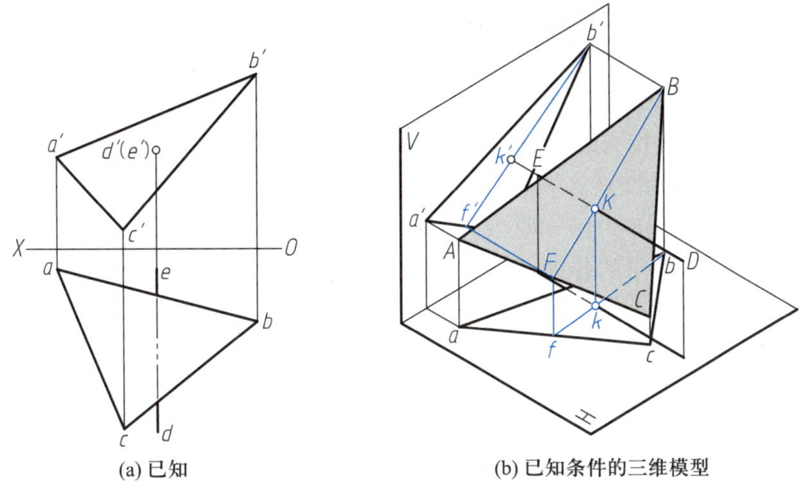

(a) 已知　(b) 已知条件的三维模型

图 2-39　正垂线与一般位置平面相交

所示。在平面内可作无数条经过点 *K* 的直线，*BF* 只是其中一条。

第二步，标记重影点。*DE* 上的点 *M* 和 *BC* 上的点 *N* 对 *H* 面重影，*M* 可见，*N* 不可见，重影点的水平投影标记为 *m*(*n*)，如图 2-40b 所示。

第三步，利用重影点来判断 *DE* 的可见性。由上一步判断可知，直线 *DE* 的 *KD* 段有一个点（即点 *M*）在平面的上方，说明 *KD* 段在△*ABC* 上方，即 *KD* 对 *H* 面可见，其水平投影 *kd* 画成粗实线；另一段 *KE* 在平面下方，不可见，*ke* 与△*abc* 重叠段画成细虚线，如图 2-40c 所示。

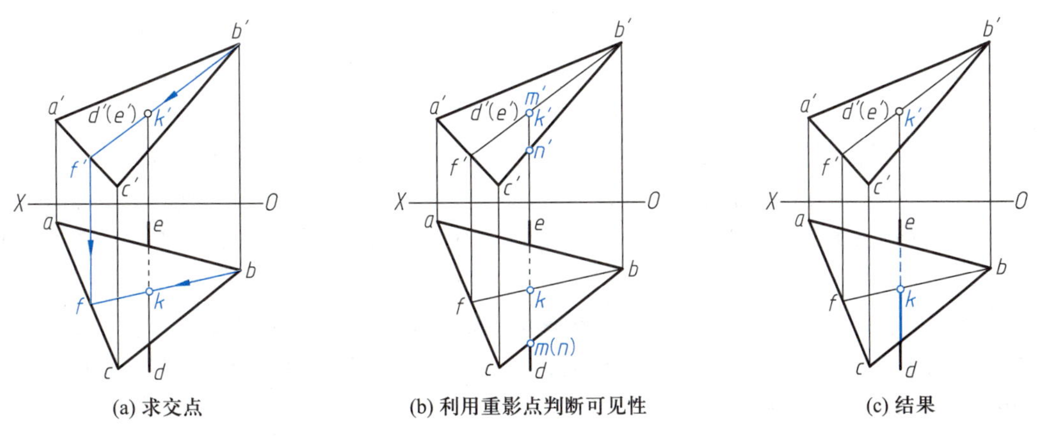

(a) 求交点　(b) 利用重影点判断可见性　(c) 结果

图 2-40　例 2-17 解答过程

小结：无法利用积聚投影直观判断可见性时，可利用重影点来帮助判断可见性。

2. 相交的一般情况

相交的一般情况包括一般位置直线与一般位置平面求交点、两个一般位置平面求交线，以及判断可见性的问题。

当直线和平面都处于一般位置时，无法利用有积聚性的投影求交点，此时可应用辅助平面法来求交点。辅助平面法的原理如图 2-41 所示，作图步骤如下：

(1) 包含已知直线作一个辅助平面,辅助平面垂直于某一投影面。

(2) 求辅助平面与已知平面的交线。

(3) 交线与已知直线相交,交点为已知直线与已知平面的共有点,即为交点。

在图 2-41 中,直线 DE 为已知直线,$\triangle ABC$ 为已知平面,包含 DE 所作的铅垂面 P 为辅助平面,GH 为辅助平面 P 与 $\triangle ABC$ 的交线,GH 与 DE 相交于 K,交点 K 既在直线 DE 上,又在 $\triangle ABC$ 内,为直线 DE 与 $\triangle ABC$ 的交点。

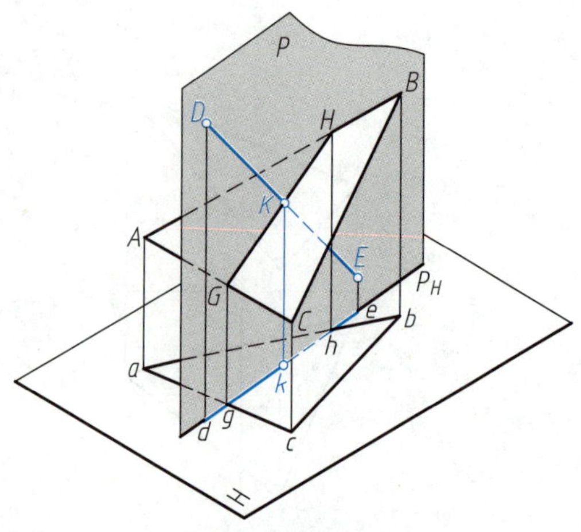

图 2-41 用辅助平面法求直线与平面的交点

例 2-18 已知一般位置直线 DE 与一般位置平面 $\triangle ABC$ 的两面投影,如图 2-42a 所示,求直线与平面的交点 K,并判断直线 DE 的可见性。

分析:需要利用辅助平面法求直线与平面的交点。直线与平面的正面投影和水平投影都有重叠,需要分别判断可见性。需要利用重影点来判断可见性。

作图步骤:

第一步,求交点,如图 2-42b 所示。作包含直线 DE 的铅垂辅助平面 P,平面 P 用迹线 P_H 表示。先求平面 P 与 $\triangle ABC$ 的交线 GH 的两面投影 $g'h'$ 和 gh,再求出 $g'h'$ 与 $d'e'$ 的交点 k',由 k' 和 de 作出交点的水平投影 k,k' 和 k 即为所求交点的两面投影。

第二步,判断对 H 面的可见性,如图 2-42c 所示。利用 AC 与 DE 的重影点 M(在 DE 上)、G(在 AC 上)来判断对 H 面的可见性。从正面投影可以看出,M 在 G 的上方,因此可知,DK 段在 $\triangle ABC$ 上方,KE 段在 $\triangle ABC$ 下方,dk 画成粗实线,ke 与 $\triangle abc$ 重叠的部分画成细虚线。

第三步,判断对 V 面的可见性,如图 2-42d 所示。利用 BC 与 DE 的重影点 U(在 BC 上)、V(在 DE 上)来判断对 V 面的可见性。从水平投影可以看出,U 在 V 的前方,因此可知,KE 段在 $\triangle ABC$ 后方,DK 段在 $\triangle ABC$ 前方,$d'k'$ 画成粗实线,$k'e'$ 与 $\triangle a'b'c'$ 重叠的部分画成细虚线。

本例利用辅助平面求交点时,可利用铅垂面作辅助平面,也可利用正垂面作辅助平面。如图 2-43 所示,其中 Q_V 为正垂辅助面的正面迹线,(水平迹线 Q_H 不影响作图,省略不画),SW 为平面 Q 与 $\triangle ABC$ 的交线,K 为交点。

例 2-19 已知两个一般位置平面 $\triangle ABC$ 和 $DEFG$ 的两面投影,如图 2-44a 所示,求两平面的交线,并判断可见性。

分析:可以利用一般位置直线与一般位置平面求交点的方法(见例 2-18),求出某一平面上两条直线与另一平面的交点,两交点的连线即为交线。需要利用重影点来判断可见性。

作图步骤:

第一步,求交线。如图 2-44b 所示,作包含 FG 的辅助正垂面 P,其迹线 P_V 与 $f'g'$ 重合,求出平面 P 与 $\triangle ABC$ 的交线 $I\,II$。在水平投影中,12 与 gf 的交点 m 即为直线 FG 与 $\triangle ABC$ 交点 M 的水平投影,进而求得 m'。用同样的方法求出直线 DE 与 $\triangle ABC$ 交点 N 的两面投影 n、n'。

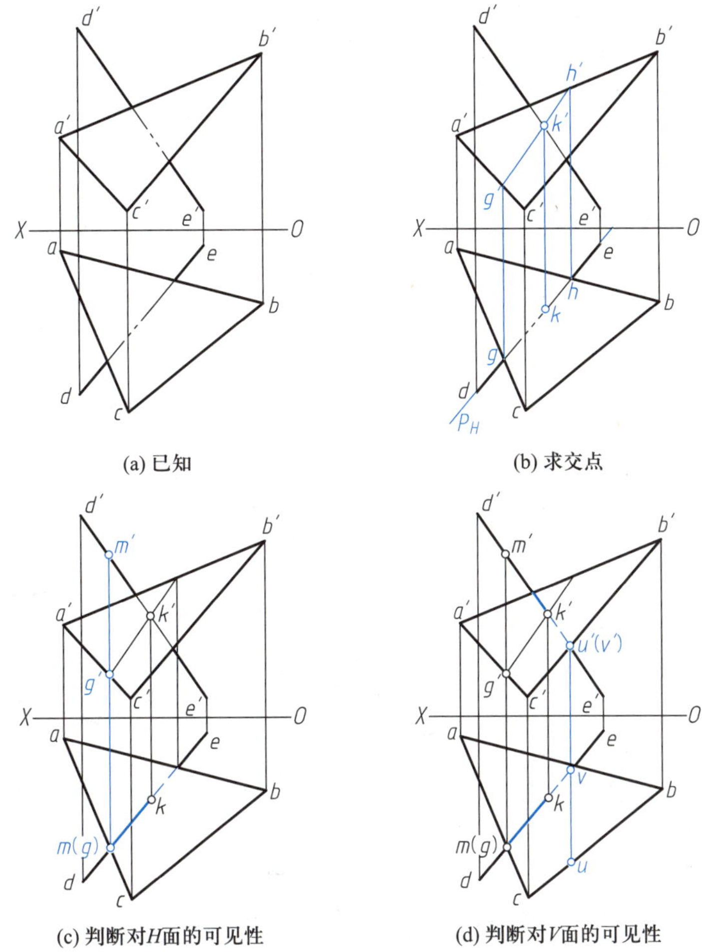

(a) 已知　(b) 求交点

(c) 判断对H面的可见性　(d) 判断对V面的可见性

图 2-42　求一般位置直线和一般位置平面的交点

用粗实线连接 m'、n' 以及 m、n，直线 MN 即为两平面的交线。

第二步，判断对 H 面的可见性。如图 2-44c 所示，直线 AC 和 DE 对 H 面有重影点，通过 AC 上的点 H 和 DE 上的点 G 的正面投影 h' 和 g' 可以看出，点 G 在点 H 上方。由此可知，交线的前侧 $DEFG$ 可见，$\triangle ABC$ 不可见，交线后侧的可见性刚好相反。

第三步，用同样的方法判断对 V 面的可见性，结果如图 2-44d 所示。图 2-44e 为本例完成图。

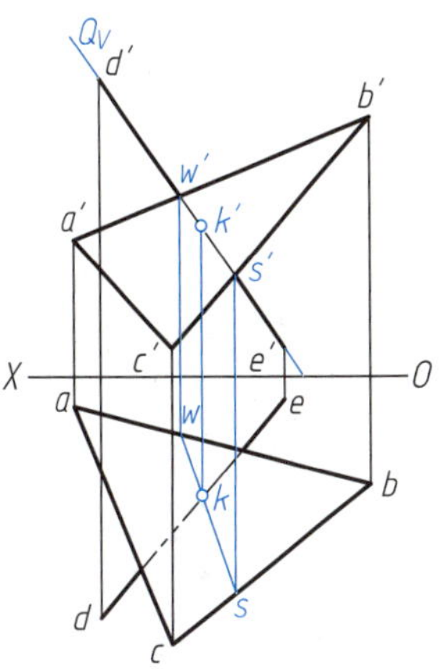

图 2-43　利用正垂辅助平面求交点

2.4.4　垂直问题

1. 垂直的特殊情况

(1) 直线与特殊位置平面垂直

特殊位置平面指投影面垂直面和投影面平行面，这些平面至少

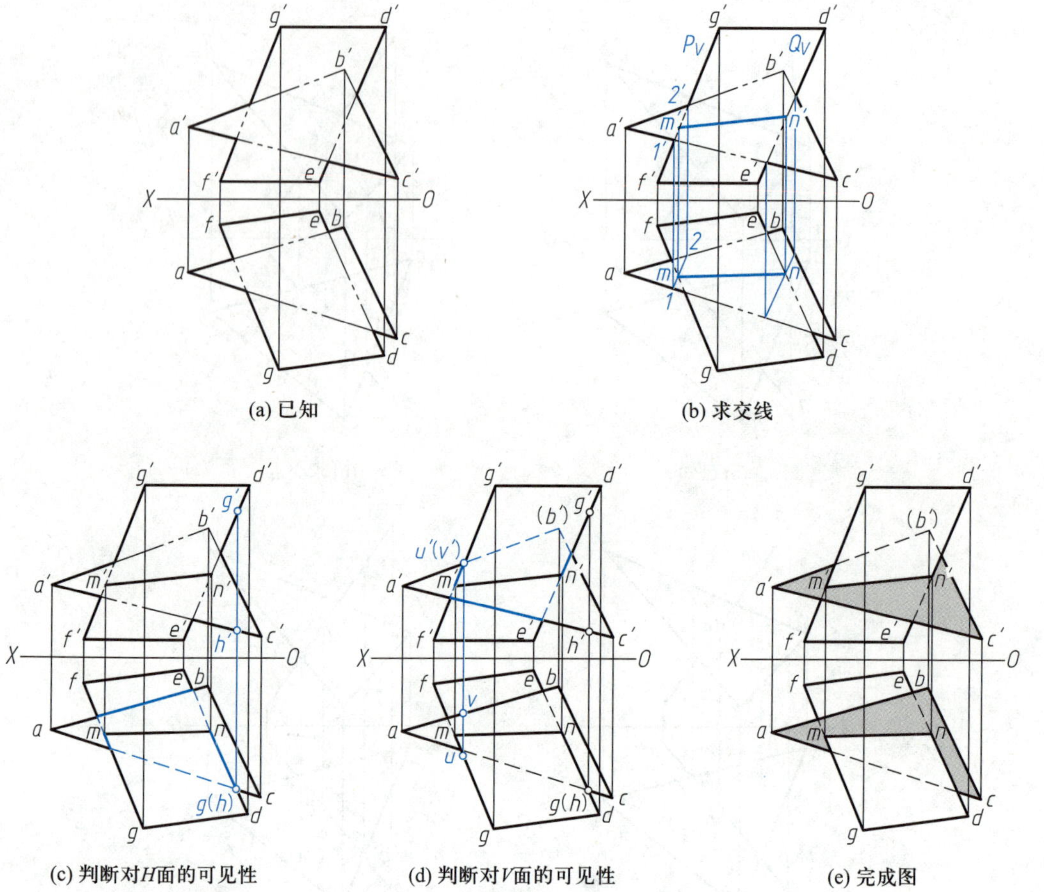

(a) 已知 (b) 求交线

(c) 判断对 H 面的可见性 (d) 判断对 V 面的可见性 (e) 完成图

图 2-44 求两一般位置平面的交线

有一个投影积聚为一条直线。从空间分析可知，垂直于某投影面垂直面的直线，一定平行于该投影面。例如：垂直于铅垂面的直线一定是水平线，该水平线的水平投影垂直于铅垂面的积聚投影；垂直于某投影面平行面的直线，一定垂直于该投影面，例如垂直于水平面的直线一定是铅垂线。

例 2-20 已知点 D 和正垂面 ABC 的投影，如图 2-45a 所示，求点 D 到 ABC 的距离。

分析：过点 D 向平面作垂线，点 D 与垂足之间的长度为点 D 到平面的距离。垂直于正垂面的直线一定是正平线，其正面投影垂直于正垂面的积聚投影，并反映线段实长。

作图步骤：

第一步，过 d' 向积聚投影 $a'b'c'$ 作垂线，交点标记为 e'，e' 为垂足的正面投影。

第二步，过 d 作 OX 轴的平行线，根据点

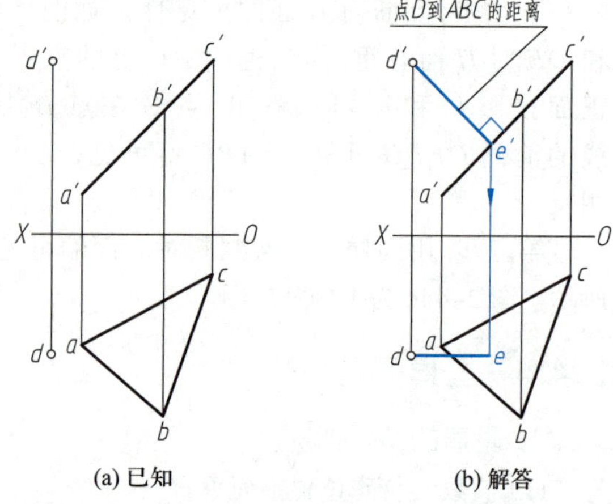

(a) 已知 (b) 解答

图 2-45 过已知点作直线与正垂面垂直

的投影特性求出 e。正平线 DE 的正面投影 $d'e'$ 的长度为点 D 到 ABC 的距离，如图 2–45b 所示。

(2) 两平面垂直的特殊情况

1) 两个特殊位置平面垂直

若两个投影面垂直面的积聚投影垂直，则这两个平面垂直。如图 2–46a 所示，△ABC 和△DEF 为铅垂面，它们的水平积聚投影垂直，则△ABC⊥△DEF。

某一投影面的平行面，必定与该投影面的垂直面垂直。如图 2–46b 所示，△GHK 为水平面，△LMN 为铅垂面，则△GHK⊥△LMN。

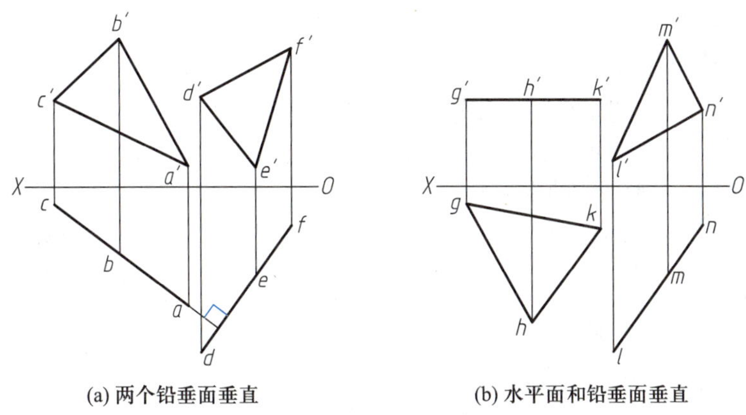

(a) 两个铅垂面垂直　　(b) 水平面和铅垂面垂直

图 2–46　两特殊位置平面垂直

2) 一般位置平面与投影面垂直面垂直

例 2–21　已知铅垂面 DEF 和一般位置平面 ABC 的投影，如图 2–47a 所示，试判断两平面是否垂直。

分析：与铅垂面垂直的直线是水平线。如果平面 ABC 内的水平线与平面 DEF 垂直，则两平面垂直，否则不垂直。

作图步骤：

作平面 ABC 内过点 C 的水平线 CK 的两面投影 $c'k'$ 和 ck，延长 ck 与 def 相交，如图 2–47b

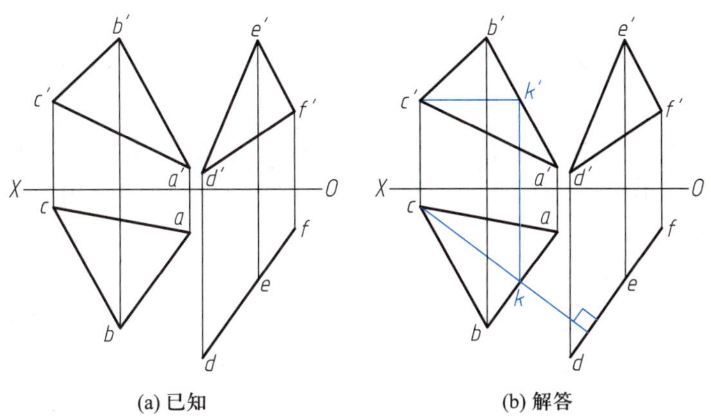

(a) 已知　　(b) 解答

图 2–47　判断两平面是否垂直

所示。它们的夹角为直角，所以直线 CK 垂直于平面 DEF。平面 ABC 内有一条直线 CK 垂直于平面 DEF，所以两平面垂直。

2. 垂直的一般情况

如果一条直线垂直于某一平面，则该直线垂直于该平面内的所有直线。如图 2-48a 中，直线 DE 垂直于平面 P，则 DE 垂直于平面 P 内的所有直线，即有 $DE \perp ST$、$DE \perp GH$。

但是由于直线 DE 和 ST 是一般位置直线，它们的垂直关系在投影面上不能得到反映，因此不能利用平面内的一般位置直线来帮助解决一般位置直线与一般位置平面垂直的作图问题。

GH 是平面 P 内的水平线，依据直角投影定理可知，DE 与 GH 的水平投影垂直，即有 $de \perp gh$，如图 2-48a 所示；同理可知，DE 的正面投影 $d'e'$ 垂直于平面 P 内正平线的正面投影。

据以上分析，可归纳出解决一般位置直线与一般位置平面垂直问题的作图规律：若一直线与一平面垂直，则该直线的正面投影一定垂直于该平面内正平线的正面投影，该直线的水平投影一定垂直于该平面内水平线的水平投影。

具体应用如图 2-48b 所示，作一般位置平面△ABC 内正平线 BM 的两面投影 bm 和 $b'm'$，与△ABC 垂直的直线 DE 的正面投影 $d'e' \perp b'm'$；作△ABC 内水平线 AN 的两面投影 $a'n'$ 和 an，直线 DE 的水平投影 $de \perp an$。

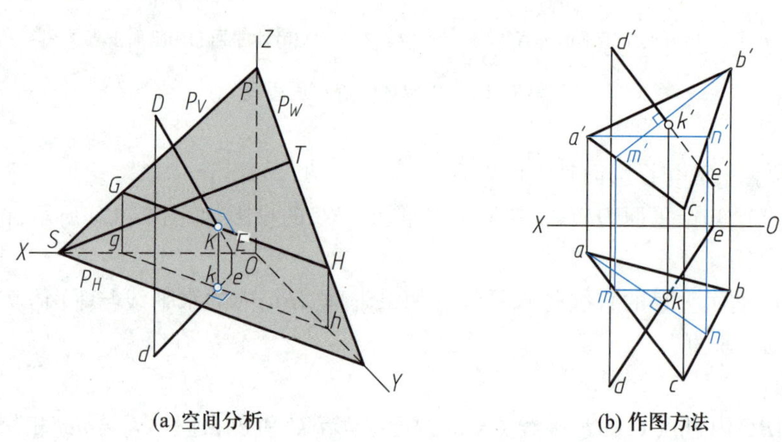

(a) 空间分析　　(b) 作图方法

图 2-48　直线与平面垂直的作图方法

注意：直线 DE 与 AN 和 BM 均为交叉垂直，DE 与△ABC 的交点 K（即垂足）需用线面求交点的方法求出。

例 2-22　已知线段 AB 的两面投影，如图 2-49a 所示，求作 AB 的中垂面。

分析： 中垂面与 AB 交于 AB 的中点；中垂面与 AB 垂直，因此平面内的正平线和水平线与 AB 垂直。

作图步骤：

第一步，依据线段投影的"定比性"，可作出 AB 的中点 M 的两面投影 m'、m，如图 2-49b 所示。

第二步，过点 M 作水平线 CD 的两面投影，其中 $c'd' /\!/ OX$，$cd \perp ab$，如图 2-49c 所示。

第三步，过点 M 作正平线 EF 的两面投影，其中 $ef /\!/ OX$，$e'f' \perp a'b'$，如图 2-49d 所示。

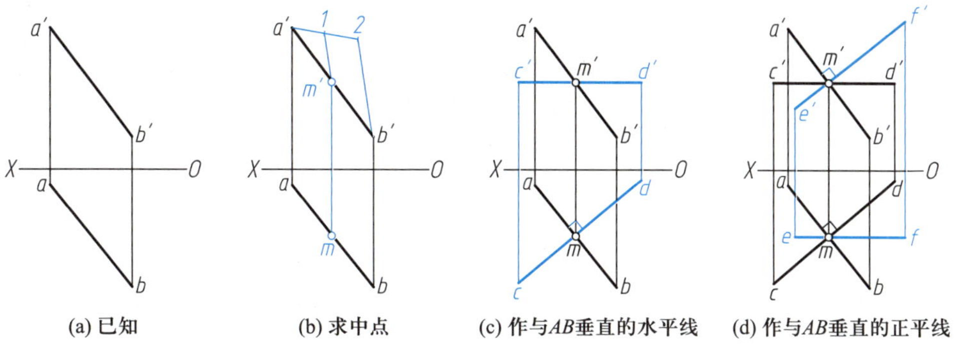

图 2-49 求直线的中垂面

相交两直线 CD 和 EF 所确定的平面，即为直线 AB 的中垂面。

例 2-23 已知△ABC 以及平面外一点 D 的两面投影，如图 2-50a 所示，求点 D 到△ABC 的距离。

分析：这是一个综合性较强的例题，涉及作一般位置平面的垂线、求线面的交点(垂足)、求一般位置线段的实长(距离)。

作图步骤：

第一步，作△ABC 面内正平线 BF 的两面投影 $b'f'$ 和 bf，以及水平线 AG 的两面投影 $a'g'$ 和 ag，如图 2-50b 所示。

第二步，作△ABC 的垂线 DE 的正面投影 $d'e' \perp b'f'$；DE 的水平投影 $de \perp ag$，如图 2-50c 所示。

第三步，求直线 DE 与△ABC 的交点 K，并判断 DE 的可见性，方法见图 2-42，结果如图 2-50d 所示。

第四步，利用直角三角形法求 DK 段的实长，该段长度即为点 D 到平面△ABC 的距离，如图 2-50e 所示。

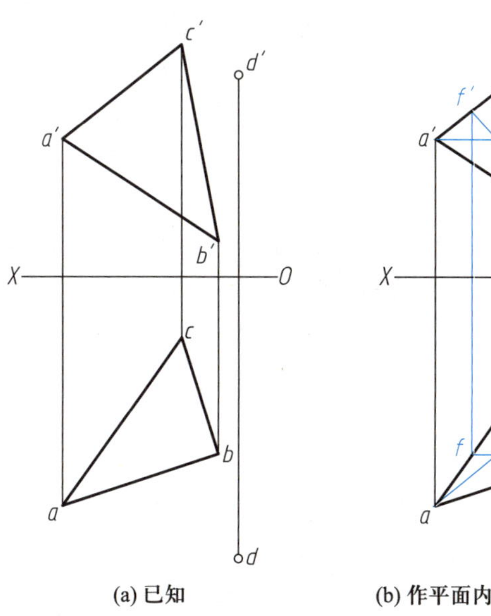

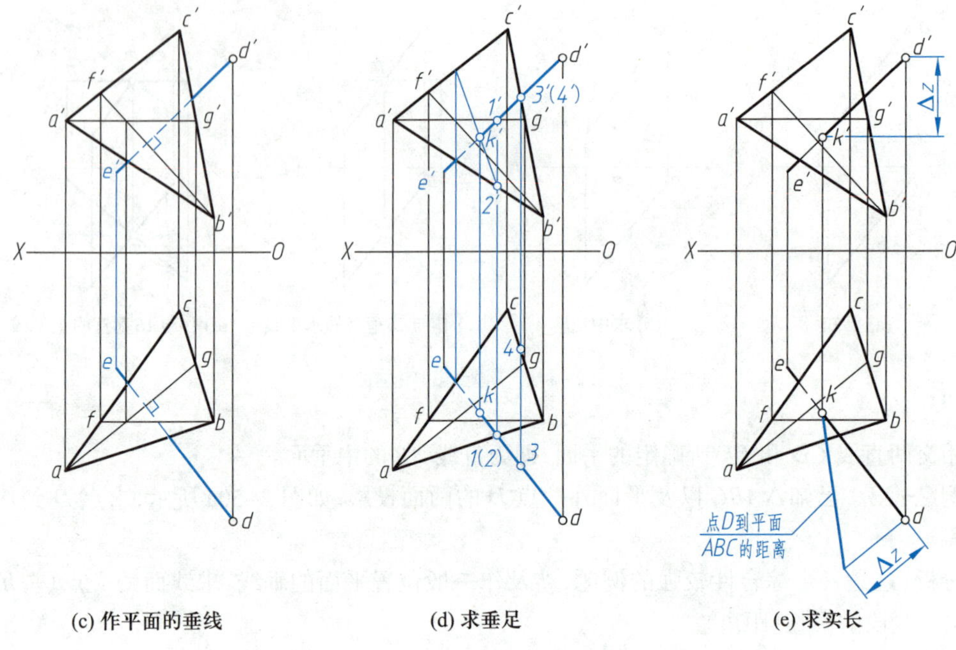

(c) 作平面的垂线　　(d) 求垂足　　(e) 求实长

图 2-50　求点到平面的距离

2.5　投影变换

投影变换是指通过改变投影对象与投影面之间的相对位置关系，让投影对象的几何特征或相对位置关系能在投影图中得到准确、清晰的表达，使得一些几何问题能够更方便地解决。例如，一般位置直线的三面投影都不反映实长，如果能将一般位置直线变换为投影面的平行线，就可以在投影图中直接量取线段实长以及对相关投影面的倾角，简化度量问题。求平面外的点到一般位置平面的距离，涉及作垂线、求交点、求实长等问题，作图过程复杂，如果能将一般位置平面变换为投影面的垂直面，这个问题的作图过程会得到极大的简化。因此，有些时候改变几何元素相对投影面的位置，会使问题得到简化。表 2-6 对几种情况做了对比和说明。

投影变换有两种思路：

(1) 投影面保持不变，空间几何元素绕设定的轴旋转，使得空间几何元素相对投影面处于利于解题的位置。这种投影变换方法称为旋转法。

(2) 空间几何元素的位置不变，通过更换投影面，使得空间几何元素相对投影面处于利于解题的位置。这种投影变换方法称为换面法。本书仅介绍此种方法。

2.5.1　换面法概述

图 2-51 所示直线 AB，在 V/H 投影体系中是一般位置直线。用与 H 面垂直且与 AB 平行的新投影面 V_1 替换 V 面，与 H 面构成新投影体系，V_1 与 H 面的交线为新坐标轴 O_1X_1。在 V_1/H 投影体系中，$AB/\!/V_1$，因此在 V_1 面上的投影 $a_1'b_1'$ 反映 AB 实长。

表 2-6 几何元素的空间位置对问题复杂程度的影响

	求线段实长和倾角	求点到平面的距离	求平面实形	求交叉直线间最短距离	求两平面夹角
			几何元素处于一般位置时，解决这三类问题的方法都非常复杂		
一般位置情况					
说明	L 为线段实长	JK 为点 J 到△EFG 的距离，需要利用直角三角形法才可求出 JK 的实长	一般位置平面△DEF 在基本投影面的投影都不反映实形	两条一般位置直线 DE 和 FG 的公垂线也是一般位置直线，求作方法较复杂	在基本投影面上无法直接求出两个一般位置平面夹角的实际大小
特殊位置情况					
说明	L 为线段实长	L 为点 M 到平面 $ABCD$ 的距离	△abc 为平面△ABC 的实形	L 为两条交叉直线的最短距离	θ 为两个平面的夹角

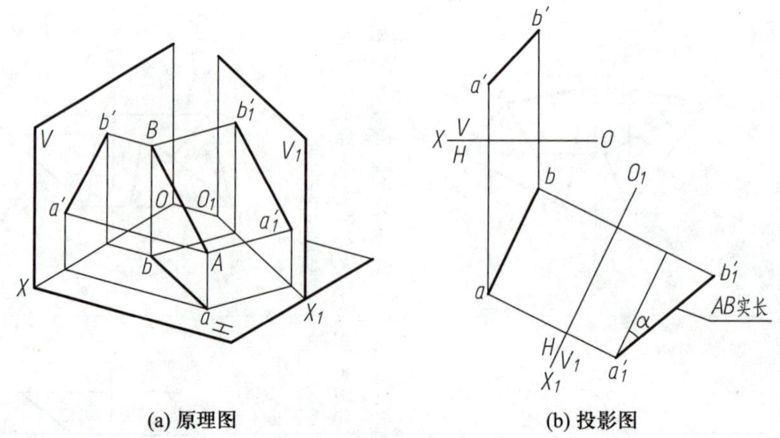

(a) 原理图 (b) 投影图

图 2–51 换面的过程

新投影面需要展开到与 V 面共面，如图 2–51a 所示，先将 V_1 面绕 O_1X_1 轴展开至与 H 面共面，再随 H 面绕 OX 轴展开至与 V 共面，得到如图 2–51b 所示的投影图。

设立新投影面是为了便于解决 V/H 投影体系中的几何问题，因此新投影面的选择必须符合以下两个基本条件。

基本条件一：新投影面必须垂直于原投影体系中不变换的投影面。如图 2–51 中，新投影面 V_1 垂直于 H 面。

基本条件二：新投影面必须使空间几何元素在新投影体系中处于利于解题的位置。如图 2–51 中，新投影面 $V_1 /\!/ AB$，V_1 面上的投影 $a_1'b_1'$ 反映 AB 实长。

2.5.2 点的投影变换规律及作图

点是构成所有几何对象最基本的元素，因此要掌握几何对象投影变换的作图方法，首先应了解点的投影变换规律。

1. 点的投影变换规律

利用换面法实现点的投影变换，可以更换 V 面，也可以更换 H 面。

(1) 更换 V 面的投影变换

点 A 在 V/H 投影体系的投影为 a'、a，如图 2–52a 所示。设立一个铅垂面为新的投影面，与 H 面构成 V_1/H 投影体系，V_1 面与 H 面的交线为新的投影轴，记为 O_1X_1。将点 A 向 V_1 面投射，得到点 A 在 V_1 面上的投影，记为 a_1'。

a_1' 与 a'、a 的关系分析如下：

1）由 a_1' 作 O_1X_1 轴的垂线，垂足为 a_{X_1}；过 a 向 O_1X_1 轴作垂线，垂足也为 a_{X_1}。因此在展开的投影图中，a_1' 与 a 的连线垂直于 O_1X_1 轴。

2）由于投射线 Aa'、Aa_1' 都平行于 H 面，因此得到 a_1' 与 a' 的关系：a' 到 OX 轴的距离 $=a_1'$ 到 O_1X_1 轴的距离 = 点 A 到 H 面的距离，即 $a'a_X=a_1'a_{X_1}=Aa$。

(2) 更换 H 面的投影变换

点 B 在 V/H 投影体系的投影为 b'、b，如图 2–52b 所示。设立一个正垂面为新的投影面，与 V 面构成 V/H_1 投影体系，V 面与 H_1 面的交线为新的投影轴，记为 O_1X_1。将点 B 向 H_1 面投射，

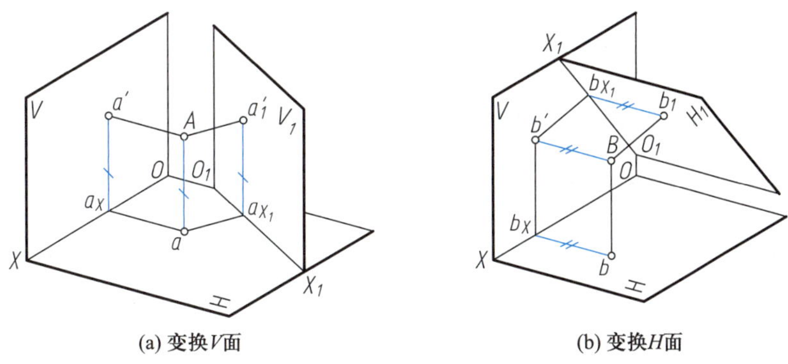

(a) 变换V面 (b) 变换H面

图 2-52 点的投影变换

得到点 B 在 H_1 面上的投影，记为 b_1。

b_1 与 b'、b 的关系分析如下：

1) 由 b_1 作 O_1X_1 轴的垂线，垂足为 b_{X_1}；过 b' 向 O_1X_1 轴作垂线，垂足也为 b_{X_1}。因此在展开的投影图中，b_1 与 b' 的连线垂直于 O_1X_1 轴。

2) 由于投射线 Bb、Bb_1 都平行于 V 面，因此得到 b_1 与 b 的关系：b 到 OX 轴的距离 $=b_1$ 到 O_1X_1 轴的距离 = 点 B 到 V 面的距离，即 $bb_X=b_1b_{X_1}=Bb'$。

根据点的投影变换的两种情况（更换 V 面或 H 面），归纳得到点的投影变换规律。

规律一：点的新投影与被保留的原投影的连线，垂直于新投影轴。

规律二：点的新投影到新投影轴的距离等于被替换的投影到原投影轴的距离。

依照点的投影变换规律，可以完成点的多次投影变换。下面介绍点的一次投影变换和二次投影变换。

2. 点的投影变换

说明：在没有题目要求的情况下，点的一次投影变换和二次投影变换的新投影轴 O_1X_1、O_2X_2，可在适当位置按任意方向画出。

(1) 点的一次投影变换

1) 变换 V 面的作图方法如图 2-53a 所示。

① 画出 O_1X_1 轴；

② 从 a 向 O_1X_1 轴作垂线并延长；

③ 在延长线上量取长度 z_A，确定 a_1' 的位置。

2) 变换 H 面的作图方法如图 2-53b 所示。

① 画出 O_1X_1 轴；

② 从 b' 向 O_1X_1 轴作垂线并延长；

③ 在延长线上量取长度 y_B，确定 b_1 的位置。

(2) 点的二次投影变换

在解决实际问题时，有时更换一次投影面还不能解决问题，需要连续两次，甚至多次变换投影面才能解决问题。图 2-54 所示为点的二次投影变换，具体作图步骤如下。

① 先按点的一次投影变换，完成点 A 在 V_1 面上的投影；

② 画出 O_2X_2 轴；

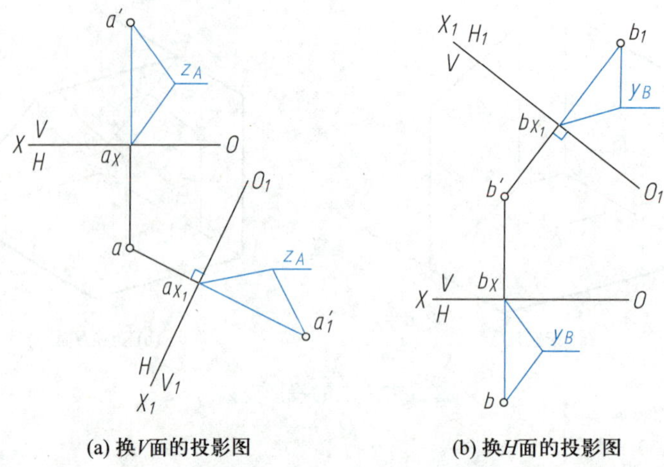

(a) 换V面的投影图　　(b) 换H面的投影图

图 2–53 点的一次投影变换

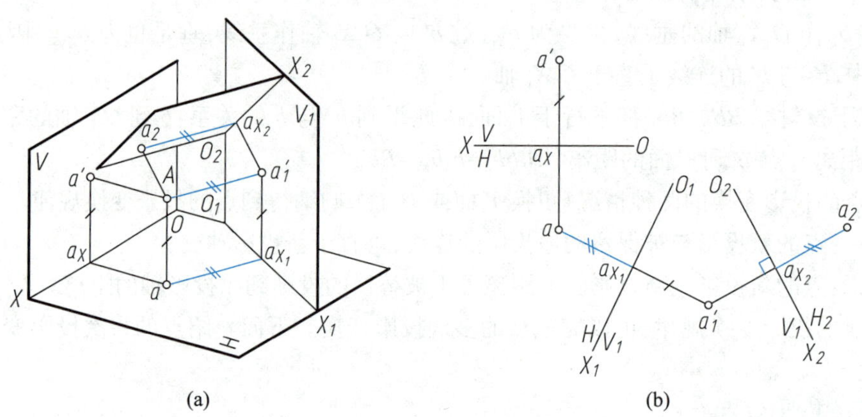

(a)　　(b)

图 2–54 点的二次投影变换

③ 从 a'_1 向 O_2X_2 轴作垂线并延长；

④ 量取 $aa_{X_1}=a_2a_{X_2}$，确定 a_2 的位置。

根据解题的需要可以进行多次投影变换，新投影面的选择必须符合前述两个基本条件；绘制几何元素在新投影面上的投影时，必须遵循投影变换规律。

2.5.3 投影变换的四个基本应用

1. 将一般位置直线变换为投影面平行线

一般位置直线经过一次变换，可成为投影面平行线。如图 2–55 所示，通过变换 H 面，使线段 AB 成为新投影面 H_1 面的平行线。新投影面 H_1 垂直于 V 面且平行于 AB，新坐标轴 $O_1X_1 /\!/ a'b'$，新投影 a_1b_1 反映 AB 的实长，a_1b_1 与 O_1X_1 轴的夹角反映 AB 对 V 面的倾角 β。

如果需要求线段的实长及其对 H 面的倾角 α，则应变换 V 面，如图 2–51 所示。新投影 $a'_1b'_1$ 反映线段的实长，$a'_1b'_1$ 与 O_1X_1 轴的夹角反映 AB 对 H 面的倾角 α。

2. 将一般位置直线变换为投影面垂直线

与一般位置直线垂直的平面一定是一般位置平面，而一般位置平面与 V、H 面都不垂直，不

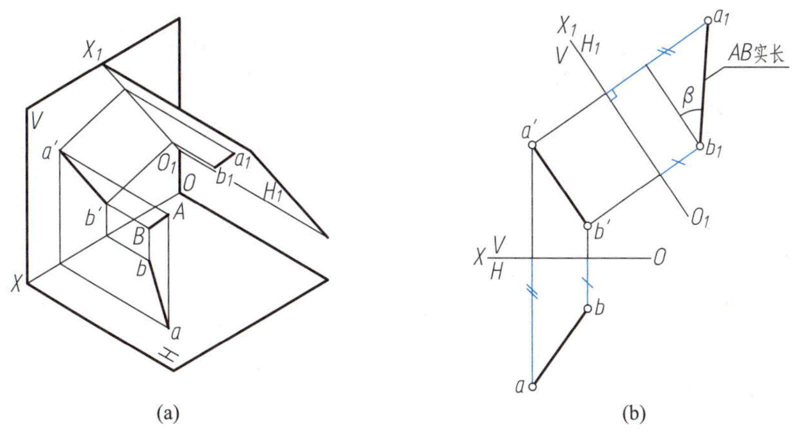

(a) (b)

图 2–55 一般位置直线变换为投影面平行线

能作为新投影面。因此将一般位置直线变换为投影面垂直线不可能通过一次变换完成，必须经过两次变换。

将一般位置直线变换为投影面垂直线的过程如图 2–56 所示。第一次变换通过更换 V 面，使直线 AB 成为新投影面 V_1 的平行线。再以既垂直于 V_1 面又垂直于 AB 的平面 H_2 作为新投影面进行第二次变换，此时新投影轴 $O_2X_2 \perp a_1'b_1'$，在新投影体系 V_1/H_2 中，直线 AB 为投影面垂直线。

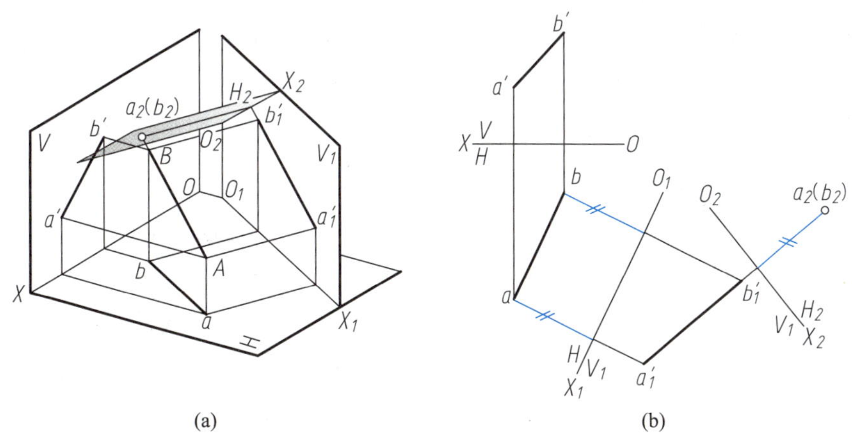

(a) (b)

图 2–56 一般位置直线变换为投影面垂直线

第一次变换也可以变换 H 面（方法同图 2–55），第二次变换 V 面，此时新投影轴 $O_2X_2 \perp a_1b_1$，在新投影体系 V_2/H_1 中，直线 AB 为投影面垂直线。

3. 将一般位置平面变换为投影面垂直面

要将一般位置平面变换为投影面的垂直面，新投影面要与一般位置平面垂直，即新投影面要垂直于一般位置平面内的一条直线。为作图简便，新投影面应垂直于一般位置平面内的投影面平行线。

图 2–57 中的 $\triangle ABC$ 为一般位置平面，AD 为平面内一条水平线，新投影面 V_1 垂直于 AD，则 $\triangle ABC \perp V_1$ 面，在 V_1/H 投影体系中，$\triangle ABC$ 为投影面垂直面。此时新投影轴 $O_1X_1 \perp ad$，平面的积聚投影与 O_1X_1 轴的夹角为该平面对 H 面的倾角 α。

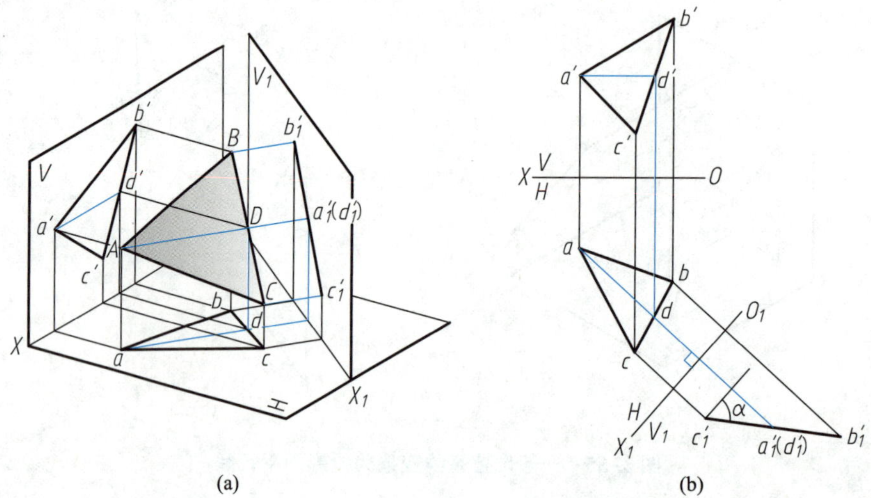

图 2-57　一般位置平面变换为投影面垂直面

也可以在一般位置平面内作正平线，通过更换 H 面，使一般位置平面在 V/H_1 投影体系中变换为投影面垂直面。此时新投影轴 O_1X_1 垂直于平面内正平线的正面投影，平面在 H_1 面上的积聚投影与 O_1X_1 轴的夹角为该平面对 V 面的倾角 β。

4. 将一般位置平面变换为投影面平行面

将一般位置平面变换为投影面平行面，需要两次变换。如图 2-58a 所示，一般位置平面 $\triangle ABC$ 经过两次变换后，在 V_1/H_2 体系变换为投影面平行面。

第一次变换将平面变换为投影面垂直面，变换过程如图 2-57 所示，$\triangle ABC$ 在 V_1 面上的积

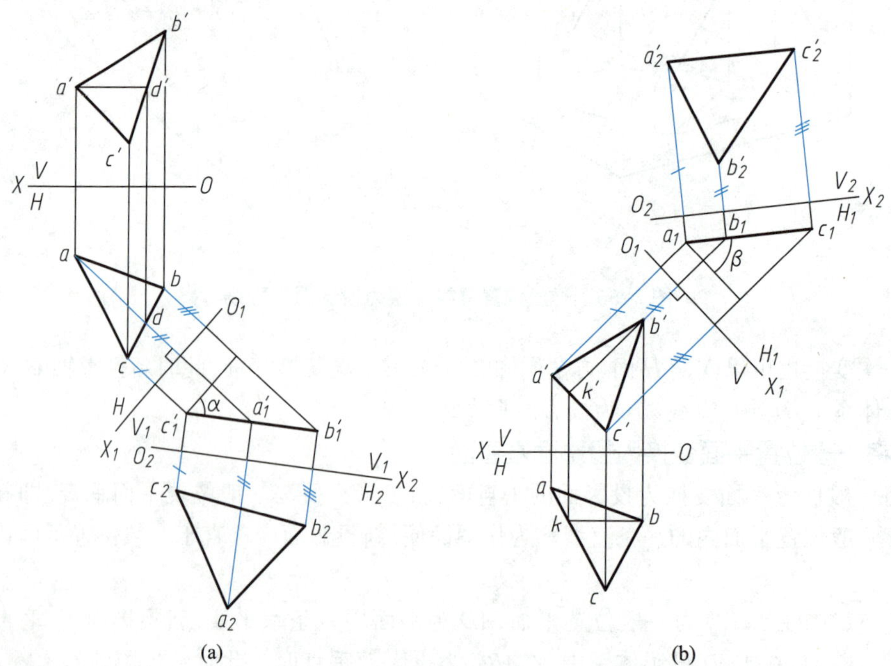

图 2-58　一般位置平面变换为投影面平行面

聚投影 $a_1'b_1'c_1'$ 与 O_1X_1 轴的夹角为△ABC 对 H 面的倾角 α。第二次变换时，新投影面 H_2 要平行于△ABC，即新投影轴 O_2X_2 要平行于积聚投影 $a_1'b_1'c_1'$，△ABC 在 H_2 面上的投影 $a_2b_2c_2$ 反映实形。

图 2-58b 所示为同一平面△ABC，经过二次变换后，在 V_2/H_1 投影体系成为投影面平行面。在△ABC 内作正平线 BK，新投影面 H_1 垂直于 BK，即新投影轴 O_1X_1 垂直于 $b'k'$，通过第一次变换将△ABC 变换为投影面垂直面，其在 H_1 面上的积聚投影 $a_1b_1c_1$ 与 O_1X_1 轴的夹角为△ABC 对 V 面的倾角 β。第二次变换时，新投影轴 O_2X_2 平行于积聚投影 $a_1b_1c_1$，△ABC 在 V_2 面上的投影 $a_2'b_2'c_2'$ 反映实形。

2.5.4 投影变换应用举例

例 2-24　斜截长方体形成一个一般位置平面△ABC，现需要垂直该平面加工一个 ϕ10 的圆孔，如图 2-59a 所示。圆孔孔口圆的圆心 D 在 AB 的中垂线上，且距离直线 AB 为 10 mm。已

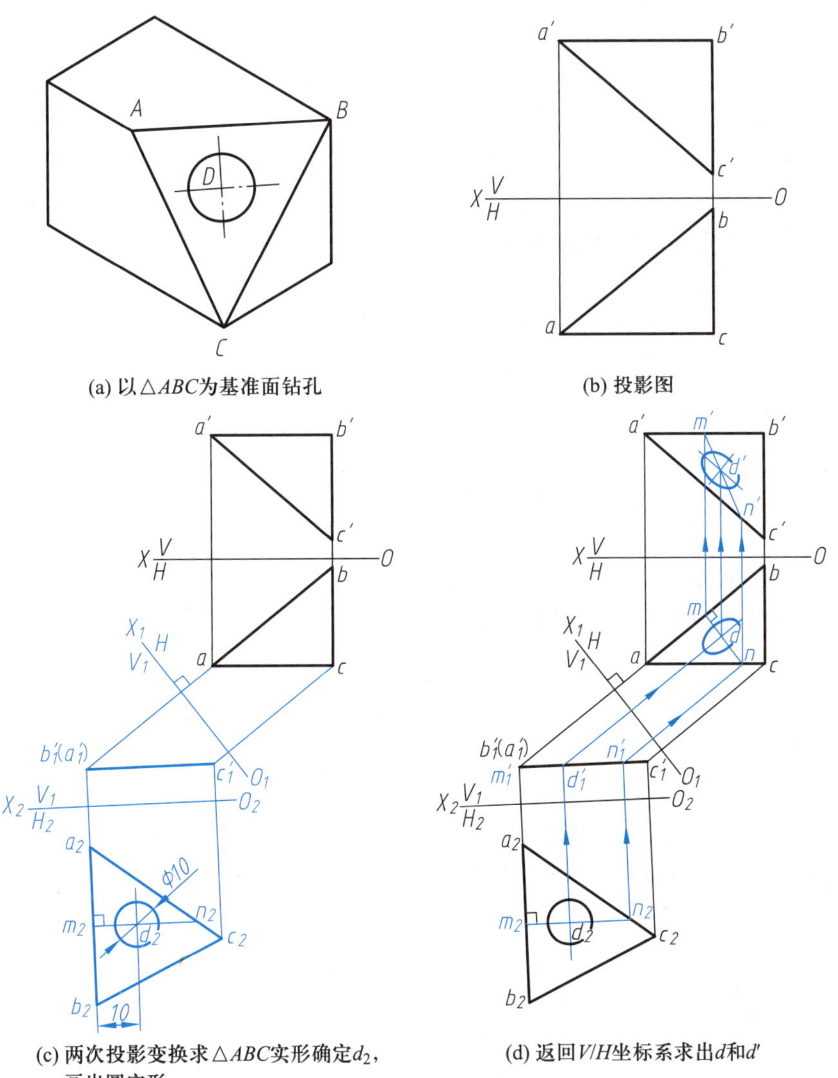

(a) 以△ABC为基准面钻孔

(b) 投影图

(c) 两次投影变换求△ABC实形确定d_2，画出圆实形

(d) 返回V/H坐标系求出d和d'

图 2-59　例 2-24 题目及解答

知△ABC 的两面投影，如图 2-59b 所示，求作圆心 D 的两面投影 d'、d，并在恰当的视图上作出该圆的实形。

分析：△ABC 是一般位置平面，若能求出△ABC 的实形，则可根据给定的条件确定点 D 的位置，画出圆实形。因此本题要解决的关键问题是求作一般位置平面的实形。按照图 2-58 所示一般位置平面变换为投影面平行面的方法，通过二次变换可以求出△ABC 的实形。△ABC 包含有水平线 AB 和正平线 AC，无须再作投影面平行线。

作图步骤：

第一步，作投影轴 $O_1X_1 \perp ab$，将△ABC 变换为新投影面 V_1 的垂直面，作出△ABC 在 V_1 面上的积聚投影 $(a_1')b_1'c_1'$。作投影轴 $O_2X_2 /\!/ (a_1')b_1'c_1'$，构成 V_1/H_2 投影体系，作出△ABC 在 H_2 面上的投影△$a_2b_2c_2$。△$a_2b_2c_2$ 为△ABC 的实形。依据题目给定的点 D 的位置求出 d_2，画出圆实形，如图 2-59c 所示。

第二步，由 d_2 作图求出 d' 和 d，如图 2-59d 所示。

说明：

(1) 因为圆心点 D 在水平线 AB 的中垂线上，且距离 AB 为定长，因此在 V_1 面投影上已能确定 d_1' 的位置，继而可以作图求出 d' 和 d，作出 H_2 面投影是为了求圆的实形。

(2) 该题第一次变换也可更换 H 面，具体作图过程不再赘述。

本例中一般位置平面上的圆，在 V 面和 H 面的投影都是椭圆。其中正面投影椭圆的长轴为经过圆心的正平线，长度等于圆的直径；水平投影椭圆的长轴为经过圆心的水平线，长度等于圆的直径。两面投影的短轴都与长轴垂直，短轴的长度可利用换面法求出，如图 2-60 所示。

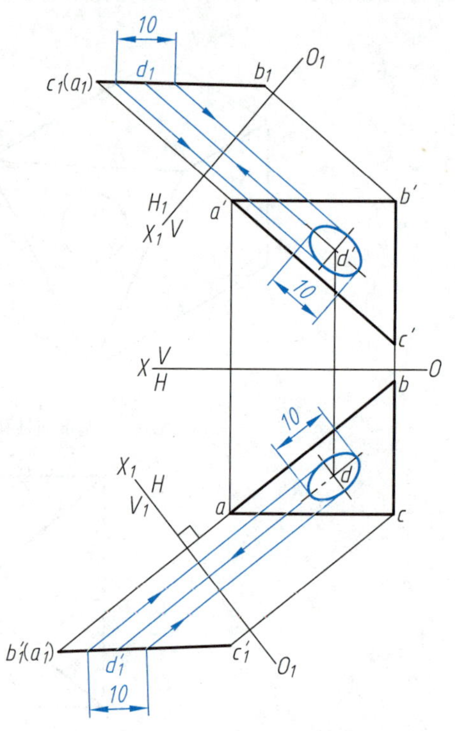

图 2-60 一般位置平面上圆的投影画法

例 2-25 已知两根管子处于交叉位置，试确定连接这两根管子的最短管子的长度和连接位置。将这个实际应用问题归纳为几何问题，即已知两条交叉直线 AB 和 CD，如图 2-61a 所示，求它们的公垂线 MN 的长度及投影。

分析：两交叉直线的公垂线与两条直线都垂直。如果将 AB 变换为投影面垂直线，如图 2-61b 所示，则公垂线 MN 一定平行于该投影面。在该投影面上，公垂线的投影反映实长，公垂线的投影与 CD 的投影垂直（直角投影定理）。因此，求解本题的关键在于通过两次变换将一般位置直线变为投影面垂直线。

作图步骤：

第一步，作投影轴 $O_1X_1 /\!/ ab$，作出直线 AB、CD 在 V_1 面上的投影 $a_1'b_1'$ 和 $c_1'd_1'$。作投影轴 $O_2X_2 \perp a_1'b_1'$，作出直线 AB、CD 在 H_2 面上的投影 a_2b_2 和 c_2d_2，a_2b_2 积聚为一个点。由 a_2b_2 向 c_2d_2 作垂线，即为 AB 与 CD 的公垂线 MN 在 H_2 面上的投影 m_2n_2，如图 2-62a 所示。m_2n_2 的长度为公垂线的实长。

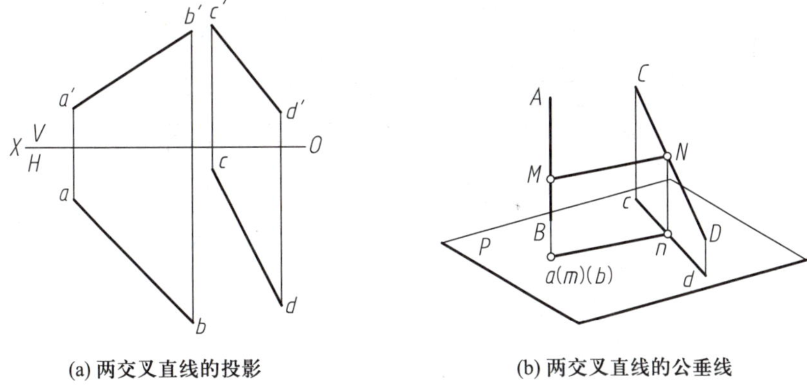

(a) 两交叉直线的投影　　(b) 两交叉直线的公垂线

图 2-61　两交叉直线的公垂线

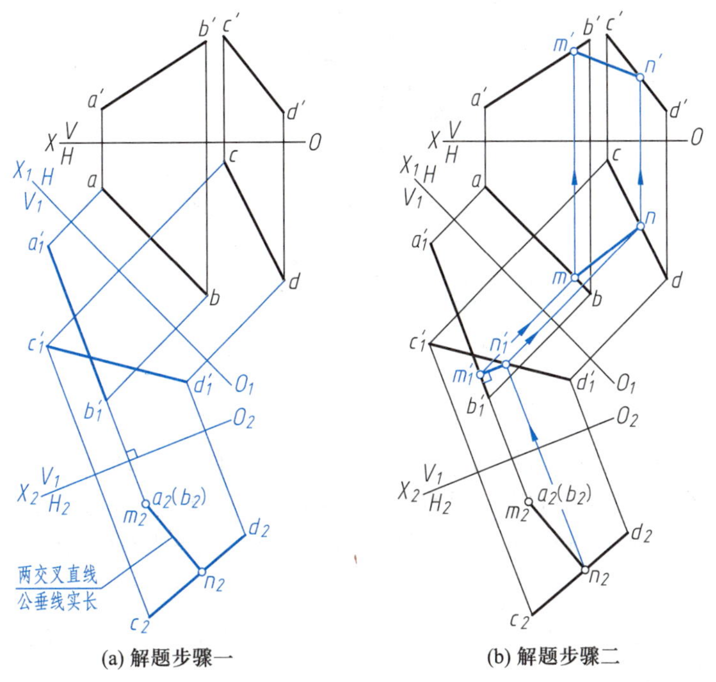

(a) 解题步骤一　　(b) 解题步骤二

图 2-62　例 2-25 解题过程

第二步，利用 m_2、n_2 作图求出公垂线 MN 的两面投影 $m'n'$ 和 mn。注意：$m_1'n_1' \perp a_1'b_1'$，$m_1'n_1' /\!/ O_2X_2$ 轴，如图 2-62b 所示。

例 2-26　图 2-63a 所示的四棱台，其两面投影如图 2-63b 所示。求四棱台表面 $ABCD$ 与 $ABFE$ 的夹角 θ。

分析：平面 $ABCD$ 与 $ABFE$ 为一般位置平面，交线 AB 为一般位置直线，无法在 V 面或 H 面投影直接量取两面夹角的真实大小。如果能将 AB 变换为投影面的垂直线，则以 AB 为交线的两个平面一定都垂直于该投影面，在该投影面上的投影积聚为两条直线，这两条直线的夹角即为所求，如图 2-64 所示。

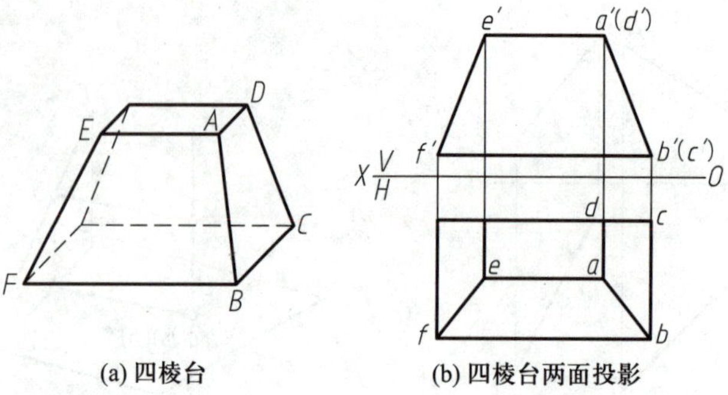

(a) 四棱台 (b) 四棱台两面投影

图 2-63 四棱台的立体图和两面投影

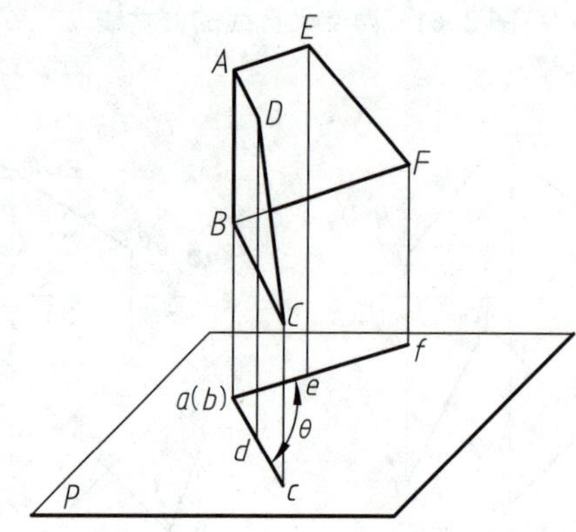

图 2-64 两平面夹角的大小

作图步骤：

第一步，将交线 AB 变换为投影面平行线，图 2-65a 中的 O_1X_1 轴平行于 ab。

第二步，将交线 AB 变换为投影面垂直线，图 2-65b 中的 O_2X_2 轴垂直于 $a_1'b_1'$。

在 H_2 面上，平面 $ABCD$ 和平面 $ABFE$ 积聚为两条直线，两条直线的夹角即为所求的 θ。

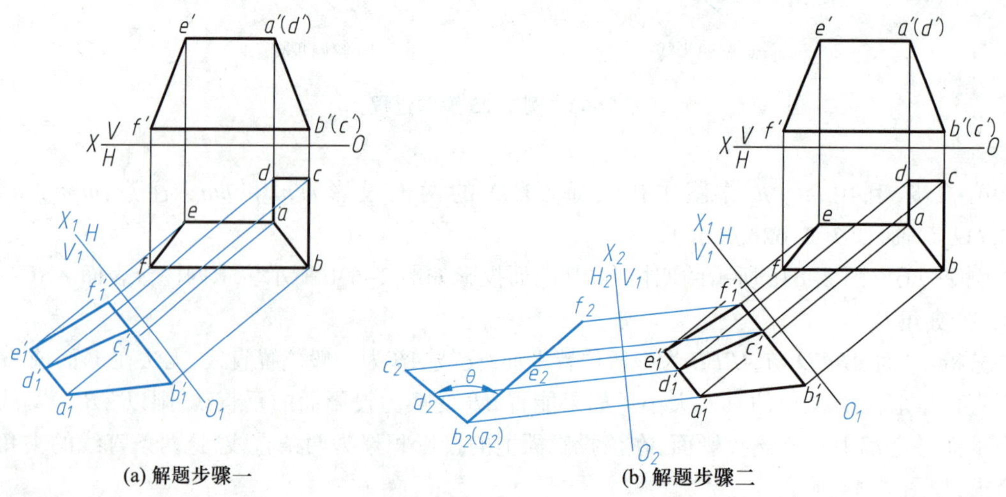

(a) 解题步骤一 (b) 解题步骤二

图 2-65 例 2-26 解题过程

第3章

制图的基本知识

“工程图样”是工程界通用的“技术语言”，是表达设计思想、进行技术交流和组织生产的参考。为了方便工程技术交流和管理，国家相关部门对图样上的内容做出了统一规定，制定了《技术制图》《机械制图》和《房屋建筑制图统一标准》等国家标准。我国国家标准（简称“国标”）代号为“GB”，每一个工程技术人员都必须以严肃认真的态度遵守国标。

本节将介绍国标中关于图纸幅面和格式、比例、字体、图线、尺寸标注等内容。

3.1 《机械制图》和《技术制图》的相关规定

3.1.1 图纸幅面、格式和附加符号（GB/T 14689—2008）

1. 图纸幅面尺寸

绘制工程图样时，应优先采用表 3-1 所规定的基本幅面。表 3-1 中字母 B、L、e、c、a 的含义见图 3-2 和图 3-3。必要时允许加长幅面，可由基本幅面的短边成整数倍增加后得出。图 3-1 中粗实线框为基本幅面，细虚线框为加长幅面。

表 3-1　图纸基本幅面尺寸及图框尺寸　　mm

幅面代号		A0	A1	A2	A3	A4
幅面尺寸 $B\times L$		841 × 1 189	594 × 841	420 × 594	297 × 420	210 × 297
边框	e	20		10		
	c	10			5	
	a	25				

2. 图框格式

(1) 在图纸上必须用粗实线画出图框，其格式分为不留装订边和留装订边两种，但同一产品的图样只能采用一种格式。

(2) 不留装订边的图纸，其图框格式如图 3-2 所示，尺寸按表 3-1 的规定选取。

(3) 留装订边的图纸，其图框格式如图 3-3 所示，尺寸按表 3-1 的规定选取。

3. 标题栏的方位

(1) 每张图纸上都必须画出标题栏，标题栏的位置应位于图纸的右下角，如图 3-3 所示。

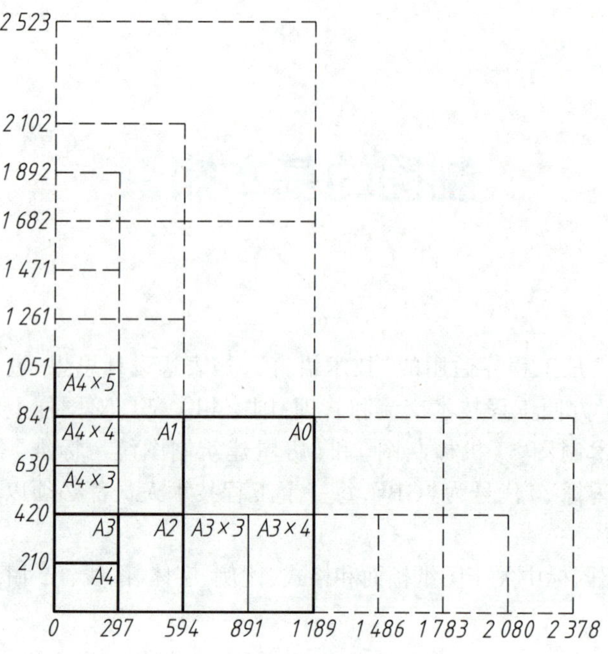

图 3-1 图纸的幅面尺寸

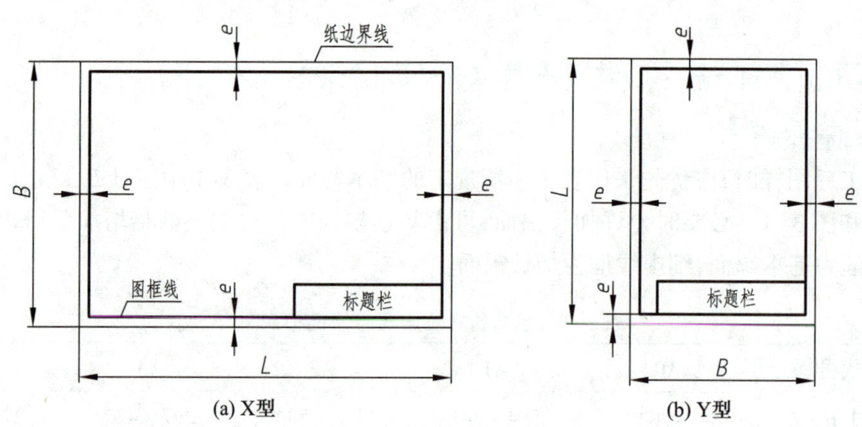

图 3-2 无装订边图纸的图框格式

(2) 图纸摆放型式有两种：横放（X 型），如图 3-2a 和图 3-3a 所示；竖放（Y 型），如图 3-2b 和图 3-3b 所示。看图方向应与标题栏中文字的方向一致。

(3) 若使用预先印制的图纸，允许将 X 型图纸沿逆时针方向旋转 90°使用，如图 3-4a、b 所示；或将 Y 型图纸沿逆时针方向旋转 90°使用，如图 3-4c、d 所示。此时需要在摆放好的图纸下方的对中符号上画方向符号，以此确定看图方向。

4. 图纸的附加符号

(1) 对中符号

为了使图样复制和缩微摄影时定位方便，对表 3-1 所列的各号图纸，均可在图纸各边长的中点处分别画出对中符号。用粗实线由纸边向图框内伸入 5 mm，如图 3-4 所示。

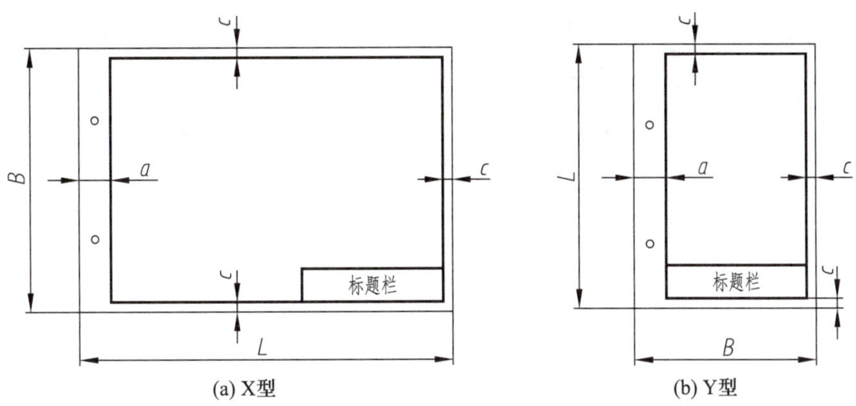

(a) X型　　(b) Y型

图 3-3　有装订边图纸的图框格式

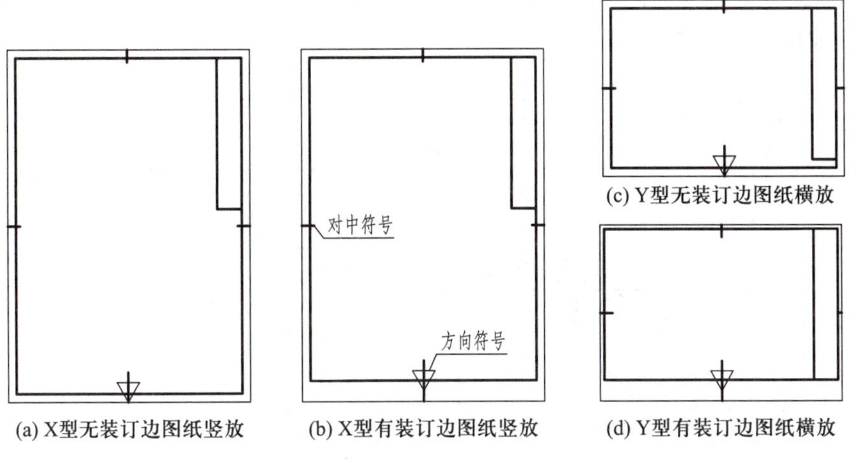

(a) X型无装订边图纸竖放　　(b) X型有装订边图纸竖放　　(c) Y型无装订边图纸横放　　(d) Y型有装订边图纸横放

图 3-4　标题栏的方位

当对中符号处在标题栏范围内时，则伸入标题栏部分省略不画，如图 3-4c、d 所示。

(2) 方向符号

若使用预先印制好的图纸，为了明确绘图和看图方向，应在图纸下边对中符号处画出一个方向符号，如图 3-4 所示。

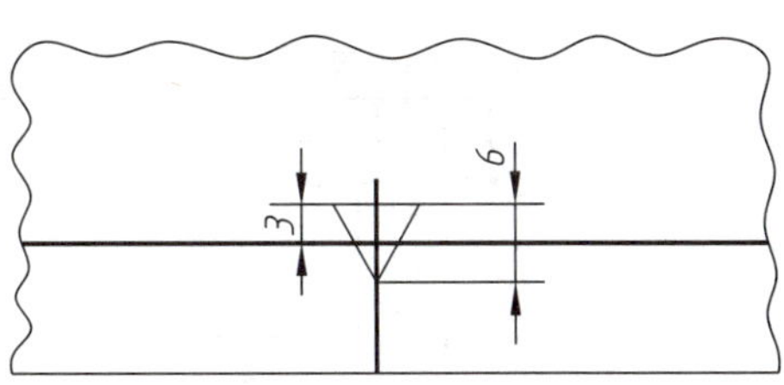

图 3-5　方向符号的尺寸和位置

方向符号是用细实线绘制的等边三角形，其大小和所处的位置如图 3-5 所示。

(3) 投影符号

第一角画法的投影识别符号如图 3-6a 所示，第三角画法的投影识别符号如图 3-6b 所示。

投影符号中的线型用粗实线和细点画线绘制，其中粗实线的线宽不小于 0.5 mm，如图 3-6 所示。

投影符号一般放置在标题栏中名称及代号区的下方。

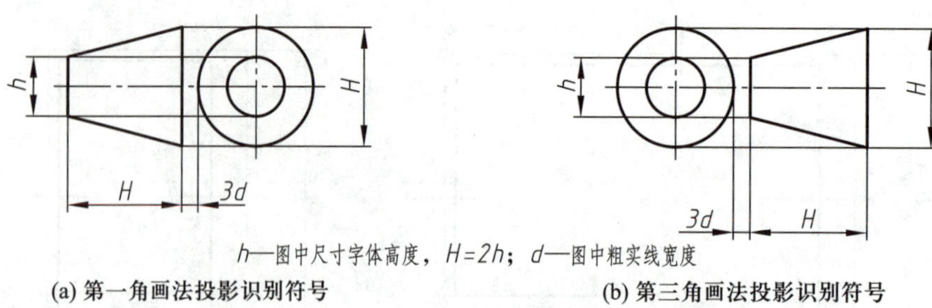

(a) 第一角画法投影识别符号 (b) 第三角画法投影识别符号

图 3-6 投影识别符号

3.1.2 标题栏和明细栏

标题栏的格式和尺寸按 GB/T 10609.1—2008 的规定。明细栏的内容、格式和尺寸按 GB/T 10609.2—2009 的规定。明细栏通常设置在装配图中标题栏上方。标准标题栏格式如图 3-7 所示。制图作业用的标题栏和明细栏可适当简化，建议采用图 3-8 所示的格式。

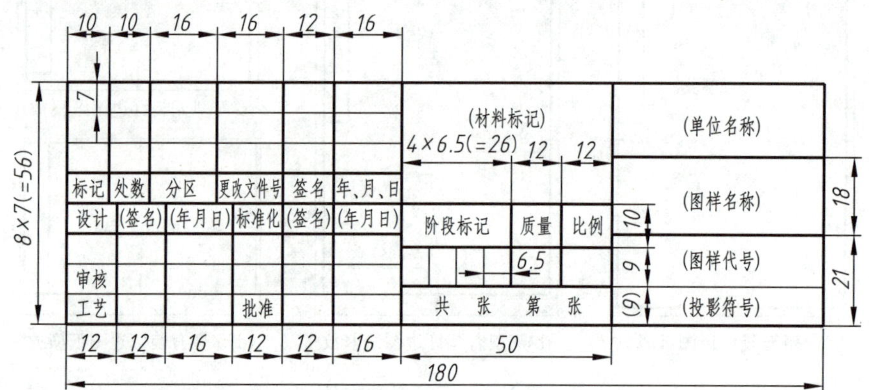

图 3-7 标准标题栏

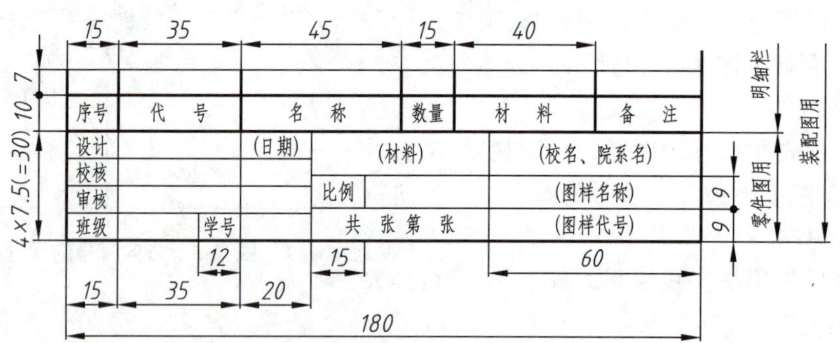

图 3-8 简化的标题栏和明细栏

3.1.3 比例(GB/T 14690—1993)

比例是指图形与实物的相应要素的线性尺寸之比。包括原值比例、缩小比例、放大比例。比例值应从表 3-2 规定的系列中选取。必要时，允许选取表 3-3 的比例。

表 3-2 绘图比例(一)

种类	比例
原值比例	1∶1
放大比例	5∶1　2∶1　5×10^n∶1　2×10^n∶1　1×10^n∶1
缩小比例	1∶2　1∶5　1∶10　1∶2×10^n　1∶5×10^n　1∶1×10^n

表 3-3 绘图比例(二)

种类	比例
放大比例	4∶1　2.5∶1　4×10^n∶1　2.5×10^n∶1
缩小比例	1∶1.5　1∶2.5　1∶3　1∶4　1∶6　1∶1.5×10^n 1∶2.5×10^n　1∶3×10^n　1∶4×10^n　1∶6×10^n

注:n 为正整数。

图样上的尺寸应按实物的实际大小标注,标注的尺寸数值与绘图所采用的比例无关,如图 3-9 所示。

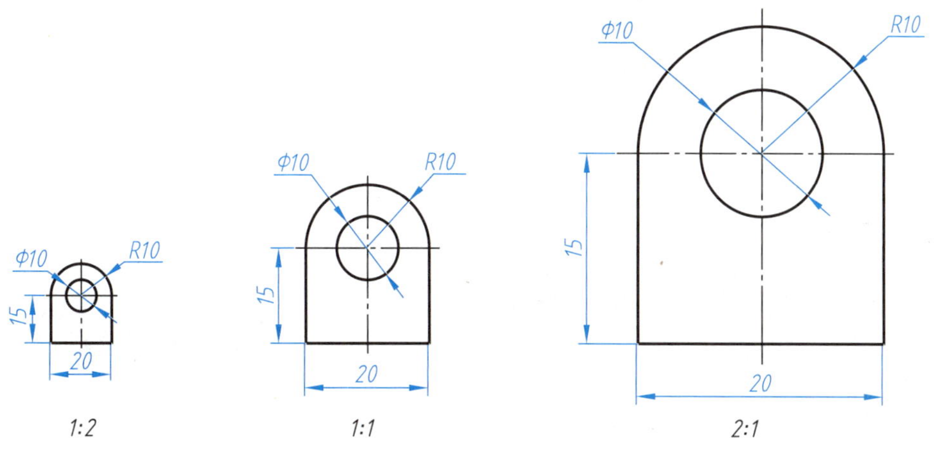

图 3-9 不同比例的尺寸标注

3.1.4 字体(GB/T 14691—1993)

字体要求:字体工整、笔画清楚、间隔均匀、排列整齐。

字体的号数用字体的高度(h)表示,字高的公称尺寸系列为:1.8,2.5,3.5,5,7,10,14,20,单位为 mm。如要书写更大的字,其字体高度应按 $\sqrt{2}$ 的比率递增。

1. 汉字

汉字应写成长仿宋体,字高 h 不应小于 3.5 mm,字宽一般为 $h/\sqrt{2}$。长仿宋汉字示例如图 3-10 所示。

2. 字母和数字

字母和数字分为 A 型和 B 型,两者皆有斜体和直体之分。A 型字体的笔画宽度(d)为字

10号字

字体工整笔画清楚间隔均匀排列整齐

7号字

横平竖直注意起落结构均匀填满方格

3.5号字

技术制图机械材料汽车化工土木建筑包装设计

图 3-10 长仿宋体汉字示例

高(h)的 1/14,B 型字体的笔画宽度(d)为字高(h)的 1/10。斜体字字头向右倾,与水平基准线成 75°。同一图样上只允许选用一种型式的字体。A 型拉丁字母的字体如图 3-11 所示。A 型阿拉伯数字和罗马数字的字体如图 3-12 所示。

大写拉丁字母斜体
ABCDEFGHIJKLMNOPQ
小写拉丁字母斜体
abcdefghijklmnopq

图 3-11 A 型拉丁字母字体示例

阿拉伯数字斜体
0123456789
阿拉伯数字直体
0123456789
罗马数字斜体
I II III IV V VI VII VIII IX X

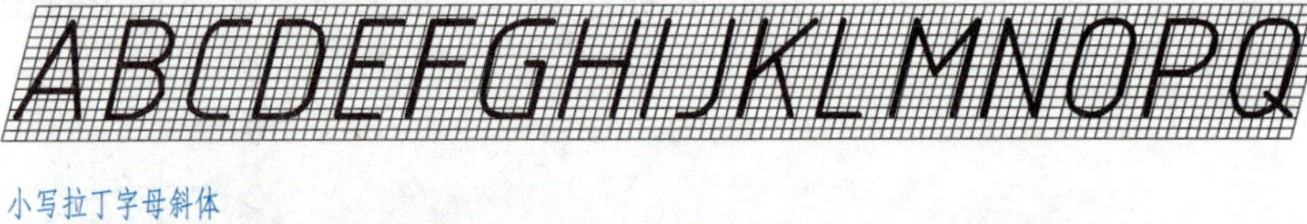

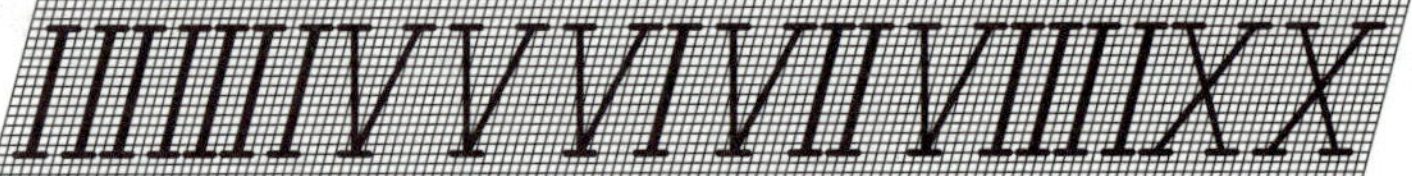

图 3-12 A 型阿拉伯数字和罗马数字字体示例

用作指数、分数、极限偏差、注脚等的数字及字母,一般应采用小一号的字体,如图 3-13 所示。

3.1.5 图线(GB/T 17450—1998、GB/T 4457.4—2002)

1. 图线的型式及应用

在机械图样中,图线分为粗、细两种线宽,粗线一般在 0.5~2 mm 范围内选取,粗、细线宽度之比为 2∶1。所有线型图线宽度(d)的推荐系列为:0.13,0.18,0.25,0.35,0.5,0.7,1,1.4,2,单位为 mm。线宽的选取可根据图幅的大小和图样的复杂程度而定。

表 3-4 为常用图线的名称、线型及应用。图 3-14 为常用图线的应用举例。

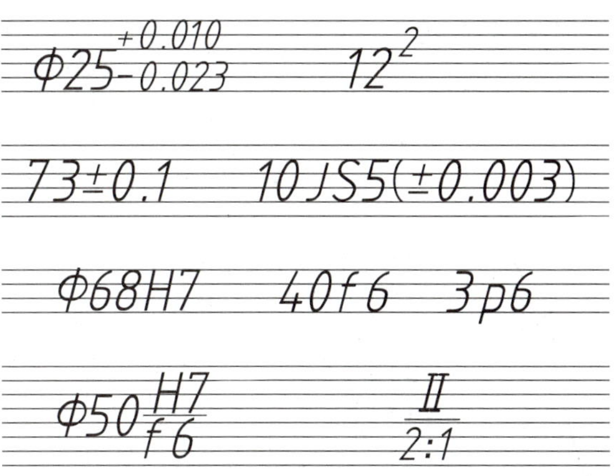

图 3-13 字体综合运用示例

表 3-4 工程制图的名称线型及应用

图线名称	线型	应用
粗实线	——————	可见轮廓线、棱边线
细虚线	- - - - - - - -	不可见轮廓线、棱边线
细实线	——————	尺寸线，尺寸界线，剖面线，指引线等
细点画线	——·——·——·—	轴线，对称中心线等
波浪线	～～～	断裂处边界线，视图与剖视图的分界线
双折线	——∧——∧——	断裂处边界线，视图与剖视图的分界线
细双点画线	——··——··——	轨迹线，相邻辅助零件的轮廓线，可动零件的极限位置的轮廓线等
粗点画线	——·——·——·—	限定范围表示线
粗虚线	- - - - - - - -	允许表面处理的表示线

注：波浪线、双折线在一张图样上一般采用一种。

2. 图线画法

绘制图样时，应正确使用图线。图 3-15 所示为绘制图样时图线的正确画法，以及常出现的问题。绘图时应遵守以下各项规定：

(1) 同一图样中同类图线的宽度应基本一致，虚线、点画线及双点画线的线素（点、画、间隔）应符合国标的有关规定；

(2) 除非另有规定，两条平行线之间的最小间隙不得小于 0.7 mm；

(3) 绘制圆的对称中心线时，圆心应为长画的交点；点画线首、末两端应是长画，且宜超出轮廓线 2~5 mm；

(4) 点画线、虚线和其他图线相交时，都应在长画、短画处相交，不应在间隔或点处相交；

(5) 当虚线处于粗实线的延长线上时，粗实线应画到分界点，而虚线与粗实线应留出间隔；

(6) 在较小的图形上绘制点画线、双点画线有困难时，可用细实线代替；

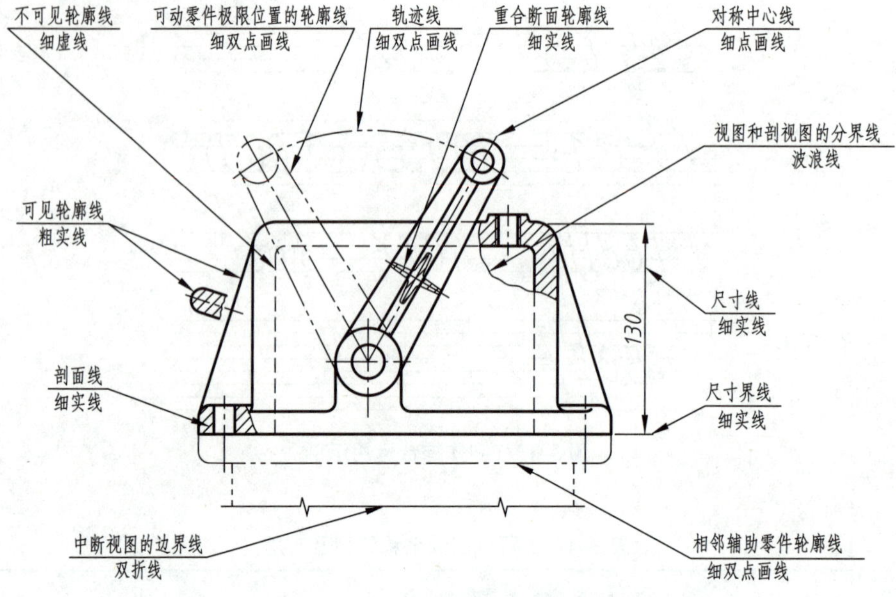

图 3-14 常用图线应用举例

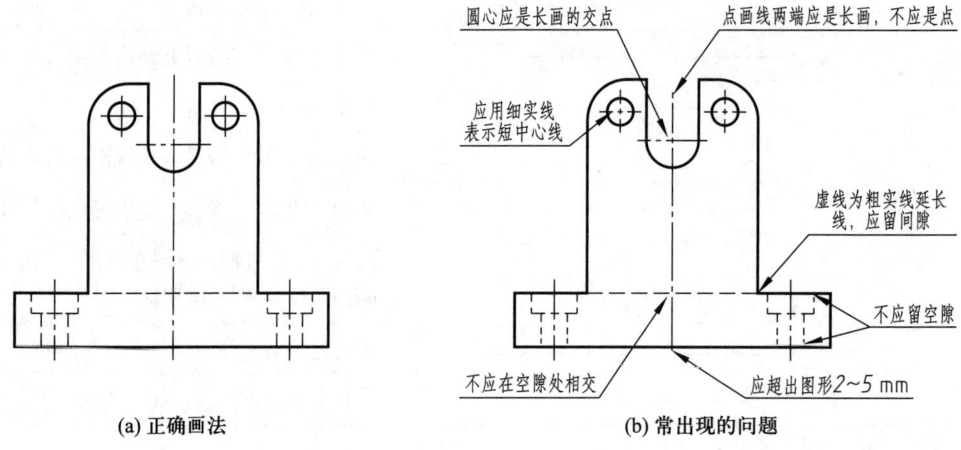

图 3-15 图线画法示例

(7) 当两种以上不同类型的图线重合时，应遵守表 3-5 的显示顺序。

表 3-5 线型绘制显示顺序

线型	显示顺序
粗实线（可见轮廓线）	1
细虚线（不可见轮廓线）	2
细点画线（轴线和对称中心线、剖切平面迹线）	3
细双点画线（假想轮廓线）	4
细实线（尺寸界线和分界线）	5

3.1.6 尺寸注法（GB/T 4458.4—2003、GB/T 16675.2—2012）

1. 基本规则

(1) 机件的真实大小应以图样上所注的尺寸数值为依据，不应直接在图中度量。

(2) 图样中的尺寸以 mm 为单位时，不须标注单位符号（或名称），如采用其他单位，则必须注明。

(3) 图样中所标注的尺寸为图样所示机件的最后完工尺寸，否则应另加说明。

(4) 机件的每个尺寸一般只标注一次，并应标注在反映该结构最清晰的图形上。

2. 尺寸组成

如图 3-16 所示，一个完整的尺寸应包括三个要素：尺寸数字、尺寸线（尺寸线终端为箭头或斜线）、尺寸界线。

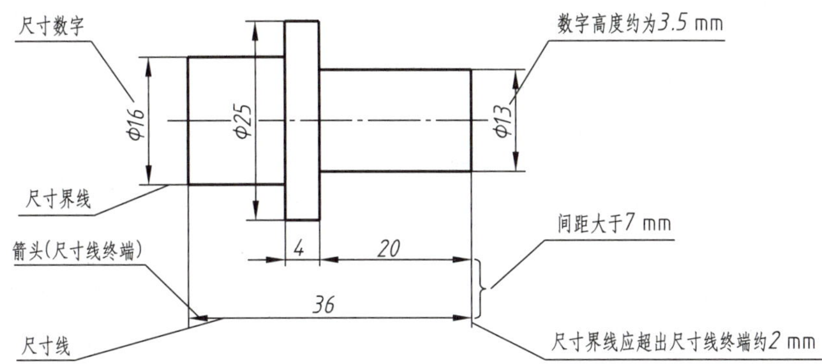

图 3-16 尺寸组成与标注示例

表 3-6 中列出了国标规定的一些尺寸注法。图 3-17 列举了尺寸标注的正误对照。

表 3-6 机械图样尺寸注法示例

内容	图例	说明
尺寸界线	(a)	1. 尺寸界线用细实线绘制，并应由图形的轮廓线、轴线或对称中心线处引出，如图 a 中尺寸 54；也可以利用轮廓线或对称中心线作为尺寸界线，如图 a 中尺寸 38

续表

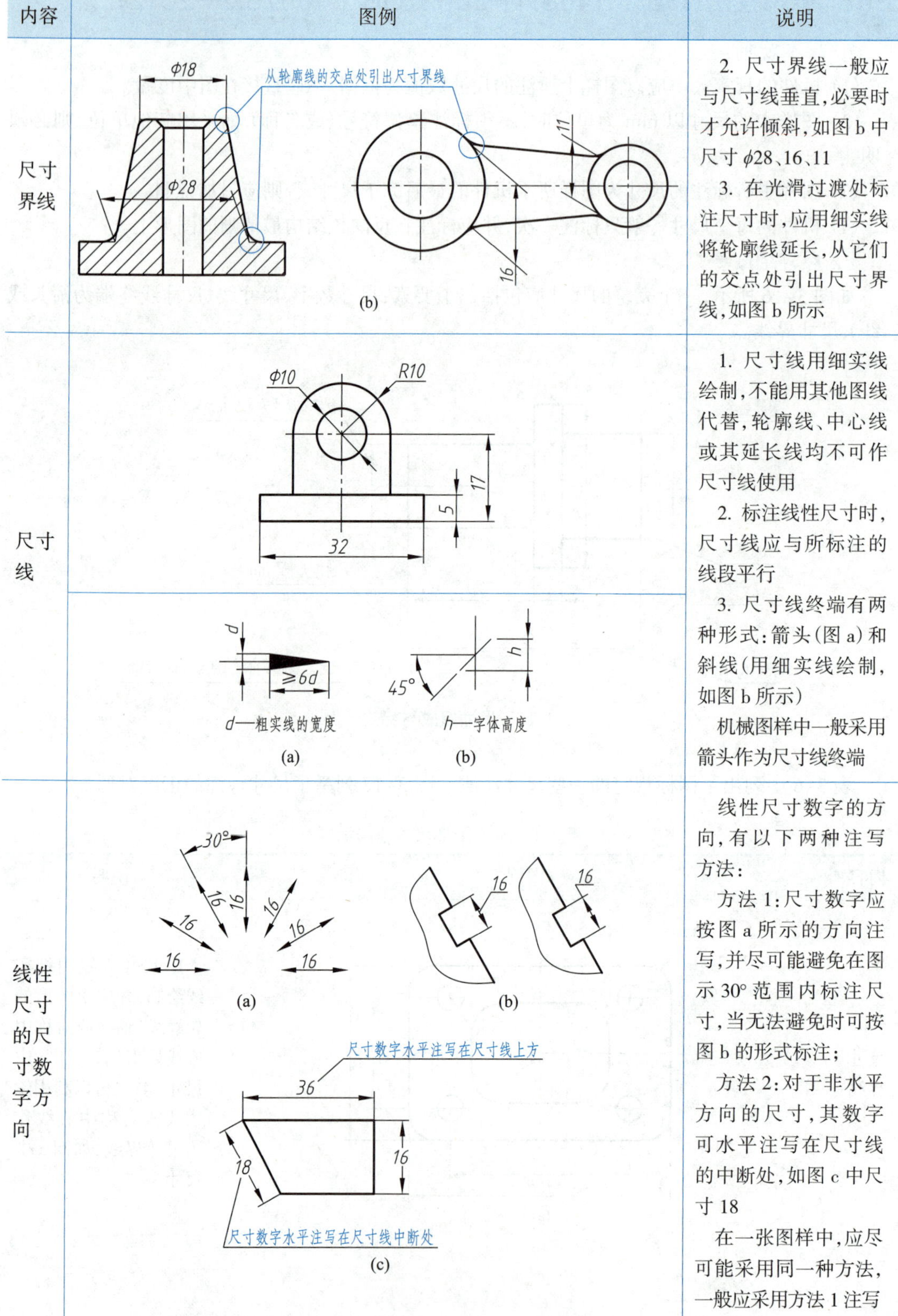

内容	图例	说明
尺寸界线	(b)	2. 尺寸界线一般应与尺寸线垂直，必要时才允许倾斜，如图 b 中尺寸 ϕ28、16、11 3. 在光滑过渡处标注尺寸时，应用细实线将轮廓线延长，从它们的交点处引出尺寸界线，如图 b 所示
尺寸线	(a) (b)	1. 尺寸线用细实线绘制，不能用其他图线代替，轮廓线、中心线或其延长线均不可作尺寸线使用 2. 标注线性尺寸时，尺寸线应与所标注的线段平行 3. 尺寸线终端有两种形式：箭头（图 a）和斜线（用细实线绘制，如图 b 所示） 机械图样中一般采用箭头作为尺寸线终端
线性尺寸的尺寸数字方向	(a) (b) (c)	线性尺寸数字的方向，有以下两种注写方法： 方法 1：尺寸数字应按图 a 所示的方向注写，并尽可能避免在图示 30° 范围内标注尺寸，当无法避免时可按图 b 的形式标注； 方法 2：对于非水平方向的尺寸，其数字可水平注写在尺寸线的中断处，如图 c 中尺寸 18 在一张图样中，应尽可能采用同一种方法，一般应采用方法 1 注写

续表

内容	图例	说明
角度注法	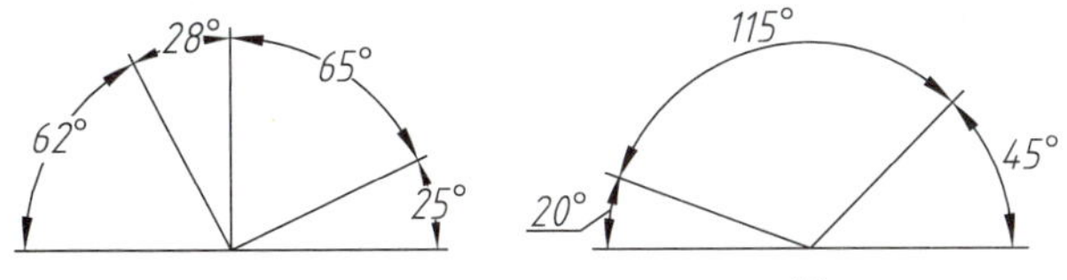 (a) (b)	角度数字一律水平书写，一般注写在尺寸线的中断处(图 a)，必要时也可按图 b 的形式注写
圆的直径注法	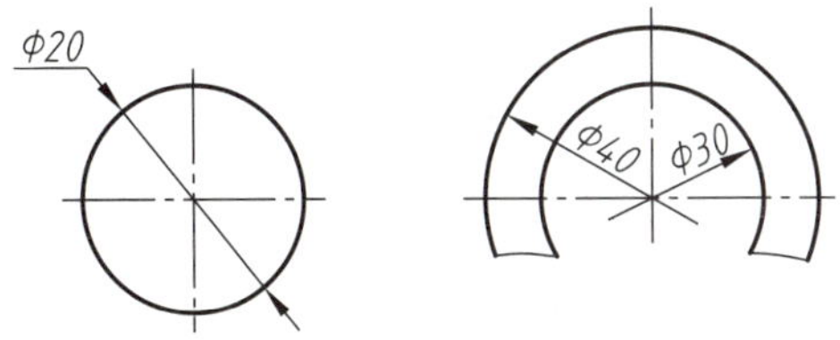 (a) (b)	圆的直径标注如图所示，标注直径时，应在尺寸数字前加注符号“ϕ”
圆弧的半径注法	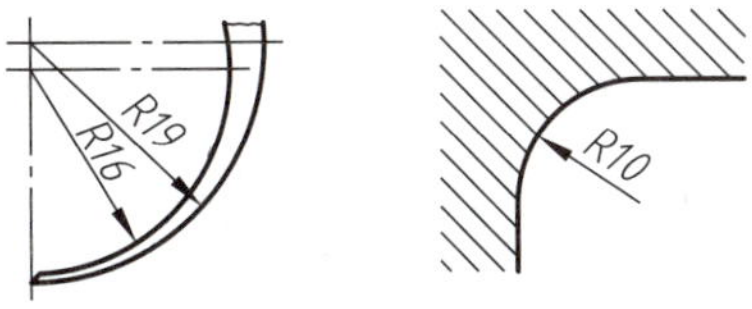 (a) 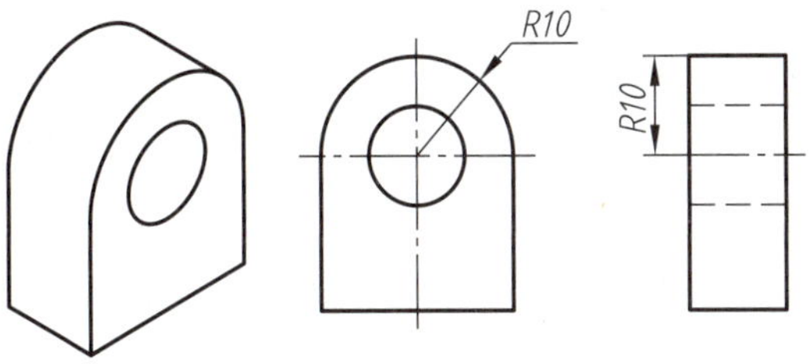 立体 正确标注 错误标注 (b)	圆弧半径一般应按图 a 标注，半径数值前要加注符号“R”，半径尺寸线要指向圆心 圆弧半径必须标注在投影为圆弧的视图上，图 b 所示立体的圆弧半径 $R10$ 应标注在正面投影圆弧上
大圆弧的半径注法	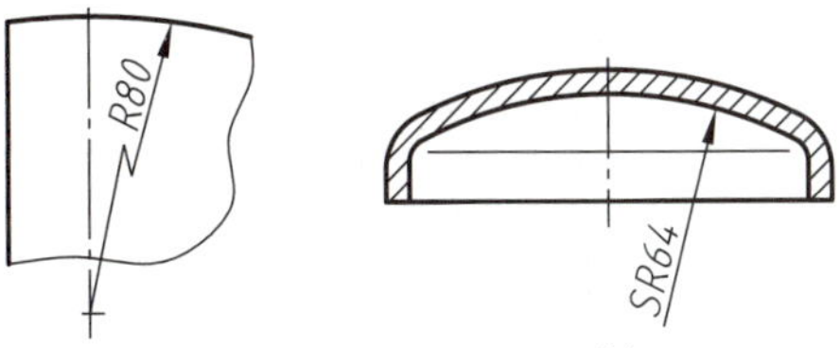 (a) (b)	当圆弧半径过大或圆心不在图纸内时，可按图 a 标注，不须注明圆心位置时可按图 b 标注
球面的尺寸注法	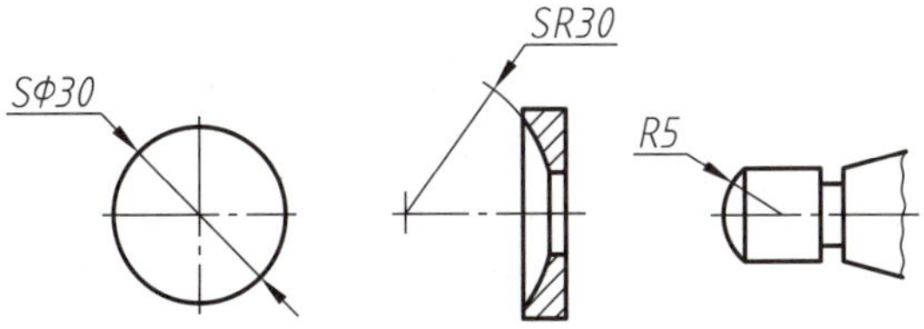 (a) (b) (c)	标注球面直径或半径时，应在符号“ϕ”或“R”前再加注符号“S”，如图 a、b 所示；对于轴、螺杆、铆钉以及手柄等的端部，在不致引起误解的情况下可省略符号“S”，如图 c 所示

续表

内容	图例	说明
弧长及弦长注法	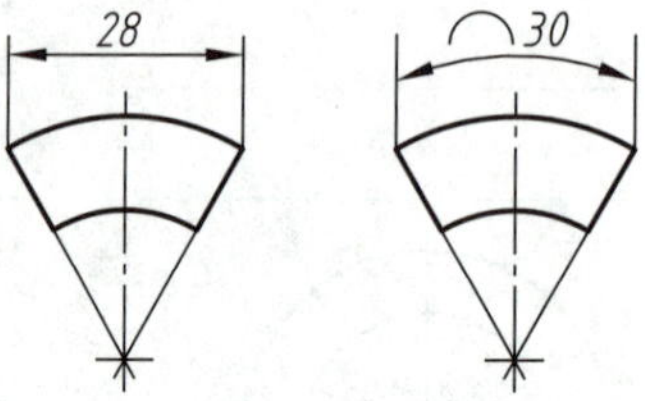	标注弦长时，尺寸界线应平行于弦的垂直平分线，如图 a 所示 标注弧长时，尺寸界线应平行于该弧所对圆心角的角平分线，如图 b 所示 标注弧长时，尺寸线用圆弧，并应在尺寸数字左方加注符号“⌒”，如图 b 所示
小尺寸注法	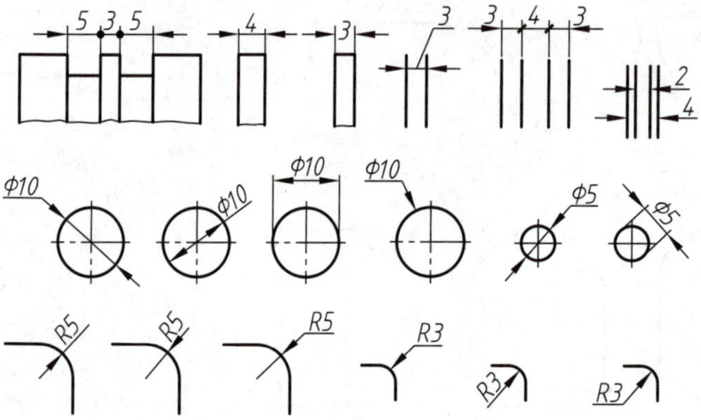	在没有足够位置画箭头或写数字时可按图示方式标注，此时允许用圆点或斜线代替箭头
对称图形注法	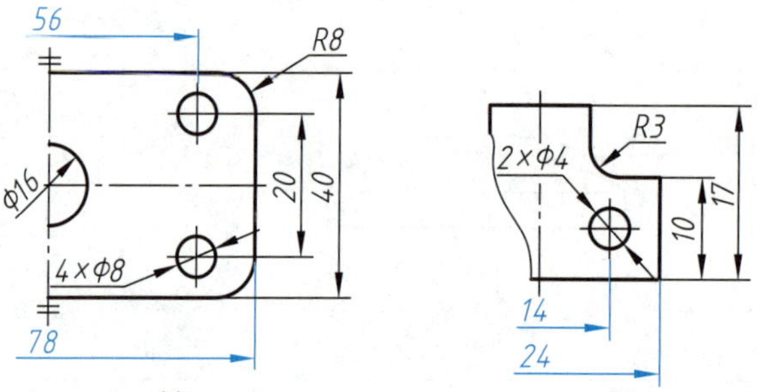	当对称机件的图形只画出一半或略大于一半时，尺寸线应略超过对称中心线，如图所示，此时仅在尺寸线的一端画出箭头
图线通过尺寸数字时的处理方法	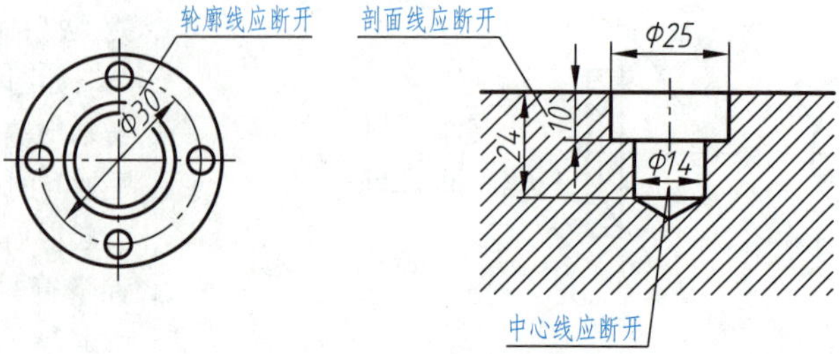	尺寸数字不可被任何图线所通过，当尺寸数字无法避免被图线通过时，图线必须断开

续表

内容	图例	说明
正方形结构的尺寸注法	□14 (a) 14×14 (b)	正方形尺寸的标注可采用图示的形式
板状零件厚度的标注方法	t2	板状零件可用一个视图表达，用引线方式标注厚度尺寸，厚度尺寸数字前加注符号“t”

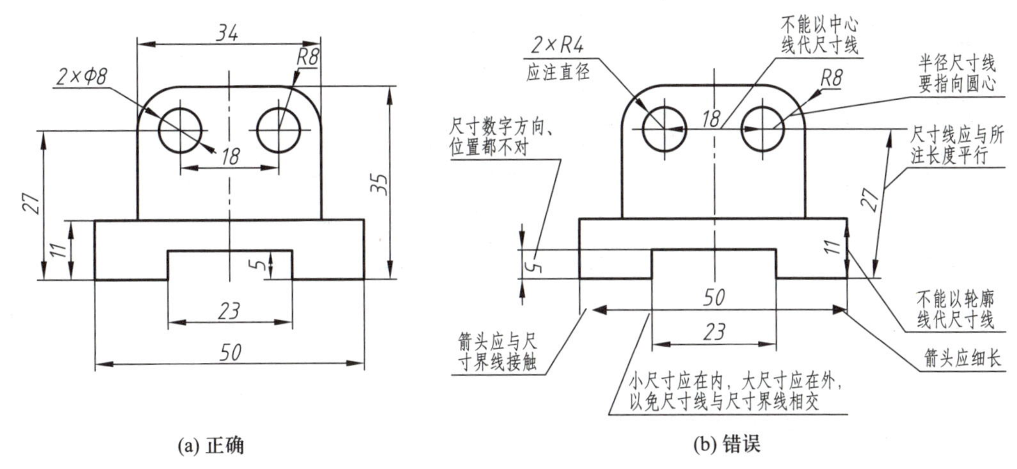

(a) 正确　(b) 错误

图 3-17　尺寸标注正误对照

3. 标注尺寸的符号及缩写词

标注尺寸的符号及缩写词，见表 3-7。其比例画法应符合 GB/T 4458.4—2003 中的有关规定。

表 3-7　标注尺寸的符号及缩写词

名称	直径	半径	球直径、球半径	厚度	均布	展开长
符号或缩写词	ϕ	R	$S\phi$ SR	t	EQS	

名称	正方形	斜度	锥度	弧长	深度	沉孔或锪平	埋头孔
符号或缩写词	h　h			h　2h	h　h　0.6h　60°	2h　h	90°　h

注：表中符号线条的宽度 $d = 1/h$，h = 字体高度。

3.2 绘图工具的使用方法

为了保证绘图质量和加快绘图速度，必须学会正确使用手工绘图工具和仪器。常用的手工绘图工具和仪器有图板、丁字尺、三角板、圆规、分规、比例尺、曲线板、铅笔等。图3-18为成套绘图仪器。下面介绍常用绘图工具及其使用方法。

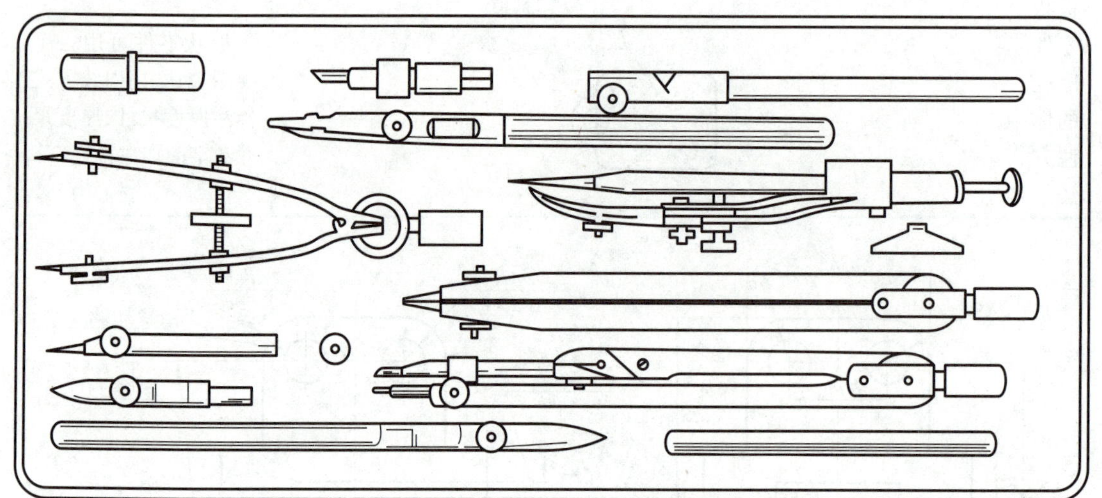

图3-18 成套绘图仪器

3.2.1 图板、丁字尺和三角板

图板是画图时铺放图纸的木板，它的表面应平坦光洁。图板左边是导向边，应光滑平直。

丁字尺是画水平线的长尺，由尺头和尺身两部分组成。画图时，应使尺头始终紧靠图板左侧的导向边，如图3-19a所示。

三角板与丁字尺配合，可以画竖直线(图3-19b)及与水平线成15°倍数角度的斜线(图3-19c)。

3.2.2 圆规和分规

圆规用来画圆和圆弧。在使用圆规前，应先调整针脚，使针尖稍长于铅芯，如图3-20a所示。画圆时，应使圆规向前进方向稍微倾斜，画较大的圆时，应使圆规的两脚都与纸面垂直，如图3-20b所示。

分规用于等分和量取线段。分规两脚的针尖并拢后应能对齐，如图3-21a所示。分规的用法如图3-21b、c所示。

3.2.3 比例尺

比例尺上刻有不同比例的尺寸刻度(图3-22)，在图形需要放大或缩小时使用。

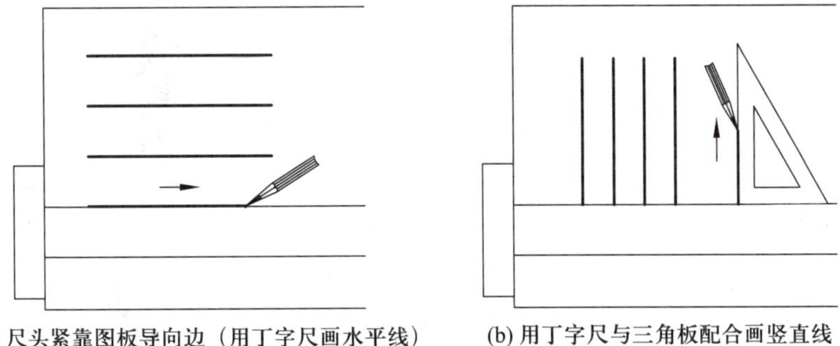

(a) 尺头紧靠图板导向边（用丁字尺画水平线）

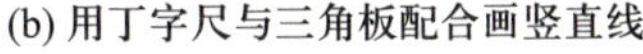

(b) 用丁字尺与三角板配合画竖直线

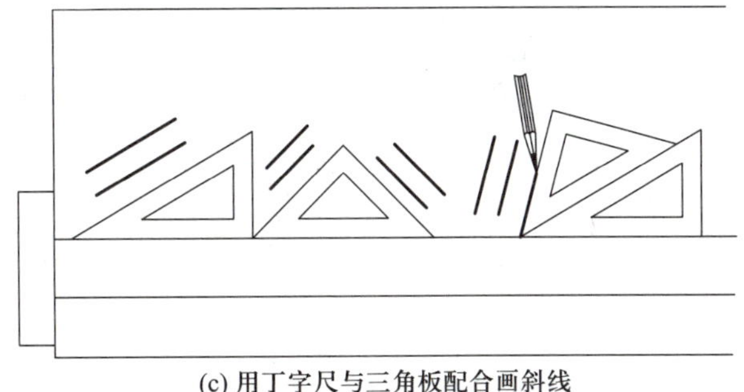

(c) 用丁字尺与三角板配合画斜线

图 3-19 图板、丁字尺和三角板的用法

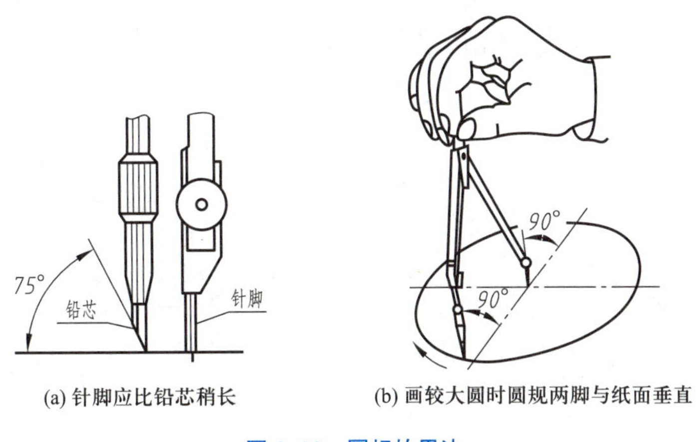

(a) 针脚应比铅芯稍长

(b) 画较大圆时圆规两脚与纸面垂直

图 3-20 圆规的用法

3.2.4 曲线板

曲线板用来描绘非圆曲线，常用曲线板样式如图 3-23a 所示。已知曲线上一系列点，用曲线板连接成曲线的方法如图 3-23b 所示。描绘曲线时，应先用铅笔轻轻地把各点光滑地连接起来，然后从一端开始，在曲线板上选择曲率合适的部分逐段描深。注意，在两段曲线连接处应有一小段（至少三个点）重合，以保证描绘的曲线连接光滑。

3.2.5 铅笔

绘图铅笔的铅芯分别用 B 和 H 表示其软硬程度。B 前的数字越大表示铅芯越软，H 前的数

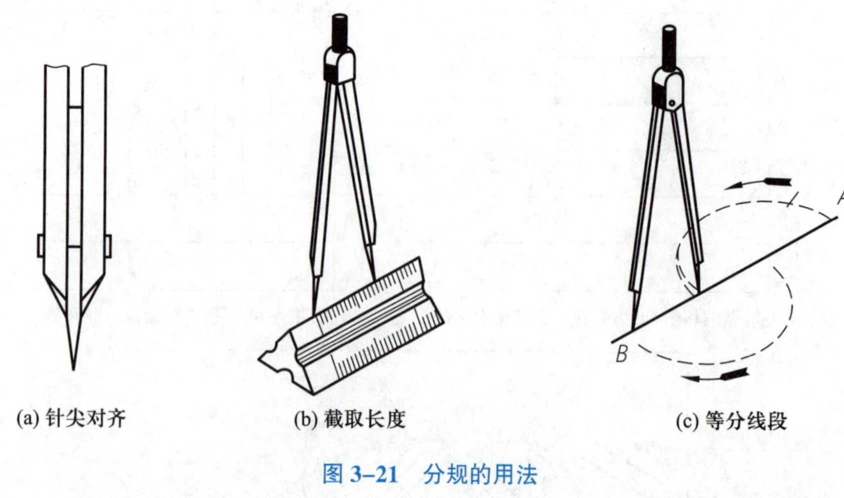

(a) 针尖对齐　(b) 截取长度　(c) 等分线段

图 3-21　分规的用法

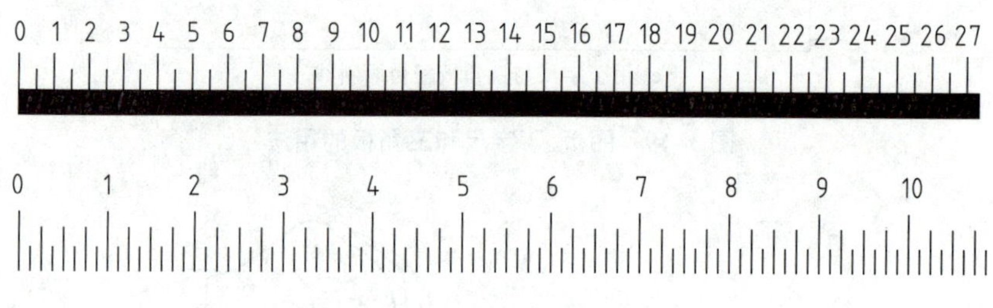

图 3-22　比例尺刻度

(a) 曲线板样式　(b) 描绘曲线方法

图 3-23　曲线板

字越大表示铅芯越硬，HB 表示铅芯软硬适中。一般将 B 型铅笔削成矩形（图 3-24a），用来画粗线；H、HB 型铅笔削成圆锥状（图 3-24b），用来画细线和写字。

3.2.6　其他绘图工具

除上述常用的绘图工具外，绘图时还会用到量角器、绘图模板等工具。量角器是用来量取角度的工具。绘图模板可用来绘制各种简单的标准图形和常见符号，如图 3-25 所示。

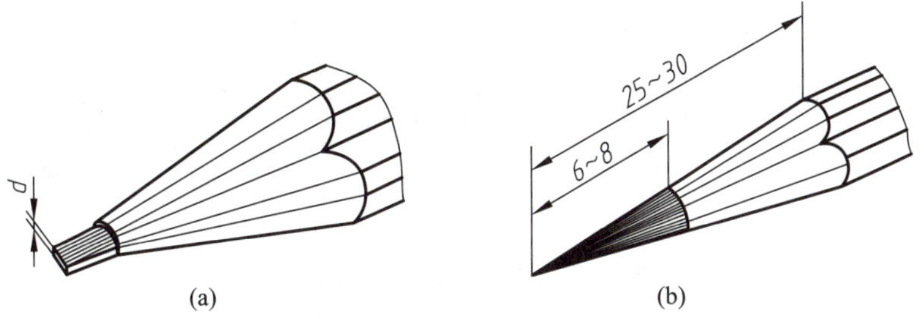

(a) (b)

图 3-24 铅笔的削法

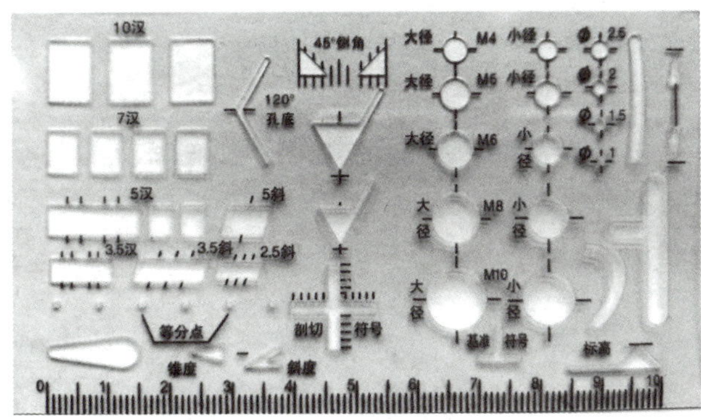

图 3-25 绘图模板

3.3 平面图形的绘制及尺寸标注

几何图形是多种多样的，在绘制图样时要运用一些几何作图的方法，以达到精准、快速的绘图要求。本节将介绍常用平面图形的绘制方法。

3.3.1 正多边形

作已知圆的内接正六边形，如图 3-26 所示。

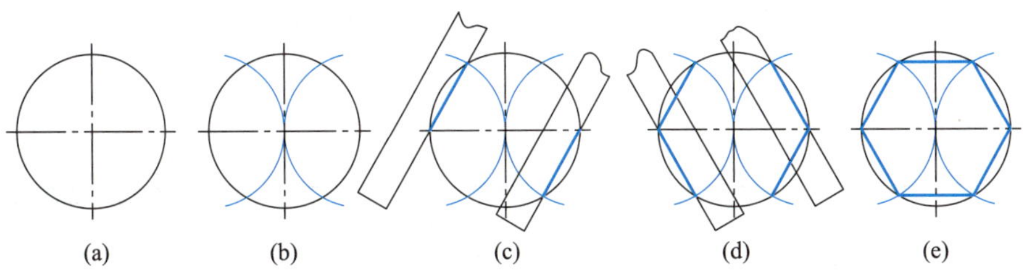

(a) (b) (c) (d) (e)

图 3-26 圆内接正六边形的画法

作已知圆的外切正六边形。作图方法如图 3-27 所示，可使用 30°-60°三角板。

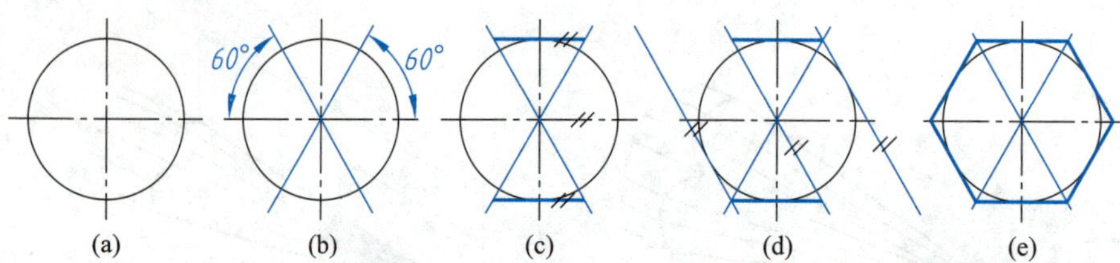

图 3-27 圆外切正六边形的画法

3.3.2 等分已知线段

例 3-1 将图 3-28a 中的线段 *AB* 七等分。

作图步骤：

第一步，过线段的端点 *A* 任意作一直线 *AC*，如图 3-28b 所示，以任意长度为单位截取 7 个等分点，得 *1*、*2*、*3*、*4*、*5*、*6*、*7* 点。

第二步，连接 *B7*，过 *AC* 上各等分点作 *B7* 的平行线与 *AB* 相交，其交点即为所求的等分点，如图 3-28c 所示。

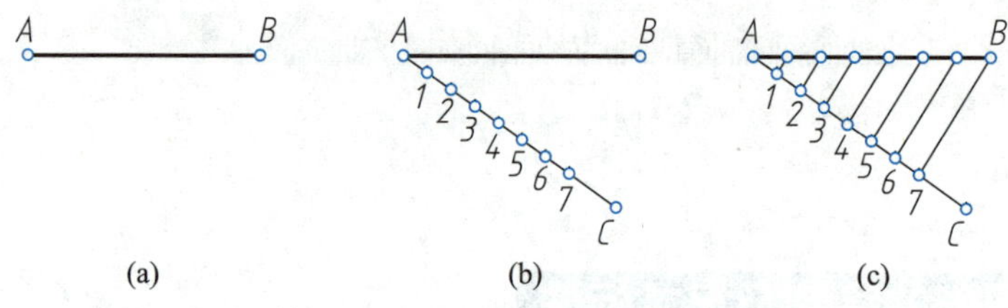

图 3-28 等分已知线段

例 3-2 将图 3-29a 中平行线 L_1 和 L_2 之间的距离八等分。

作图步骤：

第一步，过 L_1 和 L_2 上任意一点作线段 *AB*（图 3-29b）。

第二步，过线段的端点 *A* 任意作一直线 *AC*，用例 3-1 的方法作出 *AB* 间的 7 个等分点（图 3-29c）。

第三步，过各等分点作 L_1 和 L_2 的平行线，结果如图 3-29d 所示。

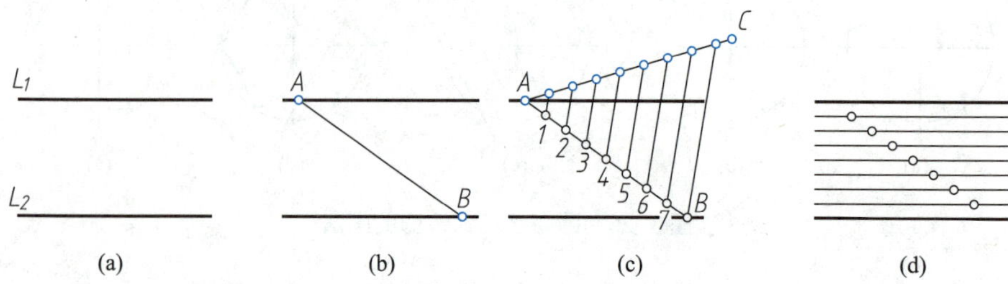

图 3-29 八等分平行线之间的距离

3.3.3 圆弧连接

用已知半径的圆弧相切连接两已知图形元素(例如直线或者圆弧),称为圆弧连接。为了实现光滑连接,需要作出连接圆弧的圆心以及相应的切点。

1. 圆弧连接的基本形式

(1) 已知圆弧半径为 R,要与已知直线 AB 相切,其圆心轨迹是已知直线的平行线,两直线间距为 R。任选平行线上一点 O_1 为圆心,向已知直线 AB 作垂线,垂足 K 即为切点,如图 3-30 所示。

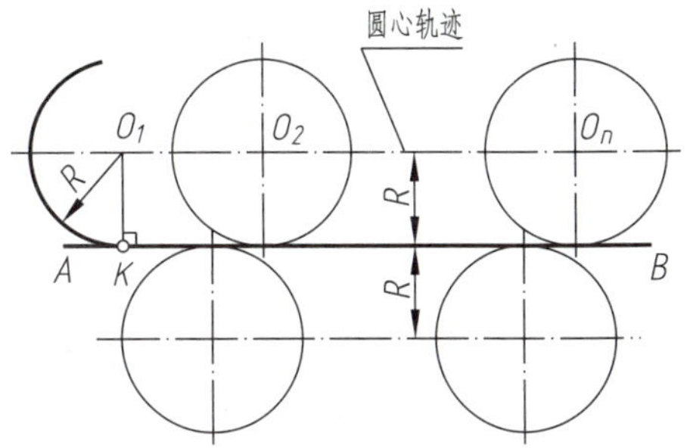

图 3-30 圆与直线相切

(2) 已知圆弧半径为 R,要与已知圆弧 $\overset{\frown}{AB}$ 相切,其圆心轨迹是已知圆弧的同心圆。当两个圆弧外切时,同心圆半径为两圆弧半径之和,如图 3-31a 所示。当两个圆弧内切时,同心圆半径为两圆弧半径之差,如图 3-31b 所示。两圆弧圆心连线(或连线延长线)与已知圆弧的交点即为切点,结果如图 3-31 所示。

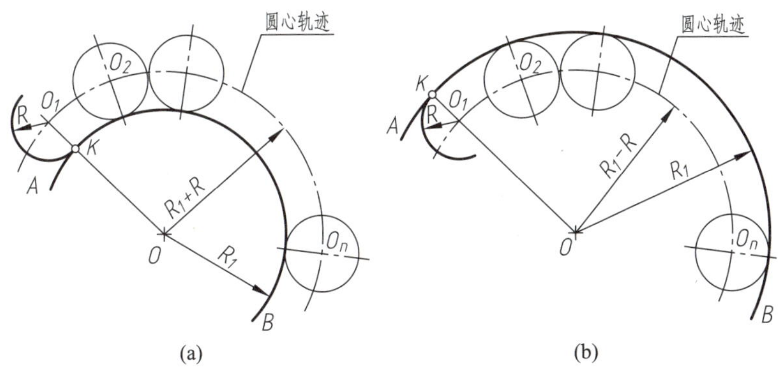

图 3-31 圆弧与圆弧相切

2. 圆弧连接作图举例(表 3-8)

表 3-8 圆 弧 连 接

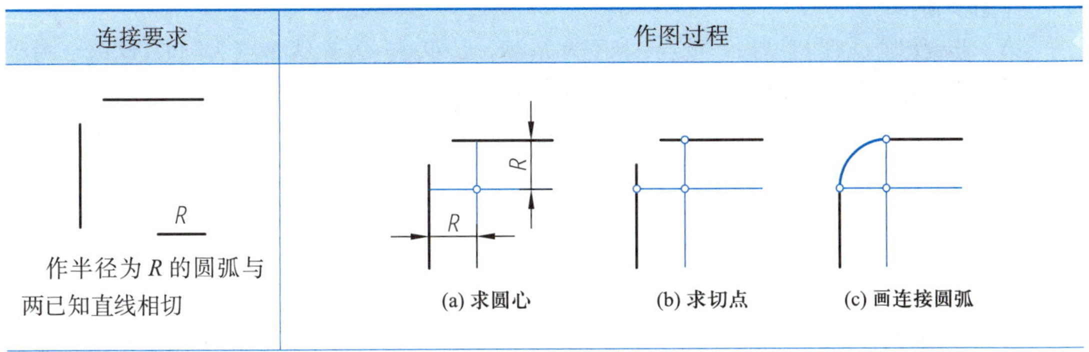

连接要求	作图过程
作半径为 R 的圆弧与两已知直线相切	(a) 求圆心　(b) 求切点　(c) 画连接圆弧

续表

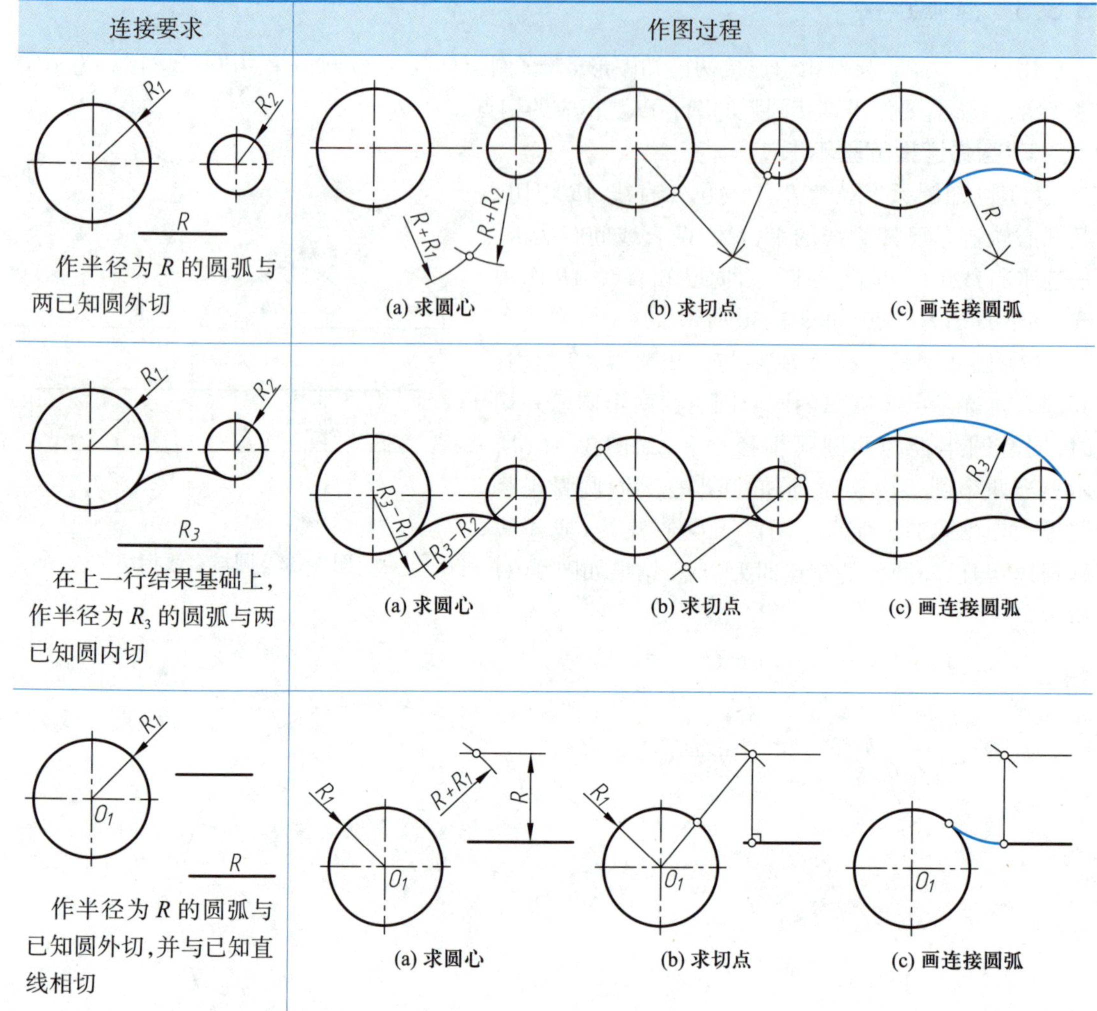

连接要求	作图过程
作半径为 R 的圆弧与两已知圆外切	(a) 求圆心 (b) 求切点 (c) 画连接圆弧
在上一行结果基础上，作半径为 R_3 的圆弧与两已知圆内切	(a) 求圆心 (b) 求切点 (c) 画连接圆弧
作半径为 R 的圆弧与已知圆外切，并与已知直线相切	(a) 求圆心 (b) 求切点 (c) 画连接圆弧

3.3.4 两已知圆公切线的画法

例 3-3 已知图 3-32a 中圆 O_1、O_2 和 O_3，其中 O_2 和 O_3 半径相等。作相邻圆的切线，完成图 3-32d 所示的图形。

作图步骤：

第一步，作圆 O_4，圆心与 O_1 重合，半径为 R_1-R_2；以 O_1 与 O_2 连线中点为圆心，$O_1O_2/2$ 为半径画圆，与圆 O_4 相交即为切点 K_1，如图 3-32b 所示。

第二步，延长 O_1K_1 与圆 O_1 相交可得切点 K_2，过 K_2 作 O_2K_1 的平行线，可得圆 O_1 和圆 O_2 的公切线，如图 3-32c 所示。

第三步，采用相同方法画出其他切线，擦去多余圆弧，结果如图 3-32d 所示。

3.3.5 斜度和锥度

斜度是指一直线对另一直线或一平面对另一平面的倾斜程度。斜度的大小可用两直线或

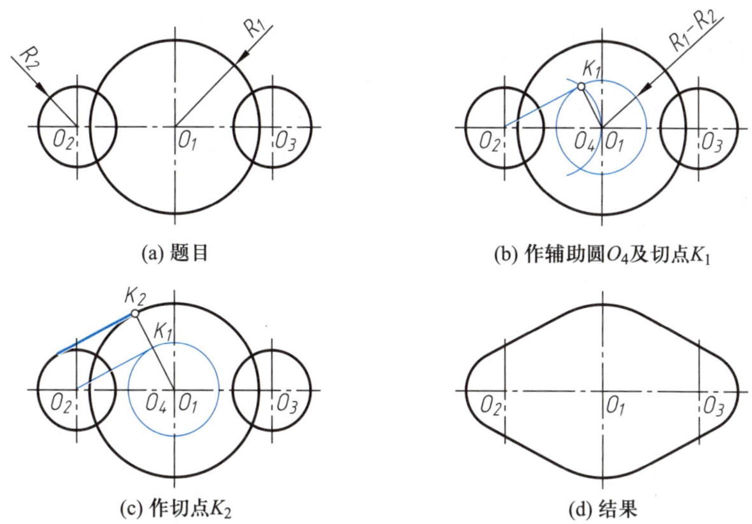

(a) 题目 (b) 作辅助圆O_4及切点K_1

(c) 作切点K_2 (d) 结果

图 3-32 直线与圆弧相切应用画法

两平面夹角的正切表示，即斜度 =tanα=H/L，如图 3-33a 所示。

斜度符号如图 3-33b 所示，其中 h 为字体高度。斜度常以 1∶n 的形式标注，标注时要注意符号的斜线方向应与标注对象倾斜方向一致。指定斜度的斜线，作图方法如图 3-33c 所示。

锥度是指正圆锥的底圆直径与圆锥高度之比。锥度的大小可用圆锥底圆直径与圆锥高度之比表示，即锥度 =D/L，在图样中常以 1∶n 的形式标注，如图 3-34a 所示。锥度符号如图 3-34b 所示，其中 h 为字高。标注时要注意符号锥度方向与标注对象方向一致。其作图方法如图 3-34c 所示。

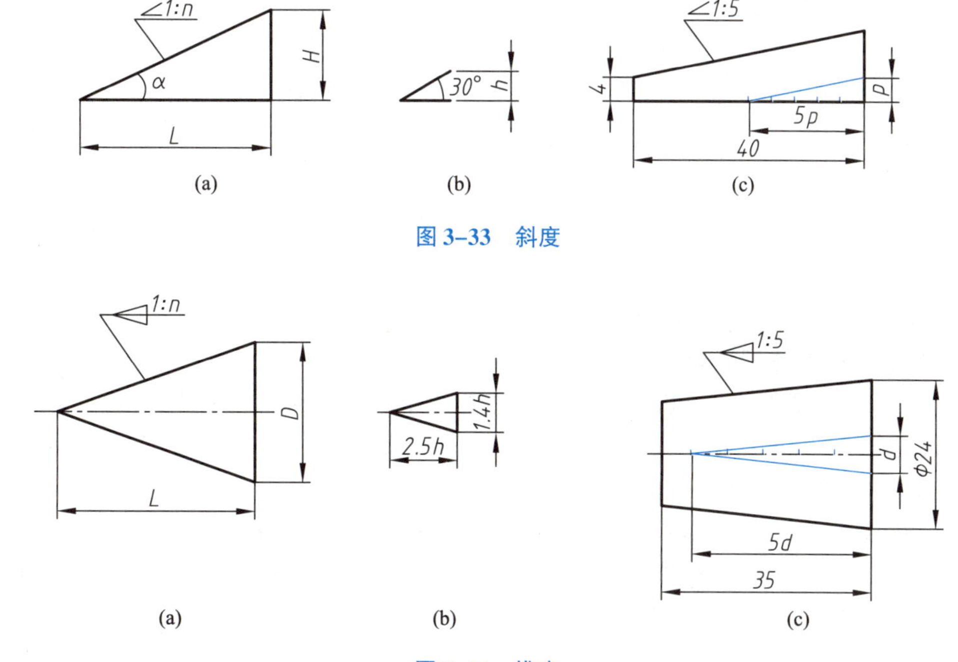

(a) (b) (c)

图 3-33 斜度

(a) (b) (c)

图 3-34 锥度

3.3.6 平面图形的分析和绘图步骤

图形与尺寸的关系非常密切。平面图形通常由两个要素确定:图形大小(含线段长度),图形位置。尺寸是否准确、齐全,直接影响图形的正确绘制,同时,尺寸类型的不同还决定了图形绘制的顺序。因此,分析平面图形必须分析图形的尺寸。

1. 平面图形的尺寸分析

尺寸确定平面图形的形状和大小,是平面图形的一部分。

(1) 尺寸基准

标注尺寸的起点称为基准。平面图形有水平方向和竖直方向两个维度的尺寸基准,通常把对称图形的对称线、确定圆心位置的中心线、重要的轮廓线作为基准。如图 3-35 所示的平面图形,右下部 $\phi16$ 圆心的竖直和水平中心线分别为水平方向和竖直方向的尺寸基准。

(2) 尺寸的作用及其分类

定形尺寸:确定平面图形上各图形元素的形状、大小的尺寸,称为定形尺寸。例如直线的长度、圆及圆弧的直径(半径)、角度等。图 3-35 中的 $\phi12$、$\phi16$、$\phi24$、$\phi32$ 等为定形尺寸。

定位尺寸:确定平面图形的图形元素与基准的相对位置关系的尺寸,称为定位尺寸。图 3-35 中的 80、25、16 等为定位尺寸。

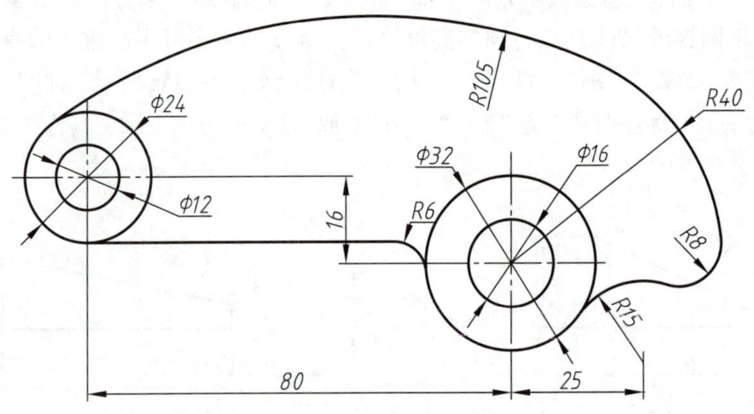

图 3-35 平面图形的尺寸与线段分析

注意:有时一个尺寸可以兼有定形和定位两种作用。

2. 平面图形的线段元素分析

根据所标注的尺寸和线段间的连接关系,通常可将线段分为以下三种:

(1) 已知线段:具有完整的定形和定位尺寸,作图时根据这些尺寸可以直接绘制的线段。如图 3-35 中的 $\phi12$、$\phi16$、$\phi24$、$\phi32$、$R40$。

(2) 中间线段:缺少一个定位尺寸,或者定位尺寸齐全但缺少定形尺寸的线段。作图时需要根据已知尺寸以及与相邻线段的连接关系画出。如图 3-36 中的 $R15$ 圆弧,已知定形尺寸和水平方向的定位尺寸,缺少竖直方向的定位,需要利用其与 $\phi32$ 圆外切的关系才能确定其圆心

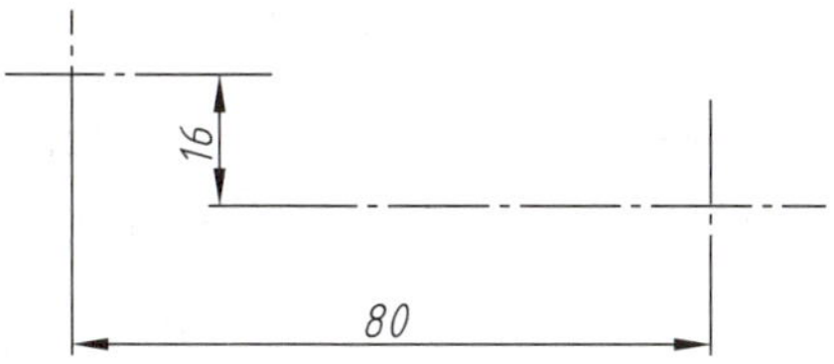

(a) 画定位基准线

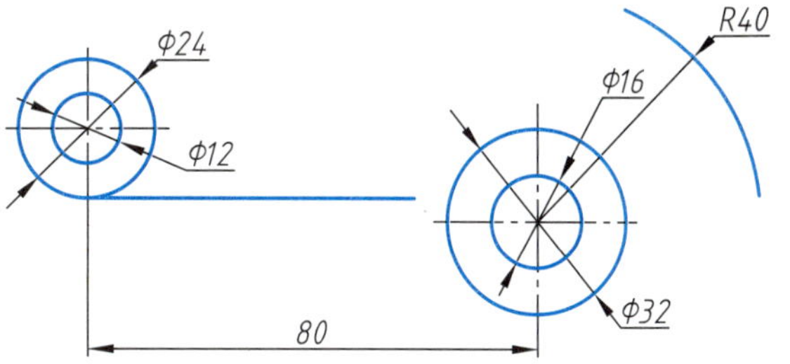

(b) 画已知线段

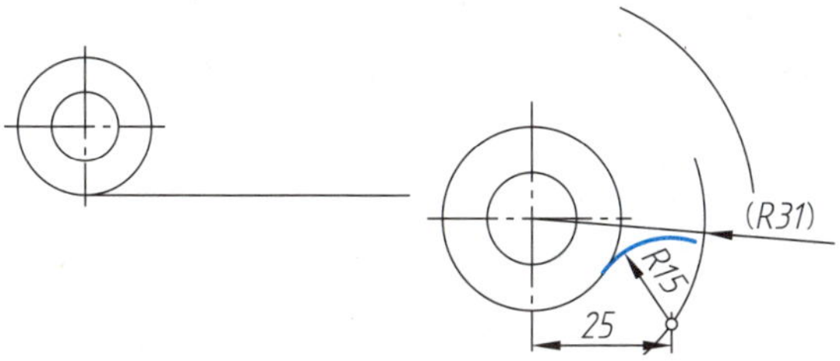

(c) 画中间圆弧 $R15$

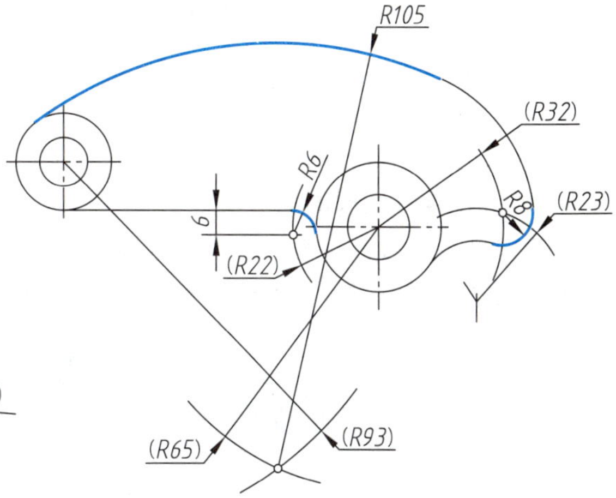

(d) 画连接线段 $R6$、$R8$、$R105$

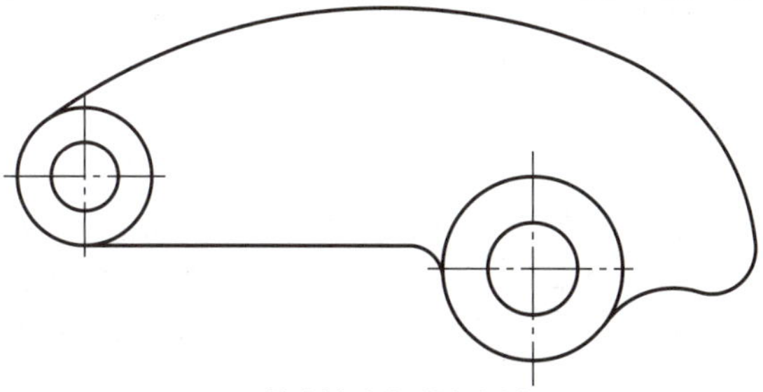

(e) 擦除辅助线，描深图线

图 3-36 平面图形的绘图步骤

位置。

(3) 连接线段：只有定形尺寸，没有定位尺寸，作图时应根据与相邻线段的连接关系画出的线段。如图 3-36 中的圆弧 $R6$、$R8$、$R105$。

作图时，应先画已知线段，再画中间线段，最后画连接线段。

图 3-35 的作图步骤：

(1) 按一定比例在图纸的适当位置画出定位基准线，如图 3-36a 所示。

(2) 画已知线段，如图 3-36b 所示。

(3) 画中间圆弧 $R15$，其中 $R31=R(15+16)$，如图 3-36c 所示。

(4) 画连接圆弧 $R6$，其中 $R22=R(6+16)$；画连接圆弧 $R8$，其中 $R32=R(40-8)$、$R23=R(8+15)$；画连接圆弧 $R105$，其中 $R65=R(105-40)$、$R93=R(105-12)$。如图 3-36d 所示。

(5) 擦去作图辅助线，描深图线，结果如图 3-36e 所示。

3.3.7 平面图形的尺寸标注

平面图形中所标注的尺寸，必须能唯一确定平面图形的形状、大小和位置。尺寸标注要求正确、完整、清晰、合理。“正确”是指尺寸标注应符合国家标准的规定；“完整”是指标注的尺寸不重复不遗漏，必须能唯一确定图形的形状和大小；“清晰”是指标注的尺寸应布局恰当、排列整齐、便于阅读；“合理”是指标注的尺寸应符合加工、测量等的要求。

平面图形尺寸标注的步骤如下：

(1) 分析图形，选择尺寸基准，确定已知线段、中间线段和连接线段。

(2) 注出已知线段的定形尺寸和定位尺寸。

(3) 注出中间线段的定形尺寸和部分定位尺寸。

(4) 注出连接线段的定形尺寸。

表 3-9 为几种常见平面图形尺寸标注示例及分析。表中所列的是几种常见零件底板、法兰(管道之间相互连接的结构)、摆动连接件的平面图形。

表 3-9 常见平面图形尺寸标注示例及分析

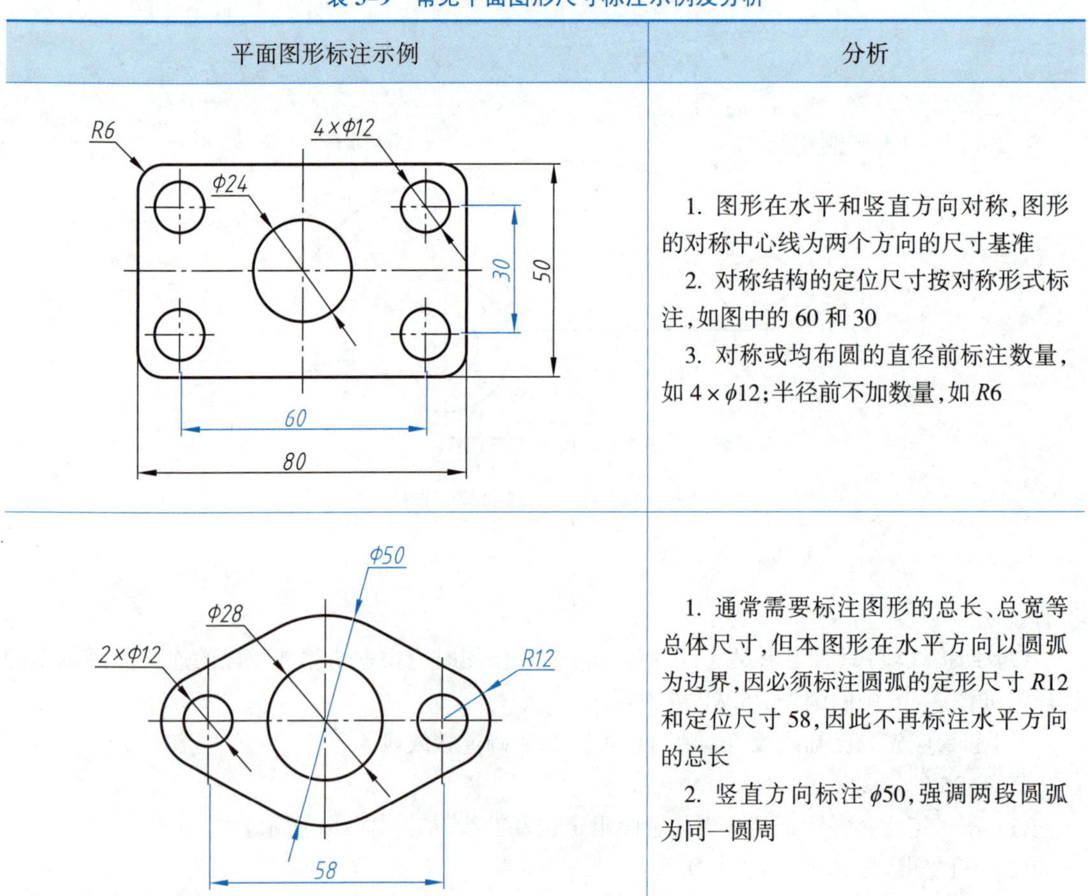

平面图形标注示例	分析
(图：底板)	1. 图形在水平和竖直方向对称，图形的对称中心线为两个方向的尺寸基准 2. 对称结构的定位尺寸按对称形式标注，如图中的 60 和 30 3. 对称或均布圆的直径前标注数量，如 4×ϕ12；半径前不加数量，如 *R*6
(图：法兰)	1. 通常需要标注图形的总长、总宽等总体尺寸，但本图形在水平方向以圆弧为边界，因必须标注圆弧的定形尺寸 *R*12 和定位尺寸 58，因此不再标注水平方向的总长 2. 竖直方向标注 ϕ50，强调两段圆弧为同一圆周

续表

平面图形标注示例	分析
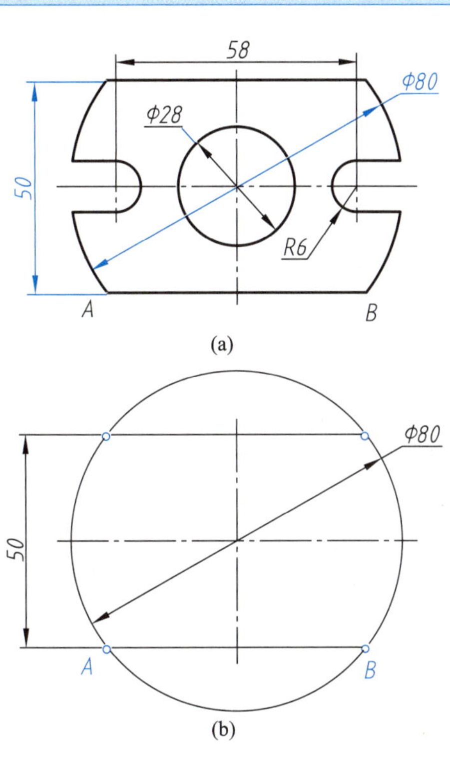 (a) Φ80 50 A B (b)	图 a 中 *AB* 线段的长度，是根据已知的定形尺寸 ϕ80 和 50 作图得出(图 b)，因此不能标注线段 *AB* 的长度
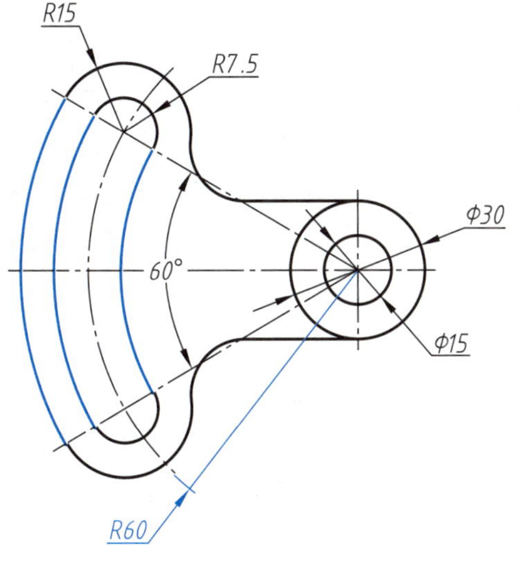	图中三段蓝色圆弧与 *R*60 的定位圆弧为同心圆弧，它们的定位尺寸已知，定形尺寸需要根据每一段圆弧与相邻圆弧的连接关系确定，因此它们为中间线段 如果这些圆弧与 *R*60 不同心，则必须完整标注圆弧的定位、定形尺寸

续表

平面图形标注示例	分析
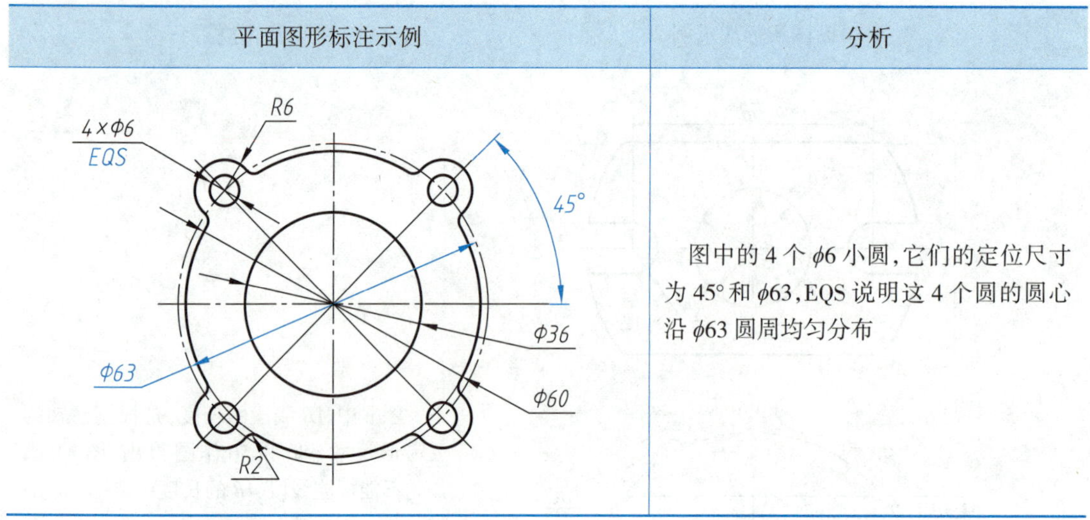	图中的 4 个 ϕ6 小圆,它们的定位尺寸为 45° 和 ϕ63,EQS 说明这 4 个圆的圆心沿 ϕ63 圆周均匀分布

3.4 常用绘图方法和步骤

3.4.1 尺规绘图

1. 绘图前的准备工作

(1) 准备好必要的绘图工具和仪器;

(2) 根据图形大小和复杂程度,确定绘图比例和图纸幅面;

(3) 固定图纸:图纸一般固定在图板左下方,如图 3-37 所示。

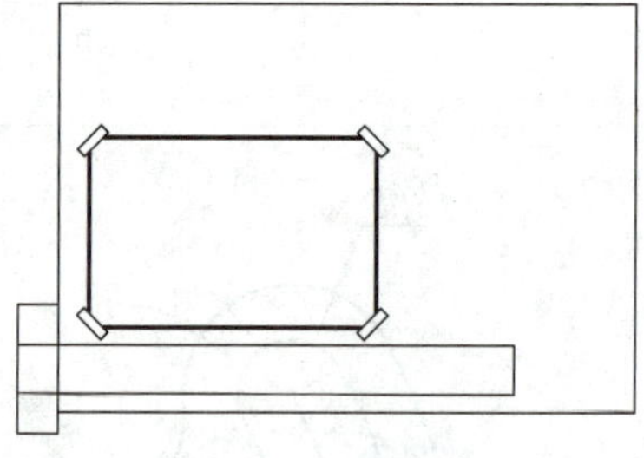

图 3-37 固定图纸

2. 按照正确的步骤画图

(1) 用细实线绘制图形底稿。

画底稿一般采用较硬的铅笔(如 H 或 2H)。先根据图形的大小布置图形的位置,注意图形位置应安排合理,然后画图形的基准线以及已知线段。底稿线应尽量轻、细、准。

(2) 加深图线。

加深图线一般采用较软的铅笔(如 B 或 2B)。检查图形底稿后,按下述方法加深图形:从上到下,从左到右,先曲线后直线,同一类型、同样粗细的图线同时加深。

(3) 标注尺寸。

先画尺寸界线、尺寸线,后填写尺寸数字。

(4) 全面检查,填写标题栏和其他必要的说明,完成图样。

3.4.2 徒手绘图

1. 徒手图的概念

徒手图也称草图,是不借助仪器,仅以徒手、目测的方法绘制的图样。草图的大小比例应基本反映形体各部分的比例关系，并应尽量做到图形正确、线型分明、比例匀称、字体工整、图面整洁。

在创意设计、现场测绘和技术交流中，都要绘制草图，因此跟仪器绘图一样，草图也具有重要的工程实用价值。

绘制草图时，可在网格纸上直接作图，以便控制线条的方向和图样的尺寸大小，网格纸不要求固定在图板上，为了作图方便可任意转动或移动。

2. 草图的画法

(1) 直线的画法

画直线时，小指压住纸面，手腕随线移动，眼睛注视线段的终点，以保证直线方向准确、线条平直。水平直线应自左向右画出，竖直线应自上而下画出，如图 3–38 所示。

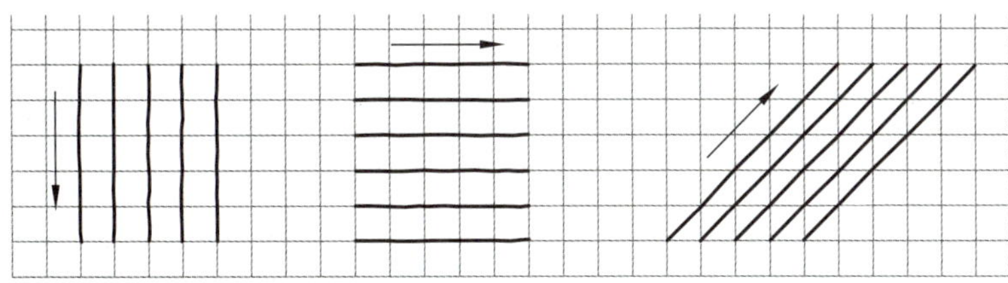

图 3–38　徒手画直线的方法

(2) 圆和曲线的画法

画小圆时，应先画出圆心及中心线，在中心线上目测半径确定四个端点，然后逐步画出四段圆弧；画大圆时，可用相同的方法确定八个点，分八段圆弧逐步完成，如图 3–39 所示。

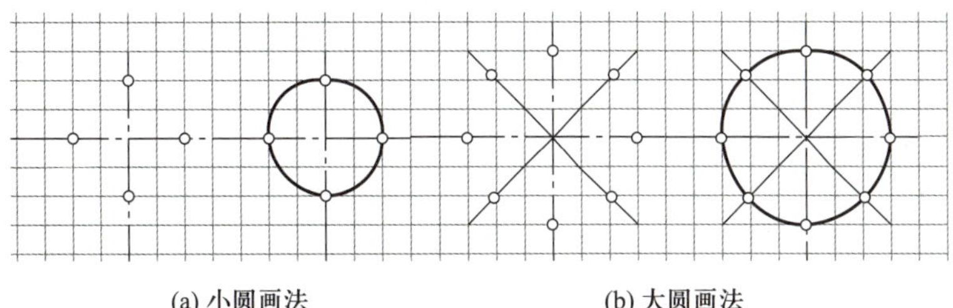

(a) 小圆画法　(b) 大圆画法

图 3–39　徒手画圆的方法

其他圆弧曲线，可利用它们与正方形、长方形、菱形相切的特点画出，如图 3–40 所示。

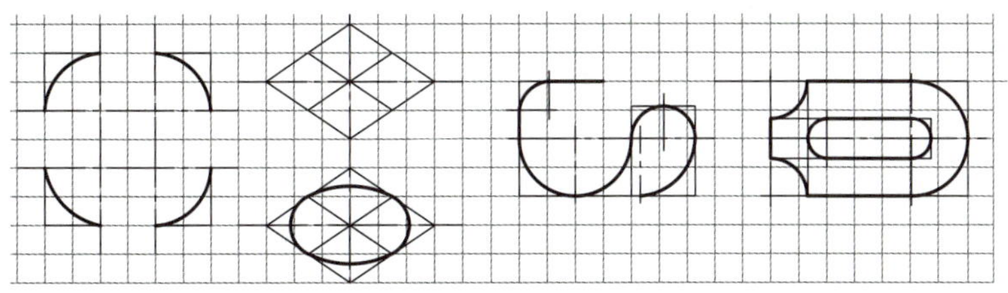

图 3–40　徒手画圆角、椭圆和圆弧连接的方法

(3) 角度的画法

30°、45°、60°等常用角度,可利用直角三角形直角边的近似比例关系确定两边端点,然后连接各端点画出,如图 3-41 所示。

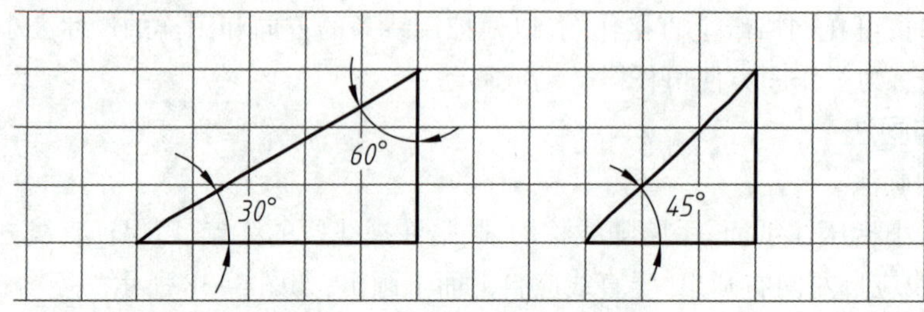

图 3-41　徒手画角度的方法

第4章

基 本 立 体

立体指具有三个维度的实体。立体的形状各种各样，但任何复杂立体都可以分解为最基本的几何体，如棱柱、棱锥、圆柱、圆锥、球等。基本立体可分为平面立体和曲面立体两大类。

立体的形状可用投影图表达。视图是根据有关标准和规定用正投影法绘制的物体的图形。

4.1 三视图

观察者从不同角度观察一个立体，将得到不同的视图。根据国家相关标准和规定，在第一角投影体系，从立体的前方向后方投射在 V 面所得的投影图称为主视图，从物体的上方向下方投射在 H 面所得的投影图称为俯视图，从物体的左方向右方投射在 W 面所得的投影图称为左视图。三视图是主视图、俯视图、左视图的总称，如图 4-1 所示。三视图与三投影面体系几何元素的正面投影、水平投影和侧面投影一一对应。

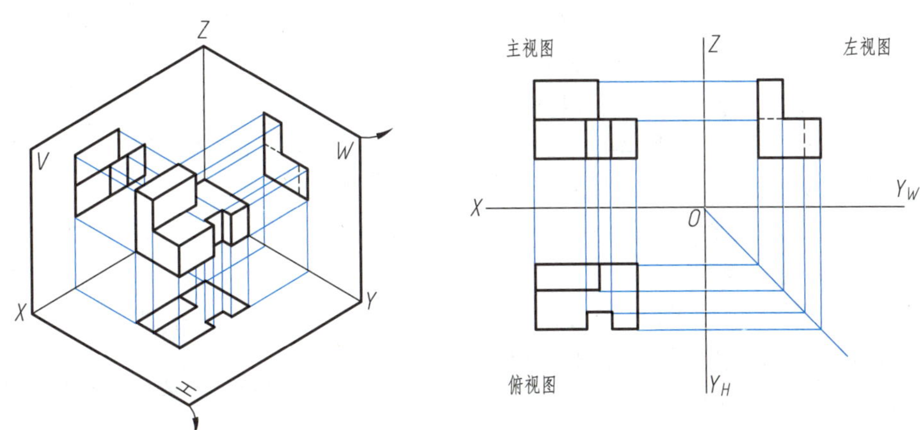

图 4-1 三视图的形成

国家标准规定，视图中物体的可见轮廓线用粗实线绘制，不可见轮廓线用细虚线绘制。

1. 三视图之间的度量关系

主、俯视图长对正，主、左视图高平齐，俯、左视图宽相等，即主视图和俯视图的长度要相等，主视图和左视图的高度要相等，左视图和俯视图的宽度要相等。在许多情况下，只用一个投影不加任何注解，不能完整清晰地表达一个物体。

2. 三视图的方位关系

主视图在图纸的左上方，左视图在主视图的右侧，俯视图在主视图的下方。

4.2 平面立体

平面立体是指由平面围成的实体，常见的平面立体包括棱柱和棱锥。平面立体的每一个表面都是一个平面多边形，绘制平面立体的投影就是绘制这些多边形的投影。立体上的表面要判别可见性，可见表面上的图线用粗实线绘制，不可见表面上的图线用细虚线绘制。

4.2.1 棱柱

1. 棱柱的形成

棱柱由一个平面多边形，沿着与其不平行的矢量拉伸而成。最基本的棱柱为正棱柱，正棱柱由一个平面正多边形沿其法线方向向 $\vec{n}$ 拉伸而成，如图 4-2 所示。

正五棱柱有两个端面和五个侧面，其中拉伸的初始位置和终止位置形成两个端面，每一条边拉伸成正五棱柱的一个侧面。

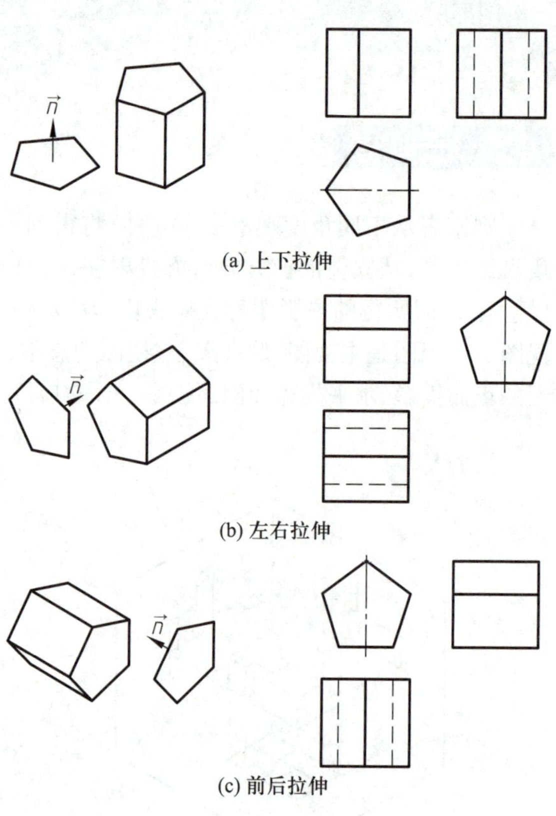

图 4-2 棱柱的形成及其三视图

2. 棱柱的三视图

图 4-3a 为一个多棱柱在三投影面体系中的投影情况。为了画图方便，使多棱柱的前、后端面平行于 V 面，上、下侧面平行于 H 面，左、右侧面平行于 W 面。该立体所有的表面均为投影面的平行面，根据平面的投影特性，不难画出多棱柱的三视图，如图 4-3b 所示。在绘制立体的三视图时，可省略投影轴，但必须确保三视图之间的方位关系正确对应。

3. 棱柱表面上的点和线

例 4-1 如图 4-4a 所示，已知五棱柱的主视图和俯视图，求作棱柱的左视图，并求其表面上点 A、B、C 的其余两面投影。

作图步骤：

第一步，求五棱柱的左视图。如图 4-4b 所示，在适当位置作出一条 45°辅助线，根据主、左视图高度平齐和俯、左视图宽度相等的原则，画出五棱柱的左视图，结果如图 4-4b 所示。注意：位于五棱柱右侧的两条棱边被遮挡，在左视图中不可见，画成细虚线。

第二步，求五棱柱表面上点 A、B、C 的其余两面投影。根据点的投影对应关系和可见性，可知点 A 在棱柱的左前表面，点 B 在棱柱的右后表面，点 C 在棱柱的上表面。按投影关系先求出 a、

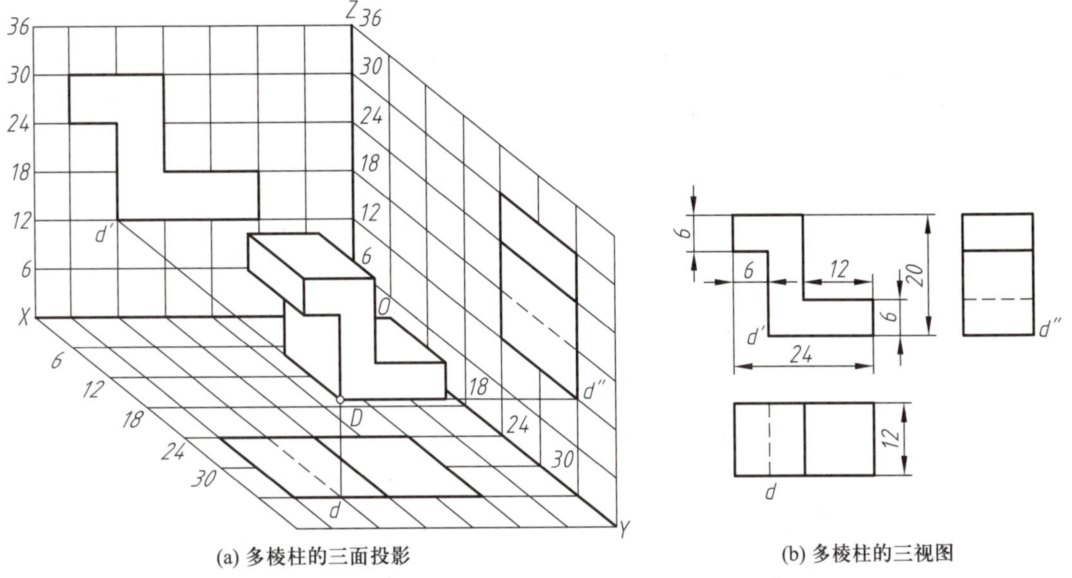

(a) 多棱柱的三面投影

(b) 多棱柱的三视图

图 4-3 多棱柱的三视图

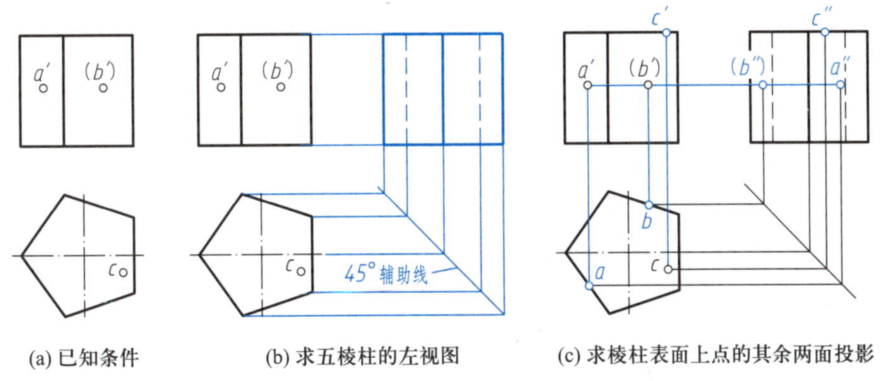

(a) 已知条件

(b) 求五棱柱的左视图

(c) 求棱柱表面上点的其余两面投影

图 4-4 求五棱柱的左视图及其表面上点的其余两面投影

b、c'，再求 a''、b'' 和 c''。其中点 B 所在的表面对 W 面不可见，因此点 B 对 W 面也不可见，其侧面投影标记为(b'')，如图 4-4c 所示。

例 4-2 如图 4-5a 所示，已知五棱柱的三视图，以及棱柱表面折线 $ABCD$ 的水平投影，求作折线的正面投影和侧面投影。

作图步骤：

第一步，根据俯、左视图的对应关系，在左视图中求出折线上端点及转折点的投影，可利用折线侧面投影与棱柱侧面积聚投影重叠的特性，如图 4-5b 所示。

第二步，根据投影对应关系，在主视图中求出各点的投影，其中点 A 位于棱柱后侧面，对 V 面不可见，其投影标记为(a')，如图 4-5c 所示。

第三步，在主视图中画出折线的投影，其中 AB 段在棱柱后侧面，对 V 面不可见，用细虚线画出，如图 4-5d 所示。

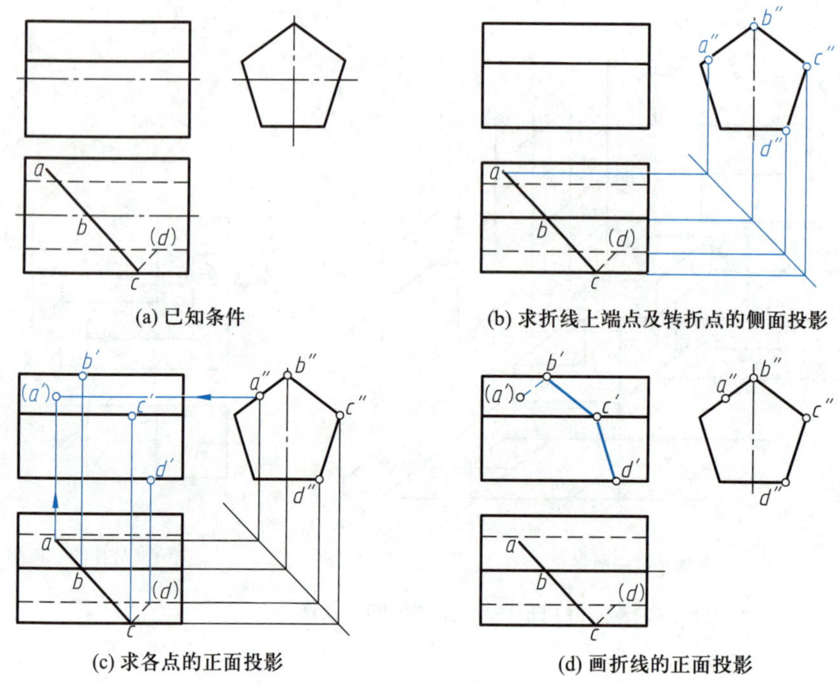

图 4-5 求五棱柱表面折线的投影

4.2.2 棱锥

1. 棱锥的形成

在几何学上，棱锥又称角锥，是三维多面体的一种，由多边形各个角点向它所在平面外的一点连接线段构成。多边形称为棱锥的底面，多边形外的点称为锥顶，锥顶和多边形各个顶点的连线称为棱边，如图 4-6 所示。

棱锥分类的主要依据为底面多边形的形状，例如底面为三角形的棱锥称为三棱锥，底面为五边形的棱锥称为五棱锥。

如果底面为正多边形，且锥顶在底面上的投影是底面的中心，这样的棱锥称为正棱锥，例如正三棱锥、正四棱锥等。正四棱锥工程应用中常称为方锥。

在画棱锥的三视图时，为了便于作图和读图，通常将棱锥底面摆放为投影面的平行面。

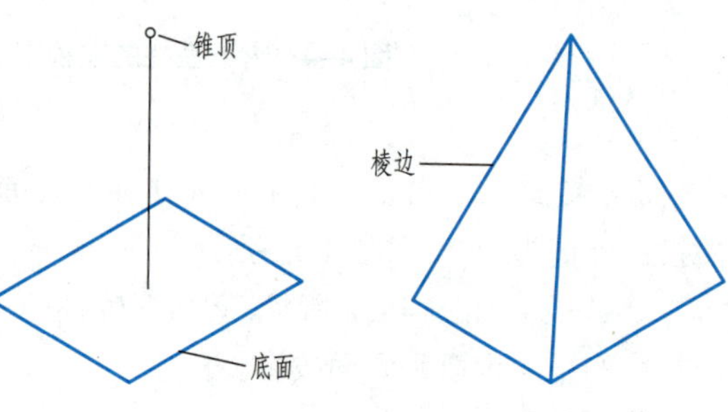

图 4-6 棱锥的形成

2. 棱锥的三视图

图 4-7a 为一个三棱锥在三投影面体系中的投影情况。三棱锥的每一个表面都是三角形，将三棱锥的底面△*ABC* 摆放为水平面，侧面△*SBC* 为正垂面。

例 4-3 如图 4-8a 所示，已知三棱锥的主视图和俯视图，求作其左视图，并求其表面上折线 *KLM* 的其余两面投影。

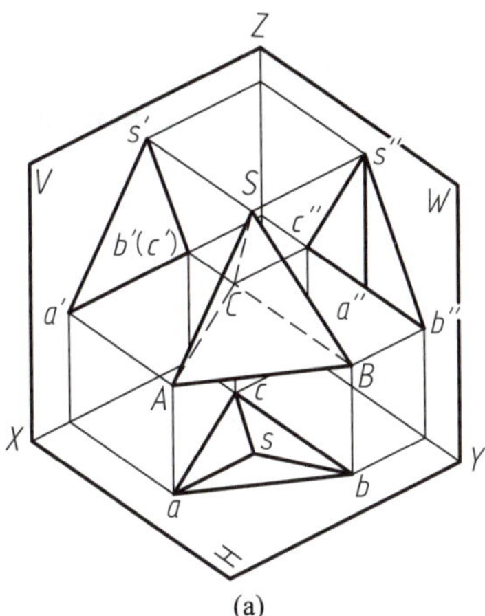

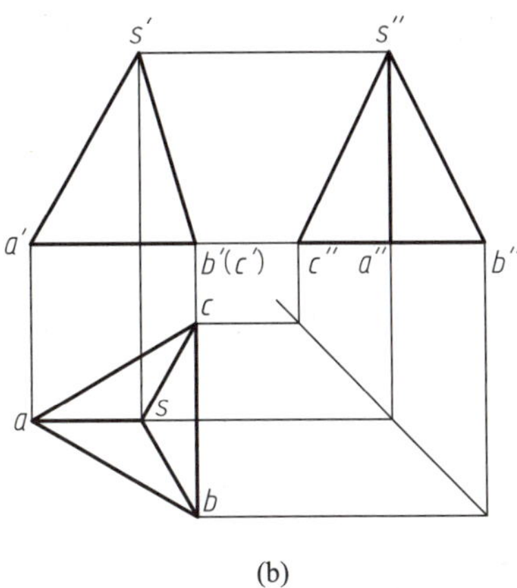

图 4-7 三棱锥及其三视图

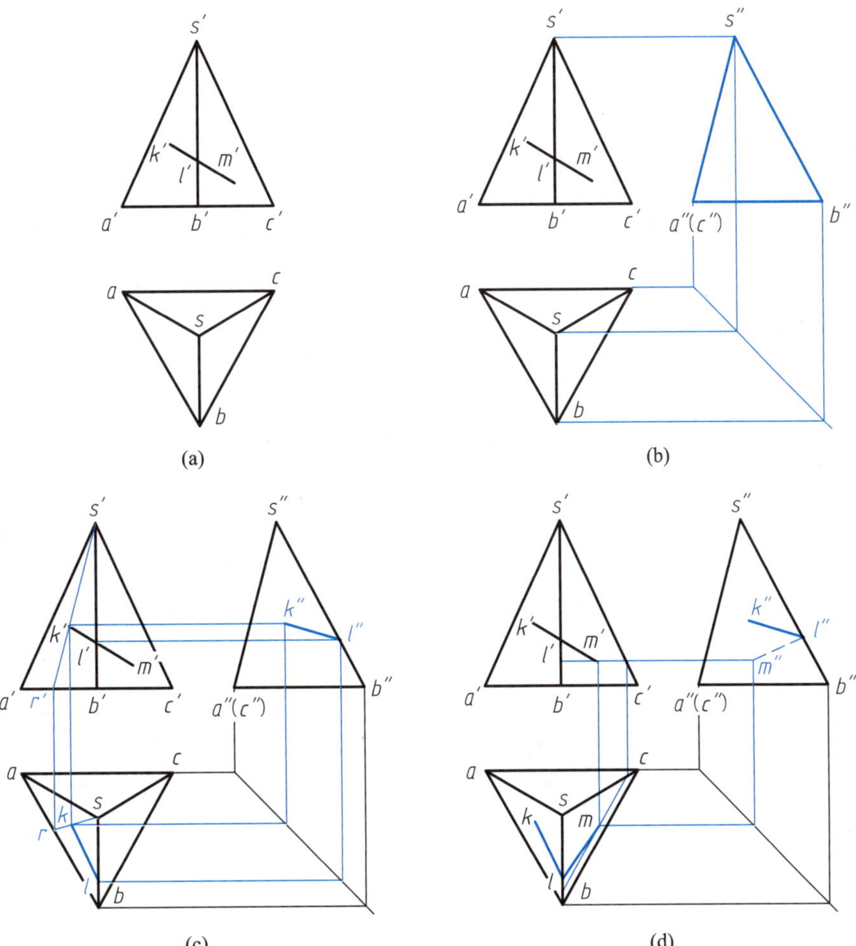

图 4-8 三棱锥表面取点

作图步骤：

第一步，求三棱锥的左视图。如图 4-8b 所示，按投影规律求作锥底面三角形各顶点及锥顶的侧面投影 a''、b''、c'' 和 s''，正确连接各点，得到三棱锥的左视图。注意：三棱锥的后侧面△*SAC* 为侧垂面，有积聚性。

第二步，求线段 *KL* 的其余两面投影。由图可知，点 *K* 所在的棱面△*SAB* 为一般位置平面，没有积聚性投影，需要在棱面△*SAB* 上作辅助线才能求出点 *K* 的其余两面投影。过 k' 作辅助线的正面投影 $s'r'$，由 r' 求得 *r*，从而求得辅助线的水平投影 *sr*；点 *K* 在直线 *SR* 上，因此可确定 *k* 和 k''。点 *L* 在棱边 *SB* 上，利用点在直线上的投影特性，求出 *l* 和 l''。*KL* 所在的表面位于左前方，可见，所以 *kl* 和 $k''l''$ 用粗实线绘制。如图 4-8c 所示。

第三步，求线段 *LM* 的两面投影。线段 *LM* 所在的棱面△*SBC* 为一般位置平面，需作辅助线。过点 *M* 作水平线，该水平线与△*SBC* 的底边平行，作图方法如图 4-8d 所示。*LM* 所在的表面位于右前方，对 *H* 面可见，*lm* 用粗实线绘制；对 *W* 面不可见，$l''m''$ 用细虚线绘制。

求作三棱锥表面上的点时，可利用“点在平面内，点一定在平面内的一条直线上”的几何条件作图，本题的点 *K* 和点 *M* 都是采用这种方法求解的。本题的点 *K* 和点 *M* 分别采用了不同类型的辅助线作图，都是点和直线属于平面的几何条件的具体应用。

4.3 曲面立体

表面由曲面和平面围成或完全由曲面围成的立体，称为曲面立体。最常见的曲面立体为回转体。由一条母线（直线或曲线）绕一轴线旋转而形成的曲面，称为回转面；由回转面或回转面与平面所围成的立体，称为回转体。回转体是最基本的曲面立体。母线上每一点的运动轨迹都形成一个圆，称为纬圆，纬圆所在的平面垂直于回转面的轴线；母线处于回转面的任一位置，称为素线，如图 4-9a、b 所示。可以认为，回转面是由许多连续的素线组成的。

常见的回转面有圆柱面、圆锥面、球面和圆环面。常见的回转体有圆柱、圆锥、球以及圆环等。

绘制回转体的视图时，通常按回转轴线垂直于某一投影面放置回转体。回转面在与回转轴平行的投影面上的投影用转向轮廓线的投影表示；在与回转轴线垂直的投影面上的投影为圆。对指定的投射方向而言，转向轮廓线是回转面上可见部分和不可见部分的分界线。如图 4-9c

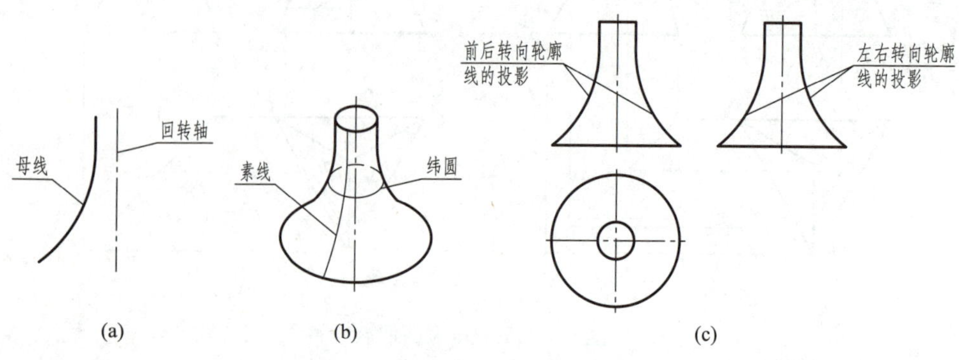

图 4-9 回转体的形成及其三视图

所示的回转体三视图，主、左视图中除画出回转体顶面、底面的积聚投影之外，还画出了回转面转向轮廓线的投影。主视图画出回转面由前半部（可见表面）转向后半部（不可见表面）的转向轮廓线的投影，该转向轮廓线称为前后转向轮廓线；左视图画出回转面由左半部（可见表面）转向右半部（不可见表面）的转向轮廓线，该转向轮廓线称为左右转向轮廓线。在回转体投影为圆的视图上，要绘制两条经过圆心、垂直相交的细点画线，细点画线的交点为回转轴线积聚投影的位置；在投影为非圆的视图上，用细点画线表示回转轴的投影。

1. 圆柱

圆柱由顶面、底面和圆柱面围成，圆柱面是由与回转轴线平行的母线绕轴线旋转而形成。圆柱面上的纬圆直径都相等，圆柱面上任意一条平行于回转轴线的直线称为素线。

如图 4-10a 所示，将圆柱按轴线铅垂的方位放置在三投影面体系中，圆柱的三视图如图 4-10b 所示，图中的圆柱轴线为铅垂线。圆柱的主视图和左视图均为矩形，矩形的上、下两条边为圆柱顶面和底面的积聚投影。主视图中，矩形竖直方向的两条边是圆柱面前后转向轮廓线（即圆柱面上最左和最右的两条素线）的投影；前后转向轮廓线把圆柱面分为前、后两个半圆柱面，其中前半圆柱面可见。左视图中，矩形竖直方向的两条边是圆柱面左右转向轮廓线（即圆柱面上最前和最后的两条素线）的投影；左右转向轮廓线把圆柱面分为左、右两个半圆柱面，其中左半圆柱面可见。圆柱的俯视图为圆，是圆柱面的积聚投影。

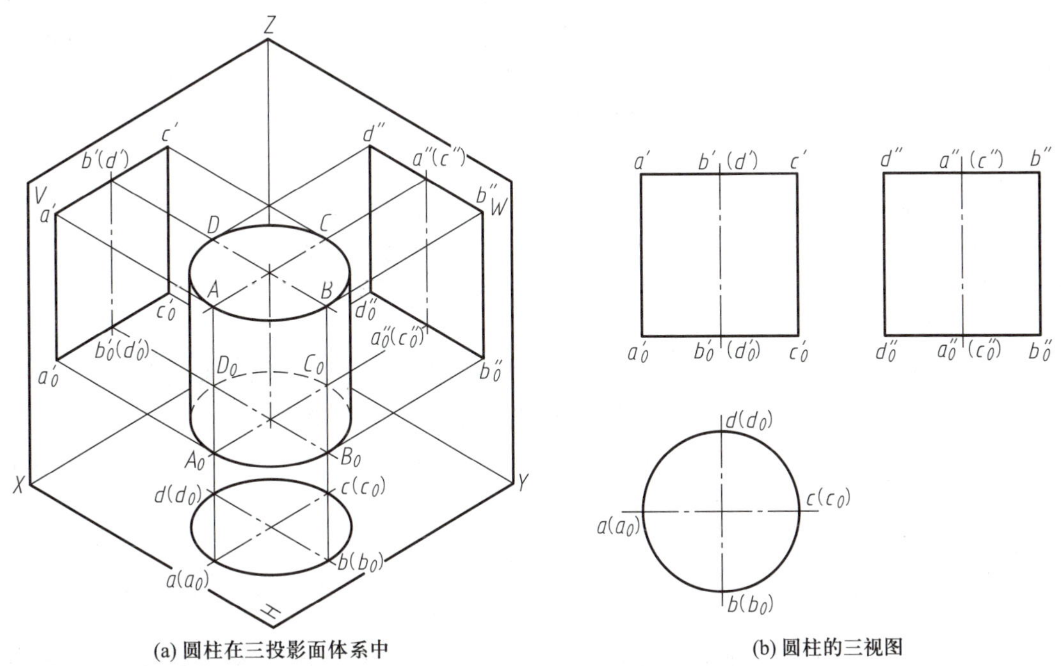

(a) 圆柱在三投影面体系中

(b) 圆柱的三视图

图 4-10 圆柱及其三视图

例 4-4 如图 4-11a 所示，已知圆柱面上的点 A、B、C、D 的一个投影，求这些点的其余两面投影。

作图步骤：

第一步，求点 A、B 的水平投影和侧面投影。从 a' 和 b' 的位置和标记可知，点 A、B 是对 V

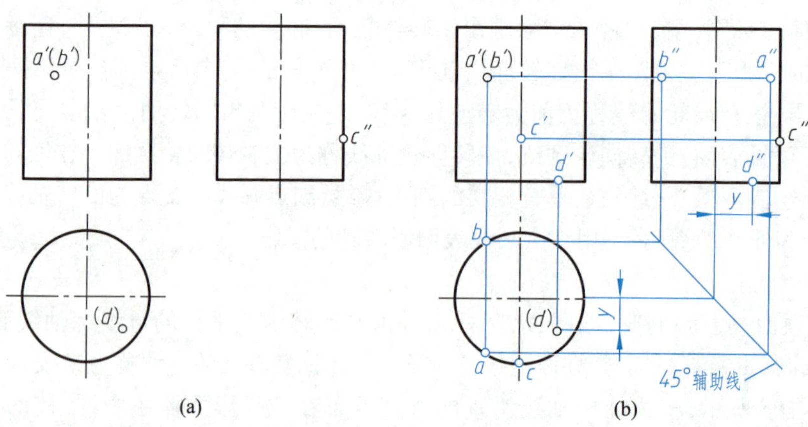

图 4-11　求圆柱面上的点

面的重影点，点 A 在前半圆柱面上，可见；点 B 在后半圆柱面上，不可见。点 A、B 的水平投影在圆柱积聚投影圆上，a 在前半圆弧上，b 在后半圆弧上。按投影规律可求出 a''、b''。

第二步，求点 C 的正面投影和水平投影。由 c'' 位置可知，点 C 在最前素线上，因此 c 为圆柱面积聚投影圆的最前点，按投影规律可求出 c'。

第三步，求点 D 的正面投影和水平投影。由 d 不在圆柱面积聚投影圆周上，并且点 D 对 H 面不可见，可知点 D 不在圆柱面上，而是在底面上。根据投影规律求出 d' 和 d''，如图 4-11b 所示。

例 4-5　已知圆柱的三视图，以及圆柱面上曲线 ABC 的正面投影，如图 4-12a 所示，求作该曲线的水平投影。

分析：曲线 ABC 在主视图上的投影为一段直线，因此该曲线为平面曲线，且曲线所在的平面为正垂面。求作曲线的投影，应先求出曲线上一定数量点的投影，然后按顺序光滑连接这些点，完成曲线绘制。

作图步骤：

第一步，求曲线上的端点 A、C 和最高点 B 的侧面投影和水平投影；求曲线上位于上、下半圆柱面转向轮廓线上的点 D、E 的侧面投影和水平投影。如图 4-12b 所示。

第二步，求曲线上位于点 B 与点 D、E 之间的一般位置点 F、G 的侧面投影和水平投影，如图 4-12c 所示。

第三步，对于 H 面，位于上半圆柱面的曲线可见，俯视图中 $dfbge$ 段曲线用粗实线绘制；位于下半圆柱面的曲线不可见，ad、ec 段曲线用细虚线绘制。作图结果如图 4-12d 所示。

2. 圆锥

圆锥由底面和圆锥面围成，圆锥面是由母线 SA 绕与其倾斜相交的回转轴线 SO 旋转形成。圆锥面上的通过锥顶 S 的任一直线称为素线，如图 4-13a 所示。

将圆锥按轴线铅垂的方位放置在三投影面体系中(图 4-13b)，圆锥的三视图如图 4-13c 所示。圆锥的主视图和左视图均为等腰三角形，三角形底边为圆锥底面的积聚投影。主视图三角形的两条侧边是圆锥面前后转向轮廓线的投影，即圆锥面上最左和最右的两条素线的投影；它把圆锥面分为前、后两个半圆锥面，其中前半圆锥面可见。左视图三角形的两条侧边是圆锥面左右转向轮廓线的投影，即圆锥面上最前和最后的两条素线的投影；它把圆锥分为左、

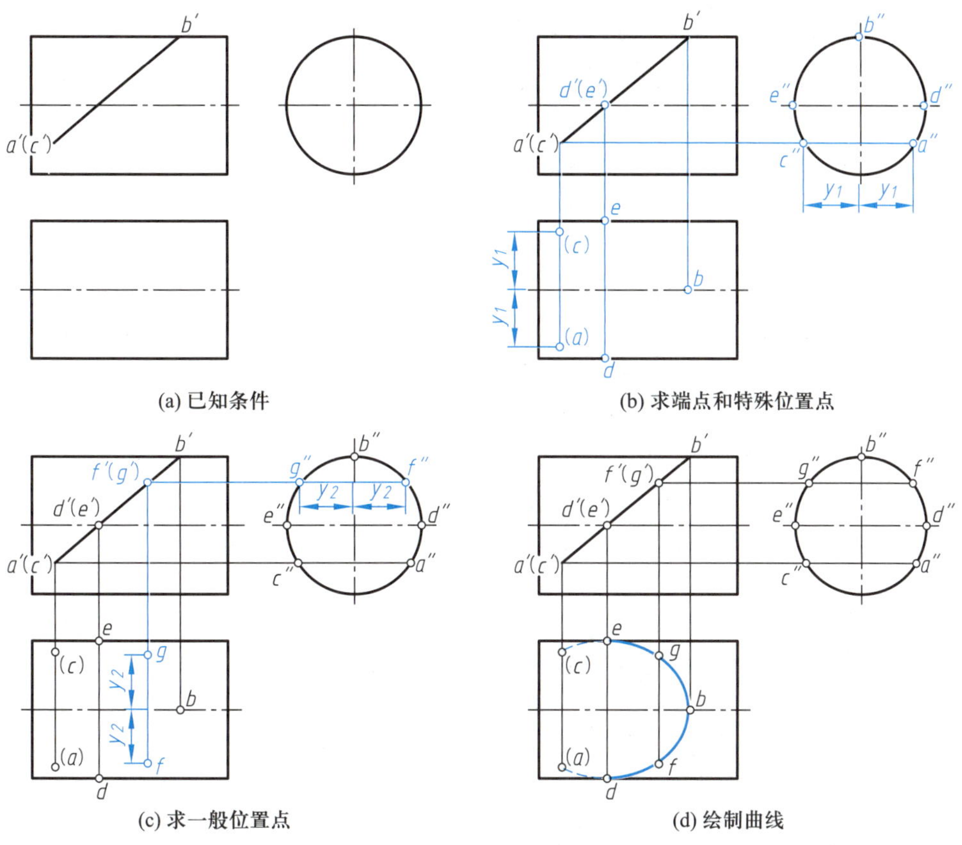

(a) 已知条件　(b) 求端点和特殊位置点
(c) 求一般位置点　(d) 绘制曲线

图 4-12　求圆柱面上的线

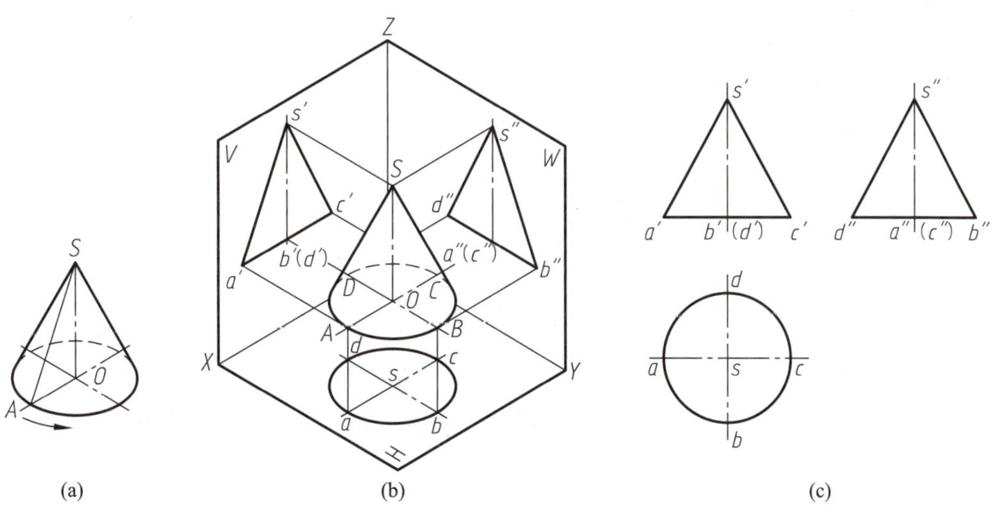

(a)　(b)　(c)

图 4-13　圆锥及其三视图

右两个半圆锥面，其中左半圆锥面可见。圆锥的水平投影为圆，是圆锥底面圆的实形，圆心是锥顶的投影。

圆锥面的三面投影都没有积聚性，要求圆锥面上点的投影，需要用到素线法（图 4-14a）或

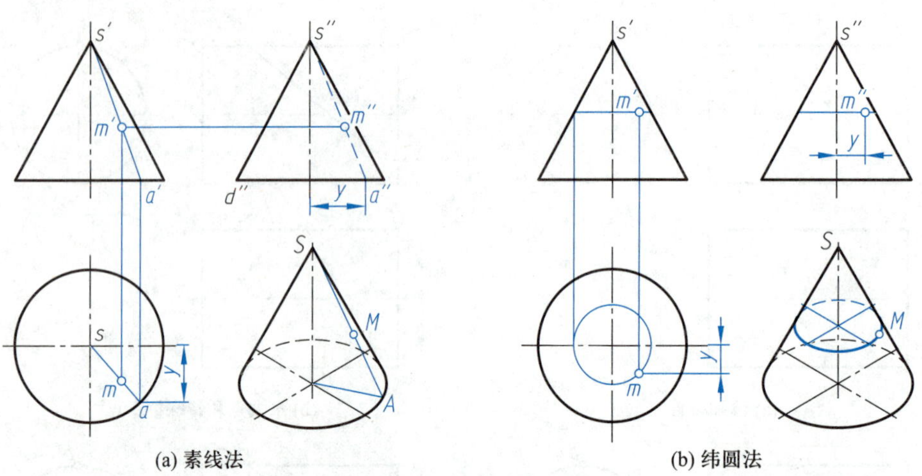

(a) 素线法　　(b) 纬圆法

图 4-14　圆锥表面取点

纬圆法（图 4-14b）。

例 4-6　如图 4-15a 所示，已知圆锥的三视图以及圆锥面上曲线 *ABC* 的正面投影，求作该曲线的其余两面投影。

分析：该圆锥按轴线铅垂的位置摆放，底面圆为水平面，圆锥面的纬圆都是水平圆。

作图步骤：

第一步，用素线法求点 *A*。在圆锥正面投影上作通过点 *A* 素线的投影，在圆锥的水平投影上作该素线的水平投影，*a* 在素线水平投影上，根据点 *A* 的 *y* 坐标的对应关系，可求出 *a*″。作图结果如图 4-15b 所示。

第二步，求曲线上的特殊位置点。由可见性可知点 *B* 在前半圆锥面上，正面投影 *b* 在圆锥的轴线投影上，可知其侧面投影 *b*″ 在圆锥左右转向轮廓线的投影上，根据 *y* 坐标的对应关系可求出 *b*。点 *C* 在前后转向轮廓线上，其侧面投影 *c*″ 在圆锥轴线投影上，根据 *y* 坐标的对应关系，可求出 *c*。作图结果如图 4-15b 所示。

第三步，求曲线上的中间点 *Ⅰ*、*Ⅱ*。在 *a*′ 和 *b*′ 之间任取 *1*′，*b*′ 和 *c*′ 之间任取 *2*′，过这两点作水平投影圆，用纬圆法求出 *1* 和 *1*″、*2* 和 *2*″。纬圆的水平投影可只画出有效弧段，如图 4-15c 所示。

第四步，绘制曲线。圆锥面对 *H* 面完全可见，因此曲线的水平投影用粗实线绘制，顺序光滑连接 *a* 和 *c* 之间的点。对 *W* 面，位于圆锥面左半部的曲线 *AⅠB* 可见，其投影 *a*″*1*″*b*″ 用粗实线绘制；位于圆锥面右半部的曲线 *BⅡC* 不可见，其投影 *b*″*2*″*c*″ 用细虚线绘制。作图结果如图 4-15d 所示。

3. 球

球面由半圆母线绕经过母线两端点的轴线旋转一周而形成。球是以球面为边界的实心体。球的三视图是大小相同的圆，如图 4-16b 所示。

主视图中的圆，是球面上正平圆 *A* 的正面投影 *a*′；圆 *A* 是前、后半球的转向轮廓线，位于前、后半球的对称面上，其水平投影和侧面投影为直线。俯视图中的圆，是球面上水平圆 *B* 的水平投影 *b*；圆 *B* 是上、下半球的转向轮廓线，位于上、下半球的对称面上，其正面投影和侧面投影为

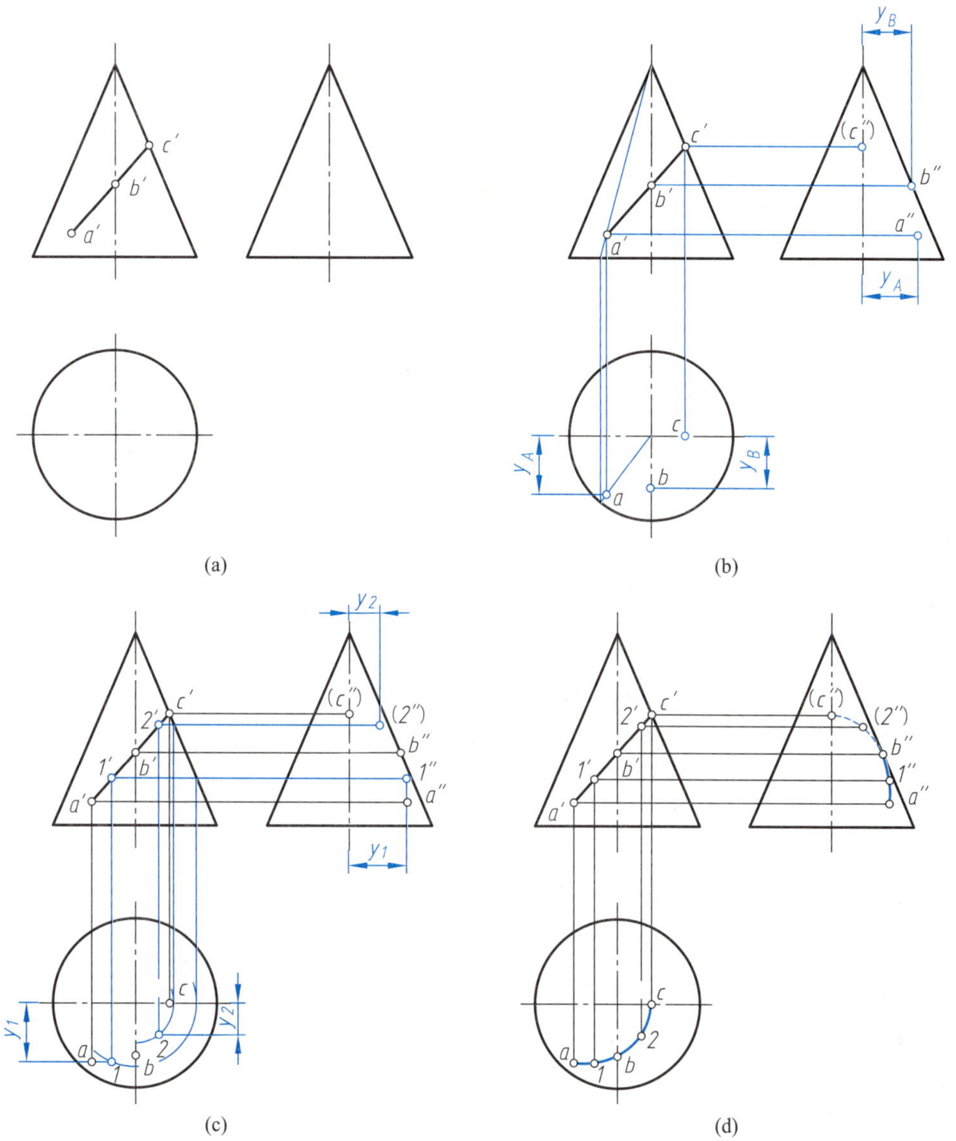

图 4-15　求圆锥表面的曲线

直线。左视图中的圆，是球面上侧平圆 C 的侧面投影 c''；圆 C 是左、右半球的转向轮廓线，位于左、右半球的对称面上，其正面投影和水平投影为直线。

图 4-17 所示为球面上一些特殊位置点的投影。分析这些点的三面投影关系有助于读者理解球的投影。

球面上包含有正平纬圆、水平纬圆和侧平纬圆，在求球面上的点时，可利用这些纬圆作辅助线。图 4-18 图示了利用正平纬圆和水平纬圆求球面上点的作图方法。

例 4-7　如图 4-19a 所示，已知半球的三视图以及球面上曲线 ABC 的正面投影，求曲线的其余两面投影。

分析：球面上的线都是圆弧。从主视图中可知，圆弧 $\overset{\frown}{ABC}$ 的正面投影积聚为一条倾斜直线，

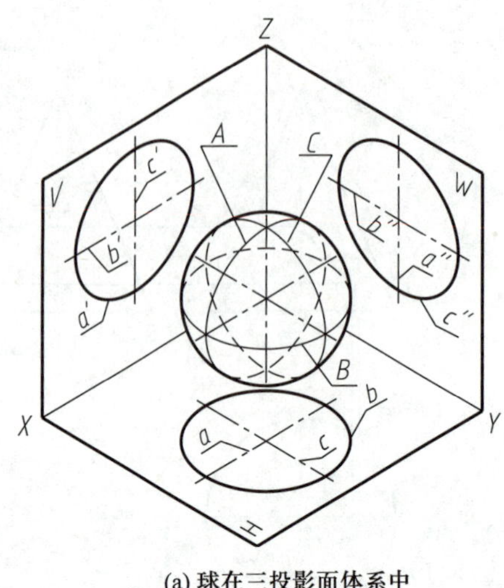

(a) 球在三投影面体系中

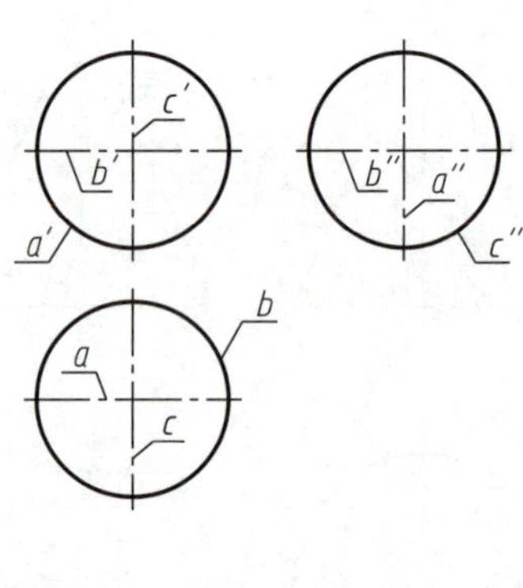

(b) 球的三视图

图 4-16 球及其三视图

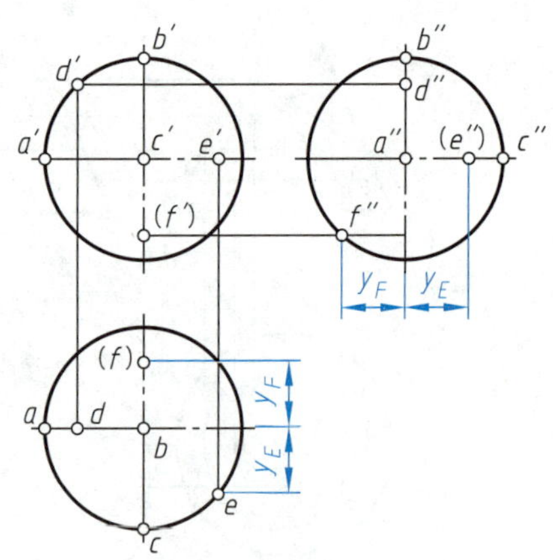

图 4-17 球面上的特殊位置点

说明圆弧所在平面为正垂面，圆弧的水平投影和侧面投影为椭圆弧。本题需要求出曲线上点的其余两面投影，然后光滑连接，得到椭圆弧的投影。本题将利用水平纬圆求解。

作图步骤：

第一步，求特殊点 A、B 和 C。由正面投影可知，点 A 和点 C 在半球的前后转向轮廓线上，a''、c'' 在轴线侧面投影（竖直细点画线）上，a、c 在过圆心的水平细点画线上。由正面投影可知，点 B 位于半球的左右转向轮廓线上，因此 b'' 位于侧面投影半圆上，作出 b''，再根据投影关系作出 b。作图结果如图 4-19b 所示。

第二步，求圆弧上的一般位置点Ⅰ、Ⅱ。在 a' 和 b' 之间任取 $1'$、b' 和 c' 之间任取 $2'$，过这两点作水平投影圆，用纬圆法求出 1 和 $1''$、2 和 $2''$。纬圆的水平投影可只画出有效弧段，如图 4-19c 所示。

第三步，连接曲线。曲线位于上半球面上，对 H 面可见，其水平投影用粗实线绘制。AⅠB 段曲线位于左半球，对 W 面可见，其侧面投影 $a''1''b''$ 用粗实线绘制；BⅡC 段曲线位于右半球，对 W 面不可见，其侧面投影 $b''2''c''$ 用细虚线绘制。

4. 圆环

圆环面的母线是圆，回转轴与母线圆共面但不经过圆心，如图 4-20a 所示。母线绕回转轴旋转一周形成圆环面。圆环是以圆环面为边界的实心体。母线上点 A、B、C、D 在圆环三视图中的位置如图 4-20b 所示。圆环面分为内环面和外环面，靠近回转轴的半圆母线回转形成内环面，远离回转轴的半圆母线回转形成外环面。当圆环回转轴线为铅垂线时，圆环的三视图如图 4-20b 所示。

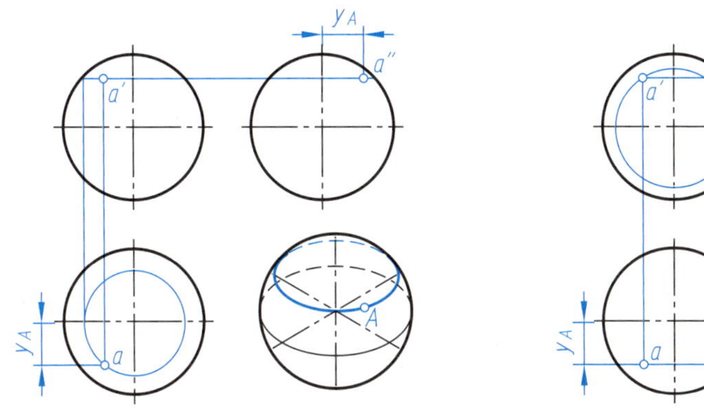

(a) 利用水平纬圆求球面上的点

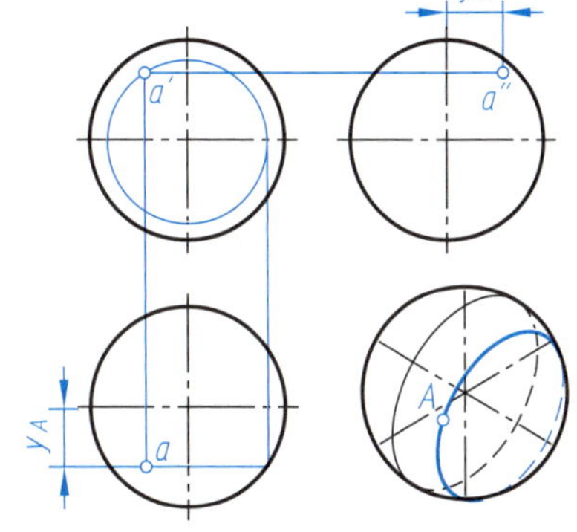

(b) 利用正平纬圆求球面上的点

图 4–18 球面上取点的作图方法

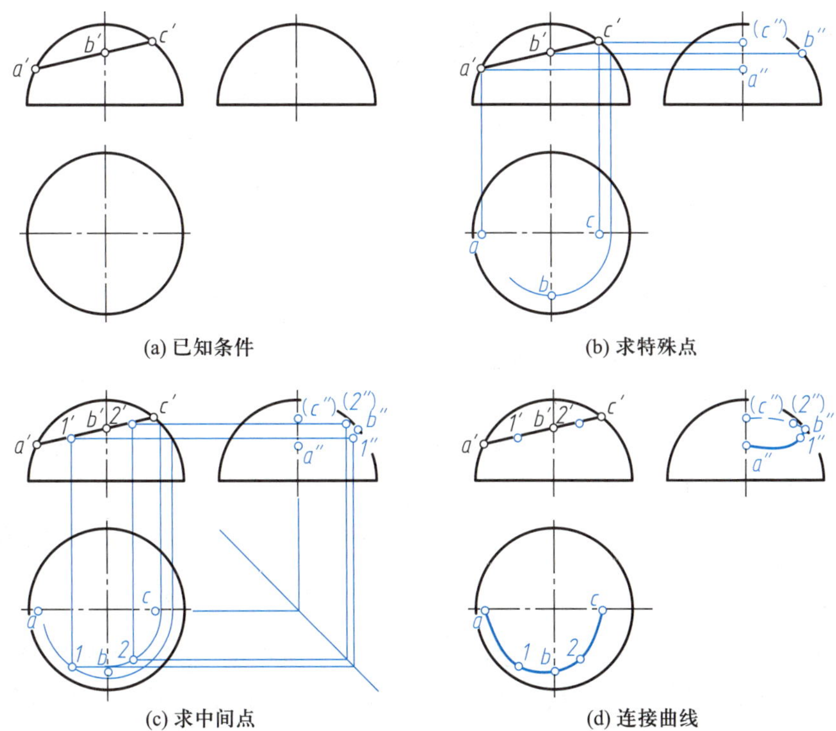

(a) 已知条件

(b) 求特殊点

(c) 求中间点

(d) 连接曲线

图 4–19 求球面上的曲线

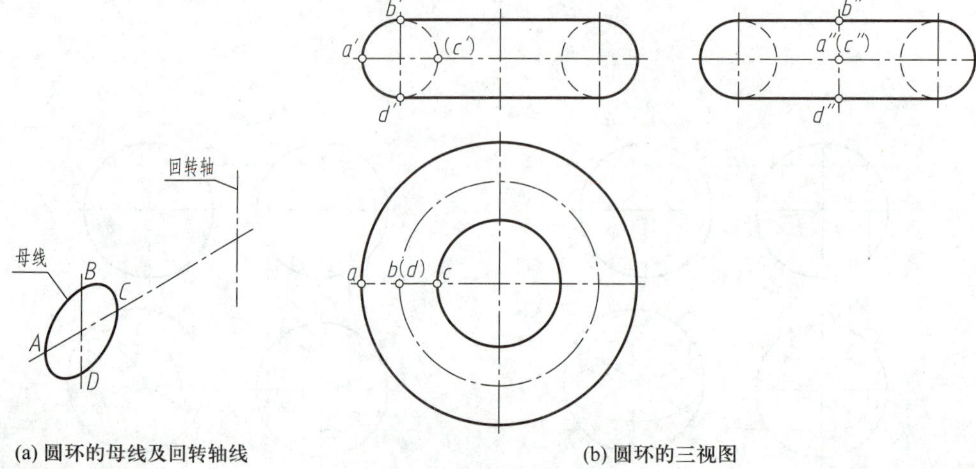

(a) 圆环的母线及回转轴线 (b) 圆环的三视图

图 4-20 圆环的构成及其三视图

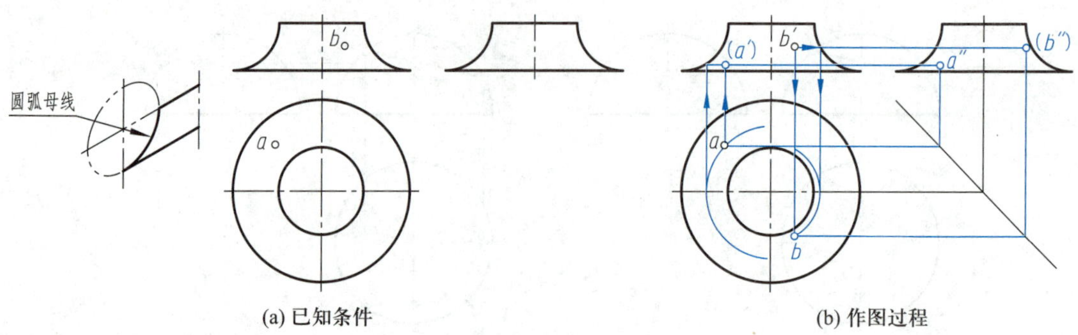

(a) 已知条件 (b) 作图过程

图 4-21 求圆环面上的点

可利用辅助纬圆求圆环面上的点。

例 4-8 立体由四分之一圆环面和平面构成，如图 4-21a 所示。已知圆环面上点 A 的水平投影、点 B 的正面投影，求两点的其余两面投影。

作图步骤：

第一步，利用纬圆法求作点 A 的其余两面投影。在俯视图中作经过 a 的圆弧，由该圆弧可确定过点 A 的纬圆在主视图中的投影，由此可确定 a'，再根据投影对应关系确定 a''，作图过程如图 4-21b 所示。根据 a 的位置可知，点 A 在立体的左后侧，对 V 面不可见，其正面投影标记为 (a')。

第二步，利用纬圆法求作点 B 的其余两面投影，作图过程如图 4-21b 所示。根据 b' 的位置可知，点 B 在立体的右前侧，对 W 面不可见，其侧面投影标记为 (b'')。

图 4-22 为常见曲面立体的三视图。

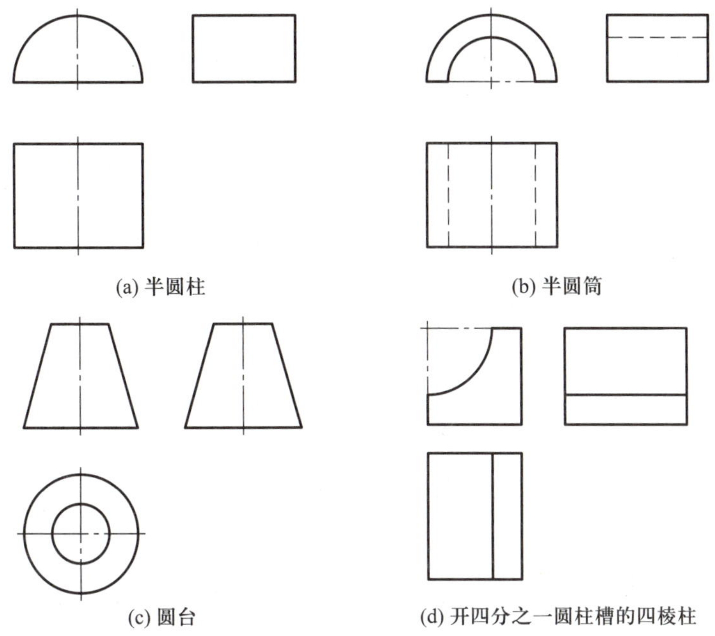

(a) 半圆柱　(b) 半圆筒　(c) 圆台　(d) 开四分之一圆柱槽的四棱柱

图 4-22　常见曲面立体的三视图

4.4 平面与立体相交

生活中经常使用的物体和工具，表面常会有平面与基本体表面的交线，如图 4-23 所示的六角螺母的外表面和凿子的刃部。

平面与立体相交，即平面截切立体形成新的立体。如图 4-24 所示的四棱锥，被平面 P 截去上半部后形成新的立体。

截切立体的平面称为截平面，截平面与立体表面相交产生的交线称为截交线。图 4-24 中平面 P 为截平面，AB、BC、CD、DA 为截交线，组成一个四边形。由截交线围成的平面图形通常称为截断面。

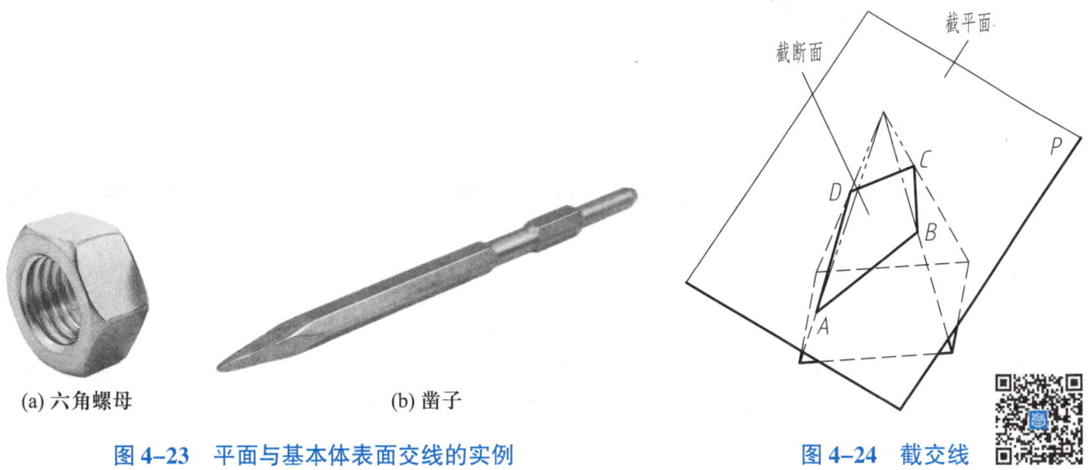

(a) 六角螺母　(b) 凿子

图 4-23　平面与基本体表面交线的实例

图 4-24　截交线

截交线的特性：

(1) 截交线是截平面与立体表面的共有线，截交线上的点是截平面与立体表面的共有点。

(2) 截交线组成一个封闭的平面图形，该平面图形称为截断面。

4.4.1 平面与平面立体相交

平面立体的截交线围成截平面上的一个多边形，多边形的各顶点是截平面与平面立体棱边或底边的交点，多边形的边是截平面与平面立体表面的交线。

例 4-9 如图 4-25a 所示，四棱锥被正垂面 P 截切，求作截切后立体的左视图，并完成其俯视图。

分析：本题的主要任务是画出截交线的三视图。四棱锥被正垂面 P 截切后所产生的截交线围成一个封闭的四边形，四边形各顶点 A、B、C、D 是平面 P 与四棱锥各棱边的交点。该四边形平面在主视图上积聚成一条直线，因此只需求出 A、B、C、D 各点在俯视图和左视图的投影，即可解题。

作图步骤：

第一步，画出完整四棱锥的左视图。根据主视图，按投影规律求截平面与各棱边的交点 A、B、C、D 的水平投影 a、b、c、d 和侧面投影 a''、b''、c''、d''。

第二步，按顺序连接 $abcd$，画出截交线的水平投影；补全经过 a、b、c、d 的棱边投影，完成立体的俯视图。

第三步，按顺序连接 $a''b''c''d''$，画出截交线的侧面投影。注意：因为点 C 所在的棱边位于立体的右侧，被立体自身遮挡，因此其侧面投影画成细虚线。作图结果如图 4-25c 所示。

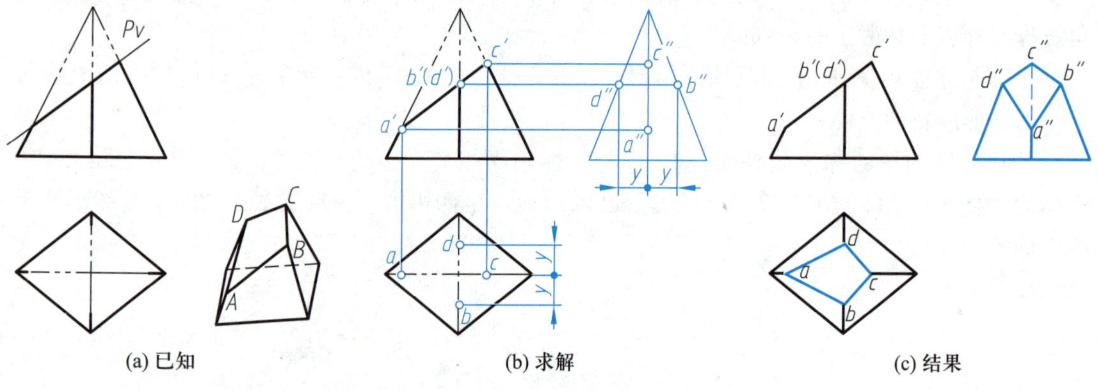

图 4-25 求平面截四棱锥的截交线

小结：为了准确画出被截切立体的视图，首先应画出被截切之前基本体的视图以辅助作图，如本题第一步画出四棱锥的左视图。

例 4-10 已知 T 形棱柱被正垂面截切，如图 4-26a 所示，补画俯视图和左视图中缺漏的图线。

分析：T 形棱柱前后对称，左、右端面为侧平面，其余侧棱面都与 W 面垂直。从图 4-26a 可知，截平面与左端面及七个侧棱面有交线，因此截交线围成的截断面为一个八边形，且前后对称。在左视图中，截平面与侧棱面的交线重叠在侧棱面的积聚投影上，根据“高平齐”的原则，作出截

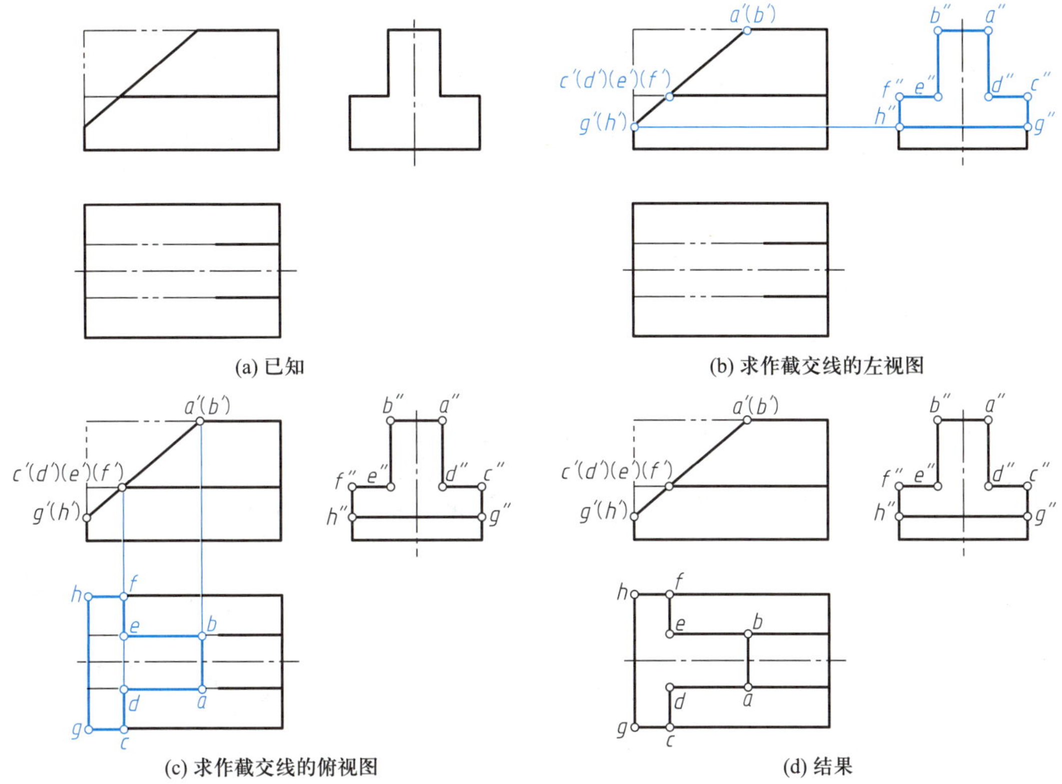

(a) 已知 (b) 求作截交线的左视图

(c) 求作截交线的俯视图 (d) 结果

图 4-26 求 T 形棱柱的截交线

平面与左侧面的交线即可。截断面的水平投影和侧面投影具有类似性。

作图步骤：

第一步，在主视图中标记截平面与 T 形棱柱各表面交线端点的投影 a'、(b')、c'、(d')、(e')、(f')、g'、(h')，按投影对应关系，在左视图中确定 a''、b''、c''、d''、e''、f''、g''、h'' 的位置，画出截交线的 W 面投影，如图 4-26b 所示。

第二步，在俯视图中确定 a、b、c、d、e、f、g、h 的位置，并按顺序连接各个点，画出截交线的 H 面投影，如图 4-26c 所示。

第三步，补齐过 a、b 的棱边投影，完成作图，结果如图 4-26d 所示。

例 4-11 立体由五棱柱被两个平面截切形成，已知立体的主、俯视图如图 4-27a 所示，求作立体的左视图。

分析：五棱柱被一个侧平面和一个正垂面截切。侧平截断面在主、俯视图中都有积聚性，在左视图中反映实形（由两条正垂线 AD、BC 和两条铅垂线 AB、CD 围成的矩形）；正垂截断面为五边形；BC 为正垂线，是两个截断面的交线。如图 4-27b 所示。

作图步骤：

第一步，画出完整五棱柱的左视图，并在主、俯视图中标记截平面与五棱柱表面、棱边的交线和交点的投影，如图 4-27b 所示。

第二步，在左视图中作侧平截断面上截交线的投影。根据宽相等的原则，可确定 a''、b''、c''、d'' 的位置，画出截交线投影，如图 4-27c 所示。

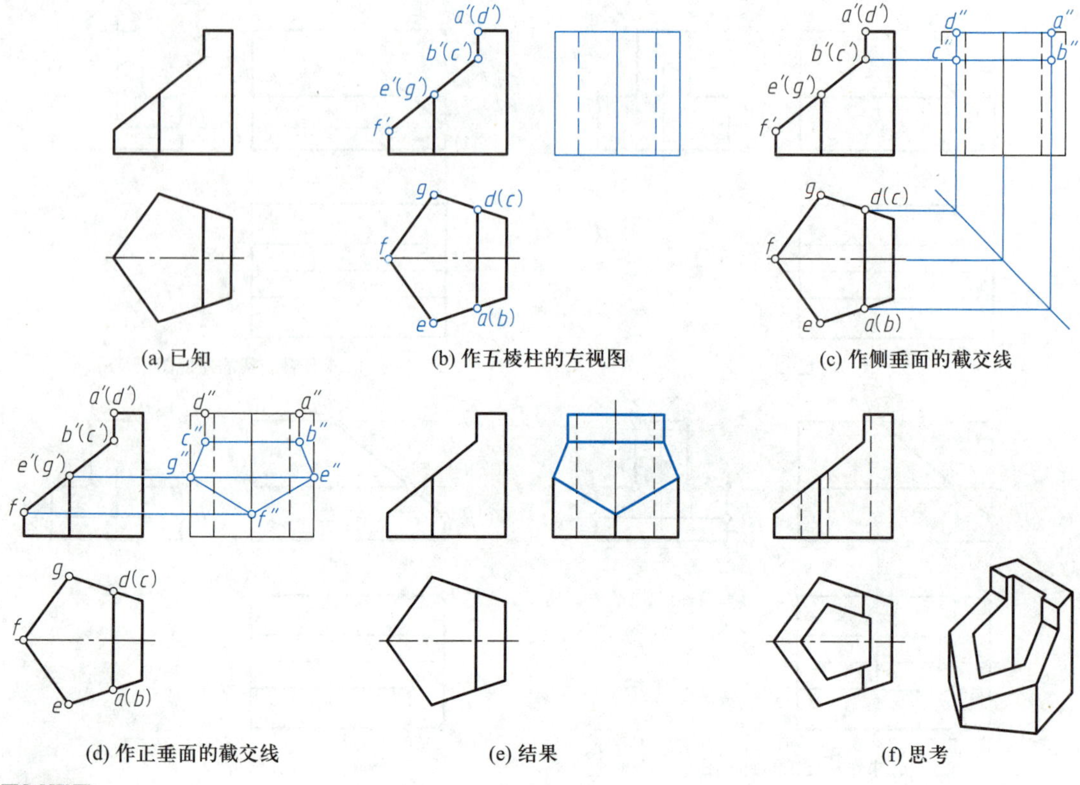

(a) 已知　(b) 作五棱柱的左视图　(c) 作侧垂面的截交线

(d) 作正垂面的截交线　(e) 结果　(f) 思考

图 4-27　求做五棱柱截切后所得立体的左视图

第三步，在左视图中作正垂截断面上截交线的投影。根据高平齐的原则，可确定 e''、f''、g'' 的位置，按俯视图的顺序连接 $b''e''f''g''c''b''$，画出截交线投影，如图 4-27d 所示。

第四步，描深轮廓图线，完成左视图。注意：立体右侧两条不可见棱边的投影用细虚线画出，结果如图 4-27e 所示。

思考：若五棱柱竖直方向穿正五边形通孔，如图 4-27f 所示，截平面与立体内（孔表面）、外表面的交线有什么特点？试画出立体的左视图。

例 4-12　已知三棱锥被挖切，缺口如图 4-28a 的主视图所示，试完成该立体的俯视图，并补画左视图。

分析：三棱锥的缺口由三个截平面截切而成，截切形成的截断面分别为正垂面 P、侧平面 Q 和水平面 R。三棱锥被多个平面截切是一个较复杂的问题，求解时应逐个截断面求截交线，将复杂问题转换为简单问题来解决。

作图步骤：

第一步，画出完整三棱锥的左视图，标记三个截断面的正面投影 p'、q'、r'，如图 4-28b 所示。

第二步，求围成截断面 P 的截交线。P 为正垂面，其所在平面与三棱锥的三个侧面 $\triangle SAB$、$\triangle SAC$、$\triangle SBC$ 相交，即将 p' 延长至与 $s'b'(c')$ 相交，求出平面 P 与三个侧面交线 GD、GE、DE 的三面投影，作图结果如图 4-28c 所示。

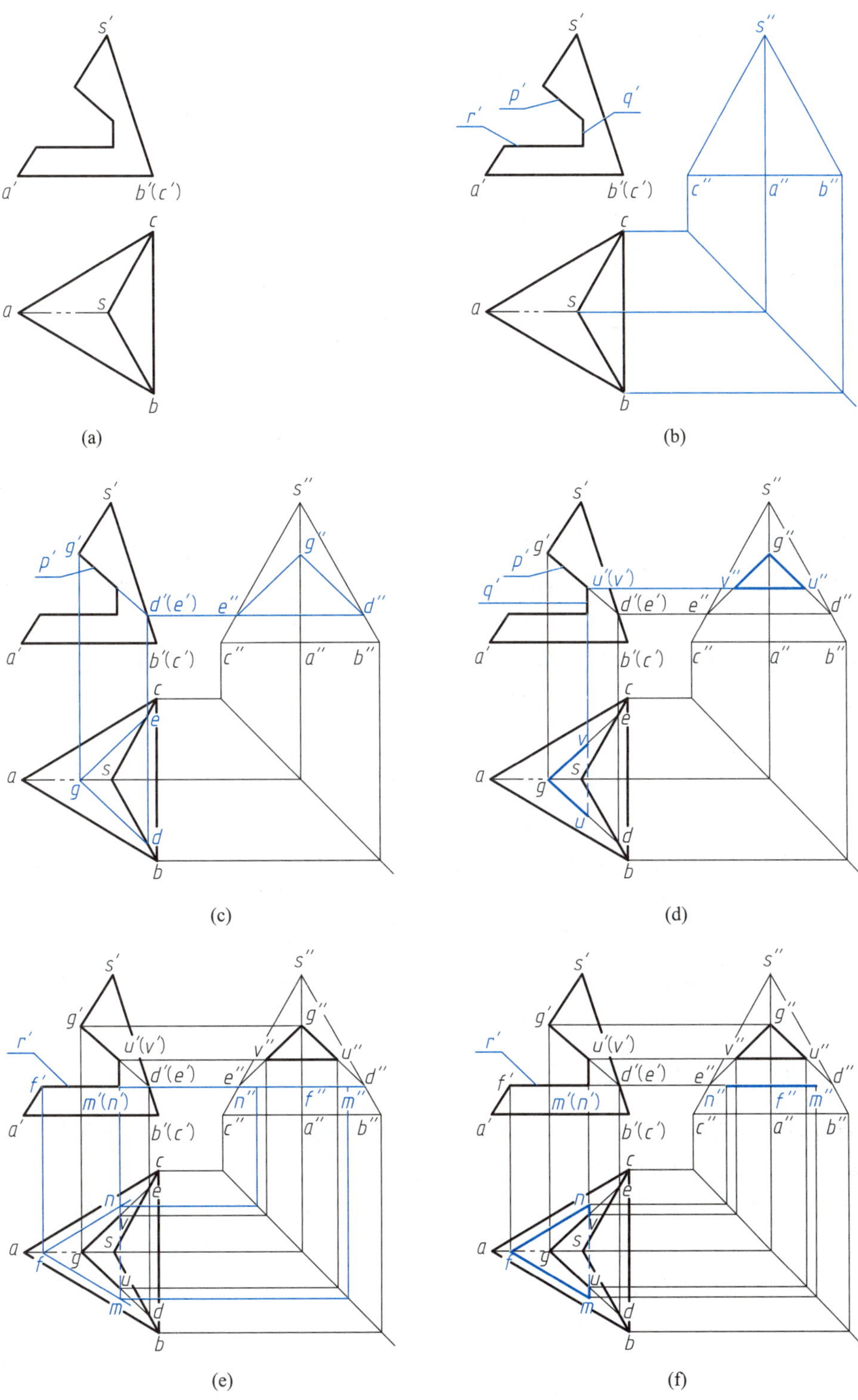

(a)　(b)　(c)　(d)　(e)　(f)

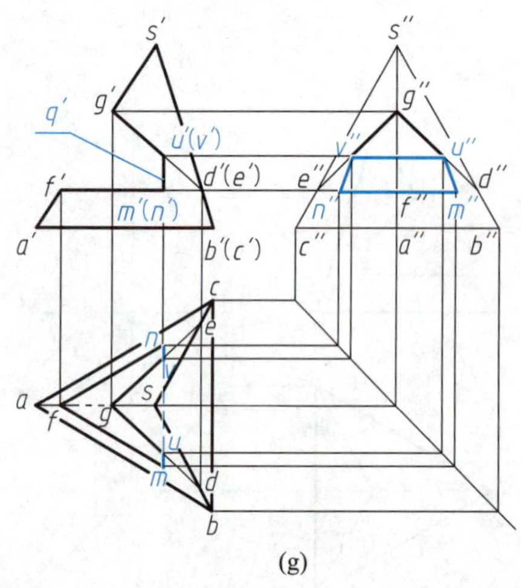

(g)

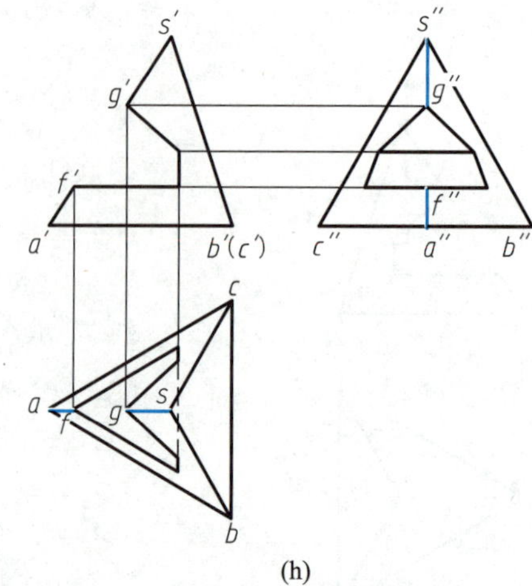

(h)

图 4-28 三棱锥被挖切

第三步，确定截断面 *P*、*Q* 的交线。平面 *P*、*Q* 的交线为正垂线，其正面投影有积聚性，标记为 *u*′(*v*′)，按投影对应关系可求出交线的水平投影 *uv* 和侧面投影 *u*″*v*″。在俯视图中，*UV* 被遮挡，因此 *uv* 画成细虚线，作图结果如图 4-28d 所示。

第四步，求围成截断面 *R* 的截交线，截交线的正面投影标记为 *f*′*m*′(*n*′)。*R* 为水平面，与底面△*ABC* 平行，因此 *R* 所在平面与△*SAB* 的交线与 *AB* 平行，与△*SAC* 的交线与 *AC* 平行。由 *f*′ 确定点 *F* 的水平投影 *f*，过 *f* 作平行于 *ab*、*ac* 的直线，按投影对应关系确定 *m* 和 *n*，再确定 *m*″ 和 *n*″，如图 4-28e 所示。*FM* 和 *FN* 为截断面 *R* 所在平面与三棱锥的截交线，*MN* 为截断面 *R* 与截断面 *Q* 的交线，在俯视图中位于 *P* 平面下的部分不可见，结果如图 4-28f 所示。

第五步，确定截断面 *Q* 的投影。截断面 *Q* 为侧平面，围成平面 *Q* 的截交线在主、俯视图的投影有积聚性，左视图中的投影反映实形。截断面 *Q* 所在平面与三棱锥侧面△*SAB* 和△*SAC* 相交，截交线为 *UM*、*VN*，侧面投影为 *u*″*m*″、*v*″*n*″，如图 4-28g 所示。

第六步，完成三棱锥被挖切后的左视图。注意：*SA* 棱边被截断，点 *F*、*G* 之间都没有棱线，如图 4-28h 所示。

4.4.2 平面与回转体相交

平面与回转体截交线的形状取决于回转体的形状，以及截平面与回转体轴线的相对位置；当截平面与回转体轴线垂直时，截交线为圆。

求平面与回转体的截交线时，要应用回转体表面取点的方法求出截交线上的点，然后顺序光滑连接各点，得到所求的截交线。

(1) 平面与圆柱的截交线

当平面与圆柱的轴线平行、垂直、倾斜时，产生的截交线分别为矩形、圆和椭圆，如表 4-1 所示。

表 4-1 平面与圆柱的截交线

截平面的位置	平行于圆柱轴线	垂直于圆柱轴线	倾斜于圆柱轴线
截交线的形状	直线 （四段直线围成矩形）	圆	椭圆
立体图	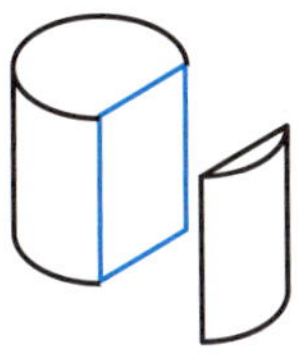	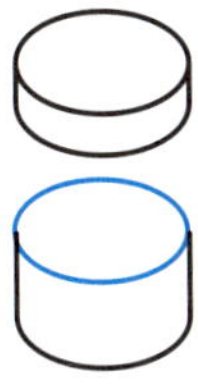	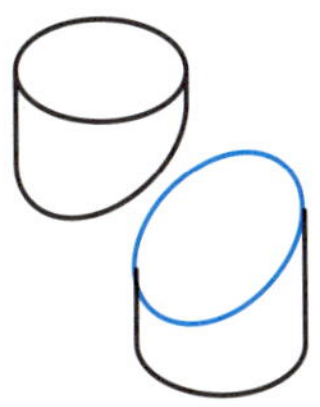
三视图	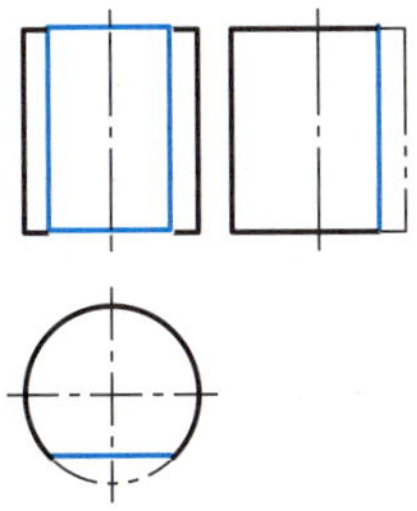	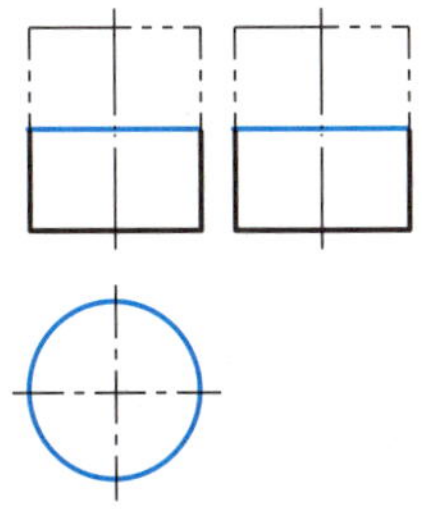	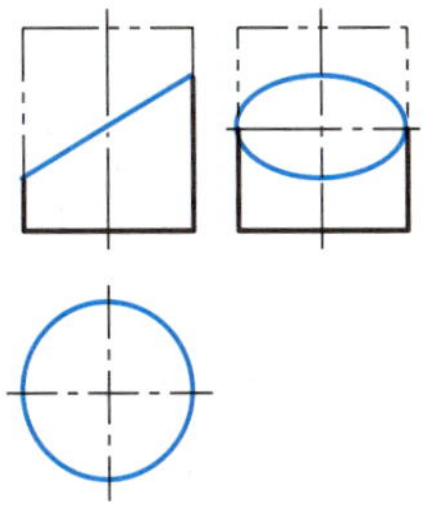

例 4-13 已知圆柱被截切后的主、俯视图，如图 4-29a 所示，求作左视图。

分析：截平面 P 为与圆柱轴线倾斜的正垂面，截交线为椭圆。截交线主视图为一条直线，俯视图积聚在圆上，左视图为一个椭圆。作图时，应按照圆柱表面取点法求出截交线椭圆的长、短轴端点以及一些一般点，然后按顺序连接各点，画出截交线。

作图步骤：

第一步，画圆柱的左视图，求截交线上特殊位置点。在主、俯视图中标记截交线最前点 B、最后点 D、最左点 A 和最右点 C 的投影 b'、d'、a'、c' 及 b、d、a、c，按投影对应关系在左视图中确定这四个点的投影 b''、d''、a''、c''，如图 4-29b 所示。这四个点也是截交线椭圆长、短轴的端点。

第二步，求截交线上一般位置点。在截交线的适当位置确定四个一般位置点 E、F、H、G，为简化作图，取这四个点前后、左右对称。在主视图中标记这四个点的投影 e'、f'、(h')、(g')；在俯视图中作图确定这四个点的投影 e、f、h、g，再按投影对应关系在左视图中确定这四个点的投影 e''、f''、h''、g''，如图 4-29c 所示。

第三步，顺序连接左视图中各点的投影，画出截交线的侧面投影。加深左视图中位于截平面下方的圆柱的投影轮廓线，结果如图 4-29d 所示。

图 4-30 所示的圆柱被对称的上、下两个正垂面斜截，类似木工凿子刀刃部分的形状，其上截交线的性质以及画法与例 4-13 相同。

例 4-14 图 4-31a 所示的立体是一个杆接头的简化模型，由圆柱挖切而成，补画该立体三视图中缺漏的图线。

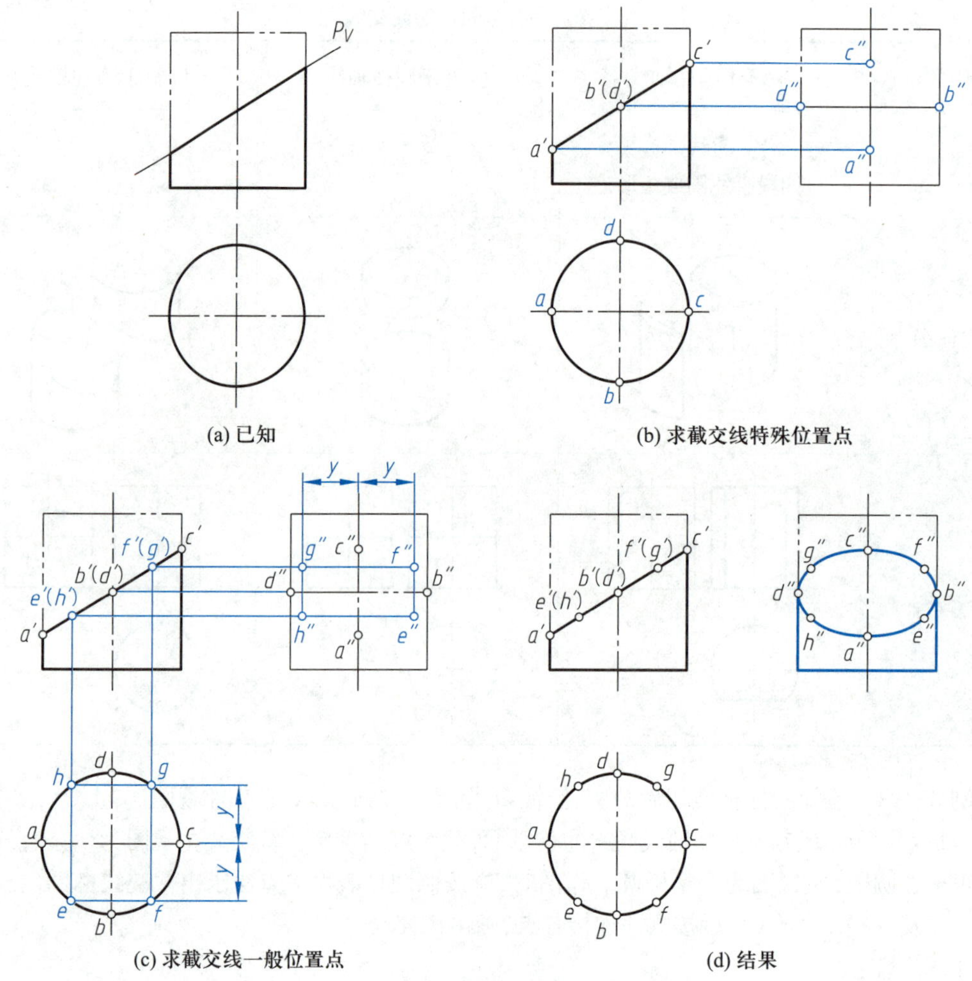

(a) 已知　(b) 求截交线特殊位置点　(c) 求截交线一般位置点　(d) 结果

图 4-29　求平面斜截圆柱后的侧面投影

分析：圆柱左侧由两个水平面和一个侧平面截切出凹槽；右侧由两个正平面和一个侧平面切去前后对称的两块，形成凸块。截切圆柱的水平面和正平面都平行于圆柱轴线，与圆柱面的截交线为直线（截断面为矩形），作图的关键是确定这些直线的位置；截切圆柱的侧平面与圆柱轴线垂直，与圆柱面的截交线为圆弧，截断面由圆弧与直线围成，作图的关键是确定截断面的范围及可见性。

图 4-30　斜截圆柱的应用

该立体有两处挖切结构，宜分结构、分截断面来求截交线。

作图步骤：

第一步，求作左侧凹槽的水平投影和侧面投影。凹槽的上、下表面为水平面，其侧面投影积聚

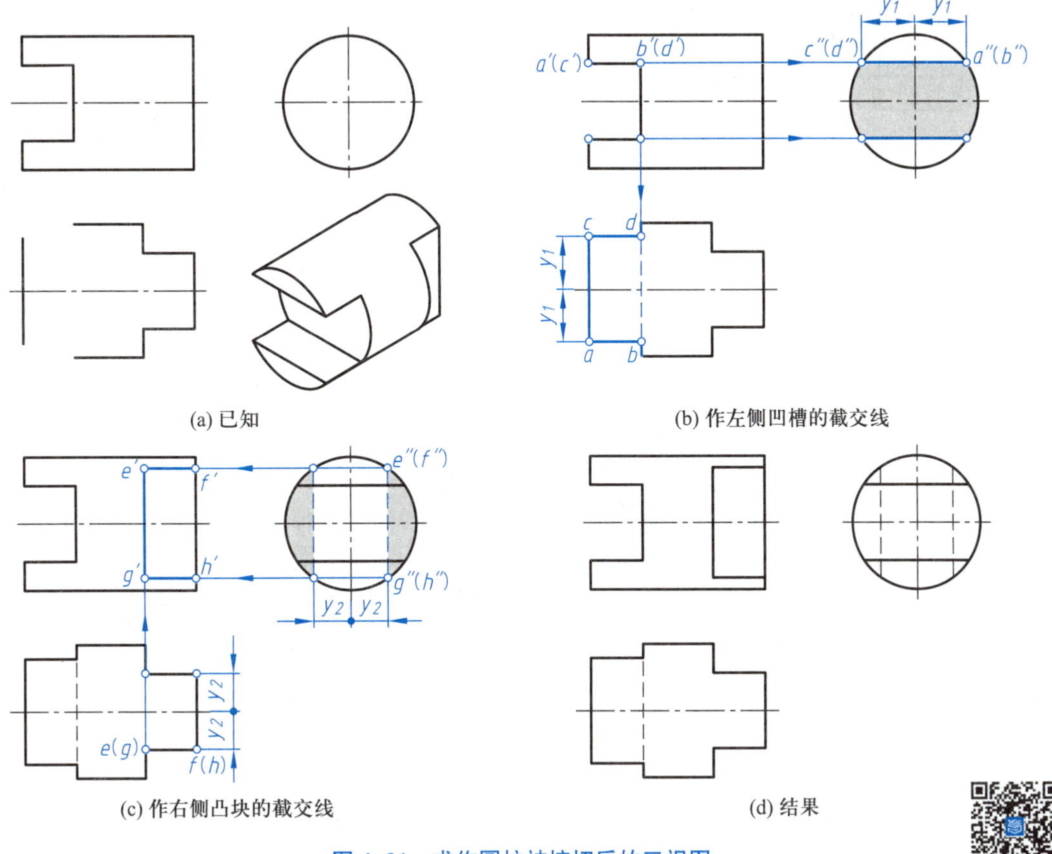

(a) 已知 (b) 作左侧凹槽的截交线

(c) 作右侧凸块的截交线 (d) 结果

图 4–31 求作圆柱被挖切后的三视图

为直线，按“高平齐”的原则，作出这两条直线；凹槽底面为侧平面，其侧面投影反映实形，为上、下两段直线和左、右两段圆弧围成的图形。按“宽相等”的原则，在俯视图中作出凹槽上、下表面与圆柱面截交线的水平投影 ab、cd，凹槽底面投影积聚为直线，其中 bd 段不可见，用细虚线画出。

左侧凹槽的作图结果如图 4–31b 所示。

第二步，求作右侧凸块的正面投影和侧面投影。凸块的前、后表面为正平面，其侧面投影积聚为直线，按“宽相等”的原则作出这两个平面的侧面投影，为圆周范围内的两条直线，由于凸块在右侧，不可见，其投影用细虚线画出；凸块的左侧面为侧平面，在左视图中投影反映实形，其形状为直线（细虚线）与圆弧围成的图形，分为前、后对称的两个部分。

凸块前后对称，主视图中前、后表面截交线投影重合，因此只需画出前表面截交线的投影。按“高平齐”的原则，在主视图中画出前表面截交线的投影 $e'f'$、$g'h'$，左侧面截交线投影积聚为直线 $e'g'$。

右侧凸块的作图结果如图 4–31c 所示。图 4–31d 是完成后立体的三视图。注意比较接头左侧凹槽和右侧凸块在三视图中表达的差异。

例 4–15 立体由圆筒穿矩形孔而成，其主、左视图如图 4–32a 所示，求作该立体的俯视图。

分析：该立体的截交线性质和求作方法与上例相同。不同之处在于基本体为圆筒，方孔表面与内、外圆柱面都有交线，方孔左、右侧面的投影范围也有不同，需要仔细分析。该立体的截交线上下、前后对称，下面以前半部分为例讲解。

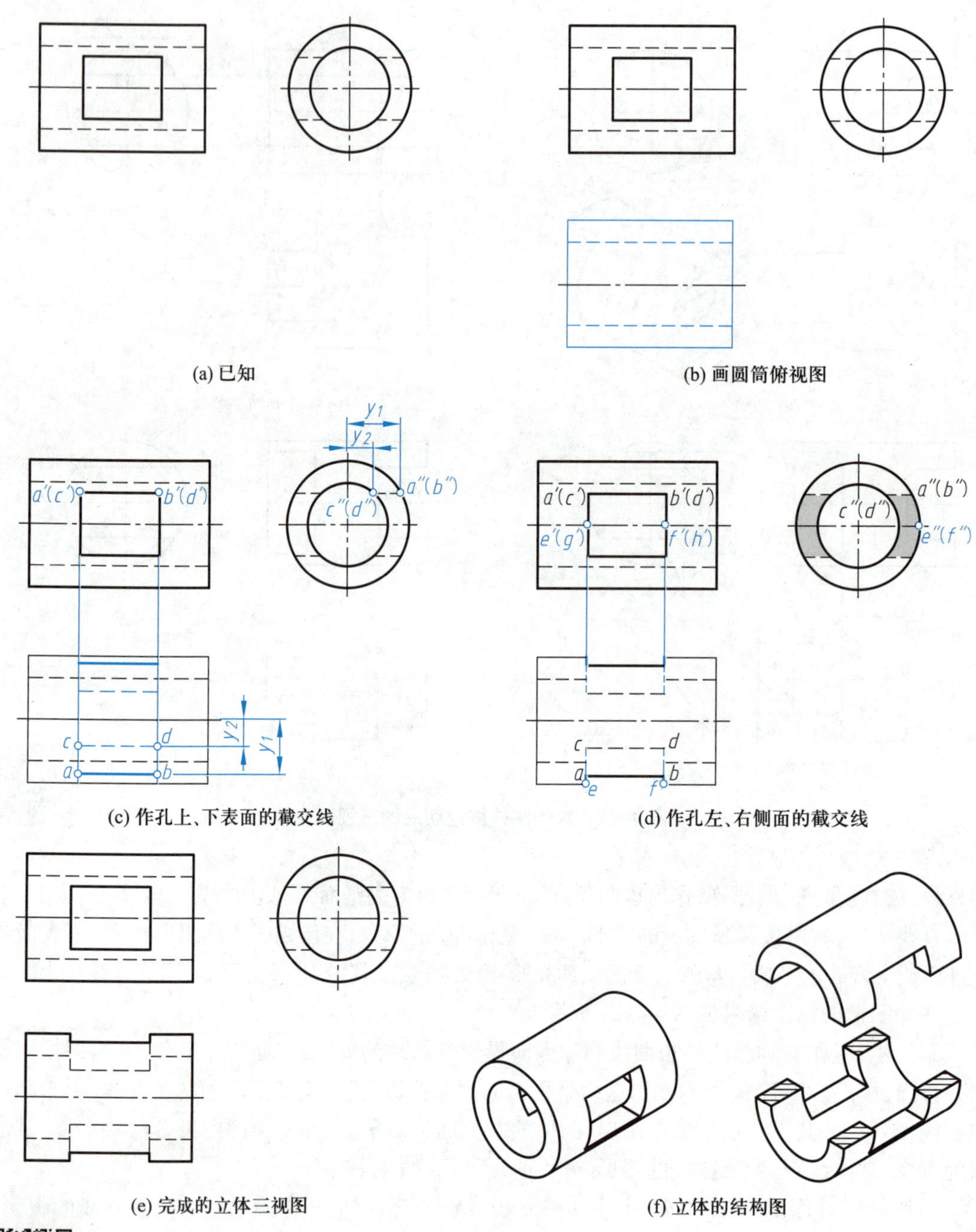

图 4-32　求作圆柱穿孔的俯视图

作图步骤：

第一步，画出圆筒的俯视图，如图 4-32b 所示。

第二步，求作方孔上、下表面与内、外圆柱面的交线。*AB* 为上表面与外圆柱面的交线，*CD* 为上表面与内圆柱面的交线，对 *H* 面，*AB* 可见，*CD* 不可见，如图 4-32c 所示。

第三步，确定俯视图中方孔左、右侧面的投影。左视图反映方孔左、右侧面的实形，是由两段细虚线（方孔上、下表面的积聚投影）和两段圆弧（内、外圆柱面的积聚投影）围成，如图 4–32d 所示；俯视图中方孔左、右侧面的投影积聚为直线 *ec* 和 *fd*，*AC* 段和 *BD* 段不可见，画成细虚线。

第四步，开方孔后，内、外圆柱面的前后转向轮廓线被截断，因此俯视图中方孔左、右侧面之间轮廓线的投影要擦除。

完成的立体三视图如图 4–32e 所示。图 4–32f 为该立体的结构图。

(2) 平面与圆锥的截交线

当截平面与圆锥的轴线处于不同相对位置时，会产生五种不同的截交线，如表 4–2 所示。

表 4–2　平面与圆锥的截交线

截平面的位置	过锥顶	垂直圆锥轴线	与圆锥轴线相交 $\theta>\alpha$	与圆锥轴线相交 $\theta=\alpha$	与圆锥轴线相交（或平行）$\theta<\alpha$
截交线的形状	直线（三段直线围成等腰三角形）	圆	椭圆	抛物线加直线	双曲线加直线
立体图					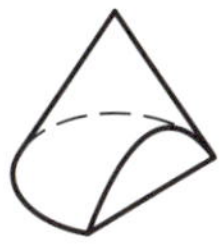
视图	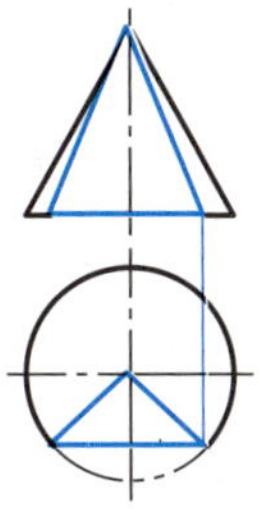	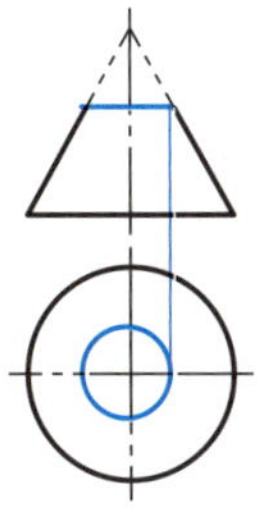	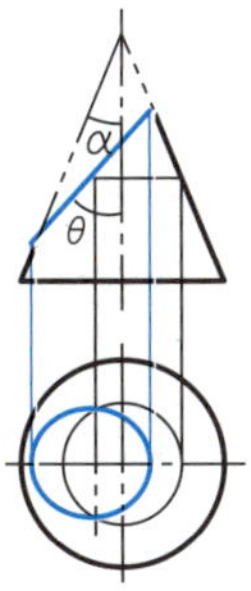	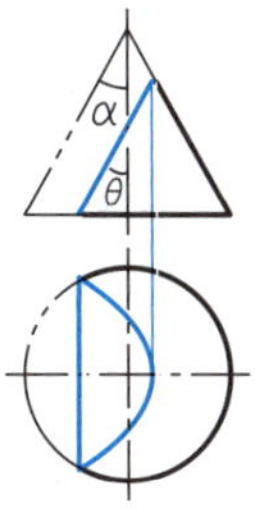	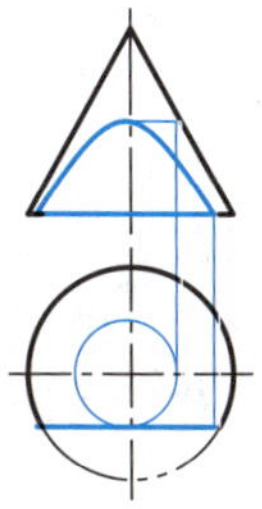

例 4–16　如图 4–33a 所示，圆锥被平行于轴线的正平面截切，截断面为 *P*，试在主视图中画出截交线。

分析：与圆锥轴线平行的截平面，与圆锥面的交线为双曲线，与圆锥底面的交线为直线，因此截断面由双曲线和直线围成。本例用纬圆法求截交线上的点。

作图步骤：

第一步，求特殊位置点。双曲线的端点 *A*、*B* 在底面圆周上，由 a''、b'' 作出 *a*、*b*。*C* 为双曲线的顶点，在左视图中画出经过 c'' 的圆，作图确定该圆在主视图中的位置，求出 c'，如图 4–33b 所示。

第二步，求一般位置点。在左视图取一适当大小的圆，与 p'' 交于 d''、e''，作图确定该圆在主视图中的位置，并按投影对应的关系求出 d' 和 e'。

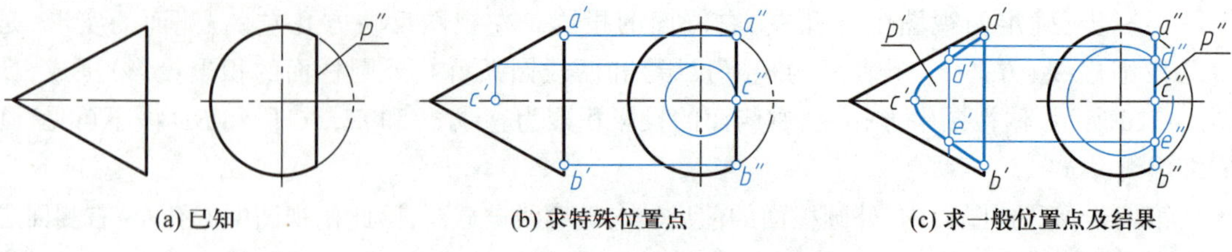

图 4–33 求正平面截圆锥的截交线

第三步，在主视图中按 a'、d'、c'、e'、b' 的顺序将各点光滑连接，画出截交线投影，p' 由该截交线和 $a'b'$ 围成，如图 4–33c 所示。

图 4–34 所示六角螺母外形上的曲线，是由平面在圆锥面截切形成的截交线，曲线的性质、作图的方法与上例相同。

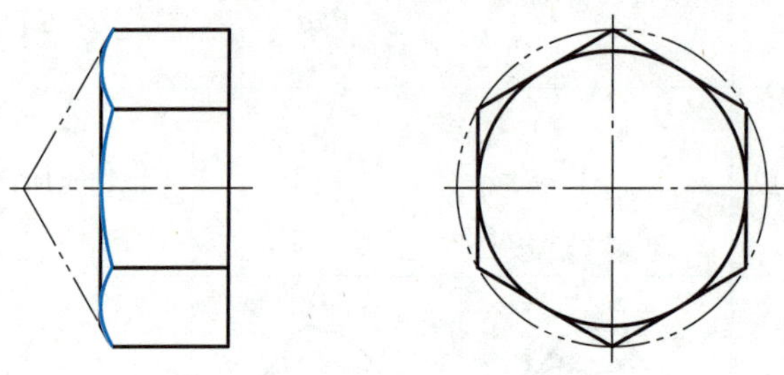

图 4–34 平面截切圆锥的应用实例

例 4–17 立体由圆锥被两个平面截切而成，如图 4–35a 所示，求作立体的左视图，并补画俯视图中缺漏的图线。

分析：截切形成的截断面 P 与圆锥轴线垂直，截交线为圆弧；截断面 Q 过锥顶，截交线为两条过锥顶的直线。作图时要解决的主要问题是如何确定截交线圆弧的半径，如何确定截交线直线的另一个端点。

作图步骤：

第一步，画出圆锥的左视图。如图 4–35b 所示。

第二步，求作截断面 P 的截交线。截交线在左视图中投影为直线，在俯视图为实形圆弧。由 b' 向下投射确定 b，sb 即为截交线圆弧的半径。圆弧端点的水平投影 a、c 可在投影圆上作出，根据“宽相等”的原则，确定 a'' 和 c''。如图 4–35c 所示。

第三步，求作截断面 Q 的截交线。Q 过锥顶，截交线为两段直线，一段为 SA，一段为 SC。在俯视图中用粗实线连接 sa、sc，在左视图中用粗实线连接 $s''a''$、$s''c''$；截断面 P、Q 的交线 AC 对 H 面不可见，在俯视图中用细虚线连接 ac，如图 4–35d 所示。

第四步，从主视图可知，圆锥的左右转向轮廓线大部分被切除，因此在左视图中圆锥投影的上半段 $s''a''$ 和 $s''c''$ 应擦除（或用细双点画线表示），作图结果如图 4–35d 所示。

（3）平面与球的截交线

平面与球的截交线都是圆，图 4–36 所示是球被一个正平面、一个水平面和一个侧平面截切后所得立体的三视图，以及截交线上特殊位置点的投影对应关系。

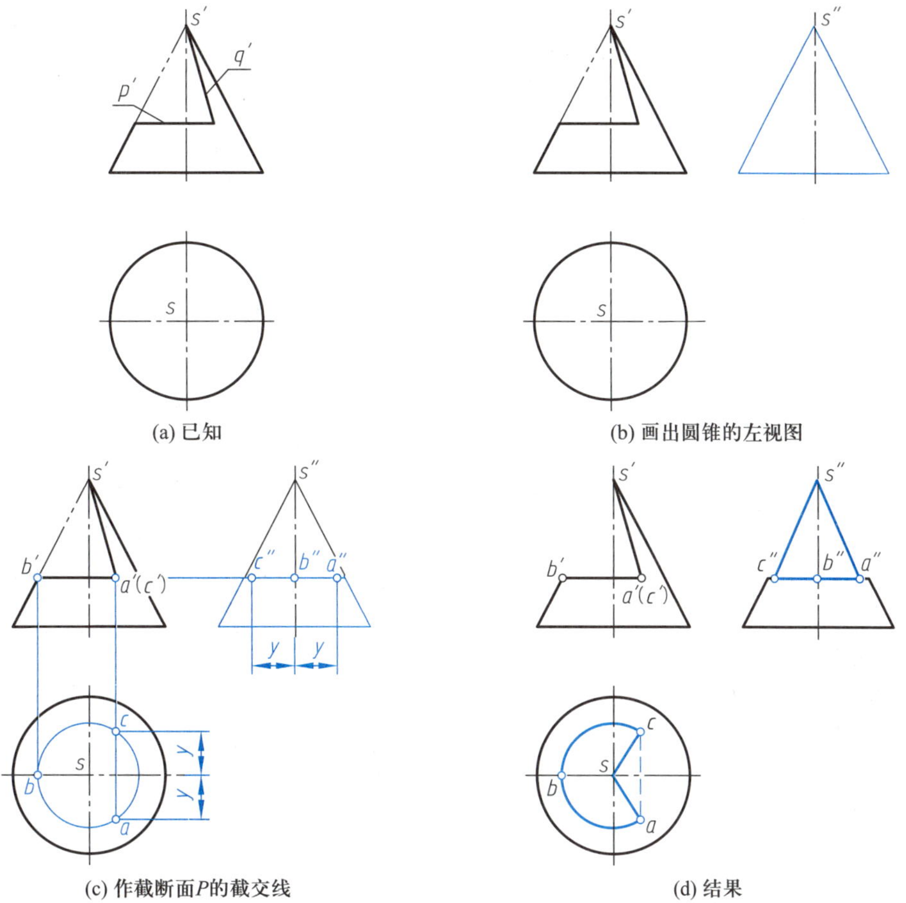

图 4-35　求圆锥被两个平面截切的截交线

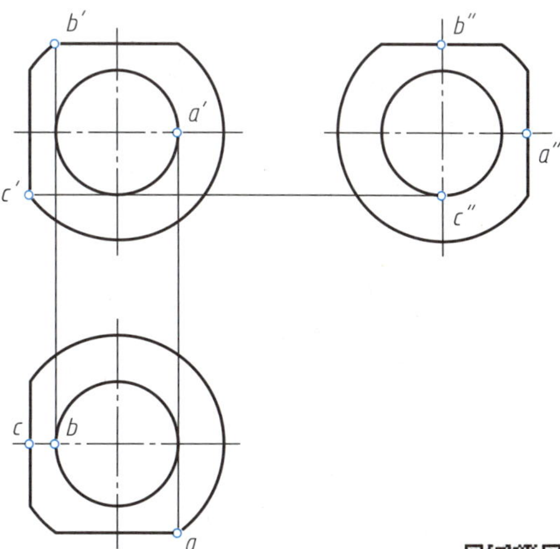

图 4-36　被截切球的三视图及其表面特殊位置点的投影对应关系

例 4-18　立体由球被两个平面截切而成，如图 4-37a 所示，求作立体的俯视图和左视图。

分析：两个截平面与球的截交线为一段水平圆弧和一段正垂圆弧。其中水平圆弧的水平投影为圆弧，侧面投影为直线，作图的关键问题是确定水平投影圆弧的半径；正垂圆弧的水平投影和侧面投影均为椭圆弧，可利用球面取点的方法求截交线上的点，再按顺序连接各点，作出椭圆弧。

作图步骤：

第一步，求作水平圆弧的水平投影和侧面投影。截交线的水平投影为圆弧，利用纬圆法确定圆弧半径，并求得圆弧端点投影 a、b；根据

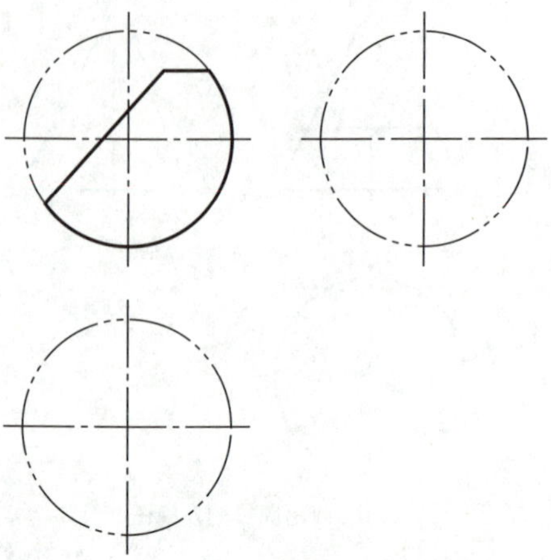

(a) 已知

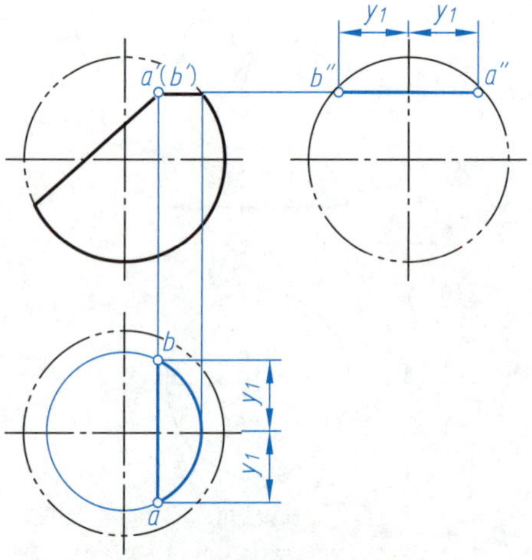

(b) 作水平截断面的截交线

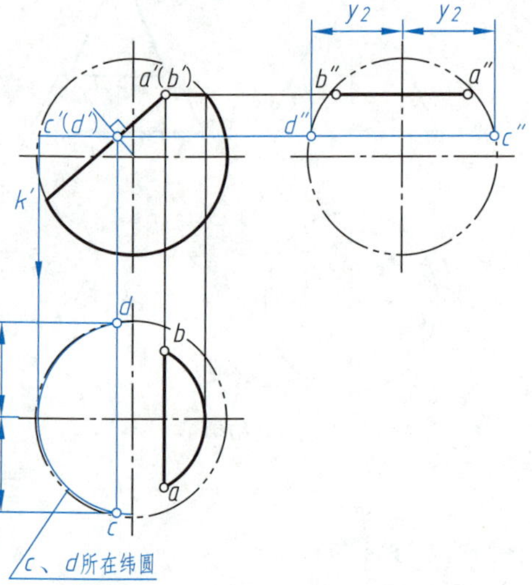

(c) 作正垂截断面截交线上的特殊位置点

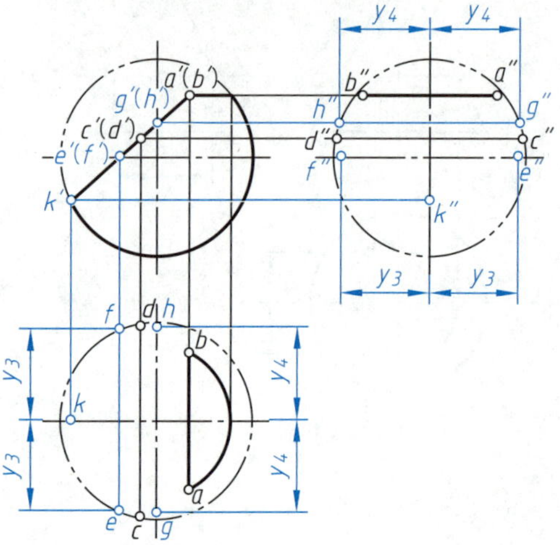

(d) 作正垂截断面截交线位于球转向轮廓线上的点

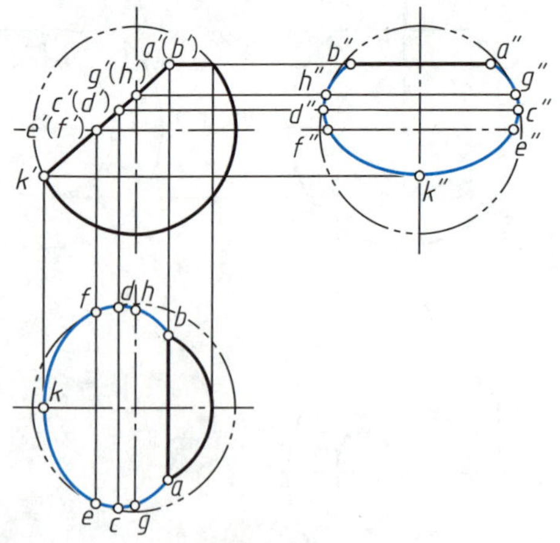

(e) 顺序连接各点

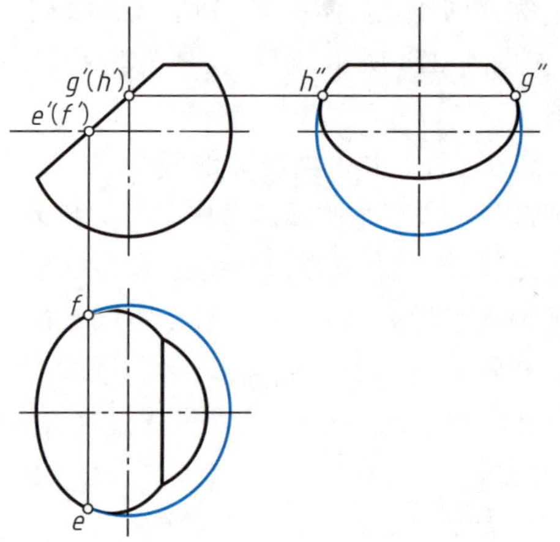

(f) 补全投影轮廓线，完成作图

图 4-37 两个平面截切球

“高平齐、宽相等”的原则确定 a''、b''，线段 $a''b''$ 为截交线的侧面投影，如图 4-37b 所示。

第二步，求作正垂圆弧上的最前点 C 和最后点 D。CD 是该截交线圆弧的直径。从主视图的圆心向正垂截断面积聚投影作垂线，$c'(d')$ 位于垂足。利用水平纬圆求出 c、d，再确定 c''、d''，如图 4-37c 所示。

第三步，求作正垂圆弧位于球转向轮廓线上的点。点 K 位于前后半球转向轮廓线上，根据 k' 求出 k 和 k''；点 E、F 位于上下半球转向轮廓线上，根据 $e'(f')$ 求出 e、f（e、f 在俯视图圆周上），再确定 e''、f''；点 G、H 位于左右半球转向轮廓线上，根据 $g'(h')$ 求出 g''、h''（g''、h'' 在左视图圆周上），再确定 g'、h'。如图 4-37d 所示。

第四步，顺序连接各点，画出截交线，如图 4-37e 所示。

第五步，补全投影轮廓线。从主视图可知，上下半球转向轮廓线位于点 E、F 左侧的部分被截去，因此在俯视图中用粗实线加深位于 e、f 右侧的圆弧；左右半球转向轮廓线位于点 G、H 上方的部分被截去，因此在左视图中用粗实线加深位于 g''、h'' 下方的圆弧。立体的三视图如图 4-37f 所示。

例 4-19　半球上开方槽，如图 4-38a 所示，试完成立体的俯视图和左视图。

分析：方槽由两个侧平截断面、一个水平截断面构成，它们与半球面的截交线为圆弧，在各

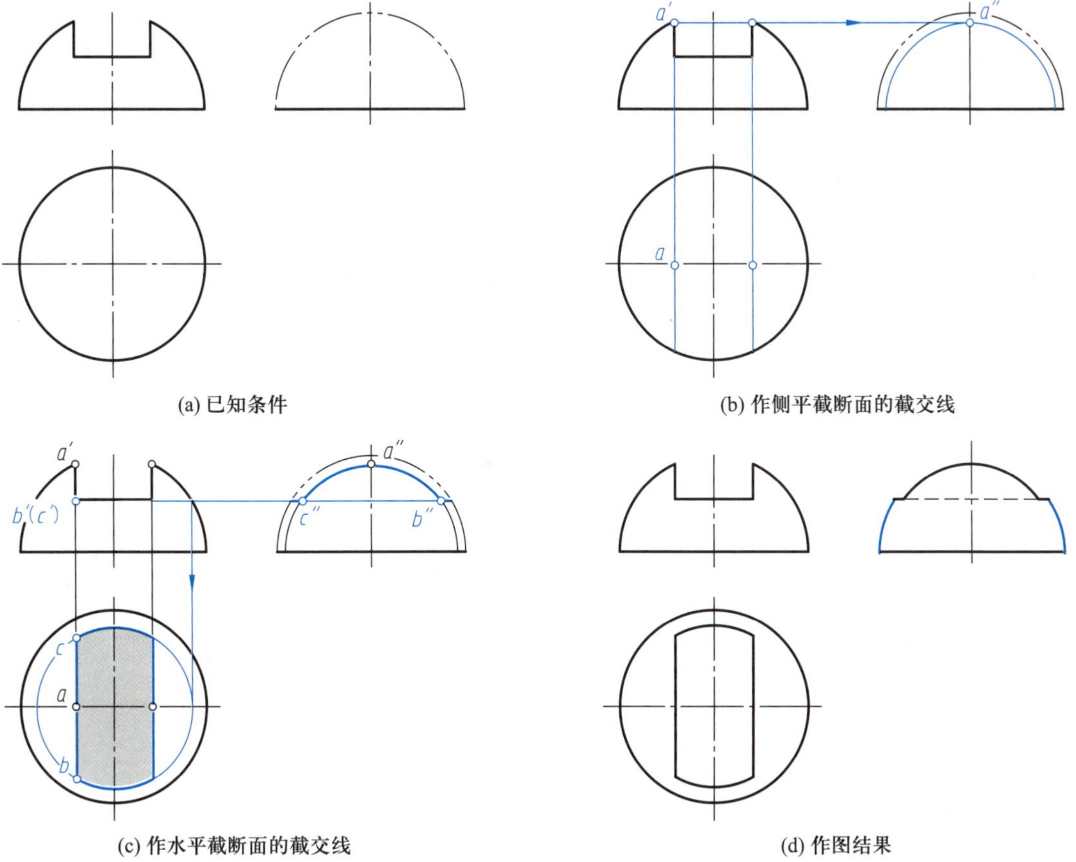

(a) 已知条件　(b) 作侧平截断面的截交线　(c) 作水平截断面的截交线　(d) 作图结果

图 4-38　半球开槽

自所平行的投影面上截交线投影反映实形，在其他投影面上投影为直线。求作截交线的关键是确定截交线圆弧的半径。

作图步骤：

第一步，求侧平截断面的截交线。*A* 是截交线圆弧上的点，根据 a' 可求出 a''，由 a'' 可确定截交线圆弧的半径，如图 4–38b 所示。

第二步，求水平截断面的截交线。截交线的水平投影为圆弧，确定圆弧半径的方法如图 4–38c 所示。截交线在左视图中的投影为直线，位于点 *B*、*C* 之间的部分被遮挡，画成细虚线，如图 4–38c 所示。

第三步，在左视图中加深截切后球的投影轮廓线，作图结果如图 4–38d 所示。

(4) 平面与一般回转体的截交线

求平面与一般回转体的截交线，应先利用纬圆法求出截交线上的特殊位置点和一般位置点，然后将这些点顺序光滑连接，即可作出截交线。

例 4–20 立体由回转体被正平面截切而成，其主、俯视图如图 4–39a 所示，试在主视图中作出截交线。

分析：截交线左右对称，在俯视图中截交线投影为直线，截交线上的点可用纬圆法求得。从回转体的轮廓线可知，纬圆的半径越小其位置越高，因此在俯视图中，截交线上投影距离圆心最近的点，就是截交线的最高点。图 4–39b 中的点 *A* 为截交线的最高点。

作图步骤：

第一步，求截交线最高、最低点。在俯视图中作纬圆与截交线的投影相切，在主视图确定该纬圆的高度，求出截交线最高点 *A* 的投影 a'；截交线最低点 *B*、*C* 在立体底面上，*B*、*C* 也是截交线的最左、最右点，水平投影 *b*、*c* 为截交线投影线段的端点，由 *b*、*c* 作图可求出 b'、c'，如图 4–39b 所示。

第二步，求一般位置点。用纬圆法求作一般位置点 *D*、*E*、*F*、*G*，如图 4–39c 所示。

第三步，在主视图中按顺序光滑连接各点，作出截交线，如图 4–39d 所示。

例 4–21 综合举例，已知组合立体被正平面截切，如图 4–40a 所示，求作截交线的主视图，

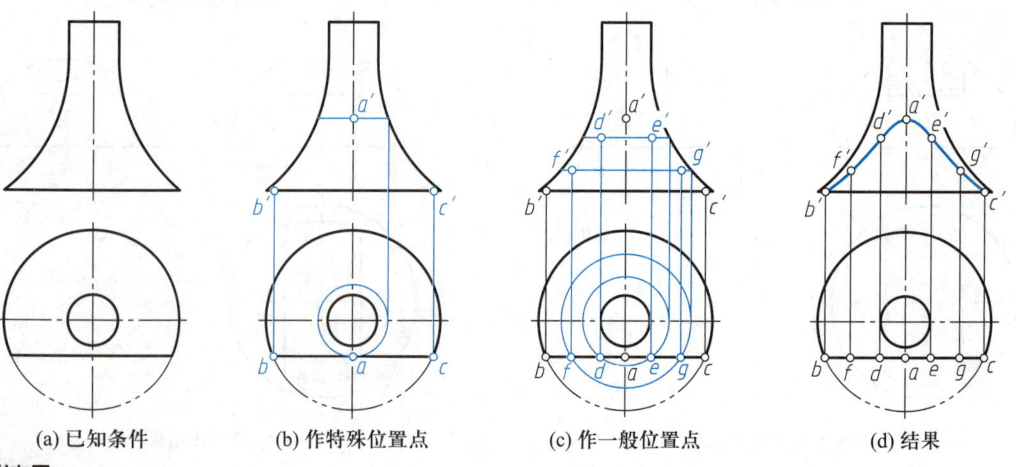

图 4–39 一般回转体被正平面截切

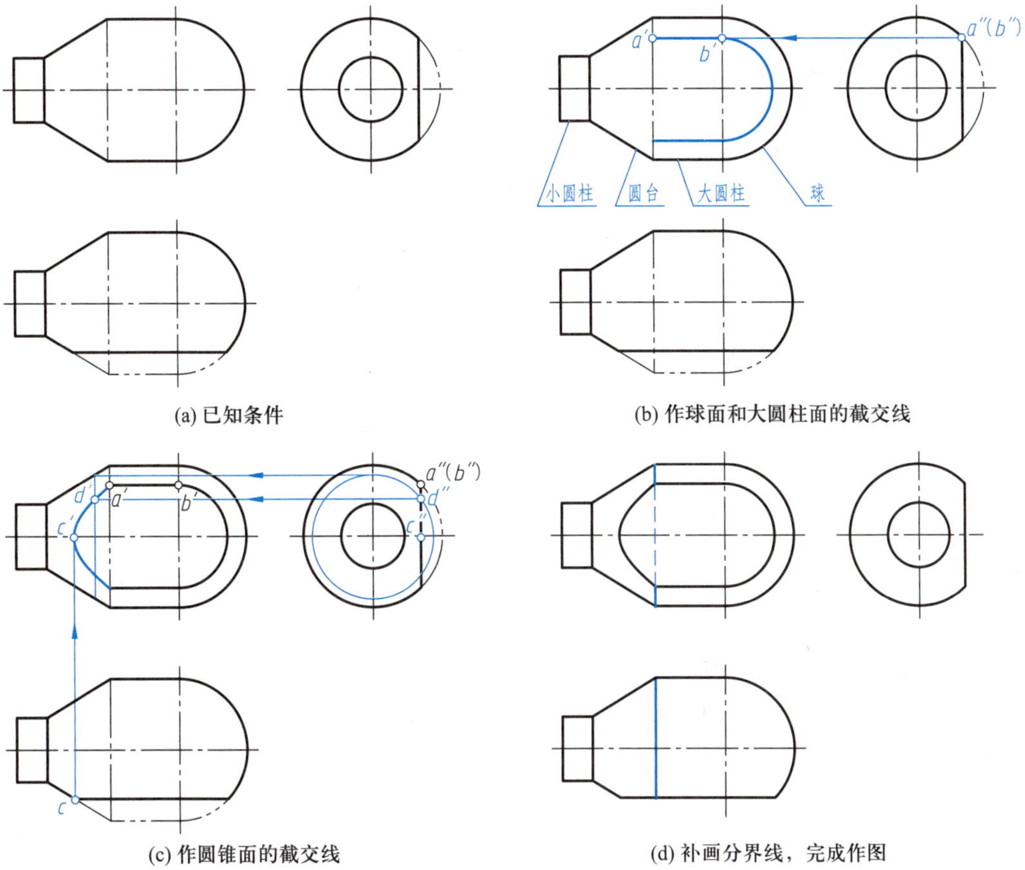

(a) 已知条件

(b) 作球面和大圆柱面的截交线

(c) 作圆锥面的截交线

(d) 补画分界线，完成作图

图 4-40 求作组合立体的截交线

并补画视图中缺漏的图线。

分析：该立体由四个同轴回转体组合而成，从左至右依次为小圆柱、圆台、大圆柱、球，如图 4-40b 所示，从俯视图可知，小圆柱没有被截切。在绘制截交线时，应逐个分析、绘制截平面与回转体表面的截交线。

形成圆锥面和圆柱面的母线相交，在回转形成曲面时，母线交点的轨迹形成圆柱面和圆锥面的分界线；形成大圆柱面的母线和形成球面的母线相切，没有交点，因此圆柱面和球面没有分界线。

作图步骤：

第一步，分别求作球面的截交线(半圆弧)和大圆柱面的截交线(直线)。由 $a''(b'')$ 求出 a'、b'，b' 到圆心的距离为球面截交线的半径，AB 为大圆柱面截交线，作图结果如图 4-40b 所示。

第二步，利用纬圆法求作圆锥面的截交线，如图 4-40c 所示。

第三步，画缺漏的表面分界线。据上述分析，圆锥面与相邻的圆柱面应该有分界线，小圆柱面和圆锥面之间的分界线已画出，需要补画的是圆锥面与大圆柱面的分界线。立体各部分被截平面截切后共面，没有分界线，俯视图中未被截切的分界线投影用粗实线画出；主视图中立体前半部分的分界线可见，用粗实线画出，后半部的分界线不可见，用细虚线画出，如图 4-40d 所示。

4.5 立体与立体相交

立体与立体相交构成一个新的立体。在新的立体中,表面相交形成的交线称为相贯线。图4-41 所示的三通管接头是由两个穿孔的圆柱相交构成的,圆柱面相交处有相贯线。

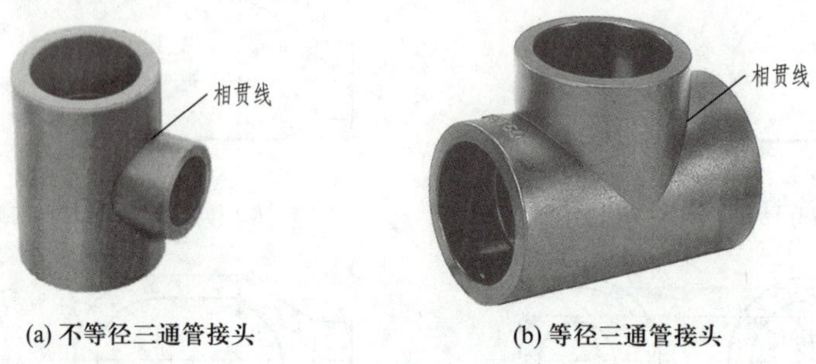

图 4-41 相交立体实例

注意:立体与立体相交构成的新立体是一个不可拆卸的形体。图 4-41 所示的三通管接头是用金属材料通过铸造的方式获得的。

本书着重介绍由回转体所构成的立体表面的相贯线。两回转体在曲面部分相交时,它们的相贯线通常是一条封闭的空间曲线,特殊情况下可能形成平面曲线或直线,如图 4-42 所示。

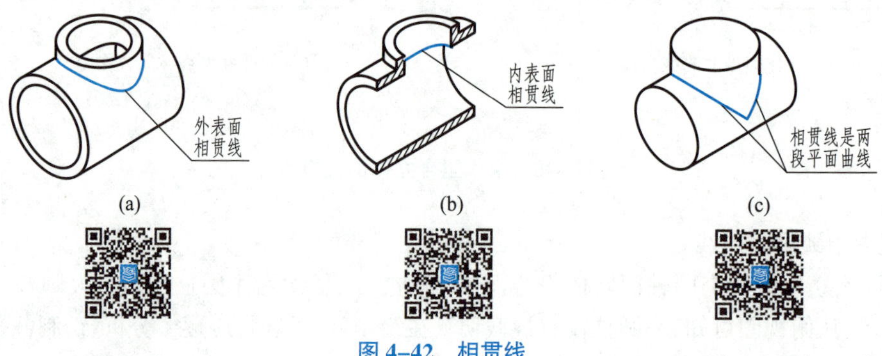

图 4-42 相贯线

相贯线是两回转体表面的共有线,其形状取决于两回转面的形状、大小和相对位置。求相贯线的过程与求截交线类似,先求出相贯线上的一系列点,然后将求出的点按顺序光滑连接。求相贯线上的点是绘制相贯线的关键。

4.5.1 求作相贯线的方法

相贯线上的点是两个立体表面的共有点,可用立体表面取点法、辅助平面法等方法求得。

1. 表面取点法

当相交的两个回转体中,只要有一个是轴线垂直于投影面的圆柱,则相贯线在圆柱所垂直的投影面上的投影重叠在该圆柱积聚性的投影(圆)上,即相贯线的一个投影已知。在相贯线的已知投影上取若干点,参照立体表面上取点的方法求出这些点的其余两面投影。这种求相贯线的方法称为表面取点法。

例 4-22　图 4-43a 所示立体由两个圆柱相交构成，试用表面取点法求作该立体表面的相贯线。

分析：两个圆柱轴线垂直相交，直径不相等，相贯线为一条封闭的前后和左右均对称的空间曲线。由于相贯线是两个圆柱面的共有线，所以相贯线的三面投影位于两圆柱面的共有区域内。大圆柱面的轴线为侧垂线，在左视图中相贯线重叠在大圆柱面的积聚投影上，是位于小圆柱投影轮廓线之间的一段圆弧；小圆柱面的轴线为铅垂线，在俯视图中相贯线重叠在小圆柱面的积聚投影上，是一个完整的圆；需要求作相贯线的正面投影。

作图步骤：

第一步，求特殊位置点。点 A、C 是相贯线上的最左和最右点，同时又是相贯线上的最高点，三面投影可直接在三视图中标出。点 B、D 是相贯线上的最前和最后点，同时又是相贯线上的最低点，确定 b、d 和 b''、d''，依据“高平齐”原则求出 b'、d'。如图 4-43b 所示。

第二步，求一般位置点 E、F。在左视图中取相贯线上任意一对重影点的投影 e''、f''，按 y 坐标的对应关系确定其在俯视图中的位置 e、f，最后由 e''、e 和 f''、f 在主视图中求出 e'、f'，如图 4-43c 所示。

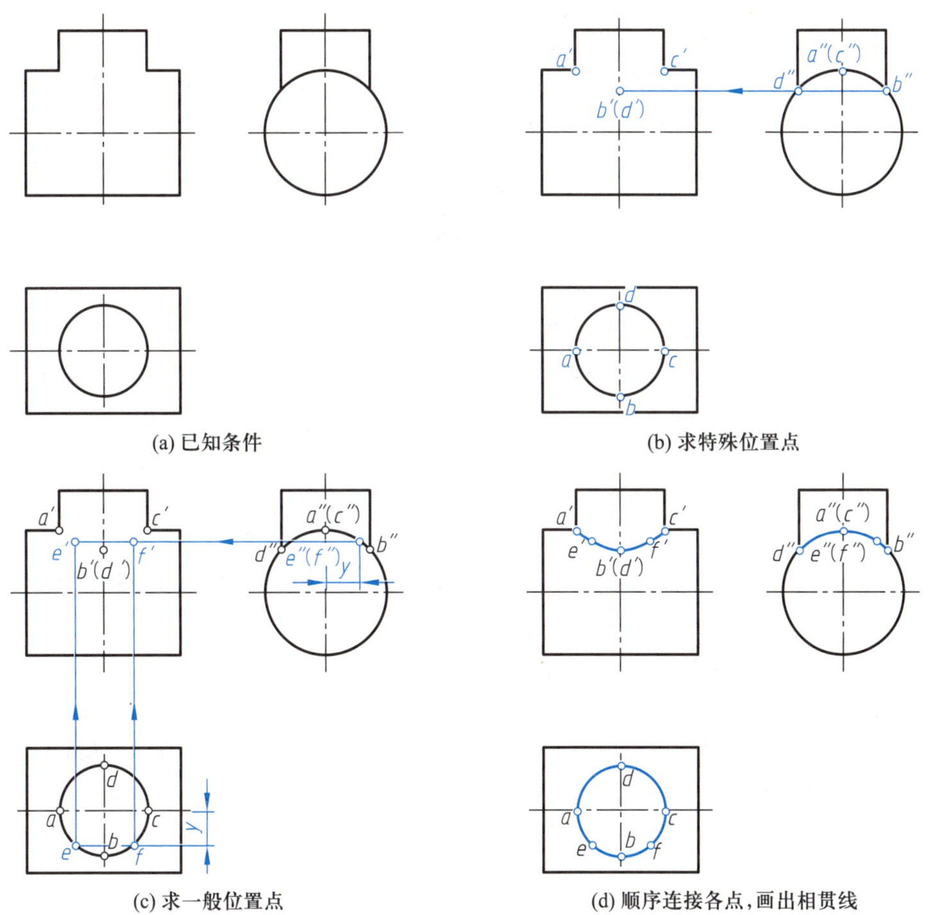

(a) 已知条件　(b) 求特殊位置点

(c) 求一般位置点　(d) 顺序连接各点，画出相贯线

图 4-43　求两圆柱面的相贯线

第三步，相贯线前后对称，位于立体后部的相贯线不可见，且与前部相贯线重叠，所以在主视图中只需画出位于立体前部相贯线的投影。按 $a'e'b'f'c'$ 的顺序光滑连接各点，如图 4-43d 所示。

上例的立体如果沿侧垂方向和铅垂方向打孔，则形成如图 4-42a、b 所示的立体，其三视图如图 4-44 所示。孔与孔贯通，即内圆柱面相交，有相贯线。内圆柱面的相贯线同样需要利用表面取点法求点，相贯线位于立体内腔不可见，画成细虚线。

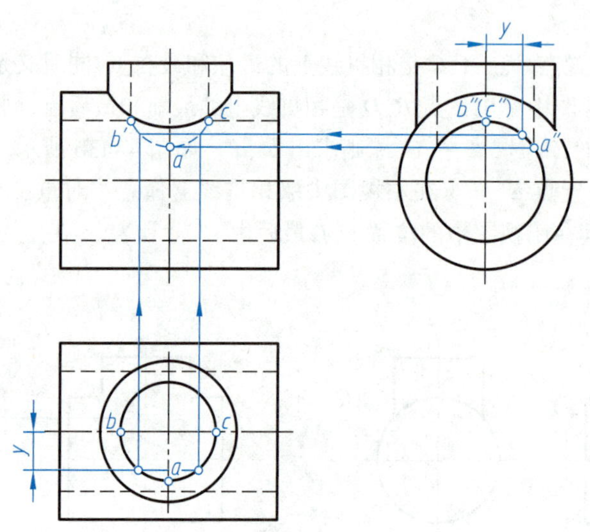

图 4-44　圆柱孔相贯线上的点

例 4-23　立体由圆柱与圆锥相交构成，如图 4-45a 所示，利用表面取点法求作相贯线。

分析：圆柱的轴线为侧垂线，因此在左视图中相贯线的投影重叠在圆周上，即已知相贯线的侧面投影，需要作出其正面投影和水平投影。相贯线前后对称，因此主视图仅需画出相贯线前半部分的投影。

本例利用纬圆法求相贯线上的点。

作图步骤：

第一步，确定相贯线上最高点的投影 a'、a'' 和最低点的投影 b'、b''，根据投影对应关系确定 a、b，如图 4-45b 所示。

第二步，确定相贯线上最前点和最后点的投影 c''、d''，利用纬圆法求出 c、d，再求出 c'、d'，如图 4-45c 所示。

第三步，在左视图中，过圆柱面积聚投影的圆心作圆锥投影轮廓线的垂线，过该垂线与轮廓线的交点作水平线，将该水平线与圆柱面的积聚投影交点标记为 e''，其对称点标记为 f''，利用纬圆法确定 e、e' 以及 f、f'，如图 4-45d 所示。e' 是主视图中最接近圆锥轴线投影的点，即点 E 为相贯线的最右点。求最右点的作图思路源自辅助球面法，在此不做证明。

第四步，利用纬圆法求作相贯线上的一般位置点 G、H。点 G、H 在圆柱的下半部分，因此在俯视图中不可见，如图 4-45e 所示。

第五步，完成相贯线。在主视图中用粗实线画出位于立体前半部分的相贯线投影；对于水

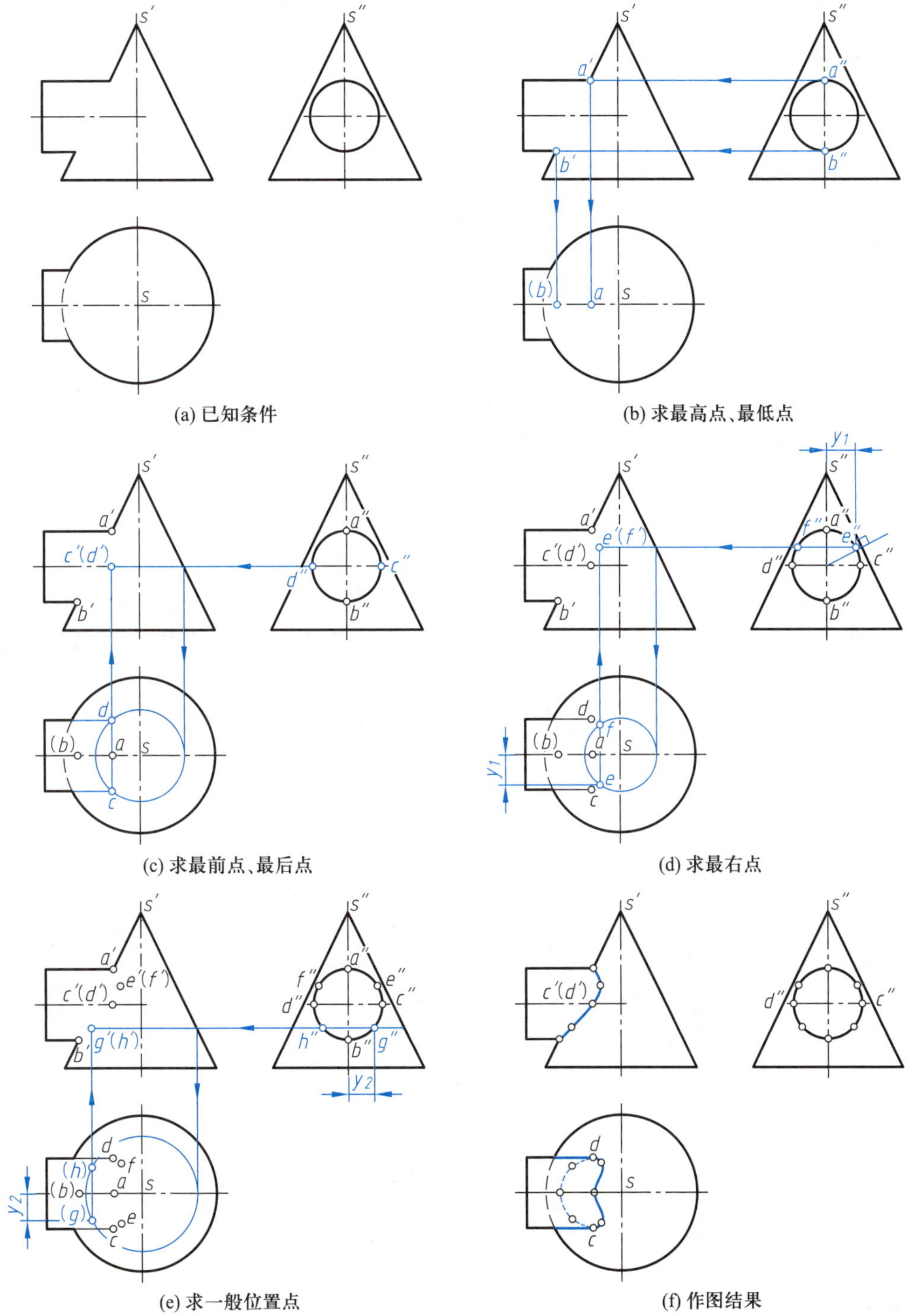

(a) 已知条件

(b) 求最高点、最低点

(c) 求最前点、最后点

(d) 求最右点

(e) 求一般位置点

(f) 作图结果

图 4–45 求圆柱和圆锥的相贯线

平投影面，位于圆柱面上半部的相贯线可见，在俯视图中用粗实线画出，下半部不可见，用细虚线画出。作图结果如图 4-45f 所示。

2. 辅助平面法

辅助面可以是平面也可以是球面，本书仅介绍辅助平面法。

如果相贯线的三面投影都没有积聚性，就需要利用辅助平面来求相贯线上的点。图 4-46a 所示的立体由圆台和半球相交构成，由于圆锥面和球面的三面投影都没有积聚性，因此相贯线的三面投影都未知，需要用辅助平面来求相贯线上的点。

辅助平面法求相贯线上点的原理：辅助平面截切两个相交的回转面，所得截交线的交点是三面（辅助平面、两个回转面）共有点，因此一定是相贯线上的点。

如图 4-46b 所示，辅助平面 P 截切立体，与球面和圆锥面都有截交线，两条截交线交于 A、B 两点，这两个点是平面 P、球面和圆锥面的三面共有点，一定是相贯线上的点。

为使得作图准确、简化，选择辅助平面的原则是：辅助平面与两个相交回转面截交线的投影，应是易于准确绘制的直线或圆，或由其组成的图形。

将图 4-46a 所示立体的半球底面水平放置。

(1) 水平面与圆锥面、球面的截交线均为圆，在俯视图中反映实形，如图 4-46b 所示，因此水平面适合作为辅助面。

(2) 经过圆台轴线的侧平面与圆锥面的交线为直线（素线），与球面的交线为半圆，在左视图中反映实形，如图 4-46c 所示；其他位置的侧平面与圆锥面的交线为双曲线，不易作图，因此只有经过圆台轴线的侧平面适合作为辅助面。

(3) 除了经过立体前后对称面的正平面之外，其他位置的正平面与圆锥面的交线都是不易作图的双曲线，不适合作为辅助平面，如图 4-46d 所示。

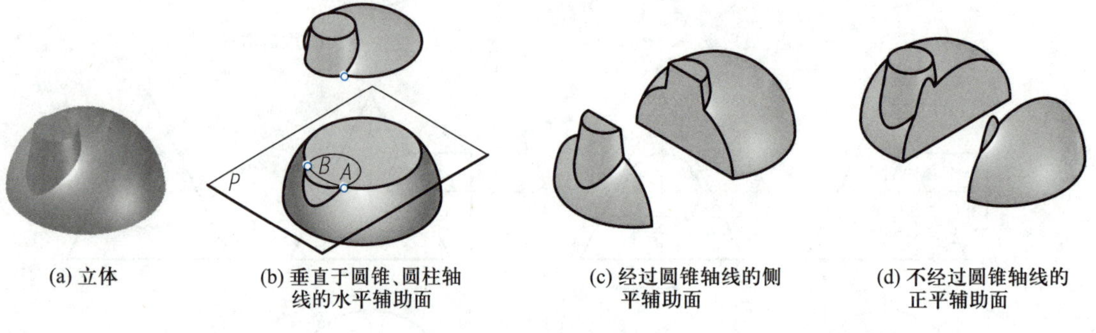

(a) 立体　(b) 垂直于圆锥、圆柱轴线的水平辅助面　(c) 经过圆锥轴线的侧平辅助面　(d) 不经过圆锥轴线的正平辅助面

图 4-46 选择辅助平面

例 4-24 立体由圆台与半球相交构成，如图 4-47a 所示，试利用辅助平面法求作相贯线。

分析：作相贯线最重要的问题是选择适当的辅助平面，准确求出相贯线上的点：(1) 选择过立体前后对称面的正平面为辅助平面，求相贯线最高点（也是最右点）和最低点（也是最左点）；(2) 选择过圆台回转轴线的侧平面为辅助平面，求相贯线上位于圆台左右转向轮廓线上的点；(3) 选择水平面为辅助平面，求相贯线上的一般位置点。

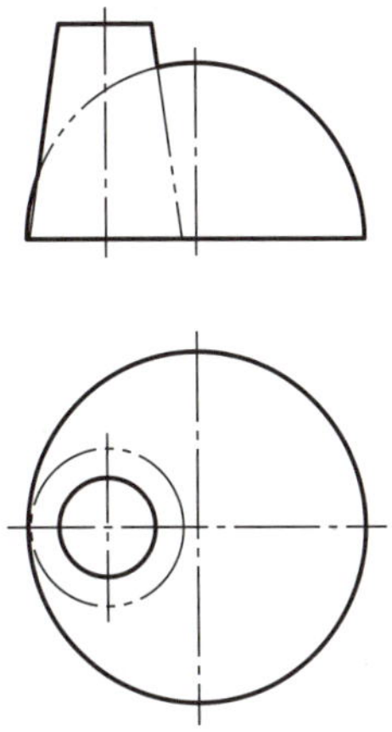

(a) 已知条件

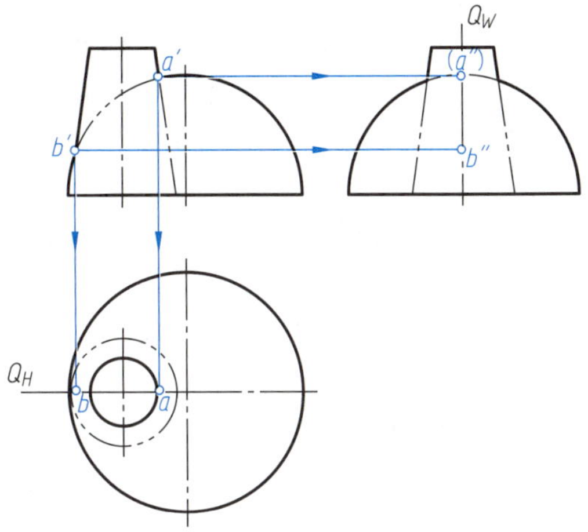

(b) 求最高点、最低点

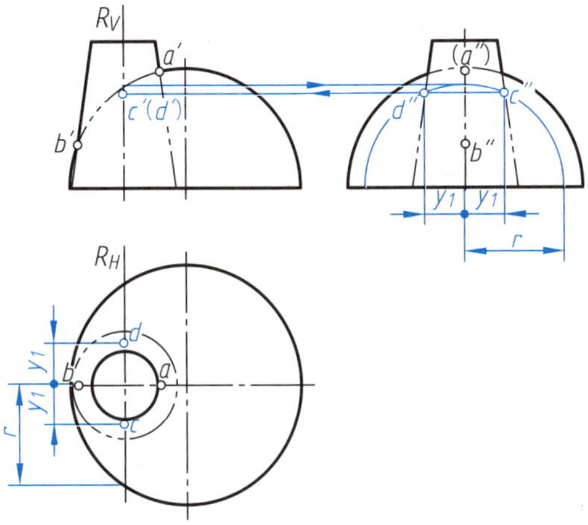

(c) 求转向轮廓线上的点

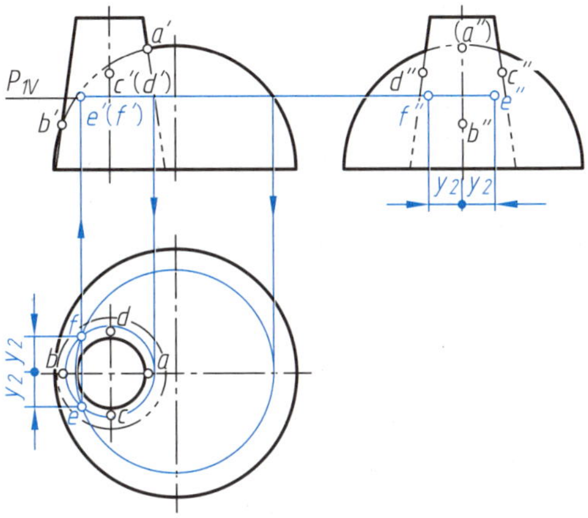

(d) 求一般位置点（一）

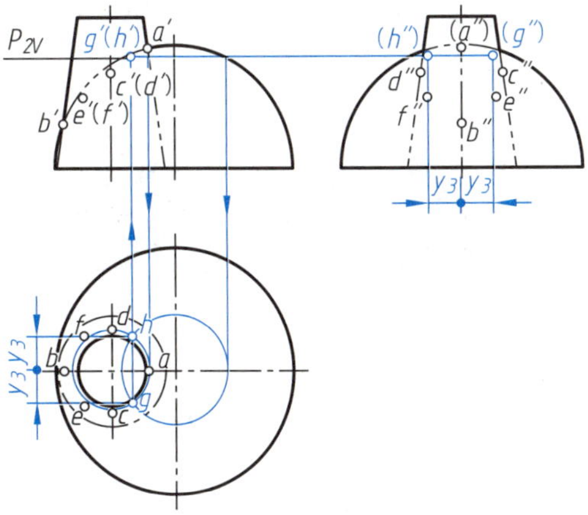

(e) 求一般位置点（二）

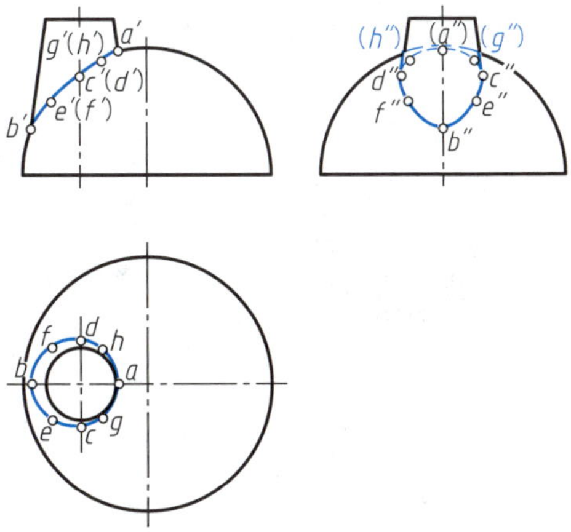

(f) 作图结果

图 4-47 利用辅助平面法求作相贯线

作图步骤：

第一步，选择过立体前后对称面的正平面 Q 为辅助平面，求相贯线最高点 A、最低点 B。平面 Q 与圆锥面的截交线为圆锥前后转向轮廓线（两段直线），与半球面的截交线为半球前后转向轮廓线圆弧，因此可确定 a'、b'，再根据投影对应关系求出 a、b 和 a''、b''，如图 4–47b 所示。

第二步，选择过圆台回转轴线的侧平面 R 为辅助平面，求相贯线位于圆台左右转向轮廓线上的点 C 和 D。在左视图中，平面 R 与圆锥面的截交线为圆锥左右转向轮廓线（两段直线），与半球面的截交线为圆弧，利用纬圆法确定 c''、d''，再根据投影对应关系求出 c'、d' 和 c、d，如图 4–47c 所示。注意：确定左视图中半球截交线投影圆弧半径的作图方法。

第三步，选择水平面 P_1 为辅助平面，求相贯线上一般位置点 E、F。在主视图中适当位置确定水平面 P_1，在俯视图中作 P_1 与圆锥面的截交线投影圆，及 P_1 与球面的截交线投影圆，两个圆的交点即为 e、f。由 e、f 和 P_{1V} 确定 e' 和 f'，再根据 y 坐标对应关系求出 e'' 和 f''，如图 4–47d 所示。注意：确定 P_1 与圆锥面、球面截交线圆半径的方法。

第四步，选择水平面 P_2 为辅助平面，求相贯线上一般位置点 G、H。方法与第三步相同，求点结果如图 4–47e 所示。

第五步，画相贯线。在左视图中，相贯线位于圆台右侧的部分不可见，因此过点 c''、g''、a''、h''、d'' 的相贯线用细虚线画出；补全左视图中圆台的投影轮廓线。作图结果如图 4–47f 所示。

4.5.2 相贯线的特殊情况

两回转体的相贯线一般情况下是空间曲线，特殊情况下可能为平面曲线（椭圆、圆）或直线。

1. 相贯线为圆的情况

两个回转体同轴相交时，相贯线为圆。表 4–3 列出了常见回转体同轴相交的情况。

表 4–3 常见回转体同轴相交

圆柱与球同轴相交		圆锥与球同轴相交	圆柱与圆锥同轴相交
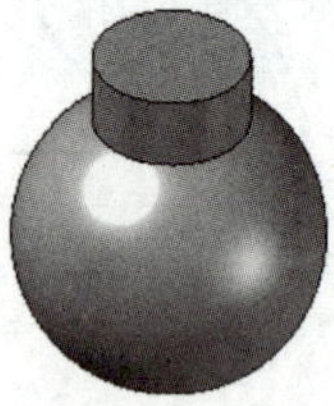			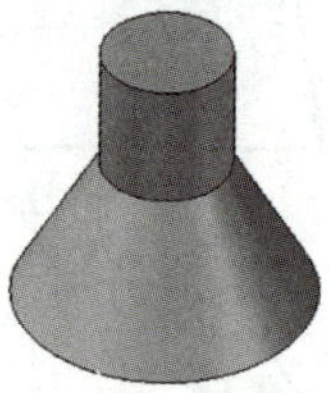
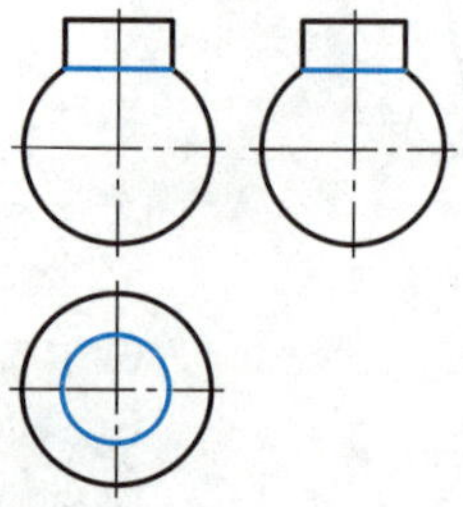	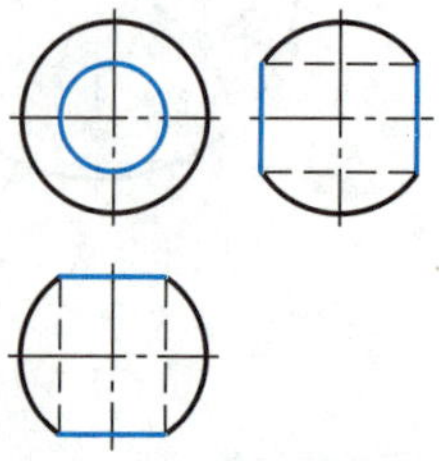	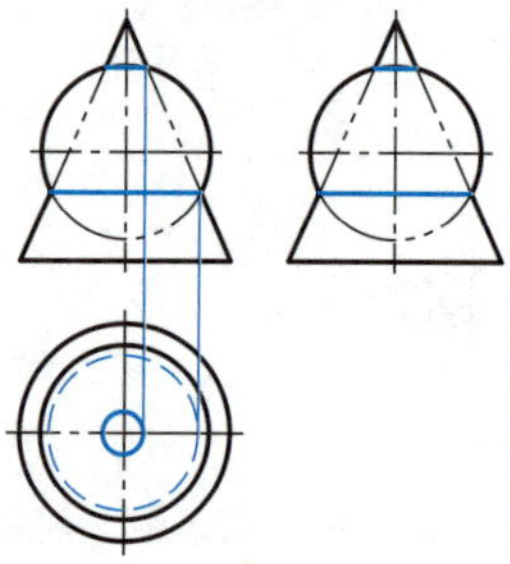	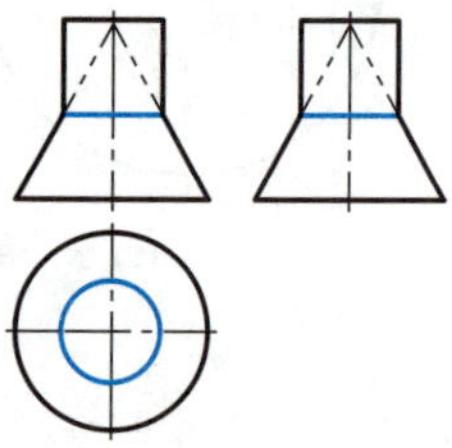

2. 相贯线为椭圆的情况

当两个二次曲面(能用二次方程表示的曲面,圆柱面、圆锥面为典型的二次曲面)公切于一个球面时,其相贯线为平面曲线。此为蒙日定理,在此不做证明。当两个相交的圆柱面满足蒙日定理的条件时,这两个圆柱面的轴线相交、直径相等。

当相交的两圆柱面或圆柱面与圆锥面满足蒙日定理的条件时,其相贯线为椭圆,该椭圆垂直于两回转轴线所确定的平面。在平行于两相交回转轴线所确定平面的投影面上,相贯线椭圆的投影为直线。图 4-48 所示为符合蒙日定理条件的相交两回转体的几种情况。

图 4-48a 所示为两个轴线垂直相交、直径相等的圆柱面相贯,其相贯线为两个大小相等的椭圆。主视图中,相贯线投影为两条等长的线段;俯视图中,相贯线投影为圆。

图 4-48b 所示为两个轴线倾斜相交、直径相等的圆柱面相贯,其相贯线为两个大小不相等的椭圆。主视图中,相贯线投影为两条不等长的线段;俯视图中,相贯线投影为圆。

图 4-48c 所示为轴线垂直相交且能公切于一个球面的圆柱面与圆锥面相贯。此时,左视图中圆柱面的积聚投影圆与圆锥面的转向轮廓线投影相切,如图 4-48c 的左视图所示,其相贯线为两个大小相等的椭圆。主视图中,相贯线投影为两条等长的线段;俯视图中,相贯线投影通常仍为椭圆;左视图中,相贯线投影为圆,与圆柱面积聚投影重合。

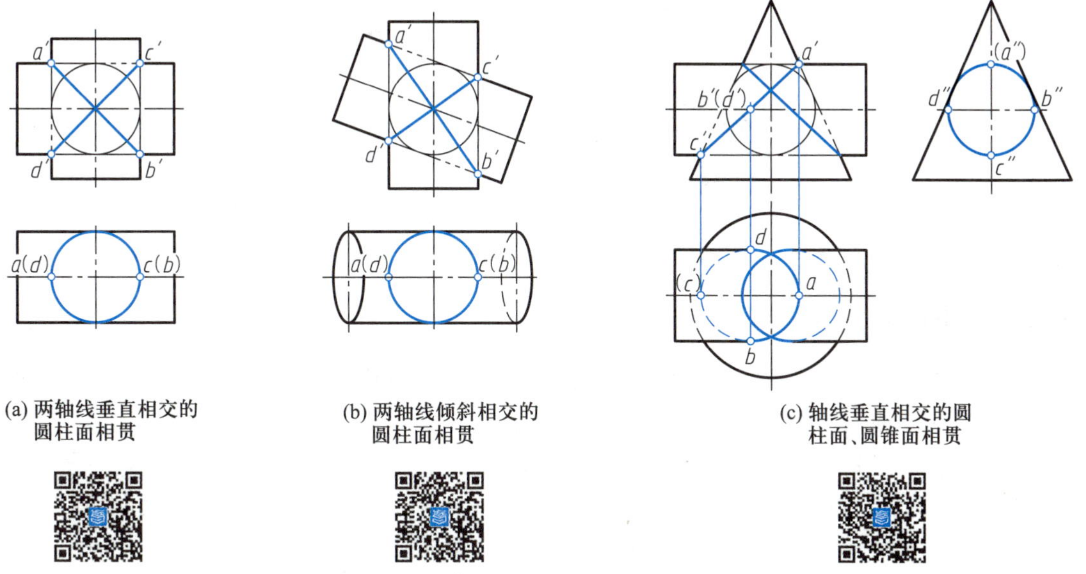

(a) 两轴线垂直相交的圆柱面相贯

(b) 两轴线倾斜相交的圆柱面相贯

(c) 轴线垂直相交的圆柱面、圆锥面相贯

图 4-48 符合蒙日定理条件的相交两回转体

3. 相贯线为直线的情况

(1) 两相交圆柱的轴线平行

当两个相交圆柱的轴线平行时,相贯线为两条平行直线,如图 4-49b 中的 *AB* 和 *CD*。

(2) 两相交圆锥共锥顶

当两个相交的圆锥共锥顶时,相贯线为两条相交直线,如图 4-50b 中的 *SA* 和 *SB*。

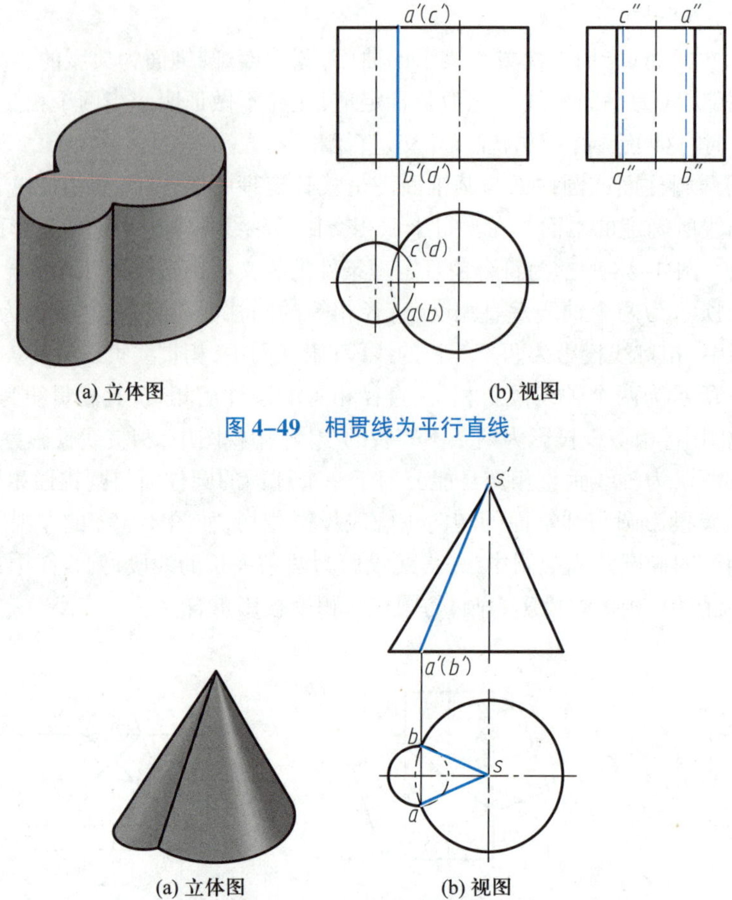

(a) 立体图　(b) 视图

图 4–49　相贯线为平行直线

(a) 立体图　(b) 视图

图 4–50　相贯线为相交直线

4.5.3　两相交圆柱面的相贯线分析

圆柱(包括圆柱孔)是机械零件中最常见的结构,两个圆柱面的相贯线是最常见的表面交线。下面分析两圆柱面相贯线投影的特点及变化趋势。

1. 两正交圆柱相贯线投影特点

两个不等径圆柱面正交时,相贯线环绕在直径较小的圆柱面上,在平行于两圆柱轴线的投影面中,相贯线投影向着大圆柱轴线的投影弯曲,如表 4–4 所示。

表 4–4　两正交不等径圆柱面相贯线的投影特点

外圆柱面相贯	内、外圆柱面相贯	内圆柱面相贯
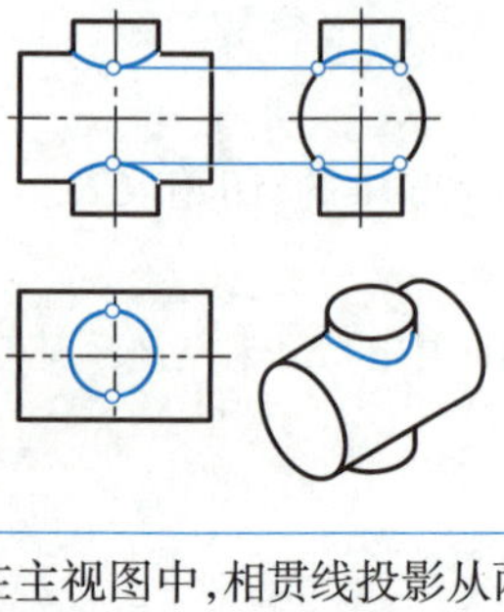	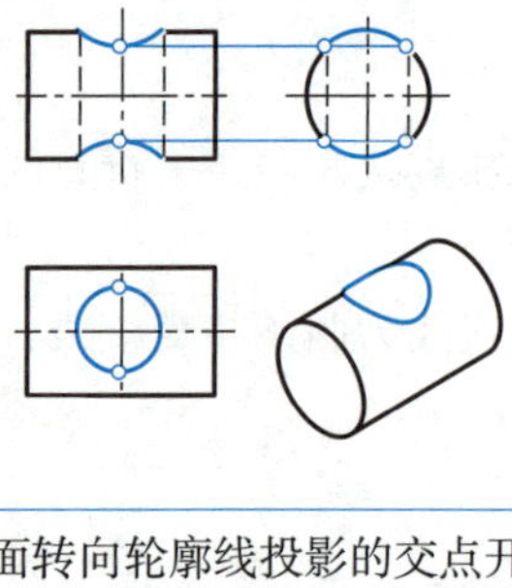	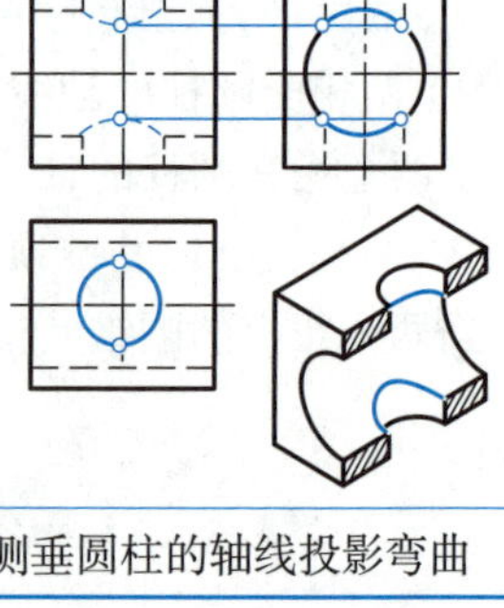
在主视图中,相贯线投影从两个圆柱面转向轮廓线投影的交点开始,向着侧垂圆柱的轴线投影弯曲		

2. 两正交圆柱直径变化对相贯线形状的影响

两圆柱正交时，直径的相对大小是影响相贯线形状的重要因素。图 4-51 显示了直径变化对相贯线形状的影响，请读者自行归纳总结相贯线的变化规律。

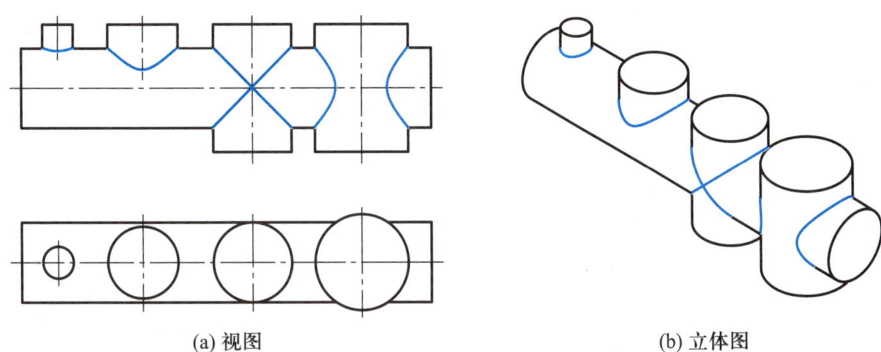

(a) 视图　　(b) 立体图

图 4-51　两正交圆柱相对直径变化对相贯线形状的影响

注意：当两圆柱的轴线相交且直径相等时符合蒙日定理条件，相贯线成为平面曲线——椭圆。

3. 两圆柱相对位置变化对相贯线形状的影响

当两圆柱轴线垂直相交时(图 4-52a 左 1)，相贯线分为前后对称、上下对称的两条空间曲线；当小圆柱前移(图 4-52a 左 2)，相贯线仍为上下对称的两条空间曲线，但前后不对称，主视图中不可见相贯线的投影应用细虚线画出；当两圆柱最前的轮廓线相交时(图 4-52a 左 3)，上、下两条相贯线相交；当小圆柱前移至一部分形体超出大圆柱(图 4-52a 左 4)，此时相贯线变为一条上下对称、闭合的空间曲线。

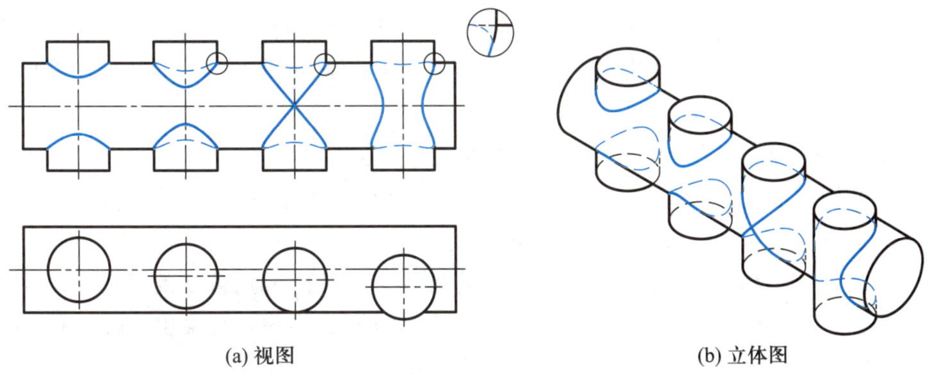

(a) 视图　　(b) 立体图

图 4-52　两相交不等径圆柱相对位置变化对相贯线形状的影响

注意：图 4-52 中的局部放大图是为了表达圆柱面投影轮廓线与相贯线的连接关系。相贯线的形状与圆柱的相对大小、相对位置有关，与相贯表面是外圆柱面还是内圆柱面无关。

4.5.4 综合举例

例 4-25 立体结构如图 4-53a 所示，补画主、俯视图中缺漏的相贯线。

分析：立体的主体结构为轴线侧垂、直径不等的同轴圆柱及圆柱孔，和轴线铅垂的圆柱凸台及孔。左侧小圆筒上加工有铅垂孔，与侧垂孔等径、正交贯通，在图 4-53b 中标记为“结构 1”；右侧圆筒上方圆柱凸台标记为“结构 2”；自凸台顶部加工有贯穿的圆孔，标记为“结构 3”；圆筒右前侧加工有 U 形槽，标记为“结构 4”。

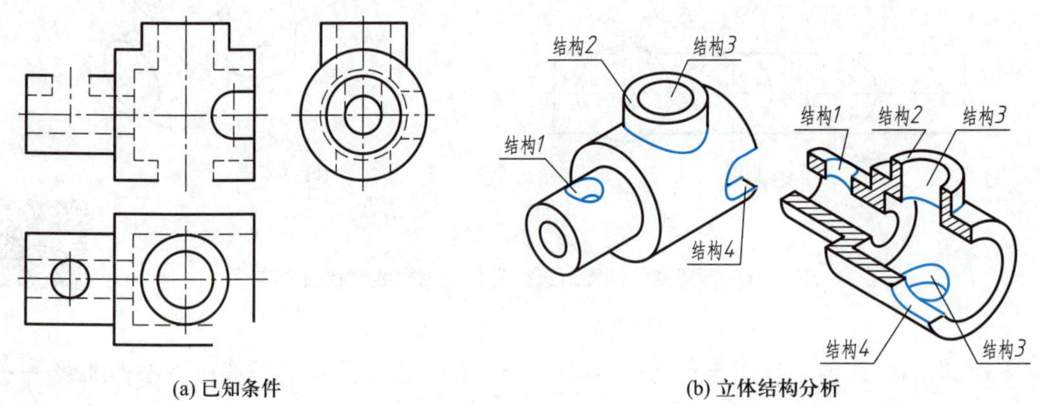

(a) 已知条件　　(b) 立体结构分析

图 4-53 综合举例

作图步骤：

第一步，求作“结构 1”与内、外圆柱面的相贯线。铅垂孔与侧垂孔等径、正交相贯，因此相贯线为平面曲线，俯视图中相贯线投影积聚在铅垂孔投影圆周上，左视图中相贯线投影积聚在侧垂通孔的上半投影圆周上，主视图中相贯线投影为两段相交直线（细虚线），如图 4-54a 所示。铅垂孔与外圆柱不等径，外圆柱直径大，因此在主视图中相贯线投影向侧垂轴线投影弯曲，确定关键点的方法如图 4-54a 所示。

第二步，求作“结构 2”与圆筒外圆柱面的相贯线。“结构 2”所表示的圆柱凸台为铅垂圆柱，与侧垂圆筒外圆柱面不等径相贯，侧垂圆筒外径大，因此在主视图中相贯线投影向侧垂圆筒的轴线投影弯曲，确定关键点的方法如图 4-54b 所示。

第三步，求作“结构 3”与圆筒内、外圆柱面的相贯线。“结构 3”所表示的铅垂圆孔贯穿立体，因此主视图中内表面相贯线的投影要画出对称的上、下两条；铅垂圆孔穿出外圆柱面，因此与外圆柱面也有相贯线。确定各段相贯线关键点的方法如图 4-54c 所示。

第四步，求作“结构 4”与内、外圆柱面的相贯线。“结构 4”所表示的 U 形槽开在圆筒的前部，与内、外圆柱面都有交线，在主、左视图中，相贯线投影有积聚性。U 形槽表面由半圆柱面与平面构成，半圆柱面与圆筒内、外圆柱面的交线为空间曲线，平面与圆柱面的交线为直线，在俯视图中确定空间曲线关键点投影的方法以及确定相交直线位置的方法如图 4-54d 所示，注意要画出半圆柱面转向轮廓线投影 ac（细虚线）。作图结果如图 4-55 所示。

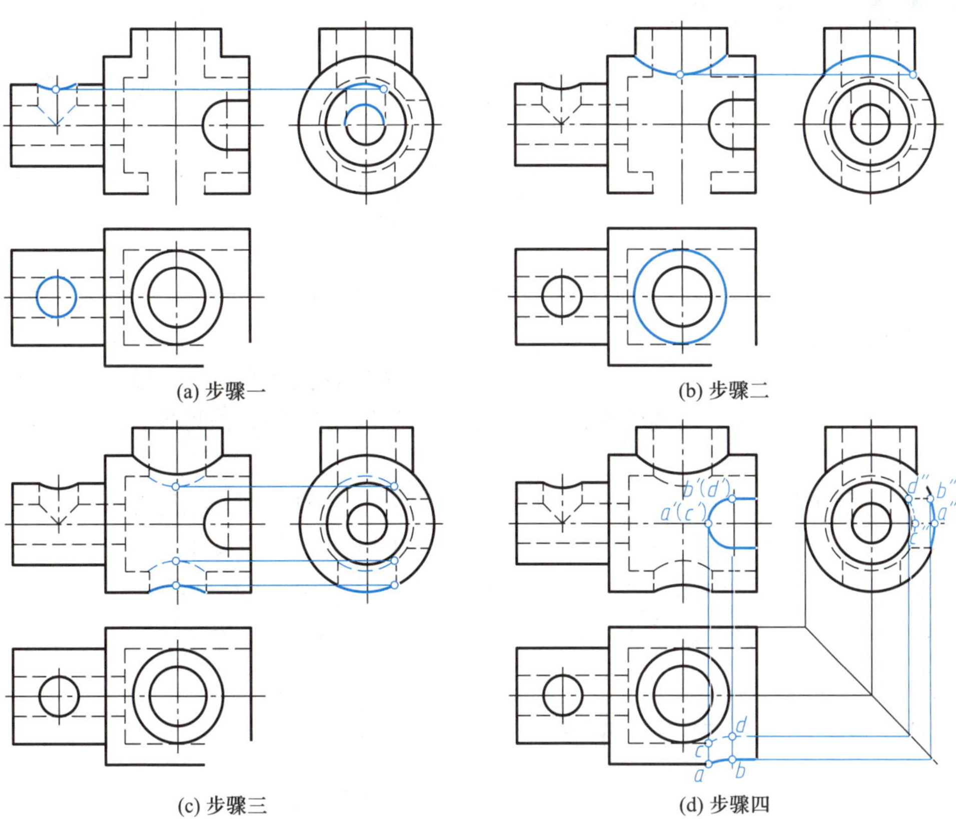

(a) 步骤一　(b) 步骤二

(c) 步骤三　(d) 步骤四

图 4–54　综合举例作图过程

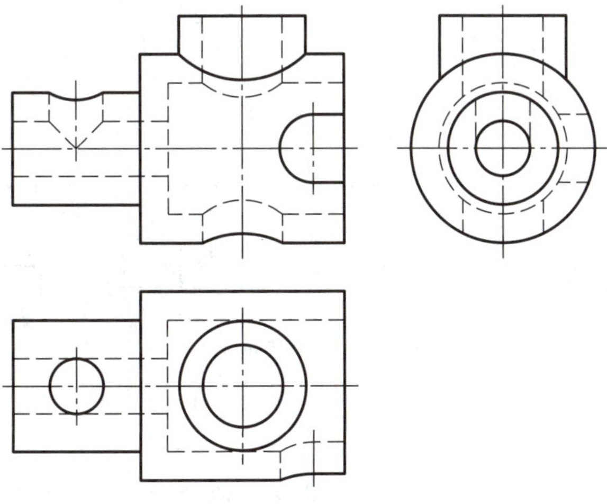

图 4–55　综合举例作图结果

4.6 立体的尺寸标注

视图表达立体的结构形状，尺寸确定立体的大小，因此正确、完整、清晰地标注立体的尺寸非常重要。

标注立体的尺寸时，通常先确定长、宽、高三个方向的基准，然后标注立体的定形、定位尺寸。

1. 基本体尺寸标注

标注基本体的尺寸时，所标注的尺寸应能确定立体的形状和大小。图 4-56 为常见平面立体的尺寸标注示例。

图 4-56a 所示的正六棱柱、正五棱柱和正三棱锥，需要标注确定正多边形大小的内切圆直径（正六边形的尺寸 34 是内切圆的直径）或外接圆直径，以及高度尺寸；四棱台需要标注确定顶面和底面大小的长度、宽度以及高度尺寸。

图 4-56b 所示的三种直棱柱是常见型材的几何模型，这类棱柱端面形状各异，标注端面的定形尺寸有一定的难度，需要根据形状的特点来分析、确定要标注的尺寸。图示的 T 形棱柱和工字形棱柱端面为对称图形，L 形棱柱端面为不对称图形，请读者自行分析各端面图形宽度方向的尺寸基准，并分析尺寸标注的特点。

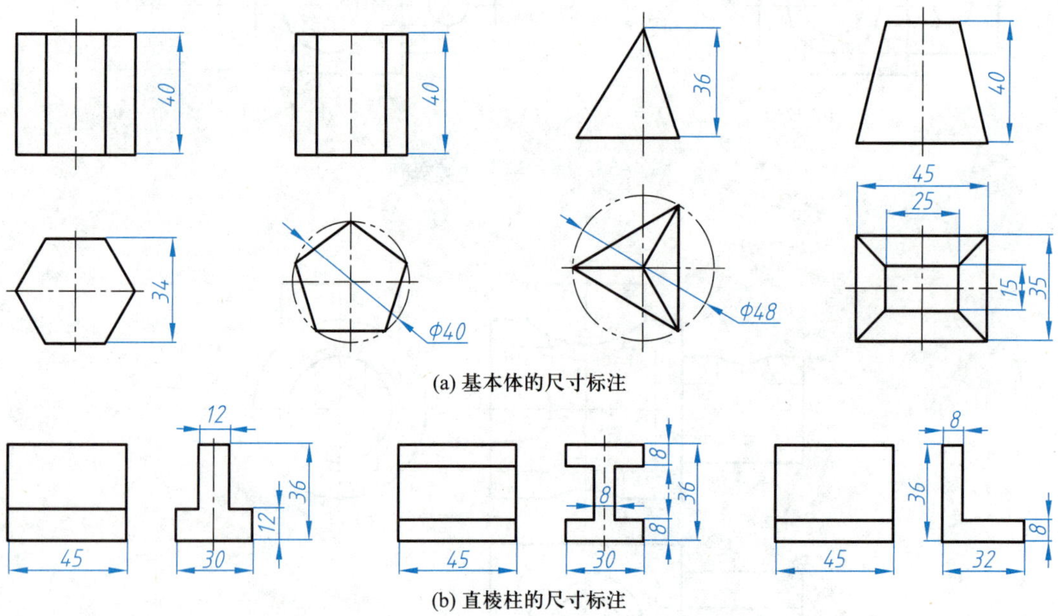

图 4-56 常见平面立体的尺寸标注示例

图 4-57 为常见回转体的尺寸标注示例。圆柱、圆锥需要标注高度尺寸以及底面圆的直径；圆台需要标注顶面和底面圆的直径；球只需标注球面直径。

对于回转体，通常仅需一个特征视图（圆柱投影为矩形的视图、圆锥投影为三角形的视图、圆台投影为梯形的视图）加一组尺寸，即可完整表达，投影为圆的视图通常可省略不画。

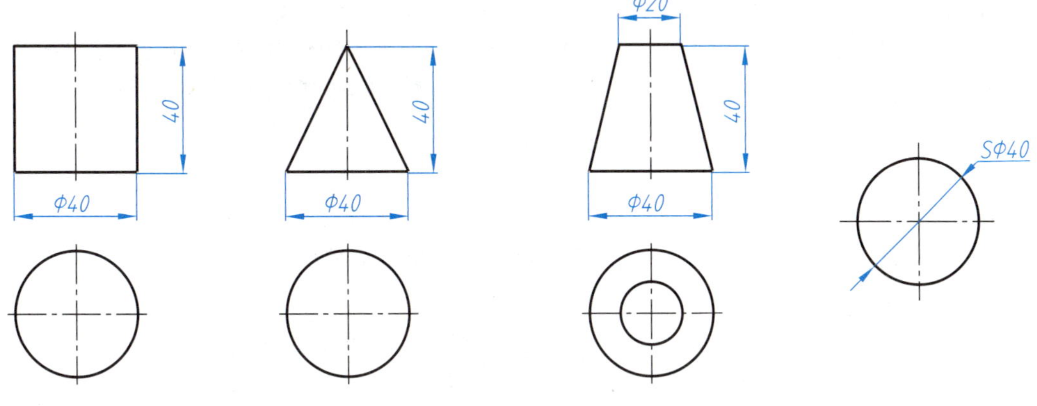

图 4-57 常见回转体的尺寸标注示例

2. 截切立体的尺寸标注

基本体被平面截切后产生截交线，标注尺寸时只标注截平面的定位尺寸，而不应该标注截交线的形状尺寸，如图 4-58 所示。因需要标注截平面的定位尺寸，所以在标注尺寸前应分析立体的尺寸基准。

图 4-58a 所示立体为四棱锥被一个正垂面截切而成，64、52、60 这三个尺寸确定了棱锥的大小；以棱锥底面为基准，在主视图中标注 12.5 和 40 两个尺寸，确定截平面的位置。

图 4-58c 所示立体为五棱柱被两个平面截切而成，ϕ60 和 55 这两个尺寸确定了棱柱的大小；以底面为主要基准，以顶面为辅助基准，在主视图中标注 10 和 12 两个尺寸，以右侧面（侧平面）为基准，标注定位尺寸 13，这三个尺寸确定正垂截断面和侧平截断面的位置。

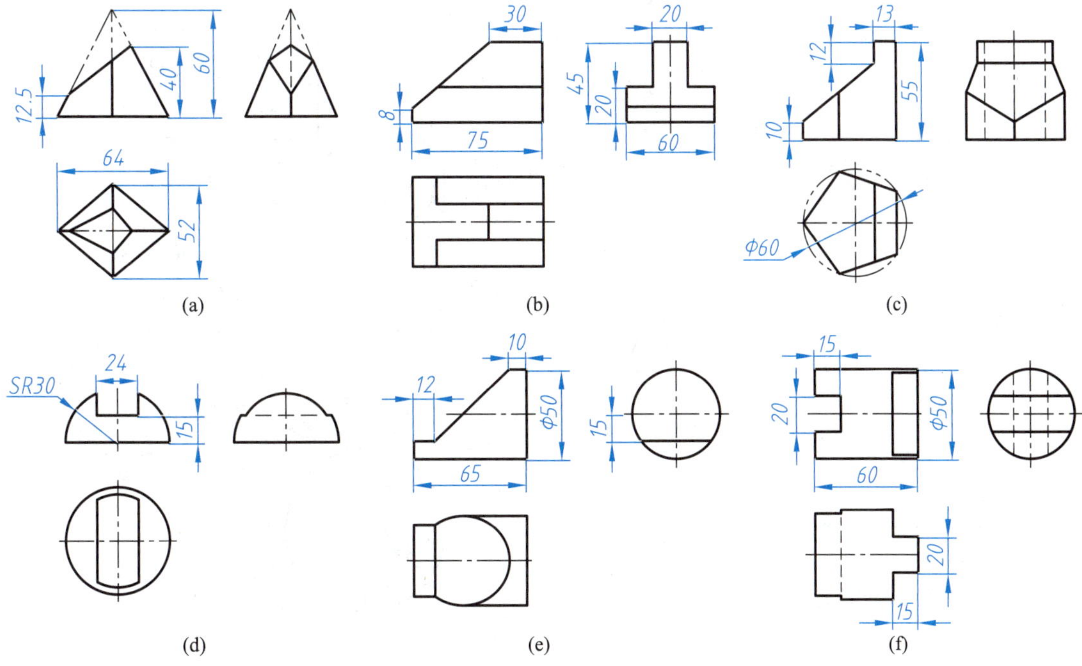

图 4-58 被平面截切立体的尺寸标注示例

图 4-58f 所示立体为圆柱被多个平面截切而成。左侧由三个截平面截切构成凹槽，以上、下对称面和左端面为基准，标注尺寸 20 和 15，确定三个截平面的位置；右侧由三个截平面截切形成凸块，以前、后对称面和右端面为基准，标注尺寸 20 和 15，确定三个截平面的位置。

其余截切立体的尺寸请读者自行分析。

3. 相交立体的尺寸标注

由基本体相交构成的立体表面会产生相贯线，标注尺寸时只标注各基本体的定形、定位尺寸，而不应该标注相贯线的定形尺寸，如图 4-59 所示。因为要确定相交立体的相对位置，所以在标注尺寸前应分析立体的尺寸基准。

图 4-59a 所示立体由两个圆柱相贯构成，以右端面为长度基准，以前、后对称面为宽度基准，以经过侧垂圆柱回转轴线的水平面为高度基准。需要标注的尺寸为大圆柱的直径 ϕ72 和长度 90，小圆柱的直径 ϕ54 和顶面至高度基准面的距离 55，以及长度方向的定位尺寸 45。

图 4-59d 所示立体由圆锥与圆柱相贯构成，以经过圆锥回转轴线的侧平面为长度基准，以前、后对称面为宽度基准，以圆锥底面为高度基准。需要标准的尺寸为圆锥的底面圆直径 ϕ110 和高度 110，圆柱的直径 ϕ50，圆柱左端面至长度基准面的距离 65，以及圆柱轴线高度方向的定位尺寸 45。

其余相交立体的尺寸请读者自行分析。

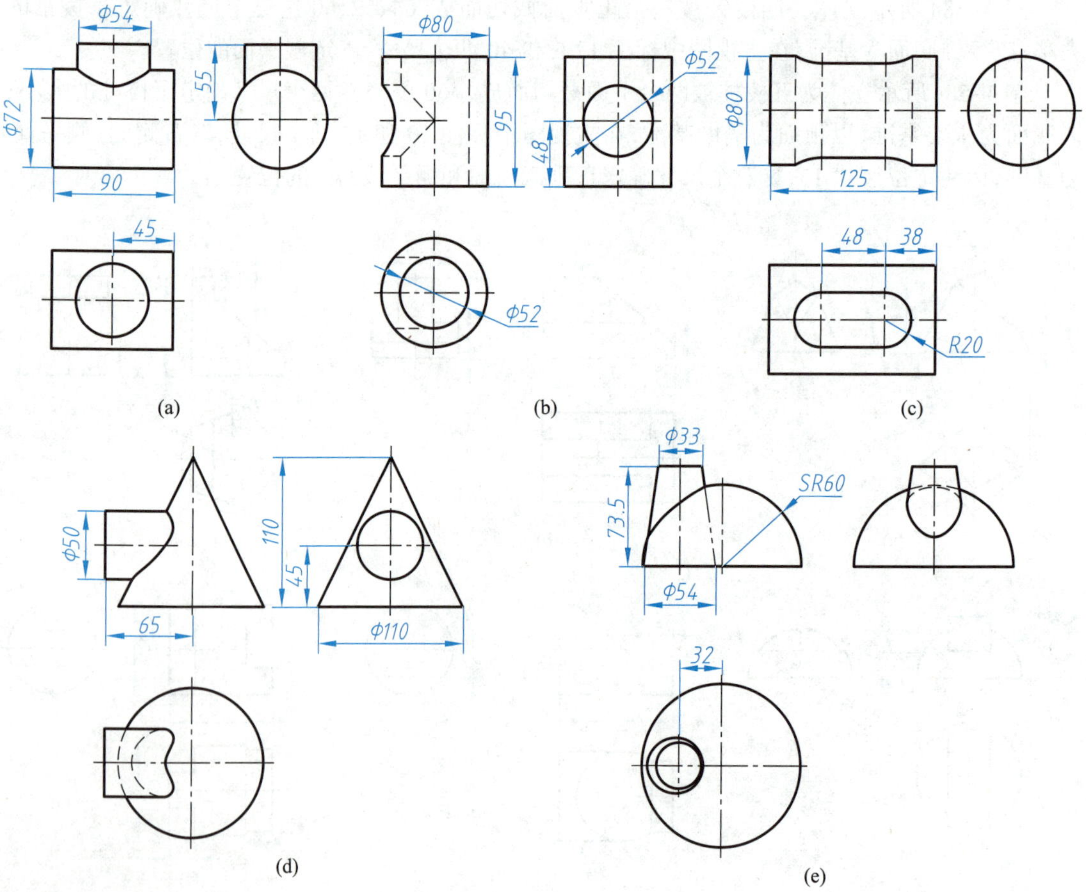

图 4-59 相贯立体的尺寸标注示例

第5章

轴 测 图

5.1 轴测图概述

多面正投影通过一系列的视图和剖视图，可以精确地表达一个复杂的物体，普遍用于工程技术人员之间的交流，但是它不能在单一视图里同时表达长、宽、高，对于非专业人员来说难以读懂。与非专业人员进行设计方面的交流时，可以使用具有立体感的轴测图。

将物体连同其参考直角坐标系，沿不平行于任一坐标面的方向，用平行投影法将其投射在单一投影面上所得到的图形，称为轴测图。图 5-1 为一个物体的三视图和轴测图。

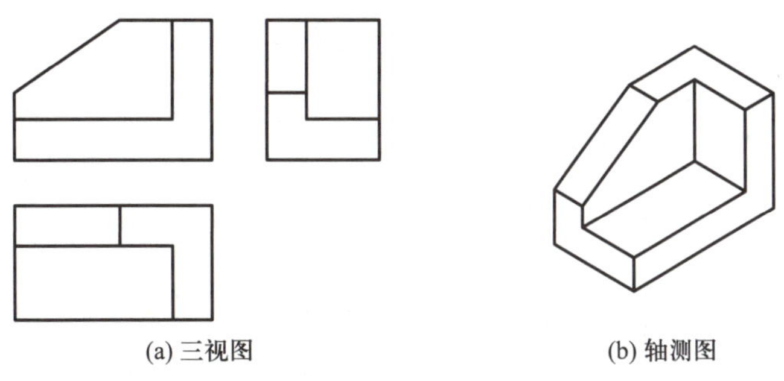

图 5-1　物体的三视图和轴测图

轴测图可以在单一视图中显示物体三个方向的形状，观察者就像看到真实的物体一样，有较强的立体感。

1. 轴测投影的类型

图 5-2 所示为投影法分类体系。

投影法分为中心投影法和平行投影法，依据投射线与投影面是否垂直，平行投影法又分为正投影法和斜投影法。用平行正投影法可生成多面正投影和正轴测投影，用平行斜投影法可生成斜轴测投影。正轴测投影和斜轴测投影都能相对直观地表达物体的形状。

2. 正轴测投影的形成

如图 5-3 所示，把立方体旋转一定的角度，使得立方体的三个主要表面（三个坐标平面）都倾斜于投影面，利用相互平行且垂直于投影面的投射线，将物体向投影面投射所得到的投影，即为正轴测投影。正轴测投影能表现物体三个方向的结构形状，直观而易于理解。

因为立方体的三个坐标平面都与投影面不平行，所以正轴测投影的边和面都相应缩小，缩小的比例与倾斜角度相关。如图 5-3 所示，如果能确定立方体三个方向（X_0、Y_0、Z_0）棱边 O_0A_0、

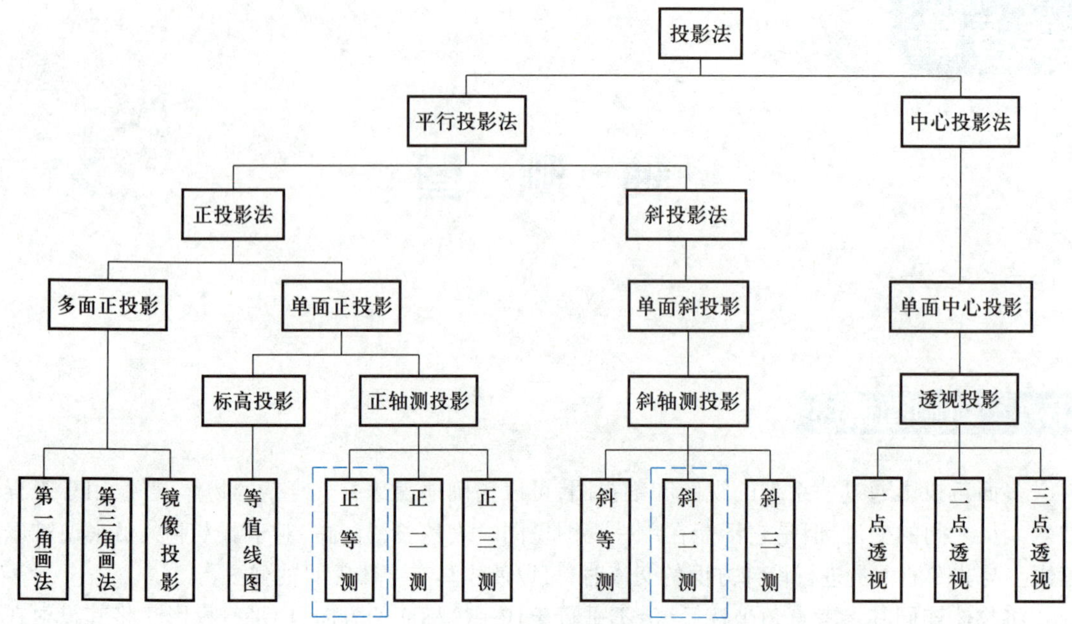

图 5-2 投影法分类

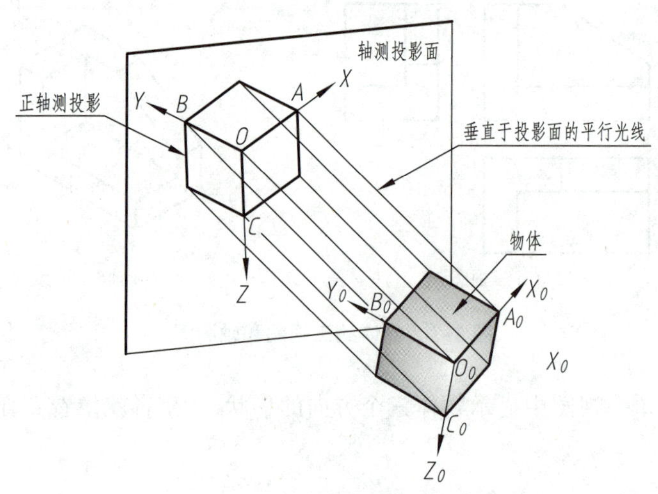

图 5-3 正轴测投影的形成

O_0B_0、O_0C_0 的伸缩比例，则可根据各棱边的实际长度和伸缩比例，确定各棱边轴测投影的长度。

改变物体相对投影面的倾斜角度，三个主方向的伸缩比例随之改变，可以得到正等轴测、正二轴测和正三轴测投影，如图 5-4 所示。

正等测：相交于一点的三条互相垂直的边相对于投影面具有相同的倾角，因而在三个方向上有相等的伸缩比例，如图 5-4a 所示。

正二测：相交于一点的三条互相垂直的边中两条边相对于投影面具有相同的倾角，而另一条边的倾角不同，所以两个方向上有相等的伸缩比例，而另一个方向上的伸缩比例不相等，如图 5-4b 所示。

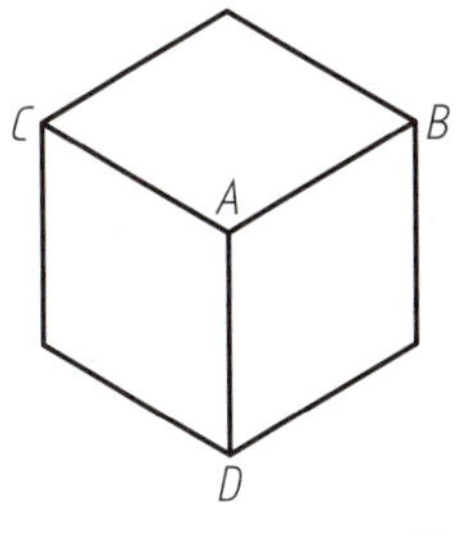

$\angle BAC=\angle CAD=\angle DAB$

$AB=AC=AD$

(a) 正等测

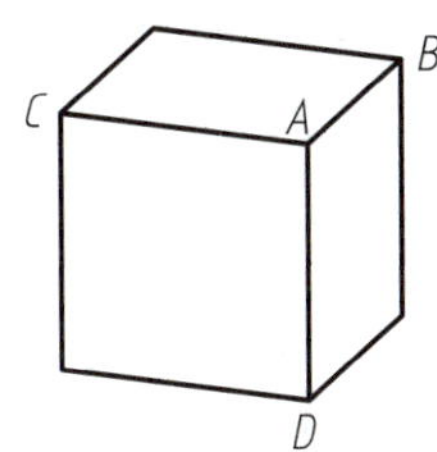

$\angle BAC=\angle DAB$

$AC=AD$

(b) 正二测

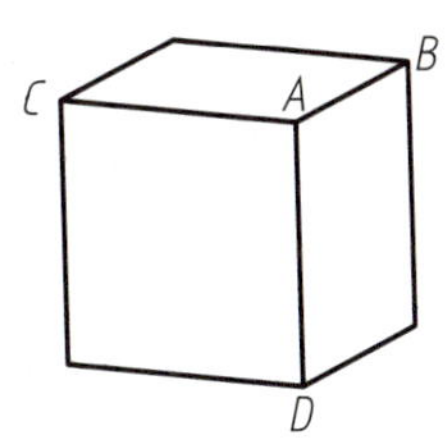

$\angle BAC$、$\angle CAD$、$\angle DAB$ 不相等

AB、AC、AD 不相等

(c) 正三测

图 5-4 正轴测投影的分类

正三测:相交于一点的三条互相垂直的边相对于投影面的倾角都不相同,所以三个方向上的伸缩比例都不相等,如图 5-4c 所示。

3. 斜轴测投影的形成

平行投射线倾斜于投影面,形成斜轴测投影,如图 5-5 所示。通过调整物体相对于投影面的方位、改变投射方向,可以形成斜等测、斜二测和斜三测投影。

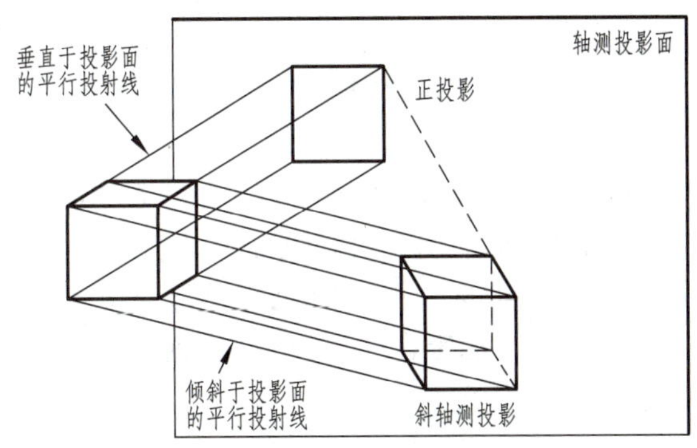

图 5-5 斜轴测投影的形成

4. 轴测图的基本术语

轴测图的基本术语,参照图 5-6 进行说明。

(1) 轴测轴:绘制轴测图时,要将物体连同其参考直角坐标系一起投射在单一投影面上。坐标轴在投影面上的投影,称为轴测投影轴,简称轴测轴。如图 5-6 所示,空间坐标轴 O_0X_0、O_0Y_0、O_0Z_0 在投影面上的投影 OX、OY、OZ 即为轴测轴。

(2) 轴间角:轴测轴之间的夹角称为轴间角。如图 5-6 中的 $\angle XOY$、$\angle YOZ$、$\angle ZOX$ 即为轴间角。

(3) 轴向伸缩系数:轴测轴上的单位长度与相应投影轴上的单位长度的比值,称为轴向伸缩系数。如图 5-6 中:

沿 O_0X_0 坐标方向的轴向伸缩系数:$p_1=\dfrac{OA}{O_0A_0}$

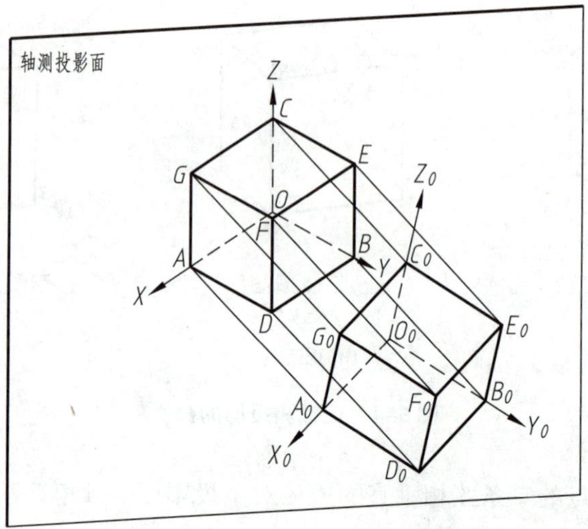

图 5-6 轴测图基本术语示例

沿 O_0Y_0 坐标方向的轴向伸缩系数：$q_1=\dfrac{OB}{O_0B_0}$

沿 O_0Z_0 坐标方向的轴向伸缩系数：$r_1=\dfrac{OC}{O_0C_0}$

5. 轴测图的特征

因为轴测图是按照平行投影法绘制的，因而具有以下平行投影的特征（参照图 5-6）：

（1）空间相互平行的线段，在轴测图中仍然相互平行。

（2）平行于某坐标轴的空间线段，其在轴测图中的长度等于该坐标方向的轴向伸缩系数与该线段实际长度的乘积。例如，在图 5-6 中，线段 E_0F_0 平行于坐标轴 O_0X_0，该方向的轴向伸缩系数为

$$p_1=\frac{OA}{O_0A_0}$$

所以线段 E_0F_0 的轴测投影长度为

$$EF=p_1\times E_0F_0=\frac{OA}{O_0A_0}\times E_0F_0$$

依此类推，有

$$FG=q_1\times F_0G_0=\frac{OB}{O_0B_0}\times F_0G_0,\ DF=r_1\times D_0F_0=\frac{OC}{O_0C_0}\times D_0F_0$$

6. 轴测图的分类

按照投影法分类，轴测图分为正轴测图和斜轴测图。

考虑轴向伸缩系数对轴测图的影响：当三个轴的轴向伸缩系数相等，即 $p_1=q_1=r_1$ 时，形成等测轴测图；当仅有两个轴的轴向伸缩系数相等时，形成二测轴测图；当三个轴的轴向伸缩系数均不相等，即 $p_1\neq q_1\neq r_1$ 时，形成三测轴测图。

综合考虑投射方向和轴向伸缩系数对轴测图的影响，国标 GB/T 14692—2008 将轴测图分

为：正等测、正二测、正三测，以及斜等测、斜二测、斜三测，参见图 5-2。正等轴测图（正等测）和斜二轴测图（斜二测）的立体效果比较好，同时容易绘制，因此应用比较广泛。本章主要介绍这两种轴测图的画法。

5.2 正等轴测图

5.2.1 正等轴测图的参数

将图 5-6 所示的正方体和空间坐标系旋转一定角度，使得空间坐标系的三条坐标轴 O_0X_0、O_0Y_0、O_0Z_0 相对于投影面的倾角都相等，向投影面作正投影，得到正等轴测图。

正等轴测图的三个轴的轴向伸缩系数 $p_1=q_1=r_1=0.82$，三个轴间角 $\angle XOY=\angle YOZ=\angle ZOX=120°$。

图 5-7 所示为常用的正等轴测轴的画法。为了便于作图及测量，实际作图时正等轴测图使用简化的轴向伸缩系数 $p=q=r=1$。用简化的轴向伸缩系数画出的正等轴测图，三个轴向尺寸都比真实尺寸放大了 1/0.82=1.22 倍，但所表达物体的形状并无改变，如图 5-8 所示。本章绘制正等轴测图时均采用简化的轴向伸缩系数。

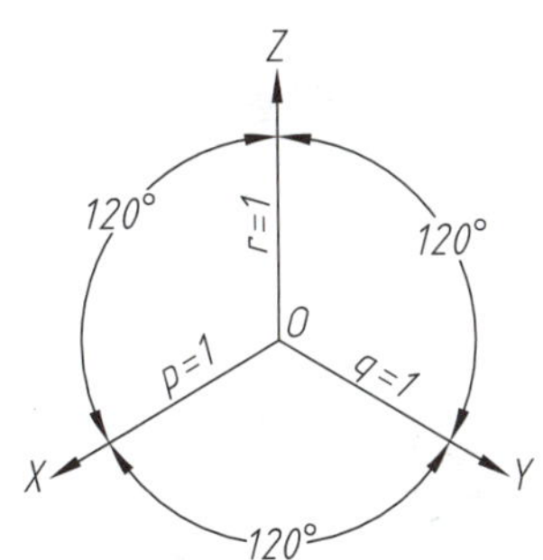

图 5-7 正等测的轴间角及简化的轴向伸缩系数

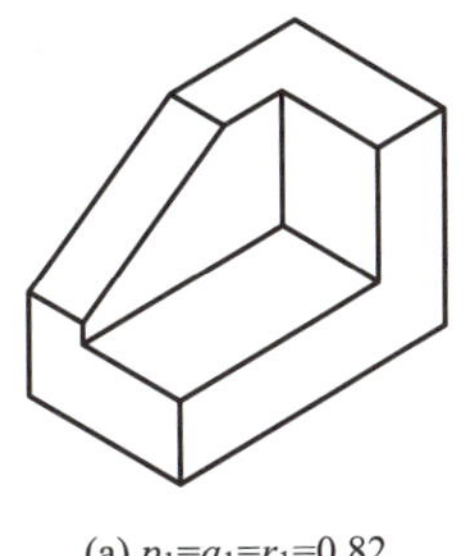

(a) $p_1=q_1=r_1=0.82$

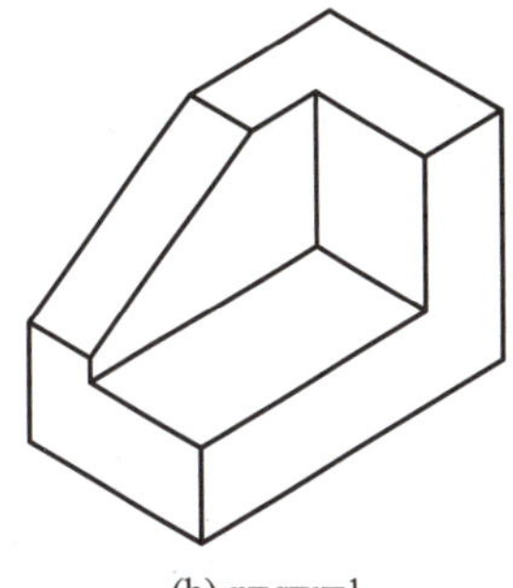

(b) $p=q=r=1$

图 5-8 不同轴向伸缩系数绘制的正等轴测图

5.2.2 正等轴测图的画法

绘制正等轴测图的步骤如下：

（1）根据已知的物体视图进行形体分析，按最能够反映物体形状特征的方向来确定坐标原点和各坐标轴的方向。

（2）绘制轴测轴，通常把 OZ 轴画成竖直，必要时 OZ 轴也可不竖直，但轴间角仍须保持相等，即 120°。

（3）按照叠加法、截切法或者同时运用叠加法和截切法，采用简化的轴向伸缩系数 $p=q=r=1$ 绘制各基本立体的正等轴测图，从而得到整个物体的正等轴测图。

例 5-1 根据物体的三视图（图 5-9a），用叠加法绘制该物体的正等轴测图。

分析：此物体可以看作由底板、竖板和一块肋板叠加而成。绘图时先绘制底板，再绘制竖板，最后绘制肋板。详细作图过程如图 5-9b~g 所示。

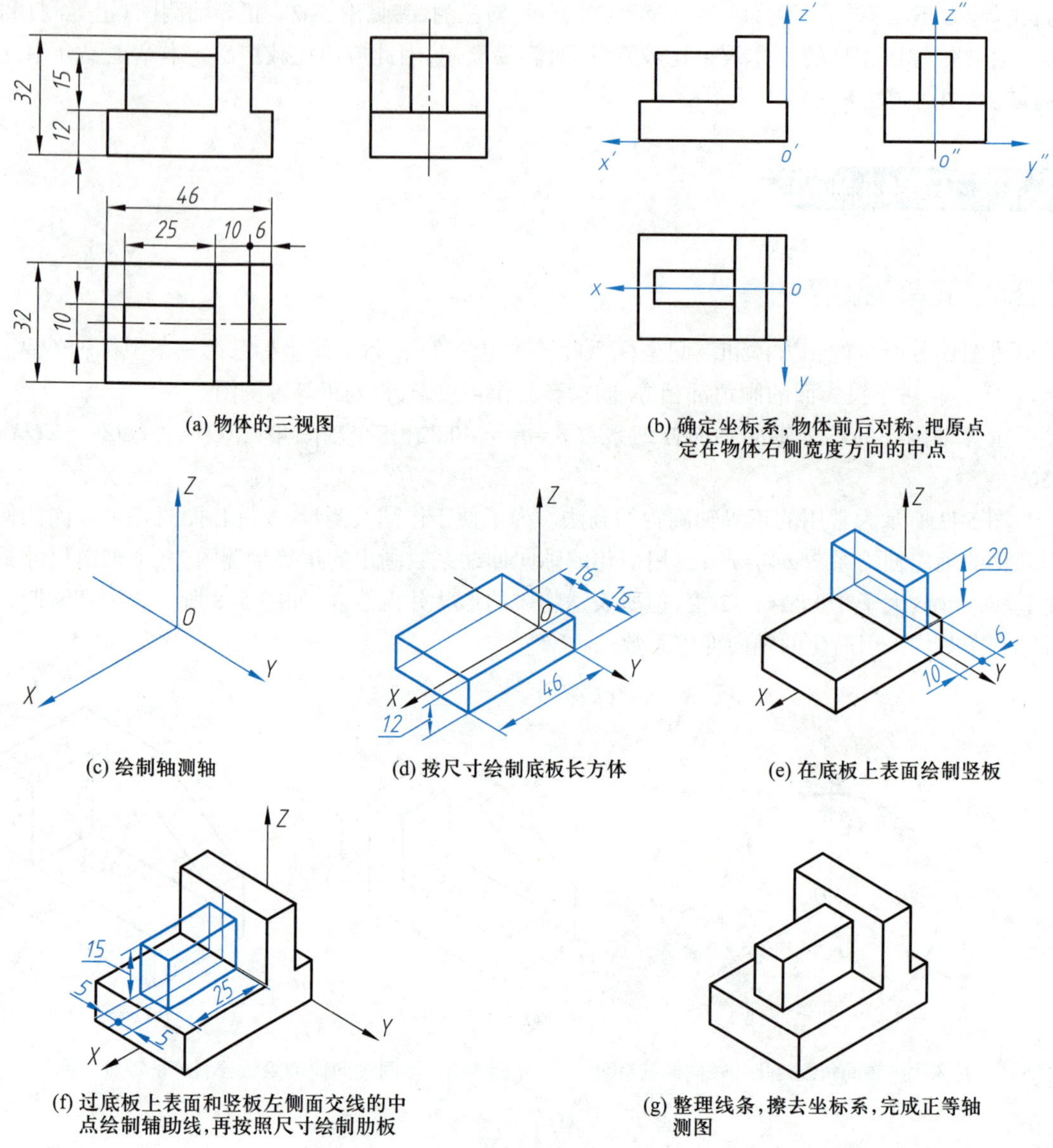

(a) 物体的三视图

(b) 确定坐标系，物体前后对称，把原点定在物体右侧宽度方向的中点

(c) 绘制轴测轴

(d) 按尺寸绘制底板长方体

(e) 在底板上表面绘制竖板

(f) 过底板上表面和竖板左侧面交线的中点绘制辅助线，再按照尺寸绘制肋板

(g) 整理线条，擦去坐标系，完成正等轴测图

图 5-9 绘制物体的正等轴测图(叠加法)

例 5-2 根据物体的三视图(图 5-10a)，用截切法绘制该物体的正等轴测图。

分析：此物体可以看作由一个长方体经过三次截切形成。绘图时可先绘制长方体，然后对其进行三次截切，从而绘制出整个物体的正等轴测图。详细作图过程如图 5-10b~h 所示。

例 5-3 根据物体的三视图(图 5-11a)，综合运用叠加法和截切法绘制该物体的正等轴测图。

分析：此物体可以看作由底板和竖板两个长方体叠加而成，经过一次截切而形成正垂的斜面，再经过第二次截切形成凹槽。绘图时可先绘制底板长方体，然后绘制竖板长方体，再对竖板进行两次截切，从而绘制出整个物体的正等轴测图。详细作图过程如图 5-11b~h 所示。

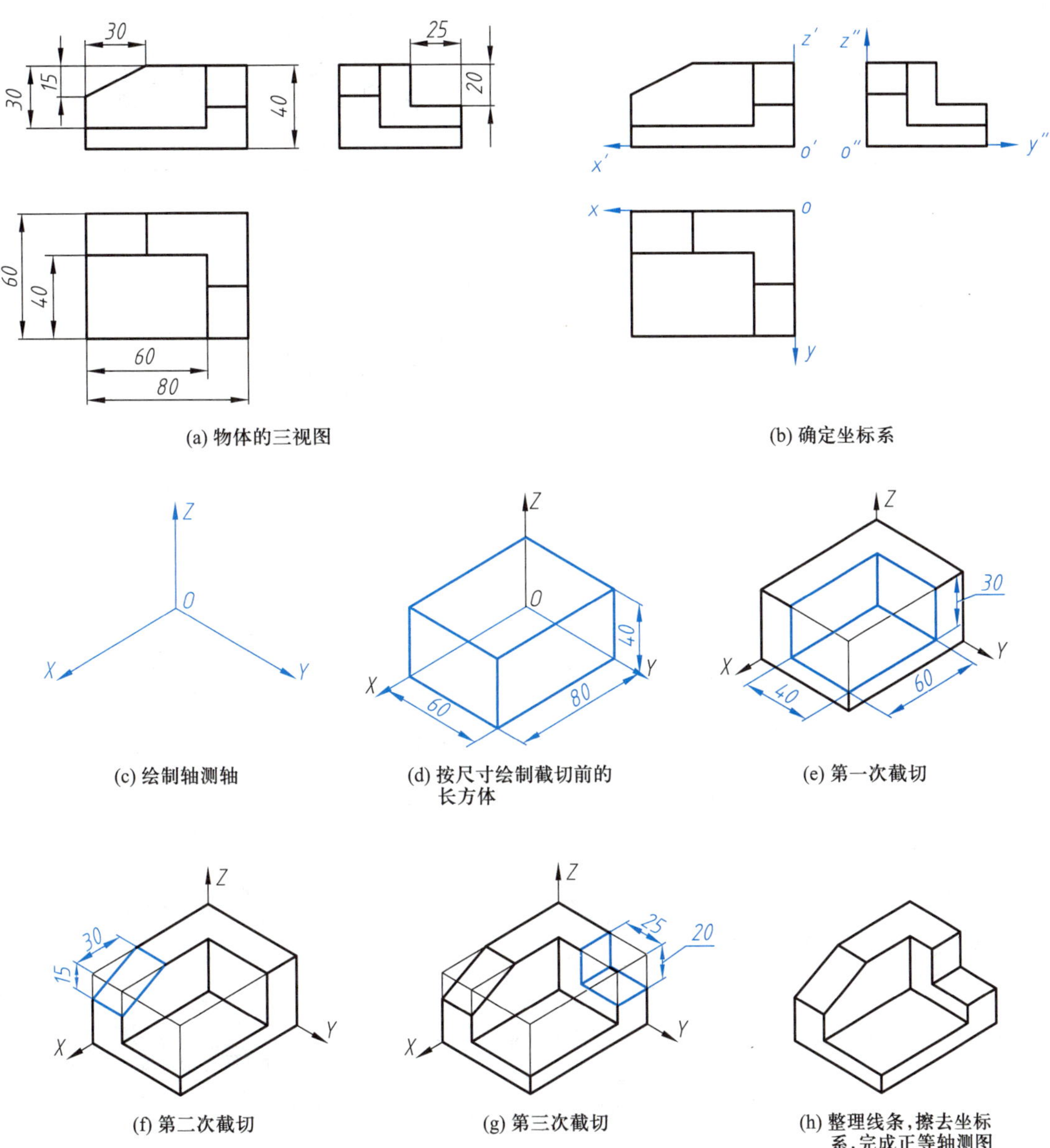

(a) 物体的三视图 (b) 确定坐标系

(c) 绘制轴测轴 (d) 按尺寸绘制截切前的长方体 (e) 第一次截切

(f) 第二次截切 (g) 第三次截切 (h) 整理线条,擦去坐标系,完成正等轴测图

图 5-10 绘制物体的正等轴测图(截切法)

5.2.3 正等轴测图中圆和圆弧的画法

当圆不平行于投影面时,投影为椭圆。正等轴测投影中,物体的坐标平面倾斜于投影面,因此在绘制正等轴测图时常需要绘制椭圆。为简化作图,常用四段圆弧相切连接的方法来绘制椭圆,这种绘制椭圆的方法称为四心法。

1. 平行于坐标平面圆正等轴测图的画法(四心法)

四心法绘制的椭圆适合用来表达正平圆、水平圆和侧平圆的正等轴测投影。作图时,首先要画出圆外切正方形的正等轴测投影菱形,菱形的一对边平行于一轴测轴,另一对边平行于另

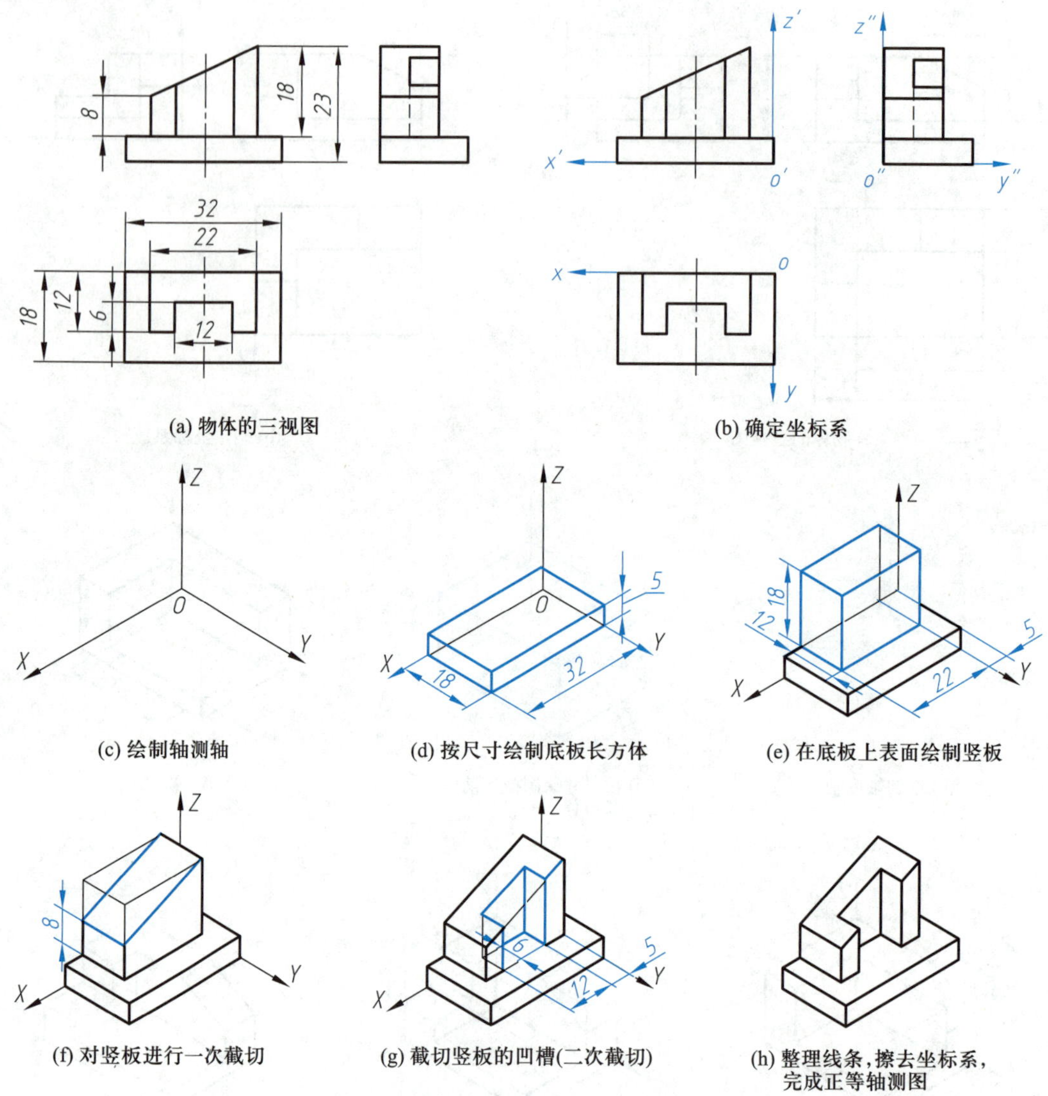

图 5-11 绘制物体的正等轴测图(叠加法和截切法)

一轴测轴。图 5-12 所示为用四心法作水平圆正等轴测图的步骤。

图 5-13 所示为用四心法作出的平行于坐标平面圆(正平圆、水平圆、侧平圆)的正等轴测图。

例 5-4 根据图 5-14a 所示立体的三视图,绘制其正等轴测图。

分析:该立体是一个穿孔圆柱,圆柱的上部左、右被截切。作图的时候可先作圆柱,然后作圆孔,最后进行截切。作图过程如图 5-14b~h 所示。

2. 圆角的近似画法

圆角是光滑连接两个表面的圆柱面或圆环面,这里介绍连接两个垂直平面的四分之一圆柱面圆角的简化画法。这种圆角的正等轴测图可以看作是四心法椭圆四段圆弧中的一段,作图过程如图 5-15 所示。

例 5-5 物体的主、俯视图如图 5-16a 所示,求作其正等轴测图。

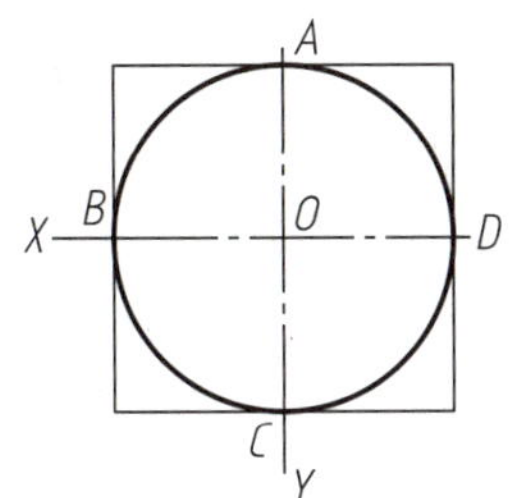

(a) 作圆的外切正方形

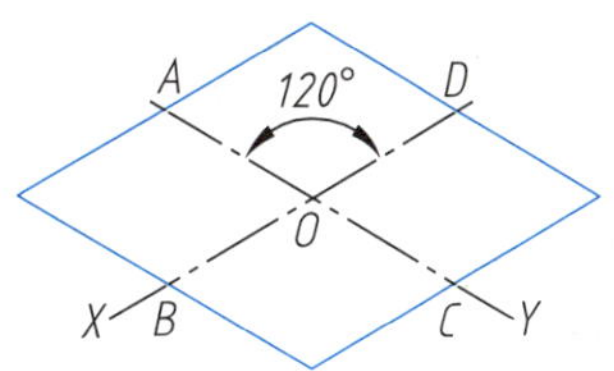

(b) 作轴测轴，画圆外切正方形的正等轴测投影菱形

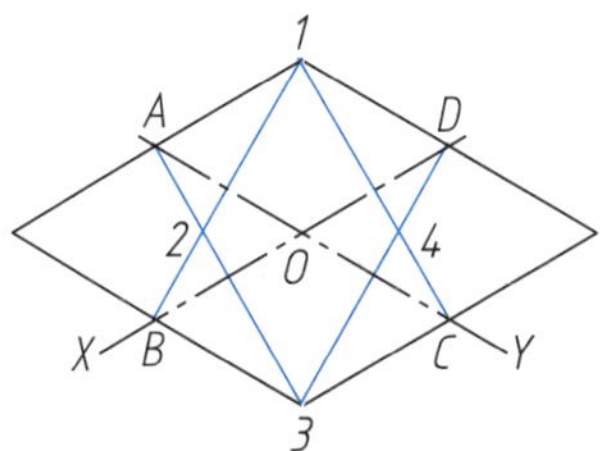

(c) 菱形钝角顶点标记为 *1* 和 *3*，分别从 *1* 和 *3* 作对边中点的连线 *1B*、*1C* 以及 *3A*、*3D*，得交点 *2*、*4*

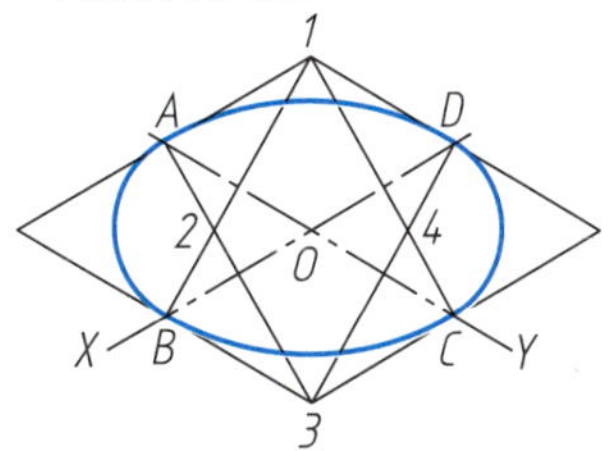

(d) 分别以点 *1*、*3* 为圆心，*1B* 和 *3A* 为半径作圆弧；再分别以点 *2*、*4* 为圆心，*2A* 和 *4C* 为半径作圆弧，得到水平圆的正等轴测图

图 5-12　用四心法作水平圆的正等轴测图

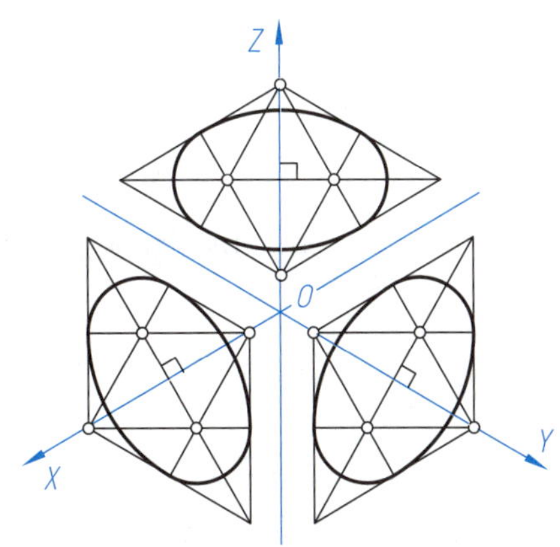

图 5-13　平行于坐标平面圆的正等轴测图

分析：物体的主要结构为水平和竖直方向的平板，水平板左前、左后处有半径为 *R*10 的圆角，水平板和竖直板之间有半径为 *R*8 的圆角过渡。作图时先作主要结构的正等轴测图，然后用简化画法画出圆角。详细过程如图 5-16b~e 所示。

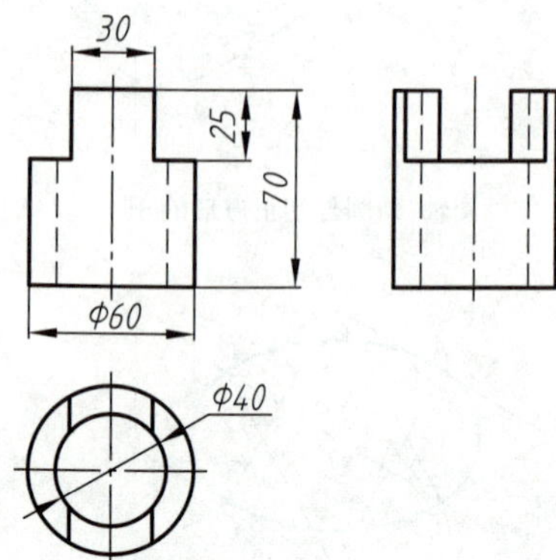

(a) 立体三视图

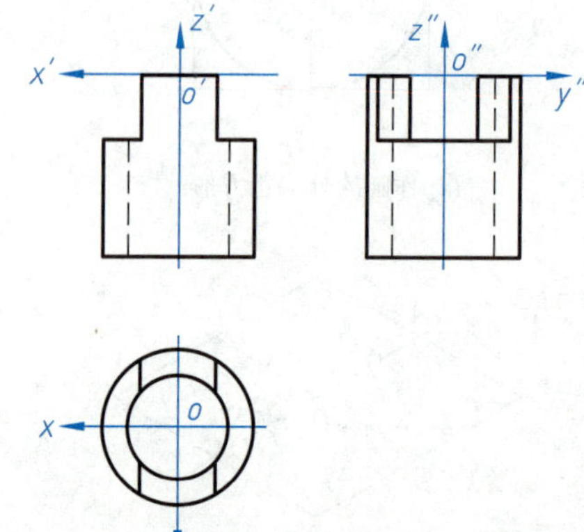

(b) 确定坐标系，为作图方便，把坐标原点定在圆柱顶面圆心

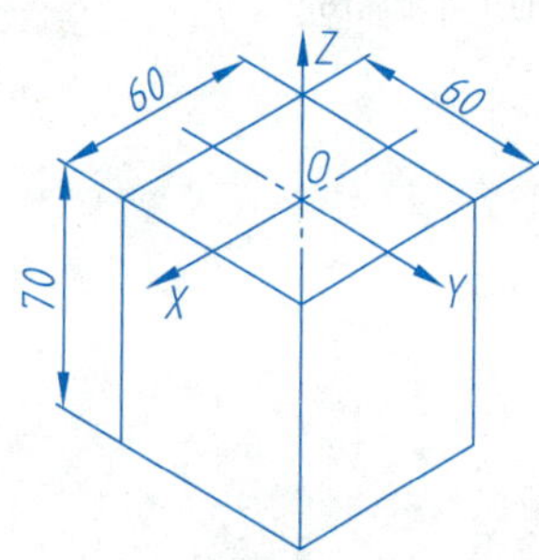

(c) 绘制轴测轴，根据尺寸绘制圆柱顶面和底面圆外切正方形的正等轴测图

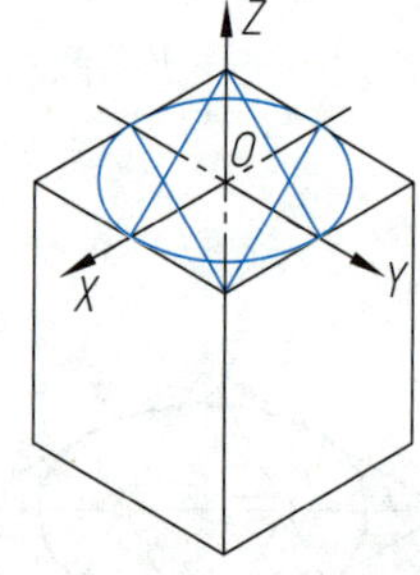

(d) 用四心法画出圆柱顶面圆的正等轴测图

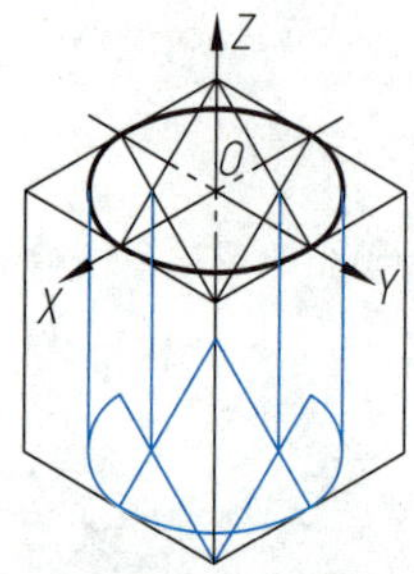

(e) 将顶面四个圆心向下平移，作出底面圆的正等轴测图，并作圆柱的转向轮廓线（上、下椭圆的外公切线）

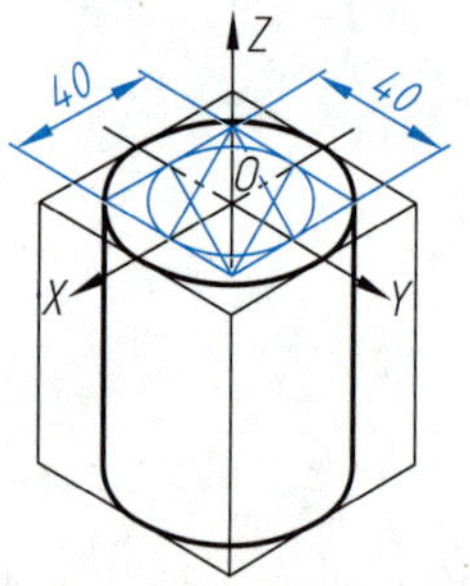

(f) 用四心法画出顶面圆孔轮廓，底面的圆孔轮廓不可见，不需绘制

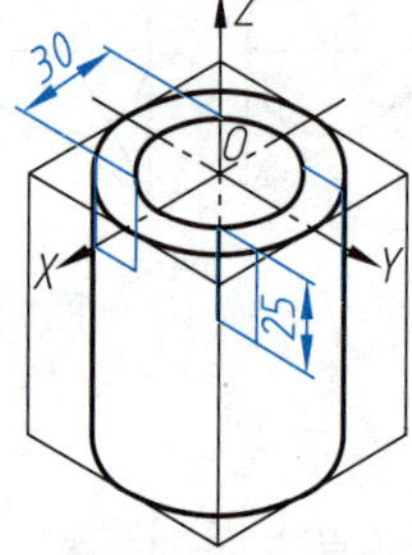

(g) 作圆柱上部两侧截交线，先绘制圆柱顶面的截交线，再绘制截平面与圆柱面的截交线

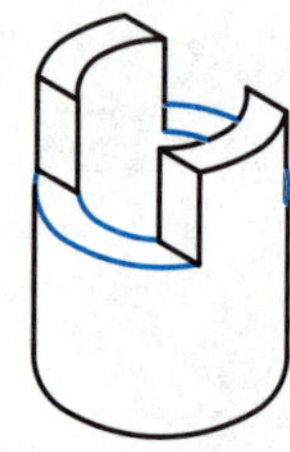

(h) 将圆柱顶面圆弧向下平移，作出水平截断面的截交线；整理线条，擦去坐标系，得到截切圆柱的正等轴测图

图 5-14 作截切圆柱的正等轴测图

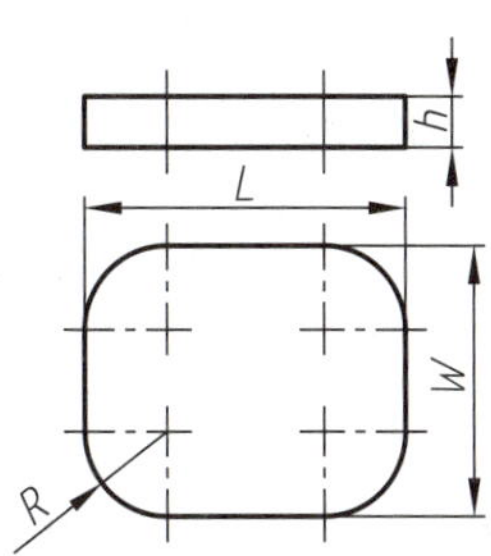

(a) 带圆角的长方形板件，圆角半径为 R

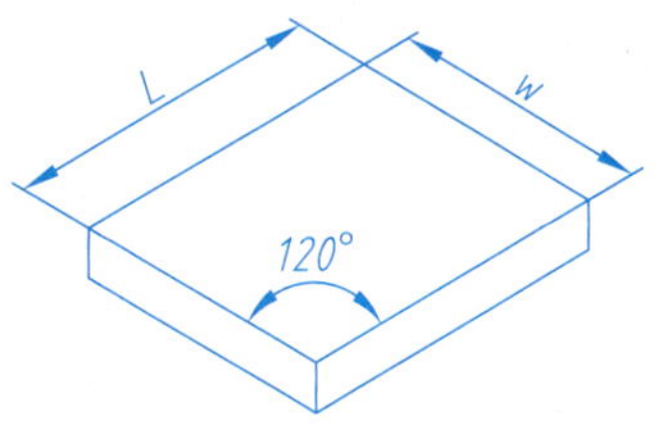

(b) 按尺寸画出长方体的正等轴测图

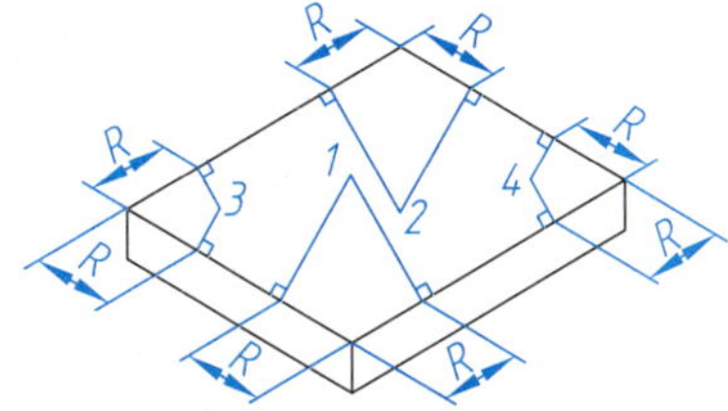

(c) 自顶面平行四边形各顶点沿两边各量取长度 R，得八个点，过这八个点作各边的垂线，相邻两边的垂线交点标记为 1、2、3、4

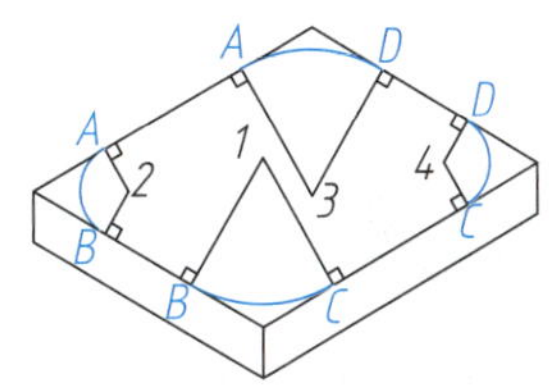

(d) 以 1 为圆心、$1B$ 为半径画圆弧 $\overset{\frown}{BC}$，与图 e 中的 $\overset{\frown}{BC}$ 对应；以 2 为圆心、$2A$ 为半径画圆弧 $\overset{\frown}{AB}$，与图 e 中的 $\overset{\frown}{AB}$ 对应，由此利用四心法作出四个圆弧

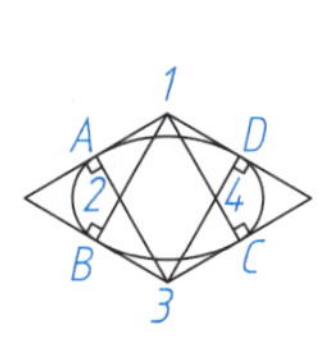

(e)

(f) 画板底面的圆角，将以 1、3、4 点为圆心的圆弧向下平移板厚 h；作顶面、底面圆弧的公切线 EF、MN，EF 和 MN 为圆角处的转向轮廓线

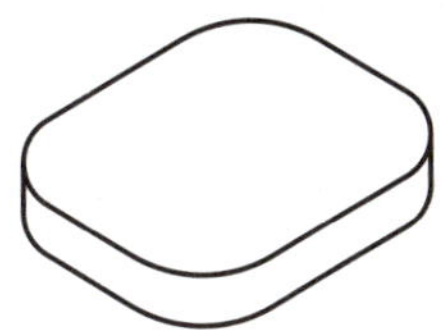

(g) 擦除多余图线，整理完成圆角板的正等轴测图

图 5–15 圆角正等轴测图的简化画法

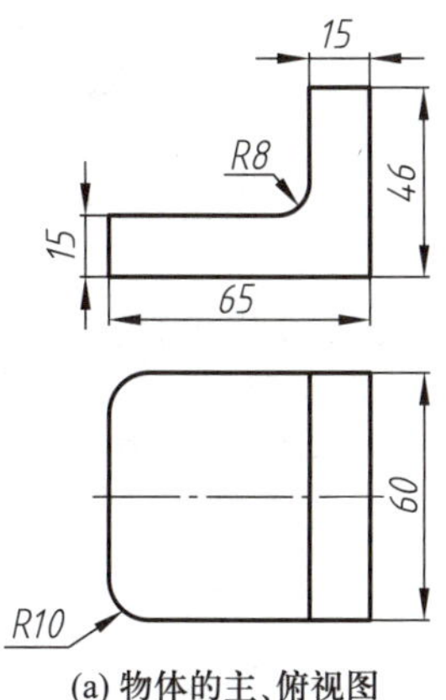

(a) 物体的主、俯视图

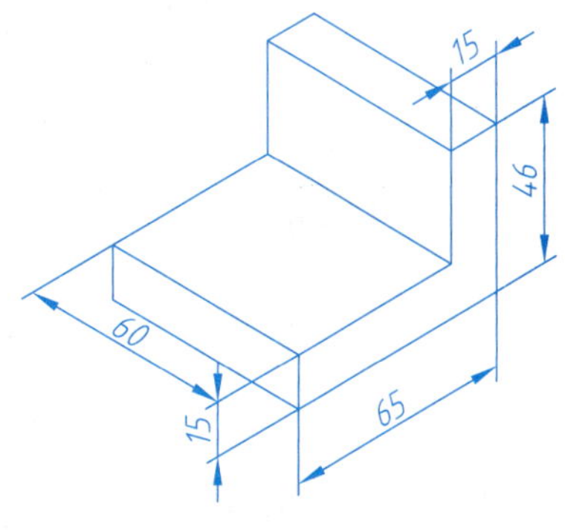

(b) 按尺寸绘制主要结构的正等轴测图

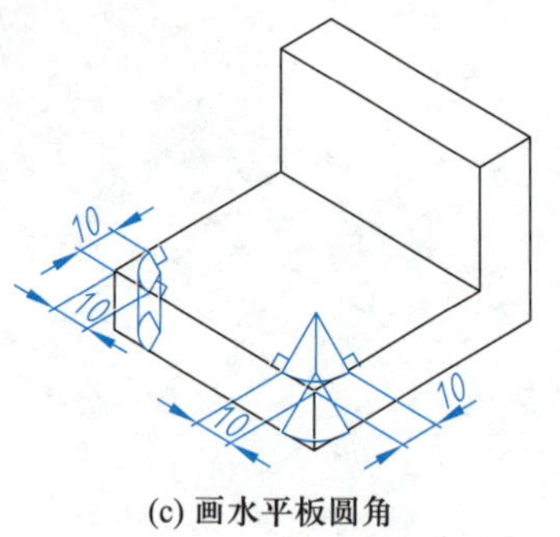

(c) 画水平板圆角

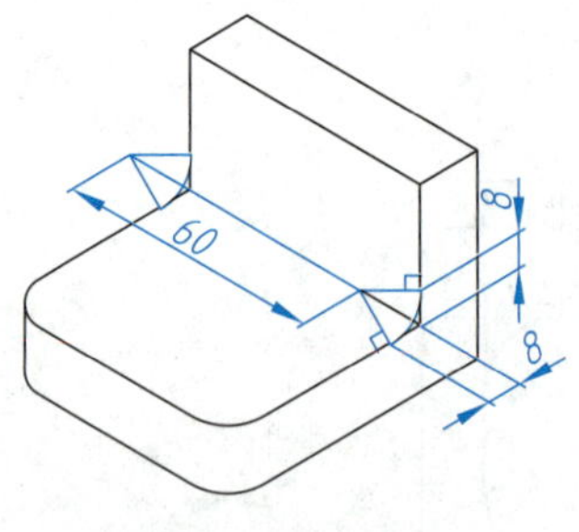

(d) 画水平板和侧平板的过渡圆角

(e) 擦除作图辅助线，完成物体的正等轴测图

图 5-16 绘制物体的正等轴测图

5.3 斜二轴测图

应用平行斜投影法在轴测投影面上形成的投影，称为斜轴测图。将物体某一坐标平面摆放至与投影面平行，此时形成斜二轴测图。

5.3.1 正面斜二轴测图的形成及基本参数

将物体的坐标平面 $X_0O_0Z_0$ 摆放至与轴测投影面平行，所形成的斜二轴测图称为正面斜二轴测图。此时无论投射线的方向如何，物体上正平面的投影都不会变形，即轴向伸缩系数 $p_1=r_1=1$、轴间角 $\angle XOZ=90°$，如图 5-17 所示。而轴测轴 OY 的方向和轴向伸缩系数会随着投射线与轴测投影面的角度和方向而变化，因此从理论上讲，正面斜二测 OY 轴方向的轴向伸缩系数和轴间角可以有多种。为了便于作图和沿轴向测量，国家标准规定斜二测 OY 轴方向的轴向伸缩系数 $q_1=0.5$，轴间角 $\angle XOY=\angle YOZ=135°$，如图 5-18 所示。

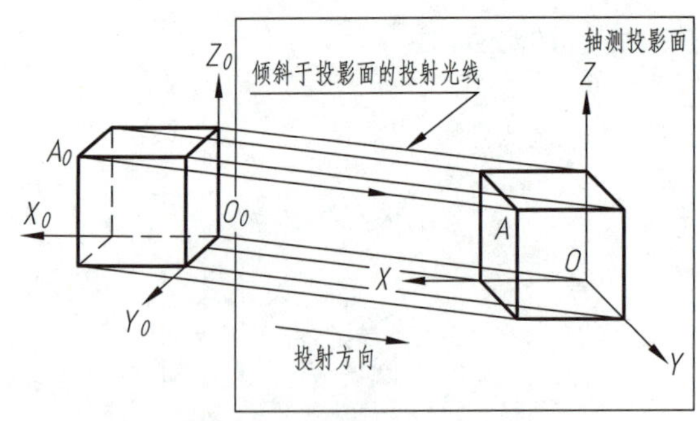

图 5-17 正面斜二轴测图的形成

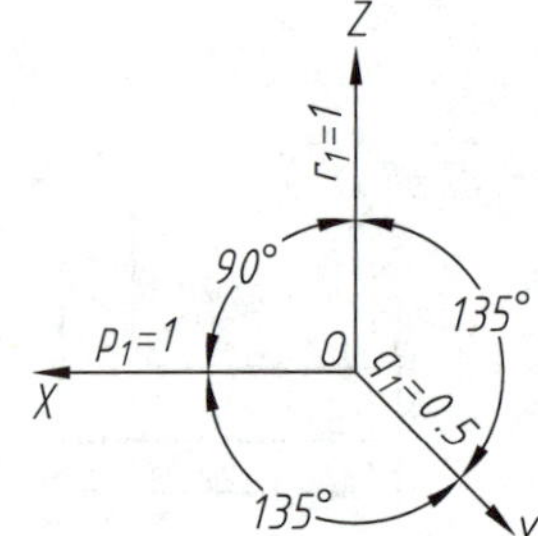

图 5-18 正面斜二轴测图的基本参数

5.3.2 平行于坐标面圆的斜二测

平行于投影面的图形，其斜二轴测投影反映实形，因此平行于投影面的圆，其斜二轴测投影仍然是圆。

图 5-19 为平行于坐标平面且直径相等的三个圆的正面斜二轴测图。正平圆的斜二轴测图仍然是圆；而水平圆和侧平圆的斜二轴测图为椭圆，此两椭圆形状相同，但长、短轴方向不同，具体作图方法见图 5-19。

由于平行于投影面圆的斜二轴测图仍是大小不变的圆，所以当一个物体只有一个表面上有圆或者圆弧结构时，采用斜二测作图更简便；如果立体在相互不平行的表面上有圆弧结构时，因为圆的正等测椭圆作图方法更简便，此时选用正等测作图更为合适。

图 5-19 平行于坐标面圆的斜二测

5.3.3 斜二测作图举例

例 5-6 根据物体的三视图（图 5-20a），求作其斜二轴测图。

分析：此立体只在一个方向的面上存在圆弧结构，所以适合选用斜二测绘图。将有半圆柱面和圆孔的竖板前、后端面摆放至与投影面平行，详细作图步骤如图 5-20b~h 所示。

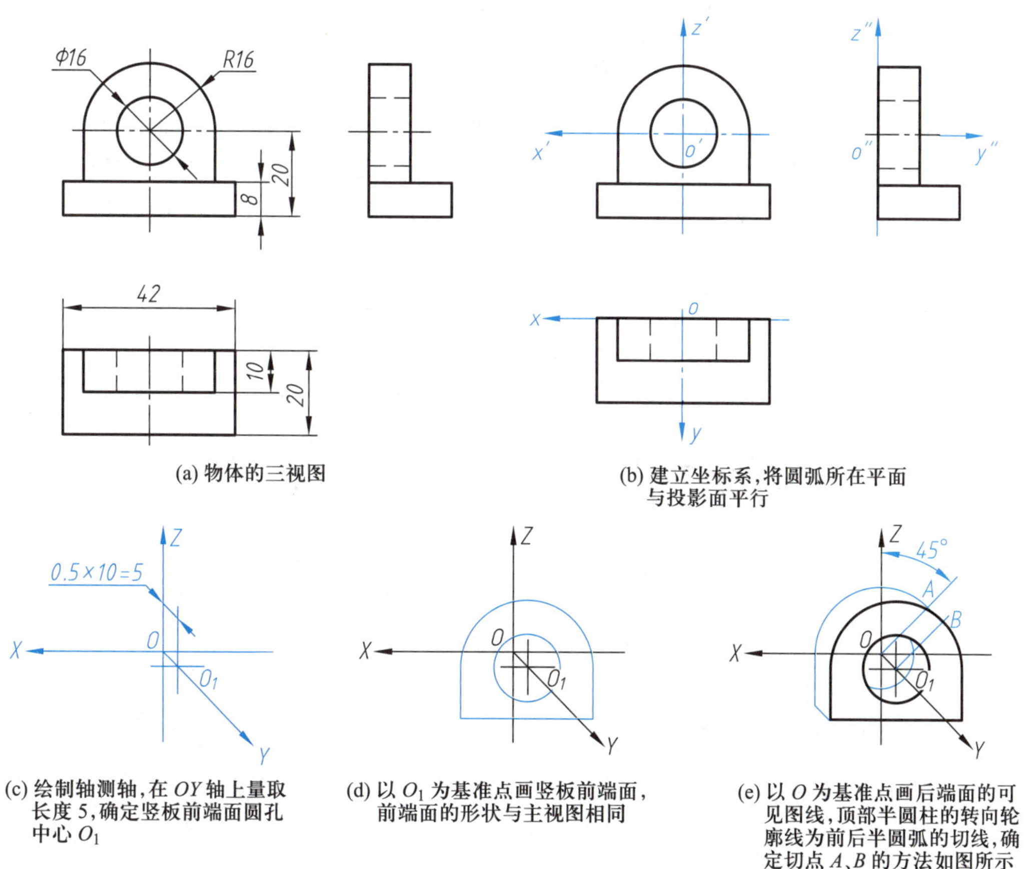

(a) 物体的三视图

(b) 建立坐标系，将圆弧所在平面与投影面平行

(c) 绘制轴测轴，在 OY 轴上量取长度 5，确定竖板前端面圆孔中心 O_1

(d) 以 O_1 为基准点画竖板前端面，前端面的形状与主视图相同

(e) 以 O 为基准点画后端面的可见图线，顶部半圆柱的转向轮廓线为前后半圆弧的切线，确定切点 A、B 的方法如图所示

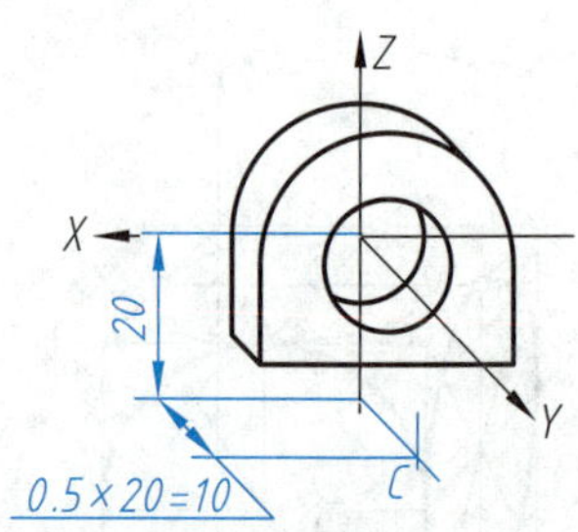

(f) 沿 OZ 轴向下量取 20，作 OY 轴平行线，在该平行线上量取 10，确定点 C，C 为底板前端面长方形底边中点

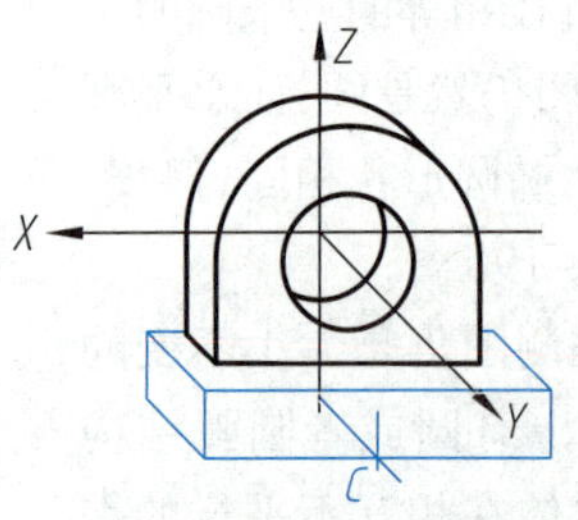

(g) 以 C 为基准点作出底板的前端面，再作底板平行于 OY 轴的棱边，最后画后端面可见图线

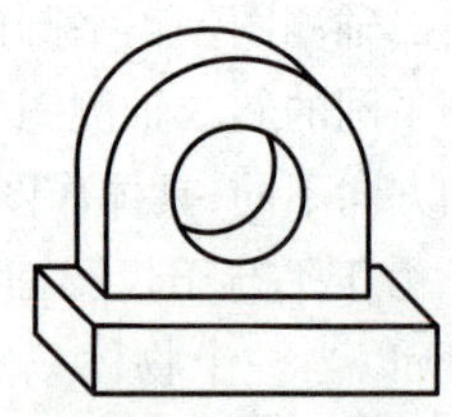
(h) 擦除作图辅助线，得到物体的斜二轴测图

图 5-20　作物体的斜二轴测图

5.4　轴测剖视图

为了表达物体的内部结构，可以假想用剖切平面将物体剖开，绘制轴测剖视图。该部分内容请结合机械图样的表示法（第 7 章）相关内容一起学习。

5.4.1　轴测剖视图中剖切面的位置

绘制轴测剖视图，通常选择平行于坐标平面的两个或三个相互垂直的平面作为剖切面，轴测剖视图应尽可能地兼顾内、外结构的表达，做到既能表达清楚物体的内部结构，同时也不影响外部结构的表达。所以绘制轴测剖视图时，应尽量避免只用一个剖切平面对物体进行剖切。如图 5-21 所示。

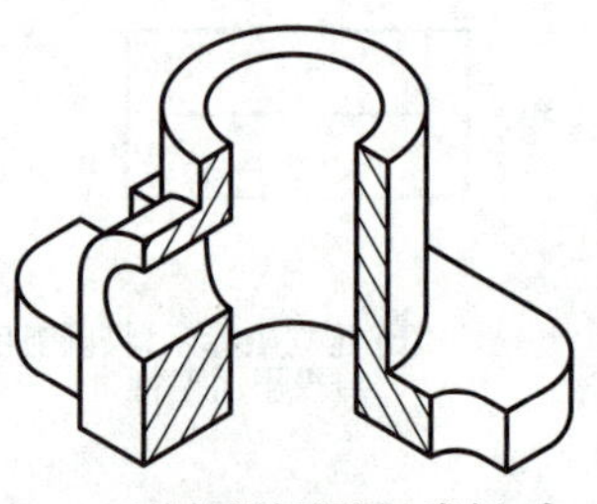
(a) 正等轴测剖视图（半剖，内外结构清晰，合理）

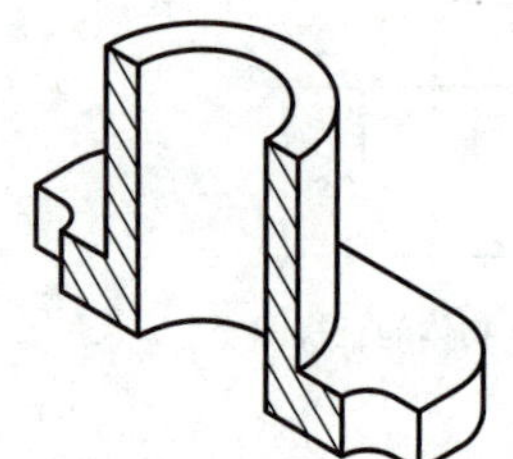
(b) 正等轴测剖视图（全剖，外部结构表达不完整，不合理）

图 5-21　轴测剖视图剖切面的选择

5.4.2　轴测剖视图中的剖面线

轴测剖视图中，剖面线的画法如图 5-22 所示。

5.4.3　轴测剖视图举例

画轴测剖视图，一般先画出物体完整的轴测图，再按照剖切位置画出断面和内部可见轮廓，最后擦除已剖切掉的轮廓线条，得到轴测剖视图。具体画法见例 5-7。

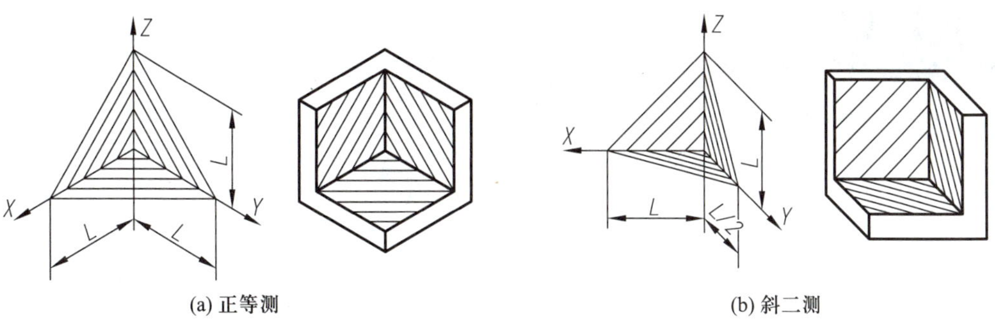

(a) 正等测　　(b) 斜二测

图 5-22　轴测剖视图中剖面线的画法

例 5-7　根据物体的三视图(图 5-23a),作该物体的轴测剖视图。

分析:该物体底板上有水平圆,上部圆柱端面为正平圆,所以该物体适合用正等轴测图表达。

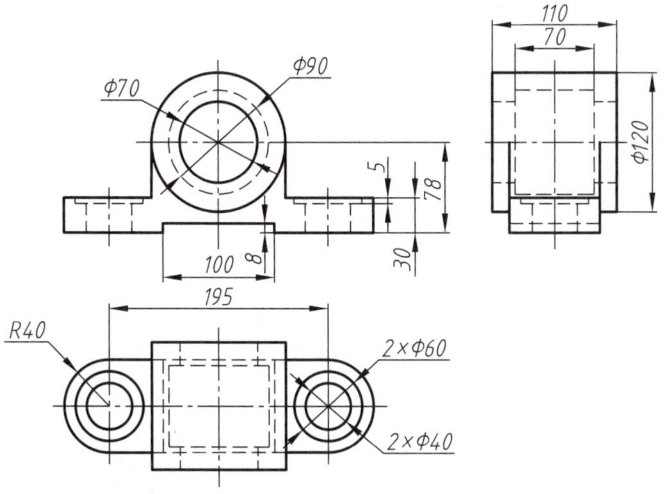

(a) 物体的三视图

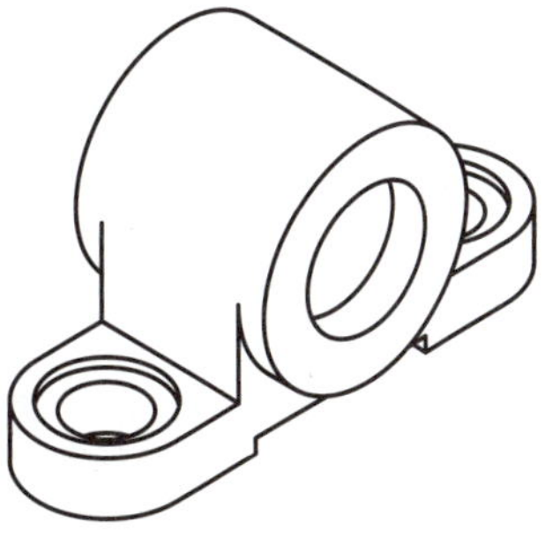

(b) 绘制物体的正等轴测图

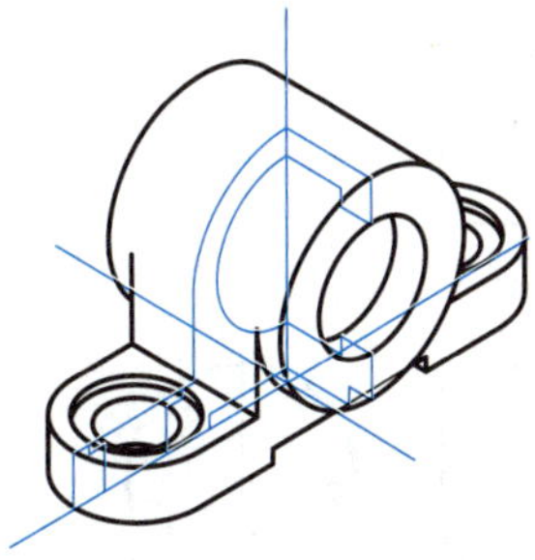

(c) 选取经过物体前后对称面的正平面和左右对称面的侧平面为剖切面,画出剖切区域

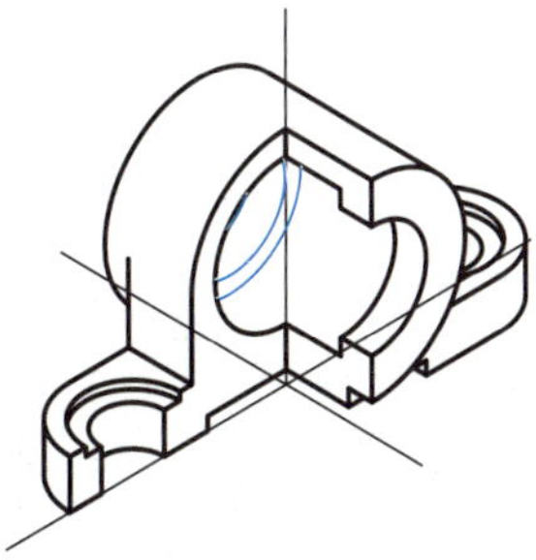

(d) 擦除物体被截切部分的图线,补画物体剖开后可见的内部图线

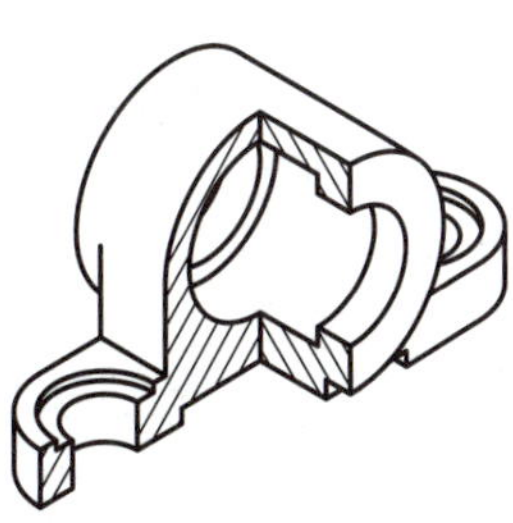

(e) 在剖切区域填充剖面线,完成物体的轴测剖视图

图 5-23　物体轴测剖视图的绘制

第6章

组　合　体

大多数的零件都可以抽象为由基本立体按照一定的组合方式构成的复杂形体，这种复杂形体称为组合体。

本章介绍绘制、阅读组合体视图，以及标注组合体尺寸的方法。

6.1　组合体的构型方式

组合体常见的构型方式有旋转、拉伸以及由基本体通过布尔运算构型。布尔运算包括联合(union)、相减(subtraction)以及相交(intersection)。表 6-1 为对两个轴线垂直相交的圆柱分别用三种布尔运算方式构造形体，以此说明各种布尔运算的含义。

表 6-1　形体布尔运算的含义

布尔运算类型	立体图及说明	三视图
联合	两个圆柱求并集，所得形体由两个圆柱融合组成	
相减	两个圆柱求差集，所得形体是大圆柱减去小圆柱，即大圆柱钻孔	

续表

布尔运算类型	立体图及说明	三视图
相交	两个圆柱求交集，所得形体为两个圆柱的公共部分	

通常将联合运算构型方式称为叠加，将相减运算构型方式称为切割、穿孔。

图 6-1 所示为利用不同构型方式构造的组合体及其视图。

旋转构型法是构成轴套类零件基本形状的方法，由旋转构型法构成的组合体，通常只需一个视图加一组尺寸就可以将结构形状表达清楚。由拉伸构成的组合体，通常需要两个视图表达，一个视图表达形状，一个视图表达高度或厚度。叠加、切割、相交是构成组合体的常用方法，这类组合体通常需要多个视图表达。

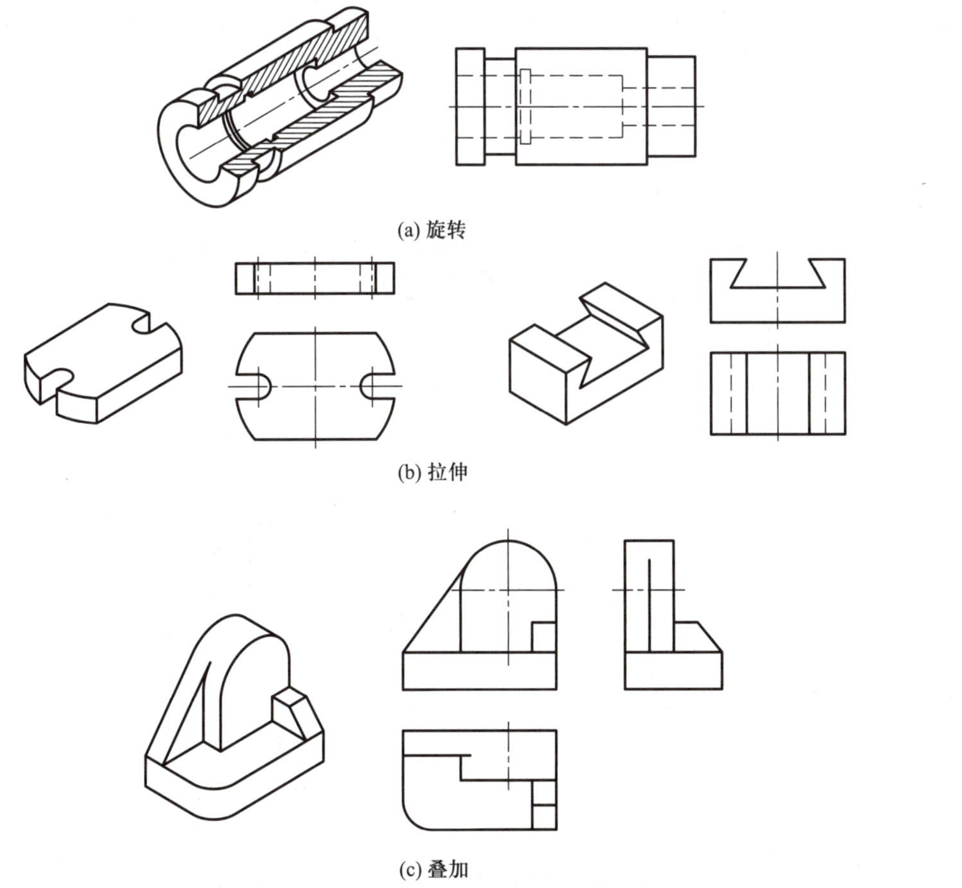

(a) 旋转

(b) 拉伸

(c) 叠加

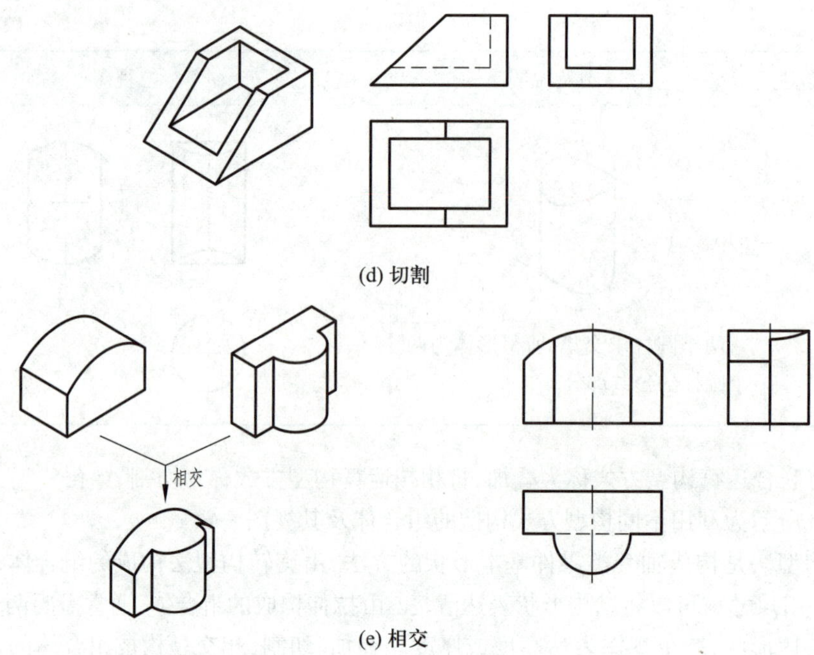

(d) 切割

(e) 相交

图 6-1 不同构型方式构造的组合体及其视图

组合体的结构形状多种多样，很多组合体的构成方式既有叠加、相交，也有切割。如图 6-1c、e 所示的组合体，经穿孔后形成图 6-2a、b 所示的组合体。

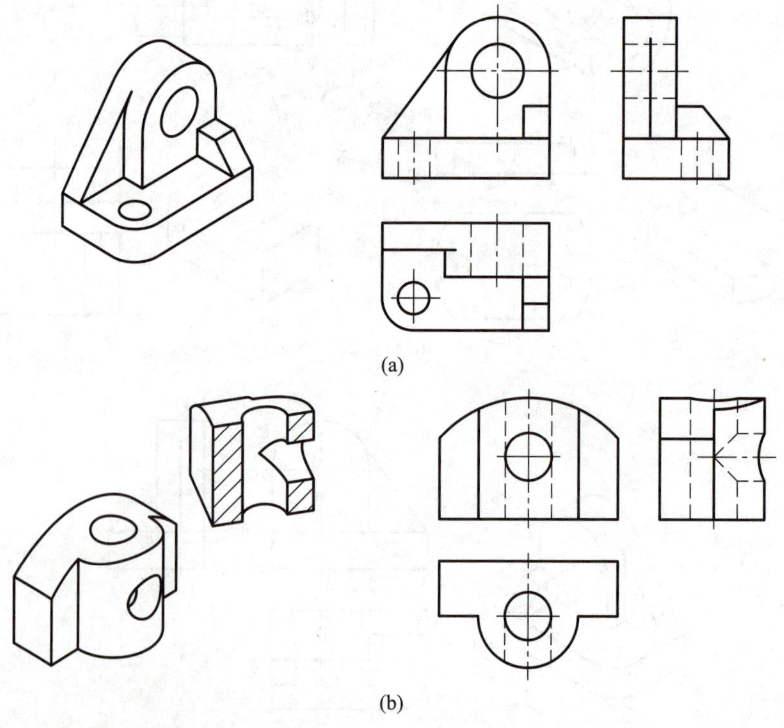

(a)

(b)

图 6-2 由多种方式构成的组合体及其视图

组合体必须是有效实体，其有效性体现在可加工成形，可实际应用，这就要求各组成部分之间不能出现点连接、线连接的情况。图 6-3 所示的四种形体，各组成部分之间都存在有点连接或线连接的情况，因此是无效形体。

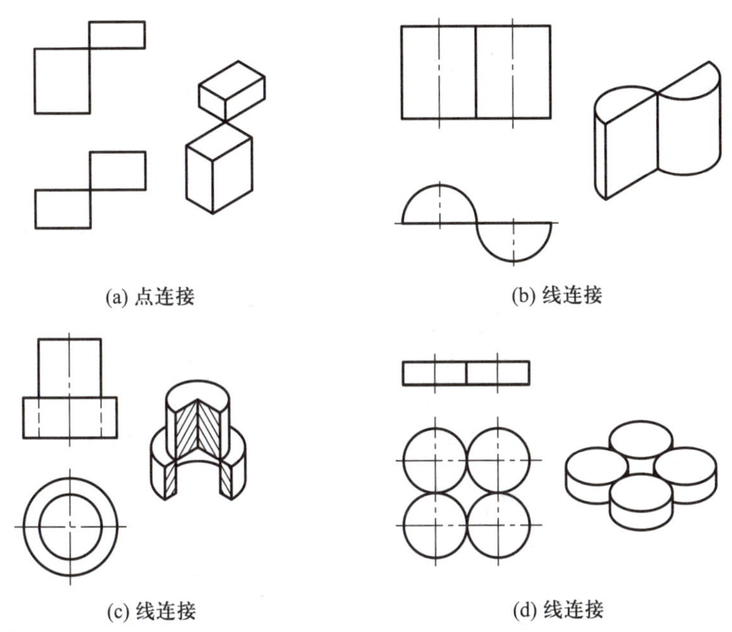

(a) 点连接　(b) 线连接　(c) 线连接　(d) 线连接

图 6-3 无效形体

6.2 组合体形体分析

假想将组合体分解为若干简单形体，分析这些简单形体的形状、相对位置关系、表面连接关系，将复杂问题分解为简单问题，这种方法称为形体分析法。形体分析有助于理解组合体的结构，以便正确画出组合体的视图和标注组合体的尺寸。

1. 同轴回转体形体分析

同轴回转体是由旋转构型法构建的组合体。由旋转构型组合体时，母线的交点（如图 6-4a 中的点 *A*）形成圆形交线；母线上垂直于回转轴的线段（如图 6-4c 中的线段 *BC*）会形成平面，该平面通常称为“台阶面”或“轴肩”。

由旋转构型的组合体，通常用一个视图表达轴向（沿回转轴方向）的结构，并用一组直径尺寸表达其径向（垂直回转轴方向）圆，如图 6-4b、d 所示。图 6-4b 中，圆锥的投影三角形和圆柱的投影矩形之间的图线，是母线上点 *A* 形成的交线的投影。图 6-4d 中，不等径的两圆柱投影为两个矩形，两矩形共有的图线是母线 *BC* 形成的平面的积聚投影。

不等径的同轴圆柱称为“阶梯轴”，不等径的同轴圆柱孔称为“阶梯孔”。

2. 叠加组合体形体分析

通过叠加方式构成的组合体，对其进行形体分析时，需要做合理的分解，将组合体分解为若干简单形体。如图 6-5a 所示的组合体，可以分解为图 6-5b 所示的三个部分。需要注意：

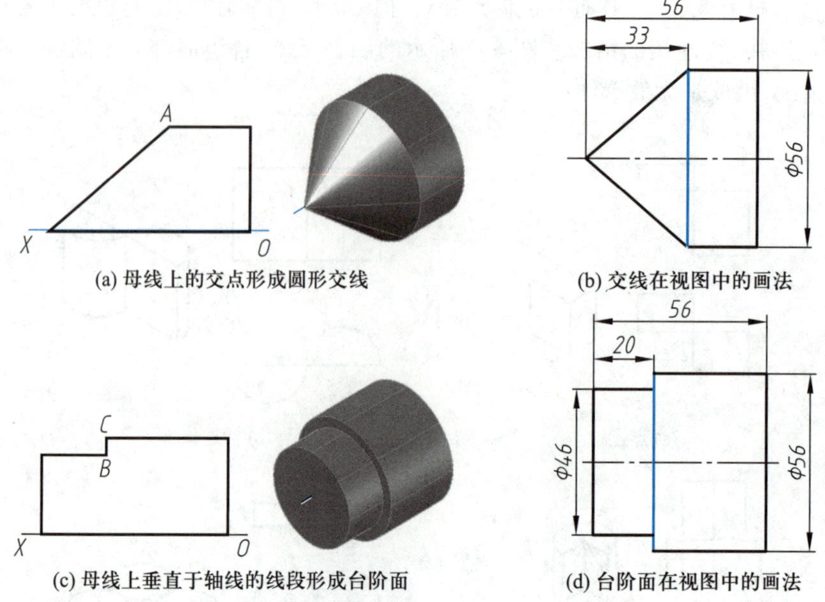

(a) 母线上的交点形成圆形交线

(b) 交线在视图中的画法

(c) 母线上垂直于轴线的线段形成台阶面

(d) 台阶面在视图中的画法

图 6-4 同轴回转体的形成和视图表达

(1) 组合体是一个不可拆分的整体，分解仅仅是一种分析方法，是一个假想的过程。

(2) 一个组合体可以有多种分解形式，只要有利于理解组合体的结构，都是可取的。

合理分解组合体之后，需要着重分析各组成部分的位置关系，对相邻结构还要分析邻接表面的过渡形式。邻接表面的过渡形式包括：共面、相交和相切。

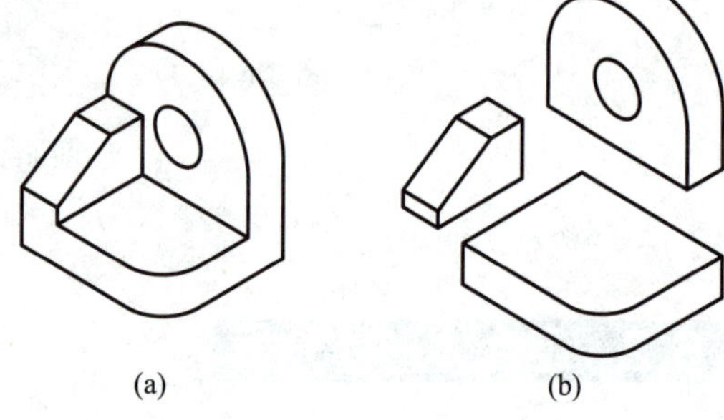

(a) (b)

图 6-5 叠加组合体形体分析

(1) 当相邻结构的表面共面时，在视图中不应画分界线，如图 6-6 所示。

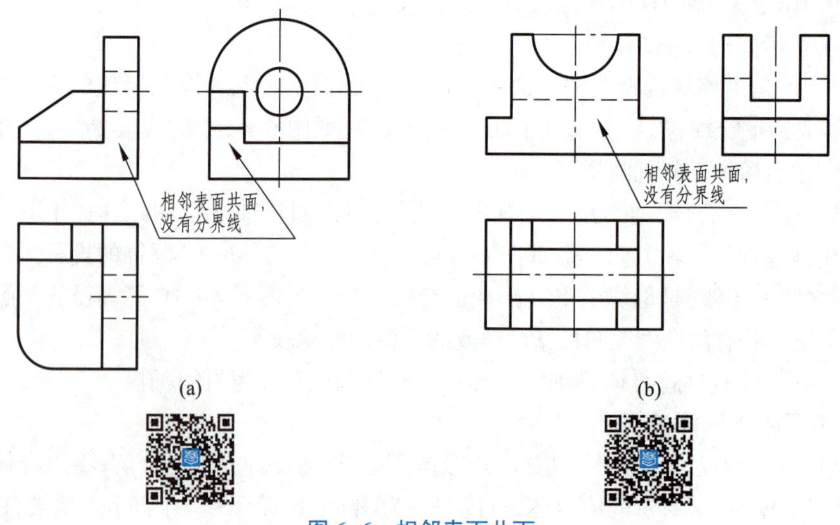

(a) (b)

图 6-6 相邻表面共面

(2) 相邻表面相交时，在视图中要画出表面的交线。表面的交线可能是直线、平面曲线（图 6-7a），也可能是空间曲线（图 6-7b）。

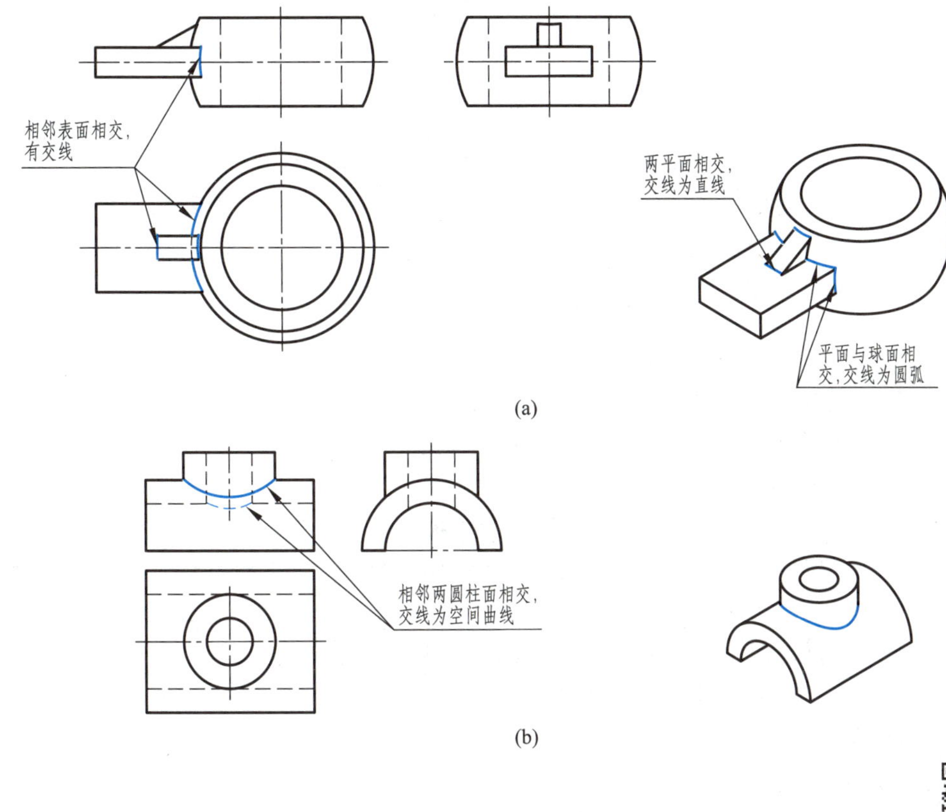

图 6-7 相邻表面相交

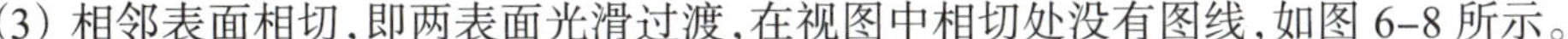

(3) 相邻表面相切，即两表面光滑过渡，在视图中相切处没有图线，如图 6-8 所示。

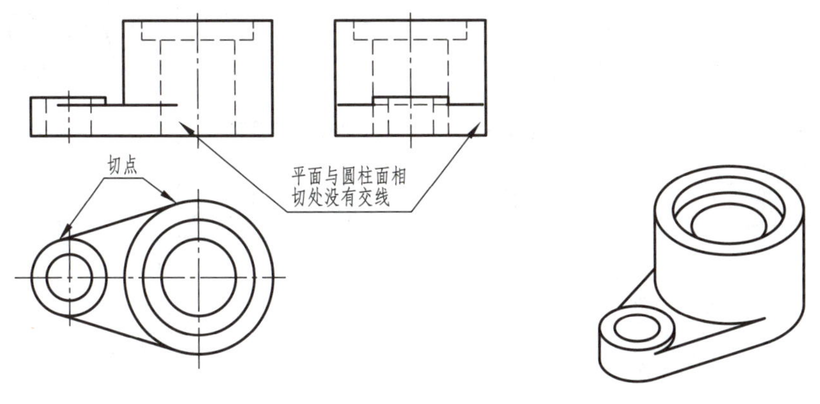

图 6-8 相邻表面相切

3. 切割组合体形体分析及线面分析

通过切割的方式构成的组合体，在对其进行形体分析时，应先确定其基本形体的形状，然后再考虑如何切割。如图 6-9 所示的组合体，是由长方体经过切割、开槽两个步骤形成的。

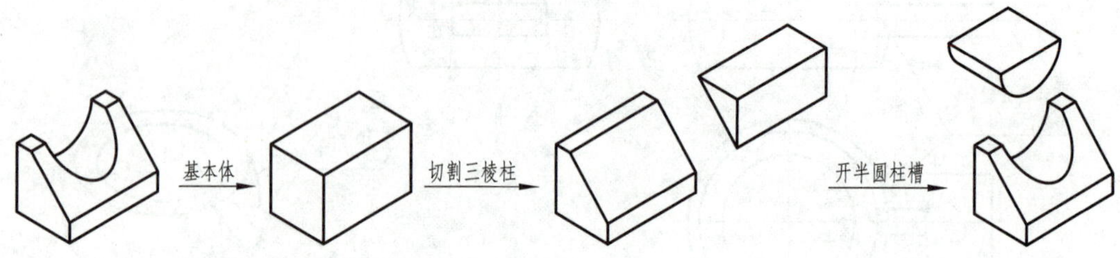

图 6-9 切割组合体形体分析

由切割形成的组合体通常会产生较复杂的交线，此时可应用线面分析法帮助理解这些交线的形状，从而正确画出组合体的视图。例如图 6-9 所示的组合体，半圆柱面与侧垂面的交线是椭圆弧，可利用投影对应关系在俯视图中较准确地作出交线，如图 6-10 所示。

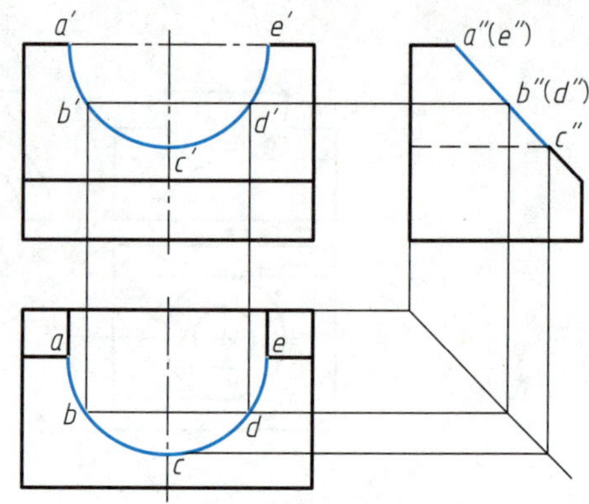

图 6-10 切割组合体交线分析及绘制

切割构型组合体，通常会产生与基本投影面倾斜的表面，此时可应用平行投影基本特性中的类似性，对倾斜表面的投影关系做分析，找到三面投影中的类似形。图 6-11 所示的两个组合体都有倾斜表面，其正面投影积聚为一段直线，水平投影和侧面投影为类似形。

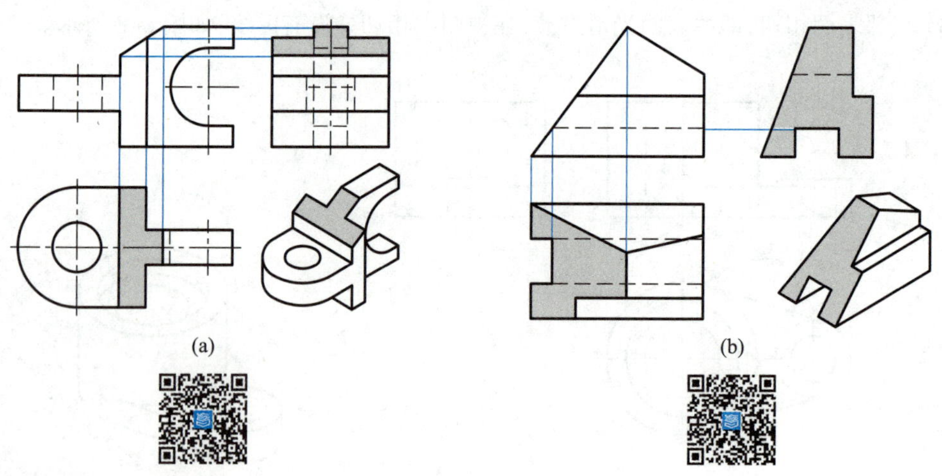

图 6-11 组合体倾斜断面投影分析

图 6-12 是组合体典型结构的画法。

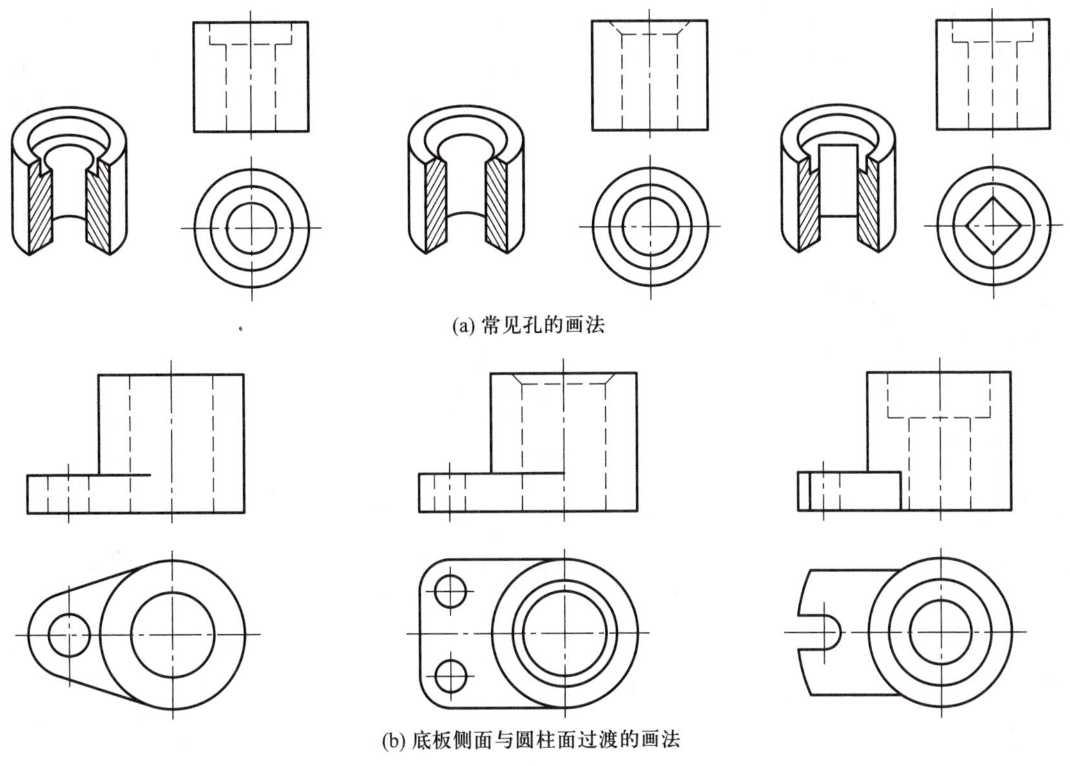

(a) 常见孔的画法

(b) 底板侧面与圆柱面过渡的画法

图 6-12 组合体典型结构画法

6.3 画组合体的视图

画组合体视图之前，需要对组合体作形体分析，了解组合体的形状特征、结构特点，确定视图数量及主视图投射方向（即确定表达方案）。下面以叠加组合体支座（图 6-13a）、切割组合体（图 6-13b）为例，介绍画组合体视图的方法和步骤。

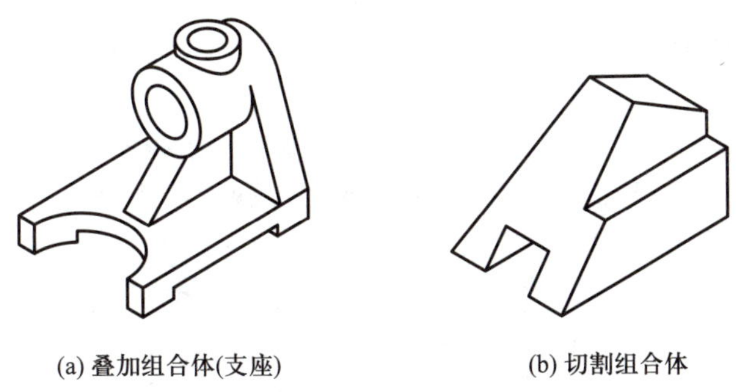

(a) 叠加组合体(支座)　　(b) 切割组合体

图 6-13 叠加组合体与切割组合体

1. 画支座的视图

(1) 支座形体分析

该支座用来支撑轴类零件，被支撑的轴从大圆柱的孔中穿过。根据支座的结构特征，可以将其分解为底板、支撑板、肋板、圆柱、凸台五个部分，如图 6-14a 所示；五个部分叠加（联合）构成支座的外形，如图 6-14b 所示；再经挖切、打孔（相减），形成支座的完整结构，如图 6-14c 所示。底板位于底部，保证支座安放平稳；支撑板和肋板位于底板之上，将圆筒支撑到一定高度；凸台位于圆筒上方，凸台的孔与圆筒的孔相贯通。

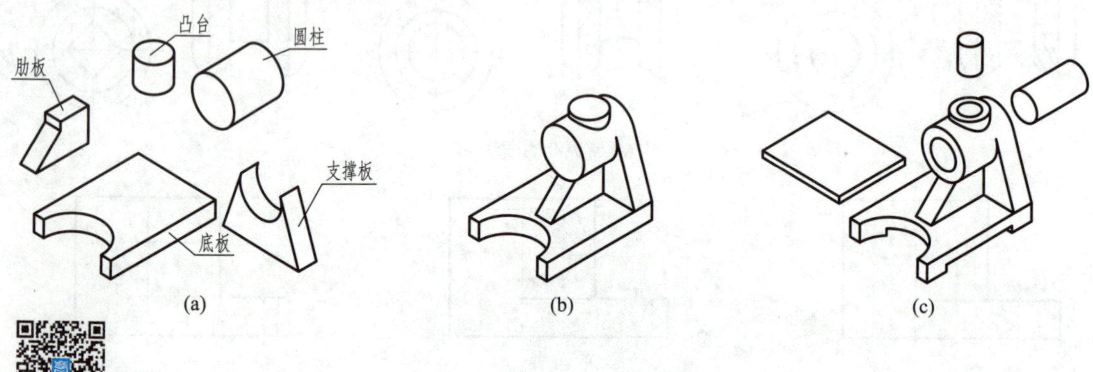

图 6-14 支座形体分析

(2) 确定表达方案

支座结构较复杂，需要用主视图、俯视图、左视图三个视图来表达。支座按照工作位置摆放，即底板的底面处于水平位置。

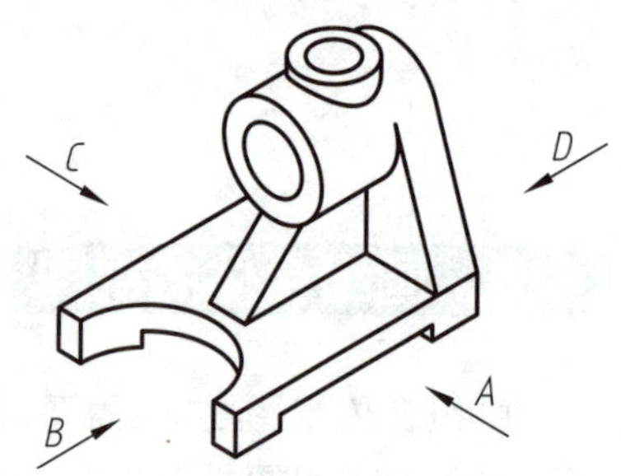

图 6-15 支座四个投射方向

主视图的投射方向一般选择能反映组合体的结构、形状特征的方向，同时使其他视图中不可见结构尽量少。对于该支座，*A*、*B*、*C*、*D* 四个投射方向（图 6-15）所得到的视图如图 6-16 所示。*A* 投射方向所得到的视图（图 6-16a）能表达支座五个部分的相对位置关系，对结构特征表达比较全面，可以作为主视图投射方向；*B* 投射方向所得到的视图（图 6-16b）能较清晰地表达支座的形状特点，也可以作为主视图投射方向；*C* 投射方向所得到的视图（图 6-16c）也能比较全面地表达支座的结构特征，但是其左视图（图 6-16d）虚线较多，因此不适合作为主视图的投射方向；*D* 投射方向所得到的视图（图 6-16d）虚线较多，不适合作为主视图的投射方向。

(3) 作图步骤

下面以 *A* 投射方向作为主视图的投射方向，介绍画支座三视图的步骤。

1）根据支座的大小，选择适合的作图比例，确定图纸幅面。优先选择 1 : 1 的作图比例。

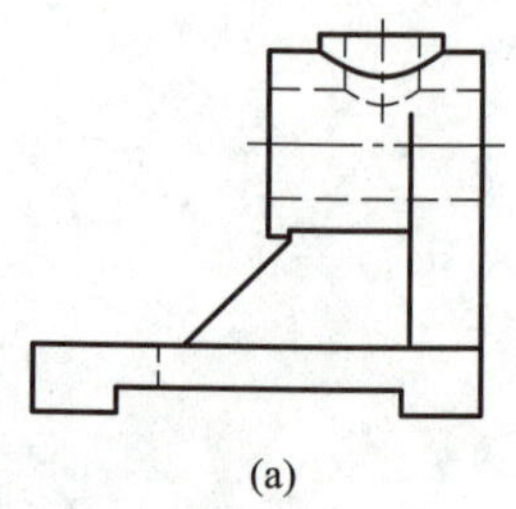
(a)

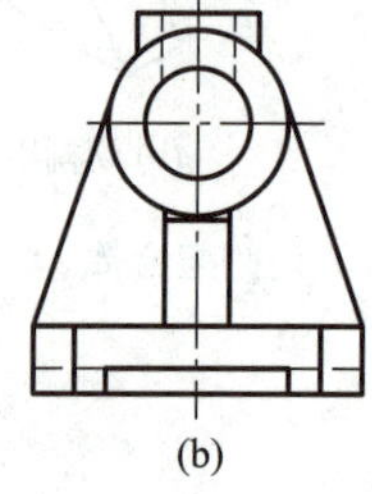
(b)

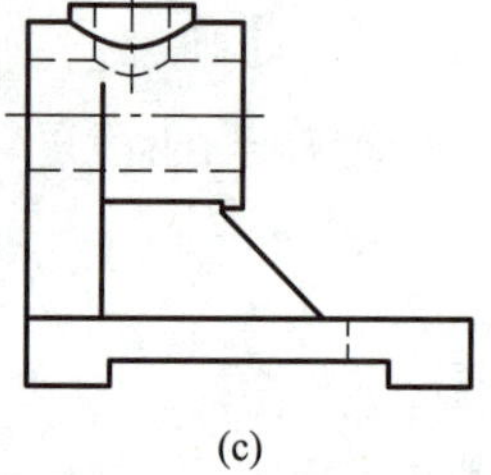
(c)

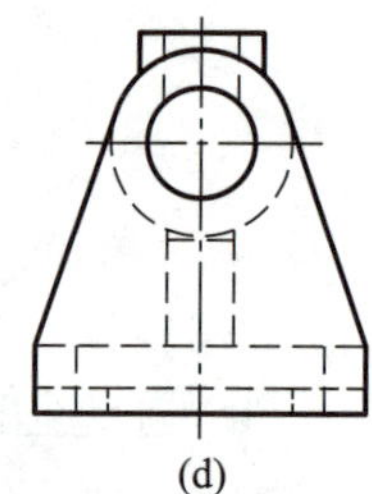
(d)

图 6-16 支座主视图选择

2）确定绘图基准，布置视图。以支座的底面为高度方向基准，支座的右侧面（指图 6-16a 的右侧面）为长度方向基准，以支座的前后对称面为宽度方向基准，在图纸的适当位置画出各基准的三面投影，如图 6-17a 所示。

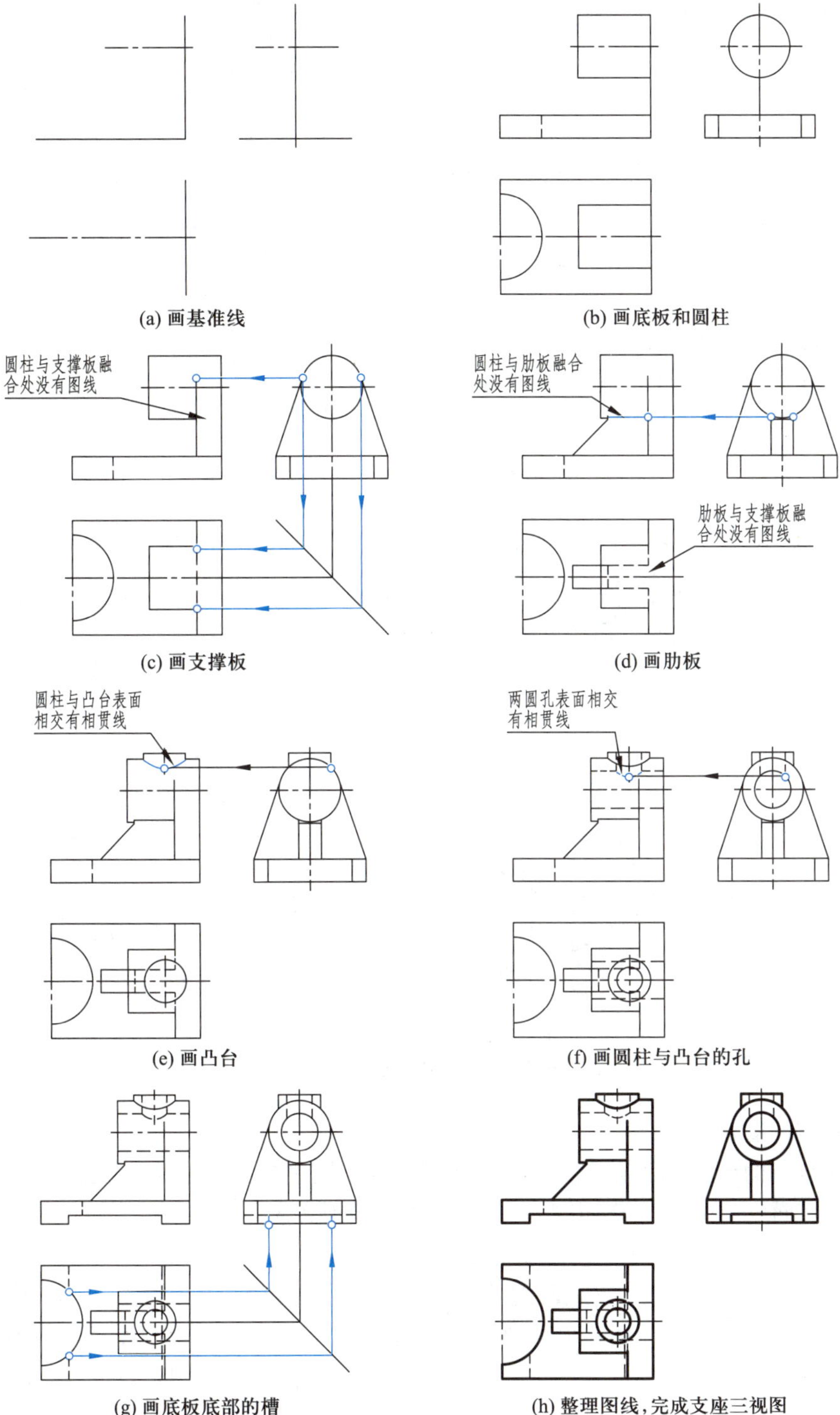

图 6-17 支座三视图的作图步骤

3）画底稿。按照图 6-14 所作的形体分析，依次画出底板、圆柱、支撑板、肋板、凸台五个组成部分，完成组合体外形结构的三视图，如图 6-17b~e 所示。注意各部分的遮挡关系，以及融合之处的画法；画圆柱、凸台内部相互贯通的孔，注意相贯线的画法，如图 6-17f 所示；画底板底部的槽，注意截交线的画法，如图 6-17g 所示。

4）检查完成的三视图。整理图线，完成支座三视图，结果如图 6-17h 所示。

支座的主视图选择并不唯一，若主视图以表达形状特征为主，则可以选择图 6-15 所示的 *B* 向为主视图投射方向，得到的三视图如图 6-18 所示。但是限于图纸布局，一般不选择这种表达方法。

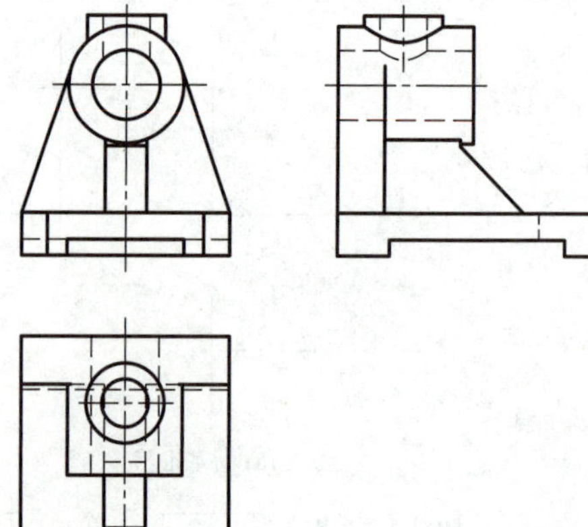

图 6-18　支座的另一种表达方案

2. 画切割组合体的视图

图 6-13b 是一个典型的由切割形成的组合体。画这一类组合体视图之前，同样需要进行形体分析。切割构型的过程常常会形成倾斜截面，对这些结构还需要做线面分析，以便正确画出其投影。

(1) 切割组合体形体分析

该切割组合体可以看成是由长方体经过底部开槽（切除形体 *1*），并切除一个四棱柱（形体 *2*）和三个三棱柱（形体 *3*、*4*、*5*）之后构成的，如图 6-19 所示。

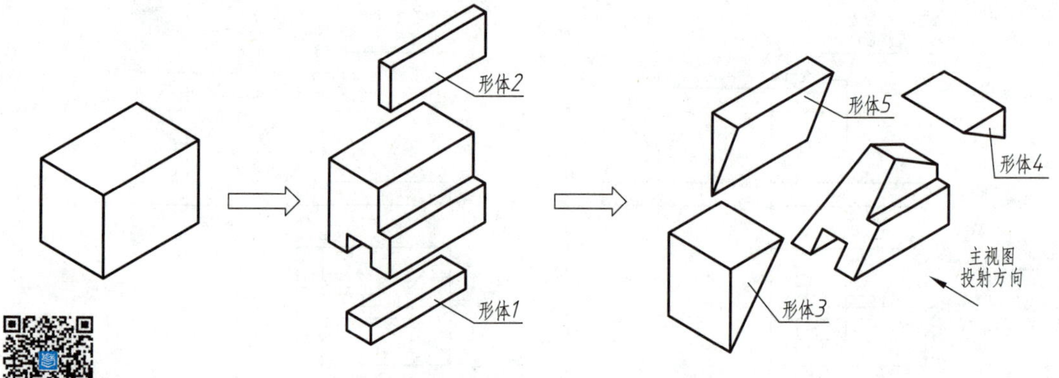

图 6-19　切割组合体的形体分析

(2) 确定表达方案

切割组合体的结构较复杂，需要用主视图、俯视图、左视图三个视图来表达。将切割组合体开槽面作为底面放置，按图中标明的方向作为主视图投射方向。

(3) 作图步骤

① 根据切割组合体的大小，选择适合的作图比例，确定图纸幅面。优先选择 1∶1 的作图比例。

② 画底稿。先画长方体的三视图，如图 6-20a 所示，然后按照切割组合体构型的过程，依次画出长方体切除形体 *1*、*2*、*3*、*4*、*5* 的投影，如图 6-20b~e 所示。切割组合体的交线 *AB* 为一般位置直线，是作图的难点，可应用线面分析法确定其三面投影的位置。

③ 检查完成的三视图。整理图线，完成切割组合体的三视图，结果如图 6-20f 所示。

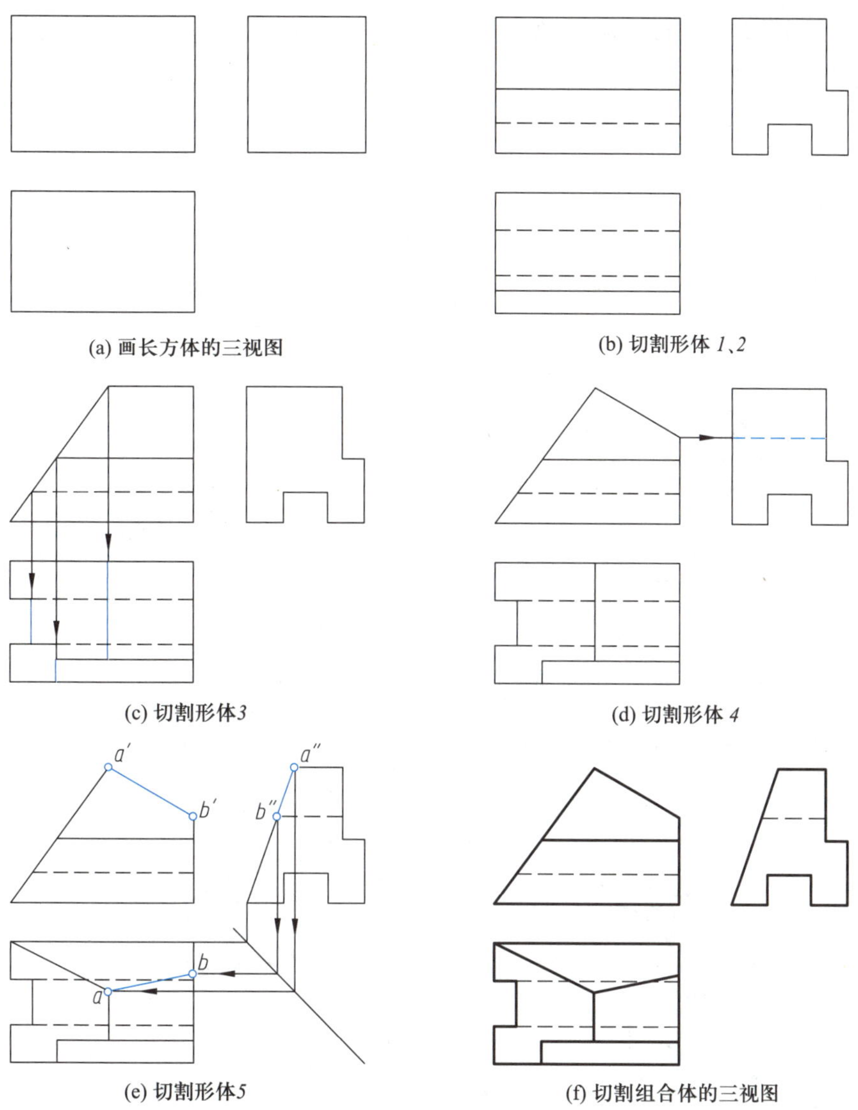

图 6-20 切割组合体三视图的作图步骤

6.4 组合体的尺寸标注

零件的结构形状通过一组视图表达，而零件的大小则由一组尺寸确定。制造零件时，要按照图样上标注的尺寸来加工，因此尺寸是工程图样的一项重要信息。本节将介绍组合体尺寸标注的方法，这是标注零件尺寸的基础。

组合体尺寸标注的基本要求：

(1) 正确　尺寸标注应遵守国家标准（GB/T 4458.4—2003、GB/T 16675.2—2012）的规定。

(2) 完整　所标注的尺寸应能完全确定结构的形状大小和相对位置，不遗漏、不重复。

(3) 清晰　尺寸布局应清晰、整齐，尽量将尺寸标注在结构特征明显的位置，便于读图。

此外，尺寸标注还需要考虑合理性。合理性是指尺寸标注应满足加工要求，这部分内容将在后续章节介绍。标注尺寸之前,应先对组合体进行形体分析。将组合体分解为简单形体,标注每一个简单形体的定形尺寸和定位尺寸,最后综合考虑,适当调整,完成组合体尺寸标注。图 6-21 介绍了标注组合体尺寸的基本方法。

1. 尺寸标注要完整

组合体尺寸可以分为定形尺寸、定位尺寸和总体尺寸。

(1) 定形尺寸

定形尺寸是确定结构形状的尺寸。如图 6-21e 所示的圆柱及孔直径(ϕ40 和 ϕ25)和高度

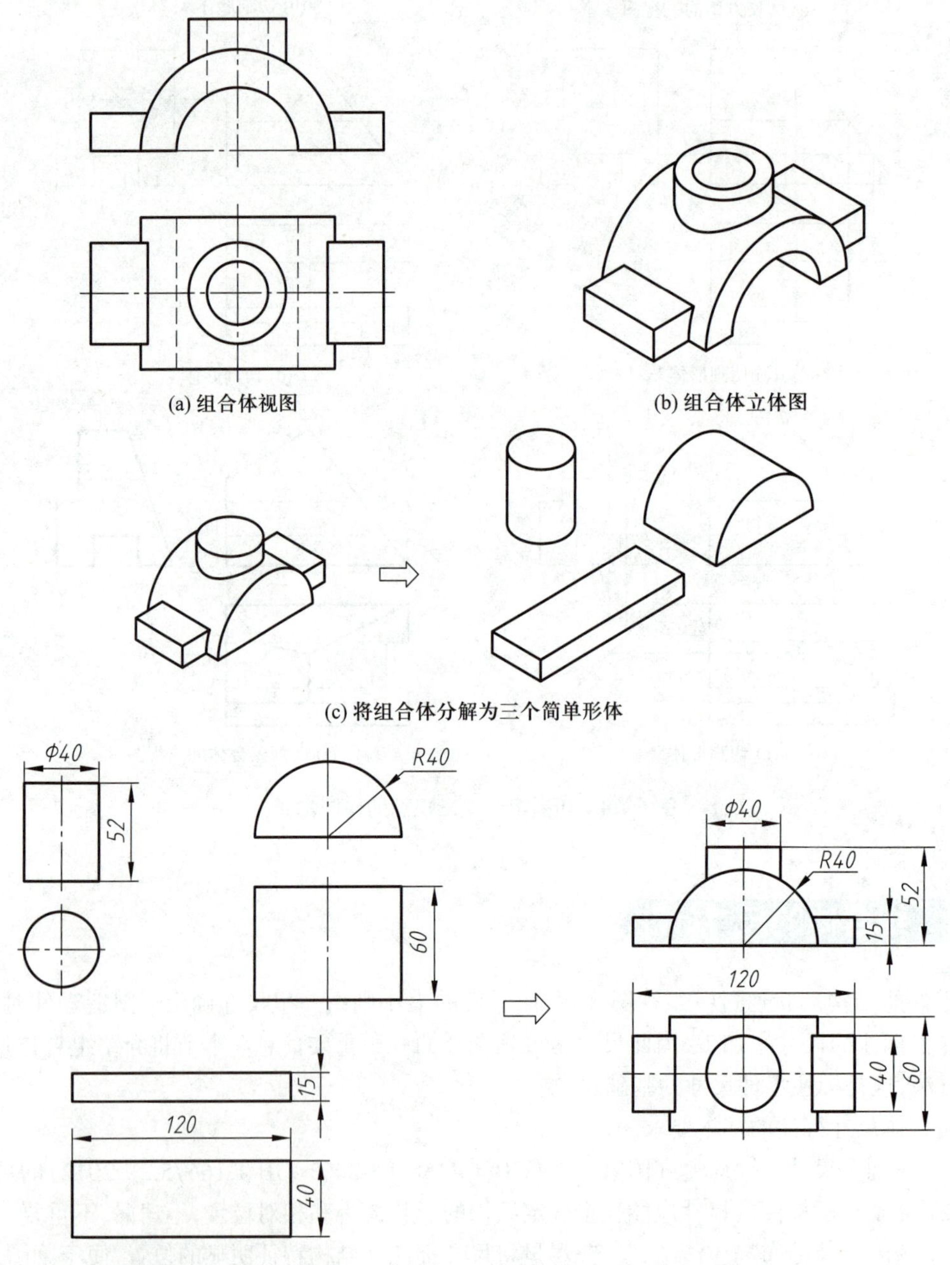

(a) 组合体视图

(b) 组合体立体图

(c) 将组合体分解为三个简单形体

(d) 分析三个简单形体的定形尺寸,标注叠加构成的组合体尺寸

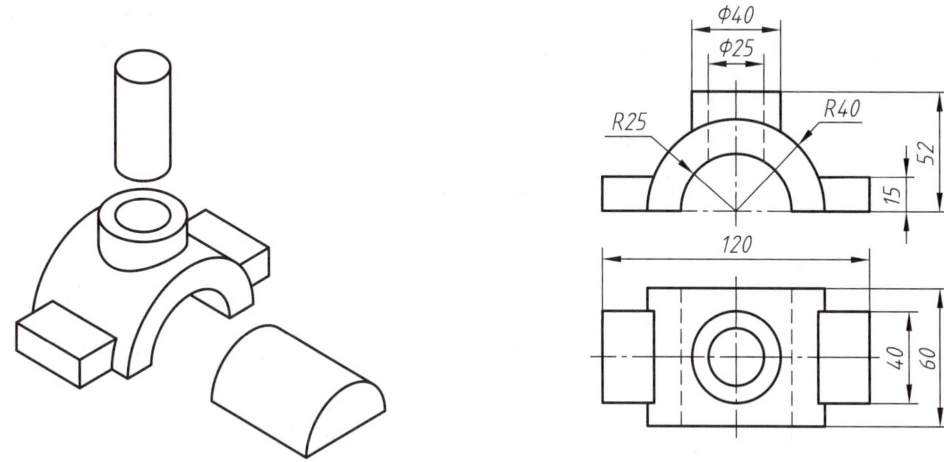

(e) 标注开槽、打孔后组合体的尺寸

图 6-21　组合体尺寸标注的基本方法

(52)，长方形底板的长、宽、高(120、40、15)，半圆筒的半径(*R*40 和 *R*25)和宽度(60)等尺寸。

图 6-22 所示的组合体定形尺寸分析：底板的定形尺寸包括长(90)、宽(60)、高(15)，底板底部通槽的长(44)和高(5)，圆角半径(*R*10)，4 个孔的直径(4 × ϕ10)。其他各个部分的定形尺寸请读者自行分析。

(2) 定位尺寸

定位尺寸是确定组合体各结构相对于基准的位置尺寸。标注定位尺寸首先要确定基准。

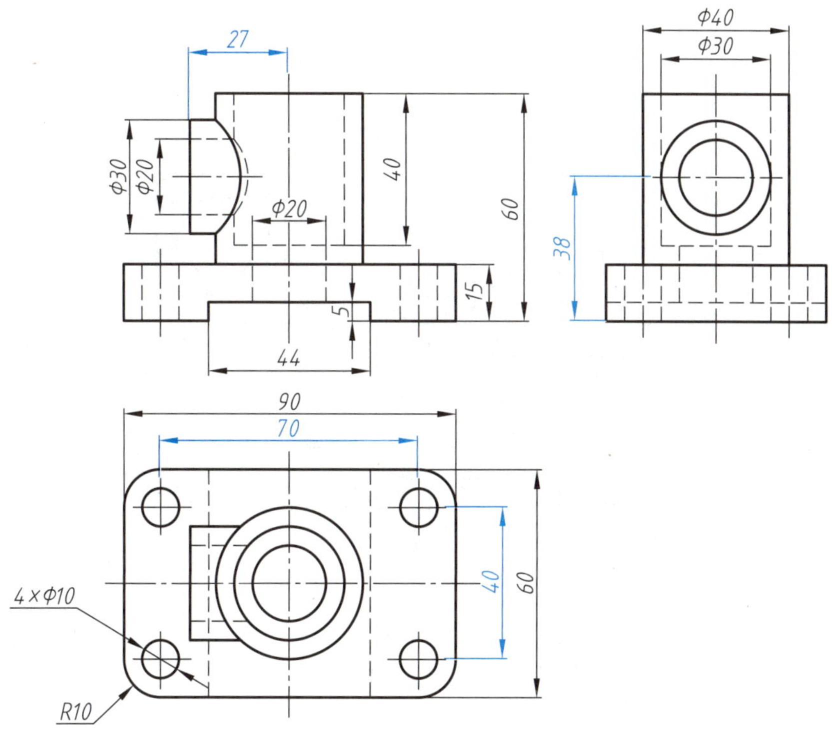

图 6-22　尺寸标注要完整

组合体有长、宽、高三个方向的基准，基准可以是支撑组合体的底板底面、对称面、重要端面，也可以是回转轴线等。图 6-21 所示的组合体，长度基准为左右对称面，宽度基准为前后对称面，高度基准为底板的底面。

图 6-22 所示组合体的基准分析：组合体左右并不对称，主体结构 ϕ40 圆柱轴线与底板左右对称面共面，以该面作为长度方向基准；以宽度方向的对称面为宽度方向基准；以底板底面为高度方向基准。

图 6-22 所示组合体的定位尺寸分析：4 个 ϕ10 孔对于长度基准和宽度基准对称，它们的位置由俯视图中的 70 和 40 两个尺寸确定，这是标注对称结构尺寸的正确方法：左视图中尺寸 38 确定了 ϕ30 圆柱的高度位置；主视图中尺寸 27 确定了圆柱凸台左端面到长度基准面的距离。

(3) 总体尺寸

总体尺寸是指确定组合体总长、总宽和总高的尺寸。图 6-22 所示的组合体总体尺寸分析：总长 90，总宽 60，总高 60。

尺寸的分类并不是绝对的，一个尺寸可能兼具多种功能。比如底板长度尺寸 90 和宽度尺寸 60，既是底板的定形尺寸，也是整个组合体的总长和总宽尺寸；主视图中尺寸 27 可以看作定位尺寸，也可以看作定形尺寸，即 ϕ30 圆柱的长度。

需要注意的问题：

(1) 回转体，如圆柱、圆柱孔等，应以回转轴线位置定位，不能以轮廓线位置定位。图 6-23 是错误的定位尺寸标注方式。

(2) 当组合体在某个方向以回转面为边界，则该方向通常不直接标注总体尺寸，而通过标注回转面的定形和定位尺寸来间接确定总体尺寸。

图 6-24a 所示组合体的上部边界为半圆柱面，因此不直接标注总高尺寸，可通过圆柱面的

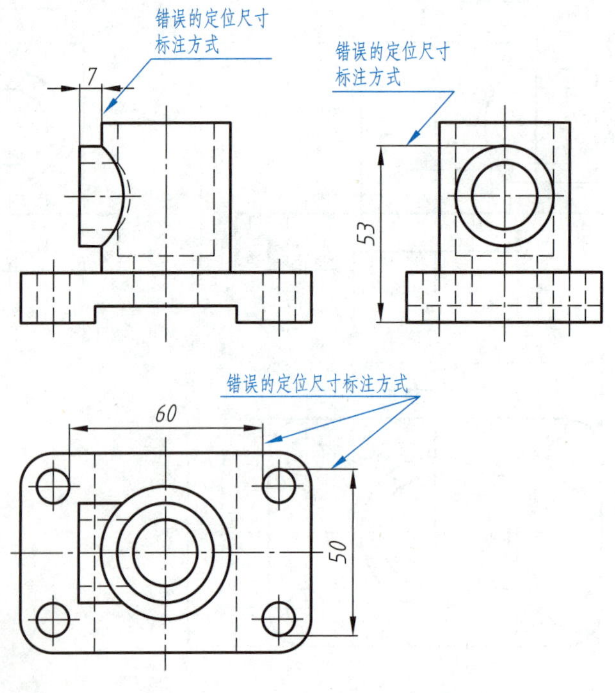

图 6-23 错误的定位尺寸标注方式

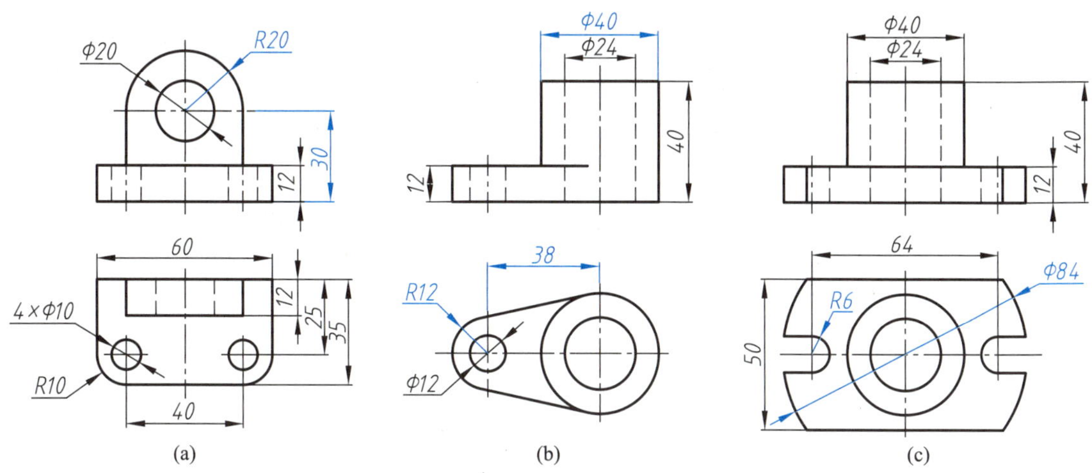

图 6-24　不标注组合体总体尺寸示例

半径 $R20$ 和定位尺寸 30 间接确定总高尺寸。图 6-24b 所示组合体的左、右边界均为圆柱面，其总长尺寸可由定形尺寸 $R12$、$\phi40$ 以及定位尺寸 38 间接确定。图 6-24c 所示组合体的底板，是由 $\phi84$ 的圆柱左、右开 U 形槽形成的，其总长可由圆柱直径 $\phi84$ 和 U 形槽半径 $R6$ 作图确定，不能直接标注。

2. 尺寸标注要清晰

(1) 尺寸应尽量标注在反映结构特征的视图上。如图 6-25a 所示的四棱台，上部居中由前向后开通槽，主视图上反映槽的实形，因此最好在主视图上标注槽的定形尺寸宽 16 和深 13。图 6-25b 所示底板有半圆槽和方槽结构，俯视图反映半圆槽的实形，因此半圆槽的定形尺寸 $R30$ 应标注在俯视图上；主视图反映方槽实形及位置，因此在主视图上标注方槽的定形尺寸 68、6 和定位尺寸 20。

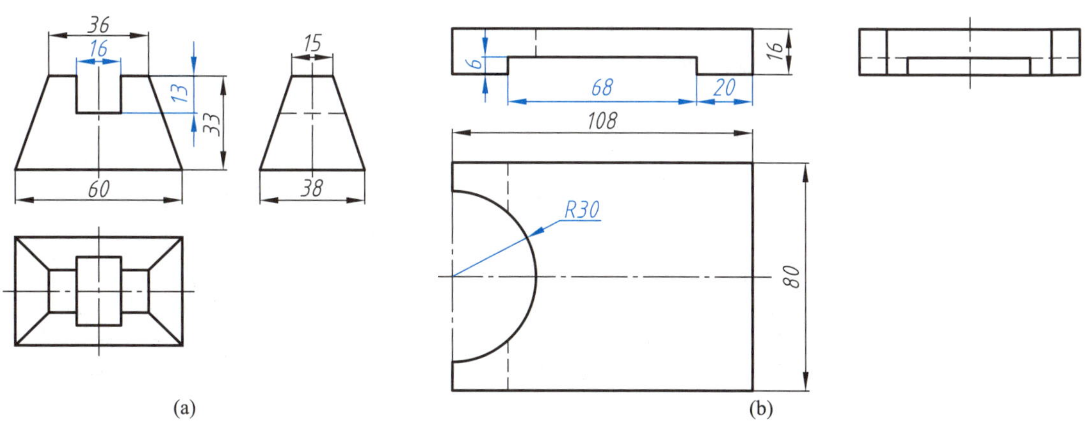

图 6-25　尺寸标注在反映结构特征的视图上

(2) 直径通常标注在非圆视图上，如图 6-26 主、左视图中的直径 $\phi20$、$\phi30$、$\phi40$；板件上按一定规律分布的孔，其直径通常标注在能反映孔分布规律的视图上，如图 6-26 俯视图中孔的直径 $4\times\phi10$。半径尺寸应标注在圆弧视图上，如图 6-24a 中 $R20$ 和 $R10$，图 6-24b 中的 $R12$。

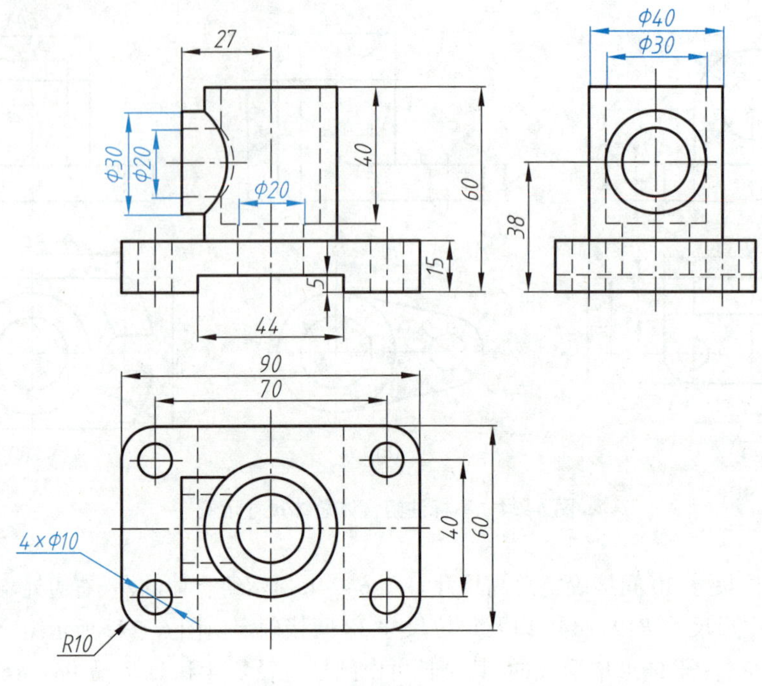

图 6-26 直径的标注方法

(3) 同一结构的尺寸尽量集中标注。如图 6-24a 所示底板的相关尺寸尽量集中标注在俯视图上，竖板的相关尺寸尽量集中标注在主视图上。

(4) 同一方向上的尺寸尽量对齐标注，如图 6-27a 中长度方向的尺寸 25 和 15 对齐，45 和 35 对齐。尺寸由小到大，由里向外排列，如图 6-27a 的 25 和 15 最靠近视图，45 和 35 为第二层，最外层为 92，做到层次分明，错落有致，同时避免了不同尺寸的尺寸界线和尺寸线相交。图 6-27b 中标注错误较多，影响读图。

尺寸标注应避免图线与尺寸数字重叠，无法避免时要将图线断开。如图 6-27 所示，图中点画线与多个直径尺寸数字重叠，需要断开。

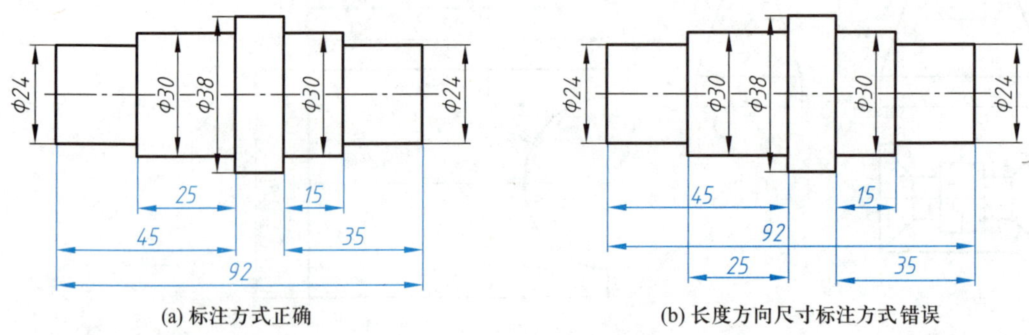

(a) 标注方式正确　　(b) 长度方向尺寸标注方式错误

图 6-27 同一方向的尺寸尽量对齐标注

3. 标注组合体尺寸示例

(1) 标注如图 6-17 所示支座的尺寸。标注尺寸之前，先确定长、宽、高三个方向的基准，如图 6-28a 所示；然后逐个标注底板、圆筒、凸台、支撑板、肋板的定形、定位尺寸，如图 6-28b~f 所

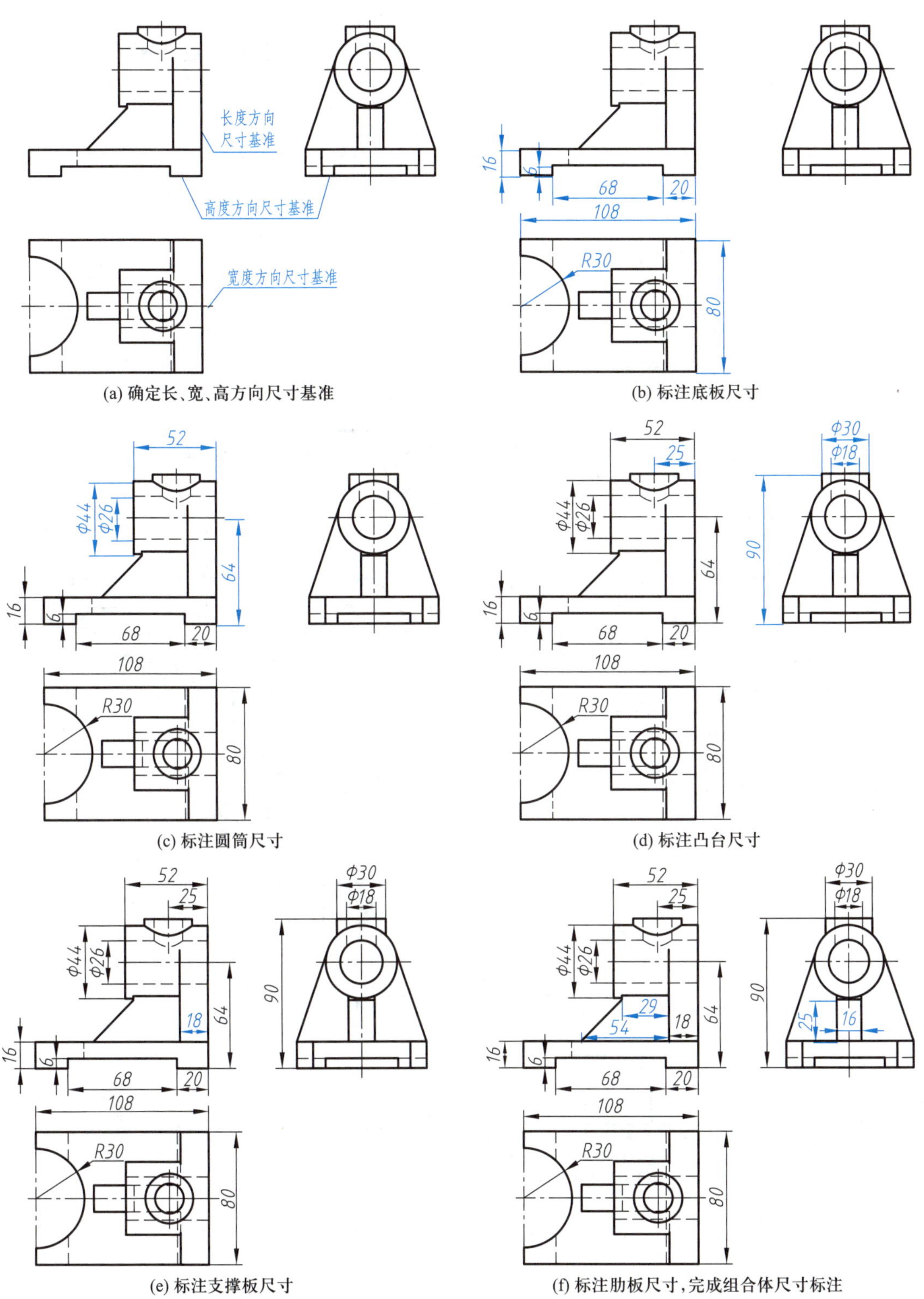

图 6-28 标注支座尺寸的步骤

示。注意 6–28d 中凸台高度方向定位尺寸 90 的标注方法。

(2) 标注图 6–19 所示切割组合体的尺寸。通常按切割组合体构成的过程,逐步标注尺寸,最终完成切割组合体的尺寸标注,如图 6–29 所示。

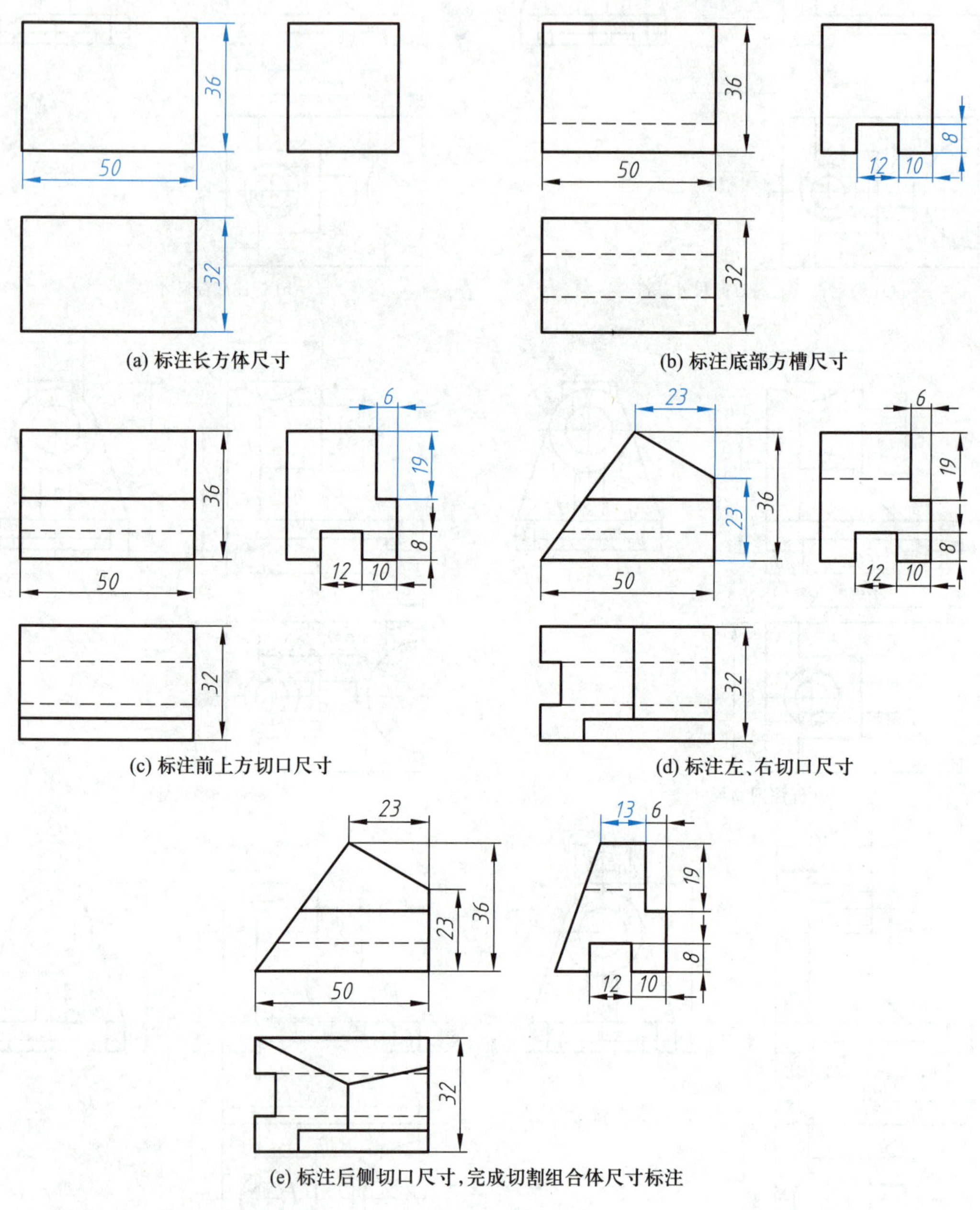

图 6–29 标注切割组合体尺寸的步骤

注意:标注切口尺寸时,应标注截断面的定位尺寸,不应标注截断面的定形尺寸。

6.5 读组合体的视图

画组合体视图，是学习表达设计构想的方法；读组合体视图，是培养理解设计意图的能力。读图需要运用投影规律分析视图，理解图线所表达的结构，想象出组合体的三维形状。

1. 读组合体视图的基本方法

(1) 形体分析法：将比较复杂的组合体视图分解为多个基本体的视图，理解组合体各组成部分的形状和位置关系，想象出组合体的结构形状。图 6-30 为形体分析法举例。

(2) 线面分析法：对组合体视图中较复杂的、不易读懂的部分，还需要应用线面分析法做进一步分析，以帮助读懂这些局部结构。

1) 斜截面投影分析

与投影面垂直的斜截面(与一投影面垂直，与另两个投影面倾斜)，常常是读图的难点。读图时应先从有积聚性的投影开始，对投影找线框，在三视图中找到不易读懂的局部形状的三面投影，根据投影特征想象结构形状。

图 6-31 所示是应用线面分析法分析斜截面投影的一种思路，读图时要将复杂的问题简单化。读图 6-31b 所示侧垂斜截面所表达的结构，可以按下列步骤进行分析：

第一步：将该立体还原为长方体，忽略该立体上部的梯形槽，以及前部左右对称的切角，这样斜截面的形状就是简单的长方形，如图 6-31c 所示。

第二步：根据俯视图所示前部左右对称的切角，找到截交线 AB 的三面投影 $a'b'$、ab、$a''b''$，如图 6-31d 所示。

第三步：根据主视图所示的梯形槽的实形，结合左视图中表达槽底面的细虚线，分析俯视图中与梯形槽有关的图线的含义，尤其是槽侧面与斜截面交线 CD 三面投影的对应关系，最终理解斜截面三面投影每一段图线的含义，想象出立体完整的结构形状，如图 6-31e 所示。

注意：侧垂斜截面的侧面投影积聚为一条直线，另外两面投影的形状有类似性。

2) 交线分析

组合体表面上的交线，尤其是截交线和相贯线，也是读图的难点，分析并理解这些交线有助于读懂组合体视图。

如图 6-32a 所示的组合体三视图，左视图中的交线(图 6-32b 中的蓝线)是读图的难点，下面介绍该组合体交线的分析方法。

先从左视图着手分析，以粗实线为边界将左视图分为两个闭合区域，每一个闭合区域是一个表面的投影，其中填充区域为表面 I，无填充区域为表面 II，如图 6-32b 所示。

再根据投影特性分析表面 I、II 的形状特征。从宽相等的对应关系可知，表面 I 俯视图为圆形，因此可将表面 I 理解为铅垂方向的圆柱面；从高平齐的对应关系可知，表面 II 主视图对应半圆弧和直线，结合俯视图可确定表面 II 上半部是正垂方向的半圆柱面，下半部是两个侧平面。图 6-32c 中的蓝线是表面 I 和表面 II 的交线，其中曲线是铅垂圆柱面和正垂圆柱面的相贯线，直线是侧垂面与铅垂圆柱面的截交线。点 A、B、C 为相贯线上的点，其投影对应关系如图 6-32d 所示。

图 6-32e 所示为组合体的形成过程。

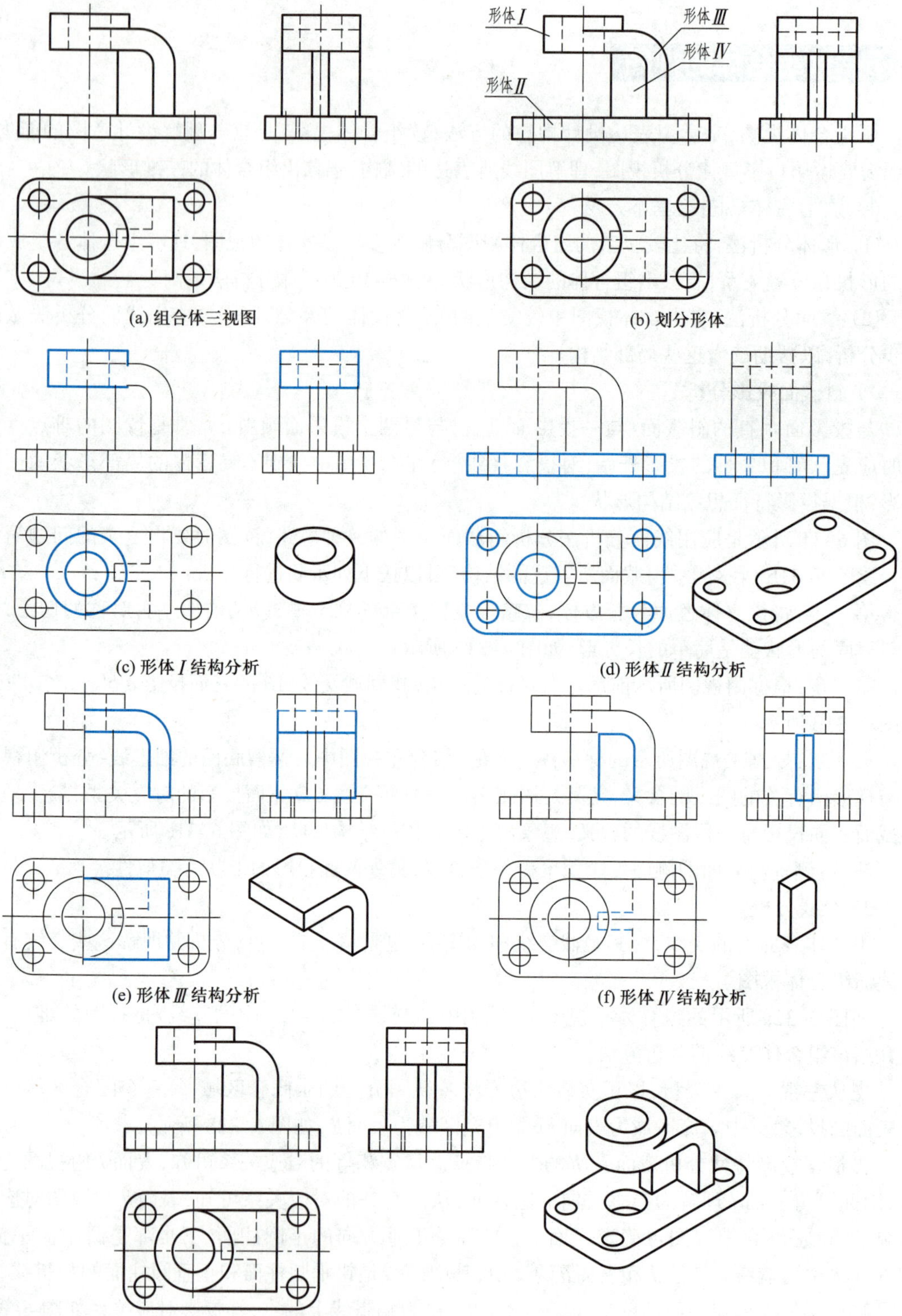

(a) 组合体三视图

(b) 划分形体

(c) 形体 I 结构分析

(d) 形体 II 结构分析

(e) 形体 III 结构分析

(f) 形体 IV 结构分析

(g) 综合分析视图，想象组合体的结构形状

图 6-30 应用形体分析法分析视图

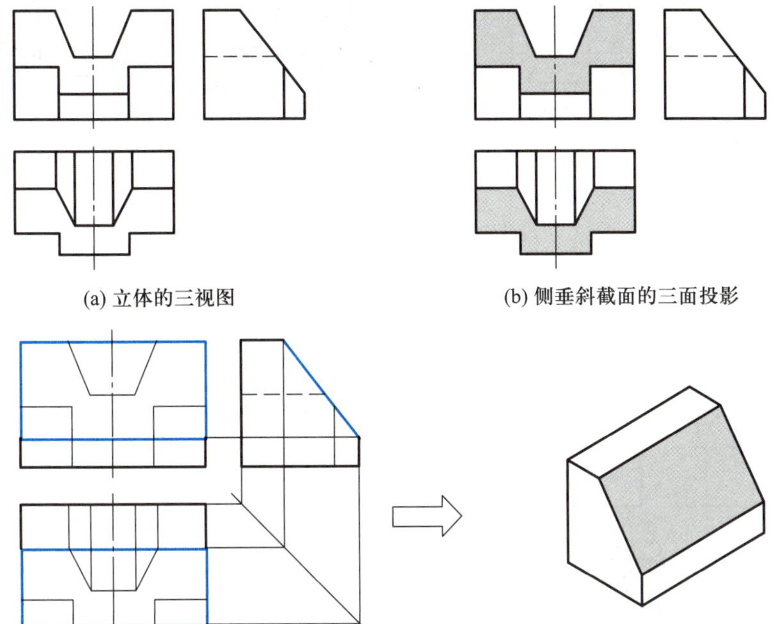

(a) 立体的三视图

(b) 侧垂斜截面的三面投影

(c) 长方体被截切后斜截面的投影及立体图

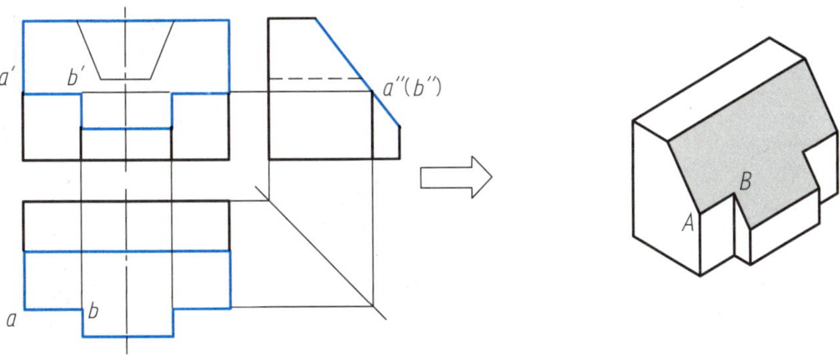

(d) 前部被切割后斜截面的投影及立体图

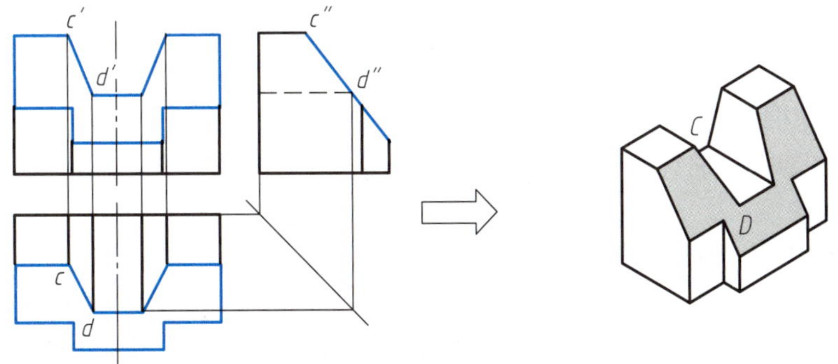

(e) 上部居中开槽后斜截面的投影及立体图

图 6-31 线面分析法应用——斜截面投影分析

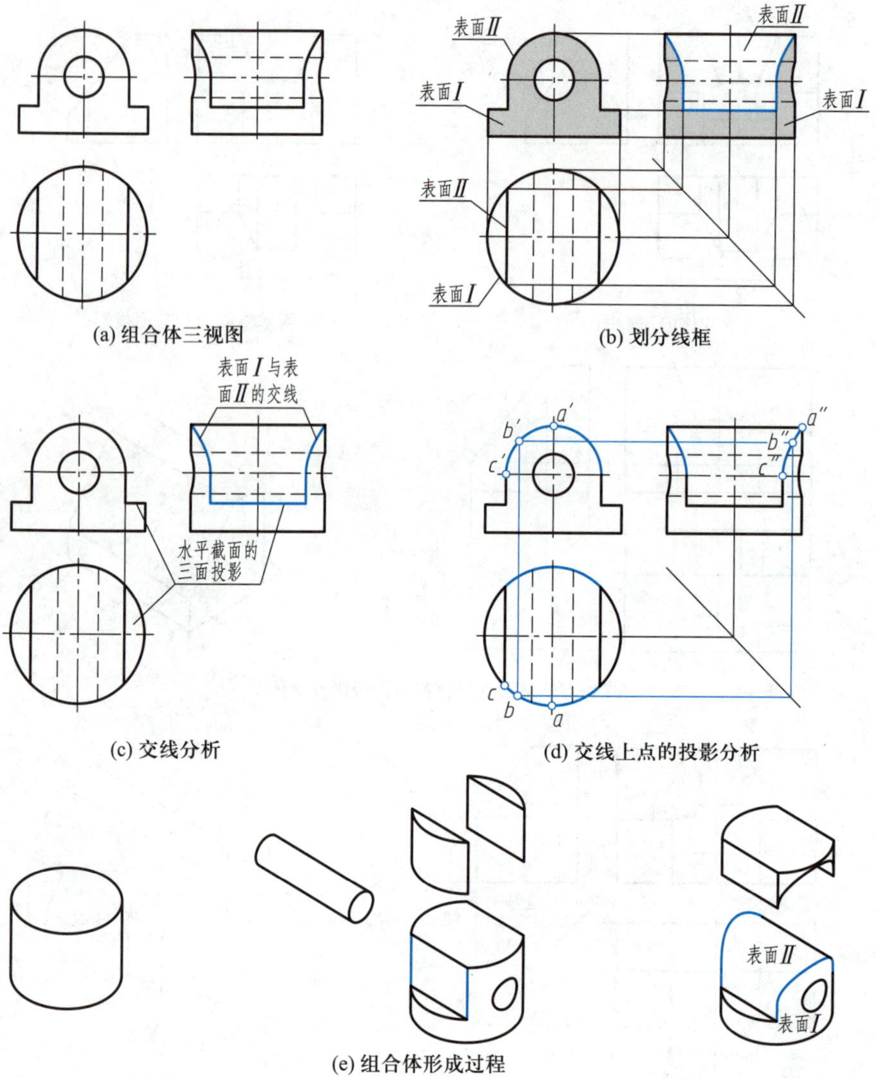

(a) 组合体三视图

(b) 划分线框

(c) 交线分析

(d) 交线上点的投影分析

(e) 组合体形成过程

图 6-32 线面分析法应用——交线分析

2. 读组合体视图的要点

读组合体视图时，要将几个视图联系起来看，要善于抓住特征视图，结合其他视图一起分析组合体的结构形状。

(1) 将几个视图联系起来看

一个视图通常不能唯一确定组合体的结构形状，读图时要将所给出的几个视图联系起来看。如图 6-33 所示的四个组合体的视图，主视图完全相同，结合俯视图才能确定主视图中部两段粗实线所表达的结构形状。

(2) 分线框，对投影，明确每一个线框和图线的含义及位置

视图中，每一个闭合的线框都表示一个面，可能是平面，也可能是曲面，还可能是平面和曲面的组合；每一条图线可能是一个面的积聚投影，也可能是两个面的交线，还可能是转向轮廓

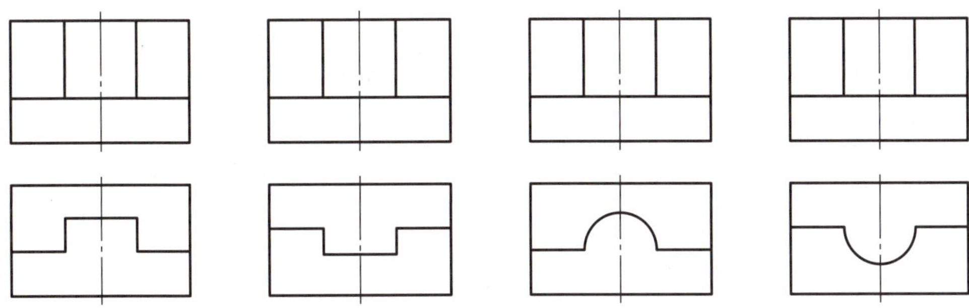

图 6-33 要将几个视图联系起来看

线。要利用投影对应关系，明确每一个线框、每一条图线的含义。

如图 6-34a、b 所示的组合体三视图，主视图完全相同。图 6-34a 主视图的居中线框对应俯视图中的一条直线，因此该线框是一个平面的投影；图 6-34b 主视图的居中线框对应俯视图中的半圆弧，因此该线框是半圆柱面的投影。而图 6-34c 所示的组合体，主视图下部线框是底板外表面（平面和圆柱面的组合）的投影。

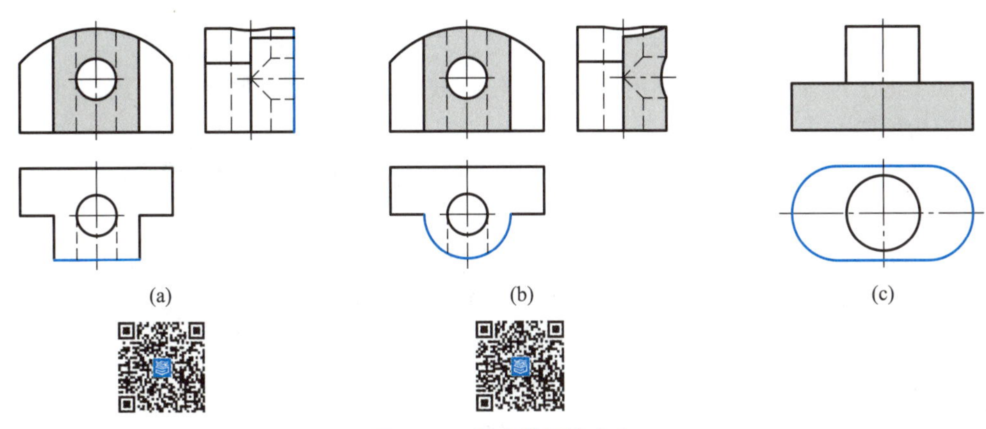

图 6-34 闭合线框的含义

图 6-35 中的图线 A，在俯视图的投影为半圆弧的最左点，因此图线 A 为半圆柱面转向轮廓线的投影；图线 B 在主视图中是一段直线，对应俯视图中的一个闭合线框，因此图线 B 是一个平面的积聚投影；图线 C 对应俯视图中的点，因此图线 C 是直线，该直线是凸台前、后表面（正平面）与圆柱面的交线。

一个视图只能反映立体表面两个方向的位置，要联系其他视图才能确定立体表面的准确位置。如图 6-36a 所示的 A 面，正面投影确定其形状及左右位置，水平投影确定其前后位置；图 6-36b 所示的 B 面，水平投影确定其形状及左右、前后位置，正面投影才能确定其高度位置。

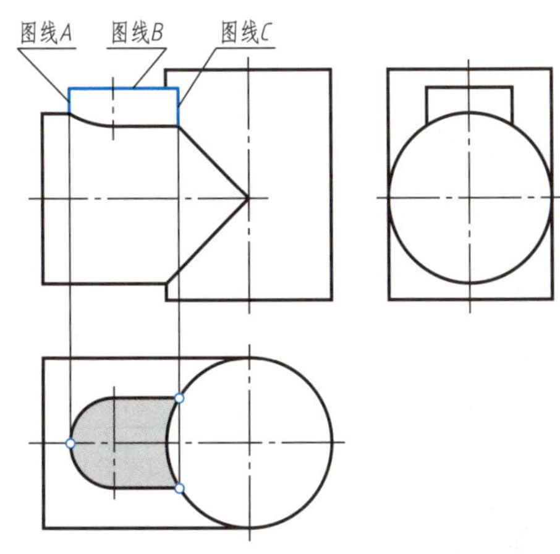

图 6-35 视图中图线的含义

要读懂组合体视图，需要综合上述的基本方法和要点，有时还需要利用结构特征，综合分析多方面信息，才能准确理解视图中线条和线框的含义，想象出组合体的形状。

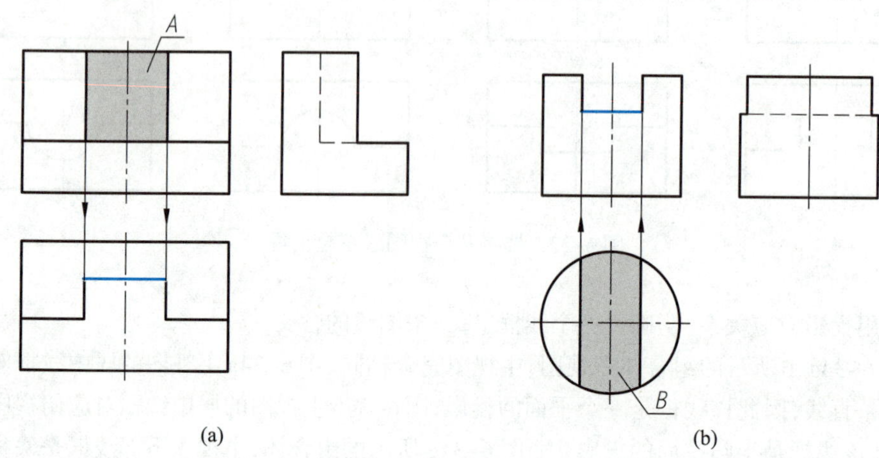

图 6-36 确定面的位置

例 6-1 已知组合体的主、俯视图，如图 6-37a 所示，求作其左视图。

分析：以粗实线为边界，将主视图划分为 *A*、*B*、*C* 三个线框，如图 6-37b 所示。

线框 *A* 的上部有半圆凹槽，利用投影对应关系，找到该凹槽在俯视图中的位置，由此确定线框 *A* 的前后位置。

线框 *B* 中有圆形，对应俯视图中的虚线，由此可知在线框 *B* 范围内有从前向后的通孔，根据俯视图中虚线的长度，可以确定线框 *B* 的前后位置。

确定线框 *A*、*B* 的位置之后，可以确定线框 *C* 在俯视图中的位置。线框 *C* 位于最下方，但仍完全可见，所以线框 *C* 必定在最前面，否则会被别的结构遮挡。

理解了主视图中线框 *A*、*B*、*C* 的前后位置之后，俯视图中线框 *Ⅰ*、*Ⅱ*、*Ⅲ*（图 6-37c）的高度位置就不难确定了。综合视图分析，得出组合体的形状如图 6-37d 所示，补画左视图。

补画左视图时，最好按结构分步骤作图，图 6-38 是分析及作图过程。

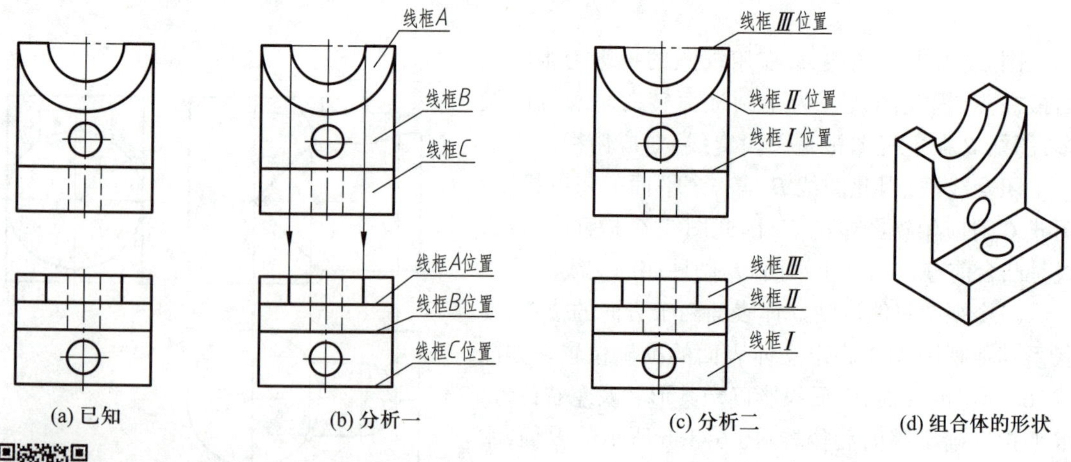

(a) 已知 (b) 分析一 (c) 分析二 (d) 组合体的形状

图 6-37 组合体视图分析

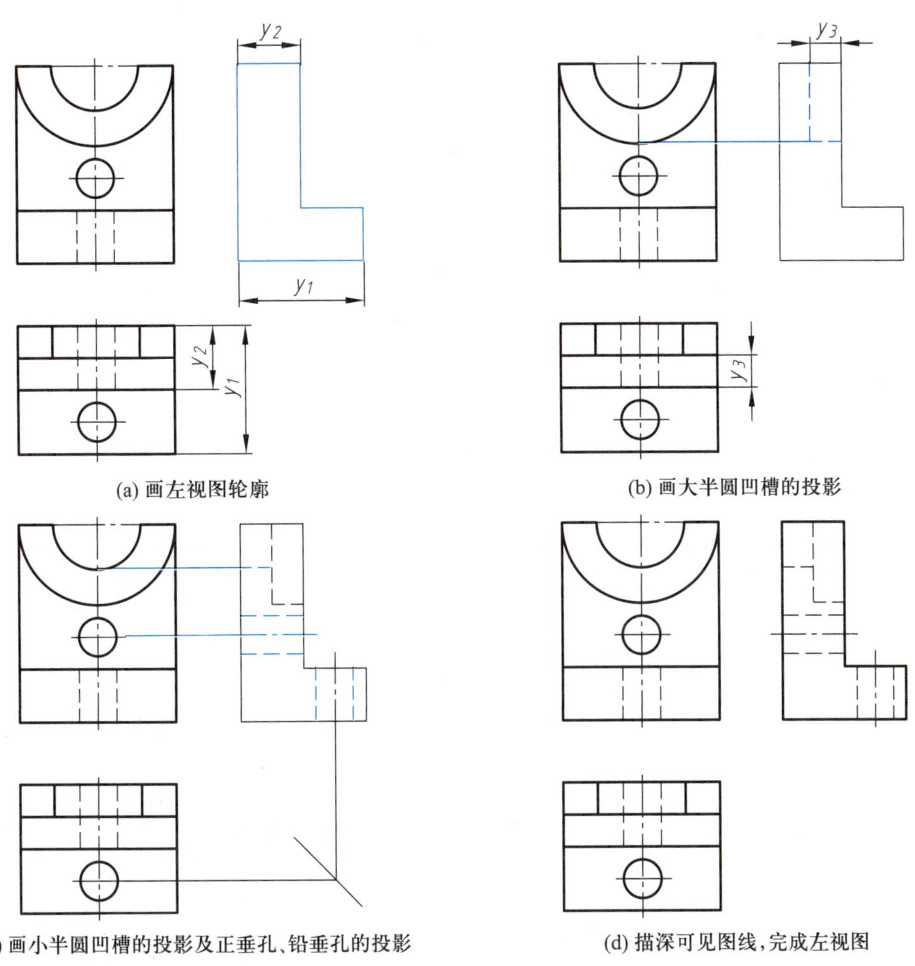

(a) 画左视图轮廓

(b) 画大半圆凹槽的投影

(c) 画小半圆凹槽的投影及正垂孔、铅垂孔的投影

(d) 描深可见图线，完成左视图

图 6-38 组合体左视图作图过程

例 6-2 已知组合体的主、左视图，如图 6-39a 所示，求作其俯视图。

分析：组合体可以划分为三个部分：中间为穿通孔的圆柱、右侧为带 U 形槽的板、左侧为有台阶孔的板。后端面为前后基准面，中间圆柱轴线为长度基准。作图步骤如图 6-39b~f 所示。

3. 根据视图信息，构思物体形状

例 6-3 构思一个能无缝隙通过图 6-40 所示三个孔的塞块，并画出塞块的三视图。

分析：该塞块要能无缝隙地通过三种形状的孔，说明其三个方向的外形轮廓分别为图 6-40 所示的矩形、三角形和圆形。

形体构思：与矩形外轮廓对应的形体可以是长方体和圆柱，与三角形外轮廓对应的形体可以是三棱柱和圆锥（图 6-41a），与圆外轮廓对应的形体不可能是长方体和三棱柱，能塞住长方形孔的形体不可能是圆锥，因此形体只能是由圆柱经切割而成，如图 6-41b 所示。画出塞块的三视图，如图 6-41c 所示。

例 6-4 已知组合体的主、俯视图，如图 6-42a 所示，试构思出四个不同的组合体，并画出各自的左视图。

分析：组合体的主、俯视图外轮廓都是长方形，所以应以长方体为基本体，通过切割、开槽的

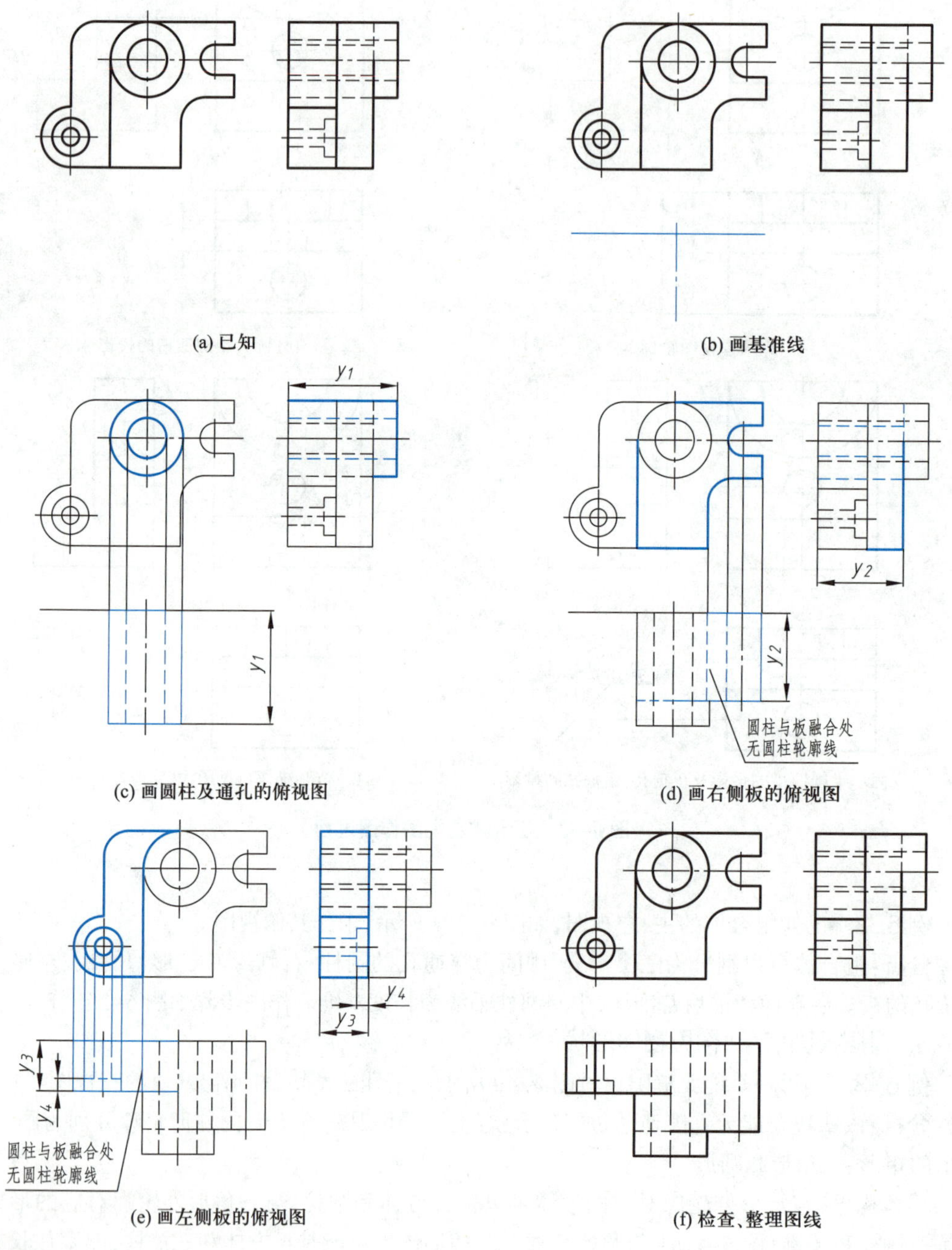

(a) 已知

(b) 画基准线

y_1

(c) 画圆柱及通孔的俯视图

y_2

圆柱与板融合处无圆柱轮廓线

(d) 画右侧板的俯视图

y_3 y_4

圆柱与板融合处无圆柱轮廓线

(e) 画左侧板的俯视图

(f) 检查、整理图线

图 6-39 组合体俯视图作图过程

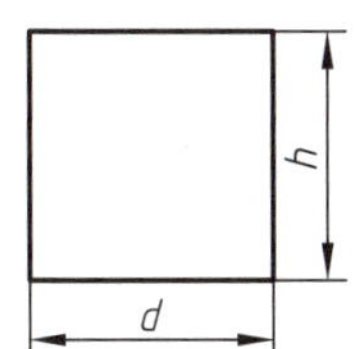

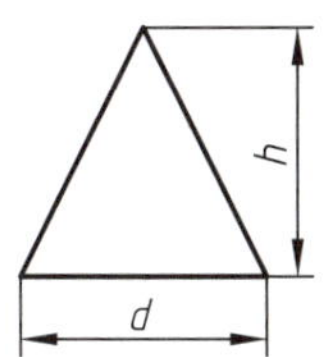

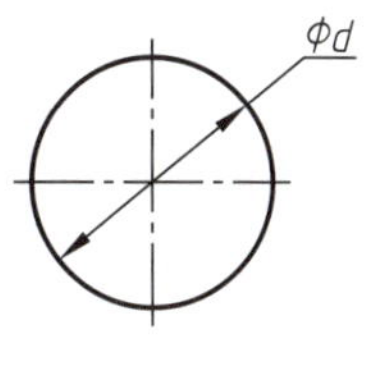

图 6-40 塞块通过三个孔的形状

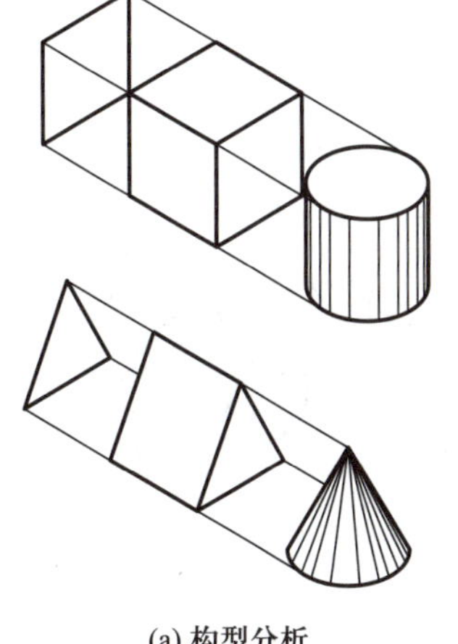
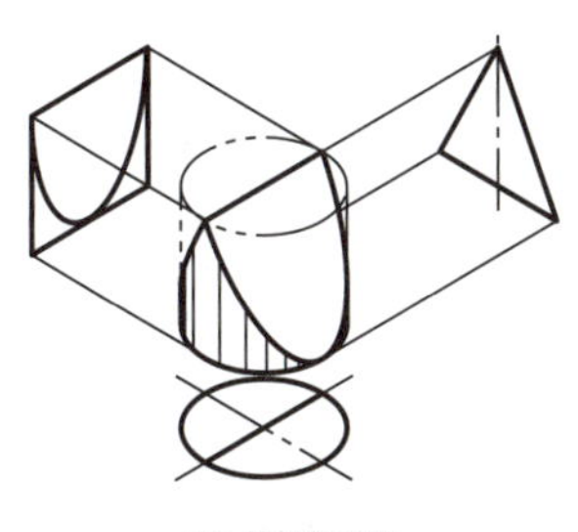
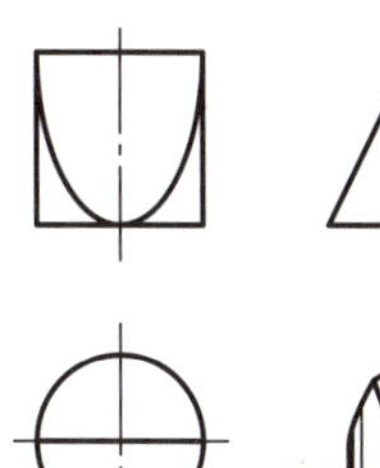

(a) 构型分析 (b) 构型结果 (c) 三视图

图 6-41 塞块构型分析及其三视图

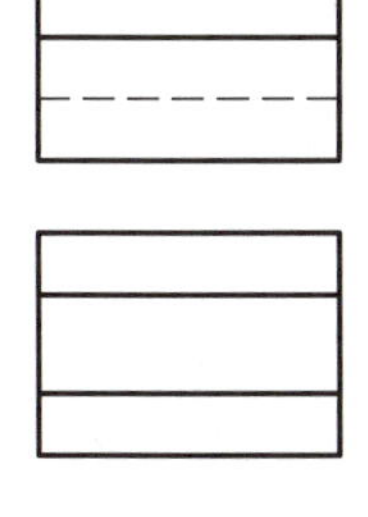
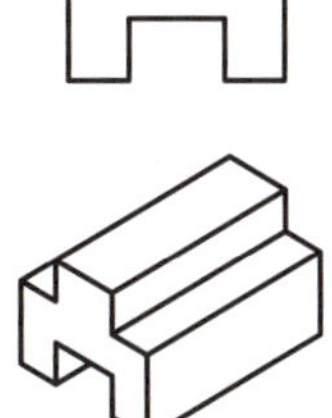
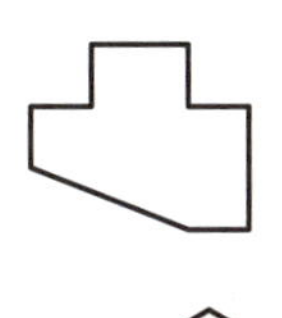
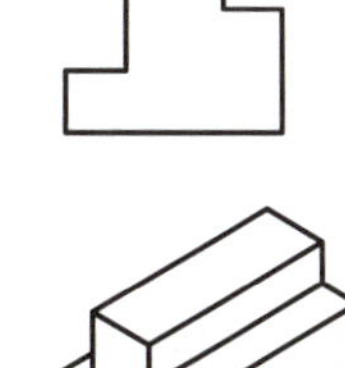
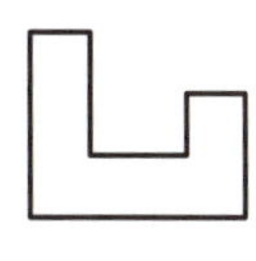
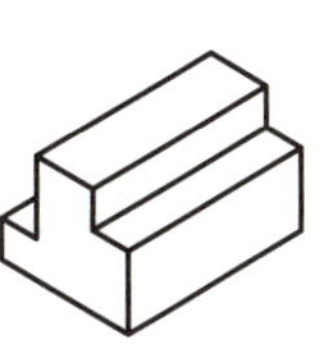
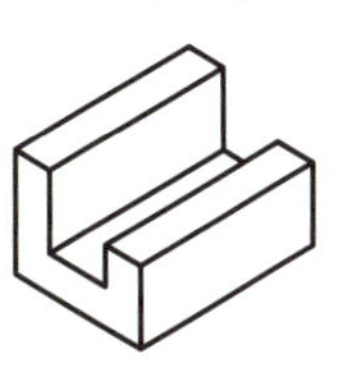

(a) 已知视图 (b) 组合体一 (c) 组合体二 (d) 组合体三 (e) 组合体四

图 6-42 构型练习一

方式构思符合已知视图信息的组合体。

图 6-42b~e 是四个结构不同的组合体，它们的主、俯视图都符合题图的要求。本题对应的形体还有很多种，请读者自行分析。

例 6-5 图 6-43a 所示形体为圆柱被穿孔、截切后的三视图。试构思一个负形体，使其能与原有形体组合为一个完整的实心圆柱，并画出负形体三视图。

读图：读原形体的三视图，想象出原形体的形状，如图 6-43b 所示。

构思负形体：原形体被切去左上部分，所以负形体一定包含与被切除部分相同的形体 A；原形体有圆柱通孔，所以负形体一定包含有与圆柱孔等径的圆柱 B；将两部分叠加，完成负形体构型，如图 6-43c 所示。画出负形体的三视图，如图 6-43d 所示。

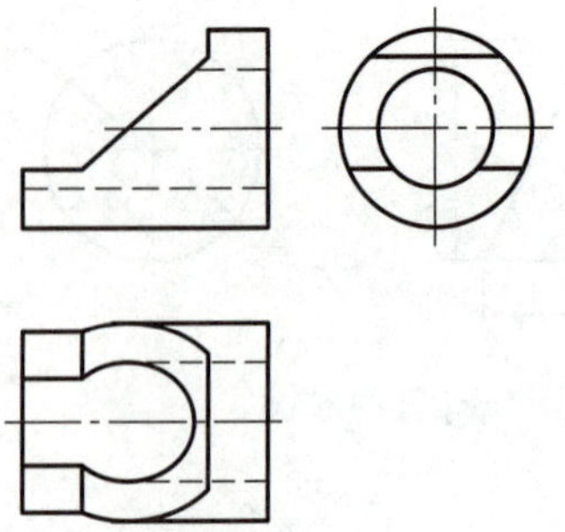

(a) 已知视图

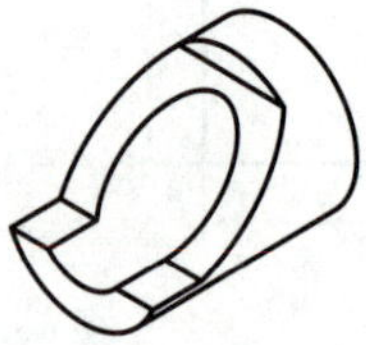

(b) 想出原形体

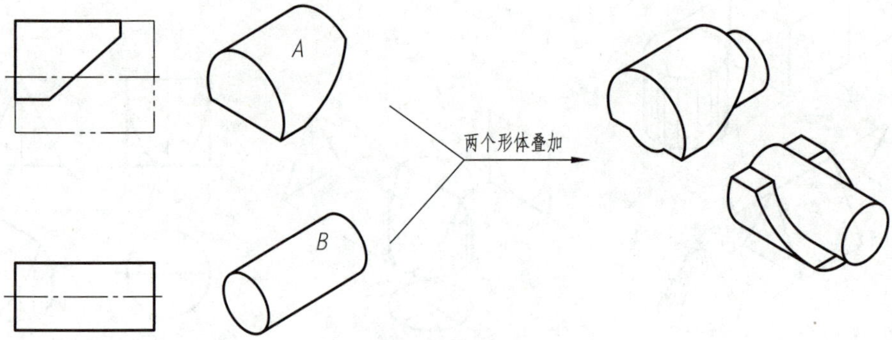

A

两个形体叠加

B

(c) 负形体的构型过程

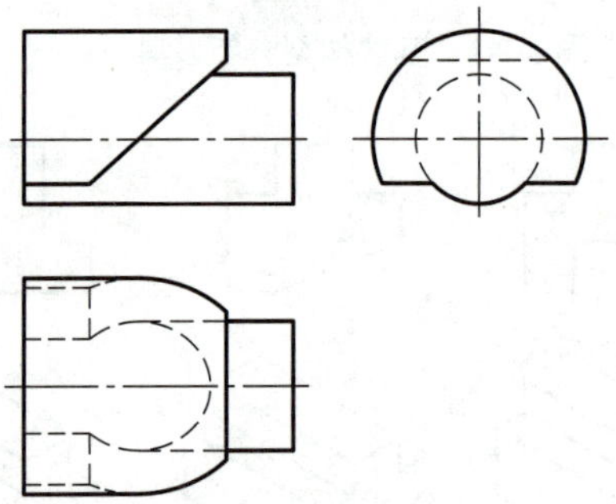

(d) 画负形体三视图

图 6-43 构型练习二

6.6 按第三角画法绘制的组合体三视图

6.6.1 第三角投影及视图的形成

1. 第三角投影的形成

正立投影面 V 的后方、水平投影面 H 的下方、侧立投影面 W 的左方形成的空间，称为第三分角，如图 6-44a 中所示。将物体放置于第三分角，从前向后投射，在 V 面上得到的投影称为主视图；从上向下投射，在 H 面上得到的投影称为俯视图；从右向左投射，在 W 上得到的投影称为

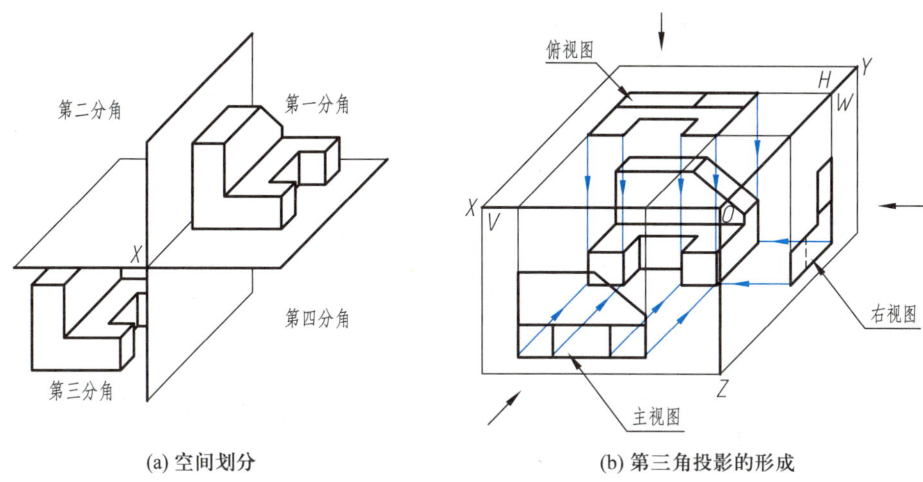

(a) 空间划分 (b) 第三角投影的形成

图 6-44 第三角空间及投影形成方式

右视图，如图 6-44b 所示。

2. 投影面展开

第三角的 H 和 W 面同样需要展开到与 V 面共面。将 H 面绕 OX 轴向上旋转 90°，展开至与 V 面共面，此时 H 面位于 V 面上方，因此俯视图位于主视图的上方；将 W 面绕 OZ 轴向右旋转 90°，展开至与 V 面共面，此时 W 面位于 V 面的右侧，因此右视图位于主视图的右侧。第三角画法三视图的对应关系如图 6-46b 所示。

3. 第一角和第三角投影形成方式对比

(1) 获得投影的投射顺序不同

第一角投影的投射顺序：观察者→物体→投影面上的投影，如图 6-45a 所示。

第三角投影的投射顺序：观察者→投影面上的投影→物体，如图 6-45b 所示。

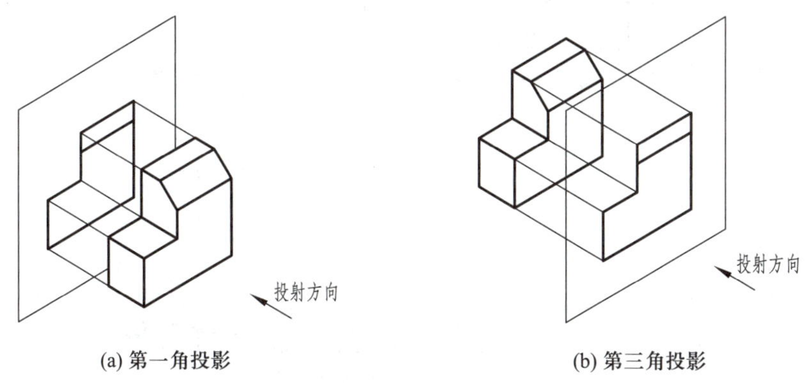

(a) 第一角投影 (b) 第三角投影

图 6-45 第一角、第三角投影的投射顺序

按照第三角画法获得投影的投射顺序，为了能看到位于投影面后的物体，可假象投影面是透明的。

(2) 投影面展开时，旋转方向与观察者视线方向的关系不同

第一角画法：展开 H 面和 W 面时要顺着观察者视线方向旋转。例如对于 H 面，观察者的视

线是从上向下的,展开时 H 面绕 OX 轴向下旋转。

第三角画法:展开 H 面和 W 面时要逆着观察者视线方向旋转。例如对于 H 面,观察者的视线是从上向下的,展开时 H 面绕 OX 轴向上旋转。

6.6.2 第三角画法三视图的对应关系

在第一角投影体系中,由 V、H、W 三面投影形成的视图为主视图、俯视图和左视图,三视图的位置关系如图 6-46a 所示;在第三角投影体系中,由 V、H、W 三面投影形成的视图为主视图、俯视图和右视图,三视图的位置关系如图 6-46b 所示。

按第三角画法绘制的三视图,同样要满足"长对正、高平齐、宽相等"的投影关系。在俯视图和右视图中,靠近主视图的一侧为物体的前面,远离主视图的一侧为物体的后面,这一点与第一角画法的三视图正好相反。如图 6-47 所示。

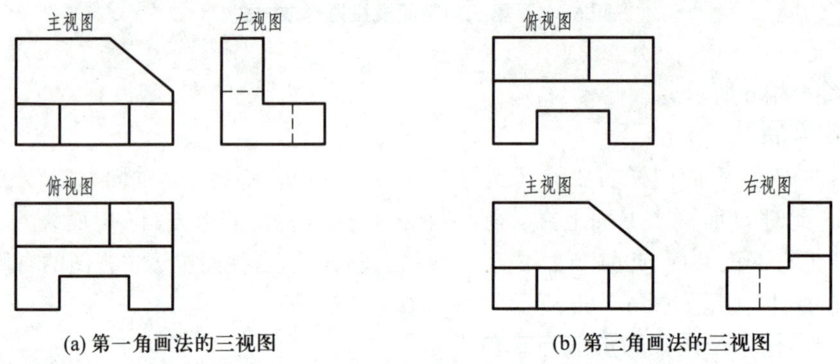

(a) 第一角画法的三视图　(b) 第三角画法的三视图

图 6-46 第一角画法和第三角画法三视图的位置关系

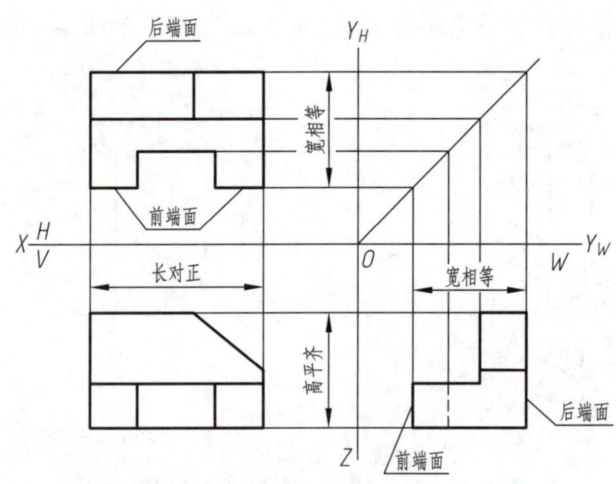

图 6-47 第三角画法三视图的投影对应关系

6.6.3 按第三角画法绘制的组合体三视图图例

主视图是最主要的视图。用第三角画法绘制组合体的三视图时,也必须先确定主视图的投射方向。主视图投射方向的选择原则与第一角画法相同，主视图应既能反映组合体的结构、形状特征，同时又能保证其他视图中的不可见结构尽量少。

图 6-15 所示的支座，按第三角画法绘制的三视图如图 6-48 所示。其中图 6-48a 所示的表达方案一，主视图的投射方向与圆筒的回转轴线垂直，为图 6-15 中的 *C* 向；图 6-48b 所示的表达方案二，主视图的投射方向与圆筒的回转轴线平行，为图 6-15 中的 *B* 向。为便于布图，应优先采用表达方案一。

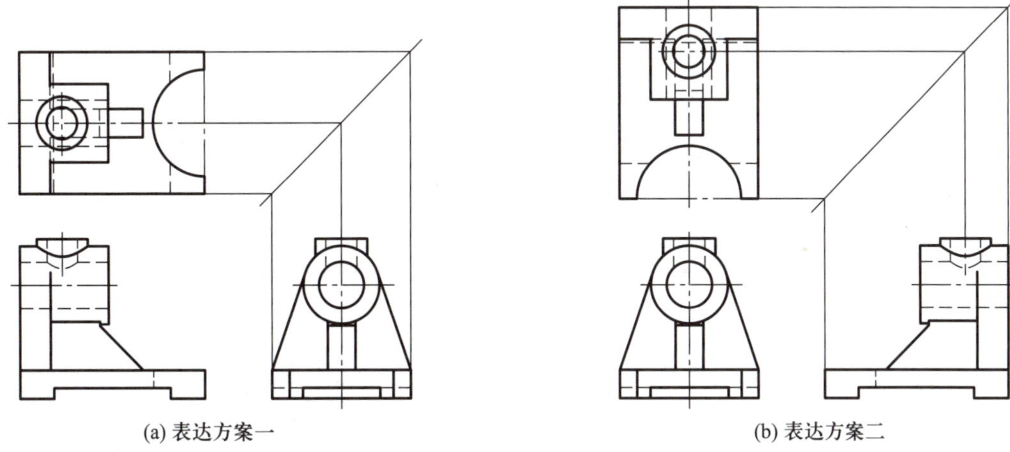

(a) 表达方案一　　(b) 表达方案二

图 6-48　按第三角画法绘制的支座三视图

图 6-19 所示的切割组合体，按第三角画法绘制的三视图如图 6-49 所示。读者可对应图 6-20 自行分析第三角画法与第一角画法的不同点。

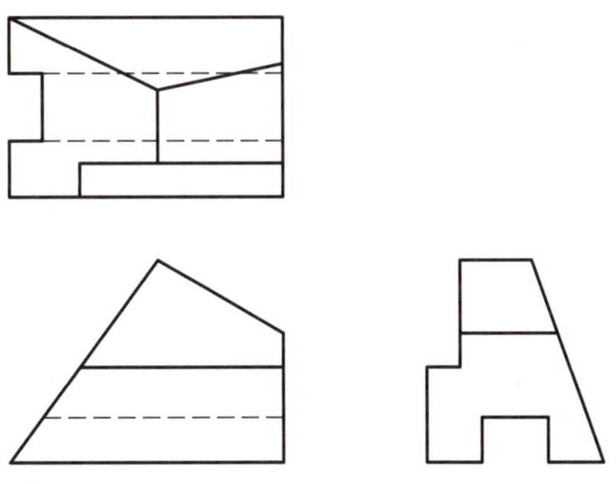

图 6-49　按第三角画法绘制的切割组合体三视图

国家标准规定了区分第一角画法和第三角画法的投影识别符号，如图 3-6 所示；并在标题栏的右下角指定了投影识别符号注写的位置，如图 6-50 所示。

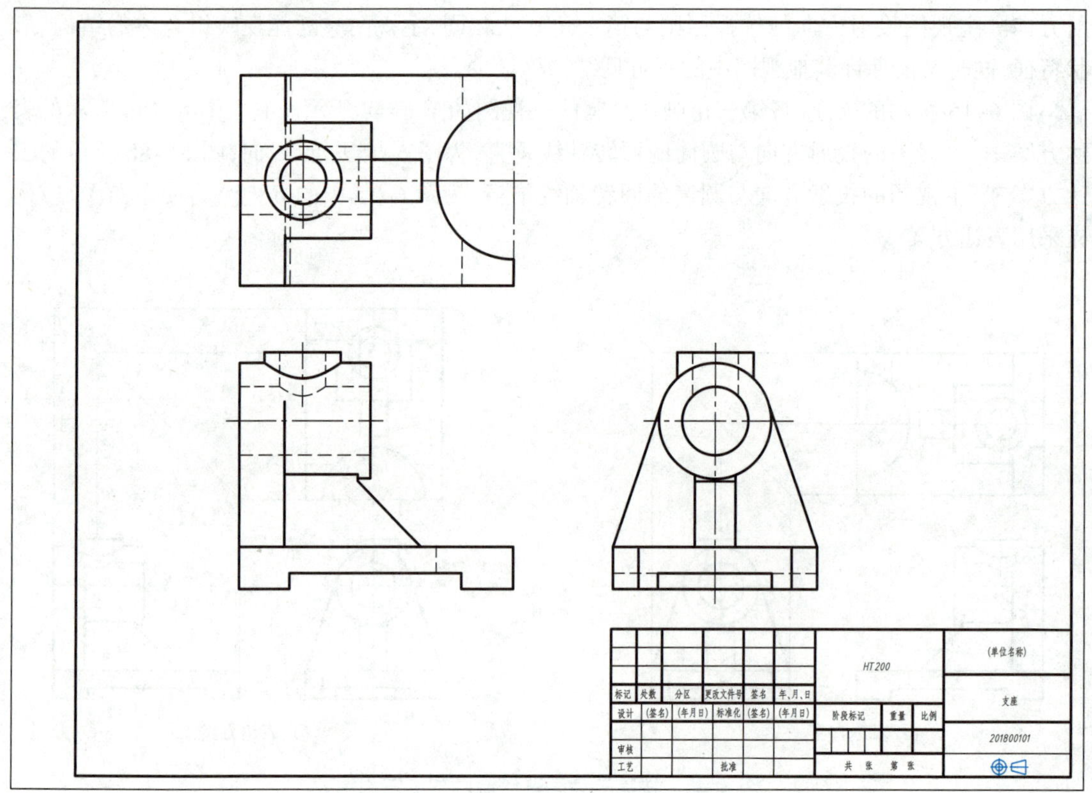

图 6-50 投影识别符号的注写位置

第 7 章

机械图样表示法

在生产中，机件的作用、形状和结构是多样的，为了正确、完整、清晰地表达机件内部和外部的结构形状，国家标准《技术制图　图样画法》中规定了绘制图样的基本方法和各种表示法。本章主要介绍国家标准关于视图、剖视图、断面图、局部放大图以及其他规定画法和简化画法等常用的表示法。绘制技术图样时，首先应考虑看图方便，根据机件的结构特点，选用适当的表达方法，在完整、清晰地表达机件形状的前提下，力求制图简便。

7.1 视图

根据有关标准和规定，用正投影法所绘制的物体的图形称为视图。

视图的种类有基本视图、向视图、局部视图和斜视图。

7.1.1 基本视图

为了表示物体的上、下、左、右、前、后六个基本投射方向的结构形状，国家标准中规定采用与基本投射方向垂直的六个面作为投影面，称为基本投影面。即在原有的三投影面体系 *V*/*H*/*W* 三个投影面的基础上，再增加三个与之相对的投影面。物体在各基本投影面上的投影称为基本视图。规定正立投影面不动，其余各基本投影面按图 7-1 所示的方法展开到正立投影面所在的平面上，得到六个基本视图。

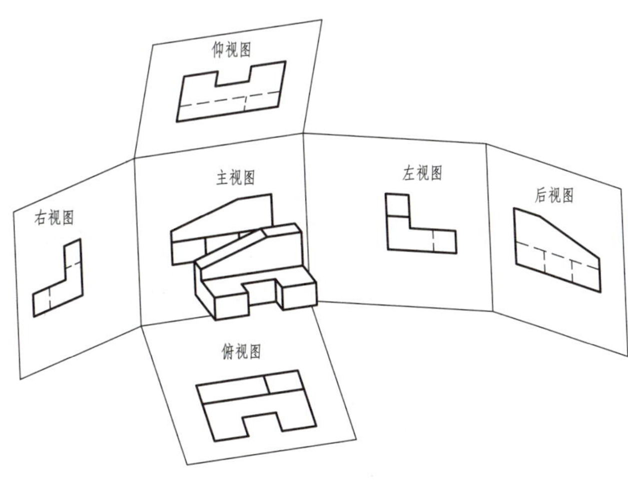

图 7-1　六个基本视图的形成

六个基本视图分别是：

主视图——由物体前方向后投射得到的视图；

俯视图——由物体上方向下投射得到的视图；

左视图——由物体左方向右投射得到的视图；

右视图——由物体右方向左投射得到的视图；

仰视图——由物体下方向上投射得到的视图；

后视图——由物体后方向前投射得到的视图。

图 7-2a 表示了各基本视图之间的度量关系，以及上、下、左、右、前、后的方位关系。六个基本视图之间的度量关系仍满足“长对正，高平齐，宽相等”的投影规律，其中主、俯、仰、后四个视图“长对正”，主、左、右、后四个视图“高平齐”，俯、左、右、仰四个视图“宽相等”。注意各视图的前后对应关系，左、右、俯、仰四个视图靠近主视图的一侧表示物体的后面，远离主视图的一侧表示物体的前面，如图 7-2a 所示。在同一张图纸内按图 7-2b 配置基本视图时，不用标注视图的名称。

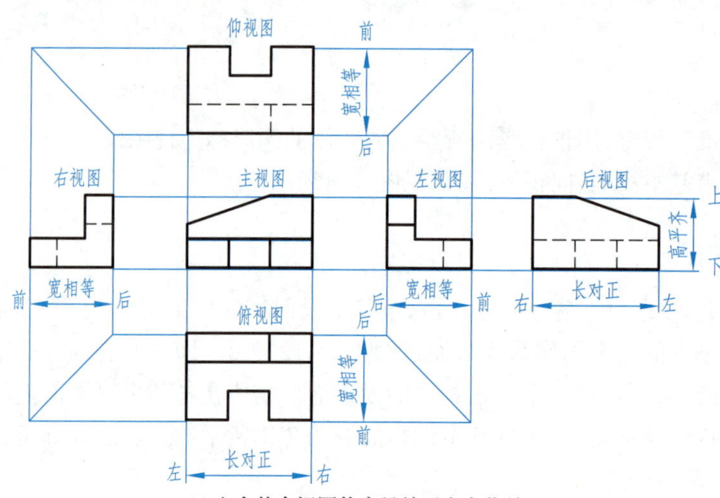

(a) 六个基本视图的度量关系和方位关系

(b) 六个基本视图的配置

图 7-2 基本视图的配置

实际应用时，一般不必画出六个基本视图，而是根据机件形状特点和结构的复杂程度，按实际需要选用必要的基本视图，完整、正确、清晰、简明地表达出机件的结构形状。一般情况下，应优先选用主视图、俯视图和左视图表达物体的结构形状。

7.1.2 向视图

向视图是可以自由配置的视图。当视图无法按基本视图位置配置时，可采用向视图。图 7-3 所示 *A*、*B*、*C* 三个视图，称为 *A* 向视图、*B* 向视图、*C* 向视图。向视图的上方必须标注字母"×"，在相应视图的附近用箭头指明投射方向，并标注相同的字母"×"，意即，按照"×"方向投射得到的"×"向视图。

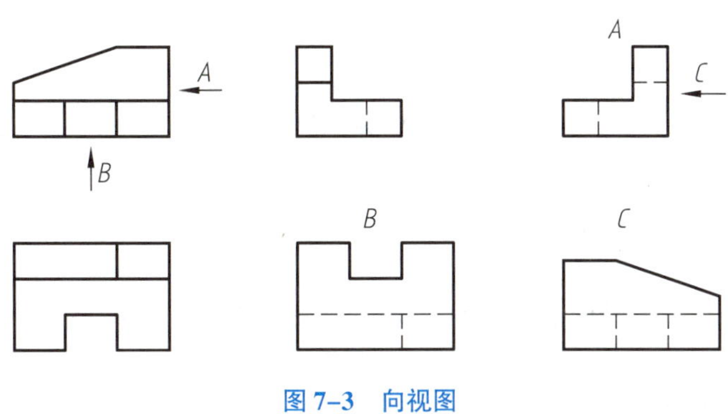

图 7-3 向视图

绘制向视图的注意事项：

(1) 向视图的名称"×"为大写拉丁字母，应该与表示投射方向箭头旁注写的字母相同，字母水平书写在向视图的上方。同一张图纸内的字母按 *A*、*B*、*C*……顺次标注。

(2) 向视图与基本视图的差别主要在于向视图的配置位置发生了变化。向视图的投影面仍是基本投影面，其展开方式与基本视图相同。

(3) 表示投射方向的箭头应尽可能配置在主视图上，以使获得的向视图与基本视图一致。例如图 7-3 中的 *A* 向视图与右视图一致，*B* 向视图与仰视图一致。

绘制从后向前投射的向视图时，需注意投射方向的标注位置，图 7-3 中的 *C* 向视图与后视图一致。

7.1.3 局部视图

当机件的某一部分的结构形状需要表达，而又没有必要画出完整的基本视图时，可将机件的某一局部结构向基本投影面投射，这样得到的视图称为局部视图。由此可见，局部视图是基本视图或向视图的局部。

如图 7-4 所示，在主视图和俯视图的基础上，运用 *A*、*B* 两个局部视图来辅助表达机件左、右两侧的凸台形状，简明扼要、重点突出，便于绘图和读图。

局部视图的画法和标注：

(1) 局部视图的断裂边界线应以波浪线表示，如图 7-4a 中的 *A* 向局部视图所示。

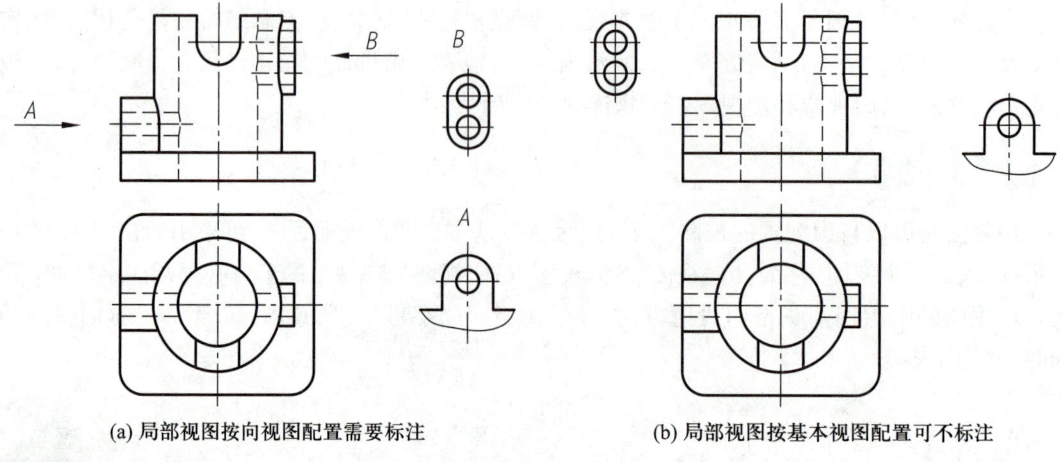

(a) 局部视图按向视图配置需要标注　　(b) 局部视图按基本视图配置可不标注

图 7-4　局部视图

(2) 当表示的局部结构外形轮廓线呈完整封闭图形时,波浪线可省略不画。如图 7-4a 中的 *B* 向局部视图所示。

(3) 局部视图可以按向视图的形式自由配置,标注形式与向视图的标注形式完全相同,如图 7-4a 所示。

(4) 局部视图按照基本视图的形式配置,中间又没有其他图形隔开时,可省略标注。图 7-4b 的局部视图分别是左视图和右视图的局部,可省略标注。

7.1.4　斜视图

当机件具有倾斜结构时,如图 7-5 所示的弯板,右上部的倾斜结构在基本视图上不反映实形,因而不能表达清楚其形状,也不便标注尺寸。为了表达倾斜结构的真实形状,可按照换面法的原理,选择一个与该倾斜结构平行并垂直于基本投影面的辅助投影面,然后用正投影法将倾

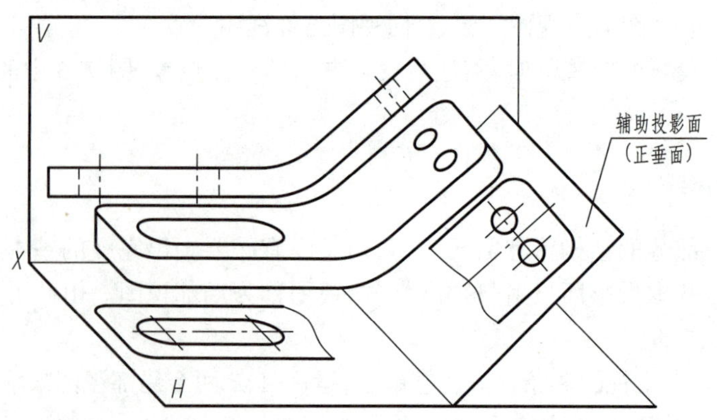

图 7-5　斜视图的形成

斜部分的结构向该投影面投射，并将其展开到与基本投影面重合，由此所得到的视图称为斜视图，如图 7-6a 中的 *A* 视图。

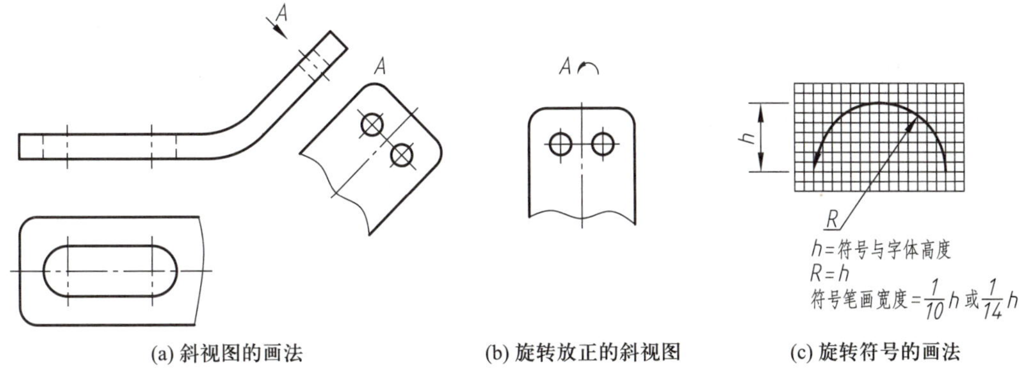

(a) 斜视图的画法 (b) 旋转放正的斜视图 (c) 旋转符号的画法

图 7-6 斜视图的画法

画斜视图的注意事项：

(1) 斜视图通常按向视图的配置形式配置并标注，如图 7-6a 所示。在视图上指明投射方向和表达的部位，并在箭头旁标注大写拉丁字母“×”，同时在斜视图上方标注相同的字母“×”，作为斜视图的名称。

(2) 必要时，在不致引起误解的情况下，允许将斜视图旋转放正。旋转放正的斜视图名称要加注表示旋转方向的旋转符号，此时，表示斜视图名称的字母要注写在旋转符号箭头的一侧，如图 7-6b 所示。国家标准《技术制图 图样画法 视图》(GB/T 17451—1998) 规定了旋转符号的尺寸和比例要求，如图 7-6c 所示。

(3) 采用斜视图是为了反映机件上倾斜部分的实际形状，因此对于已经表达清楚的其他部分应省略不画，用波浪线作为断裂边界。当所表达的倾斜结构完整，其外形轮廓线是封闭的，则可省略波浪线。

7.2 剖视图

在视图表达中，机件的内部结构或不可见的结构用细虚线绘制，过多的虚线常常会影响图形的清晰程度，既不便于读图，也不利于尺寸标注。如图 7-7a 所示，机件内部结构比较复杂，因此主视图中出现很多虚线，为了清晰表达机件的内部结构，可采用剖视图。

7.2.1 剖视的基本概念和剖视图的画法

如图 7-7b 所示，假想用剖切面剖开机件，将位于观察者和剖切面之间的部分移去，而将其余部分向投影面投射所得的图形，称为剖视图，如图 7-7c 中的主视图。

1. 剖视图的画法

(1) 确定剖切平面的位置。如图 7-8a 所示，为了使主视图中内部结构可见并反映孔的实际大小，选择通过孔回转轴线的正平面，即机件的前后对称面作为剖切平面，假想将机件剖开。

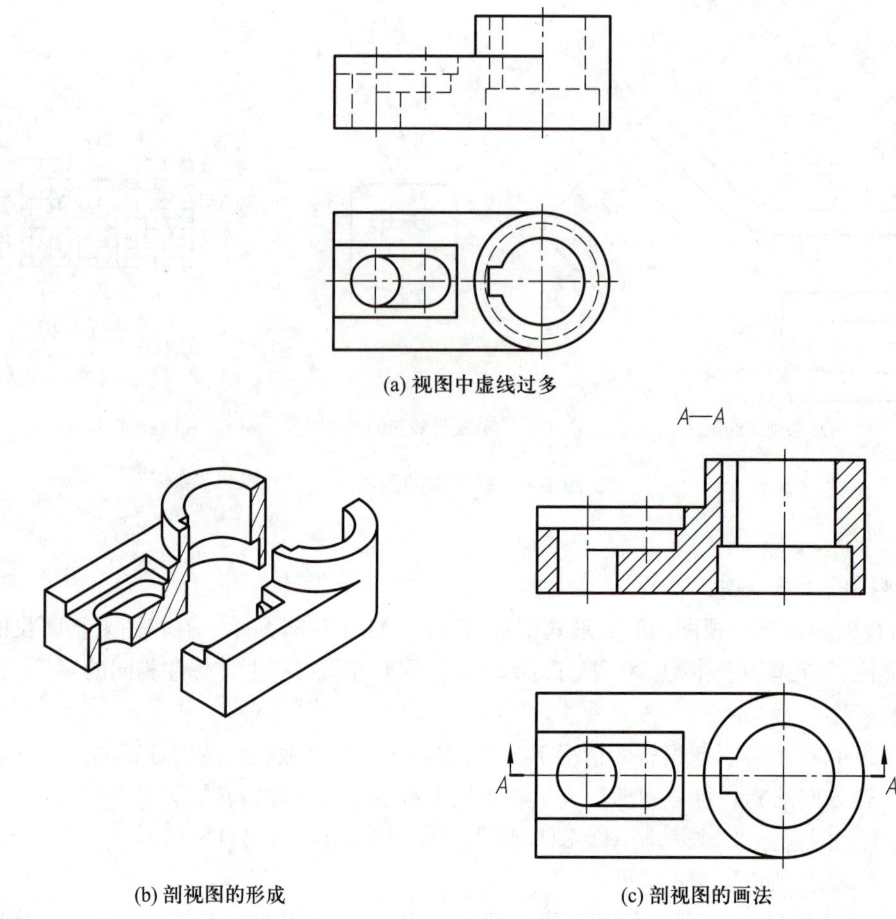

(a) 视图中虚线过多

(b) 剖视图的形成

(c) 剖视图的画法

图 7-7 剖视图

(2) 确定剖切后的视图。如图 7-8b 所示,剖开机件并移去前半部分,内部孔的转向轮廓线以及位于剖切平面后面的轮廓线都变得可见,原来主视图中表示这些不可见结构的虚线应改为实线。

(3) 在剖面区域画出剖面符号。分析剖切平面与实体接触的剖面区域,并在区域内画出剖面符号,如图 7-8c 所示。注意:只有被剖到的实体部分需要画剖面符号,孔和位于剖切平面后面的区域不是剖面区域,不画剖面符号。

(4) 校核、描粗可见轮廓线,标注剖切位置和剖视图名称,完成剖视图。如图 7-8d 所示,用短粗横线和字母“*A*”表示剖切位置,用箭头表示从前向后的投射方向,并以“*A*—*A*”表示剖视图名称。

2. 剖面符号

剖切面与机件接触的区域称为剖面区域,剖视图应在剖面区域内画出剖面符号。国家标准《技术制图　图样画法　剖面区域的表示法》中规定了不同材料的剖面符号(表 7-1),金属材料的剖面符号也可用作不注明材料的通用剖面符号。

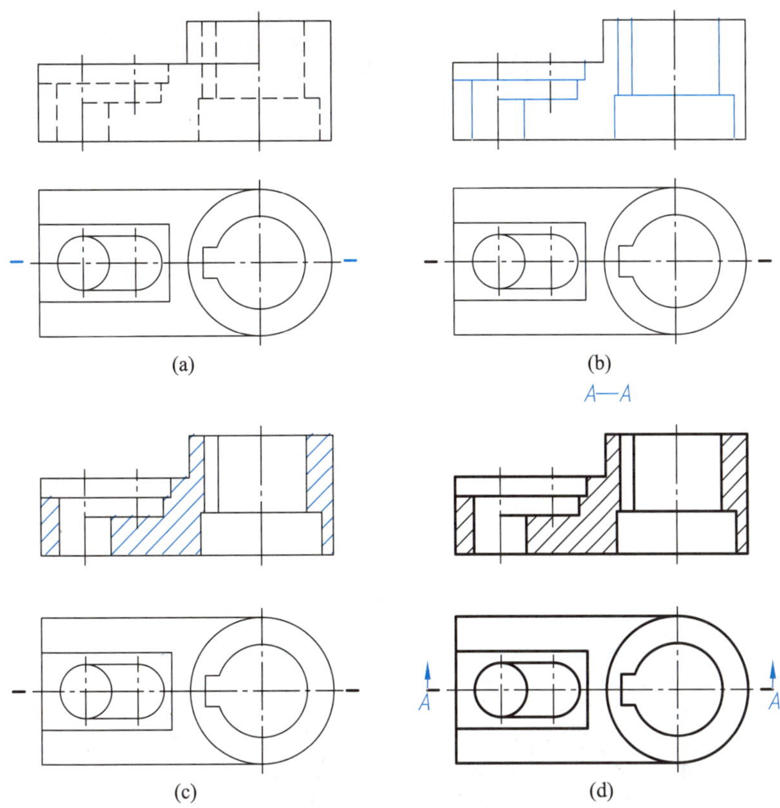

图 7-8 剖视图的画法

在同一张图样上，同一物体在各剖视图中的剖面线的方向和间隔应保持一致。当图形的主要轮廓线与水平方向成 45° 时，剖面线应画成与水平成 30° 或 60°，或与主要轮廓成 45°，以便清晰表示剖面区域，利于准确绘图和读图，如图 7-9 所示。

表 7-1 常用材料的剖面符号

材料	剖面符号	材料	剖面符号
金属（已有规定剖面符号除外）		转子、电枢、变压器和抗电器的叠钢片	
线圈绕组元件		非金属（已有规定剖面符号者除外）	

续表

材料		剖面符号	材料	剖面符号
木材	纵断面		液体	
	横断面		混凝土	
型砂、粉末冶金、砂轮、陶瓷刀片、硬质合金刀片			钢筋混凝土	
玻璃及供观察用的透明材料				

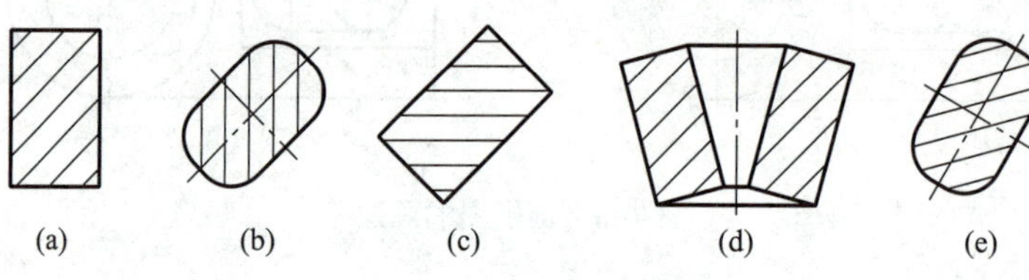

图 7-9　剖面或断面的剖面符号示例

3. 剖视图的标注

为了便于读图，在画剖视图时，应将剖切位置、投射方向和剖视图名称标注在相应的视图上。标注内容有下列三项：

(1) 剖切线：指示剖切面位置的线，以细点画线表示，一般与机件的对称线重合。

(2) 剖切符号：指示剖切平面的起、迄、转折位置（用粗短画表示）及投射方向（用箭头表示）的符号，剖切符号尽可能不与图形的轮廓线相交。

(3) 剖视图名称：在剖视图的上方中间位置用大写的拉丁字母标出剖视图的名称“×—×”，并在剖切符号旁边注上相同的字母。如果在同一张图纸上同时有几个剖视图，则其名称应该按字母顺序排列，不得重复。

图 7-10a 是剖切符号、剖切线和字母的组合标注示例，剖切线也可省略不画，如图 7-10b 所示。

下列情况下，剖视图的标注内容可以简化或省略：

(1) 当剖视图与其他视图之间按投影关系配置，中间又没有其他图形隔开时，可以省略箭头。

(2) 当剖切平面通过机件的对称平面或孔的轴线，剖切后的剖视图按投影关系配置，中间没有其他图形隔开时，可以省略标注，如图 7-11 所示。

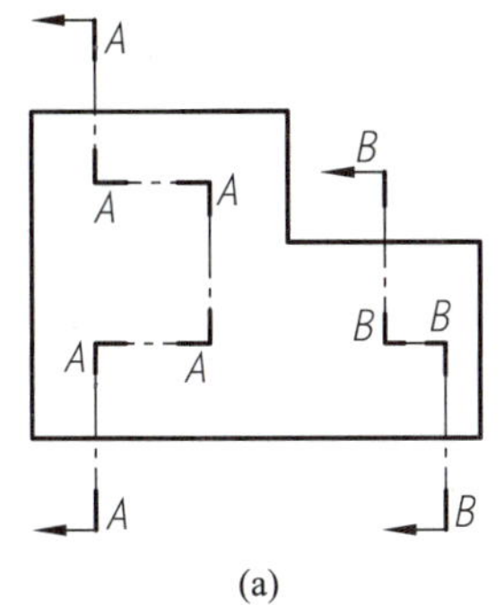

(a)

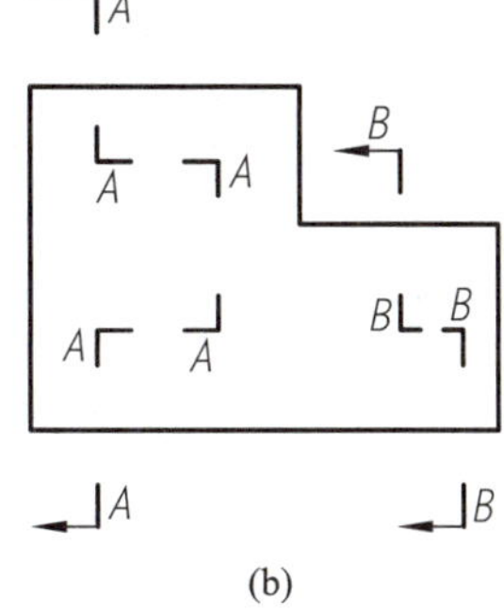

(b)

图 7-10 剖切符号、剖切线和字母的组合

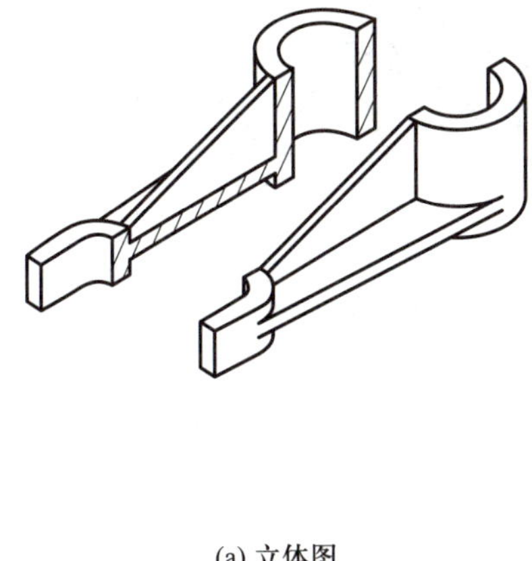

(a) 立体图

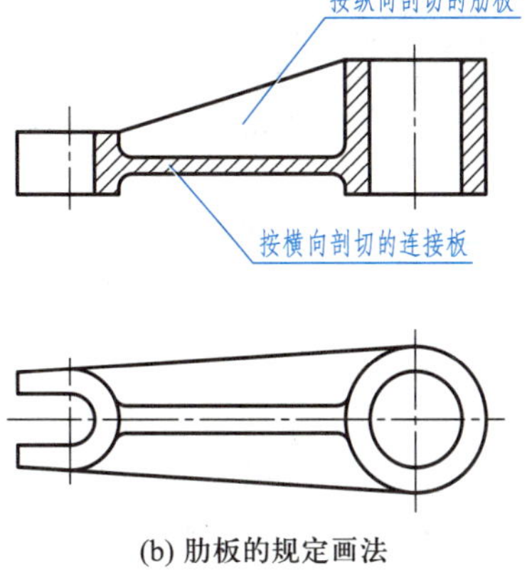

(b) 肋板的规定画法

图 7-11 剖视图中肋板的规定画法

4. 画剖视图应注意的问题

(1) 剖切过程是假想的。剖视图是假想把机件剖开以表达机件的内部结构的一种表示法，实际上机件仍然是完整的，所以在一个视图上采取剖视图表达后，其他视图不受影响，仍按完整的机件画出。如图 7-8d 中的俯视图，就是完整的外形视图。

(2) 选择剖切位置和剖切面要恰当。画剖视图时，通常选用特殊位置平面（如投影面平行面、投影面垂直面）作为剖切面（剖切面也可以用柱面）。为了能够反映机件内部结构的真实形状，便于读图和标注尺寸，剖切平面一般应通过机件的对称平面或轴线，并平行或垂直于某一投影面。

(3) 避免漏线。剖视图的过程是先“剖”后“视”，也就是剖开机件后，移去位于观察者和剖切面之间的部分，将余下部分向投影面投射。剖开后，所有可见部分应全部用粗实线画出，避免漏画剖切面后的可见部分的投影，如图 7-12a 主视图中的内部结构。

(4) 尽量省略虚线。为了使剖视图清晰，对于已经表达清楚的结构形状，其虚线应省略不画。但如果是没有表达清楚的不可见结构，则允许保留虚线或另外增加其他的视图表达。

(5) 剖视图中肋板的规定画法。当剖切平面纵切肋板（一种起着加强作用的薄壁结构）时，

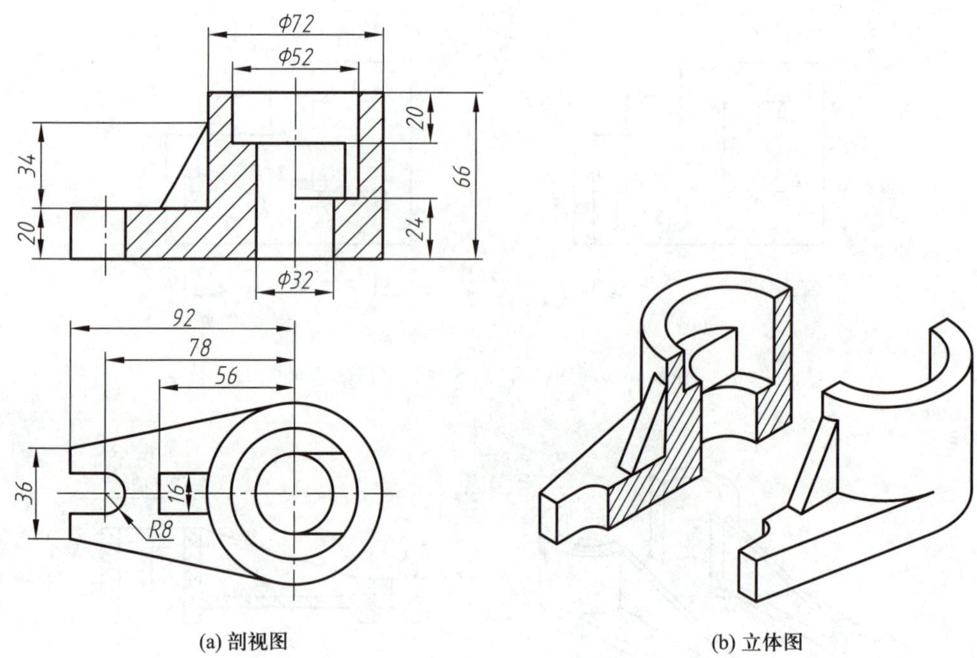

(a) 剖视图 (b) 立体图

图 7-12 用平行于基本投影面的面剖切

被剖到的肋板结构按照不剖切来画，只用粗实线将它的轮廓与邻接部分的轮廓分开，肋板结构剖面区域内不画剖面线，如图 7-11b 主视图中肋板的画法。

5. 剖视图的尺寸标注

剖视图尺寸标注与组合体尺寸标注原则相同，按照形体分析法分别标注各组成部分的定形、定位尺寸，再考虑总体尺寸进行适当调整。

国家标准规定尽量避免从细虚线引出尺寸界线标注尺寸。在剖视图中，原来用细虚线表示的不可见轮廓线将变成可见轮廓线，便于标注。如图 7-12a 中的主视图，内部的轮廓线因剖视而可见，直径尺寸 ϕ52 和 ϕ32 以及高度尺寸 20、24 的尺寸界线均由可见轮廓线引出，尺寸标注更为清晰。

7.2.2 剖切面的种类

剖视图的剖切面可以是平面和柱面。剖切面主要有三种：单一剖切面、几个平行的剖切平面、几个相交的剖切面。

1. 单一剖切面

(1) 单一剖切平面可与基本投影面平行。如图 7-12a 中的主视图和图 7-13a 中的 *B—B* 剖视图，都是用平行于基本投影面的剖切平面剖切机件得到的剖视图。

(2) 单一剖切平面也可与基本投影面不平行，但通常是投影面垂直面。如图 7-13a 所示，剖切平面为通过凸台圆柱孔轴线的正垂面，得到 *A—A* 剖视图。这种用不平行于基本投影面的剖切面得到的剖视图一般是倾斜的，但图名“×—×”必须水平书写。在不致引起误解的情况下，可将图形旋转后画出，但必须在图形上方标注旋转符号和剖视图名称。剖视图名称要标注在旋转符号的箭头侧，如图 7-13b 中的“↷ *A—A*”。

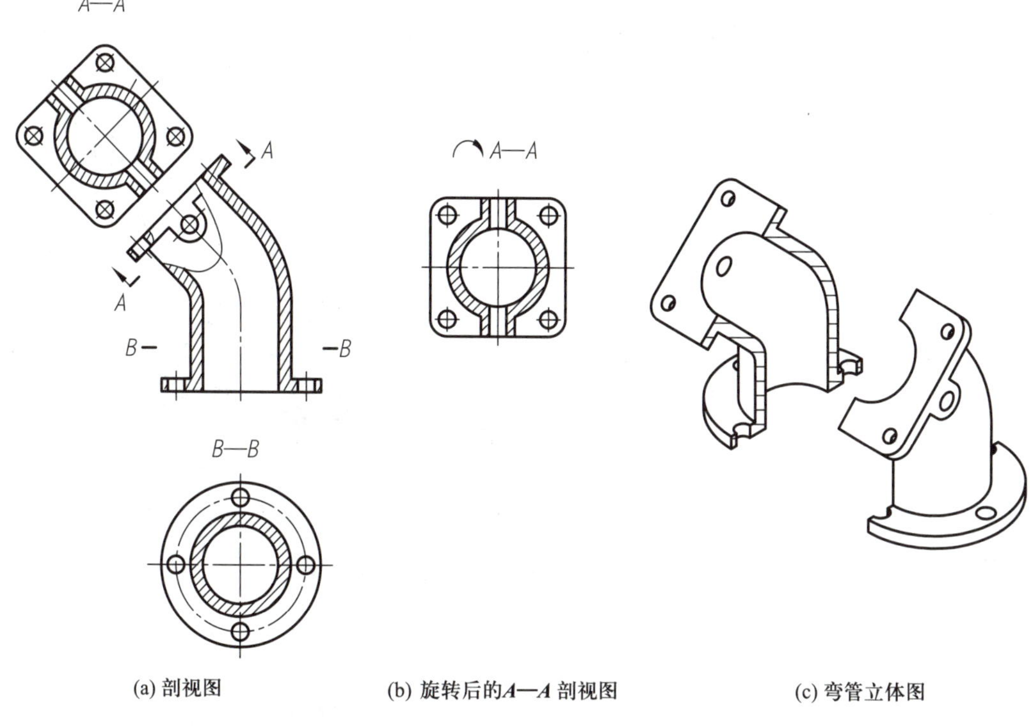

(a) 剖视图　(b) 旋转后的A—A 剖视图　(c) 弯管立体图

图 7-13　用不平行于基本投影面的面剖切

2. 几个相交的剖切面

当采用单一剖切面无法表达清楚机件的内部结构形状，且机件又具有回转轴线时，可采用几个相交的剖切面剖切。如图 7-14 所示，假想用通过机件上三个孔的水平面和正垂面剖开机件，将剖到的倾斜结构旋转到水平位置，再向 H 面进行投射，得到 A—A 剖视图。此时，A—A 剖视图可视为一个展开图形，相当于将倾斜结构按箭头所指方向旋转到水平位置后，再按投影关系作出。

作图时应注意：

(1) 采用两个或多个相交的剖切面剖切得到的剖视图，必须标注剖切位置、投射方向和剖视图名称，如图 7-14a 所示。当转折处地方有限而又不致引起误解时，允许省略字母，如图 7-17 所示。

(2) 用相交的剖切面剖切机件，应将倾斜部分旋转到与投影面平行再进行投射。剖切面的交线应通过需要表达的孔的回转轴线，并与投影面垂直。

(3) 在剖切面后的其他结构一般仍按原来位置投射，如图 7-14a 中小孔在俯视图中的投影。

(4) 当对称中心不在剖切面上的结构剖切后产生不完整要素时，应将此部分按不剖绘制。如图 7-15a 所示，采用图示的相交剖切面剖切时，中间的板被剖到一部分而出现不完整要素，但主视图中按不剖绘制。

(5) 相交的剖切面适用于表达盘、盖类具有回转轴线的零件，如图 7-16 所示。

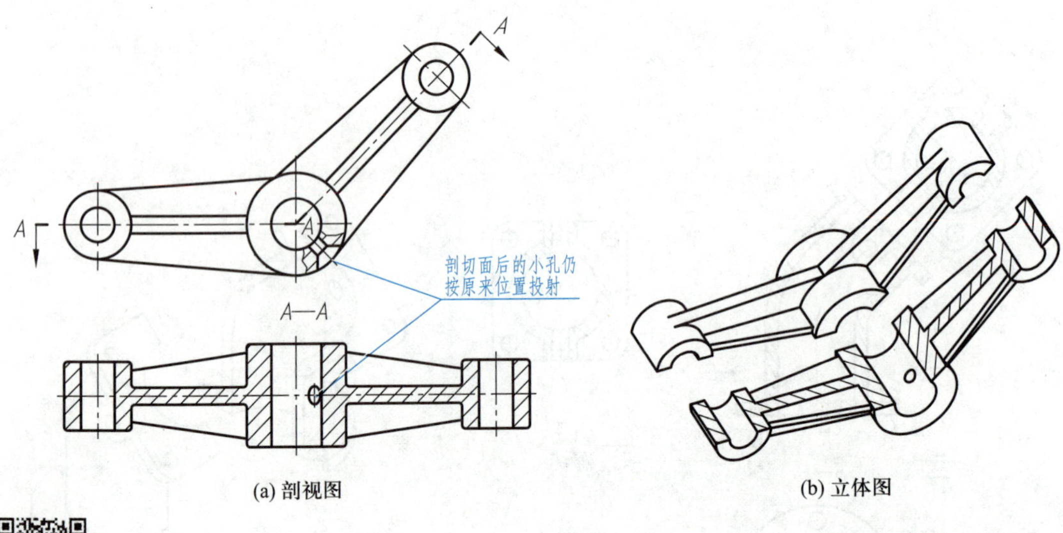

(a) 剖视图 (b) 立体图

图 7-14 两个相交的剖切面剖切

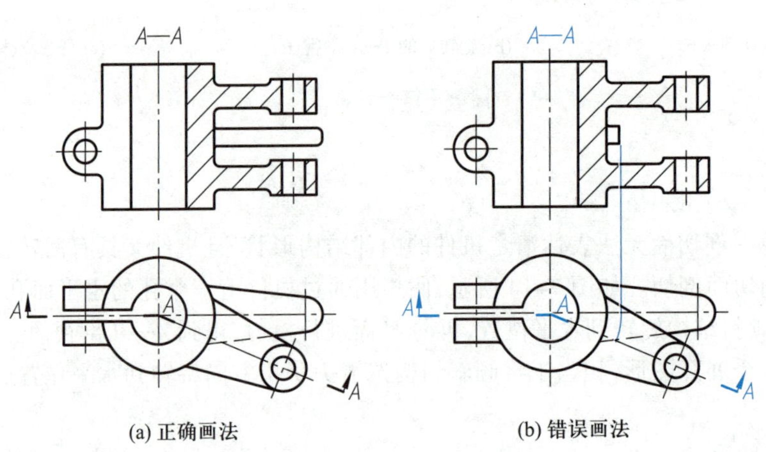

(a) 正确画法 (b) 错误画法

图 7-15 剖切产生不完整要素的处理

(6) 图 7-17 所示的剖视图是用四个相交的平面剖开机件，之后旋转到一个侧平面内得到的。这种展开绘制的剖视图，应按“×—× 展开”的形式标注剖视图名称。

3. 几个平行的剖切平面

图 7-18 所示机件的内部结构层次较多，孔、槽等结构不在同一平面上，用单一的剖切平面难以全部表达，这种情况可以用两个或多个平行的剖切平面剖开机件，画出剖视图。

作图时应注意：

(1) 采用几个平行的剖切平面剖开机件时必须标注，在剖切平面的起、讫和转折处都要用剖切符号表示剖切位置，并标注相同的字母。在两个剖切面的分界处，剖切符号应对齐。当转折处地方有限而又不致引起误解时，允许省略字母。在起、讫位置标注箭头表示投射方向。在相应的剖视图上方标注剖视图名称“×—×”，如图 7-18 所示。

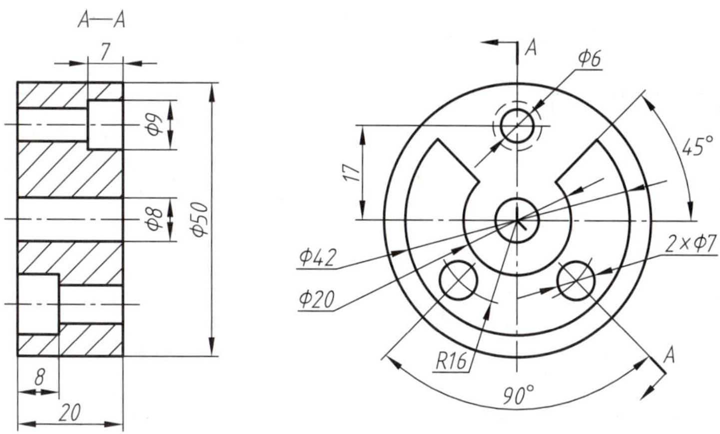

图 7-16 两个相交的剖切面

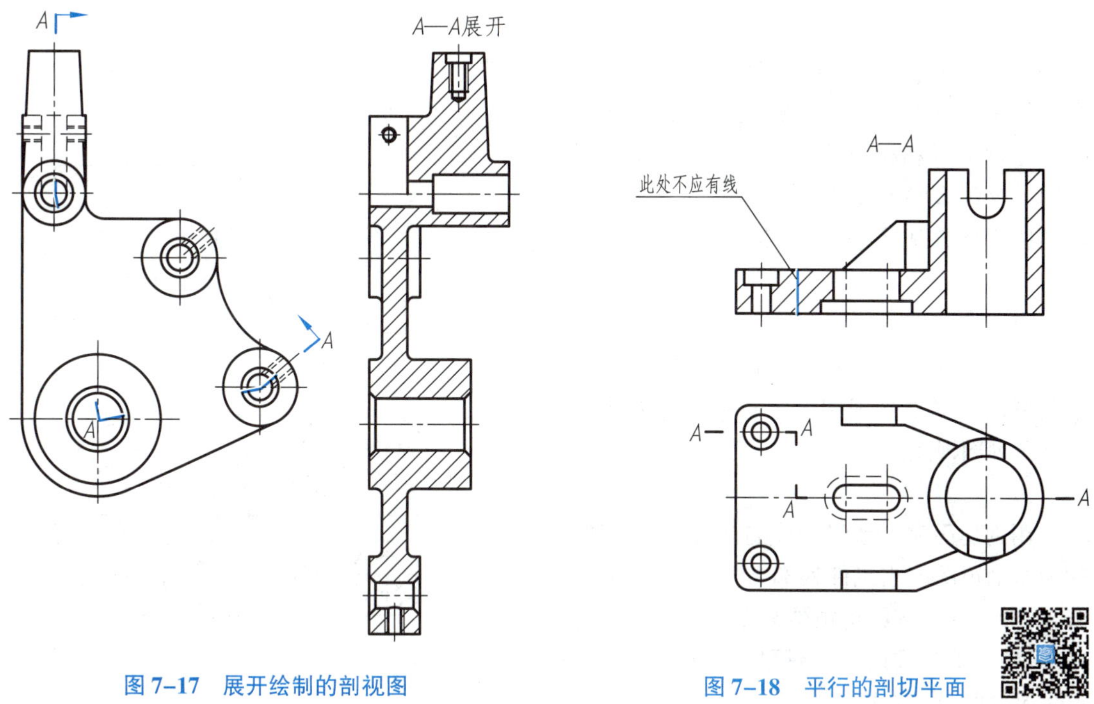

图 7-17 展开绘制的剖视图

图 7-18 平行的剖切平面

(2) 剖切平面转折处的投影不应画出，如图 7-18 所示。剖切平面的转折处不应与图中的轮廓线重合。

(3) 采用几个平行的剖切平面剖切机件，图形内不应出现不完整的要素，仅当两个要素在图形中具有公共对称中心线或轴线时，可以各画一半，此时应以公共对称中心线或轴线为界，如图 7-19 所示。

4. 多种剖切面结合

上述三种剖切面既可以单独使用，也可以结合起来使用，例如用一组平行、相交的剖切平面

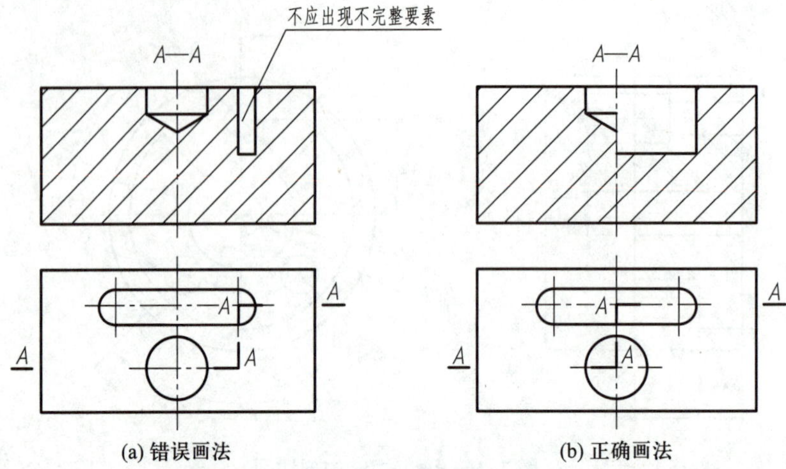

图 7-19 具有公共对称中心线的剖视图

或平面与柱面组合的剖切面剖开机件。多种剖切面结合常用于内部结构比较复杂,用单一的方法不能完全表达清楚的情况。图 7-20 所示的主视图就是用平行和相交的剖切面组合剖切得到的剖视图。这种多种剖切方法结合的剖视图需要标注剖切位置及剖视图名称。

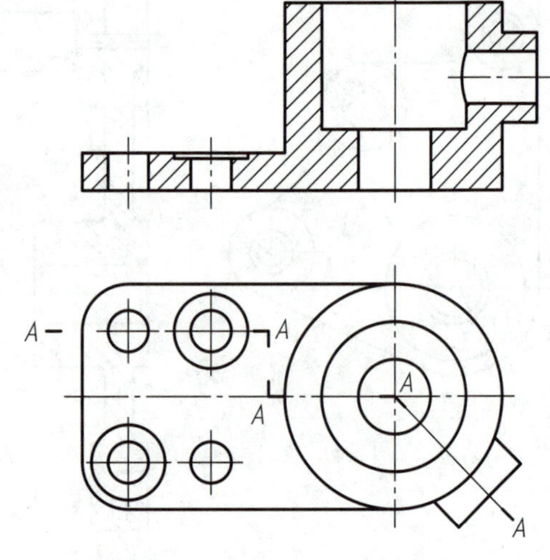

图 7-20 多种剖切平面组合剖切

7.2.3 剖视图的种类

剖视图按照剖开程度分,可以分为全剖视图、半剖视图和局部剖视图。用各种剖切方法都可获得这三种剖视图。

1. 全剖视图

用剖切面完全地将机件剖开所得到的剖视图,称为全剖视图。当机件外部结构简单、内部结构复杂,或者机件外部结构虽然复杂但已用其他视图表达清楚时,常常采用全剖视图。全剖视图的表达重点是机件的内部结构。

当单一的剖切面通过机件的对称平面或基本对称的平面,且剖视图按投影关系配置,中间又没有其他图形隔开时,可省略标注,如图 7-21 所示。

2. 半剖视图

(1) 半剖视图的概念

当机件具有对称平面时,向垂直于对称平面的投影面上投射,以对称中心线为界,一半画成视图,另一半画成剖视图,这样所得到的图形称为半剖视图,如图 7-22c、d 所示。

图 7-22 所示机件前后、左右对称,因此主视图采用了左右半剖,俯视图可采用前后半剖(如图 7-22c)或左右半剖(如图 7-22d)。

半剖视图可在一个图形上同时反映机件的内、外部结构形状。因此,当机件的内、外部结构

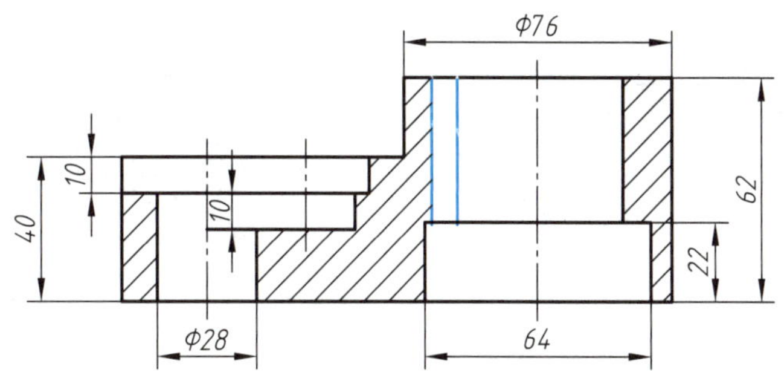

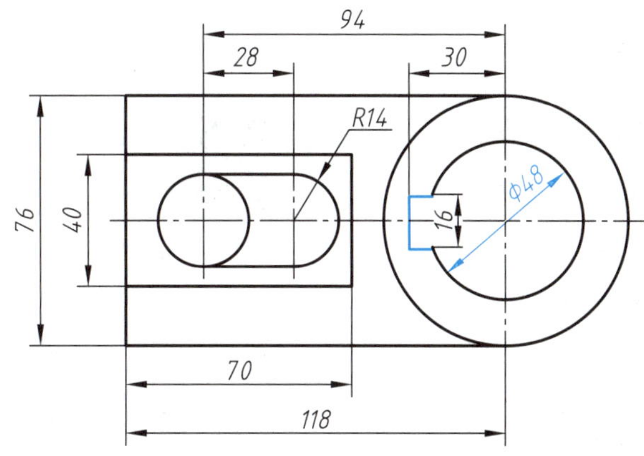

图 7–21 全剖视图

都需要表达，同时该机件对称或基本对称，而不对称部分已在其他视图中表达清楚时，可以采用半剖视图。

(2) 画半剖视图的注意事项

1) 半剖视图中，视图和剖视图的分界线应是表示对称面或回转轴线的细点画线。半剖视图也可假想为剖去对称机件的四分之一，将余下的四分之三向投影面投射得到的视图。值得注意的是，当机件的对称中心线处有其他内部或外部的图线存在时，则不宜采用半剖视图，如图 7–27 所示的机件。

2) 半剖视图中，剖视图部分已经表达清楚的内部结构，在视图部分对应的虚线应省略不画，但孔或槽等结构应画出中心线的位置，如图 7–23a 所示。

3) 半剖视图的标注与全剖视图的标注完全一样。在适当的条件下可以省略标注。注意：不同视图中的剖面线要完全相同。

(3) 半剖视图的尺寸标注

在半剖视图中，视图一侧省略了内部不可见的轮廓线，标注尺寸时只绘制单侧尺寸界线和箭头，如图 7–23 中的阶梯孔直径 $\phi26$ 和 $\phi15$。注意：$\phi26$ 和 $\phi15$ 的尺寸线应略超过对称中心线，尺寸数字仍注写在原来的位置。

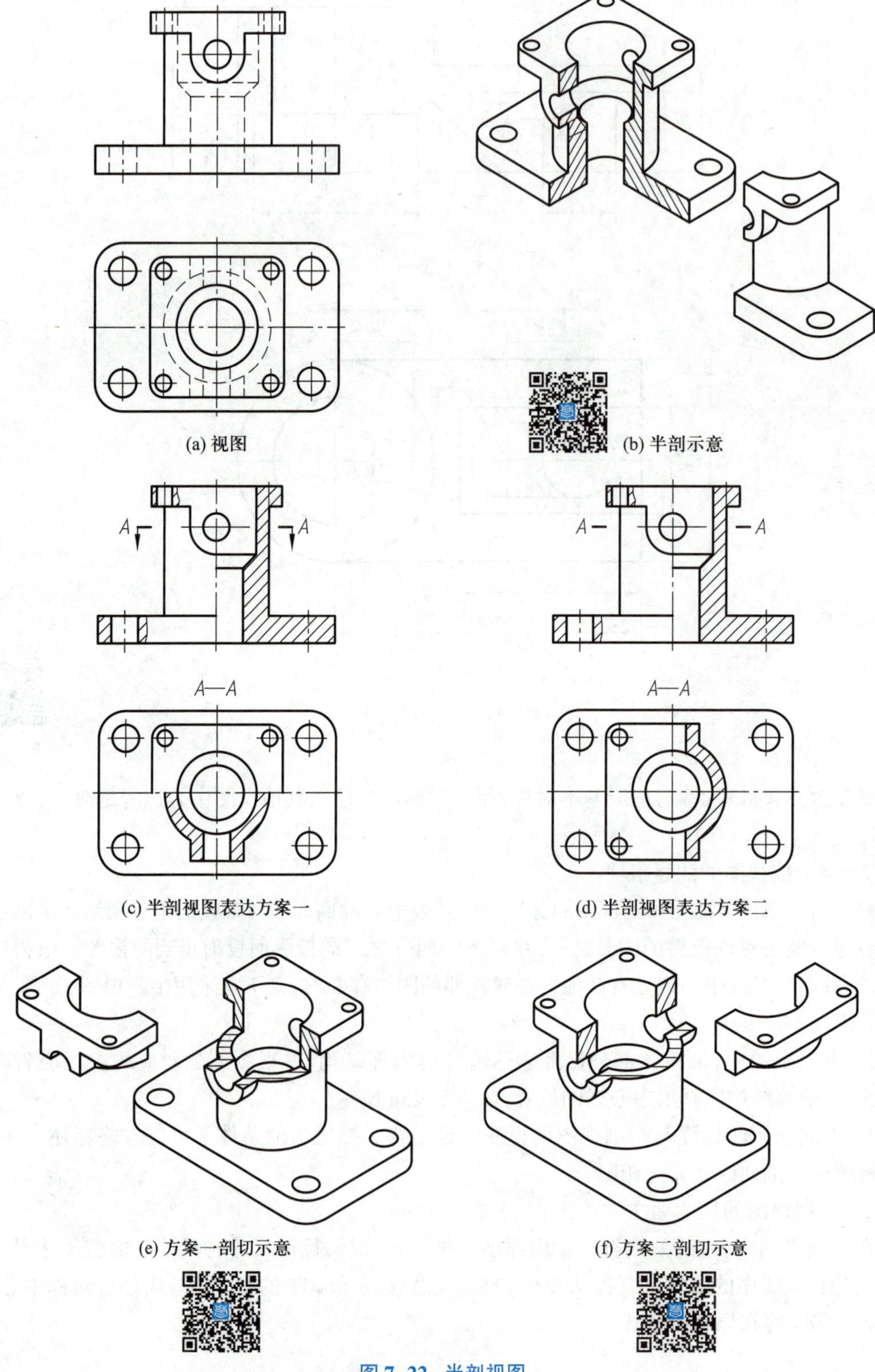

(a) 视图

(b) 半剖示意

(c) 半剖视图表达方案一

(d) 半剖视图表达方案二

(e) 方案一剖切示意

(f) 方案二剖切示意

图 7-22 半剖视图

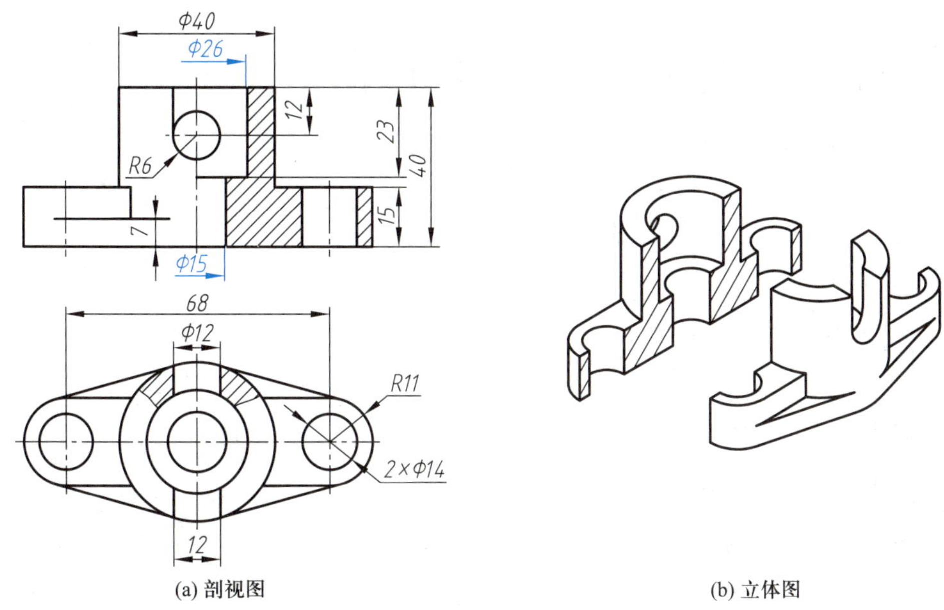

(a) 剖视图 (b) 立体图

图 7-23 半剖视图的尺寸标注

例 7-1 读图 7-24a 所示机件的视图，将主视图和左视图改画成半剖视图，并标注尺寸。

分析：由机件三视图，可以假想机件由长方形底板 *I* 、带空腔的半圆柱结构 *II* 、带阶梯孔的圆柱 *III* 和顶部法兰 *IV* 四部分组成，如图 7-24b 所示。机件前后、左右对称。表达方案如图 7-24c 所示。

俯视图的作用是为了表达顶部法兰形状和方形底板的形状。由于机件内部结构在主视图和左视图中已经表达清楚，故俯视图中省略虚线，只画出可见轮廓线。带阶梯孔的圆柱 *III* 的外部结构形状（圆柱体）可以通过标注直径 $\phi22$ 来间接表达。

3. 局部剖视图

用剖切面局部地剖开机件所得的剖视图，称为局部剖视图。图 7-13a 中的主视图采用了局部剖视图，在表达弯管内部结构的同时，保留了上部凸台结构的外形特征。局部剖视不受图形是否对称的限制，剖切位置和范围可根据需要决定，是一种非常灵活的表达方法，在工程中应用广泛。常用于内部、外部结构形状都比较复杂，而又不必或不宜采用全剖视图或半剖视图表达的机件，如图 7-25 所示。

（1）局部剖视图适用情况

1）当不对称机件的内、外部结构形状都需要表达，而它们的投影基本不重叠时，适合采用局部剖视图。如图 7-26 所示的机件，由于机件前面和顶部都有需要表达的外形结构，因此主视图和俯视图都不宜采用全剖视图。而采用局部剖视图，既可以表达内部的空腔结构以及孔的贯穿情况，又可以将机件顶部和前方有孔的凸台的外形特征清晰表达。

2）当对称机件的对称中心线与机件上其他结构图线重合，不适合采用半剖视图表达时，可采用局部剖视图兼顾内、外部结构形状的表达。如图 7-27 所示的三种情况，主视图对称中心线的位置有外形或内部轮廓线，因此采用了局部剖视图。

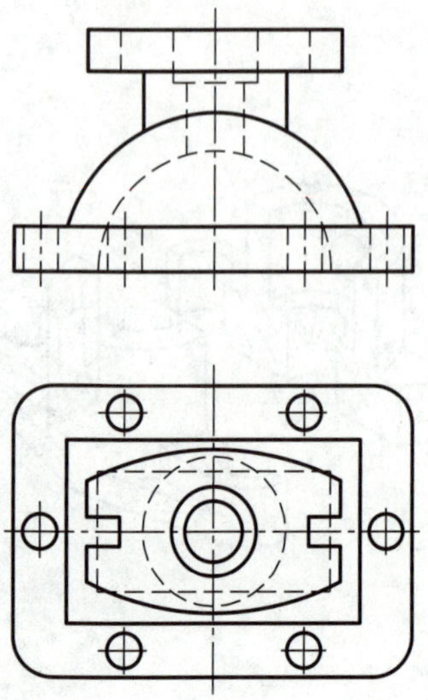

(a) 视图

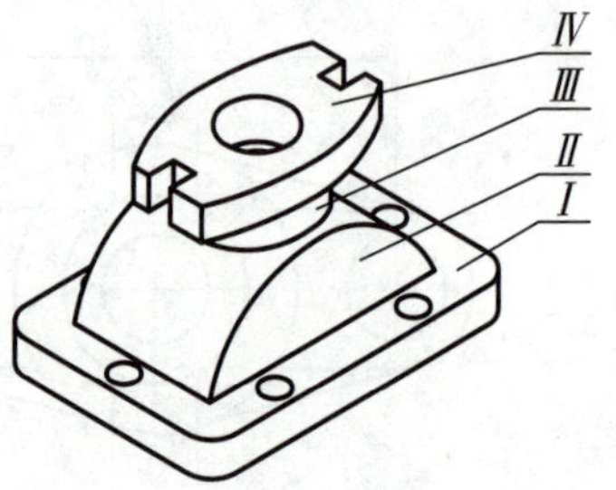

(b) 形体分析

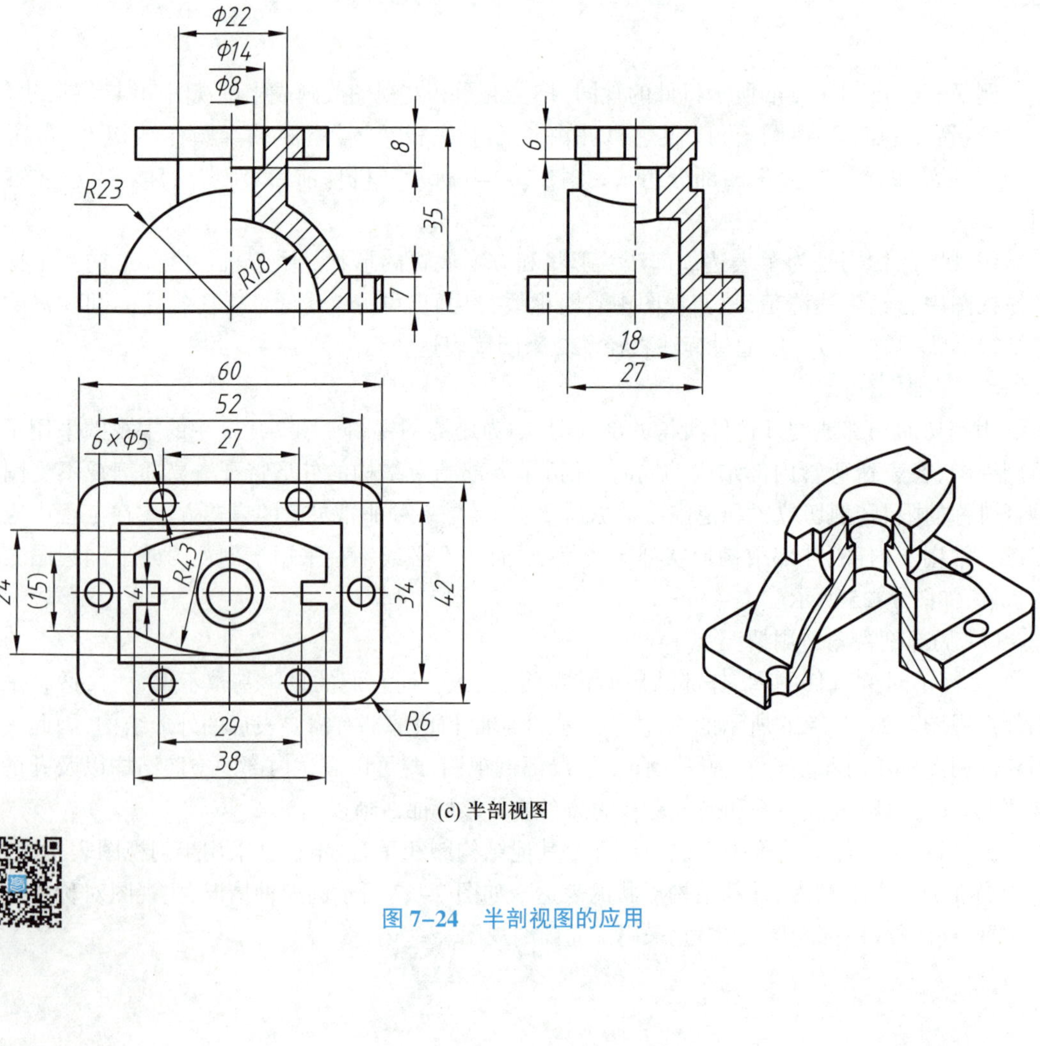

(c) 半剖视图

图 7–24 半剖视图的应用

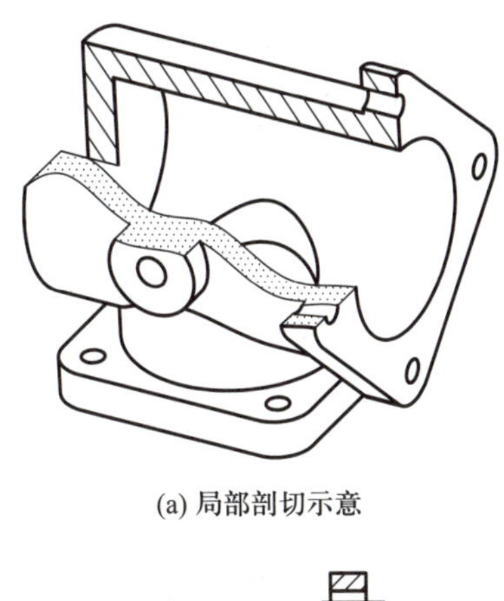

(a) 局部剖切示意

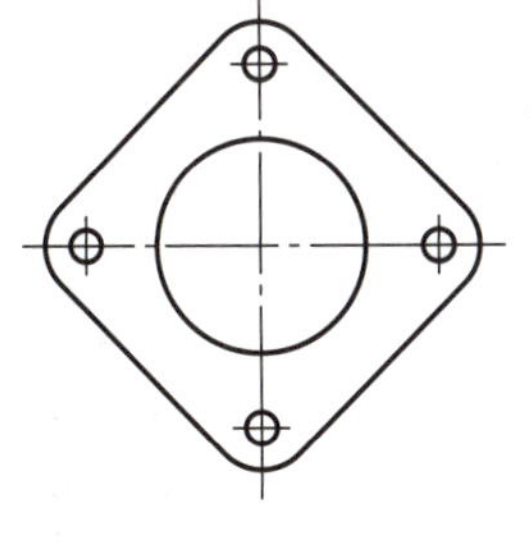

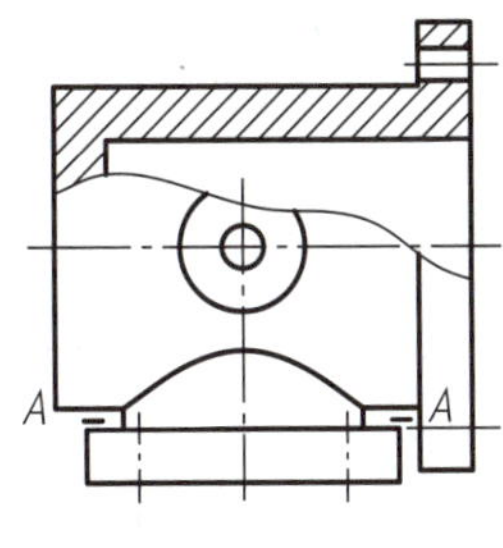

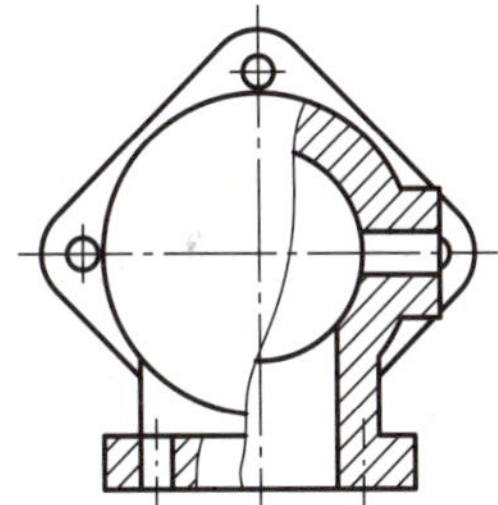

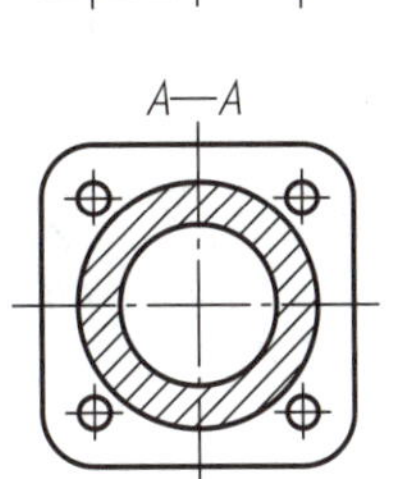

(b) 局部剖视图

图 7-25 局部剖视图(一)

(2) 画局部剖视图的注意事项

1) 局部剖视图一般以波浪线作为被剖开部分与未剖开部分的分界线。波浪线不能超出实体之外(不可超出机件轮廓线之外),遇到孔、槽等中空结构,波浪线应该断开,如图 7-26 所示。为了读图清晰,波浪线不能与图形中其他图线重合,也不能画在其他图线的延长线上,如图 7-28 所示。图 7-29 给出了局部剖视图中波浪线正确画法和错误画法的对照。

2) 当单一剖切平面的剖切位置比较明显时,局部剖视图不必标注。对于特别复杂的机件,如果不标注会不明确或产生歧义,则应进行标注,标注形式与全剖视图的标注完全相同。如图 7-50 所示,剖视图中的 *B—B* 局部剖视图需要标注出剖切位置及局部剖视图的名称。

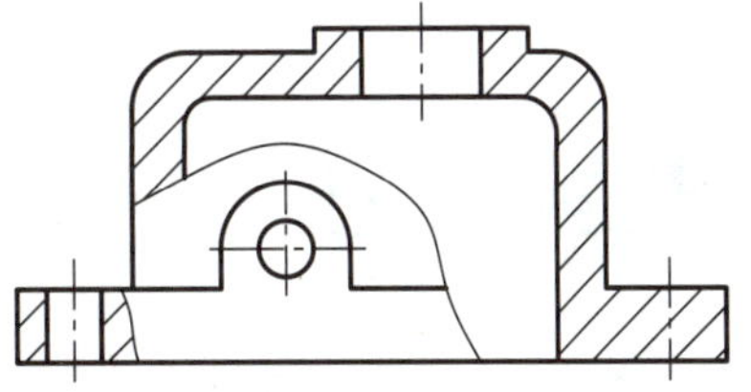

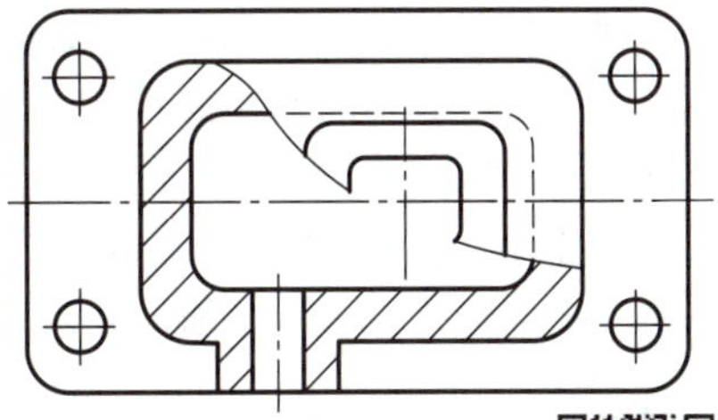

图 7-26 局部剖视图(二)

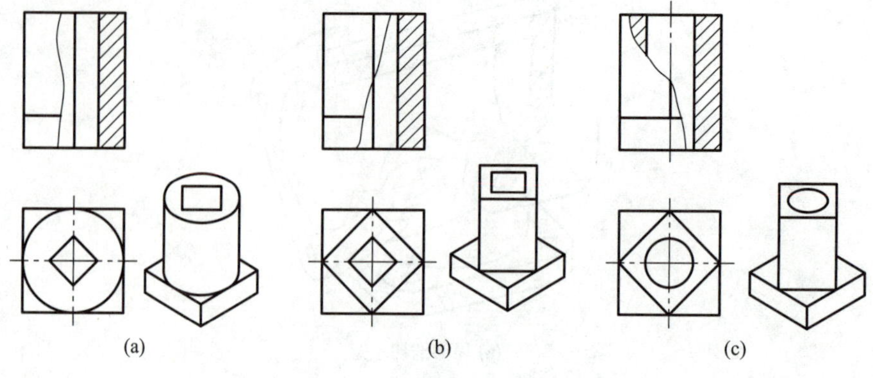

图 7-27 局部剖视图(三)

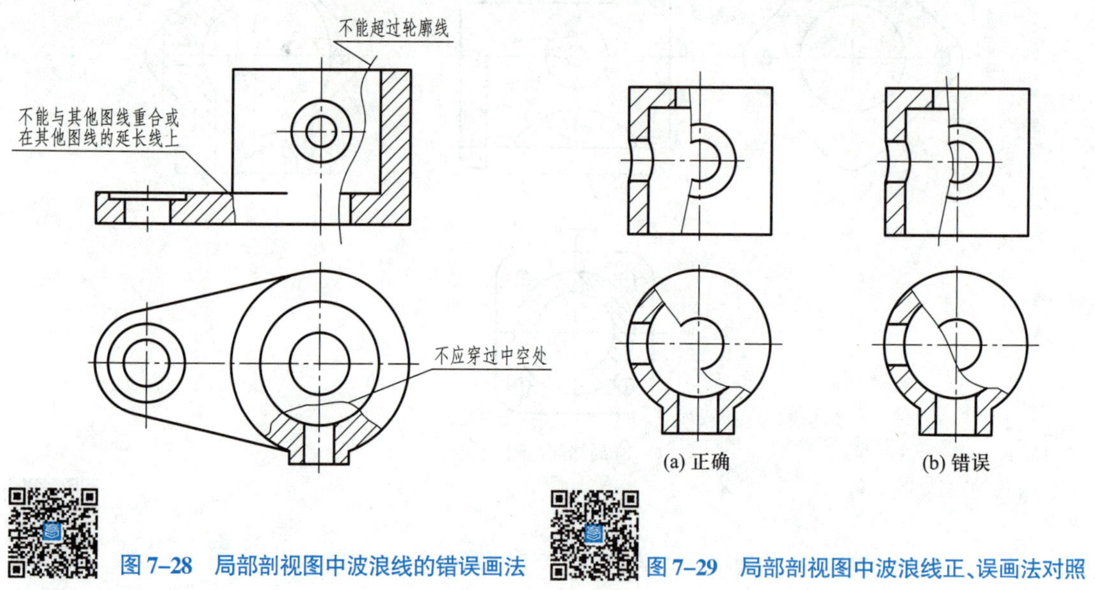

图 7-28 局部剖视图中波浪线的错误画法

图 7-29 局部剖视图中波浪线正、误画法对照

7.3 断面图

7.3.1 断面图的概念

假想用剖切面将机件的某处截断,仅画出剖切面与机件接触部分(即剖面区域)的图形,称为断面图,简称为断面。断面图常用于轴上结构的表达(例如图 7-30a 所示轴上的键槽、小孔),以及表达机件上的肋板、轮辐、杆件和型材的断面形状等。

断面图与剖视图的区别在于,断面图只画出剖面区域的形状,而剖视图除了画出剖面区域以外,还要画出位于剖切面后方的所有可见部分的投影,如图 7-30b、c 所示。

7.3.2 断面图的分类

断面图根据所配置的位置不同,可分为移出断面图和重合断面图。

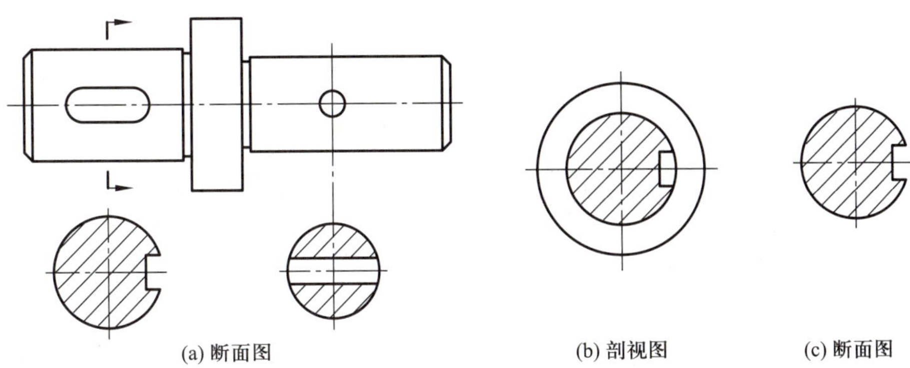

图 7-30　断面图与剖视图

1. 移出断面图

画在视图轮廓线之外的断面图称为移出断面图。

(1) 移出断面图的画法

移出断面图的轮廓线用粗实线绘制，并尽可能配置在剖切符号的延长线上（图 7-30a、图 7-32）；必要时也可画在其他位置，但此时必须标注，如图 7-31 所示。若断面图的图形对称，移出断面图可画在视图的中断处，如图 7-33 所示。

剖切平面应与被剖切部分的主要轮廓线垂直，如图 7-32 所示。如果用一个剖切面不能满足要求时，可以用相交的两个或多个剖切面分别垂直于机件的轮廓线剖切，此时断面图中间应用波浪线断开，如图 7-34 所示。

当剖切平面通过由回转面形成的孔或凹坑的轴线时，这些结构按剖视绘制，如图 7-35a 所示的圆锥凹坑，图 7-35b 所示的通孔和盲孔。当剖切平面通过由非回转面形成的空腔，会导致出现完全分离的断面时，断面图也应按剖视绘制，如图 7-36 所示。

(2) 移出断面图的标注

移出断面图的标注与剖视图的标注基本相同，用剖切符号表示剖切位置及剖切后的投射方向（箭头），并标注字母，在相应的断面图上方正中位置用相同字母标注其名称“×—×”。

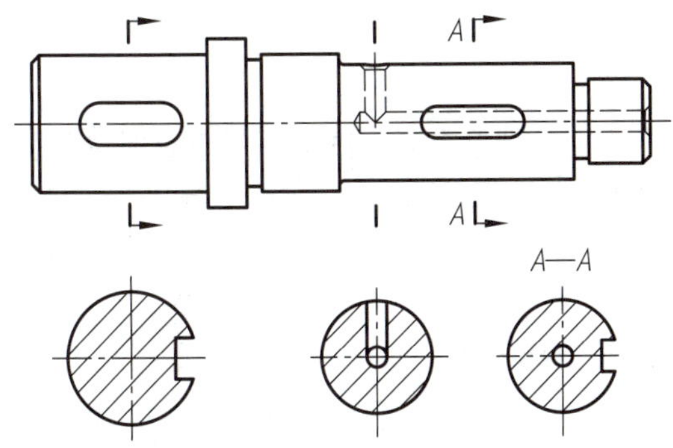

图 7-31　配置在其他位置的移出断面图

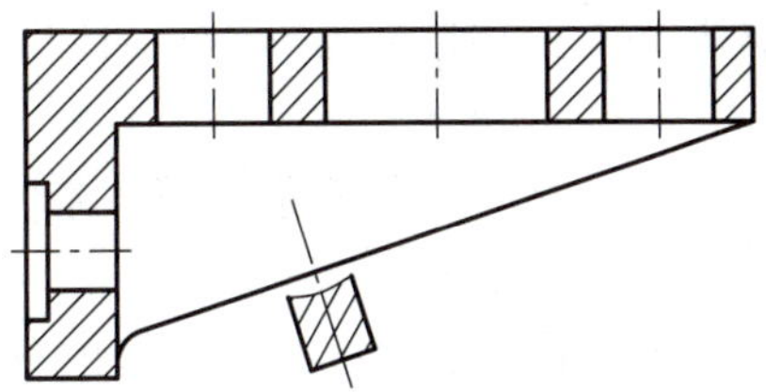

图 7-32　肋板的移出断面图

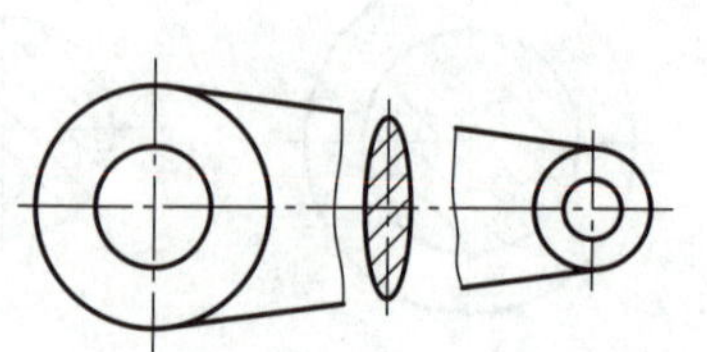

图 7-33 配置在视图中断处的移出断面图

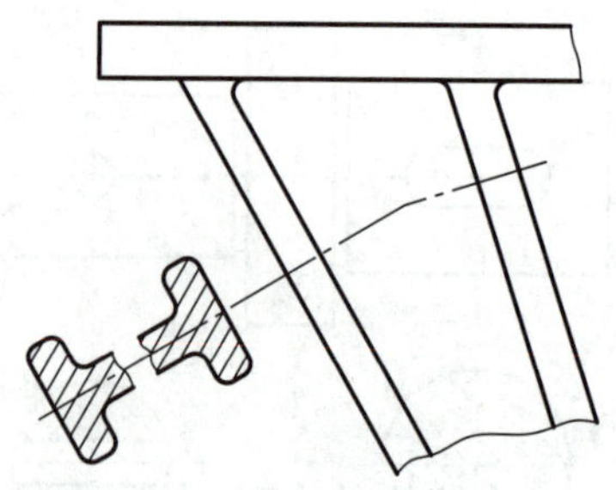

图 7-34 断开的移出断面图

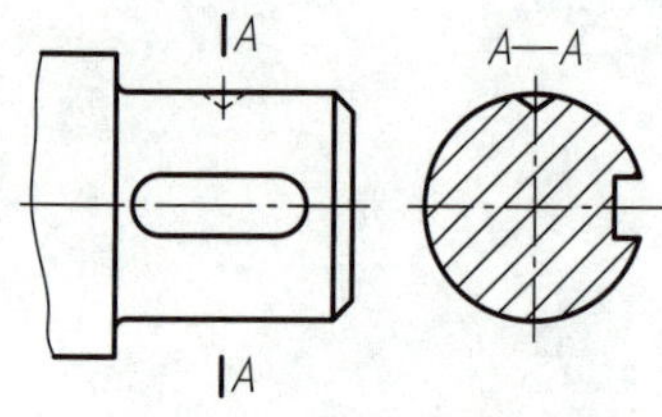

(a) 圆锥凹坑按剖视图绘制

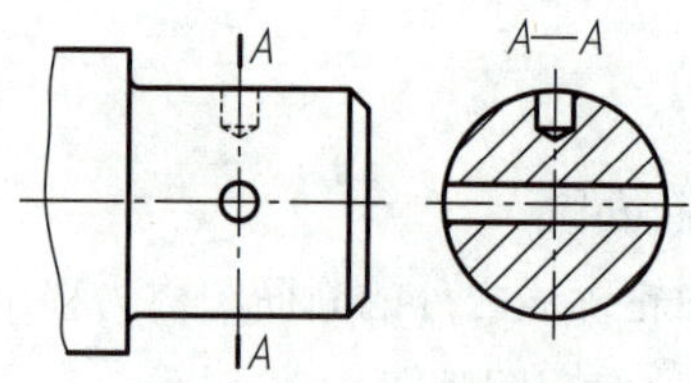

(b) 通孔和盲孔按剖视图绘制

图 7-35 按剖视图绘制的移出断面图(一)

移出断面图可省略标注的情况如下:

1) 省略字母。配置在剖切符号延长线上的不对称移出断面图,可省略字母。

2) 省略箭头。对称的移出断面,以及按投影关系配置的不对称移出断面可省略箭头。

3) 省略字母和箭头。配置在剖切线延长线上的对称移出断面可省略字母和箭头。

4) 省略标注。配置在视图中断处的对称移出断面可省略标注。

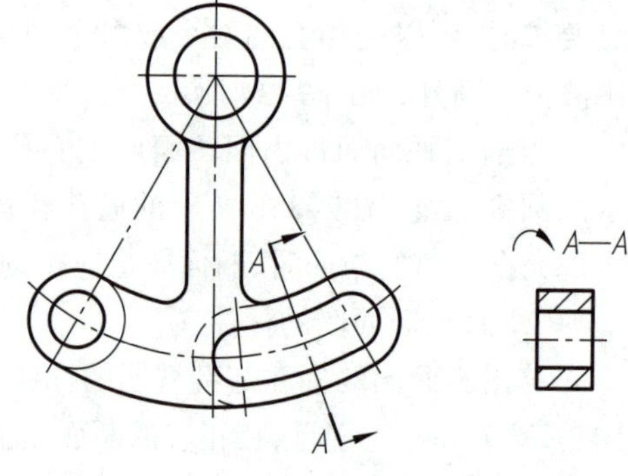

图 7-36 按剖视图绘制的移出断面图(二)

2. 重合断面图

画在视图内的断面图称为重合断面图。

(1) 重合断面图的画法

重合断面的轮廓线用细实线绘制。当视图中轮廓线与重合断面图的图形重叠时,视图中的轮廓线仍需完整、连续地画出,不可间断,如图 7-37 所示。

(2) 重合断面图的标注

1) 不对称的重合断面图,可省略标注,如图 7-37 所示。

2) 对称的重合断面图,不必标注,如图 7-38、图 7-39 所示。

注意比较表达肋板断面形状的移出断面图(图 7-32)和重合断面图(图 7-39)的区别和联系。

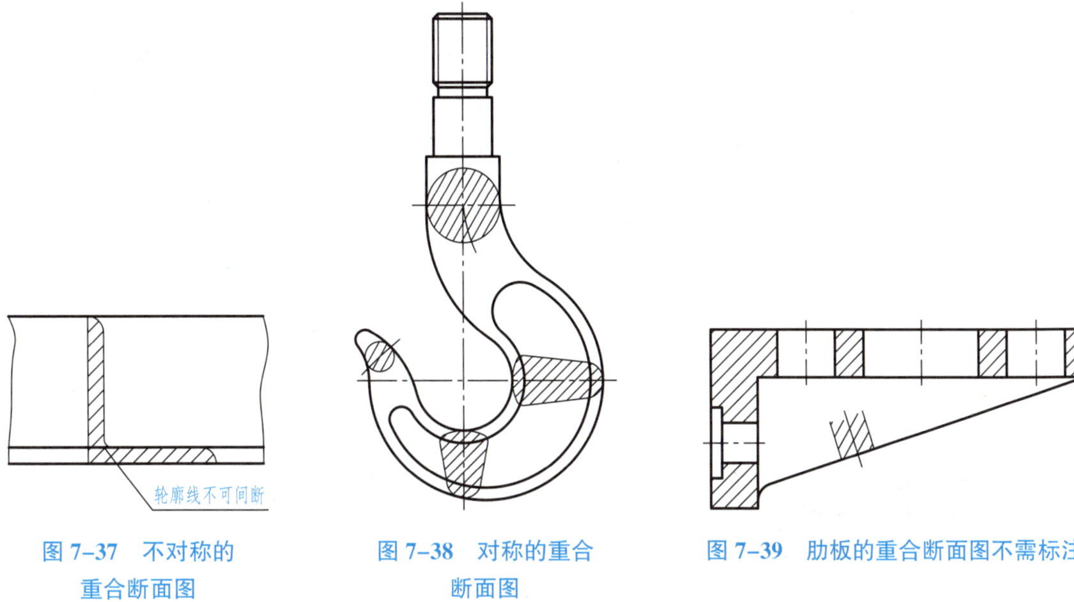

图 7-37 不对称的重合断面图

图 7-38 对称的重合断面图

图 7-39 肋板的重合断面图不需标注

7.4 局部放大图、简化表示法和规定画法

为了使图样清晰并简化作图，国家标准《技术制图》《机械制图》规定了局部放大图、简化表示法和其他的规定画法。简化原则：保证不致引起误解和不会产生理解的多义性，在此前提下，力求作图简便；便于识读和绘制，注重简化的综合效果；在考虑便于手工绘图和计算机绘图的同时，还要考虑缩微制图的要求。

7.4.1 基本要求

(1) 应避免不必要的视图和剖视图，如图 7-40 所示。

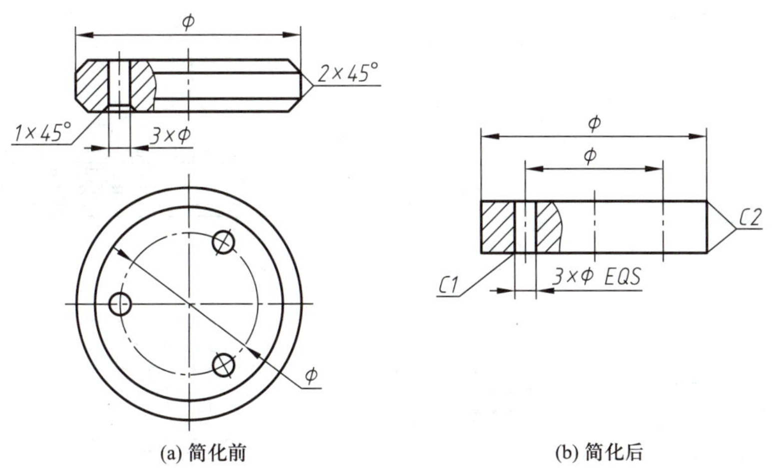

(a) 简化前　(b) 简化后

图 7-40 避免不必要的视图

(2) 在不致引起误解时,应避免使用虚线表示不可见结构,如图 7-41 所示。

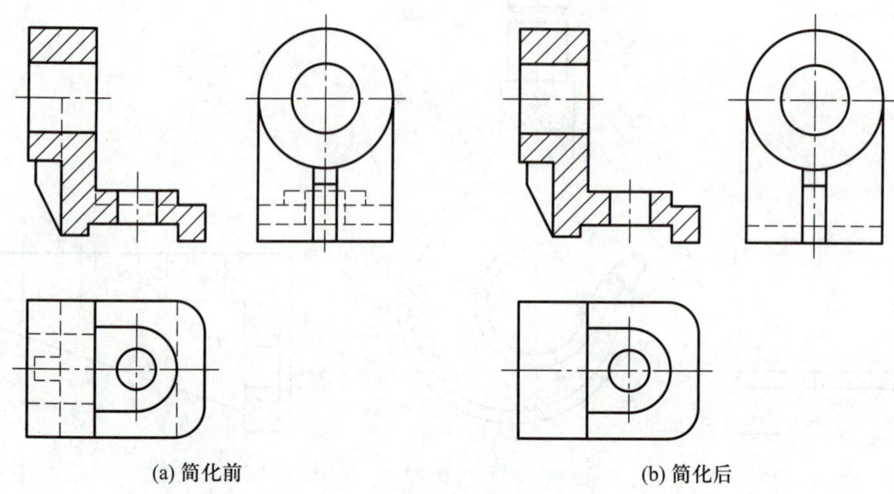

图 7-41 避免用细虚线表达

7.4.2 局部放大图

用大于原图所采用的比例画出的图形,称为局部放大图,如图 7-42 所示。

画局部放大图的注意事项

(1) 局部放大图可画成视图、剖视图或断面图,与被放大部位原来的表达方式无关。图 7-42 中的局部放大图 *II* 采用了剖视图表达。

(2) 局部放大图的比例仍为图形与实物相应要素的线性尺寸之比,与原图采用的比例无关。

(3) 局部放大图应尽量配置在被放大部位的附近,与整体联系的部分需用波浪线画出分界。

(4) 画局部放大图时,原视图上被放大部位应用细实线圈出。若机件有多处被放大部位,需用罗马数字依次编号标明被放大的部位,并在局部放大图的上方注出相应的罗马数字及所采用比例,如图 7-42 所示。若机件上只有一处被放大部位时,则只需在局部放大图上方标注所采用的比例,如图 7-43 所示。

(5) 必要时,可用几个视图表达同一个被放大部位的结构,如图 7-44 所示。

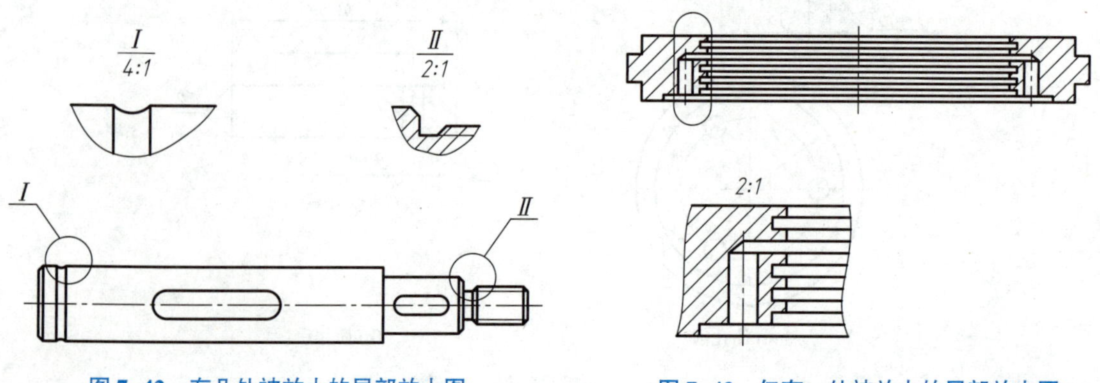

图 7-42 有几处被放大的局部放大图

图 7-43 仅有一处被放大的局部放大图

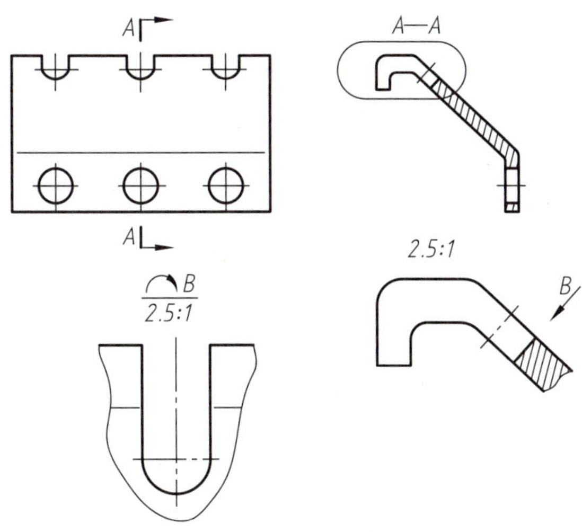

图 7-44 用几个视图表达同一个被放大部位的结构

7.4.3 简化表示法和规定画法

(1) 在局部放大图表达完整的前提下，允许在原视图中简化被放大部位的图形，如图 7-45 所示。

(2) 在需要表示位于剖切平面前的结构时，这些结构按假想的投影画出，以细双点画线绘制其轮廓线。图 7-46 中用细双点画线绘制出位于剖切平面之前的键槽形状。

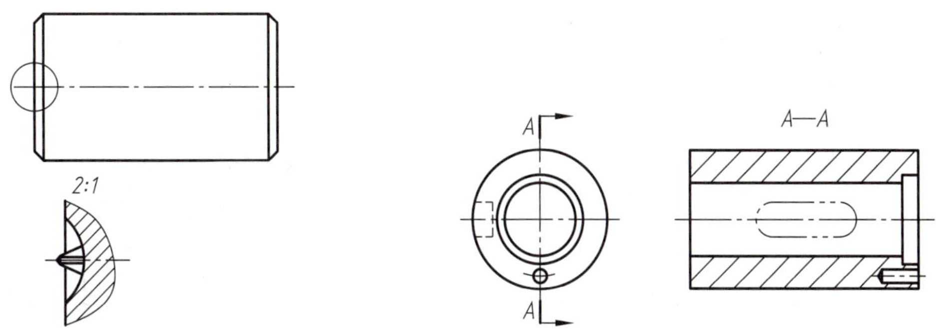

图 7-45 局部放大部位在原视图中简化

图 7-46 用假想线表示剖切平面前的结构

(3) 对于机件上的肋板、轮辐及薄壁等结构，如果纵向剖切（剖切平面垂直于肋板和薄壁的厚度方向或通过轮辐的轴线剖切），这些结构都不画剖面符号，而用粗实线将其与邻接部分分开，如图 7-47a 主视图中的肋板和图 7-48 主视图中的轮辐。按其他方向剖切肋板和轮辐时，应画出剖面符号，如图 7-47a 中的 *A—A* 视图，剖面区域应该画出剖面符号。

(4) 当零件回转体上均匀分布的肋板、轮辐、孔等结构不处于剖切平面上时，可将这些结构旋转到剖切平面上画出，如图 7-48 所示。

(5) 用一个公共剖切平面剖开机件，按不同方向投射得到的两个剖视图，应按图 7-49 所示的形式标注。

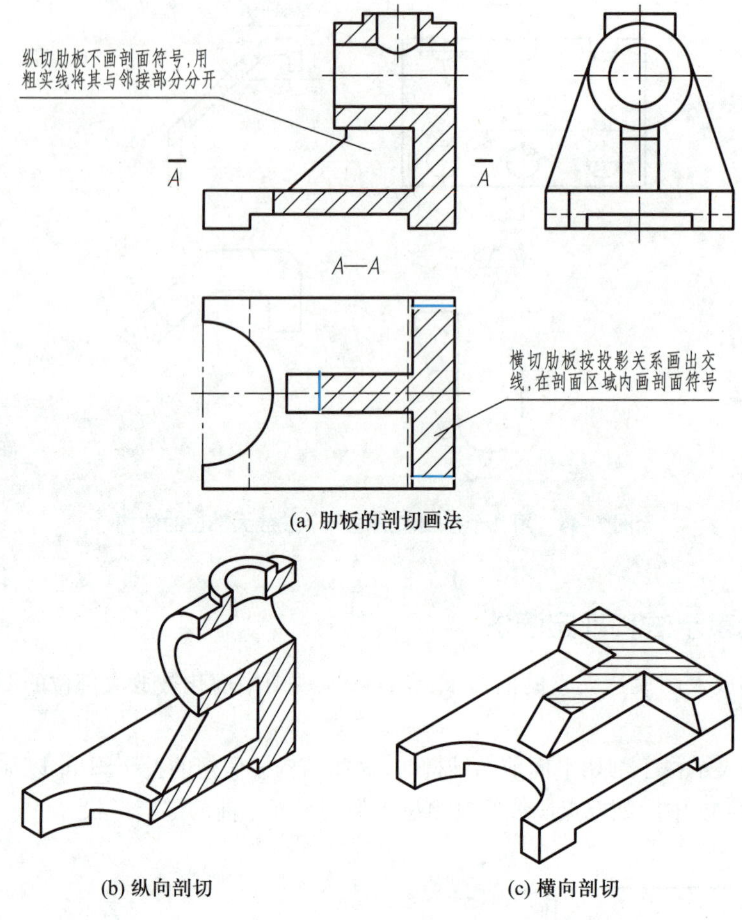

(a) 肋板的剖切画法

(b) 纵向剖切

(c) 横向剖切

图 7–47 肋板的剖切画法

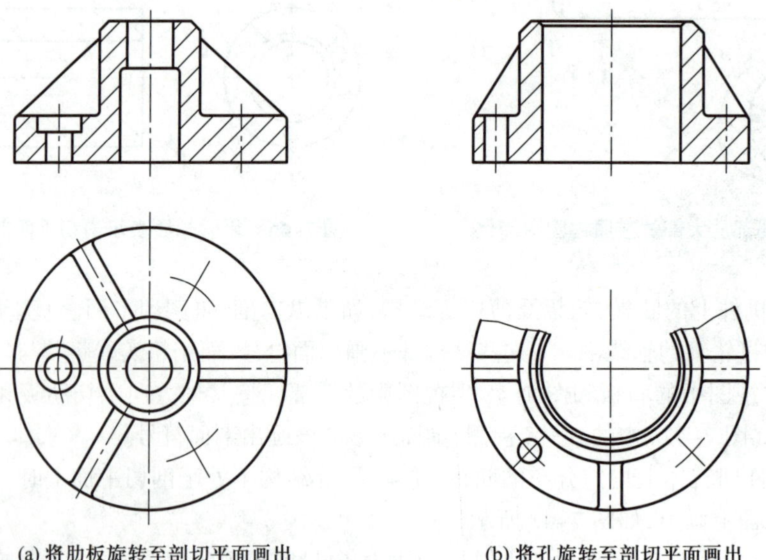

(a) 将肋板旋转至剖切平面画出

(b) 将孔旋转至剖切平面画出

图 7–48 均匀分布的肋板和孔的画法

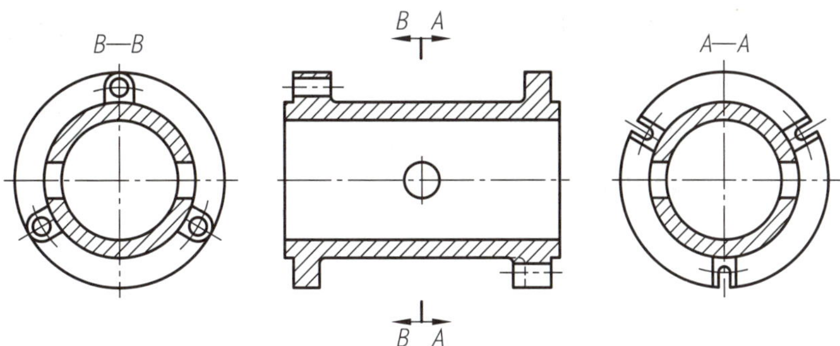

图 7-49 用一个公共剖切平面获得的两个剖视图

(6) 剖视图中的局部剖视表达。在剖视图中允许再作一次局部剖视，采用这种方法表达时，两个剖面区域内的剖面线应保持方向、间隔一致，相互错开绘制。为了方便读图，一般需要标注剖切位置，并用引线标注出其名称，如图 7-50 所示。

(7) 重复结构的简化画法。

1）当机件具有若干形状相同并按一定规律分布的齿、槽等结构，只需画出几个完整的结构，其余用细实线画出分布范围，并注明该结构的总数。图 7-51 所示为同一机件简化后与简化前的视图。

2）若干直径相同且成规律分布的孔，可以仅画出一个或少量几个，其余只需用细点画线或小圆点表示其中心位置，如图 7-52 所示。

3）圆柱法兰（圆盘）上均匀分布孔的简化画法。圆柱形法兰和类似零件上均匀分布的孔，

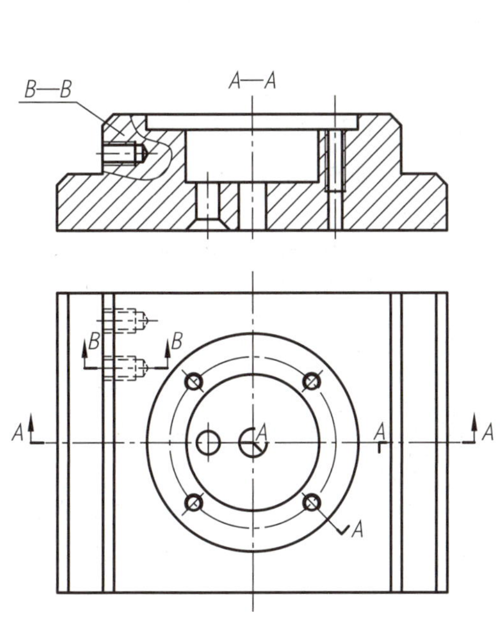

图 7-50 剖视图中的局部剖视表达

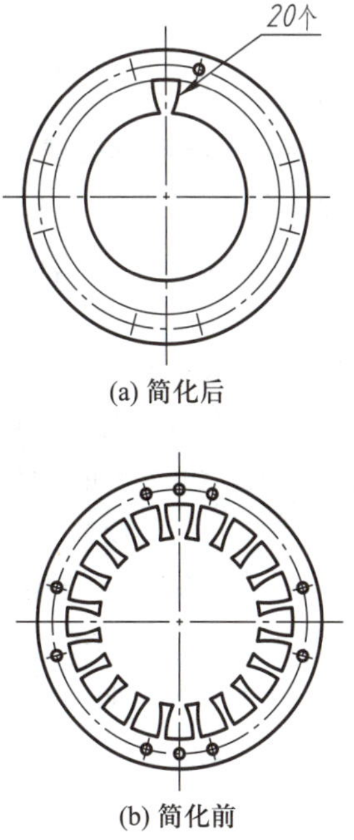

图 7-51 相同结构的画法比较

可按图 7-53 所示的方法表示，由机件外向该法兰端面方向投影，仅画出均匀分布的孔和定位中心线。

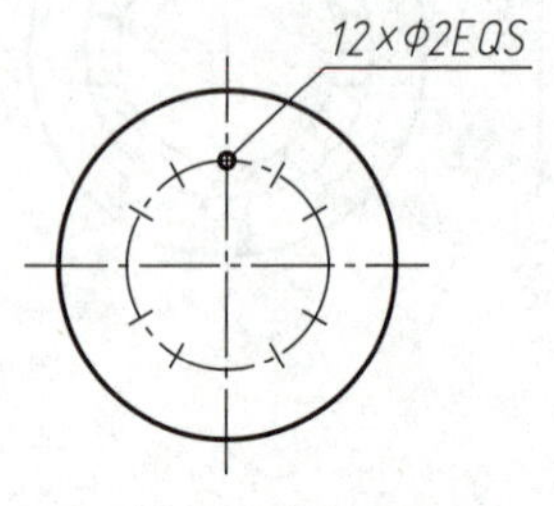

(a) 成圆周均匀分布孔的简化

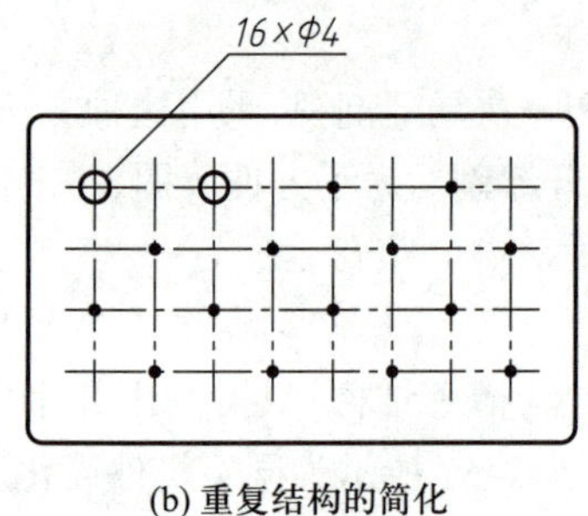

(b) 重复结构的简化

图 7-52　直径相同的成规律分布孔的简化画法

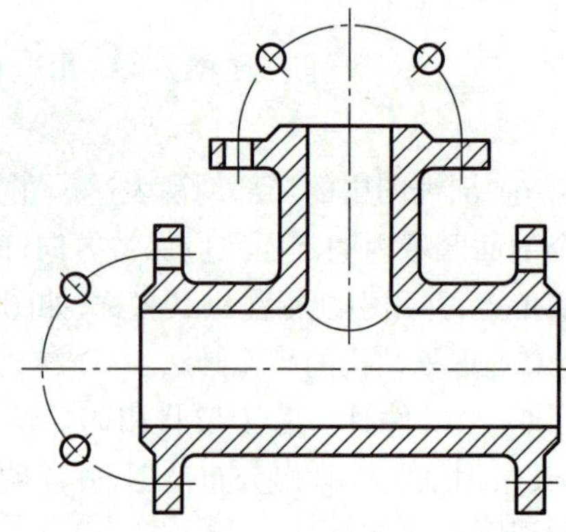

图 7-53　法兰上均布孔的简化画法

4）剖视图中，类似牙嵌式离合器的齿等相同结构，可按图 7-54a 中的 A 向展开的画法。

(8) 细部结构的简化画法。

1）与投影面倾斜角度小于或等于 30° 的圆或圆弧，手工绘图时，其椭圆投影可用圆或圆弧代替，如图 7-55 所示。

2）在不致引起误解的情况下，图形中的过渡线、相贯线可以简化，例如用圆弧或直线代替非圆曲线，如图 7-56 所示。也可采用模糊画法表示相贯形体，如图 7-57 所示。

3）当回转体机件上的平面在图形中不能充分表达时，可用两条相交的细实线表示这些平面，如图 7-58 所示。

4）在不致引起误解时，零件图中的小圆角、锐边的小倒圆或 45° 小倒角，允许省略不画，但必须注明尺寸或在技术要求中加以说明，如图 7-59 所示。

5）机件上斜度不大的结构，如在一个图形中已表达清楚时，其他图形可按小端画出，如图 7-60 所示。

6）滚花、槽沟等网状结构，应用粗实线在轮廓线内完全或部分地表示出来，并在零件图中按规定进行标记，如图 7-61 所示。

(9) 断开画法。较长杆件(轴、杆、型材、连杆等)沿长度方向的形状一致或者按一定规律变化时，可断开绘制，其断裂边界用波浪线绘制。但必须按照实际长度标注尺寸，如图 7-62 所示。

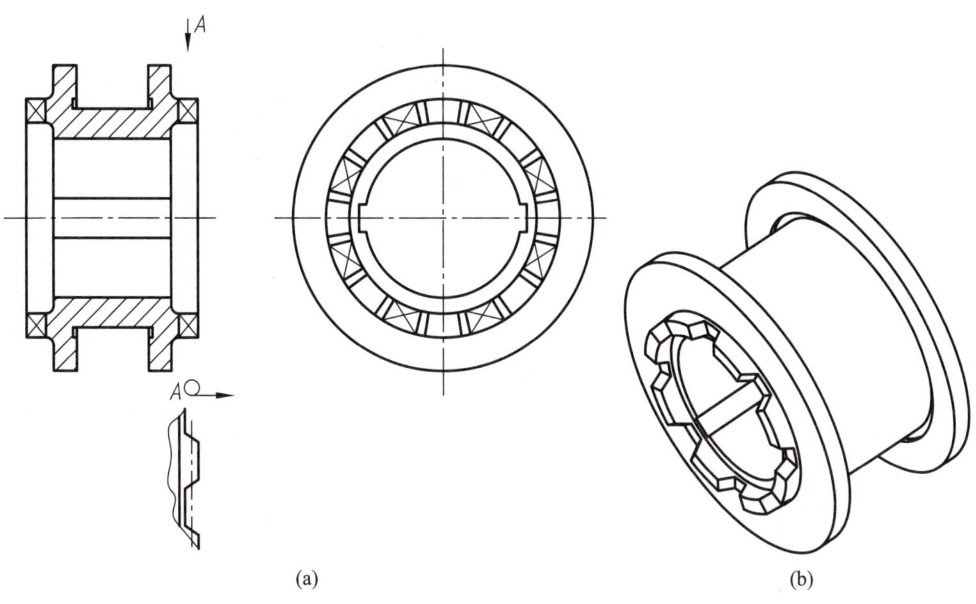

图 7-54　牙嵌式离合器上齿的画法

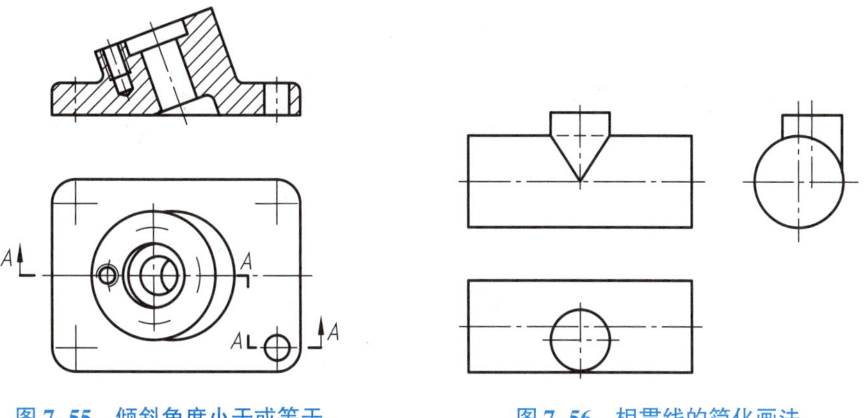

图 7-55　倾斜角度小于或等于 30° 的圆的简化画法

图 7-56　相贯线的简化画法

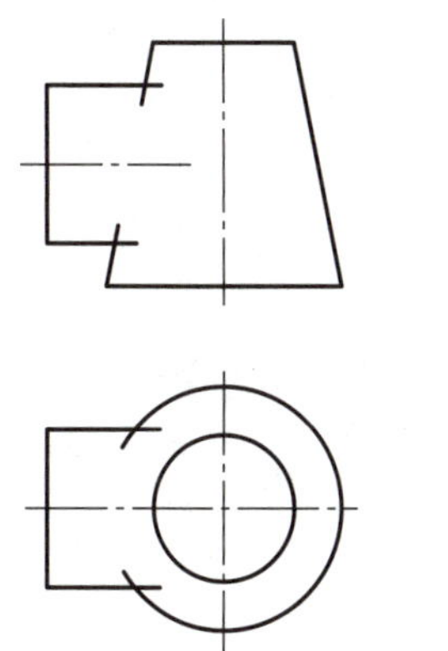

图 7-57　相贯线的模糊画法

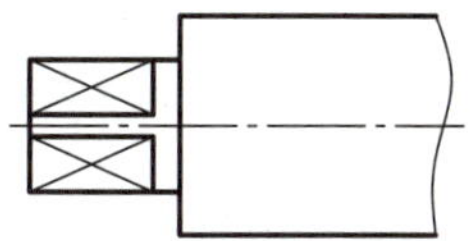
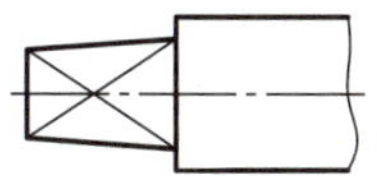

图 7-58　平面的简化画法

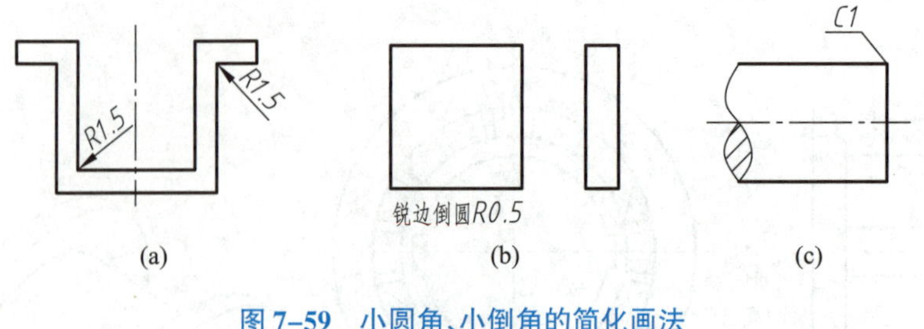

图 7–59 小圆角、小倒角的简化画法

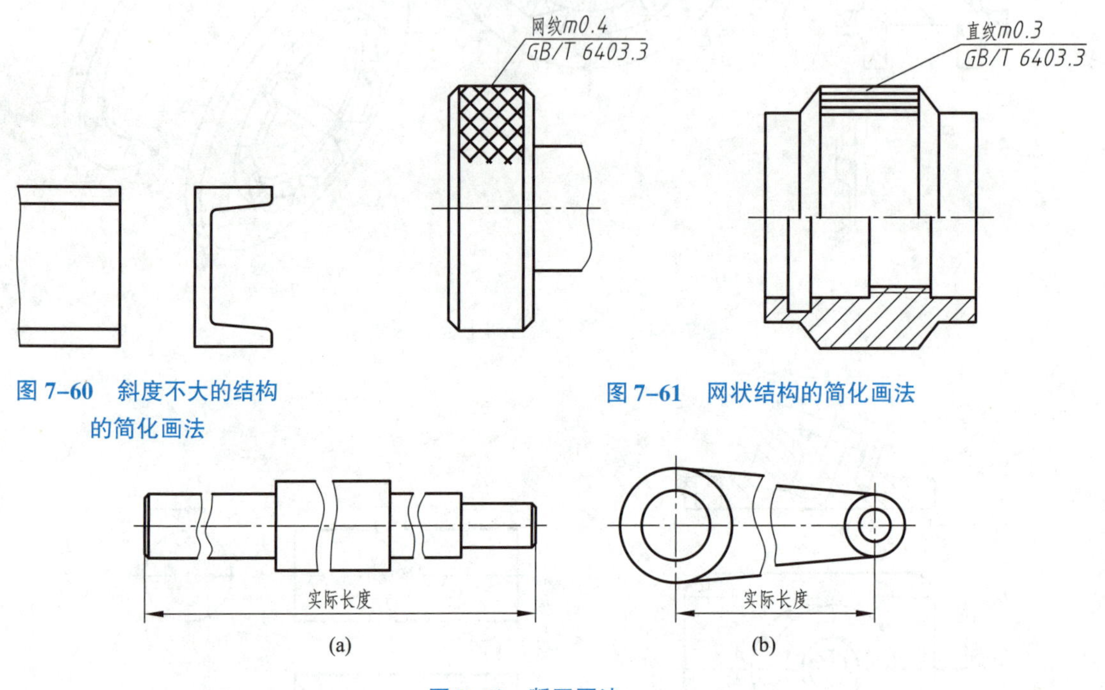

图 7–60 斜度不大的结构的简化画法

图 7–61 网状结构的简化画法

图 7–62 断开画法

7.5 综合举例

前面介绍了机械图样的各种表示法，如视图、剖视图、断面图以及各种简化画法和规定画法等。在实际应用中，应合理、灵活地选择适当的表达方法，并进行综合分析、比较，最终确定的表达方案应力求绘图简单、看图方便。

7.5.1 选择表达方案的一般原则

1. 确定合适的主视图

选择最能反映机件结构形状特点的视图作为主视图，补充其他视图以完整表达机件的内、外形状。要求视图表达各有侧重，各个视图之间互为补充，避免不必要的重复表达，在正确、清晰表达内、外部结构前提下，力求作图简便。

2. 视图数量要适当

表达方案的选择会直接影响视图的数量。在确定表达方案时，既要考虑每个视图表达的重点，还要考虑视图之间的内在联系和补充关系，按照“先主后次、先大后小”的原则，先考虑主体结构和整体表达，再考虑次要结构或细微结构等细节部分的表达。在易于读图的前提下，尽可能用较少的视图来表达。

3. 综合应用各种表示法

要合理地综合运用各种机械图样表示法，了解它们的应用范围、基本画法和标注方法。在绘制图样时，一般优先选用全剖、半剖，当不适合或不必要选择全剖、半剖时，宜选用局部剖视表达。对于杆件、肋板、型材、薄壁、轮辐等结构，通常需要断面图作为辅助表达。对于机件上的细小结构还需要采用局部放大图、简化画法和规定画法来表达。

4. 表达方案不唯一

同一机件可以有几种不同的表达方案。应从结构表达的完整性、视图数量的选择、各种表示法运用的综合性和合理性、制图是否简便、是否便于标注尺寸等方面综合考虑，确定最佳的表达方案。

7.5.2 机械图样表示法的综合应用示例

例 7-2 示例一（图 7-63）。

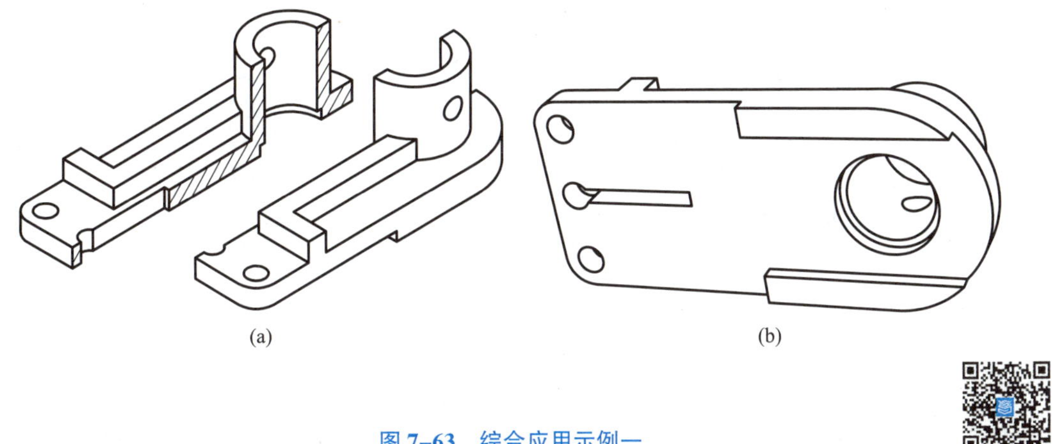

图 7-63 综合应用示例一

形体分析：

图 7-63 所示的机件由三个部分构成：主体圆柱结构（内部有铅垂方向的阶梯圆柱孔，前后方向有贯通的小圆孔）、半长圆形状底板（开有孔槽、前后有凸块）以及两个 L 形肋板。

方案选择：

根据形体分析确定表达方案如图 7-64 所示。

(1) 以垂直于机件对称面的方向作为主视图投射方向。机件外形比较简单，沿前后对称面有孔、槽等不可见结构，因此主视图宜采用单一平面剖切的全剖视图。选择通过机件前后对称平面的正平面作为剖切平面，表达的重点是底板上的孔和主体结构的阶梯圆柱孔。剖切位置明显，故主视图可以省略剖视图的标注。主视图未表达到的位于剖切平面之前的外形结构需要在其他视图中表达。

(2) 机件前后对称，内部和外部结构比较复杂，因此左视图可用半剖视图表达，并在视图的另一半用局部剖视表达底板上的孔。半剖视图既可以保留外形，又可以表达内部机构。左视图可以清晰地表达机件底部前、后的凸块与其他结构的相对位置关系。

(3) 俯视图表达机件长、宽方向的外形。对于其他视图已经表达清楚的不可见结构应当省略虚线。由于主视图中可以看到后面的小孔，左视图中又能表达清楚前面的小孔，故俯视图中

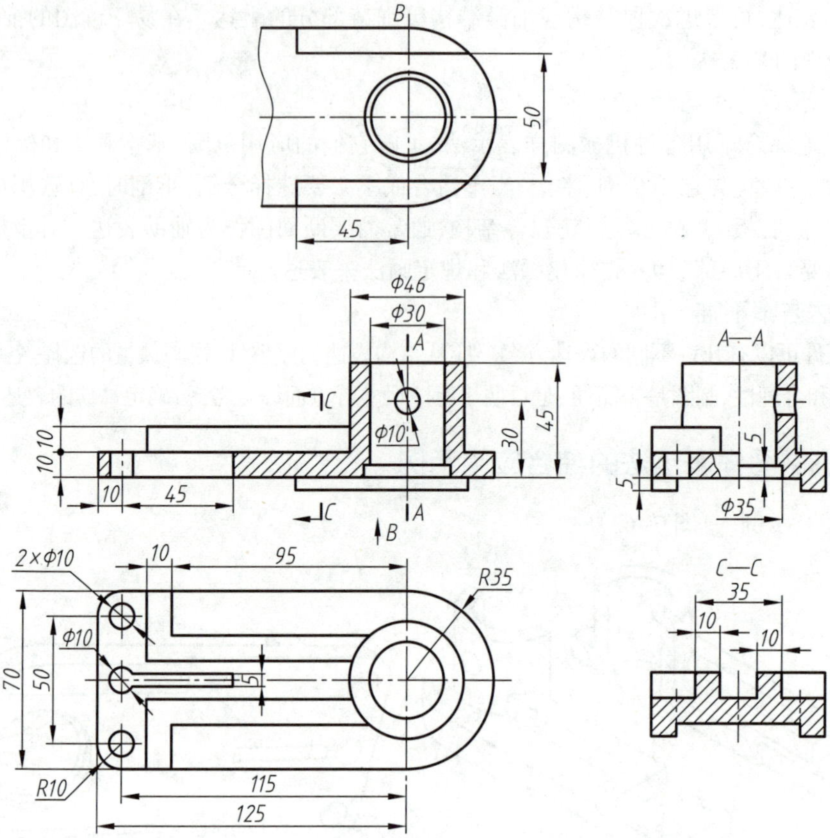

图 7-64 综合应用示例一表达方案

省略表示前、后小孔的虚线。

(4) 为了表达位于机件底部的前、后两个凸块的位置和形状，增加局部视图 *B* 作为辅助表达。增加这个视图可以避免在俯视图中画虚线，从而便于读图和标注尺寸。

(5) 机件的两个 L 形肋板可以通过全剖视图 *C*—*C* 表达。注意剖切后采用向左投射，是为了表达 L 形肋板左侧的结构形状和高度。此处结构也可以采用断面图来表达。

例 7-3 示例二(图 7-65)。

形体分析：

图 7-65 所示的支架结构特征非常明显，可大致分为上部圆柱体、下部圆柱体和中间十字肋板三大部分。机件上部圆柱内部有通孔，外部有倾斜的长圆形凸台，凸台上分布两个螺纹孔。下部的圆柱内部有阶梯孔，孔壁分布两个埋头孔。上、下两个圆柱体之间的连接支撑部分是断面呈十字形的肋板结构。

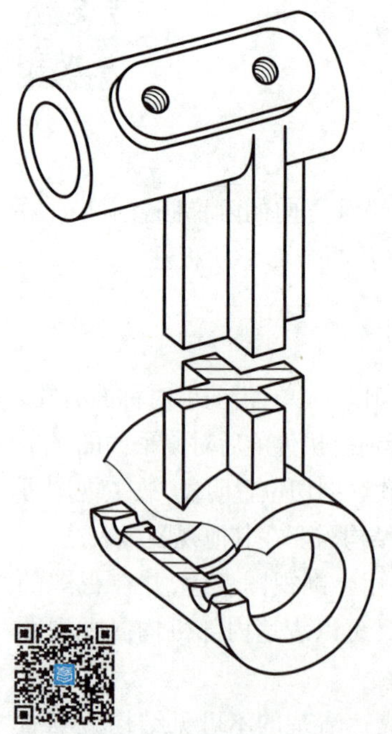

图 7-65 综合应用示例二

方案选择：

本例给出两个方案。

方案一(图 7-66a)分析如下：

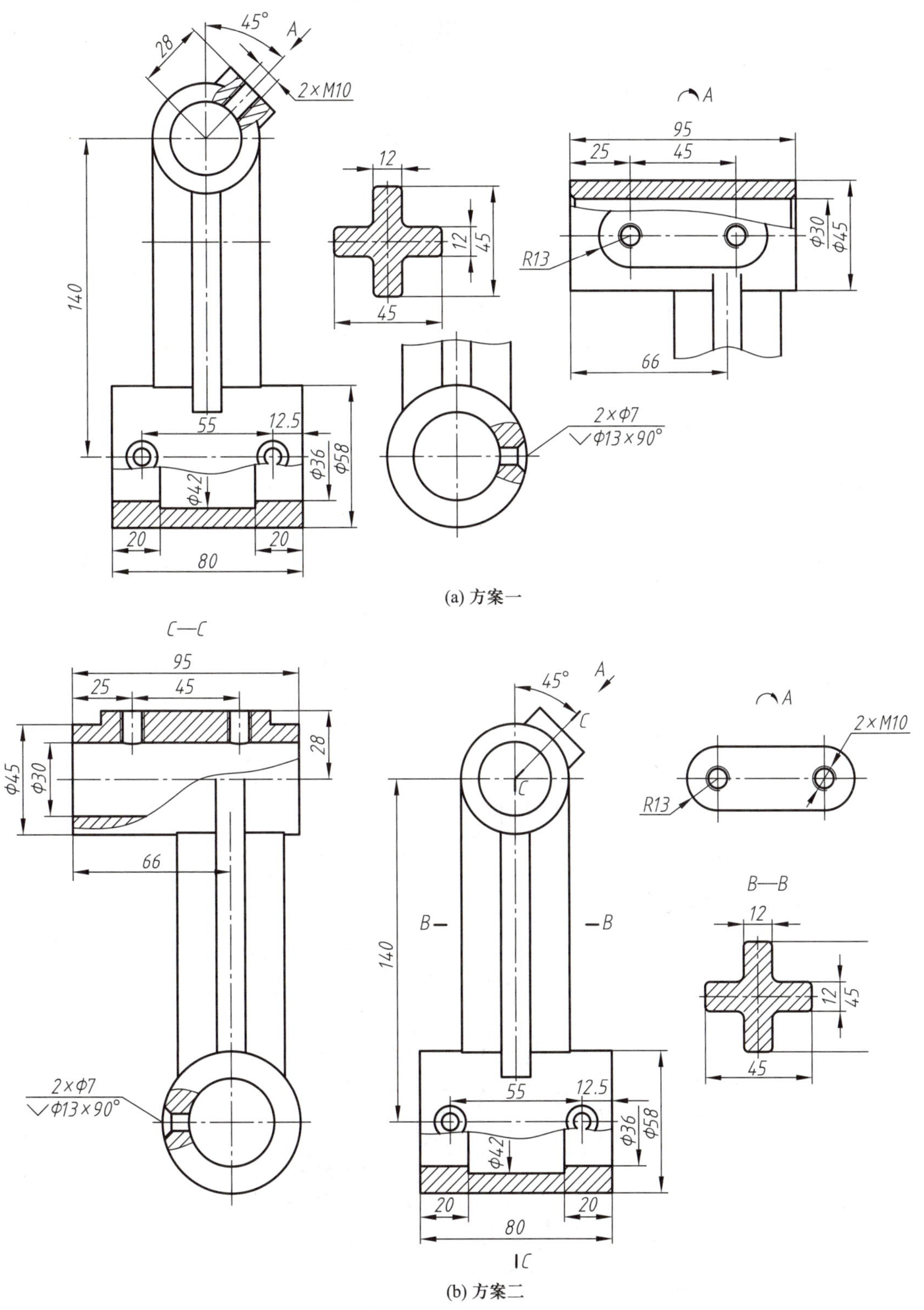

(a) 方案一

(b) 方案二

图 7-66 综合应用示例二表达方案

(1) 如图 7-66a 所示，机件外形不对称，外形和内部都比较复杂，因此适合用局部剖。将机件下方的圆柱轴线处于水平位置，上方的圆柱轴线处于正垂位置进行投射，主视图可以清晰表达机件三个组成部分的主要结构形状及相对位置关系。采用局部剖表达内部的阶梯孔和倾斜凸台上的螺纹孔的贯通情况，保留下方的圆柱结构前方两个 $\phi 7$ 的埋头孔的部分外形。

(2) 左视图采用局部剖视图，为了表达下方圆柱结构上的埋头孔的贯通情况。该局部视图多画了一部分肋板结构，目的是清楚表达肋板与圆柱结构的位置关系。

(3) 用移出断面图表达十字肋板的结构特点和形状，同时也便于标注尺寸。移出断面配置在剖切线的延长线上且结构对称，故可省略标注。

(4) 机件右上部倾斜凸台的结构形状和宽度方向的位置信息需要采用 *A* 向斜视图表达，同时采用局部剖表达 $\phi 30$ 的通孔。*A* 向视图旋转后画出，需要加注旋转符号。*A* 向视图表达了凸台的形状和两个螺纹孔的位置和大小。视图中画出了部分十字肋板的投影，为了表达凸台与其他部分的相对位置关系。

方案二（图 7-66b）请读者自行分析，并与方案一进行对比。

例 7-4　示例三（图 7-67）。

形体分析：

图 7-67 所示的机件是一个四通管件，其构成大体可分为六部分：阶梯圆柱结构（立管）*Ⅰ*、顶部方形连接板*Ⅱ*、底部圆形连接板*Ⅲ*，左侧水平横管及圆形连接板*Ⅳ*、右前侧水平横管及菱形

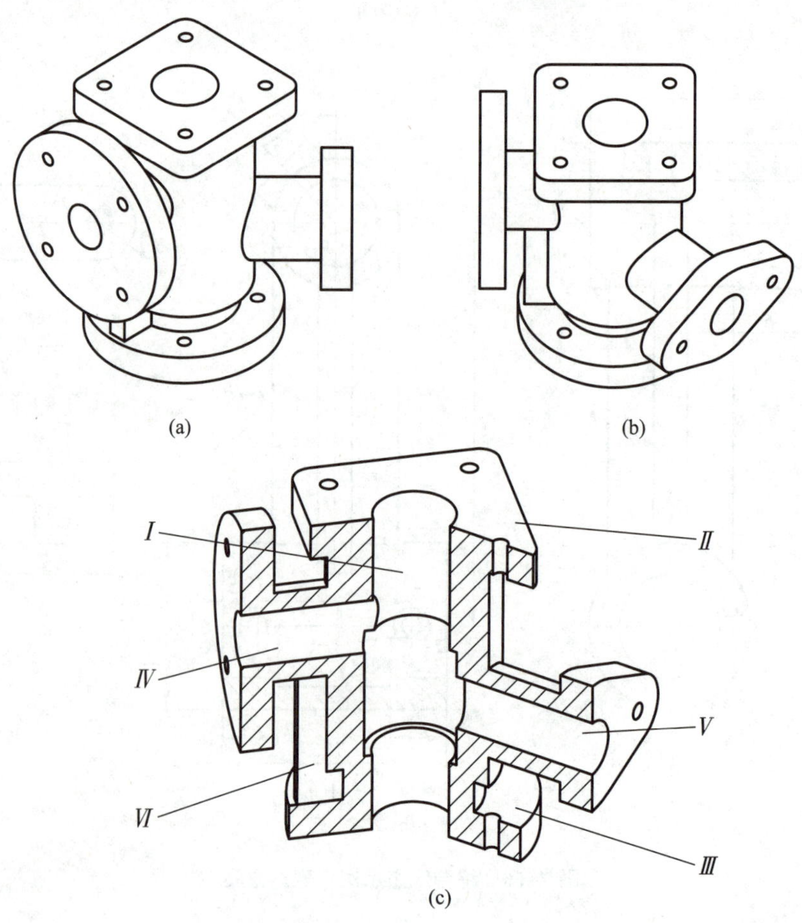

图 7-67　综合应用示例三

连接板Ⅴ、加固肋板Ⅵ。立管的结构以回转体为主，外部也是一个阶梯圆结构，内部是一个上、中、下三段的阶梯圆孔结构。顶部有方形连接板，下部有圆形连接板，板上均有连接孔。左侧的水平横管的端部是圆形连接板，上面分布四个连接孔。右侧是一个向右前方倾斜45°的水平横管，端部是菱形连接板，上面分布两个连接孔。可以看出，立管和横管的内部孔是相互连通的，上、下、左、右通管的端部都有连接板，板上有连接孔。在立管和右侧水平横管之间有起加强作用的肋板结构。

方案选择：

表达该机件的方案不是唯一的，这里给出两个方案以进行比较。

方案一(图7-68)：

采用四个视图：*A—A* 主视图、局部剖的俯视图、*B—B* 剖视图、*C—C* 剖视图。

(1) 主视图是采用两个相交的剖切平面剖开机件得到的 *A—A* 剖视图。可以完全看到内部上下贯通的阶梯孔(立管)和左、右相连通的孔(横管)。左侧下方有起连接和加固作用的肋板，因为剖切平面是垂直于肋板厚度方向，因此肋板按不剖切处理。

(2) 关于俯视图，方案一采用局部剖，保留了顶部方形连接板的大部分外形；用通过右侧横管回转轴线的水平剖切面剖开机件，主要表达右前侧连接板上的两个小孔的贯通情况，同时表

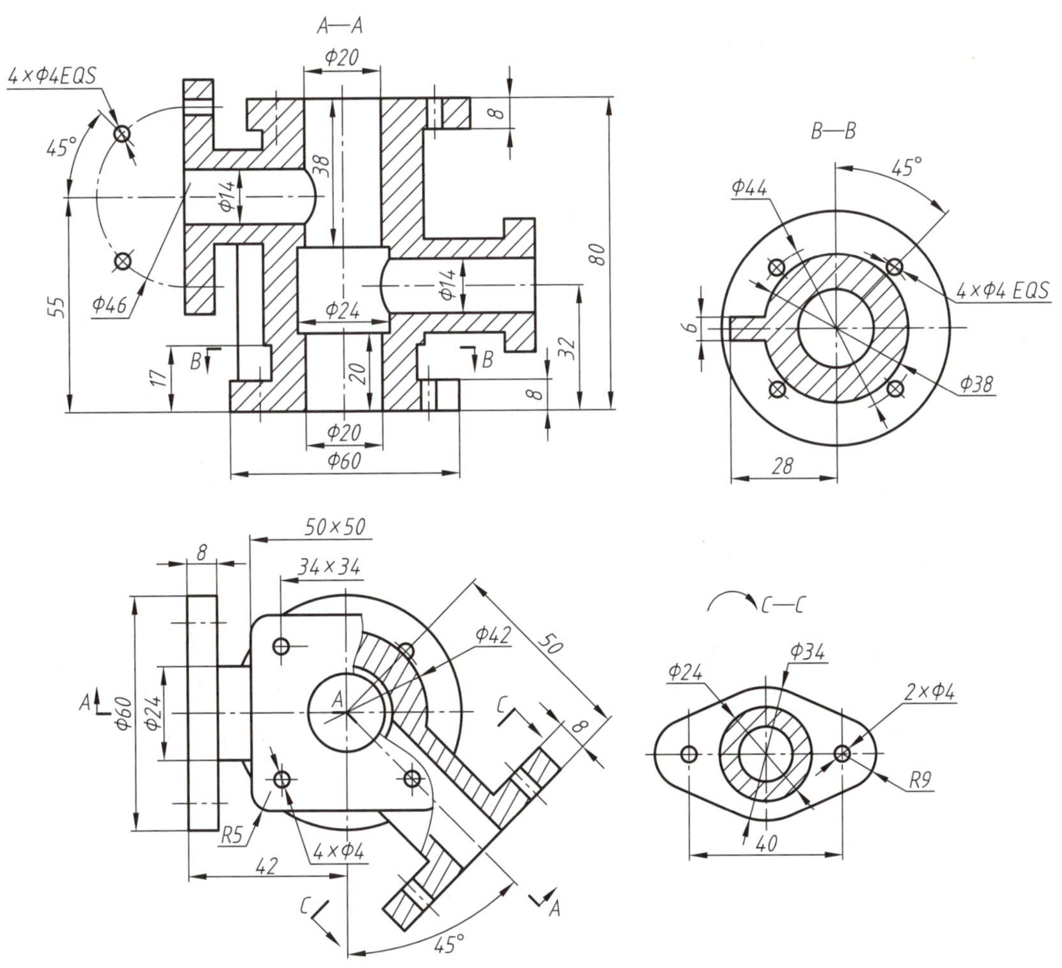

图 7-68 综合应用示例三表达方案一

达了剖切位置的圆柱外形。方案二采用了两个平行平面全剖，顶部方形连接板利用 *C* 向视图辅助表达。

(3) *B—B* 剖视图作为辅助表达。既表达了圆形连接板和均匀分布的连接孔位置，还表达了肋板的形状以及立管圆柱的外形，便于标注尺寸。

(4) *C—C* 剖视图表达了右前方倾斜的横管外圆柱面和端部连接板的形状及孔的分布。

(5) 细节表达和简化画法的应用。左侧肋板的形状在主视图中已经表达清楚，*B—B* 剖视图表达了肋板的厚度和断面形状。对于机件左侧横管的结构，通过在俯视图上标注直径尺寸表达圆形连接板的特征，在 *A—A* 视图中用简化画法表达四个呈圆周均匀分布的通孔的位置。

方案二(图 7-69)请读者自行分析，并与方案一进行对比。

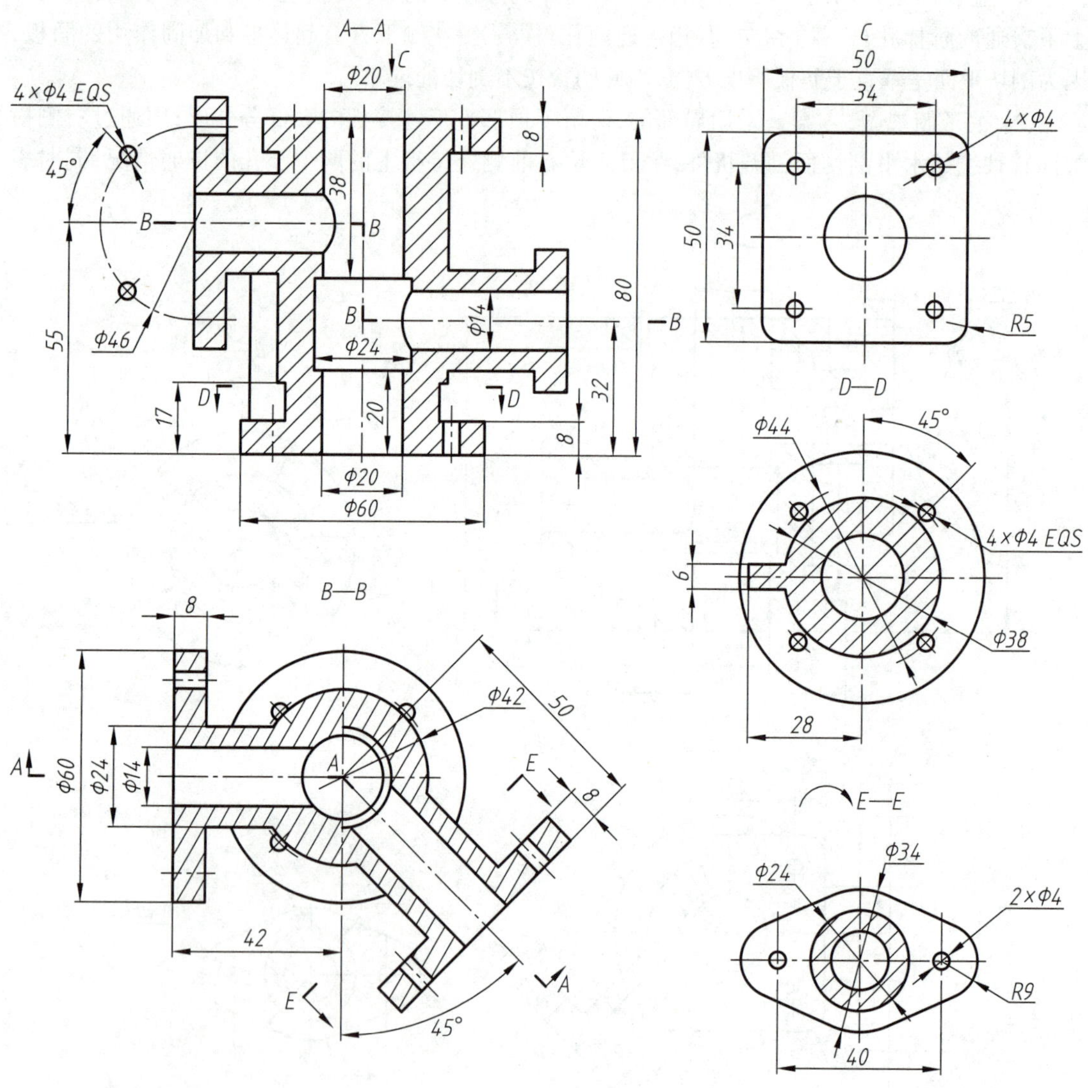

图 7-69 综合应用示例三表达方案二

第8章

标准结构和标准件、常用件表示法

以正投影法为原理的视图、剖视图等图样表示法，为图样的基本表示法。而图样的特殊表示法，是国家标准规定的画法。

本章内容涉及《机械制图》标准 GB/T 4459.1、GB/T 4459.2、GB/T 4459.4 和 GB/T 4459.7 的相关内容，主要介绍常用标准结构要素（包括零件上的螺纹、齿轮上的轮齿等）的表示法，以及标准件、常用件（弹簧、齿轮）的表示法。

螺纹紧固件（螺栓、螺母、螺钉、垫圈等）、滚动轴承、键、销等零件使用范围广、使用量大。为了便于成批大量生产，国家有关部门对这类零件的结构和尺寸等做了规定，并由专业生产厂生产，成为标准化、系列化的零件，这类零件称为标准件。

在绘制标准结构要素和标准件时，要注意以下几点：

1. 完整的表示法由图形、尺寸和规定的标记组成，缺一不可。

2. 标准结构要素和标准件，一般只给出几个主要尺寸，画图时需要根据规定的标记从相应的标准中查出作图必需的尺寸。

3. 零件中的标准结构要素以及标准件，要按规定画法（特殊表示法）绘制，其余结构则按基本表示法绘制。

8.1 螺纹表示法

8.1.1 螺纹的形成和结构

圆柱面上一点，绕轴线做等速圆周运动，同时沿圆柱轴线方向做等速直线运动，这种复合运动的轨迹就是一条圆柱螺旋线。

螺纹是根据螺旋线的形成原理加工而成的。当固定在车床卡盘上的工件做等速旋转时，刀具沿工件某一素线做等速直线移动，其合成运动使刀尖在工件表面加工出螺纹，如图 8-1 所示。由于刀尖的形状不同，加工出的螺纹形状也不同，形成不同的牙型。

在圆柱或圆锥外表面加工的螺纹称为外螺纹，在圆柱孔或圆锥孔内表面加工的螺纹称为内螺纹，如图 8-1 所示。加工箱体、底座等零件上的内螺纹孔，一般先用钻头钻孔，再用丝锥攻出螺纹，如图 8-2 所示。钻孔时，钻头钻尖顶角（118°）在孔底形成锥坑，为简化作图，锥坑均画成 120°，但无须标注。

螺纹的凸起部分称为牙，牙的顶部称为牙顶，螺纹的沟槽部分称为牙槽，牙槽的底部称为牙底。

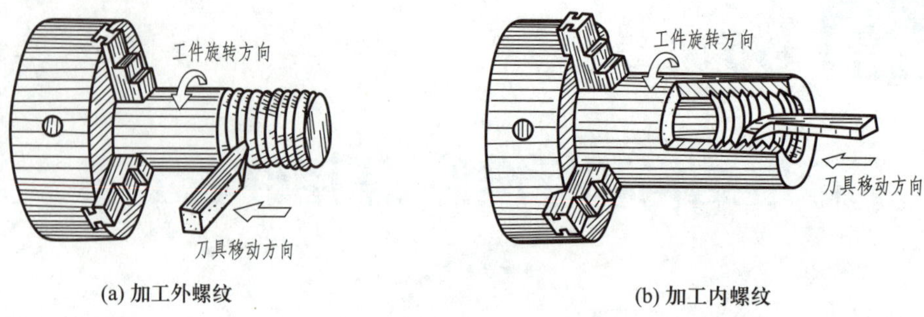

(a) 加工外螺纹 (b) 加工内螺纹

图 8–1 在车床上加工螺纹

8.1.2 螺纹的结构要素

1. 牙型

螺纹轴向剖面的轮廓形状。常用的螺纹牙型有基本牙型、梯形、锯齿形和矩形等，如图 8–3 所示。

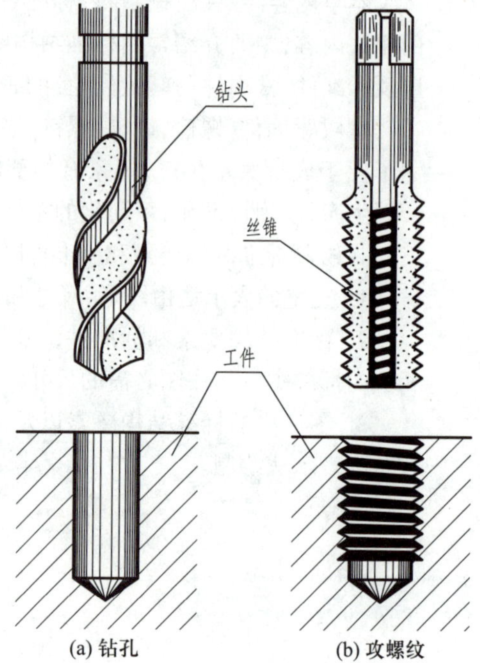

(a) 钻孔 (b) 攻螺纹

图 8–2 加工内螺纹

2. 直径

(1) 公称直径：代表螺纹规格尺寸的直径。

(2) 大径：与外螺纹牙顶或内螺纹牙底相切的假想圆柱或圆锥的直径，对于紧固螺纹和传动螺纹，大径 d（外螺纹）或 D（内螺纹）是螺纹的公称直径。

(3) 小径：与外螺纹牙底或内螺纹牙顶相切的假想圆柱或圆锥的直径。

(4) 中径：一个假想圆柱的直径，该圆柱称为中径圆柱，其母线通过实际螺纹上牙槽宽度等于半个基本螺距的地方；中径圆柱的母线称为中径线。

螺纹各直径的意义参见图 8–4。

3. 线数

圆柱（或圆锥）端面上螺纹的数目，以 n 表示。螺纹有单线和多线之分，沿一条螺旋线形成的螺纹，称为单线螺纹；沿两条或两条以上螺旋线形成的螺纹称为多线螺纹，如图 8–5 所示。

4. 螺距和导程

螺纹相邻两牙在中径线上对应点间的轴向距离称为螺距，用 P 表示。同一条螺旋线上相邻

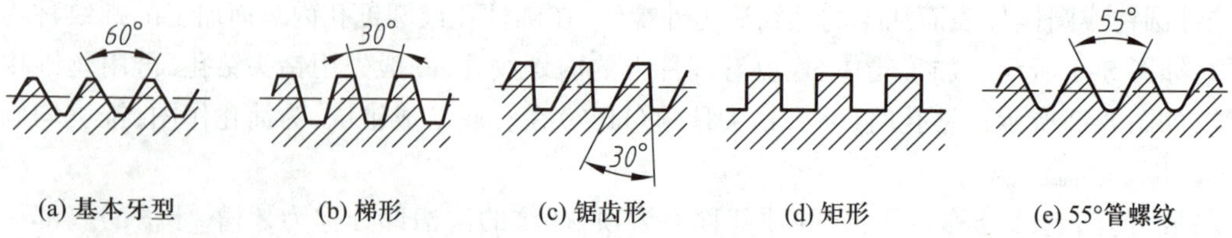

(a) 基本牙型 (b) 梯形 (c) 锯齿形 (d) 矩形 (e) 55°管螺纹

图 8–3 常用螺纹的牙型

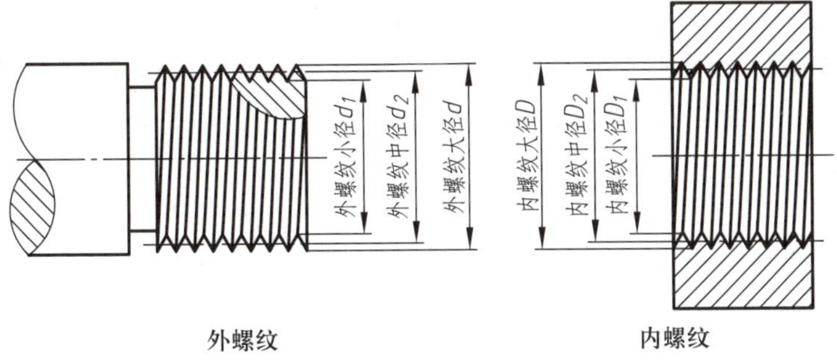

图 8-4 螺纹的直径

两牙在中径线上对应点间的轴向距离称为导程，用 P_h 表示。对于单线螺纹，导程与螺距相等，即 $P_h = P$；对于多线螺纹，$P_h = n \times P$，如图 8-5 所示。

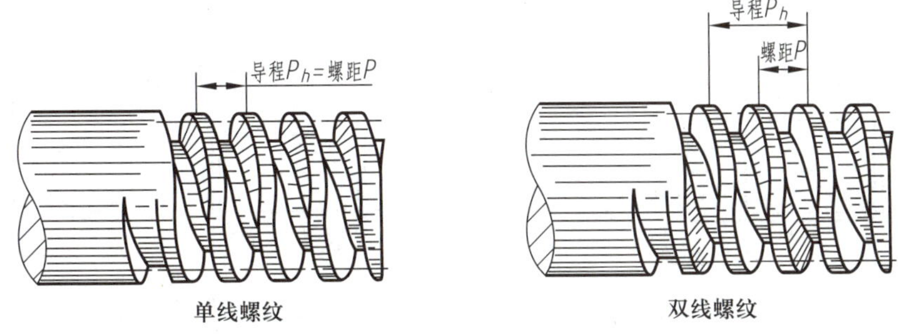

图 8-5 螺纹的线数、螺距和导程

5. 旋向

螺纹的旋向有左旋和右旋之分。顺时针旋转时旋入的螺纹是右旋螺纹，逆时针旋转时旋入的螺纹是左旋螺纹，如图 8-6 所示。

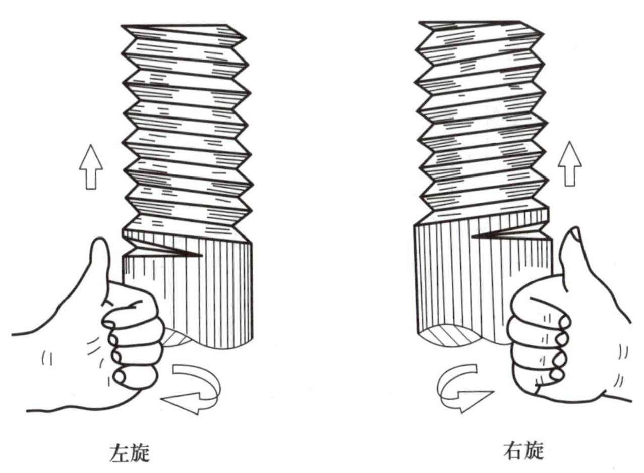

图 8-6 螺纹的旋向

内、外螺纹是成对配合使用的，只有当上述五项结构要素完全相同时，内、外螺纹才能旋合，正常使用。

螺纹的三要素：牙型、直径和螺距，是决定螺纹的最基本要素。三要素符合国家标准的螺纹，称为标准螺纹；牙型符合标准，而直径或螺距不符合标准的螺纹，称为特殊螺纹；牙型不符合标准的螺纹，称为非标准螺纹，如矩形螺纹。

8.1.3 螺纹的规定画法

国家标准 GB/T 4459.1—1995 规定了机械图样中螺纹的画法。

(1) 内、外螺纹画法的规定：螺纹的牙顶用粗实线表示，牙底用细实线表示，倒角和倒圆部分均应画出螺纹牙底线；在投影为圆的视图上，用约 3/4 圈的细实线圆弧表示牙底，倒角圆省略不画；螺纹终止线用粗实线表示。

对于外螺纹，螺纹大径（牙顶）用粗实线表示，螺纹小径（牙底）用细实线表示，如图 8-7a 所示。对于内螺纹，螺纹小径（牙顶）用粗实线表示，螺纹大径（牙底）用细实线表示，如图 8-7b 所示。

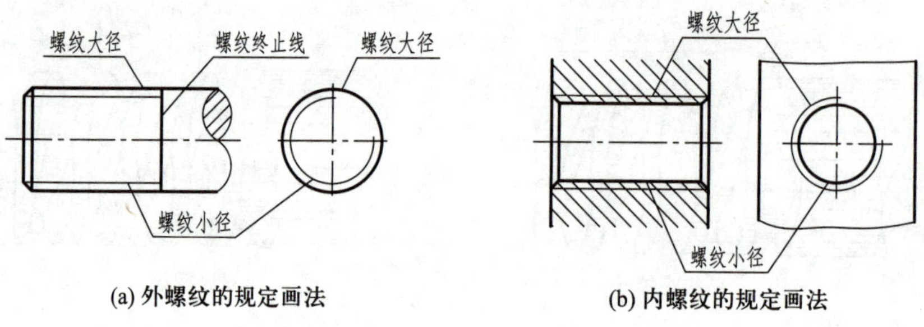

(a) 外螺纹的规定画法　　(b) 内螺纹的规定画法

图 8-7　内、外螺纹的规定画法

(2) 当需要画出螺纹断面图时，表示方法如图 8-8 所示。

(3) 当螺纹加工在管子的外壁，画剖视图时表示方法如图 8-9 所示。在剖切区域内，螺纹终止线只画在螺纹大、小径之间。

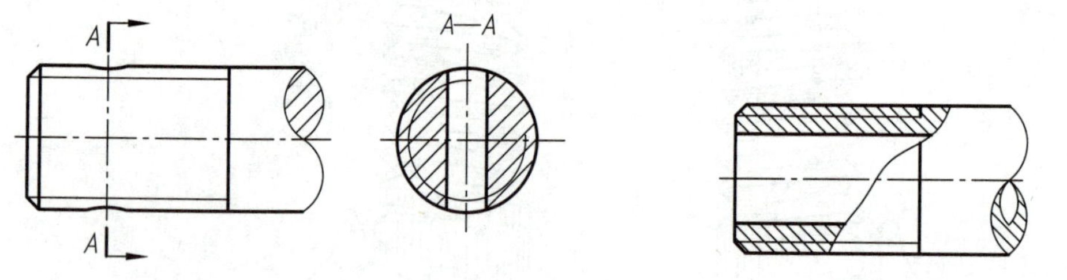

图 8-8　螺纹断面图的画法　　图 8-9　螺纹剖视图的画法

(4) 圆锥面上螺纹的画法如图 8-10 所示，圆锥螺纹在垂直于轴线投影面上的投影，按可见端螺纹画出。图 8-10a 的左视图省略了圆锥面大端的投影。

(5) 不穿通的螺纹孔，通常由钻孔和攻螺纹两道加工工序形成。画图时，应将钻孔深度和螺纹长度分别画出来，如图 8-11 所示。注意：孔底锥尖角应画成 120°。

(6) 不可见螺纹孔的所有图线用细虚线绘制，如图 8-12 所示。

(7) 当螺纹表面有相贯线或其他结构时，这些结构不应影响螺纹的表达，如图 8-13 所示。

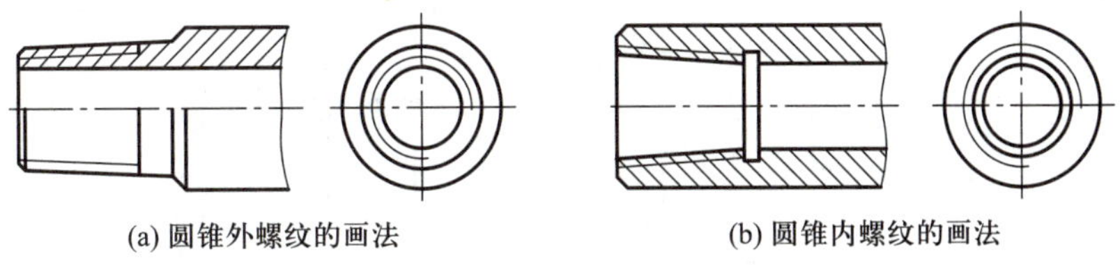

(a) 圆锥外螺纹的画法　　(b) 圆锥内螺纹的画法

图 8–10　圆锥螺纹的画法

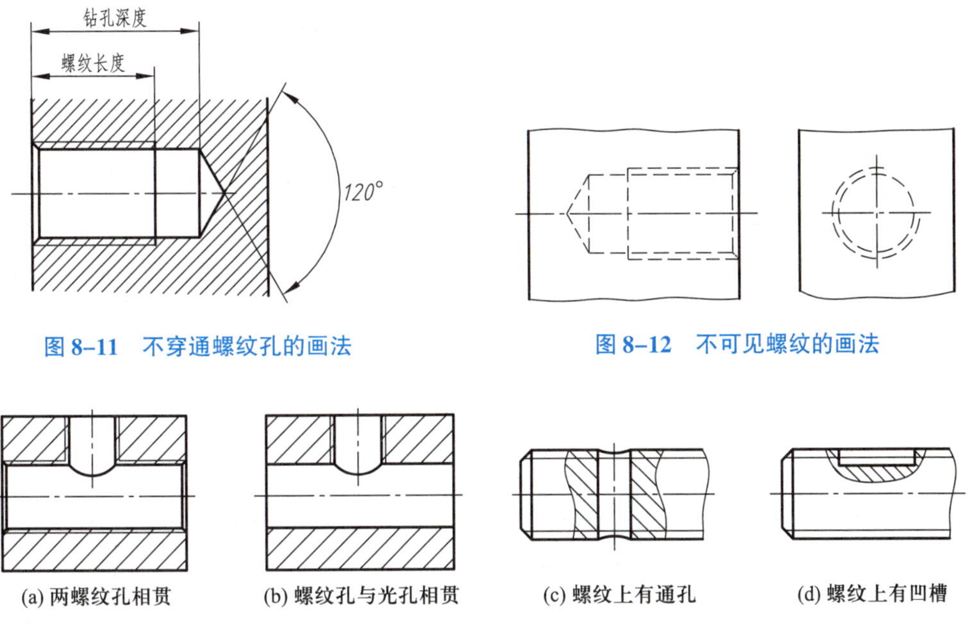

图 8–11　不穿通螺纹孔的画法

图 8–12　不可见螺纹的画法

(a) 两螺纹孔相贯　　(b) 螺纹孔与光孔相贯　　(c) 螺纹上有通孔　　(d) 螺纹上有凹槽

图 8–13　螺纹表面其他结构的画法

(8) 非标准螺纹需要表达牙型时，可用局部剖视图或局部放大图表示出几个牙型，如图 8–14 所示。

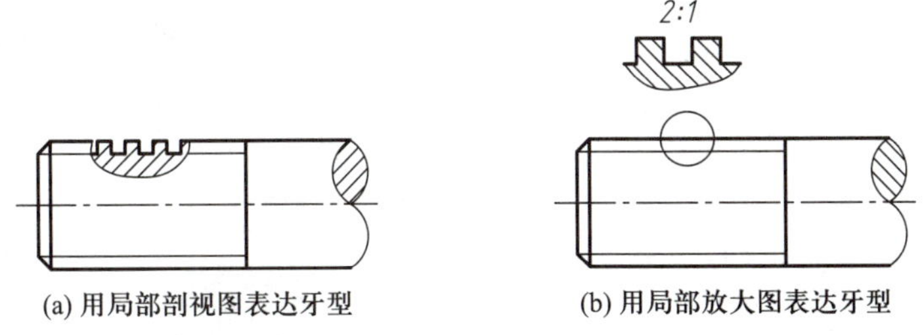

(a) 用局部剖视图表达牙型　　(b) 用局部放大图表达牙型

图 8–14　螺纹牙型的表示法

(9) 内、外螺纹旋合的剖视图画法如图 8–15 所示。旋合区域按外螺纹绘制，其他区域仍按各自的画法表示。

8.1.4　螺纹的规定标注

螺纹按用途分为连接螺纹和传动螺纹两大类。连接螺纹用于将两个或多个零件连接起来，

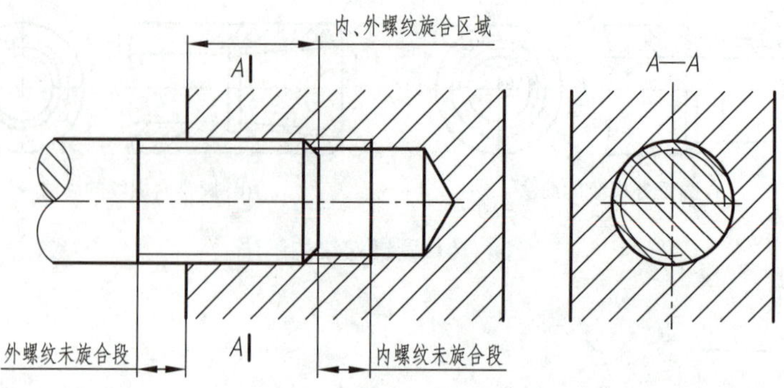

图 8-15 内、外螺纹旋合的画法

传动螺纹用于传递动力和运动。常用的连接螺纹有普通螺纹和各类管螺纹;传动螺纹有梯形螺纹、锯齿形螺纹和矩形螺纹等。

按规定画法绘制的螺纹,图形上不能反映出牙型、螺距、线数、旋向等结构要素,这些要用标注的螺纹代号来说明。很多螺纹成品,除了要标注螺纹旋合长度,还需标注螺纹的公差带代号,以说明螺纹的精度要求。

螺纹是按螺纹的牙型来分类的,标准牙型的螺纹都有特征代号,常用标准螺纹的特征代号列于表 8-1 中。

表 8-1 常用标准螺纹特征代号

<table>
<tr><th>螺纹类别</th><th>特征代号</th><th>标准号</th><th colspan="2">说明</th></tr>
<tr><td>普通螺纹</td><td>M</td><td>GB/T 197—2018</td><td colspan="2">牙型角为 60° 的普通螺纹是最常用的连接螺纹,见图 8-3a;相同公称直径的普通螺纹又分为粗牙和细牙</td></tr>
<tr><td>梯形螺纹</td><td>Tr</td><td>GB/T 5796.4—2005</td><td colspan="2">传递动力用的螺纹,如机床的丝杠,牙型见图 8-3b</td></tr>
<tr><td>锯齿形螺纹</td><td>B</td><td>GB/T 13576.4—2008</td><td colspan="2">传递动力用的螺纹,如螺旋压力机等的传动结构,牙型见图 8-3c</td></tr>
<tr><td>55° 非密封管螺纹</td><td>G</td><td>GB/T 7307—2001</td><td colspan="2">内、外螺纹旋合后不具有密封性,需另加密封结构,牙型见图 8-3e</td></tr>
<tr><td rowspan="3">55° 密封管螺纹</td><td>Rc</td><td rowspan="3">GB/T 7306.1、GB/T 7306.2—2000</td><td>圆锥内螺纹</td><td rowspan="3">内、外螺纹旋合后具有一定的密封性</td></tr>
<tr><td>Rp</td><td>圆柱内螺纹</td></tr>
<tr><td>R_1 或 R_2</td><td>圆锥外螺纹</td></tr>
<tr><td>60° 密封管螺纹</td><td>NPT</td><td>GB/T 12716—2011</td><td colspan="2">在螺纹表面涂上密封胶,能确保密封的可靠性</td></tr>
</table>

注:R_1—与圆柱内螺纹相配合的圆锥外螺纹;R_2—与圆锥内螺纹相配合的圆锥外螺纹。

普通螺纹、55° 非密封管螺纹和梯形螺纹的基本尺寸见本书附表 1-1 至附表 1-4。

1. 普通螺纹的标注方法

普通螺纹完整标记格式为

螺纹特征代号 尺寸代号 － 公差带代号 － 旋合长度代号 － 旋向代号

其中：

(1) 普通螺纹特征代号为 M。

(2) 尺寸代号：螺纹公称直径 ×Ph 导程 P 螺距。

(3) 螺纹公差带代号表示螺纹的制造精度，包括螺纹中径和顶径的公差带代号。当螺纹中径和顶径的公差带代号相同时，只需注写一次。中等精度螺纹不标注公差带代号。

(4) 螺纹旋合长度分为长、中、短三个等级，分别用字母 L、N、S 表示，中等旋合长度不必注写；必要时，可直接注写旋合长度的数值。

(5) 左旋螺纹旋向代号为 LH，右旋螺纹不注写旋向代号。

当遇到以下情况时，尺寸代号可以简化：

(1) 细牙单线螺纹的尺寸代号为“公称直径 × 螺距”，此时不必注写“P”。

(2) 粗牙螺纹不用标注螺距。

表 8-2 为普通螺纹的标记示例。

表 8-2　普通螺纹标记示例

标记示例	标记说明
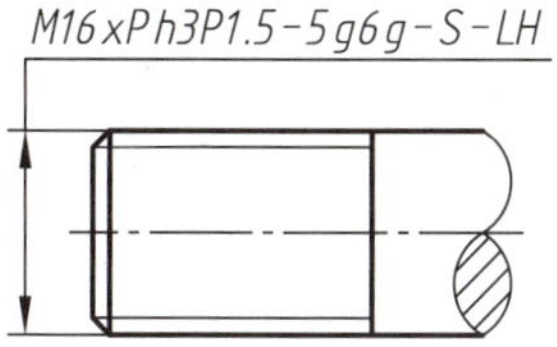 M16xPh3P1.5-5g6g-S-LH	普通细牙螺纹，螺纹大径为 16 mm，双线，导程为 3 mm，螺距 1.5 mm，中、顶径公差带代号分别为 5 g、6 g，旋合长度等级为短，左旋
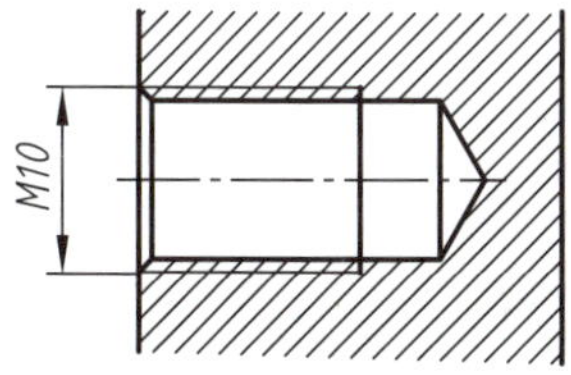 M10	普通粗牙螺纹，螺纹大径为 10 mm，单线，中、顶径公差带代号同为 6H，旋合长度等级为中，右旋
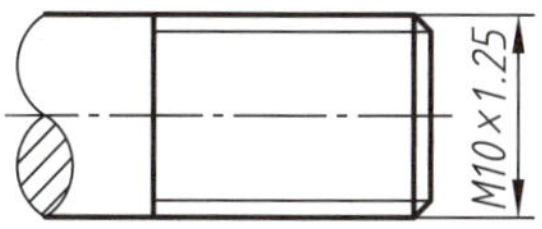 M10x1.25	普通细牙螺纹，螺纹大径为 10 mm，螺距为 1.25 mm，单线，旋合长度等级为中，右旋
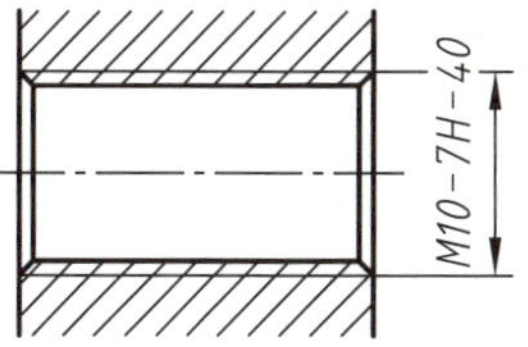 M10-7H-40	普通粗牙螺纹，螺纹大径为 10 mm，单线，中、顶径公差带代号相同为 7H，旋合长度为 40 mm，右旋

注：外螺纹公差带代号中的字母为小写，内螺纹公差带代号中的字母为大写。

2. 管螺纹的规定标记格式

螺纹特征代号 尺寸代号 － 旋向代号

对于 55° 非密封管螺纹,内螺纹不标注公差等级代号;外螺纹的公差等级分为 A(精密级)、B(普通级)两级,需要标注。此时标注格式为

螺纹特征代号 尺寸代号 公差等级代号 - 旋向代号

其中:

(1) 管螺纹的特征代号见表 8-1。

(2) 尺寸代号是一个整数或分数,其数值大小不是指螺纹大径,而只是表示螺纹大小的数字。

(3) 左旋螺纹旋向代号为 LH,右旋螺纹不注写旋向代号。

管螺纹的标注采用指引标注法,指引线一端指到螺纹大径。管螺纹的标记示例见表 8-3。

表 8-3 管螺纹标记示例

标记示例	标记说明
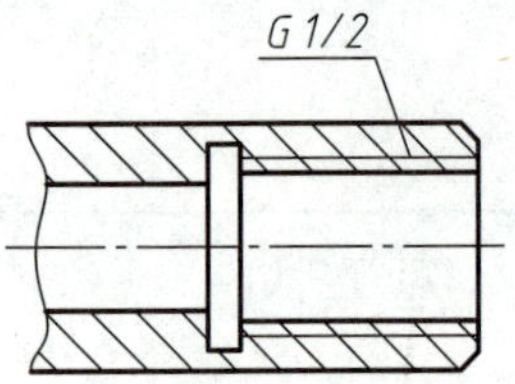 G 1/2	55° 非密封管螺纹,尺寸代号为 1/2,右旋
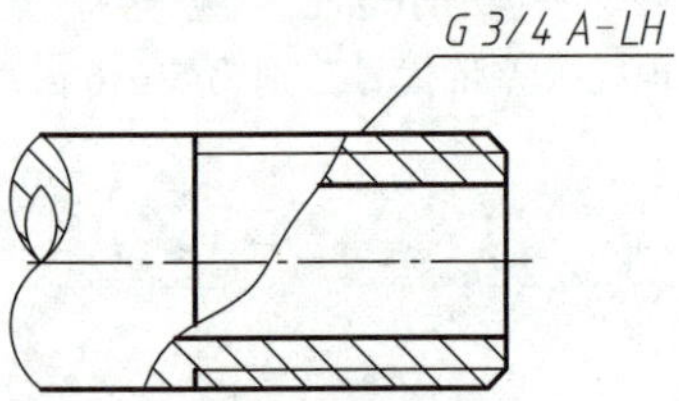 G 3/4 A-LH	55° 非密封管螺纹,尺寸代号为 3/4,公差等级为 A 级,左旋
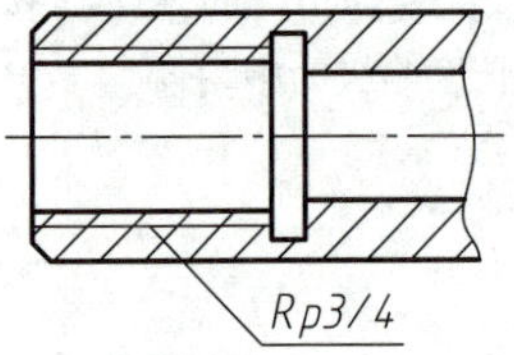 Rp3/4	螺纹密封的圆柱内管螺纹,尺寸代号为 3/4,右旋
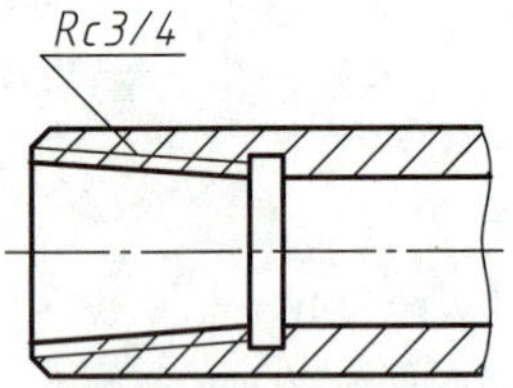 Rc3/4	螺纹密封的圆锥内管螺纹,尺寸代号为 3/4,右旋
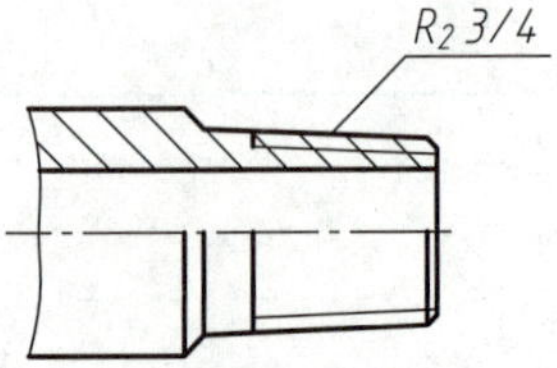 R_2 3/4	螺纹密封的圆锥外管螺纹,与圆锥内螺纹相配合,尺寸代号为 3/4,右旋

3. 梯形螺纹和锯齿形螺纹的规定标记格式

螺纹特征代号	尺寸代号	-	公差带代号	-	旋合长度代号	-	旋向代号

其中：

(1) 梯形螺纹特征代号为 Tr，锯齿形螺纹特征代号为 B。

(2) 尺寸代号：螺纹公称直径 × 导程（P 螺距）。

(3) 只需标注螺纹中径的公差带代号。

(4) 旋合长度有中等（N）和长（L）两个等级，中等旋合长度省略标注。

(5) 左旋螺纹旋向代号为 LH，右旋螺纹不注写旋向代号。

梯形螺纹和锯齿形螺纹标记示例见表 8–4。

表 8–4 梯形螺纹和锯齿形螺纹标记示例

标记示例	标记说明
Tr40×14P7−7e−LH	梯形螺纹，公称直径为 40 mm，导程为 14 mm，螺距为 7 mm，双线，左旋，中径公差代号为 7e
B40×7−6H	锯齿形螺纹，公称直径为 40 mm，螺距为 7 mm，单线，右旋，中径公差代号为 6H

注：外螺纹公差带代号中的字母为小写，内螺纹公差带代号中的字母为大写。

8.2 螺纹紧固件表示法

利用螺纹起连接和紧固作用的零件称为螺纹紧固件。常用的螺纹紧固件有螺栓、双头螺柱、螺钉、螺母以及垫圈等，如图 8–16 所示。

螺纹紧固件都是标准件，其结构型式及尺寸均已标准化，有相应的规定标记。在设计时，不需要绘制螺纹紧固件的零件图，只需按使用要求确定选用的螺纹紧固件标准编号及尺寸规格等。

在绘制装配图时，需要画出螺纹紧固件装配图。本节将介绍常用螺纹紧固件规定标记及装配图画法。

8.2.1 常用螺纹紧固件的规定标记

螺纹紧固件的标记方法分为完整标记和简化标记，通常只需要使用简化标记。常用螺纹紧固件的规格、标记示例及尺寸见附表 2–1 至附表 2–8。

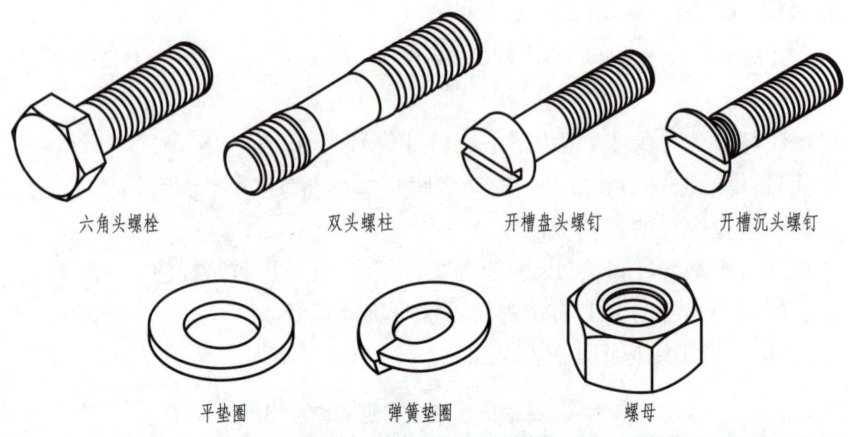

图 8-16 常见螺纹紧固件

8.2.2 螺纹紧固件的画法

在绘制螺纹紧固件装配图时，需要确定螺纹紧固件的尺寸，螺纹紧固件一般采用简化画法。

确定螺纹紧固件尺寸的方法有两种：查表法和比例法。

1. 查表法

根据紧固件的规定标记，查阅相关国家标准，获得画图所需尺寸，画出螺纹紧固件。例如：画“螺栓 GB/T 5782 M20×80”的两视图。

从标记可知，杆部直径和螺纹大径为 20 mm，杆部长度为 80 mm。查阅标准 GB/T 5782（见附表 2-1）获得所需尺寸：s（公称）= 30.00 mm（六边形定形尺寸），k（公称）= 12.5 mm（六角头厚度）；螺纹段长度 b（参考）= 46 mm。画图步骤如图 8-17 所示。螺纹小径尺寸可查阅附表 1-1。

2. 比例法

图 8-18 为六角螺母、六角头螺栓、双头螺柱和普通平垫圈的比例画法，这些紧固件各部分尺寸都按与螺纹大径 d 的比例关系画出。螺栓的六角头和六角形螺母，可采用图 8-17 所示的简化画法。

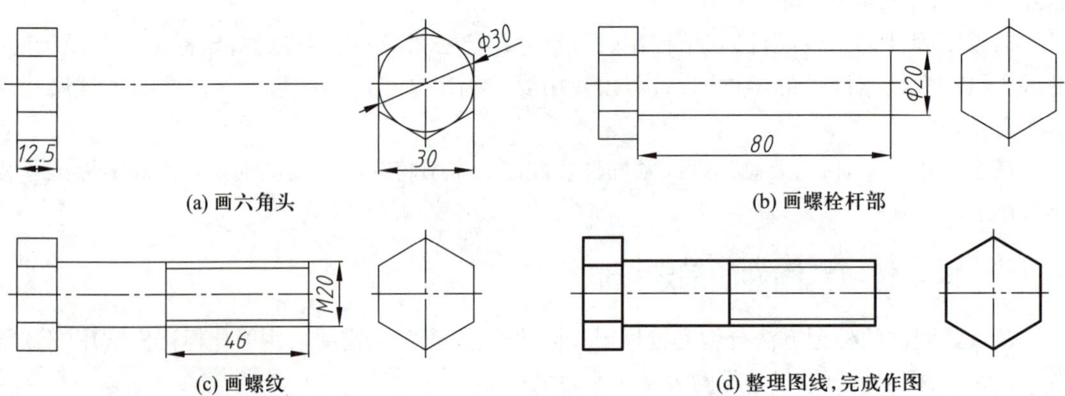

(a) 画六角头　(b) 画螺栓杆部　(c) 画螺纹　(d) 整理图线，完成作图

图 8-17 查表法画螺栓的两视图

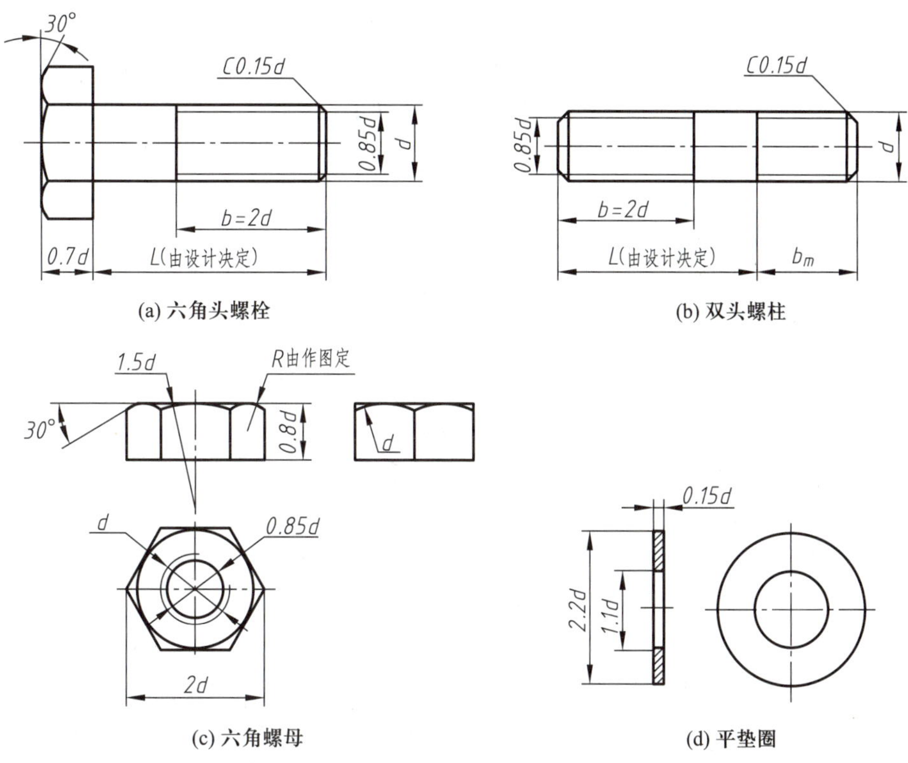

图 8–18　常用螺纹紧固件的比例画法

8.2.3　螺纹紧固件的装配图画法

绘制螺纹紧固件装配图时应注意：

(1) 相邻两个零件的接触面用一条粗实线表示。

(2) 在剖视图上，相邻的两个零件的剖面线方向相反，或方向相同但间隔不等；同一个零件在不同视图上的剖面线方向和间隔必须一致。

(3) 当剖切平面通过螺杆轴线时，螺栓、螺柱、螺钉、螺母、垫圈等紧固件均按不剖绘制。

(4) 各个紧固件均可以采用简化画法。

1. 螺栓连接装配图的画法

螺栓连接由螺栓、螺母、垫圈组成，通常用于连接两个不太厚的零件。两个被连接的零件上钻有通孔，孔径约为螺栓螺纹大径的 1.1 倍。

在装配图中，螺纹紧固件可采用查表法或比例法绘制。图 8–19 为螺栓连接的示意图和装配图。

在画图时应注意下列几点：

(1) 被连接零件上的通孔孔径大于螺纹直径，安装时孔内壁与螺栓杆部不接触，应分别画出各自的轮廓线。

(2) 螺栓上的螺纹终止线应低于被连接件顶面轮廓，以便拧紧螺母时有足够的螺纹长度。

(3) 选取螺栓杆部的公称长度 l，应先按下式估算：

$$l=t_1+t_2+h+m+0.3d$$

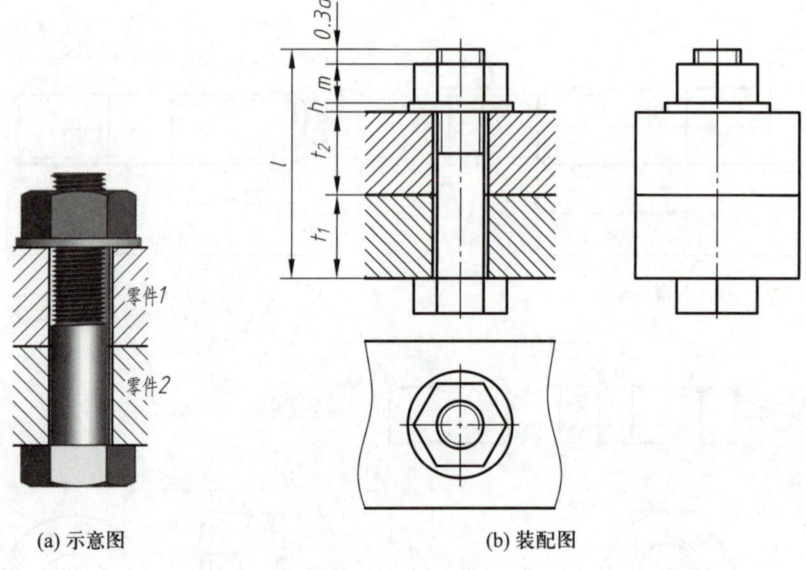

(a) 示意图 (b) 装配图

图 8–19 螺栓连接

式中：t_1 和 t_2 分别为两个被连接零件的厚度；h 为垫圈厚度，可从相应的国家标准中查得；m 为螺母厚度允许值的最大值，可从相应的国家标准中查得；$0.3d$ 是螺栓末端伸出螺母的高度。之后根据估算的结果，从相应的国家标准中查找螺栓公称长度 l 系列值，并从中选取一个最接近估算值的标准长度值。

2. 双头螺柱连接装配图的画法

当一个零件较厚，不适于钻通孔或不能钻通孔时，常采用双头螺柱连接。较厚的零件上加工螺纹孔，另一个零件上加工光孔，孔径约为螺纹大径的 1.1 倍。

双头螺柱连接由螺柱、螺母、垫圈组成。连接时，将螺柱的旋入端拧入较厚零件的螺纹孔中，然后套入较薄零件，加入垫圈，另一端用螺母拧紧。图 8–20 为双头螺柱连接的示意图和装配图。

画图时应注意下列几点：

(1) 双头螺柱的旋入端长度 b_m 与被连接零件的材料有关，国家标准规定 b_m 有四种长度规格：当被连接零件的材料为钢和青铜时，$b_m=1d$（GB/T 897）；材料为铸铁时，$b_m=1.25d$（GB/T 898）或 $b_m=1.5d$（GB/T 899）；材料为铝时，$b_m=2d$（GB/T 900）。双头螺柱的基本尺寸见附表 2–2。

(2) 为保证连接紧固，双头螺柱旋入端应完全拧入被连接零件的螺纹孔中，即旋入端的螺纹终止线与螺纹孔的端面轮廓线平齐。

(3) 伸出端螺纹终止线应低于较薄零件

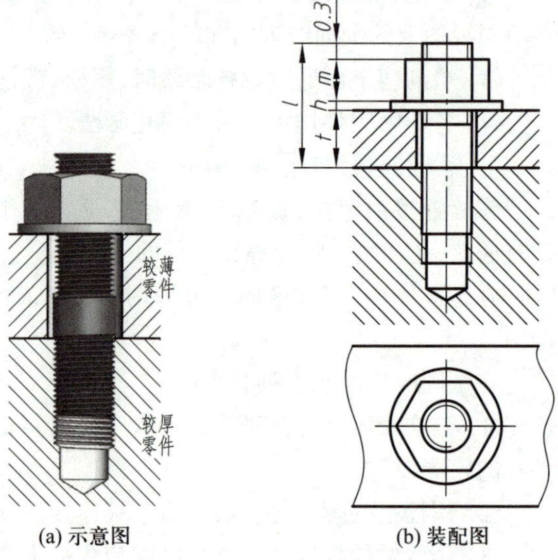

(a) 示意图 (b) 装配图

图 8–20 双头螺柱连接

顶面轮廓,以便拧紧螺母时有足够的螺纹长度。

(4) 螺柱伸出端的长度,称为螺柱的公称长度。选取公称长度 l,应先按下式估算:

$$l=t+h+m+0.3d$$

式中:t 为较薄被连接件的厚度;h 为垫圈厚度,可从相应的国家标准中查得;m 为螺母厚度允许的最大值,可从相应的国家标准中查得;$0.3d$ 是螺柱末端伸出螺母的高度。之后根据估算的结果,从相应的国家标准中查找螺柱公称长度 l 系列值,从中选取一个最接近估算值的标准长度值。

3. 螺钉连接装配图的画法

螺钉多用于两个受力不大的零件之间的连接。其中一个零件上加工有通孔,另一个零件上加工有螺纹孔。螺钉连接不用螺母,将螺钉穿过通孔,直接拧入另一个零件的螺纹孔中,靠螺钉头部压紧两个被连接件。

图 8-21 是两种常用螺钉连接装配图的画法。

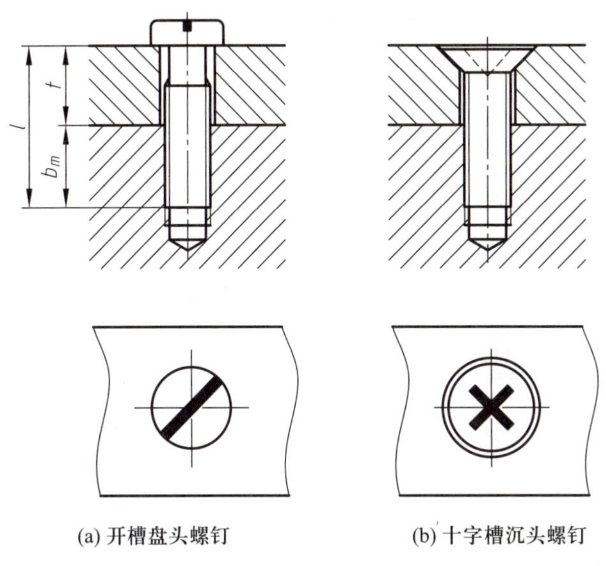

(a) 开槽盘头螺钉　　(b) 十字槽沉头螺钉

图 8-21　螺钉连接的装配图

画图时应注意下列几点:

(1) 为了使螺钉连接牢固,螺钉的螺纹终止线应高于零件螺纹孔的端面轮廓线;螺钉下端面与螺纹孔的螺纹终止线之间应留有 $0.5d$ 的间隙。

(2) 螺钉头部的一字槽或十字槽的投影常涂黑表示。在俯视图中,这些槽按习惯应画成与中心线成 45°。

(3) 选取螺钉的公称长度 l,应先按下式估算:

$$l=t+b_m$$

式中:t 为较薄零件的厚度;b_m 为螺钉旋入较厚零件螺纹孔的深度,b_m 值的选取与被连接件的材料有关。之后根据估算的结果,从相应的国家标准中查找螺钉公称长度 l 系列值,从中选取一个最接近估算值的标准长度值。

8.2.4　螺纹紧固件的防松装置及画法

工作时在变载荷、或振动载荷、或连续冲击作用下，螺纹连接常常会自动松脱，这会影响机器或部件的正常使用，甚至会发生严重事故，因此在使用螺纹紧固件连接时，需要考虑防止螺纹自动松脱的问题。

防松的方法大致可以分为两类：一类靠增大摩擦力来达到防松的目的，如图 8-22a、b 所示；另一类依靠特殊零件将螺母固定来达到防松目的，如图 8-22c、d 所示。

图 8-22a 所示为利用双螺母防松。两个螺母之间产生的轴向力，使内、外螺纹之间的摩擦力增大，从而防止螺母松脱。

图 8-22b 所示为利用弹簧垫圈防松。弹簧垫圈为一段螺旋弹簧，螺母被拧紧时将弹簧垫圈压平，产生的弹性力作用于螺母上，使内、外螺纹之间的摩擦力增大，从而防止螺母松脱。若紧固件的螺纹是右旋螺纹，表达弹簧垫圈剪口的两段斜线应画成左高右低，即弹簧垫圈的旋向为左旋。

图 8-22c 所示为利用止动垫圈将圆螺母和螺杆锁紧，以达到防止螺母松脱的目的。

图 8-22d 所示为利用开口销将六角开槽螺母和螺杆锁紧，以达到防止螺母松脱的目的。

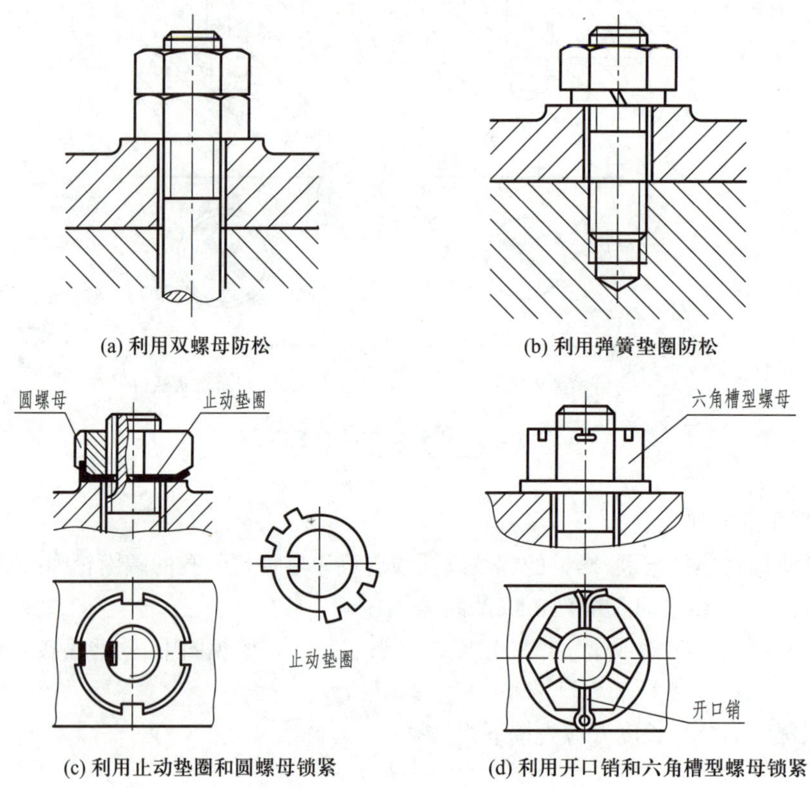

图 8-22　螺纹紧固件常用的防松装置

8.3 键与键槽表示法

键是标准件，其结构型式及尺寸均已标准化，有相应的规定标记，常用的键有普通平键、半圆键和钩头型楔键，如图 8-23a 所示。

键通常用来连接轴及轴上的转动零件，如齿轮、皮带轮等，以保证轴及轴上零件同步转动。普通平键连接关系如图 8-23b 所示。

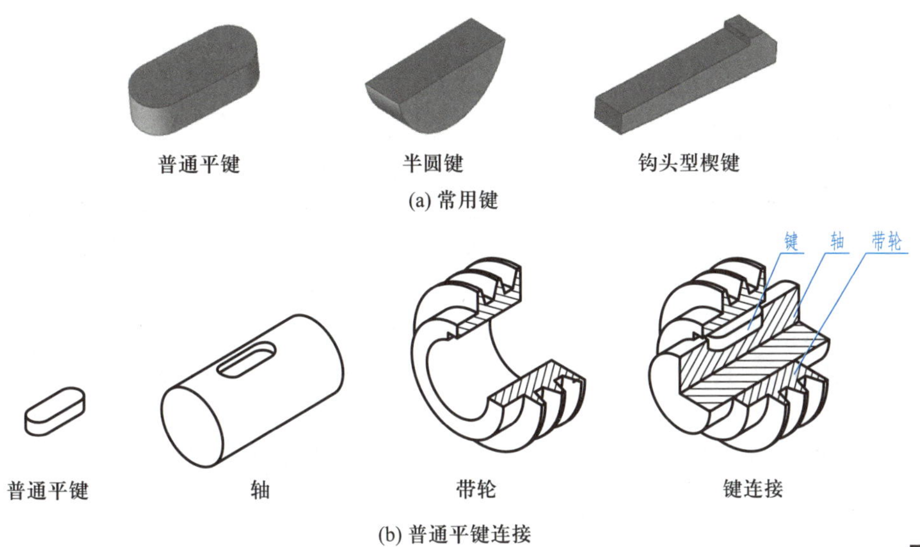

(a) 常用键

(b) 普通平键连接

图 8-23 常用键与键连接

8.3.1 键的规定标记

表 8-5 为常用键的标记示例。普通平键的规格及其尺寸见本书附表 3-2。

表 8-5 常用键的规定标记

常用键类型	标记示例	标记说明
普通平键	GB/T 1096 键 10×8×25	A 型普通平键，宽 b=10 mm，高 h=8 mm，长 L=25 mm
半圆键	GB/T 1099.1 键 6×10×25	半圆键，宽 b=6 mm，高 h=10 mm，直径 D=25 mm

续表

常用键类型	标记示例	标记说明
钩头型楔键	GB/T 1565　键 16×100	钩头型楔键，宽 b=16 mm，长 L=100 mm

8.3.2 键槽表示法

利用键连接的轴和轮毂上加工有键槽，键槽是标准结构，其尺寸可从键槽的标准中查得。GB/T 1095—2003 列出了普通平键键槽的尺寸及公差，见附表 3–1。轴上键槽的形状与键的形状相同，使键能保持固定的位置。轮毂上的键槽加工成通槽，便于安装和拆卸。下面以尺寸为 b=20 mm、h=12 mm 的普通平键连接为例，介绍轴和轮毂上键槽的表示法。

轴键槽深用 t_1 表示，轮毂键槽深用 t_2 表示，根据键的尺寸 20×12，查表可得 t_1=7.5 mm、t_2=4.9 mm。

轴上键槽通常用断面图表达。轴上键槽深度为 t_1，图中通常标注尺寸 $d-t_1$，其中 d 为轴的直径。如图 8–24a 所示，加工有键槽的轴段直径为 ϕ56 mm，主视图表达键槽的形状和位置，并标注键槽长度尺寸 56 mm，以及定位尺寸 10 mm；移出断面图标注尺寸 56–7.5 mm=48.5 mm，表达键槽的深度，并标注键槽的宽度尺寸 20 mm。

轮毂上的键槽通常用剖视图表达。轮毂上键槽深度为 t_2，图中通常标注尺寸 $d+t_2$，其中 d 为孔的直径。如图 8–24b 所示，带轮主视图全剖，表达键槽穿通的结构特点，左视图为局部视图，仅画出孔的投影，表达键槽的宽度、深度。在局部视图上标注键槽宽度尺寸 20 mm，并标注尺寸 56+4.9 mm=60.9 mm，以表达键槽深度。

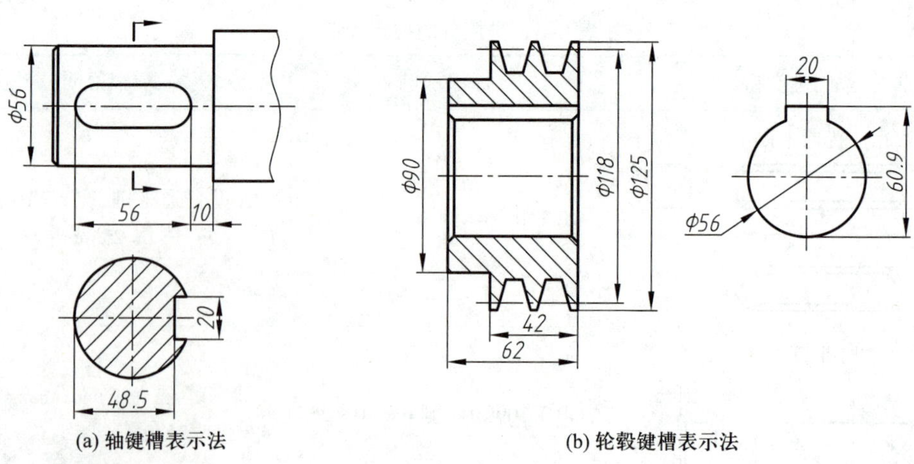

(a) 轴键槽表示法　　(b) 轮毂键槽表示法

图 8–24　键槽表示法

键连接装配图的画法见图 10–3b。

8.4 销与销孔表示法

销用来连接和固定零件，或在装配时定位用。常用的销有圆柱销、圆锥销、开口销等。圆柱销通常用来将零件固定在轴上，如图 8–25a 所示；圆锥销通常用于两个零件的定位，如图 8–25b 所示；开口销可用于螺纹紧固件的锁紧防松，如图 8–22d 所示。圆柱销和圆锥销的规格及尺寸见本书附表 3–3 和附表 3–4。

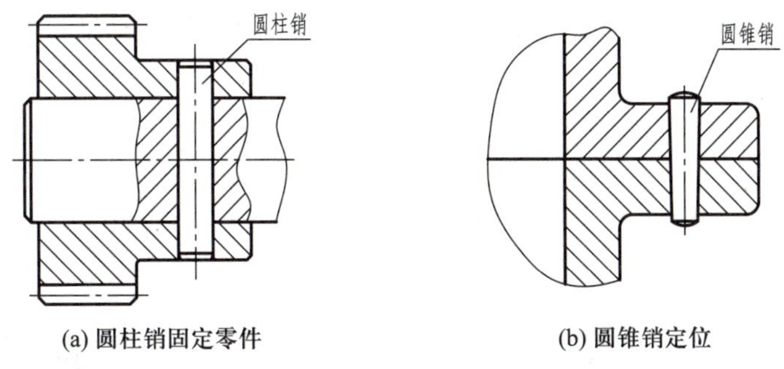

图 8–25 圆柱销和圆锥销的应用

零件上的销孔形状与销相同，为圆柱孔或圆锥孔，在画法上与普通孔的表达一致。如果用销来连接或定位的两个零件是装配在一起加工的，在绘制各自的零件图时，应当注明配作零件的序号，如图 8–26 所示。圆锥销孔（锥销孔）的尺寸应引出标注，其中的直径尺寸是所配圆锥销的公称直径，即销的小端直径。

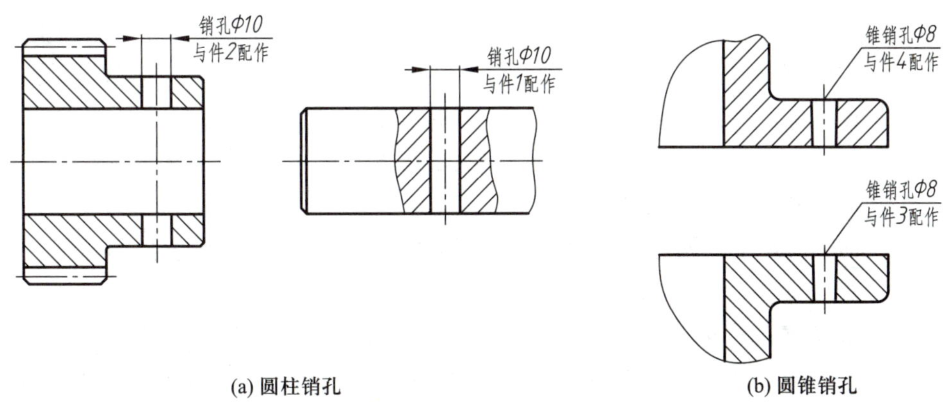

图 8–26 销孔的表示法

8.5 滚动轴承表示法

轴承用来支撑轴及承受轴上的载荷。轴承分为滑动轴承和滚动轴承，由于滚动轴承具有结构紧凑、摩擦阻力小的特点，在机器中被广泛使用。滚动轴承通常由外圈（座圈）、内圈（轴圈）、滚动体和保持架组成。滚动轴承安装时，通常外圈（座圈）装在机座的孔内，固定不动；内圈（轴圈）套在轴上，随轴转动。

滚动轴承是标准部件，有多种类型，按结构和承载情况不同，可分为向心轴承（主要承受径向力）、推力轴承（主要承受轴向力）、向心推力轴承（同时承受径向和轴向力）三大类。图 8–27a 所示的深沟球轴承，是向心轴承；图 8–27b 所示的推力球轴承，是典型的推力轴承；图 8–27c 所示的圆锥滚子轴承，是向心推力轴承。

设计时，应根据承载情况确定选用轴承的代号，根据轴承代号在相关国家标准中查出轴承各部分的尺寸。深沟球轴承、圆锥滚子轴承和推力球轴承的相关国家标准见附表 4–1 至附表 4–3。在装配图中，可按国家标准规定的简化画法或规定画法绘制滚动轴承。

(a) 深沟球轴承　　(b) 推力球轴承　　(c) 圆锥滚子轴承

图 8–27　常见的滚动轴承

8.5.1　滚动轴承的代号

轴承的代号由基本代号、前置代号和后置代号三部分组成。基本代号表示轴承的基本类型、结构和尺寸，是轴承代号的基础；前置代号、后置代号是补充代号。轴承代号各部分的排列顺序如下：

前置代号	基本代号	后置代号

1. 滚动轴承的基本代号

滚动轴承（滚针轴承除外）的基本代号由轴承类型代号、尺寸系列代号、内径代号三部分构成。

类型代号由数字或字母表示，见表 8–6 第二列；尺寸系列代号用两位数字表示轴承宽（高）度系列代号和直径系列代号，表 8–6 第三列列出了部分尺寸系列代号；表 8–6 第四列列出了各类轴承的标准号。

表 8–6　滚动轴承类型代号、尺寸系列代号

轴承类型名称	类型代号	尺寸系列代号（部分）	标准号
双列角接触球轴承	0	32 33	GB/T 296

续表

轴承类型名称	类型代号	尺寸系列代号(部分)	标准号
调心球轴承	1	(0)2 (0)3	GB/T 281
调心滚子轴承 推力调心滚子轴承	2	31 92	GB/T 288 GB/T 5859
圆锥滚子轴承	3	02 03	GB/T 297
双列深沟球轴承	4	(2)2	—
推力球轴承 双向推力球轴承	5	11 22	GB/T 301
深沟球轴承	6	(0)2 (0)3	GB/T 276
角接触球轴承	7	(0)2	GB/T 292
推力圆柱滚子轴承	8	11	GB/T 4663
外圈无挡边圆柱滚子轴承	N	10	GB/T 283
双列圆柱滚子轴承	NN	30	GB/T 285
圆锥孔外球面球轴承	UK	2	GB/T 3882
四点接触球轴承	QJ	(0)2	GB/T 294

内径代号的意义和轴承基本代号的标注示例见表 8-7。

表 8-7 轴承内径代号及基本代号标注示例

轴承公称内径 /mm		内径代号	基本代号标注示例及说明
0.6~10(非整数)		用公称内径(单位为 mm)直接表示,与尺寸系列代号之间用“/”分开	618/2.5:深沟球轴承,类型代号 6,尺寸系列代号 18,内径 d=2.5 mm
1~9(整数)		用公称内径(单位为 mm)直接表示,对深沟及角接触球轴承 7、8、9 直径系列,内径与尺寸系列代号之间用“/”分开	618/5:深沟球轴承,类型代号 6,尺寸系列代号 18,内径 d=5 mm 725:角接触球轴承,类型代号 7,尺寸系列代号 (0)2,内径 d=5 mm
10~17	10 12 15 17	00 01 02 03	6201:深沟球轴承,类型代号 6,尺寸系列代号 (0)2,内径 d=12 mm
20~480 (22、28、32)除外		公称内径(单位为 mm)除以 5 的商数,商数只有一位数时,需在商数前加“0”	23208:调心滚子轴承,类型代号 2,尺寸系列代号 32,内径代号 08(内径 $d=5\times8$ mm=40 mm)
≥500 以及 22、28、32		用公称内径(单位为 mm)直接表示,与尺寸系列代号之间用“/”分开	230/500:调心滚子轴承,类型代号 2,尺寸系列代号 30,内径 d=500 mm

2. 前置代号、后置代号

前置代号、后置代号是轴承在结构形状、尺寸、公差、技术要求等有改变时，在其基本代号前、后添加的补充代号。

从滚动轴承代号仅可以了解轴承的部分信息和尺寸，如：滚动轴承 6204，说明该轴承为第6类轴承，即深沟球轴承，尺寸系列代号为(0)2，内径为 4 × 5 mm = 20 mm。该轴承的外径和宽度尺寸并不能从轴承代号中获知，此时需要根据轴承代号查阅相关国家标准，获得绘制轴承所需要的尺寸。

8.5.2 滚动轴承的画法

滚动轴承的画法分为简化画法和规定画法，简化画法又分为通用画法和特征画法。

1. 简化画法

用简化画法绘制滚动轴承时，可采用通用画法或特征画法，但是在同一张图纸中一般只采用一种简化画法。

(1) 通用画法

在装配图的剖视图中，若不需要确切地表示滚动轴承的外形轮廓、载荷特性和结构特征时，可采用如图 8-28a 所示的通用画法，在轴的两侧用粗实线矩形线框以及位于线框中央正立的十字形符号表示。十字形符号用粗实线绘制，且不应与轮廓线框接触。若在剖视图中须确切地表示滚动轴承的外形轮廓时，则用粗实线画出滚动轴承的轮廓，并在轮廓中央画出正立的十字形符号，如图 8-28b 所示。轴承通用画法中各部分尺寸关系如图 8-28c 所示，其中 d 为轴承内径。

在垂直于滚动轴承轴线的视图中，无论滚动体为何种形状（球、柱、锥、针），大小如何，都可按图 8-28d 所示的方法绘制。

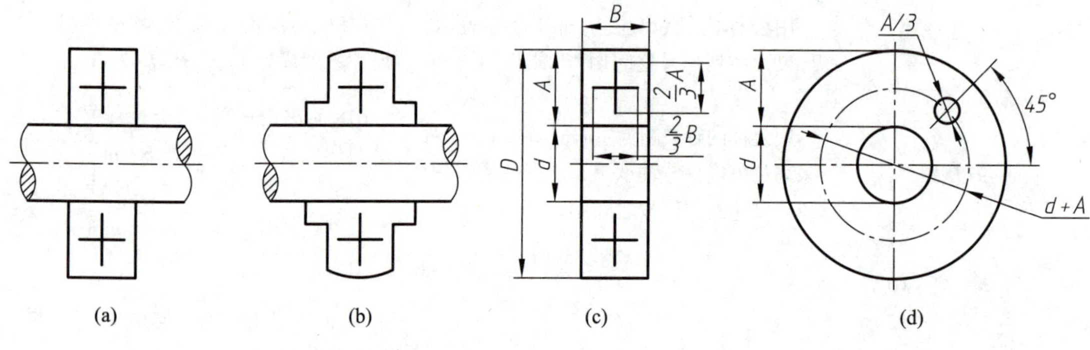

图 8-28 滚动轴承的通用画法

(2) 特征画法

在装配图的剖视图中，若需要表示滚动轴承的载荷特性和结构特征时，可采用特征画法。在平行轴线的投影图中，用粗实线画出表示滚动轴承载荷特性和结构特征的要素符号组合。特征画法中的要素符号的组合见表 8-8。

表 8-8 轴承特征画法

轴承承载特性		轴承结构特征			
		两个套圈		三个套圈	
		单列	双列	单列	双列
径向承载	非调心				
	调心				
轴向承载	非调心				
	调心				
径向和轴向承载	非调心				
	调心				

注：表中只画出了轴线一侧的部分。

图 8-27 所示的三种轴承的特征画法如图 8-29 所示。

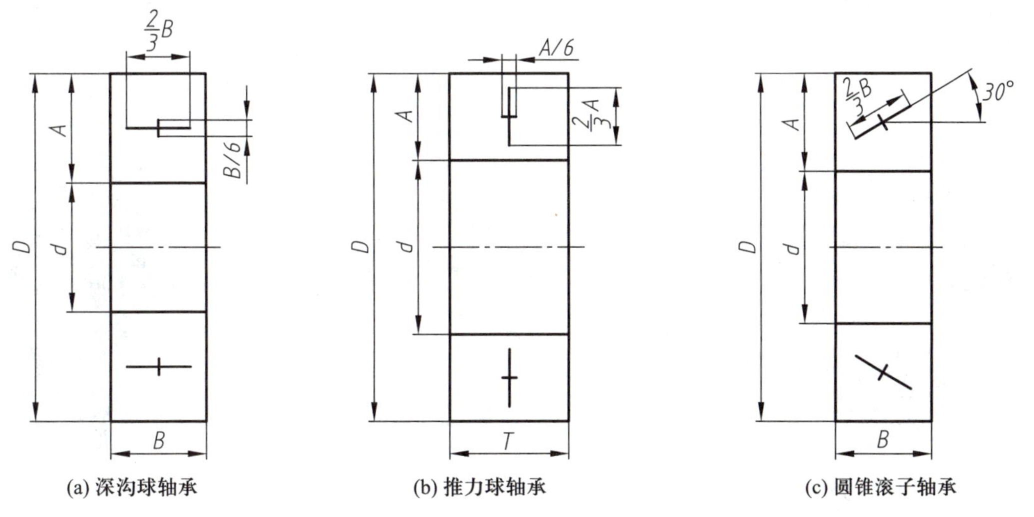

(a) 深沟球轴承　(b) 推力球轴承　(c) 圆锥滚子轴承

图 8-29 常用滚动轴承的特征画法

2. 规定画法

规定画法能较详细地表达轴承的主要结构形状，必要时，可采用规定画法绘制滚动轴承。图 8-27 所示的三种轴承的规定画法如图 8-30 所示。

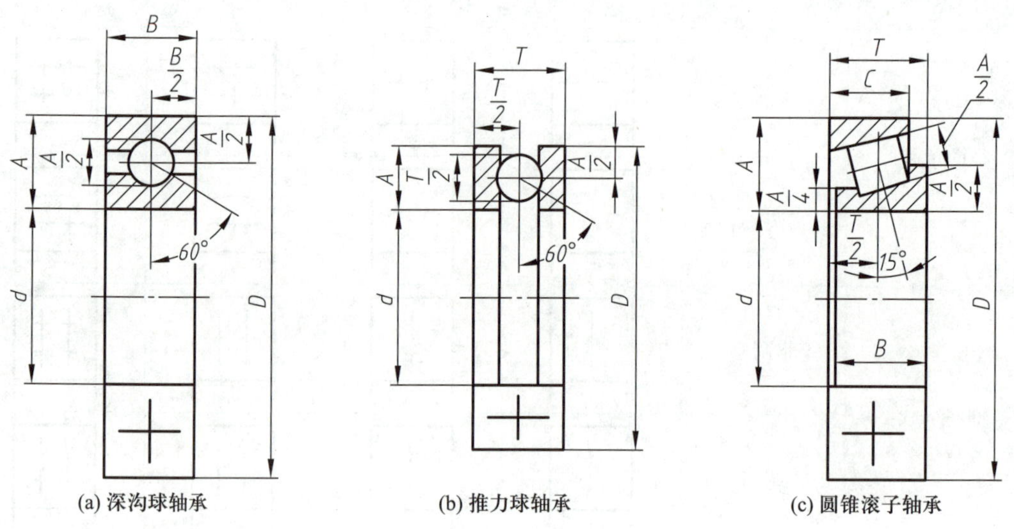

(a) 深沟球轴承　(b) 推力球轴承　(c) 圆锥滚子轴承

图 8-30　常用滚动轴承的规定画法

装配图中用规定画法绘制滚动轴承时，轴承的保持架及倒角等均省略不画。一般只在轴的一侧用规定画法表达轴承，在轴的另一侧按通用画法绘制。装配图的剖视图中采用规定画法绘制滚动轴承时，轴承的滚动体不画剖面线，内、外圈的剖面线一般应画成方向一致、间隔相同。装配图的明细表中，必须按规定注出滚动轴承的代号。

8.6　齿轮表示法

齿轮是机械传动中应用广泛的传动零件，用于传递动力，改变运动速度和方向。齿轮的种类繁多，常用的有：

(1) 圆柱齿轮——用于两平行轴间的传动，如图 8-31a 所示。

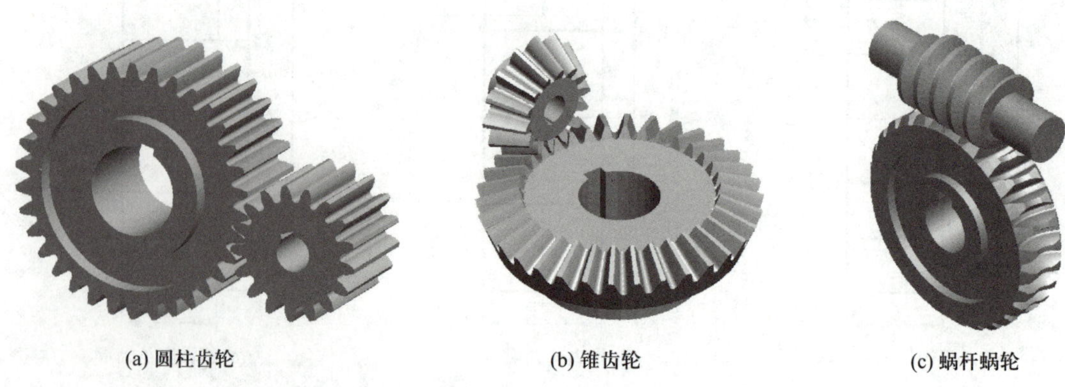

(a) 圆柱齿轮　(b) 锥齿轮　(c) 蜗杆蜗轮

图 8-31　常用齿轮传动形式

(2) 锥齿轮——用于两相交轴间的传动,如图 8-31b 所示。

(3) 蜗轮、蜗杆——用于两交叉轴间的传动,如图 8-31c 所示。

齿轮不属于标准件,但为了设计和加工的便利,齿轮已形成一系列以轮齿为主的标准。其中 GB/T 4459.2—2003《机械制图 齿轮表示法》规定了齿轮轮齿部分特殊的表示法,使得轮齿部分成为标准结构要素。

凡轮齿符合标准规定的齿轮,称为标准齿轮。本节将介绍标准齿轮的基本知识及其规定画法。

8.6.1 圆柱齿轮

轮齿加工在圆柱外表面上的齿轮,称为圆柱齿轮。圆柱齿轮按轮齿方向的不同,分为直齿、斜齿和人字齿三种。

1. 直齿圆柱齿轮各部分的名称和代号

两个啮合的直齿圆柱齿轮各部分的名称和代号如图 8-32 所示。

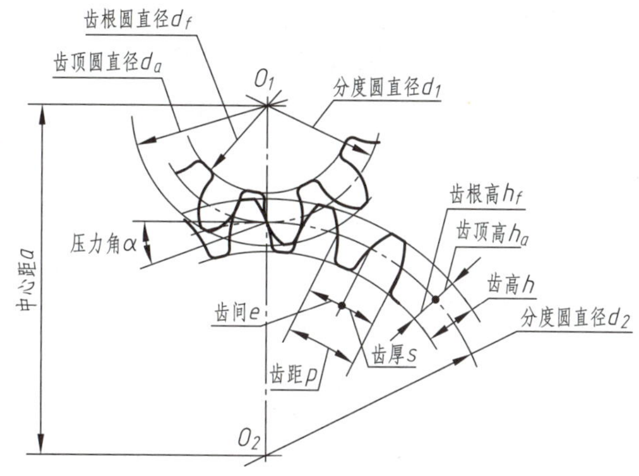

图 8-32 直齿圆柱齿轮各部分的名称和代号

(1) 分度圆:通过轮齿上齿厚等于齿槽宽处的圆。分度圆是设计齿轮时计算各部分尺寸的基准圆,是加工齿轮时的分齿圆,其直径用 d 表示。

当两个标准齿轮啮合传动时,两个分度圆在做无滑动的纯滚动,此时将两个分度圆称为节圆。

(2) 齿顶圆和齿顶高:通过轮齿顶部的圆,称为齿顶圆,齿顶圆直径用 d_a 表示;齿顶圆与分度圆之间的径向距离,称为齿顶高,用 h_a 表示。

(3) 齿根圆和齿根高:通过轮齿根部的圆,称为齿根圆,齿根圆直径用 d_f 表示;齿根圆与分度圆之间的径向距离,称为齿根高,用 h_f 表示。

(4) 齿距:分度圆周上相邻两齿对应点之间的弧长,用 p 表示,p 等于 2 倍齿厚 s。

(5) 模数:模数是设计和制造齿轮的一个重要参数,用 m 表示。若以 z 表示齿轮的齿数,则分度圆周长为 $\pi d=zp$,即分度圆直径 $d=zp/\pi$,设模数 $m=p/\pi$,则有 $d=mz$。

由于模数与齿距 p 成正比,而齿距 p 又与齿厚 s 成正比,因此,齿轮的模数增大,齿厚也增大,齿轮的承载能力随之增强。加工不同模数的齿轮要用不同的刀具，为了便于设计和加工，模数已标准化。渐开线圆柱齿轮的法向模数见表 8-9。

表 8-9 渐开线圆柱齿轮法向模数系列（摘自 GB/T 1357—2008） mm

系列	模数
第Ⅰ系列	1，1.25，1.5，2，2.5，3，4，5，6，8，10，12，16，20，25，32，40，50
第Ⅱ系列	1.125，1.375，1.75，2.25，2.75，3.5，4.5，5.5，(6.5)，7，9，11，14，18，22，28，36，45

(6) 压力角：一对啮合齿轮的轮齿齿廓在接触点（节点）处的公法线与两分度圆的公切线之间的夹角，用 α 表示。我国标准齿轮的压力角为 20°。只有模数和压力角都相同的齿轮才能相互啮合。

(7) 中心距：一对啮合的圆柱齿轮轴线之间的最短距离，用 a 表示。

2. 直齿圆柱齿轮各几何要素的尺寸关系

圆柱齿轮的基本参数为模数和齿数。设计齿轮时，首先要确定模数 m 和齿数 z，其他几何要素的尺寸都与模数和齿数有关。直齿圆柱齿轮各几何要素尺寸的计算公式见表 8-10。

表 8-10 直齿圆柱齿轮各几何要素尺寸计算公式

各部分名称	代号	计算公式	各部分名称	代号	计算公式
分度圆直径	d	$d=mz$	齿根圆直径	d_f	$d_f=m(z-2.5)$
齿顶高	h_a	$h_a=m$	齿距	p	$p=\pi m$
齿根高	h_f	$h_f=1.25m$	中心距	a	$a=m(z_1+z_2)/2$
齿顶圆直径	d_a	$d_a=m(z+2)$			

3. 单个圆柱齿轮的画法及轮齿的尺寸标注

圆柱齿轮常采用非圆投影作为主视图，用主、左两个视图表达结构形状，如图 8-33a 所示。根据需要，主视图可采用全剖（图 8-33a）、半剖（图 8-33b）、局部剖（图 8-33c）、外形视图（图 8-33d）。

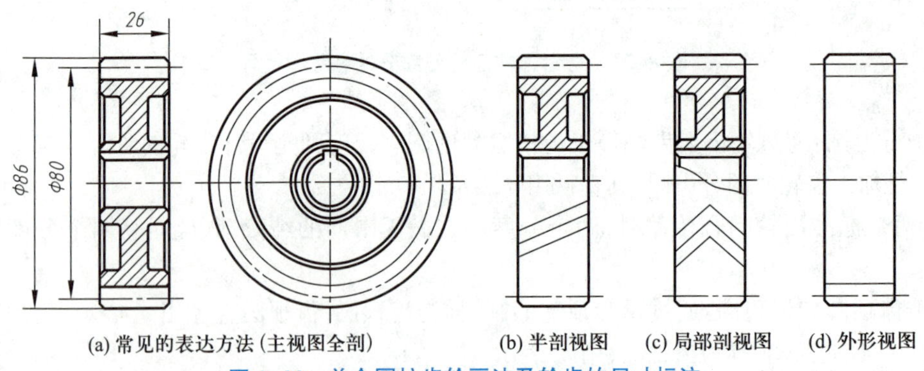

(a) 常见的表达方法（主视图全剖） (b) 半剖视图 (c) 局部剖视图 (d) 外形视图

图 8-33 单个圆柱齿轮画法及轮齿的尺寸标注

画图时应注意以下几个问题：

(1) 齿轮的轮齿部分按规定画法绘制，其余部分按投影规律绘制。

(2) 主视图通常采用剖视图表达，在剖视图中轮齿部分按不剖绘制。

(3) 轮齿部分的规定画法：齿顶圆和齿顶线用粗实线表示，分度圆和分度线用细点画线表示；在剖视图中，齿根线用粗实线表示；在外形图中，齿根线和齿根圆用细实线表示，或省略不画。

(4) 对于斜齿轮和人字齿轮,主视图应采用半剖或局部剖,在不剖部分用三组平行的细实线表示齿线的特征,如图 8-33b、c 所示。

齿轮的轮齿部分需要标注分度圆直径、齿顶圆直径及齿宽,如图 8-33a 所示。绘制齿轮零件图时,在图纸右上角列表说明齿轮的模数、齿数、压力角等重要参数的数值,见图 9-40。

4. 圆柱齿轮啮合的画法

两圆柱齿轮啮合时,它们的分度圆相切,此时分度圆与节圆重合,分度线与节线重合。啮合圆柱齿轮的画法如图 8-34 所示。绘制齿轮啮合区时应注意以下几点:

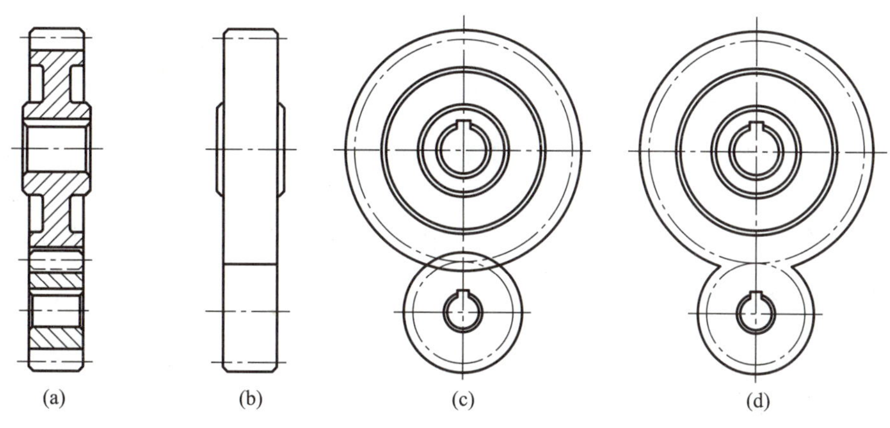

图 8-34 圆柱齿轮啮合画法

(1) 若将非圆视图画成全剖视图,则在啮合区域,节线用细点画线表示,将一个齿轮(通常是主动轮)的齿顶线画成粗实线,另一齿轮轮齿被遮挡部分用细虚线画出,两齿轮的齿根线用粗实线画出,如图 8-34a 和图 8-35 所示。

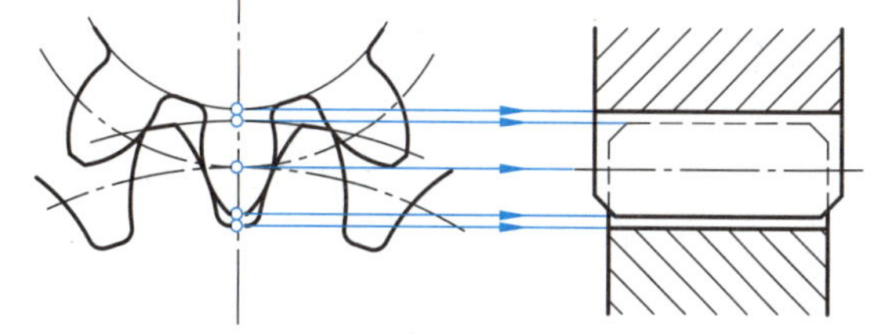

图 8-35 啮合区画法

(2) 若非圆视图不剖切,画成外形视图,啮合区的齿顶线、齿根线均不画,节线用粗实线画出,如图 8-34b 所示。

(3) 在圆视图中,两齿轮的节圆相切,齿根圆省略不画或用细实线画出,齿顶圆用粗实线画出,如图 8-34c 所示。啮合区内,表示齿顶圆的圆弧段可省略不画,如图 8-34d 所示。

(4) 斜齿轮和人字齿轮,可以在非圆视图的外形视图部分用细实线表示轮齿的方向。

(5) 当两个啮合的齿轮中一个齿轮的直径为无穷大时,该齿轮就变成齿条,形成齿轮齿条啮合。啮合传动时,齿轮做旋转运动,齿条做直线运动。齿轮和齿条啮合的画法与两圆柱齿轮啮合的画法基本相同,齿条的节线与齿轮的节圆相切,如图 8-36 所示。

8.6.2 锥齿轮

锥齿轮的轮齿加工在圆锥面上,由于圆锥面沿轴向是变直径的,所以齿厚沿锥面由大端到小端逐渐变小,模数和分度圆也随之变化。为了设计和制造方便,规定以大端端面模数为标准

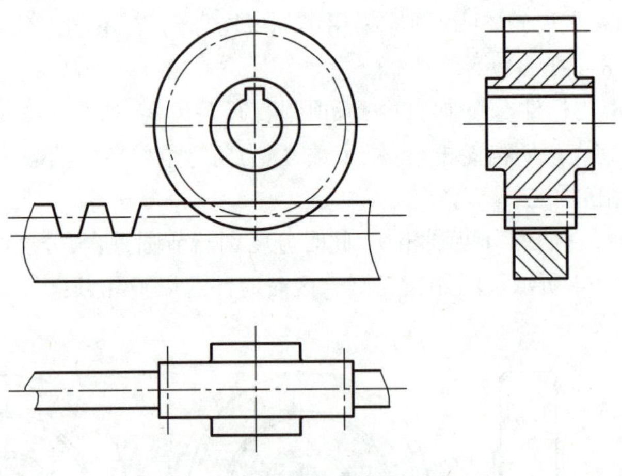

图 8-36 齿轮齿条啮合画法

模数,以此来计算和决定轮齿各部分的尺寸。锥齿轮的画法和各部分的名称及代号如图 8-37、表 8-12 所示。

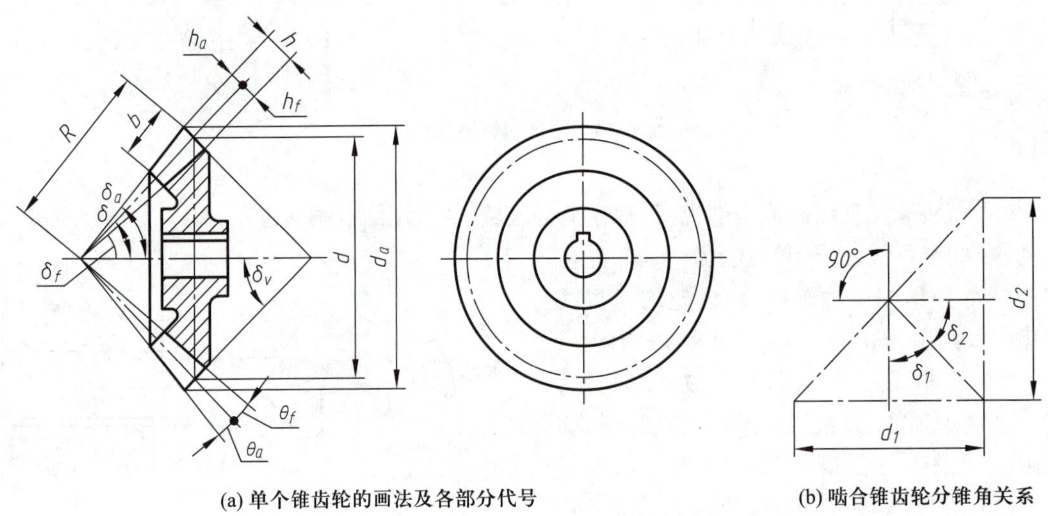

(a) 单个锥齿轮的画法及各部分代号　　(b) 啮合锥齿轮分锥角关系

图 8-37 锥齿轮各部分的名称及代号

1. 锥齿轮各部分的尺寸关系

啮合时轴线相交成 90° 的锥齿轮,各部分的尺寸都与大端端面模数和齿数有关,大端端面模数和齿数是锥齿轮的基本参数。表 8-11 列出了部分锥齿轮大端端面模数。

表 8-11 部分锥齿轮大端端面模数(摘自 GB/T 12368—1990) mm

1	1.125	1.25	1.375	1.5	1.75	2	2.25	2.5	2.75	3	3.25	3.5	3.75	4	4.5	5
5.5	6	6.5	7	8	9	10	11	12	14	16	18	20	22	25	28	30

渐开线锥齿轮各部分的名称及计算公式见表 8-12。

表 8-12 渐开线锥齿轮各部分名称及计算公式

名称	符号	计算公式
模数	m	以大端端面模数为标准模数
齿数	z	主动轮齿数 z_1，从动轮齿数 z_2
法向齿形角	α	$\alpha=20°$
分度圆直径	d	$d_1=mz_1, d_2=mz_2$
分锥角	δ	$\tan\delta_1=z_1/z_2, \delta_2=90°-\delta_1$
齿顶高	h_a	$h_a=m$
齿根高	h_f	$h_f=1.2m$
齿高	h	$h=h_a+h_f=2.2m$
齿顶圆直径	d_a	$d_{a1}=m(z_1+2\cos\delta_1), d_{a2}=m(z_2+2\cos\delta_2)$
齿根圆直径	d_f	$d_{f1}=m(z_1-2.4\cos\delta_1), d_{f2}=m(z_2-2.4\cos\delta_2)$
齿顶角	θ_a	$\tan\theta_{a1}=2\sin\delta_1/z_1, \tan\theta_{a2}=2\sin\delta_2/z_2$
齿根角	θ_f	$\tan\theta_{f1}=2.4\sin\delta_1/z_1, \tan\theta_{f2}=2.4\sin\delta_2/z_2$
顶锥角	δ_a	$\delta_{a1}=\delta_1+\theta_{a1}, \delta_{a2}=\delta_2+\theta_{a2}$
根锥角	δ_f	$\delta_{f1}=\delta_1-\theta_{f1}, \delta_{f2}=\delta_2-\theta_{f2}$
锥距	R	$R=mz_1/(2\sin\delta_1)=mz_2/(2\sin\delta_2)$
齿宽	b	$b=(0.2\sim0.35)R$

2. 单个锥齿轮的画法

锥齿轮轮齿部分按规定画法绘制，基本与圆柱齿轮相同，但由于轮齿分布在圆锥表面上，所以锥齿轮在作图上较圆柱齿轮复杂。

单个锥齿轮常用主、左两个视图表达，如图 8-37a 所示。作图之前，首先根据模数 m、齿轮齿数 z 计算出分锥角 δ、分度圆直径 d 以及其他参数，绘制轮齿部分；再按结构尺寸画出齿轮其他部分的结构。通常将主视图画成剖视图，左视图中用粗实线画出大端和小端的齿顶圆，用细点画线画出大端的分度圆。

3. 锥齿轮啮合的画法

锥齿轮啮合时，两分度圆锥相切，两锥顶交于一点。啮合锥齿轮分锥角关系如图 8-37b 所示。主视图的投射方向垂直于两相交轴线所确定的平面，主视图通常画成剖视图，啮合区域的

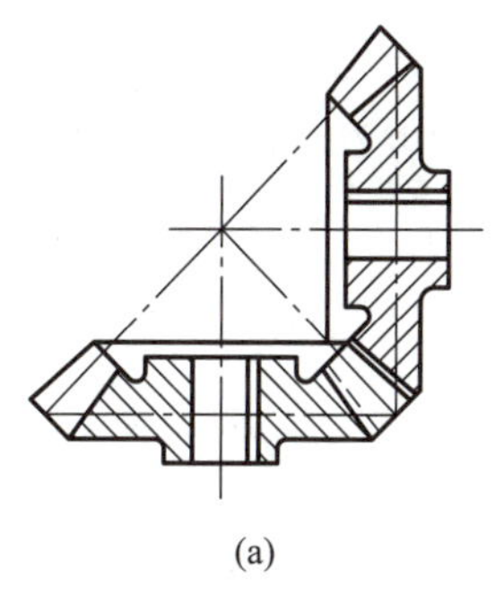
(a)

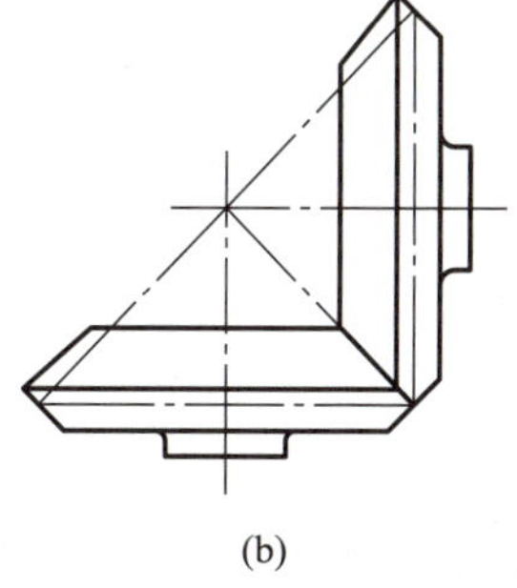
(b)

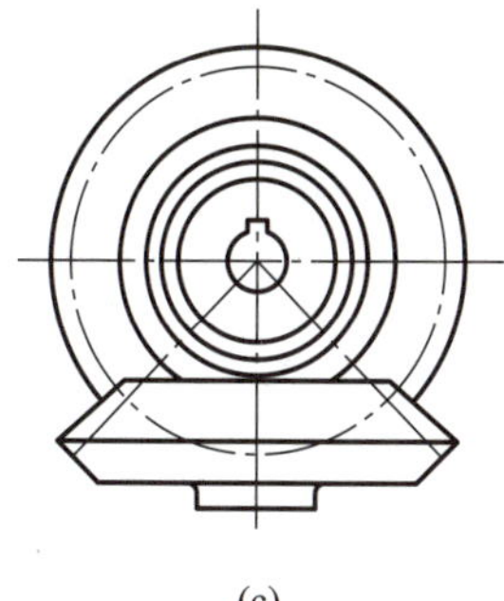
(c)

图 8-38 锥齿轮啮合画法

画法与圆柱齿轮相同,如图 8-38a 所示。主视图也可画成外形视图,此时啮合区用粗实线画出节锥线,如图 8-38b 所示。左视图通常画成外形视图,如图 8-38c 所示。

8.6.3 蜗杆、蜗轮

蜗杆、蜗轮用来传递两交叉轴之间的运动,最常见的情况是蜗杆和蜗轮轴线交叉垂直。工作时,蜗杆带动蜗轮旋转。

蜗杆由轮齿沿一条或多条螺旋线运动而形成,外形与螺杆相似。蜗轮实际上是斜齿圆柱齿轮,为增加接触面积,提高使用寿命,蜗轮的轮齿部分常加工成圆弧形。蜗杆的齿数 z_1(也称为头数)常等于 1(轮齿沿一条螺旋线运动形成)或 2(轮齿沿两条螺旋线运动形成),即蜗杆转一周,蜗轮只转过一个或两个齿,因此用蜗杆蜗轮传动,能得到很大的降速比($i=z_1/z_2$,z_2 为蜗轮的齿数)。

1. 蜗杆、蜗轮各部分名称和尺寸

通过蜗杆轴线并垂直于蜗轮轴线的平面,称为主截面。一对啮合的蜗杆蜗轮,在主截面内的模数和齿形角必须相同。

蜗杆还有一个特别的基本参数,称为蜗杆直径系数(q),$q=d_1/m$。蜗轮的齿形主要取决于蜗杆的齿形,加工蜗轮时,通常选用形状和尺寸与蜗杆相同的蜗轮滚刀。但是由于模数相同的蜗杆,直径可以不等,造成螺旋线的导程角可能不同,所以加工同一模数的蜗轮可能需要不同的滚刀。为了减少滚刀的数量,便于标准化,国标不仅规定了标准模数,还将蜗杆的分度圆直径 d_1 与模数 m 的比值标准化,这个比值就是蜗杆直径系数。

国家标准规定的蜗轮、蜗杆的模数和蜗杆直径系数见表 8-13。

表 8-13 蜗轮、蜗杆的模数和蜗杆直径系数

模数	1	1.25	1.6	2	2.5	3.15	4
蜗杆直径系数	18	16, 17.92	12.5, 17.5	9, 11.2, 14, 17.75	9, 11.2, 14, 17.75	8.889, 11.27, 14.286, 17.778	7.875, 10, 12.5, 17.75

模数	5	6.3	8	10	12.5	16
蜗杆直径系数	8, 10, 12.6, 18	7.936, 10, 12.698, 17.778	7.875, 10, 12.5, 17.5	7.1, 9, 11.2, 16	7.2, 8.96, 11.2, 16	7, 8.75, 11.25, 15.625

蜗杆各部分名称、代号见图 8-39,蜗轮各部分名称、代号见图 8-40。

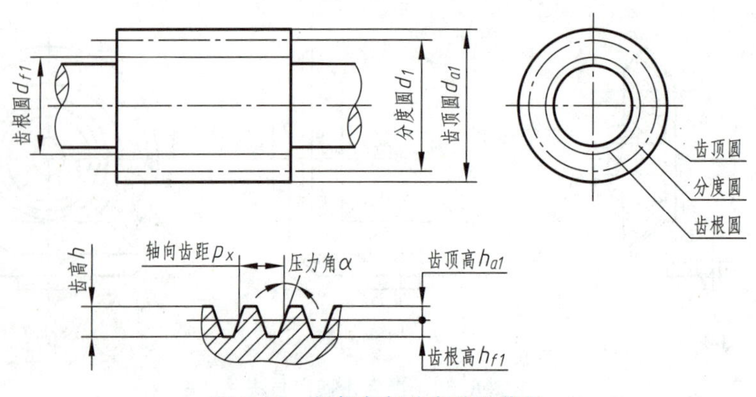

图 8-39 蜗杆各部分名称和代号

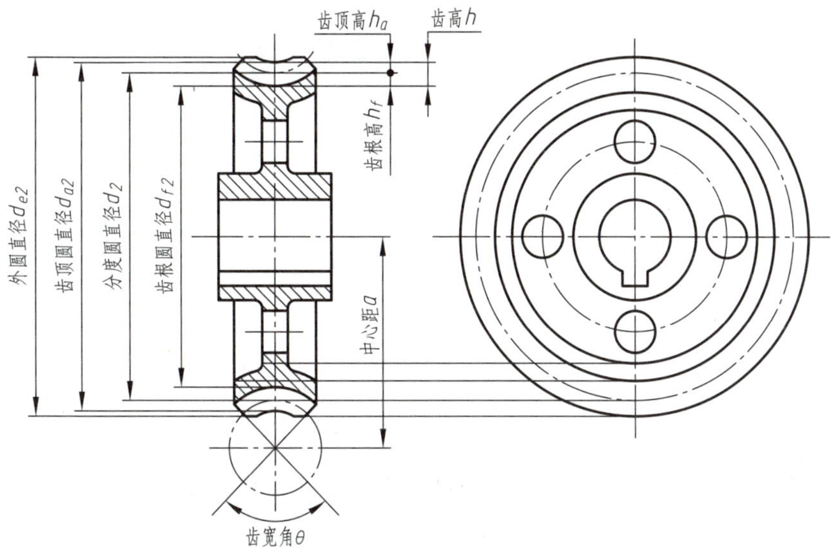

图 8-40 蜗轮各部分名称和代号

蜗杆的基本参数是主截面模数 m、蜗杆头数 z_1 和蜗杆直径系数 q，其余参数都与之有关。蜗杆各部分尺寸的计算公式见表 8-14。

表 8-14 蜗杆各部分尺寸计算公式

名称	代号	计算公式
分度圆直径	d_1	$d_1=mq$（根据计算结果，选取标准值）
齿顶高	h_{a1}	$h_{a1}=m$
齿根高	h_{f1}	$h_{f1}=1.2m$
齿高	h_1	$h_1=h_{a1}+h_{f1}$
齿顶圆直径	d_{a1}	$d_{a1}=m(2+q)$
齿根圆直径	d_{f1}	$d_{f1}=m(q-2.4)$
轴向齿距	p_x	$p_x=\pi m$
导程角	γ	$\tan\gamma=m z_1/d=z/q$
导程	p_z	$p_z=\pi m z_1$

蜗轮的基本参数是主截面模数 m 和齿数 z_2，其余参数都与之有关。蜗轮各部分尺寸的计算公式见表 8-15。

表 8-15 蜗轮各部分尺寸计算公式

名称	代号	计算公式
分度圆直径	d_2	$d_2=mz_2$
齿顶高	h_{a2}	$h_{a2}=m$
齿根高	h_{f2}	$h_{f2}=1.2m$

续表

名称	代号	计算公式
齿高	h_2	$h_2=h_{a2}+h_{f2}$
喉圆直径	d_{a2}	$d_{a2}=m(2+z_2)$
齿根圆直径	d_{f2}	$d_{f2}=m(z_2-2.4)$
齿宽角	θ	$\theta=2\arcsin(b_2/d_1)$（b_2 为蜗轮齿宽，d_1 为蜗杆的分度圆直径）

2. 蜗杆、蜗轮的画法

蜗杆的表达以平行轴的投影为主视图，其画法与圆柱齿轮相同；为了表达蜗杆的牙型，一般采用局部剖视图或局部放大图，如图 8-39 所示。

蜗轮的表达方法与圆柱齿轮基本相同，以非圆视图为主视图，主视图常采用剖视图画法；左视图只画出分度圆和外圆，齿顶圆和齿根圆不必画出，如图 8-40 所示。

蜗杆、蜗轮啮合的画法如图 8-41 所示。图 8-41a 所示的剖视图中，主视图的啮合区内将蜗杆的轮齿用粗实线画出，蜗轮轮齿被遮挡住的部位省略不画；左视图中，啮合区可采用局部剖，蜗轮的分度圆与蜗杆的分度线相切，蜗轮的外圆、齿顶圆和蜗杆的齿顶线可省略不画。图 8-41b 所示的外形视图中，主视图的啮合区只画蜗杆不画蜗轮；左视图中，蜗轮的分度圆与蜗杆的分度线相切，蜗轮的齿顶圆和蜗杆的齿顶线用粗实线画出。

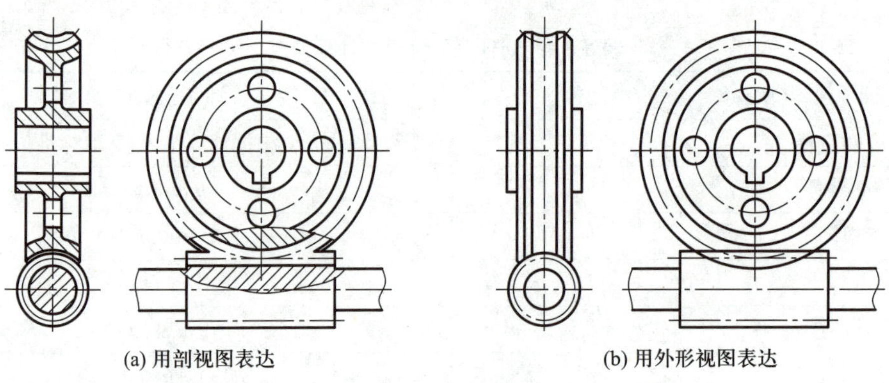

(a) 用剖视图表达　　(b) 用外形视图表达

图 8-41　蜗杆蜗轮啮合画法

8.7 弹簧表示法

弹簧是机械设备中常用的零件，可用于减振、测力、夹紧、储能等设备中。弹簧的种类很多，常见的有螺旋弹簧和涡卷弹簧。根据受力情况不同，螺旋弹簧又可分为压缩弹簧、拉伸弹簧和扭转弹簧，如图 8-42 所示。

国家标准 GB/T 2089—2009《普通圆柱螺旋压缩弹簧尺寸及参数(两端圈并紧磨平或制扁)》、GB/T 4459.4—2003《机械制图　弹簧表示法》列出了圆柱螺旋压缩弹簧的尺寸及参数和弹簧的表示法。本节着重介绍圆柱螺旋压缩弹簧的表示法。

1. 圆柱螺旋压缩弹簧各部分名称(图 8-43)

(1) 材料直径 d：制造弹簧钢丝的直径。

(a) 压缩弹簧

(b) 拉伸弹簧

(c) 扭转弹簧

(d) 平面涡卷弹簧

图 8–42 常用弹簧的种类

(2) 弹簧外径 D_2:弹簧的最大直径。

(3) 弹簧内径 D_1:弹簧的最小直径,$D_1=D_2-2d$。

(4) 弹簧中径 D:弹簧的平均直径,$D=D_2-d$。

(5) 支承圈数 n_z:为了使压缩弹簧在工作时受力均匀,制造时须将两端并紧磨平,使用时,并紧磨平的部分基本上无弹性,只起支承作用,因此称该部分为支承圈。支承圈有 1.5 圈、2 圈和 2.5 圈三种,最常见的是 2.5 圈。

(6) 有效圈数 n:除了支承圈外,保持相等螺距的圈数,称为有效圈数,它是计算弹簧受力的主要依据。

(7) 总圈数 n_1:有效圈数和支承圈数之和称为总圈数,$n_1=n+n_z$。

(8) 节距 t:在有效圈范围内,相邻两圈的轴向距离称为节距。

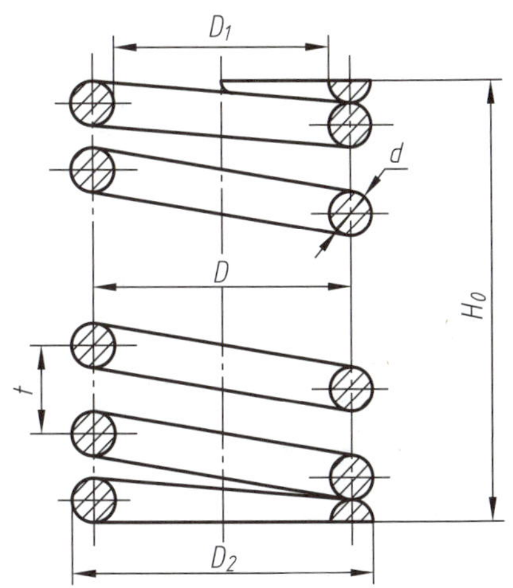

图 8–43 圆柱螺旋压缩弹簧各部分名称

(9) 自由高度 H_0:弹簧在不受外力作用时的高度,称为自由高度,$H_0=nt+(n_z-0.5)d$。

(10) 展开长度 L:制造弹簧时所用坯料的长度。

2. 圆柱螺旋压缩弹簧的规定画法

圆柱螺旋压缩弹簧可以采用视图、剖视图和示意图等表示方法,如图 8–44 所示。

(1) 在平行于轴线的投影视图中,弹簧各圈的轮廓应画成直线,如图 8–44a、b 所示。

(2) 弹簧无论左旋还是右旋,都可画成右旋。左旋弹簧必须用文字注明旋向。

(3) 有效圈数在 4 圈以上时,中间各圈可以省略不画,如图 8–44a、b 所示。

(4) 弹簧两端支承圈数无论多少,均可按图 8–44a、b 的形式绘制,具体圈数可在技术要求中另加说明。

(5) 装配图中,尺寸较小的弹簧可用示意图表示,如图 8–44c 所示。

3. 圆柱螺旋压缩弹簧的绘图步骤

已知圆柱螺旋压缩弹簧的材料直径 d = 4 mm、弹簧外径 D_2 = 34 mm、节距 t = 10 mm、有效圈数 n = 6、支承圈数 n_z = 2.5,右旋,绘制该弹簧的步骤如图 8–45 所示。

(1) 根据已知数据计算出弹簧中径 D 和弹簧自由高度 H_0,画出中径线和高度定位线,如图 8–45a 所示。

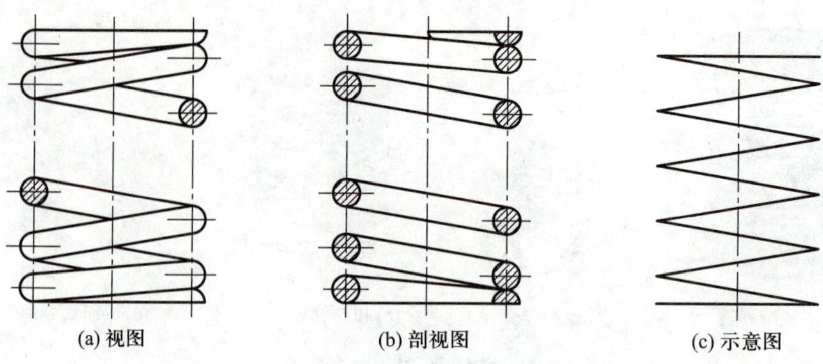

图 8-44　圆柱螺旋压缩弹簧画法

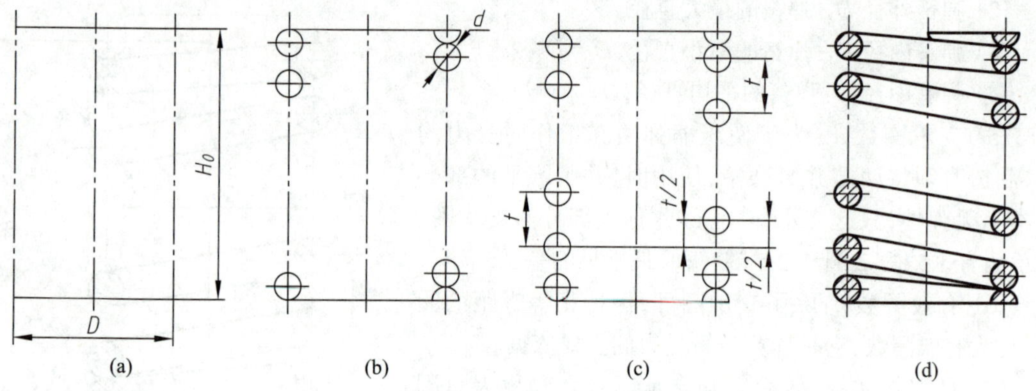

图 8-45　圆柱螺旋压缩弹簧绘图步骤

(2) 根据材料直径 d,画出两端的支承圈,如图 8-45b 所示。

(3) 根据节距 t,画出中间部分的有效圈数,如图 8-45c 所示。

(4) 按右旋的方向作各圈的公切线,填上剖面符号,完成全图,如图 8-45d 所示。

弹簧属于常用件,需要绘制零件图。图 9-41 为螺旋压缩弹簧的零件图。

第 9 章

零件图

机器或部件是由零件组成的。例如，安装在油管管路上的安全阀是一个部件，它由 13 个零件组成，图 9-1 所示为安全阀三维分解图。制造机器或部件时，先依据零件图生产零件，再按照装配图进行装配。

组成安全阀的零件中，有 5 个标出了标准编号，是标准件。标准件由专业厂家按照相应的国家标准制造，不需要绘制零件图。不属于标准件的非标零件，需要根据使用要求设计零件，并绘制零件图。图 9-1b 是安全阀中的零件“阀体”，图 9-2 是阀体的零件图。

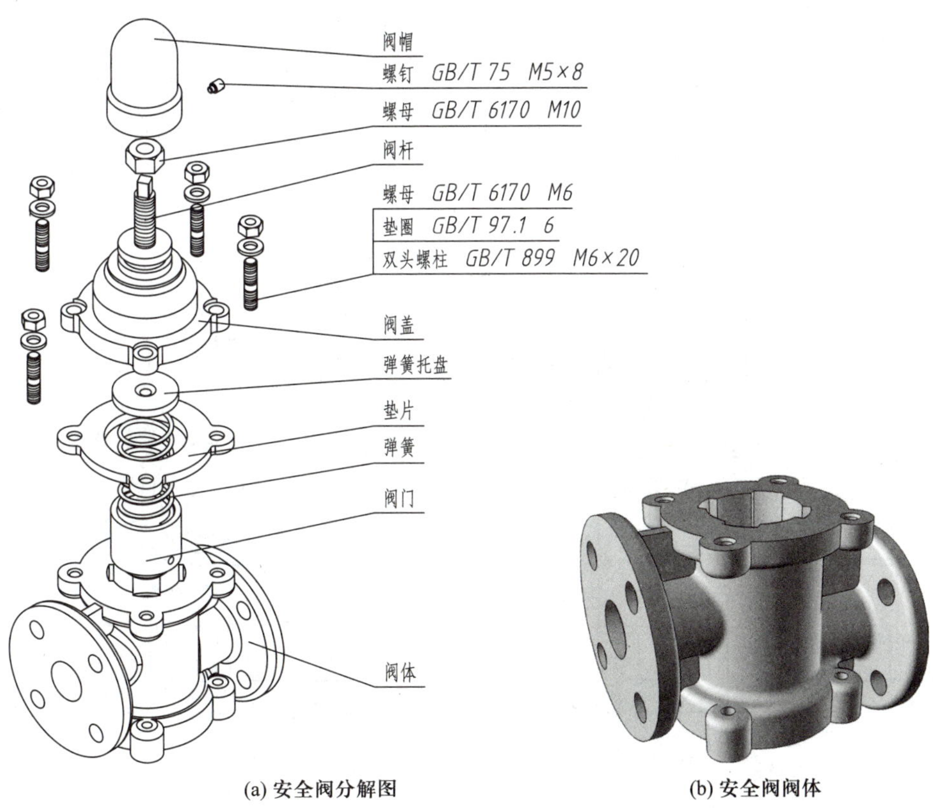

(a) 安全阀分解图　　(b) 安全阀阀体

图 9-1　安全阀及阀体

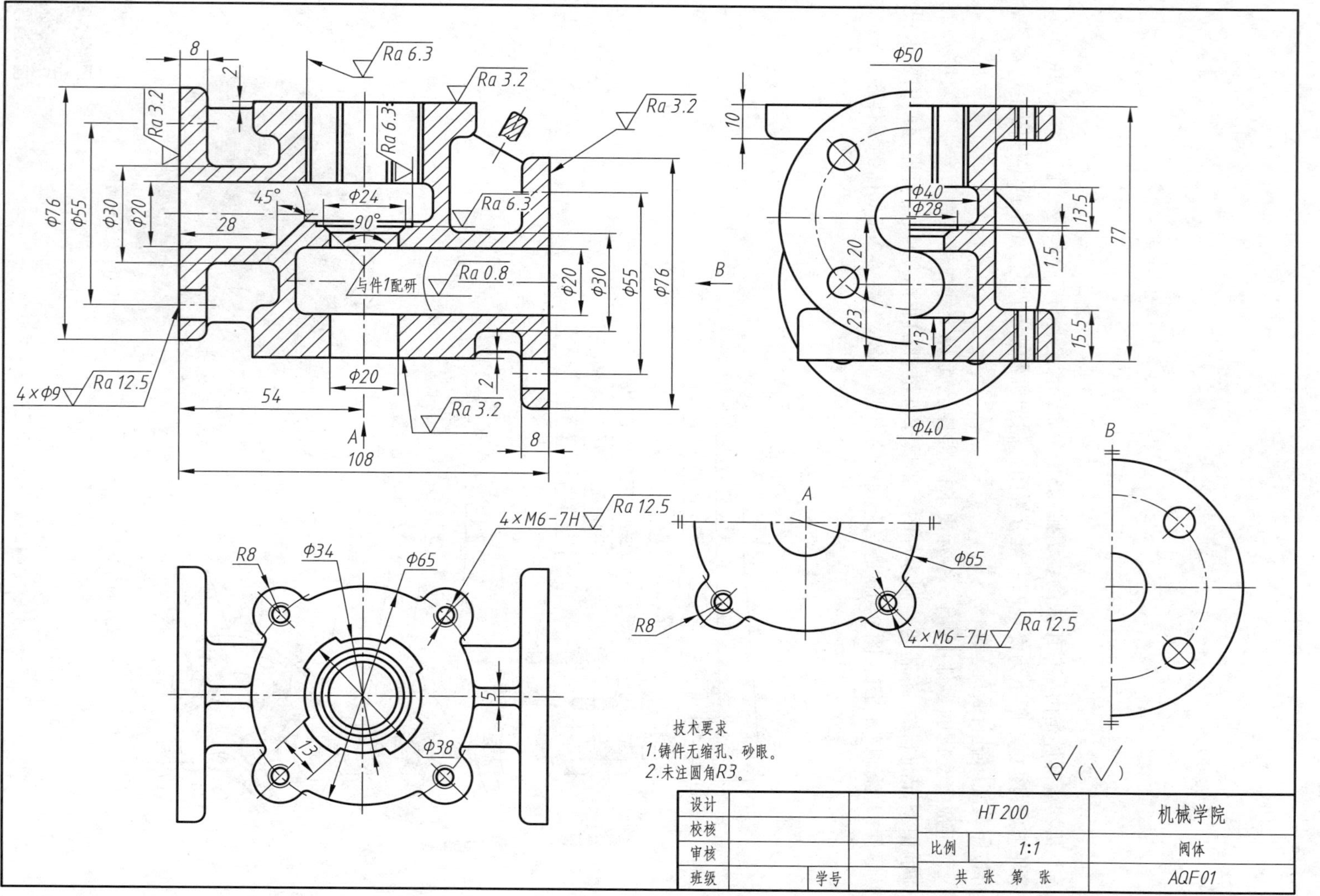
B
A
φ76
φ55
φ30
φ20
φ24
45°
90°
28
与件1配研
4×φ9
54
108
8
2
φ50
φ40
φ28
10
20
23
13
13.5
1.5
15.5
77
R8
φ34
φ65
φ38
5
4×M6-7H
Ra 3.2
Ra 6.3
Ra 0.8
Ra 12.5
技术要求
1.铸件无缩孔、砂眼。
2.未注圆角R3。
设计
校核
审核
班级
学号
HT200
比例 1:1
共 张 第 张
机械学院
阀体
AQF01

图 9-2 阀体零件图

9.1 零件图的作用和内容

零件图是制造和检验零件的依据,因此零件图上必须包含制造和检验零件的全部信息,包括零件的形状结构、大小以及加工要求、选用材料等内容。

零件图所包含的具体内容如下:

(1) 图形。用一组图形(包括视图、剖视图、断面图、局部放大图等),完整、清晰、简洁地表达零件的结构形状。如图 9-2 所示的阀体零件图,应用主视图(全剖)、俯视图、左视图(半剖)、局部视图,以及移出断面图表达零件结构。

主视图是一组图形的核心,选择主视图时,需要考虑零件的摆放位置,以及投射方向。

1) 零件的摆放位置,根据零件的不同类型,通常有两种选择思路:一种是按照零件在机器上的工作位置选择;另一种是按照零件的加工位置选择。

2) 主视图的投射方向应尽可能多地反映零件的结构特征。

在 9.5 节典型零件图例分析中,会较详尽地分析各类零件在主视图中的位置选择、主视图投射方向选择的思路。

(2) 尺寸。用一组尺寸,正确、完整、清晰、合理的表达各个结构的大小和相对位置。9.3 节将介绍零件图合理标注尺寸的相关内容。

(3) 技术要求。用一些规定符号以及文字,说明制造零件时应达到的加工要求。技术要求包括尺寸公差、表面结构要求、几何公差、表面处理和热处理等方面的内容。9.4 节将详细介绍尺寸公差、表面结构要求、几何公差的标注方法。

(4) 标题栏。在标题栏内填写零件的名称、选用的材料、绘制图样所采用的比例,以及图样管理所需的编号、设计及审核人员姓名、制图日期等信息。

9.2 零件上常见工艺结构表示法

零件的作用不同,其结构形状也各不相同。如图 9-1 所示的阀体零件,需要有液体流通的通道,所以设计了多个方向、相互贯通的圆孔,圆孔直径要根据流量要求确定。这样的结构是满足零件功能需要的主体结构。为了制造、加工、安装更加顺利和方便,还必须考虑零件制造工艺的特点,设计合理的工艺结构。

金属零件的加工方法可分为热加工和冷加工两大类。热加工是指将被加工材料加热(液态或固态)后成形的方法,铸造是最典型的热加工方法。冷加工是指在不加热状态下对被加工材料进行加工的方法,在机床上进行的切削加工,如车、铣、刨、钻、镗、磨等,是常见的冷加工方法。很多零件都是通过铸造制造出零件的毛坯,再对毛坯进行切削加工,从而得到符合设计要求的零件。

9.2.1 铸造工艺结构表示法

铸造是将金属熔化后浇注入预先制备好的型腔中,冷凝后获得特定形状毛坯的成形方法。砂型铸造是常用的铸造方法。

1. 砂型铸造的一般过程

(1) 按照零件的外形制作木模；

(2) 将木模置于砂箱中，用型砂填实砂箱，然后取出木模(称为起模)，形成与零件外形相同的型腔；

(3) 根据零件结构的需要，在上、下砂箱中制出型腔以及溶液流通的通道；

(4) 通过通道将金属熔液注入型腔；

(5) 待金属溶液完全凝固后，从砂箱中取出铸件。

图 9-3 为砂型铸造过程示意图。

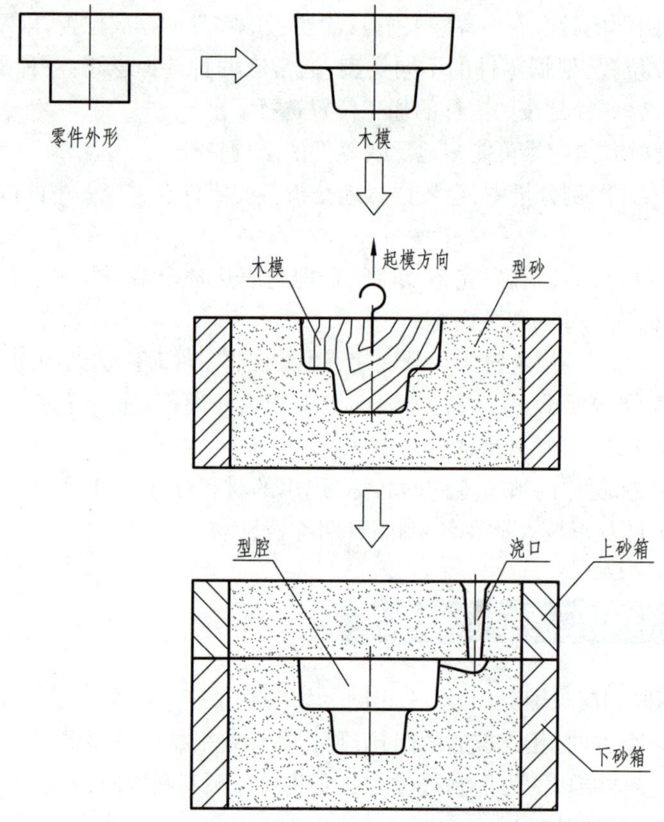

图 9-3 砂型铸造过程示意图

2. 铸件上工艺结构的形成和画法

(1) 起模斜度

为了便于将木模从砂型中取出，在制木模时，通常沿起模方向做出 1 : 20 的斜度，形成铸件表面上的起模斜度，如图 9-4a 所示。在零件图中，常规的起模斜度可以不表示。

(2) 铸造圆角

为了防止在浇注的过程中砂型尖角处被熔液冲崩而造成铸件夹砂，在木模各表面转角处制成圆角，因而铸件表面形成了铸造圆角，如图 9-4b 所示。铸造圆角的半径可从相关设计标准中查得，一般取壁厚的 0.2~0.4 倍。在零件图中，两个相邻的铸造表面之间要画出铸造圆角。铸造

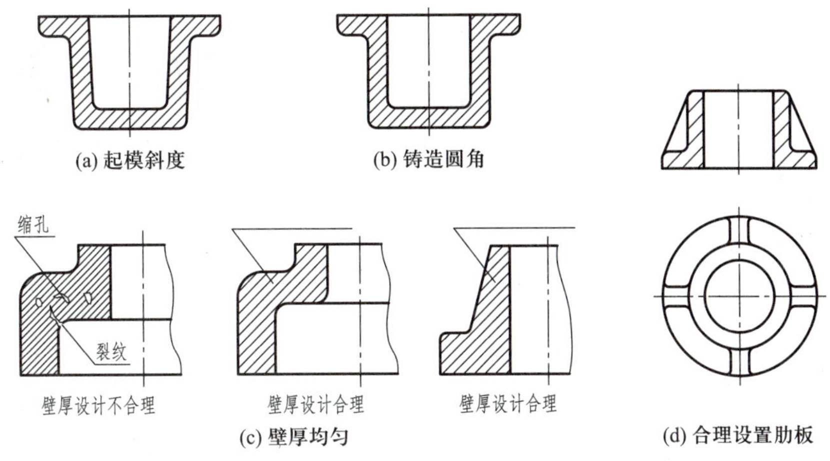

图 9-4 铸件工艺结构

圆角的尺寸可用文字在技术要求中集中说明，如“未注圆角 $R3$~$R5$”。

(3) 铸件壁厚均匀

为了避免冷凝过程中由于壁厚不均匀而造成的缩孔、裂纹等缺陷，铸件设计应力求壁厚均匀，或者厚壁和薄壁之间均匀变化，如图 9-4c 所示。

铸件的壁厚有一定的范围限制，不可太厚，在有受力要求之处可设置均匀分布的肋板结构，如图 9-4d 所示。

9.2.2 过渡线的画法

由于铸造圆角、起模斜度的存在，使铸件各部分形体表面变成平滑过渡，没有明显的交线存在。画零件图时，在铸造表面的过渡区域，用细实线画出形体表面理论上的交线，称为过渡线。过渡线两端不与形体轮廓线相交。零件表面过渡线的画法如图 9-5 所示。

9.2.3 切削工艺结构的表示法

设置切削工艺结构的目的，是为了方便加工和装配，提高生产效率。

1. 倒角和倒圆

零件经切削加工后，会在表面相交处形成锐边，为了操作安全和便于装配，常在锐边处制成斜角，称为倒角，如图 9-6 所示。在轴肩的直角转折处，易形成内应力局部增高，即应力集中，导致零件产生疲劳裂纹，因此常在轴肩处制成圆角，称为倒圆，如图 9-6a 所示。

根据不同的装配关系，国家标准 GB/T 6403.4—2008 列出了倒角和倒圆尺寸的推荐值，见附表 5-1。倒角一般采用 45°，也允许采用 30° 和 60°。45° 倒角尺寸标注形式如图 9-6a、b 所示，30° 和 60° 倒角尺寸标注形式如图 9-6c 所示。倒圆尺寸通常在技术要求中集中说明。

2. 退刀槽和砂轮越程槽

在切削加工时，为了保证工件表面加工完整，同时避免刀具与工件碰撞而被损坏，以及在装配时相邻零件能保证靠紧，常在零件的台阶处加工退刀槽或砂轮越程槽。

图 9-7 列出了退刀槽的形态及其表示法。其中图 9-7a “标注形式一”中的尺寸 5×ϕ20 表示槽宽为 5，槽直径为 ϕ20；“标注形式二”中的尺寸 5×2 表示槽宽为 5，槽深为 2。国家标准

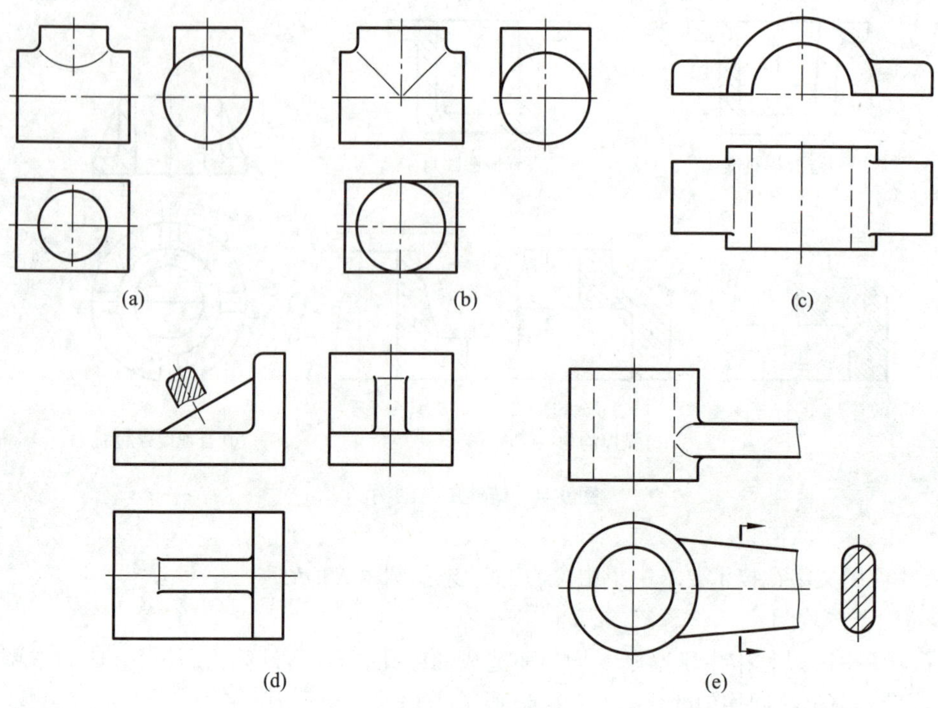

图 9-5 过渡线的画法

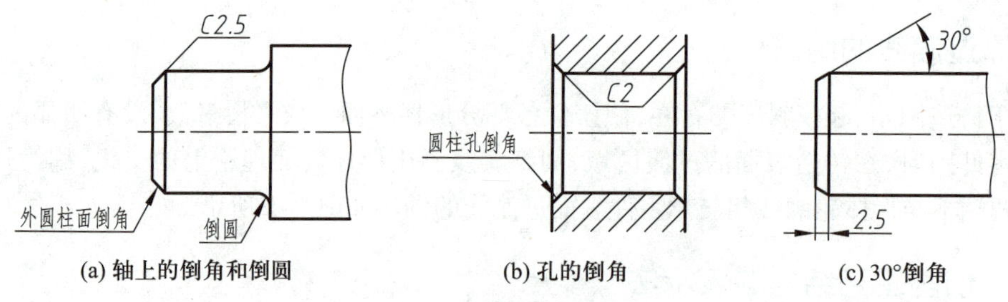

(a) 轴上的倒角和倒圆　(b) 孔的倒角　(c) 30°倒角

图 9-6 倒角和倒圆

GB/T 3—1997 列出了普通内、外螺纹退刀槽和倒角尺寸，见附表 5-3。

图 9-8 所示为砂轮越程槽表示法，砂轮越程槽常用局部放大图表示。图 9-8a 所示的砂轮越程槽适用于仅外圆柱面需要磨削的情况，图 9-8b 所示的砂轮越程槽适用于外圆柱面和端面均需要磨削的情况。国家标准 GB/T 6403.5—2008 列出了砂轮越程槽的推荐结构和相关尺寸，见附表 5-2。

3. 钻孔结构

图 9-9 所示为阶梯孔的加工过程及表示法。其中大、小孔之间的锥台是由钻头的锥尖角形成的，无须标注尺寸，作图时按 120° 绘制。

用钻头钻孔时，钻头应尽量垂直于需要钻孔的端面，并保证在钻孔的过程中钻头径向受力均匀。钻头径向受力不均匀，会造成钻头偏斜甚至折断。

图 9-10 给出了几种钻孔结构的设计方案。图 9-10a 中，第一种设计方案钻头轴线与钻孔

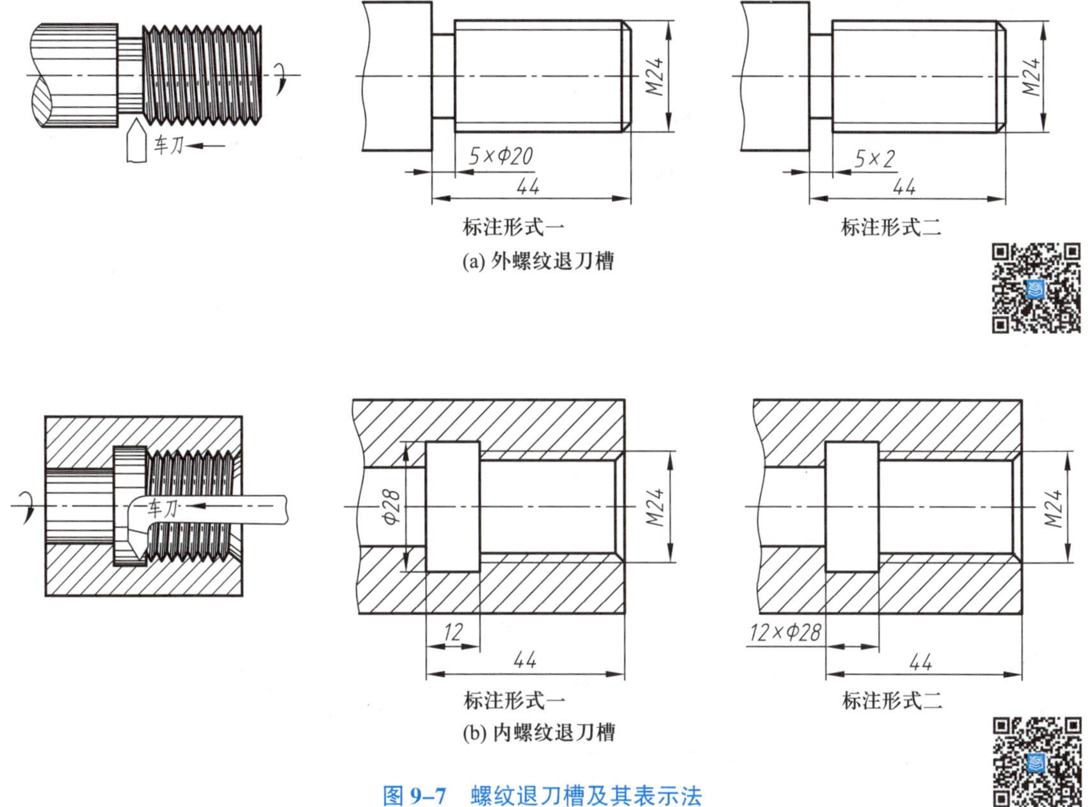

图 9-7 螺纹退刀槽及其表示法

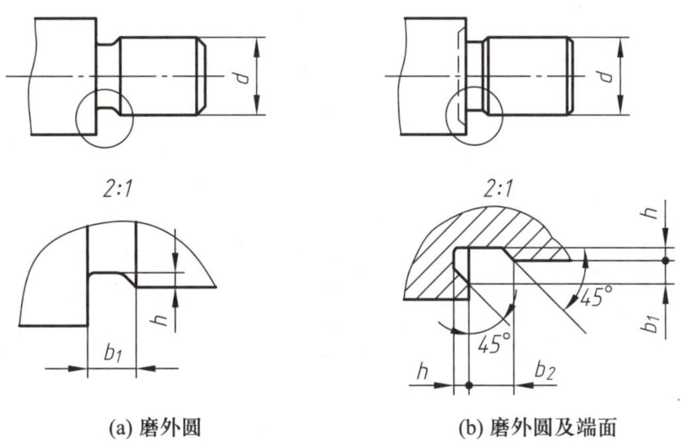

图 9-8 砂轮越程槽表示法

处端面不垂直，会导致钻孔不准确或钻头折断，端面结构设计不合理。图 9-10b 中，第一种设计方案不能保证钻头在切削过程中受力均匀，也是不合理的结构设计。

4. 凸台、凹腔和凹槽

为了保证安装时相邻零件表面接触良好，铸造零件的接触表面需要通过切削加工，才能达到设计的精度要求。然而加工面积越大，加工成本也越高，因此在铸件与其他零件有接触的地方常设计有凸台、沉孔、凹腔、凹槽等结构，以减少加工面积。这些结构的表示法如图 9-11 所示。

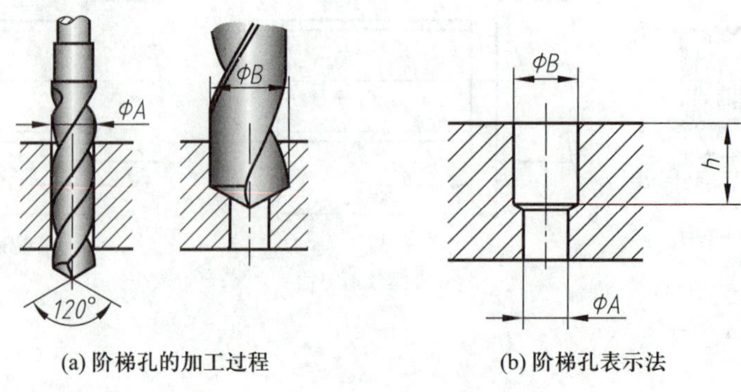

(a) 阶梯孔的加工过程 (b) 阶梯孔表示法

图 9-9 阶梯孔的加工过程及表示法

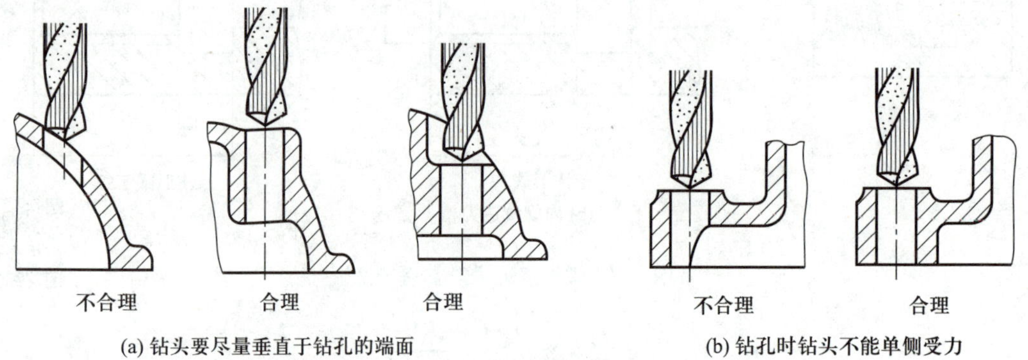

(a) 钻头要尽量垂直于钻孔的端面 (b) 钻孔时钻头不能单侧受力

图 9-10 钻孔结构

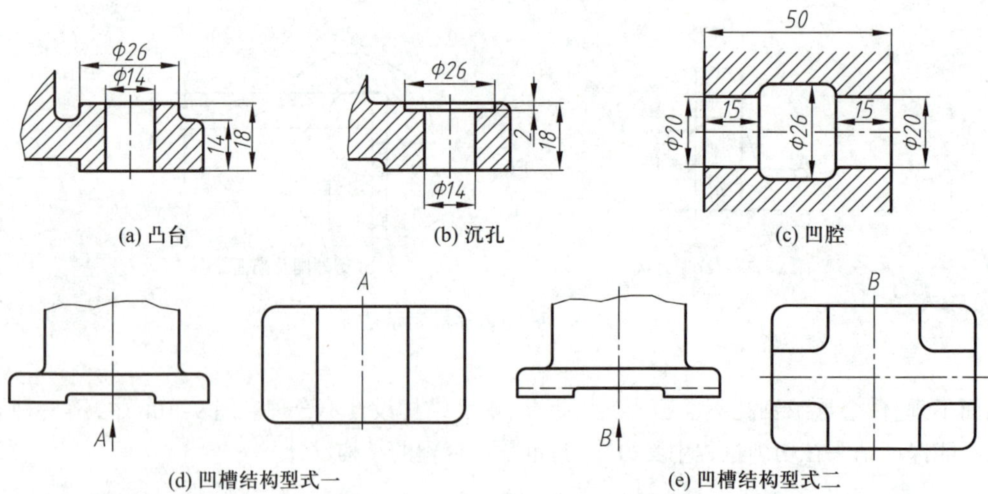

(a) 凸台 (b) 沉孔 (c) 凹腔

(d) 凹槽结构型式一 (e) 凹槽结构型式二

图 9-11 凸台、沉孔、凹腔、凹槽表示法

9.3 零件图的尺寸标注

零件图上的尺寸，是加工和检验零件的重要依据。零件图上的尺寸标注要求做到完整、清晰、合理。在前面的章节中介绍了标注尺寸的基本方法，这里主要介绍合理标注尺寸的问题。

尺寸标注涉及机械设计和制造等许多专业的知识，本节仅介绍零件图标注尺寸的一些基本原则，以及零件上常见结构的标注方法。

下面介绍零件尺寸基准的选择方法。

1. 尺寸基准

零件通常有长、宽、高三个方向的尺寸基准，对于基本结构是同轴回转体的零件，例如轴和圆形轮盘，只有两个方向的尺寸基准：径向基准和轴向（长度方向）基准。

零件的尺寸基准分为设计基准和工艺基准。设计基准是在设计零件时，保证功能、确定结构形状和相对位置时所选用的基准。通常选用工作时或装配时确定零件位置的线、面作为设计基准。工艺基准是在零件加工时，为方便加工与测量而选定的基准。

图 9-12 所示的轴，其径向基准为回转轴线，而轴向基准从设计角度考虑（设计基准）和从工艺角度（工艺基准）考虑会有所不同。该轴是平带轮传动机构中的零件，轴上零件包括平带轮、齿轮、滚动轴承、套筒等，图 9-13 所示为平带轮机构装配图。从图 9-13 可知，图 9-12 中的轴向基准面 *A* 和 *B* 是装配时确定零件位置的面，其中 *A* 是滚动轴承安装定位面，*B* 是平带轮安装定位面。因此，*A*、*B* 面是该轴长度方向的设计基准。加工和测量时，以左、右端面 *C* 和 *D* 为长度方向基准面会比较方便，因此 *C*、*D* 面是该轴长度方向的工艺基准。

设计基准和工艺基准最好能重合，以便标注的尺寸既能保证设计要求，又能便于加工和测量。当设计基准和测量基准不重合时，应以设计基准为主要基准，工艺基准为辅助基准。同一

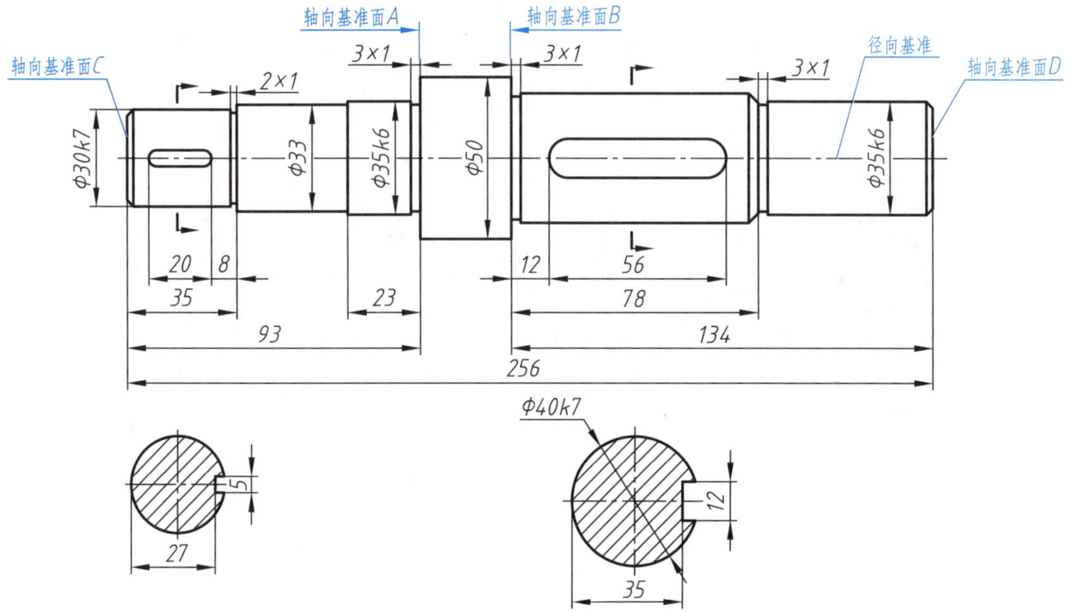

图 9-12 轴的尺寸基准分析

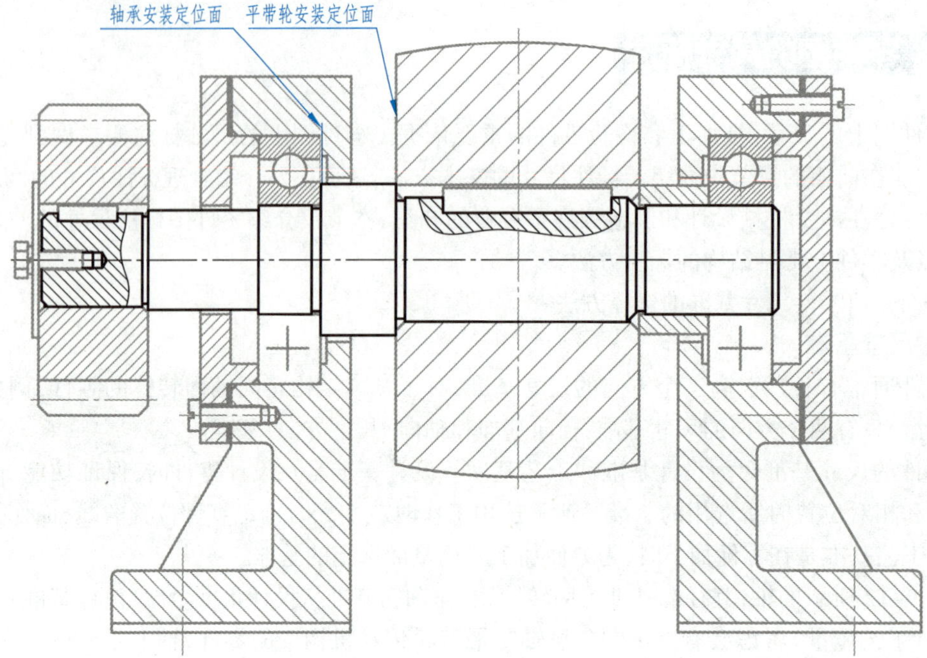

图 9-13 平带轮组装配图

方向的不同基准之间,应有直接的尺寸联系,如图 9-12 中,用三个长度尺寸 93、134 和 256,将设计基准和工艺基准关联起来。

2. 合理标注尺寸的一般准则

(1) 重要尺寸应直接标注

为保证设计要求,主要尺寸应在零件图上的相应位置直接标注,不应由其他尺寸推算得到。图 9-14 所示的支座为平带轮组中起支撑作用的零件,其中底面到孔中心的距离(124)决定了轴

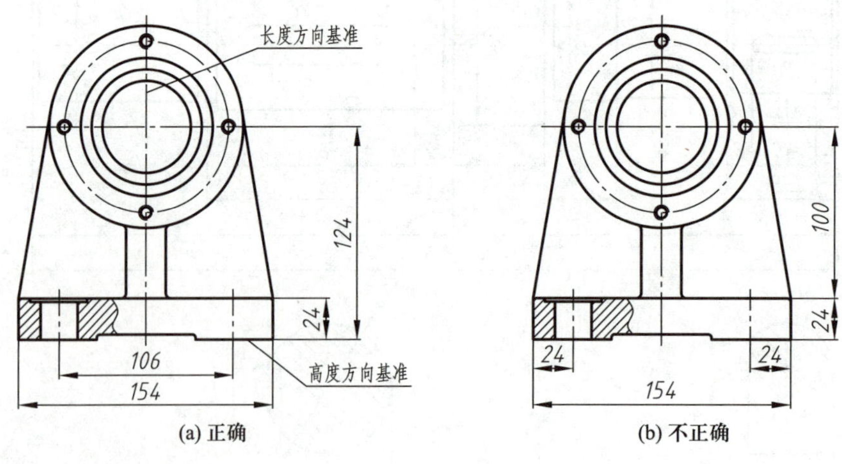

图 9-14 重要尺寸应直接标注

的中心的高度，是设计要求的重要尺寸，应直接标注出来；底板安装孔的中心距(106)也应直接标注，以保证安装的准确性。

(2) 避免出现闭合尺寸链

零件图上一组相关的尺寸构成零件的尺寸链，如图 9-12 所示的轴零件图中的长度尺寸基准面 *A* 到左端面的长度 93、基准面 *B* 到右端面的长度 134 以及总长度 256，构成长度方面的尺寸链。

标注尺寸时，应避免形成闭合尺寸链。如图 9-15a 所示的支座，长度方向的四个尺寸 154—24—106—24，高度方向的三个尺寸 124—100—24，形成了闭合尺寸链；图 9-15b 所示的轴，长度方向的四个尺寸 256—93—29—134，也形成了闭合尺寸链。单纯从数值计算来看，轴长度方向的四个尺寸满足计算式 256=93+29+134。然而零件在加工的过程中总会有误差，标注闭合尺寸链就必须降低加工误差，提高每一段的加工精度，从而导致生产成本提高，甚至造成废品。

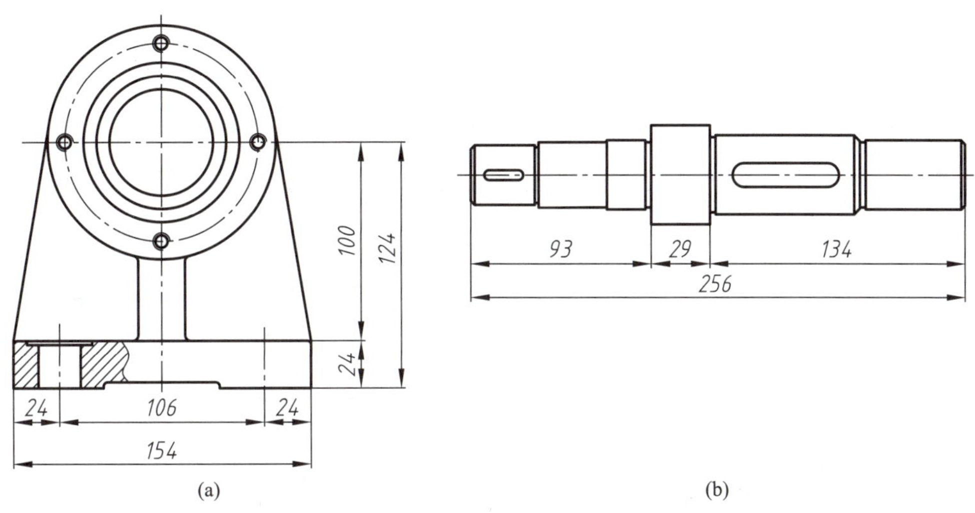

图 9-15 错误的闭合尺寸链

(3) 同一方向上应只有一个毛坯面与加工面有直接的尺寸联系

毛坯面通常指铸造、锻造成形后不再加工的表面。标注零件上各毛坯面的尺寸时，同一方向上最好只有一个毛坯面与加工面有直接的尺寸联系。如图 9-16a 所示零件，高度方向只有毛坯面尺寸 7 与加工的底面有尺寸联系，其他毛坯面只与毛坯面有尺寸联系，与底面尺寸无关联。而图 9-16b 中，零件外形的三个毛坯面都以底面(加工面)为基准标注尺寸，这样的标注方式是不合理的。因为毛坯面比较粗糙，尺寸误差较大，各毛坯面之间相对关系精确度不高，如果每个毛坯面都与底面有直接的尺寸联系，加工底面时要同时保证每个尺寸都达到标注的要求，这会给加工带来很大的困难，甚至无法做到。

(4) 尺寸标注应尽量方便加工和测量

尺寸标注要做到方便加工和测量，就需要了解零件的加工顺序，并根据加工顺序标注尺寸。图 9-17 所示轴在车床上的加工过程见表 9-1。

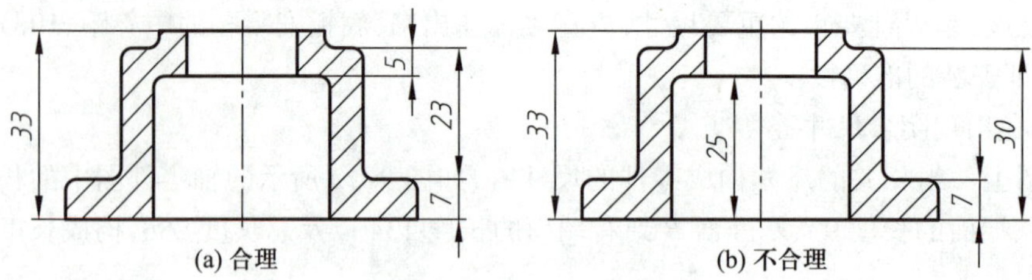

图 9-16 毛坯面的尺寸标注

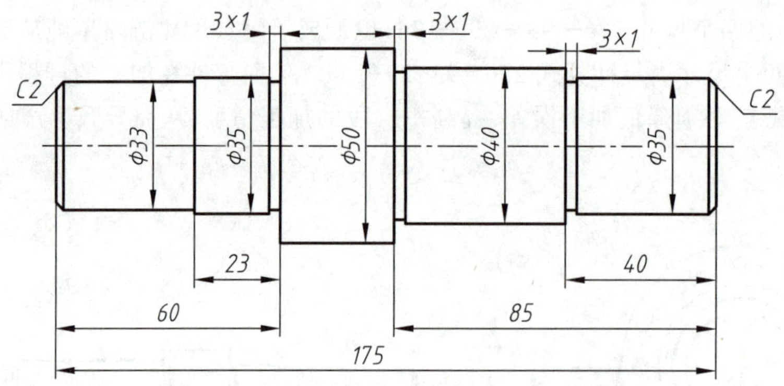

图 9-17 轴的尺寸标注应方便加工和测量

表 9-1 轴的加工过程

工序	说明	工序简图
1	下料； 车两端面至轴长度 175,车外圆 ϕ50	
2	车外圆 ϕ40,长 85	
3	车外圆 ϕ35,长 40	

续表

工序	说明	工序简图
4	切槽，倒角	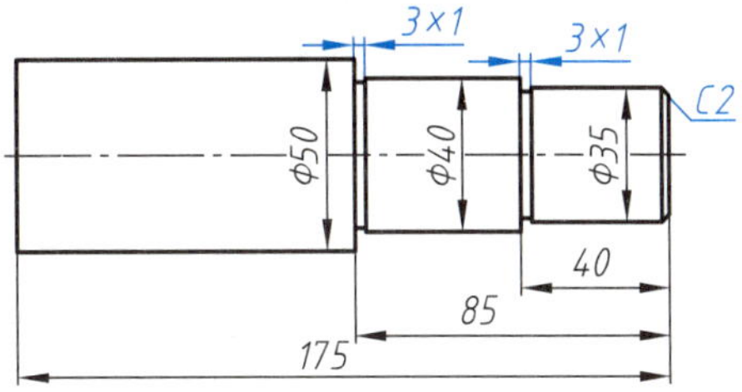
5	调头，车外圆 ϕ35，长 60	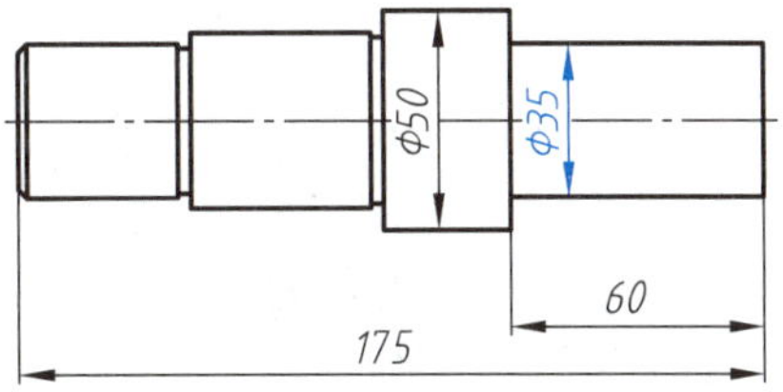
6	车外圆 ϕ33，长度保证 ϕ35 段为 23	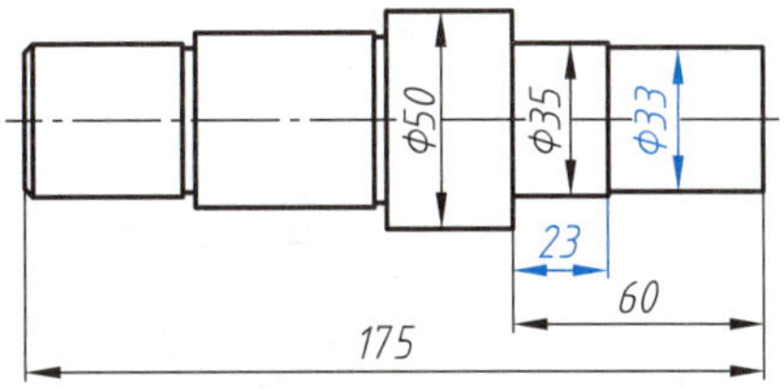
7	切槽，倒角	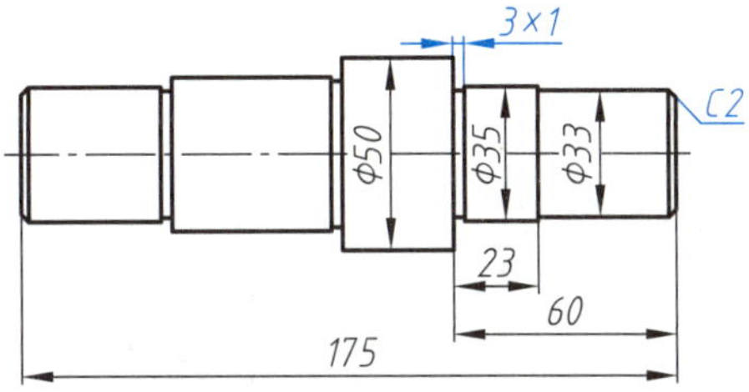
8	热处理及后期精加工	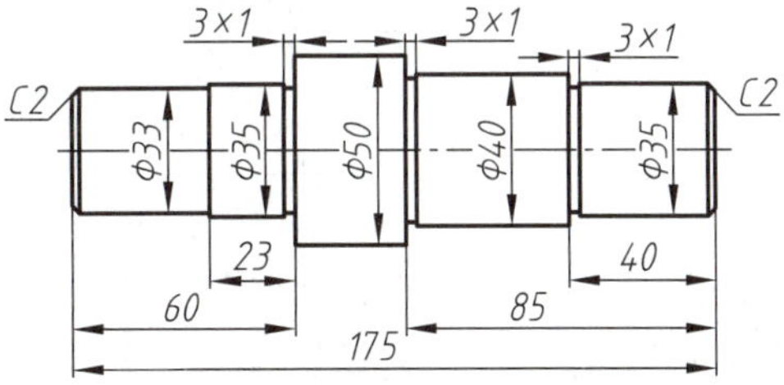

从轴的加工过程可以看出，轴的左、右两端面是保证轴长度的重要表面，是测量长度尺寸的基准面，因此是工艺基准。左、右两段长度尺寸标注方式略有不同，左段以轴肩为基准标注长度 23，右段以右端面为基准标注长度 40。至于哪一段长度直接注出，应遵循“重要尺寸应直接注出”的原则，根据轴上零件的安装定位要求来决定。

3. 零件上常见结构的尺寸标注方法

表 9-2 列出了均匀分布的小孔、螺纹孔、光孔、沉孔、锥孔、退刀槽、砂轮越程槽等零件上常见结构的尺寸标注方法。

表 9–2 零件上常见结构的尺寸标注方法

零件结构		标注方法	说明
成组要素(孔)的注法		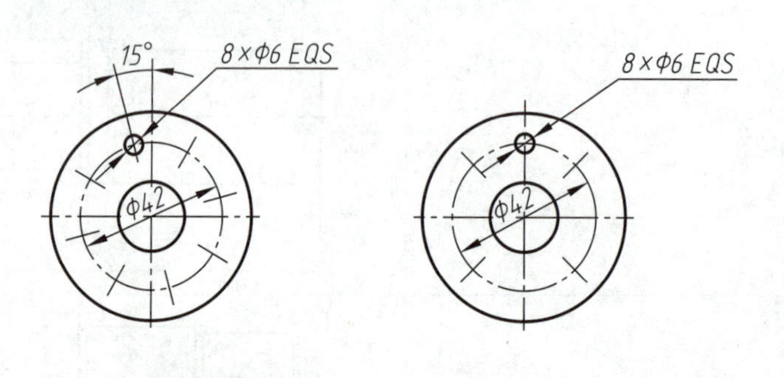 15° 8×ϕ6 EQS ϕ42；8×ϕ6 EQS ϕ42	8 个 $\phi6$ 的孔,EQS 表示均匀分布;左图需要标注角度定位尺寸,右图因孔的位置显而易见,不需标注角度定位尺寸
螺纹孔	通孔	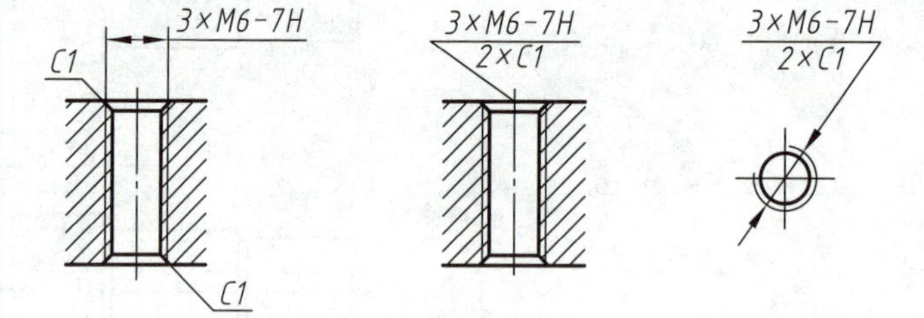 3×M6-7H C1 C1；3×M6-7H 2×C1；3×M6-7H 2×C1	3 个 M6 的螺纹孔,两端倒角均为 $C1$
	不通孔	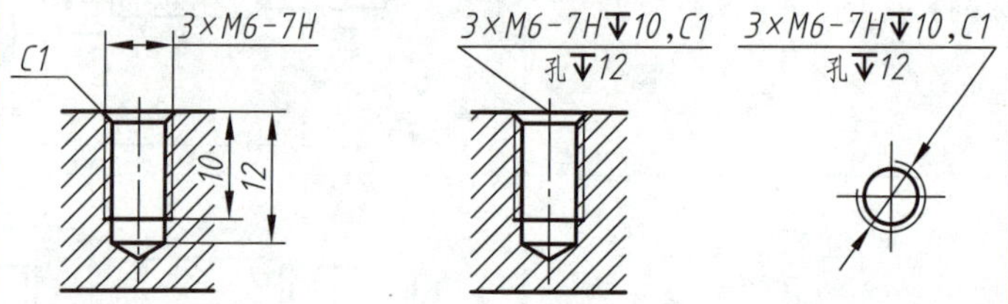 3×M6-7H C1 10 12；3×M6-7H↧10,C1 孔↧12；3×M6-7H↧10,C1 孔↧12	3 个 M6 的螺纹孔,两端倒角均为 $C1$,螺纹长度 10,钻孔深度 12
光孔	一般孔	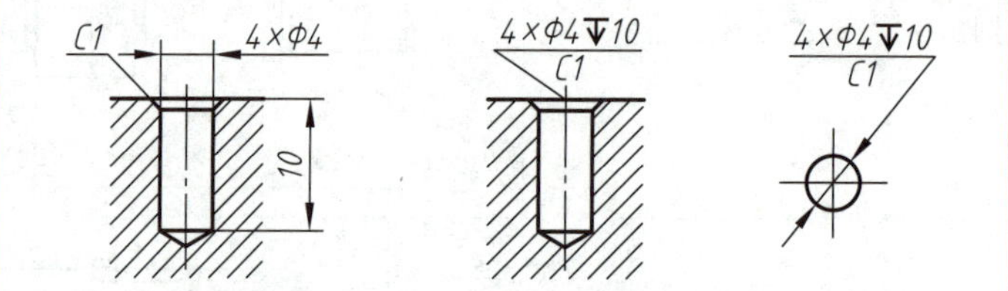 C1 4×ϕ4 10；4×ϕ4↧10 C1；4×ϕ4↧10 C1	4 个 $\phi4$ 的光孔,孔深 10,倒角 $C1$
	精加工孔	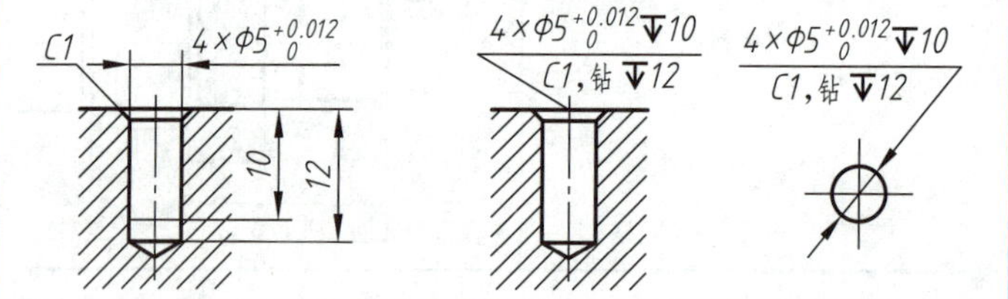 C1 $4\times\phi5^{+0.012}_{0}$ 10 12；$4\times\phi5^{+0.012}_{0}$↧10 C1,钻↧12；$4\times\phi5^{+0.012}_{0}$↧10 C1,钻↧12	4个 $\phi5$ 的光孔,孔深为 12;钻孔后需精加工至 $\phi5^{+0.012}_{0}$,深度为 10
	锥销孔	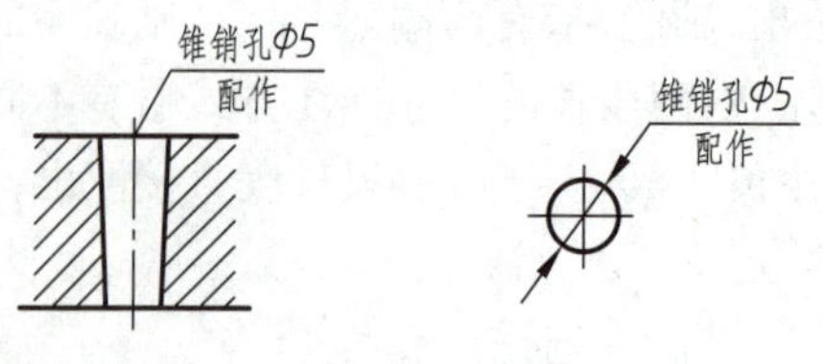 锥销孔ϕ5 配作；锥销孔ϕ5 配作	$\phi5$ 为圆锥销小头直径,配作指相邻零件装配后一起加工

续表

零件结构		标注方法	说明
沉孔	锥形沉孔		6 个 $\phi5$ 的孔，锥形部分大口直径 $\phi10$，锥顶角 90°
	柱形沉孔		8 个 $\phi5$ 的孔，柱形沉孔直径 $\phi12$，深 3
	锪平		4个 $\phi9$ 的孔，锪平直径为 20；锪平深度一般不需标注，锪平到不出现毛坯面为止

9.4 零件图中的技术要求

零件图作为生产机器零件的重要技术文件，除了有视图和尺寸外，还必须具备制造该零件时应该达到的一些制造要求，称为技术要求。技术要求主要包括：极限与配合、几何公差、表面结构要求、材料及其热处理和表面要求等。这些技术要求有的用规定的符号或代号直接标注在视图上，有的则以简明的文字注写在图样下方靠近标题栏的空白处。

本节介绍极限与配合、几何公差、表面结构要求的基本含义及在视图上的标注方法。

9.4.1 极限与配合

极限与配合是一项重要的技术要求。在零件加工过程中，由于机床精度、刀具磨损、测量误差等因素的影响，不可能也不必要将零件的尺寸做得绝对准确，实际生产与理想设计的零件总会存在误差，因此必须规定一个尺寸允许的变动量。在机器的装配过程中，组成机器的零件之间也有一定的松紧配合要求，这种要求也需要由零件的尺寸偏差来满足。

极限与配合基于零件的互换性要求。所谓互换性是指在相同规格的零件中任选一个零件，不需经过任何修配，便能直接装配（或更换）到机器上，并达到设计的配合要求，使机器正常运转或者能够保持其原有的性能。零件的互换性为机器的装配和维修带来方便，更为现代化、大批量生产提供了可能。

国家标准制定了 GB/T 1800.1—2020《产品几何技术规范（GPS） 线性尺寸公差 ISO 代号体系 第 1 部分：公差、偏差和配合的基础》和 GB/T 4458.5—2003《机械制图 尺寸公差与配合注法》,保证了零件的互换性和制造精度,满足高效率的专业化生产和协作要求。

1. 极限与尺寸公差

(1) 相关术语(如图 9-18 所示)

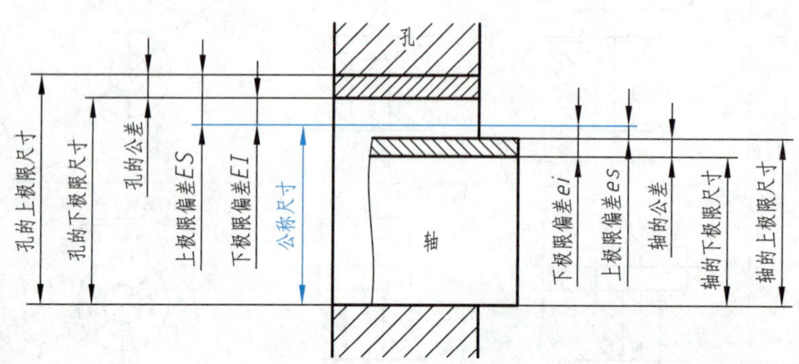

图 9-18 极限与配合的基本概念

1) 公称尺寸:由设计确定的理想形状要素的尺寸。一般根据零件的功能、强度、结构和工艺要求,通过设计计算或经验来确定。

2) 极限尺寸:制造时允许尺寸变动所能达到的两个极限值。最大允许尺寸称为上极限尺寸,最小允许尺寸称为下极限尺寸,实际尺寸位于这两个极限尺寸之间即为合格。

3) 极限偏差:极限尺寸减去公称尺寸得到的代数差即为极限偏差。极限偏差分为

$$\text{上极限偏差}(ES\text{ 或 }es) = \text{上极限尺寸} - \text{公称尺寸}$$

$$\text{下极限偏差}(EI\text{ 或 }ei) = \text{下极限尺寸} - \text{公称尺寸}$$

极限偏差数值可以是正值、负值或零。国家标准规定,孔的上、下极限偏差代号分别用大写字母 ES、EI 表示,轴的上、下极限偏差代号分别用小写字母 es、ei 表示。

4) 尺寸公差(简称公差):允许的尺寸变动量。

$$\text{尺寸公差} = \text{上极限尺寸} - \text{下极限尺寸} = \text{上极限偏差} - \text{下极限偏差}$$

尺寸公差是一个绝对值。

5) 零线:在极限与配合图示中表示公称尺寸的一条直线,以其为基准来确定偏差的位置。通常,零线沿水平方向绘制,正偏差位于零线之上,负偏差位于零线之下,如图 9-19 所示。

6) 公差带:表示公差大小相对于零线位置的一个带状区域。为简化起见,由代表上极限偏差和下极限偏差的两条直线围成的一个矩形框来表示,如图 9-19 所示。

7) 公差等级:确定尺寸精确程度的等级。标准公差等级代号由符号 IT 和阿拉伯数字组成,分 IT01、IT0、IT1~IT18 共 20 级。"IT"表示标准公差,数字表示公差等级。同一公称尺寸,从 IT01 到 IT18,尺寸的精确程度依次降低。IT01 公差数值最小,精度最高;IT18 公差数值最大,精度最低。不同的公称尺寸若属于同一公差等级(例如附表 6-1 中 IT7),虽然公差数值可能会有所不同,但被认为具有相同的精度。

8) 标准公差:国家标准 GB/T 1800.1—2020 将公差数值标准化、系列化,形成了标准公差。标准公差的数值由公称尺寸和公差等级来确定。

公称尺寸和公差等级相同的孔和轴,它们的标准公差值相等。国家标准把公称尺寸范围分成

若干段，按不同的公差等级列出了各段公称尺寸的标准公差值，见附表 6-1。

9) 基本偏差：确定公差带相对零线位置的极限偏差称为基本偏差。它可以是上极限偏差或下极限偏差，一般是指靠近零线的那个极限偏差。在图 9-19 所示的公差带图中，孔的基本偏差为下极限偏差，轴的基本偏差为上极限偏差。

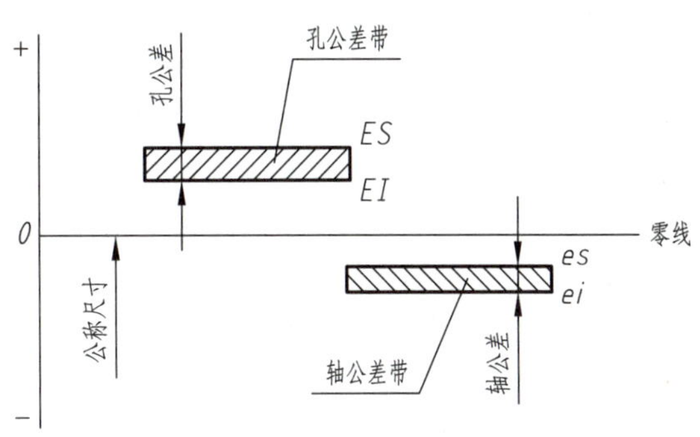

图 9-19 公差带示意图

根据实际需要，GB/T 1800.1—2020 分别对孔和轴各规定了 28 个不同类型的基本偏差，每一种基本偏差用一个基本偏差代号表示，孔用大写字母 A、B、C、CD、D……X、Y、Z、ZA、ZB、ZC 表示，轴用小写字母 a、b、c、cd、d……x、y、z、za、zb、zc 表示，如图 9-20 所示。

图 9-20a 是孔的基本偏差系列。孔的基

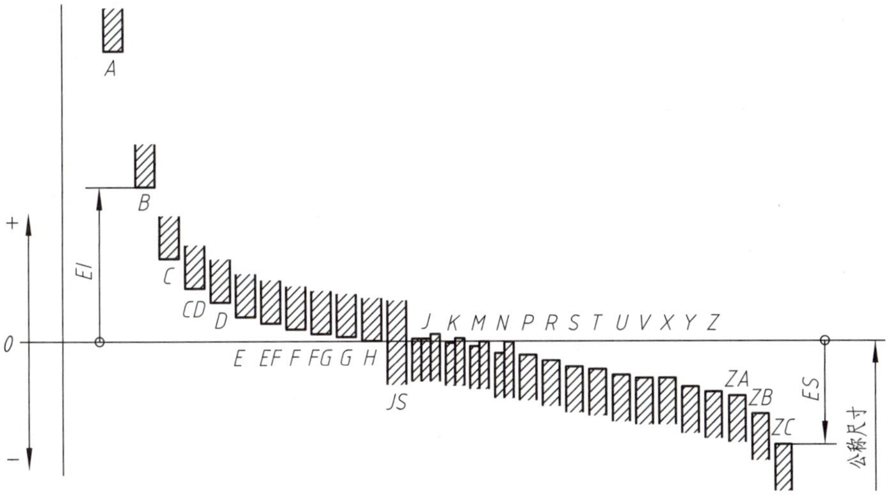

(a) 孔(内尺寸要素)

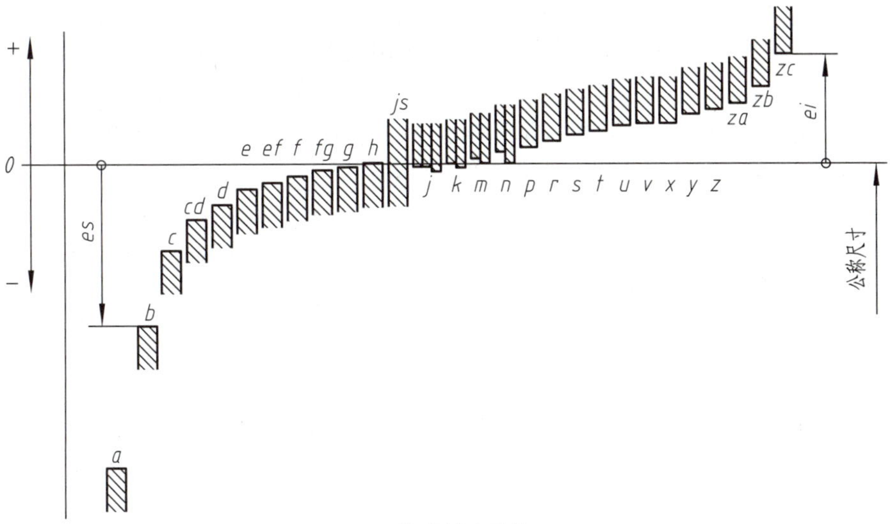

(b) 轴(外尺寸要素)

图 9-20 基本偏差系列示意图

本偏差从A到H为下极限偏差，从J到ZC为上极限偏差，JS没有基本偏差，其上、下极限偏差为零线对称。基本偏差代号为H的孔的基本偏差（下极限偏差）为零。

图9-20b是轴的基本偏差系列，轴的基本偏差从a到h为上极限偏差。从j到zc为下极限偏差。js没有基本偏差，其上、下极限偏差为零线对称。基本偏差代号为h的轴的基本偏差（上极限偏差）为零。

偏差类型决定了公差带在公差图中的位置，当公差带位于零线上方时，基本偏差为下极限偏差；当公差带位于零线下方时，基本偏差为上极限偏差。基本偏差系列图只表示公差带的位置，不表示公差带的大小，因此表示公差带的矩形是开口的，开口的另一端由标准公差限定。如果基本偏差和标准公差等级确定了，那么孔和轴的公差带位置和大小就确定了。轴和孔的基本偏差数值参见附表6-2和附表6-3。

10）公差带代号：用基本偏差代号的字母和标准公差等级代号中的数字组成公差带代号，如图9-21a中的H7。

（2）尺寸公差的注写

尺寸公差的标注如图9-21所示。一般有三种形式，可根据需要选择其中一种形式标注。

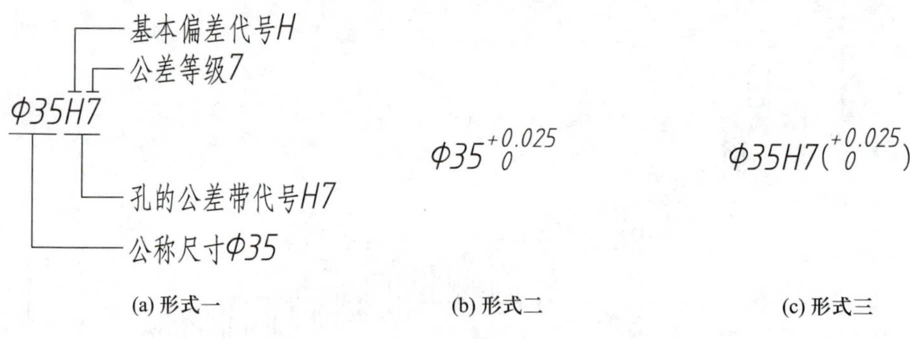

图9-21 尺寸公差标注格式及含义

1）标注公差带代号。如图9-21a。这种标注方法是直接在公称尺寸后面标注出公差带代号，两者字高相同。这种注法适用于大批量生产，也便于与装配图对照。

2）标注极限偏差。这种方法是直接将上、下极限偏差数值在公称尺寸后面注出。这种注法直观，便于测量，最为常用。注写时应注意以下几点：

① 下极限偏差注写在公称尺寸的同一底线上，上极限偏差注写在公称尺寸的右上方，上、下极限偏差的小数点对齐。偏差值的字号比公称尺寸数字字体小一号，如图9-21b。

② 小数点后末端的“0”一般不予标出，如图9-22b中的上极限偏差0.03。

③ 某一偏差为零时，用数字“0”标出，并与另一偏差的个位数对齐，如图9-22b中的下极限偏差0。

④ 当上、下极限偏差绝对值相同时，仅写出一个数值，字高与公称尺寸相同，数值前面加“±”，如$\phi60\pm0.03$。

3）同时标注公差带代号和极限偏差数值。在公称尺寸后面标注公差带代号，同时在公差带代号后的圆括号中注出上、下极限偏差数值。这种标注兼具前两者优点，如图9-21c所示。

例9-1 已知某零件上孔的公称直径为$\phi65$，公差带代号为H7，请确定其上、下极限偏差及上、下极限尺寸，以三种形式标注其尺寸公差，并画出其公差带图。

解：已知公称尺寸为 65 mm，公差等级为 7 级，基本偏差类型为 H。通过查附表 6–1 可知，当公称尺寸在 >50~80 段内，公差等级 7 级所对应的标准公差 IT=30 μm；查附表 6–3 可知，偏差类型 H 的基本偏差为下极限偏差，数值为 0，即 $EI=0$。

换算成毫米单位，得上极限偏差为 0.03 mm，下极限偏差为 0，故可标记为 ϕ65H7、$\phi 65^{+0.03}_{\ 0}$或 ϕ65H7 $\left(^{+0.03}_{\ 0}\right)$，如图 9–22a~c 所示。孔的上极限尺寸为 65.03 mm，孔的下极限尺寸为 65 mm。

根据公称尺寸及上、下极限偏差画出孔的公差带图，如图 9–22d 所示。

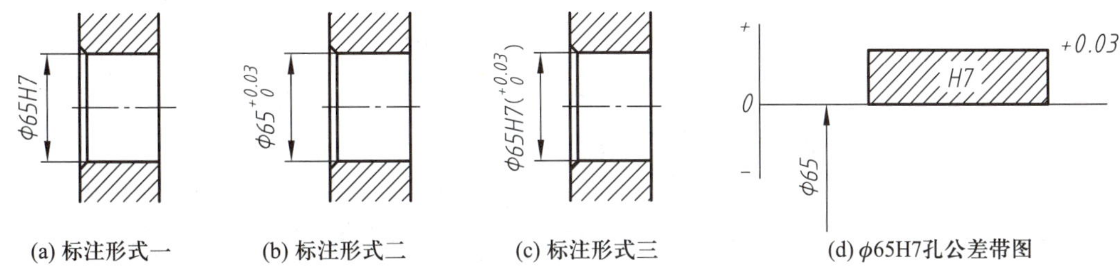

(a) 标注形式一　(b) 标注形式二　(c) 标注形式三　(d) ϕ65H7孔公差带图

图 9–22　尺寸公差的标注示例（例题 9–1）

例 9–2　确定轴 ϕ65k6 的极限偏差。

解：公称尺寸为 65 mm，公差等级为 IT6 时，查附表 6–1 确定标准公差 IT=19 μm。查附表 6–2 可知，轴的偏差类型 k 的基本偏差为下极限偏差，对于公称尺寸 65 mm，下极限偏差数值为 +2，即 $ei=+2$ μm。

结论：ϕ65k6 轴的上极限偏差为 0.021 mm，下极限偏差为 0.002 mm，可标记为 $\phi 65^{+0.021}_{+0.002}$或 ϕ65k6 $\left(^{+0.021}_{+0.002}\right)$。

2. 配合与配合制

（1）配合

配合是指公称尺寸相同的孔和轴安装时公差带之间的关系，体现孔和轴相配合的松紧程度。根据机器的设计和工艺要求，配合有以下三种类型。

1）间隙配合

保证孔、轴间具有间隙（包括最小间隙为 0）的配合，称为间隙配合。如图 9–23a 所示，此时

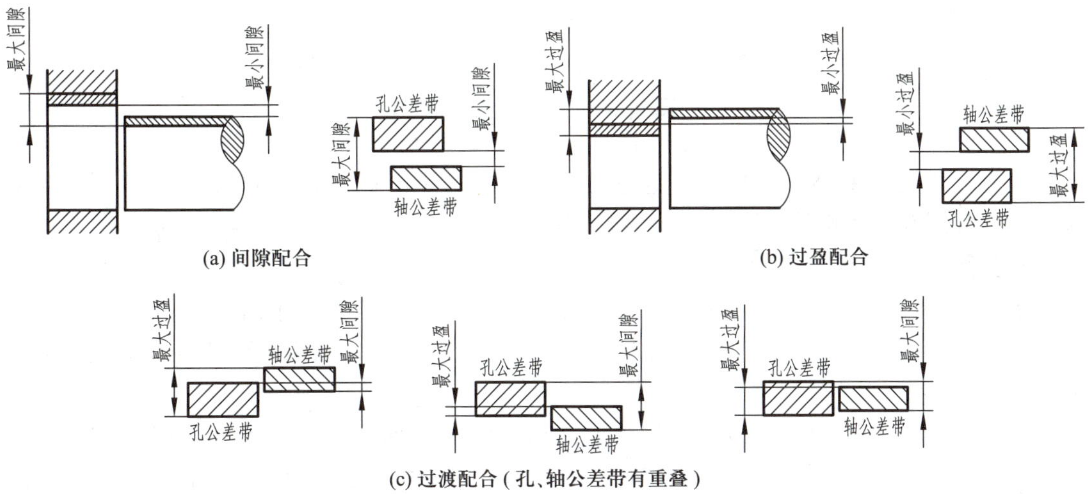

(a) 间隙配合　(b) 过盈配合

(c) 过渡配合（孔、轴公差带有重叠）

图 9–23　间隙配合、过盈配合和过渡配合

孔的公差带在轴的公差带之上，轴在孔中可自由转动。当相互配合的两个零件需要相对运动或者无相对运动但要求拆卸非常方便时，采用间隙配合。

2）过盈配合

保证孔、轴间具有过盈（包括最小过盈为0）的配合，称为过盈配合。如图9-23b所示，此时轴的公差带在孔的公差带之上，即孔的实际尺寸小于（或等于）轴的实际尺寸，孔和轴在装配后不能做相对运动。当相互配合的两个零件要求牢固连接、保持相对静止时，采用过盈配合。

3）过渡配合

孔、轴间可能出现过盈或间隙配合，称为过渡配合。如图9-23c所示，此时孔和轴的公差带相互重叠，即孔的实际尺寸可能大于、小于或等于轴的实际尺寸。当相互配合的两个零件不允许有相对运动，轴、孔对中性好，但又需拆卸时，采用过渡配合。

例如，将例9-1中的孔ϕ65H7和例9-2中的轴ϕ65k6进行装配，孔的上、下极限尺寸为ϕ65、ϕ65.03，轴的上、下极限尺寸为ϕ65.002、ϕ65.021，两者的公差带重叠，因此是过渡配合。

(2) 配合制

在制造相互配合的零件时，使其中一种零件作为基准件，它的基本偏差固定，通过改变另一种零件的基本偏差来获得不同性质的配合，这样在生产中可以减少定位刀具和量具的规格数量。

为了满足实际生产的需要，国家标准规定了两种配合制，基孔制和基轴制，如图9-24所示。一般优先选用基孔制，因为通常加工孔（内表面）的难度比加工轴（外表面）大，其次改变孔的尺寸需要改变刀具、量具的数量，而改变轴的尺寸通常不用改变刀具、量具的数量，因此经济效益比较好。

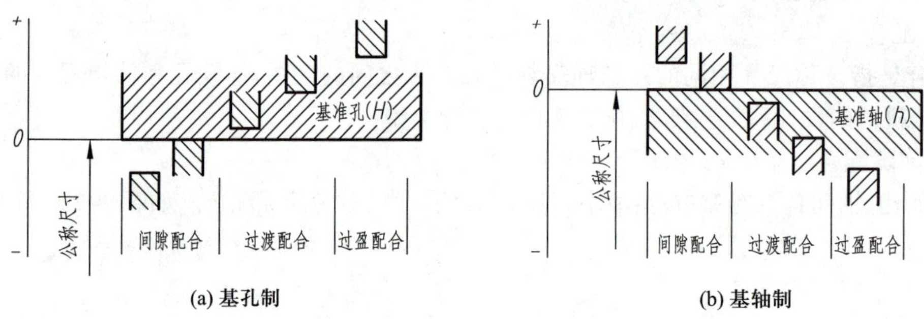

图9-24 基孔制和基轴制

1）基孔制配合是指基本偏差一定的孔的公差带，与不同基本偏差的轴的公差带形成各种配合的一种制度。基孔制的孔称为基准孔，其基本偏差代号为H，下极限偏差为0，孔的下极限尺寸与公称尺寸相同。

2）基轴制配合是指由基本偏差一定的轴的公差带，与不同基本偏差的孔的公差带形成各种配合的一种制度。基轴制的轴称为基准轴，其基本偏差代号为h，上极限偏差为0，轴的上极限尺寸与公称尺寸相同。

3）优先、常用配合。国家标准根据机械工业产品生产和使用的需要，考虑到各类产品的不同特点，制定了优先和常用配合，如表9-3和表9-4所示。表格中蓝色加粗的为优先配合，在设计零件时应优先选用。

表 9-3 基孔制优先、常用配合(GB/T 1800.1—2020)

基准孔	轴																	
	b	c	d	e	f	g	h	js	k	m	n		p	r	s	t	u	x
	间隙配合							过渡配合				过盈配合						
H6						H6/g5	H6/h5	H6/js5	H6/k5	H6/m5		H6/n5	H6/p5					
H7					H7/f6	H7/g6	H7/h6	H7/js6	H7/k6	H7/m6	H7/n6		H7/p6	H7/r6	H7/s6	H7/t6	H7/u6	H7/x6
H8				H8/e7	H8/f7		H8/h7	H8/js7	H8/k7	H8/m7					H8/s7		H8/u7	
			H8/d8	H8/e8	H8/f8		H8/h8											
H9			H9/d8	H9/e8	H9/f8		H9/h8											
H10	H10/b9	H10/c9	H10/d9	H10/e9			H10/h9											
H11	H11/b11	H11/c11	H11/d10				H11/h10											

注:H7/p6 在公称尺寸小于或等于 3 mm 时,为过渡配合。

表 9-4 基轴制优先、常用配合(GB/T 1800.1—2020)

基准轴	孔																	
	B	C	D	E	F	G	H	JS	K	M	N		P	R	S	T	U	X
	间隙配合							过渡配合				过盈配合						
h5						G6/h5	H6/h5	JS6/h5	K6/h5	M6/h5		N6/h5	P6/h5					
h6					F7/h6	G7/h6	H7/h6	JS7/h6	K7/h6	M7/h6	N7/h6		P7/h6	R7/h6	S7/h6	T7/h6	U7/h6	X7/h6
h7				E8/h7	F8/h7		H8/h7											
h8			D9/h8	E9/h8	F9/h8		H9/h8											
h9				E8/h9	F8/h9		H8/h9											
			D9/h9	E9/h9	F9/h9		H9/h9											
	B11/h9	C10/h9	D10/h9				H10/h9											

4）配合在装配图的标注。装配图中，在有严格控制机器精度或安装精度的尺寸标注处，需要标注配合代号。配合代号由两个相互配合的零件的公差带代号组成。如图 9–25a 中所示，标注孔 ϕ65H7 和轴 ϕ65k6 的配合代号时，应在公称尺寸 ϕ65 的后面标注分式形式的配合代号，其中分子为孔的公差带代号（H7），分母为轴的公差带代号（k6），在尺寸线上标注配合尺寸 $\phi 65\,\dfrac{\mathrm{H7}}{\mathrm{k6}}$。

当标准件与自制零件配合时，可仅标注出自制零件的公差代号。如图 9–25b 所示的滚动轴承与轴和座孔的配合，由于滚动轴承是标准件，其内圈的内圆柱面（孔）和外圈的外圆柱面（轴）的公差已经标准化，因此在装配图中，只需标注出与滚动轴承配合的轴和孔的公差带即可。图 9–25b 中，轴承内圈与轴配合，轴承内圈的孔为基准孔，形成基孔制配合，装配图中仅标注轴的公差带代号 k6；轴承外圈与座孔配合，轴承外圈为基准轴，形成基轴制配合，装配图中仅标注座孔的公差带代号 JS7。

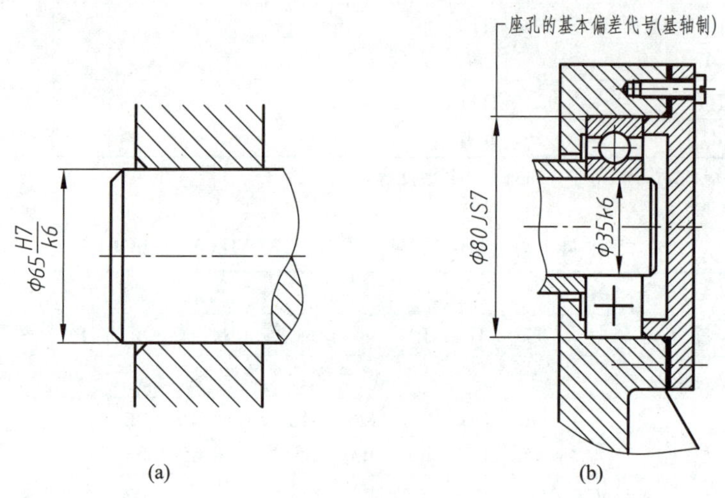

图 9–25　配合在图样中的标注

9.4.2　几何公差

1. 几何公差的基本概念

零件加工后，不但会产生尺寸误差，还会出现形状、位置、方向误差。如加工圆柱时，可能出现成品外形不是理想圆柱面，而是中间粗两头细的鼓形，这种实际形状相对理想形状的误差，称为形状误差。在加工阶梯轴时，可能出现各段圆柱的轴线不在同一直线上的情况，这种实际位置与理想位置的误差，称为位置误差。阶梯轴上起定位作用的轴肩面，按设计要求应与轴线垂直，但实际情况可能会存在误差，这种实际方向与理想方向的误差，称为方向误差。

零件的几何误差包括形状误差、位置误差和方向误差等。几何误差过大会导致零件不能正确装配，影响机器的正常使用。限定零件几何误差的最大变动量，称为几何公差，允许变动量的值称为公差值。

GB/T 1182—2018《产品几何技术规范(GPS) 几何公差 形状、方向、位置和跳动公差标注》规定了零件几何公差标注的基本要求和方法。

2. 几何特征符号、附加符号及其画法

完整的几何公差标注应包括几何特征符号、公差框格和指引线、公差数值及基准符号，如图 9-26a 所示。表 9-5 列出了各种几何特征符号。公差框格用细实线绘制，框格可以画成水平或竖直的，框格高度是图样中尺寸数字高度的两倍；框格中的数字、字母、符号与图样中的数字等高；框格总长度视需要而定，可分两格或多格，依次填写几何特征符号、公差数值和表示基准的字母。

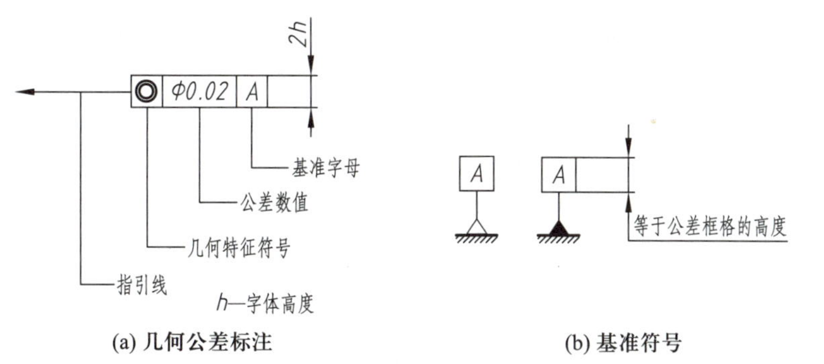

(a) 几何公差标注　　(b) 基准符号

图 9-26　几何公差标注和基准符号的画法

与被测要素相关的基准用大写字母标注在基准方格内，用细实线与一个涂黑或空白的三角形相连以示基准，如图 9-26b 所示。基准方格与几何公差框格高度相等，基准符号的高度视需要而定。值得注意的是，无论基准符号的方向如何，字母都应水平书写，为避免混淆，不得采用 E、F、I、J、L、M、O、P、R 这九个大写字母，且不许与图样中任何向视图中字母相同。

表 9-5　几何特征符号

公差类型	几何特征	符号	有无基准
形状公差	直线度	—	无
	平面度	▱	
	圆度	○	
	圆柱度	⌭	
	线轮廓度	⌒	
	面轮廓度	⌓	
方向公差	平行度	//	有
	垂直度	⊥	
	倾斜度	∠	
	线轮廓度	⌒	
	面轮廓度	⌓	

公差类型	几何特征	符号	有无基准
位置公差	位置度	⌖	有或无
	同心度(用于中心点)	◎	有
	同轴度(用于轴线)		
	对称度	⌯	
	线轮廓度	⌒	
	面轮廓度	⌓	
跳动公差	圆跳动	↗	
	全跳动	⌰	

3. 几何公差的标注示例

在标注几何公差时，指引线引自框格一端与公差框格垂直，指引线终端箭头指向被测要素，如图 9–27a 中指向圆柱表面的轮廓线，图 9–27b 中指向轮廓的延长线。当基准要素为轮廓线或轮廓面时，基准符号的三角形放置在基准要素的轮廓线或其延长线上，并应明显地与尺寸线错开，如图 9–27c 所示。当几何公差涉及轴线（中心线）、中心面或中心点时，框格指引线应与尺寸线对齐，指引线终端箭头应位于相应尺寸线的延长线上，此时基准符号也应与尺寸线对齐，如图 9–27d 所示。公差框格的指引线或基准符号也可指向或放置在轮廓引出线的水平折线上，如图 9–27e、f 所示。

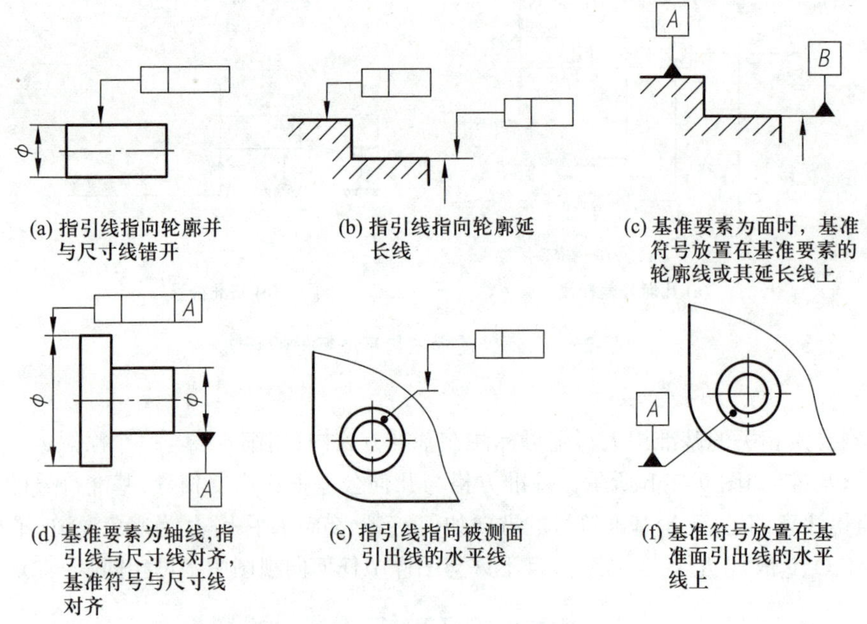

图 9–27 几何公差的标注说明

图 9–28 给出了图样中常见的几何公差标注示例。

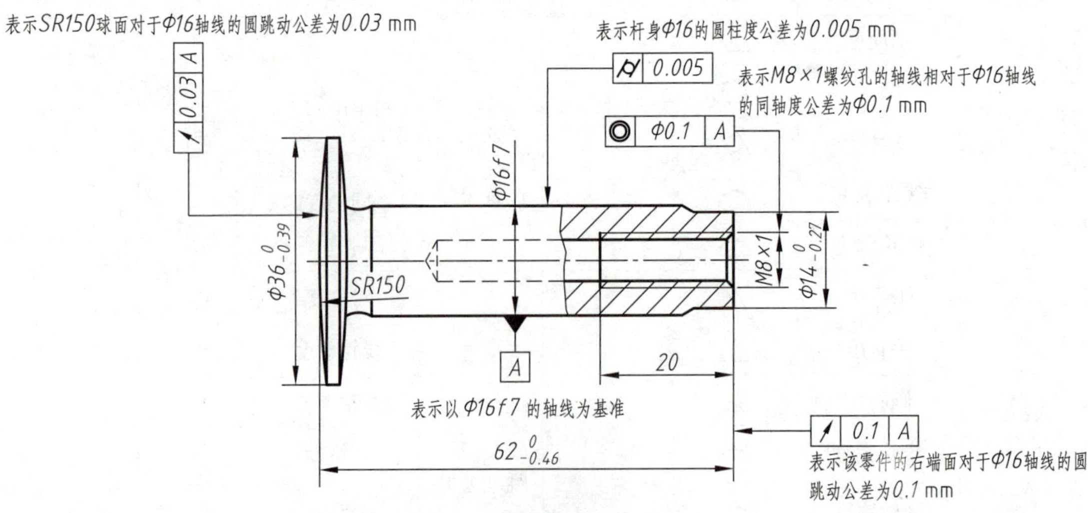

图 9–28 几何公差标注示例

9.4.3 表面结构要求

GB/T 131—2006/ISO 1302:2002《产品几何技术规范(GPS) 技术产品文件中表面结构的表示法》适用于对表面结构有要求时的表示法。表面结构是指零件表面的几何形貌,是零件的表面粗糙度、表面波纹度、表面纹理、表面缺陷等的总称。本节只介绍应用较为广泛的以表面粗糙度为参数的表面结构表示法。

1. 表面粗糙度参数

表面粗糙度是评定零件表面结构的一项重要参数,降低零件的表面粗糙度可以提高零件表面的耐腐蚀、耐磨和抗疲劳等能力,但加工成本也相应提高。因此,在保证机器性能、满足零件表面功能的前提下,应尽量降低成本,合理选用表面粗糙度数值。常用的表面粗糙度轮廓参数主要有轮廓算术平均偏差 *Ra*、轮廓最大高度 *Rz*。

(1) 轮廓算数平均偏差 *Ra*

在零件表面的一段取样长度内,沿测量方向(z 方向)轮廓线上的点与基准线之间距离绝对值的算术平均值,用 *Ra* 表示,如图 9-29 所示。用公式表示为

$$Ra=\frac{1}{l}\int_{0}^{l}\left|z_{(x)}\right|dx$$

或近似为

$$Ra=\frac{1}{n}\sum_{i=1}^{n}\left|z_{i}\right| \quad (\text{其中 } l \text{ 为取样长度})$$

Ra 参数能充分反映表面微观几何形状高度方面的特性,是国家标准推荐的首选评定参数。*Ra* 数值越大,零件表面越粗糙,反之,零件表面越光滑。

(2) 轮廓最大高度 *Rz*

Rz 是在取样长度内轮廓峰顶线和谷底线之间的距离,如图 9-29 所示。

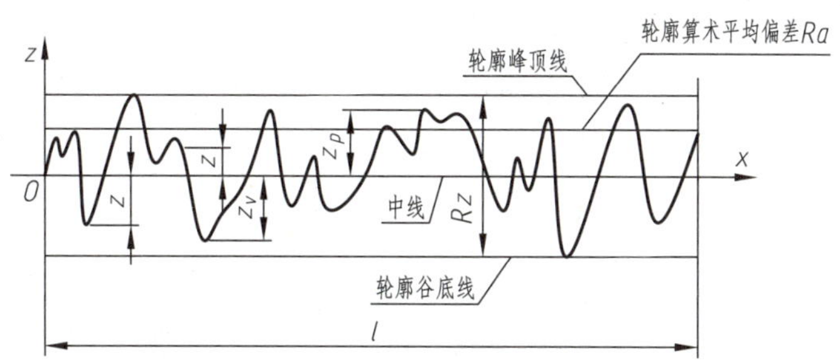

图 9-29 轮廓算术平均偏差和轮廓最大高度

设计零件时,通常只采用轮廓算数平均偏差 *Ra*,只有在特定要求时才采用轮廓最大高度 *Rz*。*Ra* 和 *Rz* 的数值系列如表 9-6 所示。表 9-7 中列出了 *Ra* 参数值对应的表面特征、主要加工方法和具体应用。

2. 表面结构符号

(1) 表面结构图形符号

GB/T 131—2006/ISO 1302:2002 规定表面结构的图形符号分为基本符号、扩展图形符号、完整图形符号等,图样及文件上所标注的表面结构符号是完整图形符号。各种图形符号及其含义见表 9-8 所示。

表 9-6 表面粗糙度参数 *Ra*、*Rz* 的数值系列 μm

Ra	0.012	0.2	3.2	50	*Rz*	0.025	0.4	6.3	100	1 600
	0.025	0.4	6.3	100		0.05	0.8	12.5	200	—
	0.05	0.8	12.5	—		0.1	1.6	25	400	—
	0.1	1.6	25	—		0.2	3.2	50	800	—

注：1. 在表面粗糙度常用的参数范围内（*Ra* 为 0.025~6.3 μm，*Rz* 为 0.1~25 μm），推荐优先选用 *Ra*。

2. 根据表面功能和生产的经济合理性，当选用的数值系列不能满足要求时，可选用补充系列值（补充系列值本表中未列出）。

表 9-7 *Ra* 参数值对应的表面特征、主要加工方法和应用举例

Ra/μm	表面特征	主要加工方法	应用举例
100	明显可见刀痕	粗车、粗铣、粗刨、钻、粗纹锉刀和粗砂轮加工	粗糙度最低的加工表面，一般很少用
50			
25	可见刀痕		
12.5	微见刀痕	粗车、刨、立铣、平铣、钻	不接触表面、不重要的接触表面，如螺钉孔、倒角、机座底面等
6.3	可见加工痕迹	精车、精铣、精刨、铰、镗、粗磨等	没有相对运动的零件接触面，如箱体、箱盖、套筒有配合要求的表面、键和键槽的工作表面；相对运动速度不高的接触面，如支架孔、衬套、带轮轴孔的工作表面等
3.2	微见加工痕迹		
1.6	不可见加工痕迹		
0.8	可辨加工痕迹方向	精车、精铣、精拉、精镗、精磨等	要求很好密合的接触面，如与滚动轴承配合的表面、锥销孔等；相对运动速度较高的接触面，如滑动轴承的配合表面、齿轮轮齿的工作表面等
0.4	微辨加工痕迹方向		
0.2	不可辨加工痕迹方向		
0.1	暗光泽面	研磨、抛光、超精细研磨等	精密量具的表面、极重要零件的摩擦面，如气缸的内表面、精密机床的主轴颈、坐标镗床的主轴颈等
0.05	亮光泽面		
0.025	镜状光泽面		
0.012	雾状镜面		
0.006	镜面		

表 9-8 表面结构图形符号及其含义

分类	图形符号	含义说明
基本图形符号	√	表示表面未指定工艺方法。当通过一个注释解释时可单独使用，没有补充说明时不能单独使用

续表

分类	图形符号	含义说明
扩展图形符号		表示表面用去除材料的方法获得，如车、铣、刨、磨、钻、抛光、腐蚀、电火花、气割等，仅当其含义是“被加工表面”时可以单独使用
		表示表面是用不去除材料的方法获得，如铸、锻、冲压、冷轧、粉末冶金等，或保持上道工序形成的表面
完整图形符号		在以上三个符号的长边上加一横线，用来标注有关参数和补充信息
工件轮廓各表面图形符号		视图上封闭轮廓各表面有相同的表面结构要求时的符号，如果标注会引起歧义时，各表面应分别标注

(2) 表面结构图形符号和附加标注的尺寸

表面结构图形符号和附加标注的画法如图 9-30 所示。图形符号和附加标注的尺寸如表 9-9 所示。常用表面结构符号、补充要求及其含义见表 9-10。

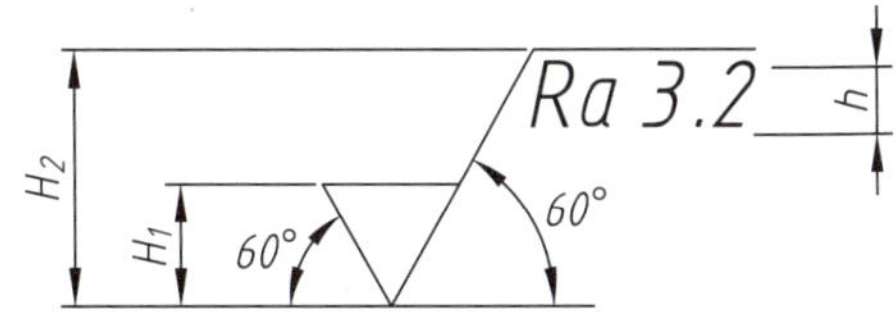

图 9-30 表面结构图形符号和附加标注的画法

表 9-9 表面结构图形符号和附加标注的尺寸 mm

数字与字母的高度 h	2.5	3.5	5	7	10	14	20
符号线宽 d' 母线宽度 d	0.25	0.35	0.5	0.7	1	1.4	2
高度 H_1	3.5	5	7	10	14	20	28
高度 H_2（最小值）	7.5	10.5	15	21	30	42	60

注：H_2 取决于标注内容。

表 9-10 表面结构符号、补充要求及其含义

符号	含义	符号	含义
Ra 3.2	用去除材料的方法得到的表面，轮廓算术平均偏差 Ra 为 3.2 μm	Ra 12.5	用不去除材料的方法获得表面，轮廓算数平均偏差 Ra 为 12.5 μm
Rz 6.3	用去除材料的方法得到的表面，轮廓最大高度 Rz 为 6.3 μm	Rz max 0.4	用去除材料的方法得到的表面，轮廓最大高度 Rz 的最大值为 0.4 μm
Rz 0.4	用不去除材料的方法获得表面，轮廓最大高度 Rz 为 0.4 μm	U Rz 1.6 L Ra 0.8	用去除材料的方法得到的表面，上限轮廓最大高度 Rz 为 1.6 μm，下限算数平均偏差 Ra 为 0.8 μm

(3) 表面结构完整图形符号的组成

在表面结构的完整符号中，对表面结构的单一要求和补充要求应注写在图 9-31 所示位置。

表面结构的单一要求和补充要求的注写内容如下：

位置a，注写表面结构的单一要求。

位置b，注写第二个表面结构要求。还可注写第三个或更多个表面结构要求，此时，图形符号应在垂直方向扩大，以空出足够的空间。

位置c，注写加工方法、表面处理、涂层或其他加工工艺要求等，如车、磨、镀等加工表面。

位置d，注写所要求的表面纹理和纹理方向。

位置e，注写所要求的加工余量，以毫米为单位给出数值。

各种加工方法、加工纹理等补充注释信息的注法见表9-11。

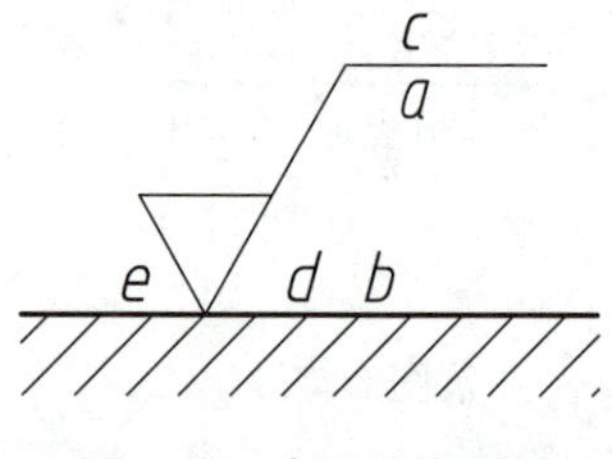

图9-31 表面结构图形符号的组成

表9-11 加工方法、加工纹理等补充注释信息的注法（GB/T 131—2006）

注法	说明
铣	加工方法：铣削（当某一表面由指定的加工方法获得时，可用文字标注在符号的长边上）
M	表面纹理：纹理呈多方向
	对投影视图上封闭轮廓线所表示的各个表面有相同的表面结构要求
3	加工余量3 mm
⊥	如果需要控制表面纹理及其方向时，可在图形符号的右侧加注相应的符号，左图中“⊥”表示加工纹理与标注代号的视图的投影面垂直；“=”表示加工纹理与标注代号的视图的投影面平行；“×”表示加工纹理呈两斜向交叉且与视图所在的投影面相交
=	
×	

3. 表面结构要求在图样上的标注方法

表面结构要求对每一个表面只标注一次，并尽可能标注在相应尺寸及其公差的同一视图上，除非另有说明，所标注的表面结构要求是对完工零件表面的要求。表面结构要求代号一般应标注在可见轮廓线、尺寸界线、引出线或它们的延长线上，符号尖端从材料外指向加工表面并与图线接触。当用统一标注或简化标注的方法表达表面结构要求时，应标注在标题栏附近或图纸下方，此时代号或者说明文字的高度与图形上其他表面所注写代号的高度应完全一致。表9-12给出了常见的表面结构要求的标注示例。

表 9-12 表面结构要求的标注示例

标注示例	说明
Rz 3.2　Ra 0.8　Rz 12.5　Ra 1.6	表面结构代号的注写和读取方向应该与尺寸的方向一致，上表面和左侧面的表面结构代号，可直接指向表面轮廓线；下表面和右侧面则需采用引出标注。符号应从材料外指向并接触零件表面，不得留空隙
Φ120H7　Rz 12.5	表面结构代号可以直接标在尺寸线上
Rz 12.5　Rz 6.3　Ra 1.6　Ra 1.6　Rz 12.5　Rz 6.3	表面结构代号一般标注在可见轮廓线、尺寸线、尺寸界线、特征线或其延长线上
铣　Rz 3.2　车　Rz 6.3	表面结构代号用带箭头或黑点的指引线引出标注
Ra 1.6　0.1	表面结构代号可标注在几何公差框格的上方

续表

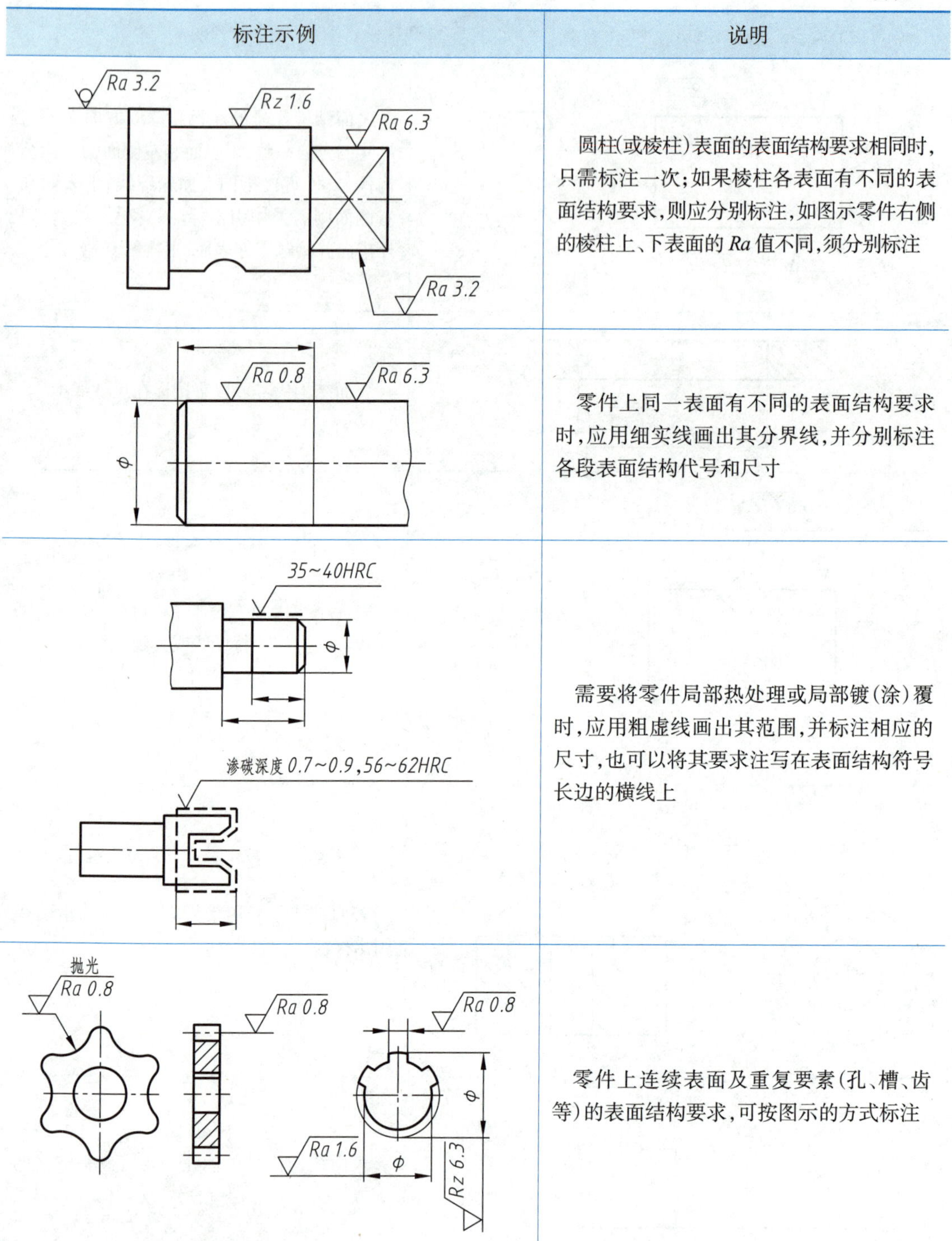

标注示例	说明
	圆柱(或棱柱)表面的表面结构要求相同时,只需标注一次;如果棱柱各表面有不同的表面结构要求,则应分别标注,如图示零件右侧的棱柱上、下表面的 *Ra* 值不同,须分别标注
	零件上同一表面有不同的表面结构要求时,应用细实线画出其分界线,并分别标注各段表面结构代号和尺寸
	需要将零件局部热处理或局部镀(涂)覆时,应用粗虚线画出其范围,并标注相应的尺寸,也可以将其要求注写在表面结构符号长边的横线上
	零件上连续表面及重复要素(孔、槽、齿等)的表面结构要求,可按图示的方式标注

续表

标注示例	说明
Ra 3.2 ϕ; Ra 25 2×ϕ ⌴ϕ; Ra 12.5	对不连续的同一表面(如带有凹槽的底板底面)可用细实线连接,只标注一次该表面的表面结构要求;若沉孔结构各表面有相同的表面结构要求,可标注在尺寸引线上
Ra 6.3	如果零件所有表面有相同的表面结构要求,可将其统一标注在图样标题栏附近
Rz 6.3; Rz 1.6; Ra 3.2 (√)	如果零件的大多数表面有相同的表面结构要求时,可统一标注在图样的标题栏附近,在该符号后面加上圆括号,圆括号内给出无任何其他标注的基本符号(意为:除了图上标注的表面结构要求,其余表面结构要求均为 *Ra*3.2 μm)
Rz 6.3; Rz 1.6; Ra 3.2 (Rz 1.6 Rz 6.3)	上述情况还有另一种标注形式,即在圆括号内标注出其他表面结构要求(意为:除了括号内标注的这两种表面结构要求外,零件上其余的表面结构要求为 *Ra*3.2 μm)
z; y; z = U Rz 1.6 L Ra 0.8; y = Ra 3.2	当多个表面具有相同的表面结构要求或者标注位置受到限制时,可以采用带字母的完整图形符号对相同表面结构要求的表面进行简化标注,以等式的形式注写在图形附近或标题栏附近
√ = Ra 3.2; √ = Ra 3.2; √ = Ra 3.2	另一种简化标注形式是采用基本图形符号和扩展图形符号说明表面结构要求,以等式的形式注写在图形附近或标题栏附近

9.5 典型零件图例分析

零件因使用功能不同，其形状结构会有很大差异。按照零件的功能、结构特征，通常将零件分为轴套类、盘盖类、叉架类和箱体类四类，此外常用的零件还有钣金件以及齿轮、弹簧等常用件。本节将从表达方案、尺寸标注、技术要求等方面，对这四类零件以及钣金件、常用件的零件图进行分析。

9.5.1 轴套类零件

轴一般用于支撑传动零件和传递动力，套通常装在轴上，起轴向定位、连接和传动等作用。轴套类零件的坯料通常为棒料，在机床上通过车削、磨削等加工方法加工成形。轴套类零件的主要结构为回转体，通常会根据使用要求设计轴肩、螺纹、键槽、孔等结构；为便于加工和安装，局部通常设置有倒角、倒圆、退刀槽（或砂轮越程槽）等工艺结构。轴套类零件的所有表面通常都须经切削加工，各表面都有表面结构要求。如图 9-32、图 9-33 所示。

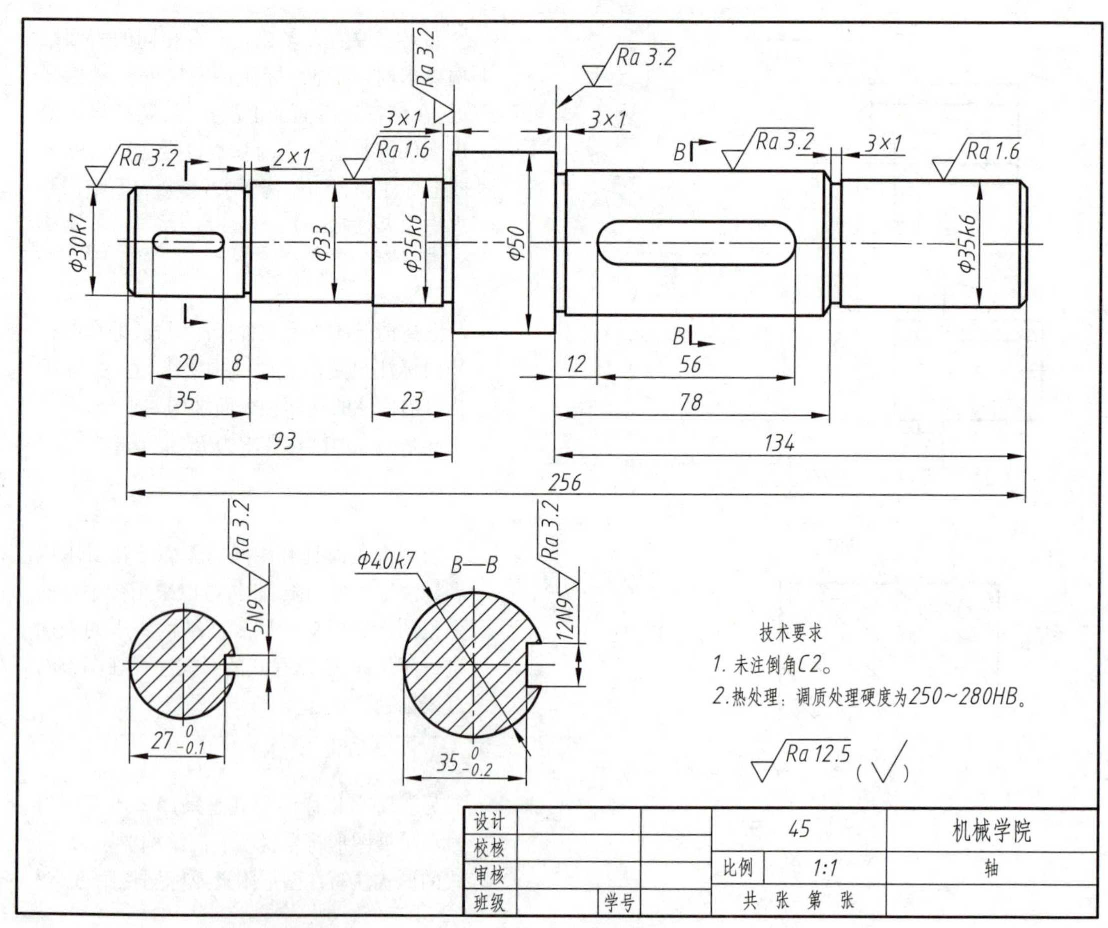

图 9-32 轴零件图

图 9–33 轴套零件图

1. 轴套类零件的视图选择

（1）通常按照在机床上加工时装夹的位置摆放轴套类零件，即轴线水平放置，以垂直轴线的方向作为主视图的投射方向。应尽可能在主视图中表达零件上结构的实形，如图 9–32 中主视图表达出轴上键槽的形状和位置。

（2）主视图主要表示各轴段的长度、直径以及各种结构的轴向位置。根据结构的特征，主视图可采用视图、局部剖视或全剖视表达。如图 9–33 所示的轴套，内部有不等径的通孔，主视图采用全剖视表达内部穿孔结构。

（3）轴套类零件上的键槽、小孔、凹坑、凹槽等结构通常配置移出断面图，既能清晰表达结构，又有利于标注尺寸和技术要求。

（4）轴套类零件上的细部结构，必要时可采用局部放大图表示。

（5）对于较长的轴、杆类零件，当沿长度方向的形状相同或按一定规律变化时，可采用断开后缩短绘制的方法表达。

2. 轴套类零件的尺寸标注

轴套类零件基本结构为同轴回转体，通常只有两个方向的尺寸基准：径向基准和轴向基准。

（1）以各轴段共同的轴线为径向基准，各轴段直径直接注出。

（2）根据轴上零件的装配关系，选择重要的轴向定位面（轴肩面、轴的端面等）作为轴向基准。如图 9-32 中直径为 $\phi50$ 轴段的左、右轴肩面为轴向基准，图 9-33 中右端面为轴向基准。

(3) 应直接标注出轴套类零件的总长尺寸，以便按零件的长度截取毛坯料。其他长度尺寸的标注要考虑轴上零件安装定位的设计要求，以及便于加工、测量等工艺要求，同时要避免出现闭合尺寸链。

9.5.2 盘盖类零件

基本形状为扁平盘状的轮（齿轮、带轮、手轮等）、盘、端盖等称为盘盖类零件，如图 9-34、图 9-35 所示。轮通常通过键与轴连接，用来传递动力和扭矩；端盖主要起支撑、轴向定位和密封等作用。

盘盖类零件通常以铸造、锻造形成毛坯，再经车、钻、磨等切削加工成形。铸造成形后不再加工的表面，其表面结构要求集中注写在标题栏上方，如图 9-35 所示。此类零件通常至少有一个加工精度要求较高的端面，是与其他零件连接的重要接触面，如图 9-34 所示法兰左、右侧有垂直度要求的表面，以及图 9-35 所示泵盖的右端面。

1. 盘盖类零件的视图选择

(1) 通常将零件主要中心轴线水平放置，以垂直轴线的方向为主视图投射方向。主视图通常采用全剖视图表达内部结构，如图 9-34、图 9-35 的主视图均为由两个相交剖切面剖切的全剖视图。

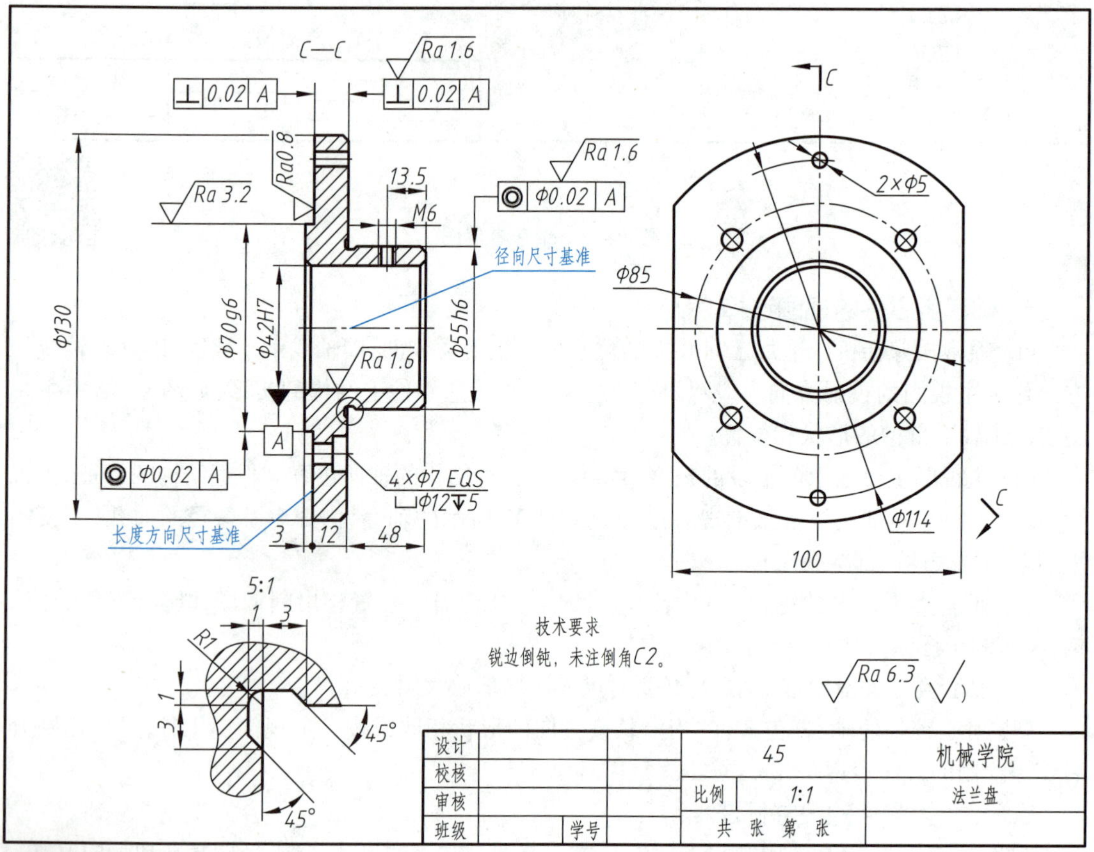

图 9-34 法兰零件图

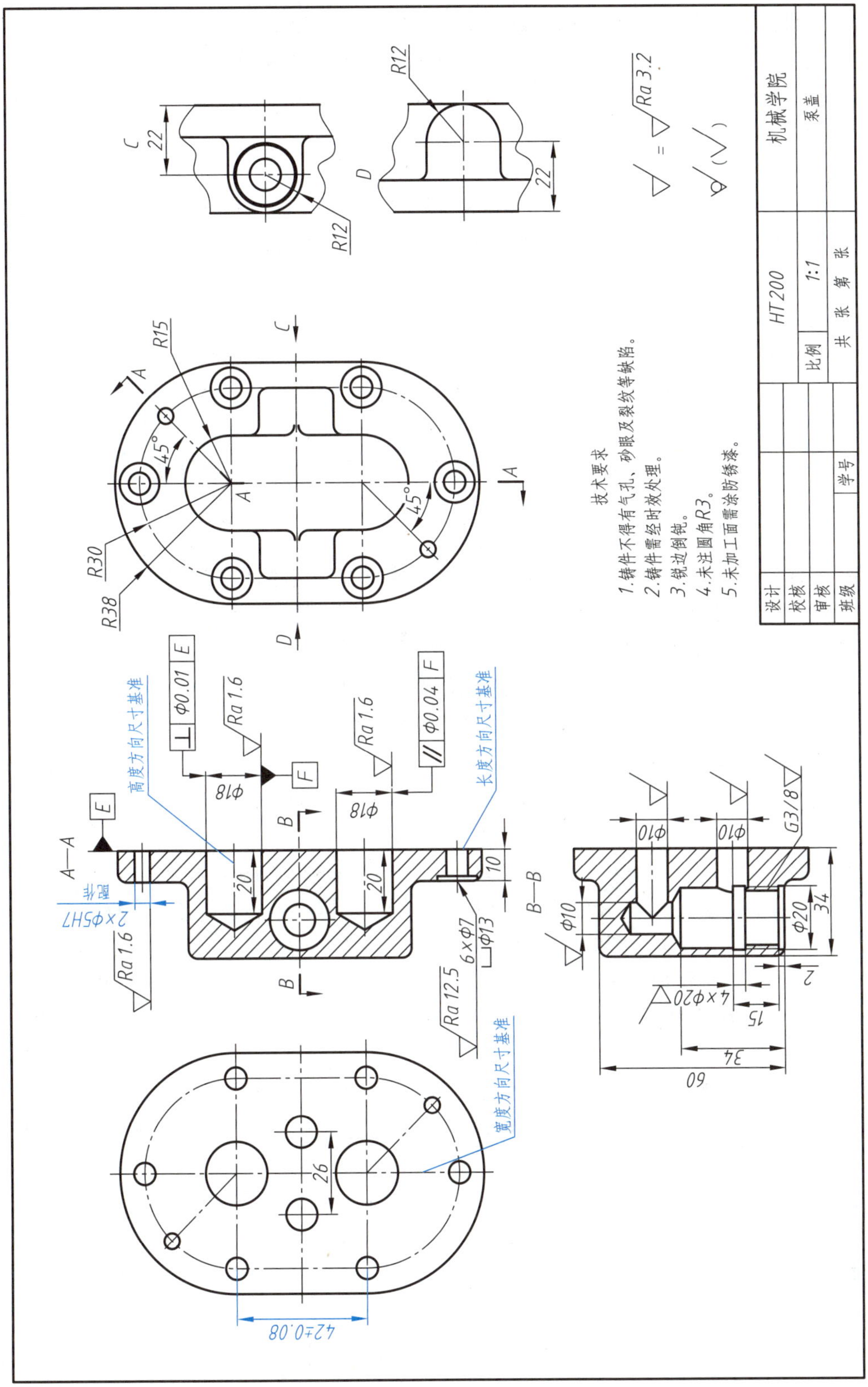

A—A

B—B

C

D

技术要求

1.铸件不得有气孔、砂眼及裂纹等缺陷。
2.铸件需经时效处理。
3.锐边倒钝。
4.未注圆角R3。
5.未加工面需涂防锈漆。

高度方向尺寸基准

长度方向尺寸基准

宽度方向尺寸基准

设计			HT200	
校核				机械学院
审核			比例	1:1
班级		学号	共 张 第 张	泵盖

图 9-35 泵盖零件图

(2) 通常需要配置左视图或右视图表达端面的结构形状。图 9-34 利用左视图表达外轮廓形状，图 9-35 因左、右两端的结构较多，因此配置了左视图和右视图。

(3) 零件上的细部结构，必要时可采用局部视图、局部放大图表示。如图 9-35 采用了 *C*、*D* 两个局部视图表达泵盖的局部结构，图 9-34 利用局部放大图来表达法兰上的砂轮越程槽的结构。

2. 盘盖类零件的尺寸标注

(1) 盘盖类零件的结构多样化，如果主体结构为圆盘及同轴线的圆孔，通常只有两个方向的尺寸基准：径向基准和轴向基准。若主体结构为其他形状的扁平盘，则有长、宽、高三个方向的尺寸基准，如图 9-34、图 9-35 所示。

(2) 盘盖类零件常有多个尺寸相同、按一定规律分布的安装孔，可用表 9-2 列出的方法标注。如图 9-34 所示的法兰，有 4 个 $\phi7$ 的安装孔，沉孔部分直径为 $\phi12$、深度为 5，在主视图中用简化注法标注安装孔的定形尺寸及安装孔中心分布的定位尺寸。

(3) 重要的定位尺寸要直接注出，如图 9-35 所示泵盖上两个直径为 $\phi18$ 孔的中心距 42 ± 0.08。泵盖上有两个销孔与泵体上的两个销孔配作，标注直径时要注明“配作”字样。

9.5.3 叉架类零件

叉架类零件包括各种用途的支架和拨叉。支架用来支撑其他零件，图 9-36 所示为典型的支架零件。拨叉主要用于连接、拨动，由于运动需要或工作空间限制，常有弯曲、倾斜结构，图 9-37 所示摇臂为典型的拨叉零件。

叉架类零件通常结构较复杂，加工方法多以铸造或锻造的方式形成毛坯，再经切削加工成形。铸造成形的零件常有铸造圆角、起模斜度等工艺结构，在零件图中可进行必要的说明。

1. 叉架类零件的视图选择

叉架类零件形状多样、结构复杂，需要合理、恰当地应用多种表达方式进行表达。叉架类零件通常会有多种表达方案，选择表达方案时，应综合考虑以下问题。

(1) 支架通常按照工作位置摆放；拨叉需要兼顾工作状态、视觉的稳定和平衡，以工作位置或自然位置摆放零件。以能反映工作原理，表达零件结构、形状特征的视图作为主视图。如图 9-36 所示的支架零件图，其主视图的选择以反映结构、形状为主；若以反映工作原理为主，则应选择该表达方案的右视图作为主视图。因为该支架的工作原理比较简单，而结构、形状较复杂，因此主视图以表达结构、形状为主更为恰当。图 9-37 所示的摇臂零件图，主视图能明显地表达出零件的结构、形状。

(2) 图 9-36 所示支架零件图，其俯视图的表达方式比较典型。对于已经表达清楚的上部结构不必重复表达，采用水平剖切面剖去上部结构，可以清晰地表达支撑部分的断面形状和底板的形状。

(3) 叉架类零件为了达到承重、受力要求，做到既保证强度、刚度又能减轻质量，局部常设置肋板，结构断面常为十字形、T 形、U 形或 H 形，需要用断面图表达这些结构。图 9-36 所示支架支撑结构的断面为 U 形，居中靠上处有肋板，俯视图表达支撑结构的断面形状，用移出断面（左视图）表达肋板的断面形状。图 9-37 所示的摇臂零件图用移出断面图表达连接结构的断面形状。

(4) 拨叉零件上常有倾斜结构，需要用到斜视图，有时还需要应用倾斜剖切面剖切，以表达内部结构，如图 9-37 中的 *A—A* 视图。

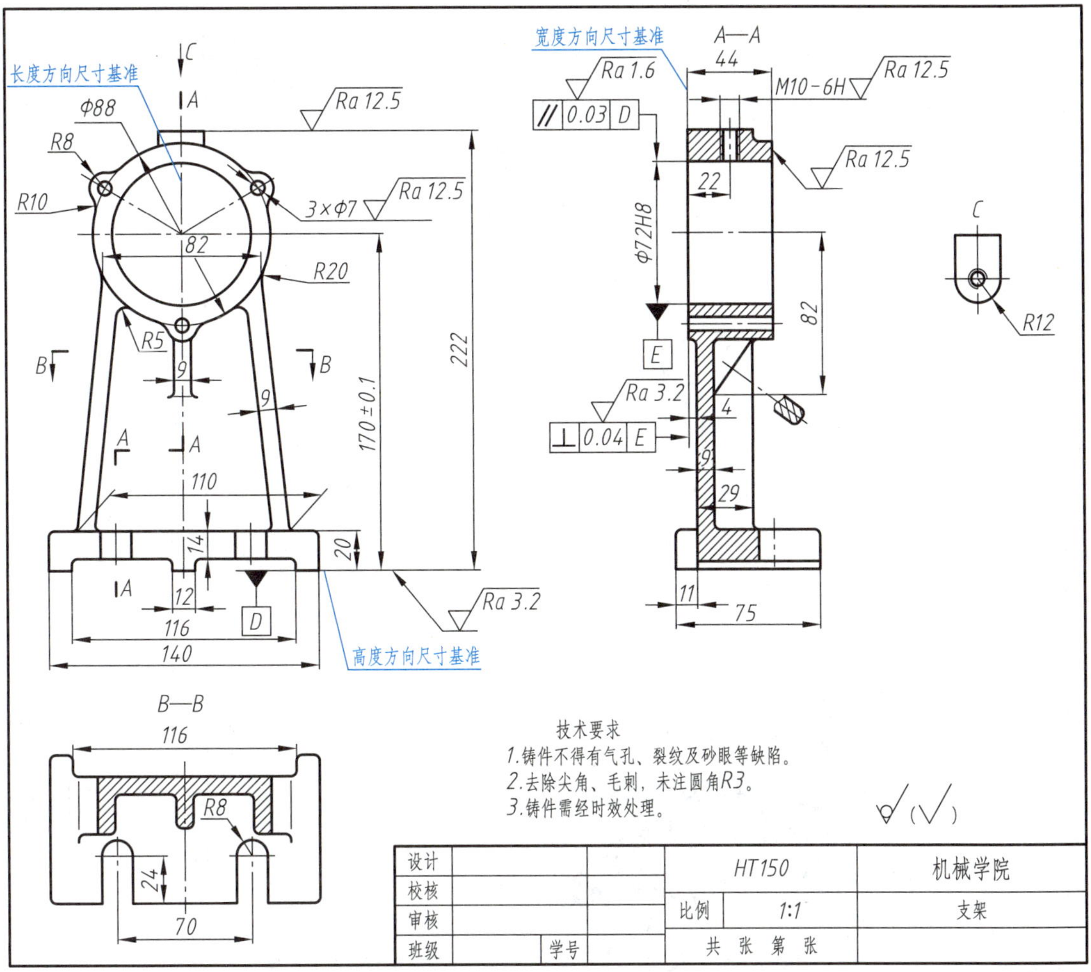

图 9-36 支架零件图

(5) 叉架类零件多为铸件，铸造表面常会出现过渡线，过渡线的画法见 9.2.2 节。

2. 叉架类零件的尺寸标注

(1) 叉架类零件有长、宽、高三个方向的基准。一般以重要孔的轴线、安装面、对称面等作为基准。图 9-36 所示支架以对称面为长度基准，底板底面为高度基准，上部圆柱结构的后端面为宽度基准。图 9-37 所示摇臂，以 ϕ16H7 圆孔的轴线为长度和高度基准，前后对称面为宽度基准。

(2) 拨叉零件通常会有曲面（一般是圆柱面）光滑连接的设计，标注轮廓曲线的尺寸时，需要分析圆弧连接的关系，避免尺寸标注过多或不足。例如，图 9-37 中摇臂主视图，半径为 *R*225 的圆弧与左侧直径为 ϕ25 的圆、右侧半径为 *R*15 的圆弧外切，此时不应标注 *R*225 圆弧的定位尺寸。

9.5.4 箱体类零件

箱体类零件是组成部件和机器的主要零件，起容纳、支撑、定位、安装、连接等作用。图 9-2 和图 9-38 所示的阀体和泵体，为典型的箱体零件。

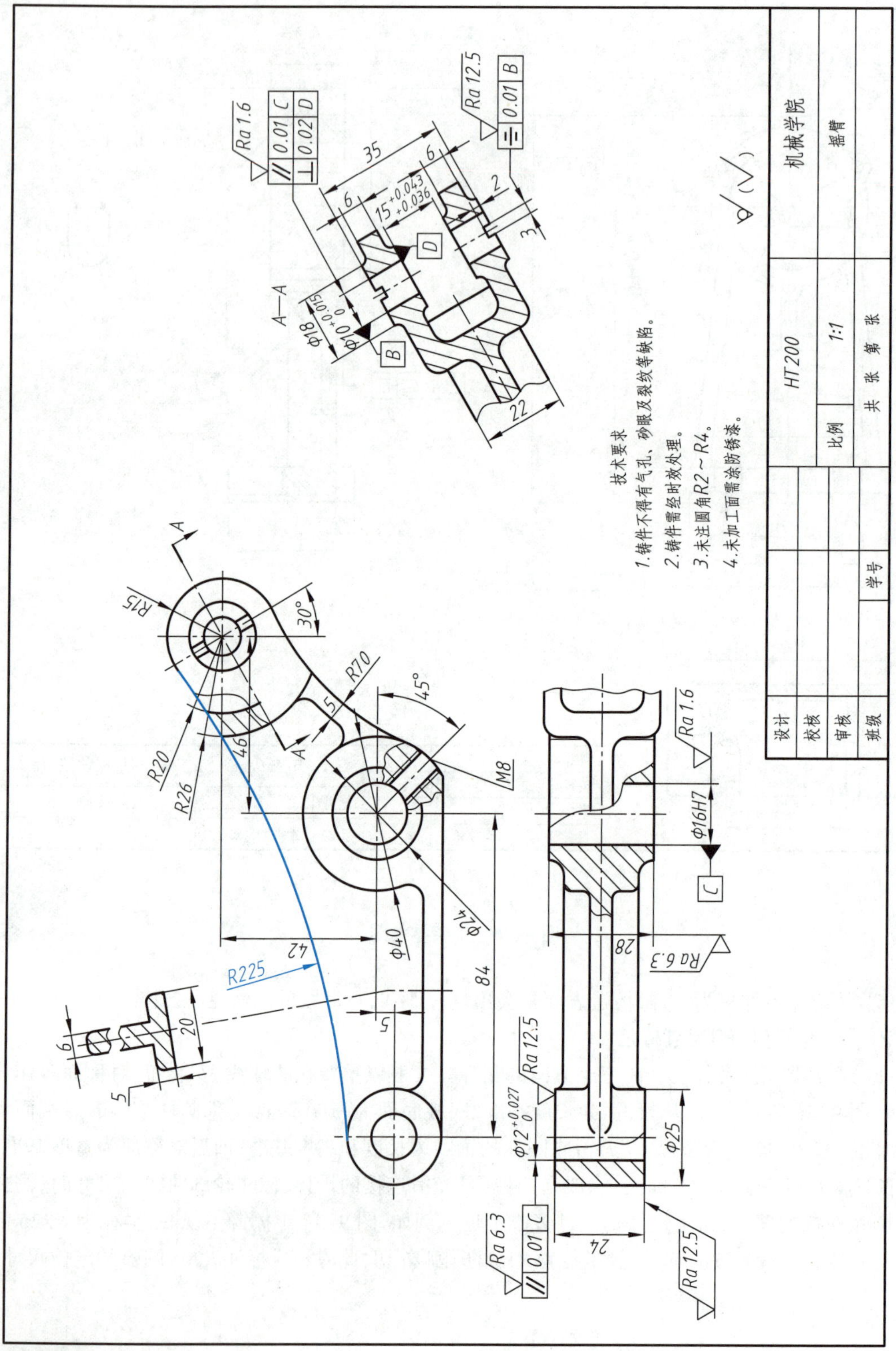

技术要求

1.铸件不得有气孔、砂眼及裂纹等缺陷。

2.铸件需经时效处理。

3.未注圆角R2～R4。

4.未加工面需涂防锈漆。

√(√)

设计			HT200		机械学院
校核			比例	1:1	摇臂
审核					
班级		学号	共 张 第 张		

图 9-37 摇臂零件图

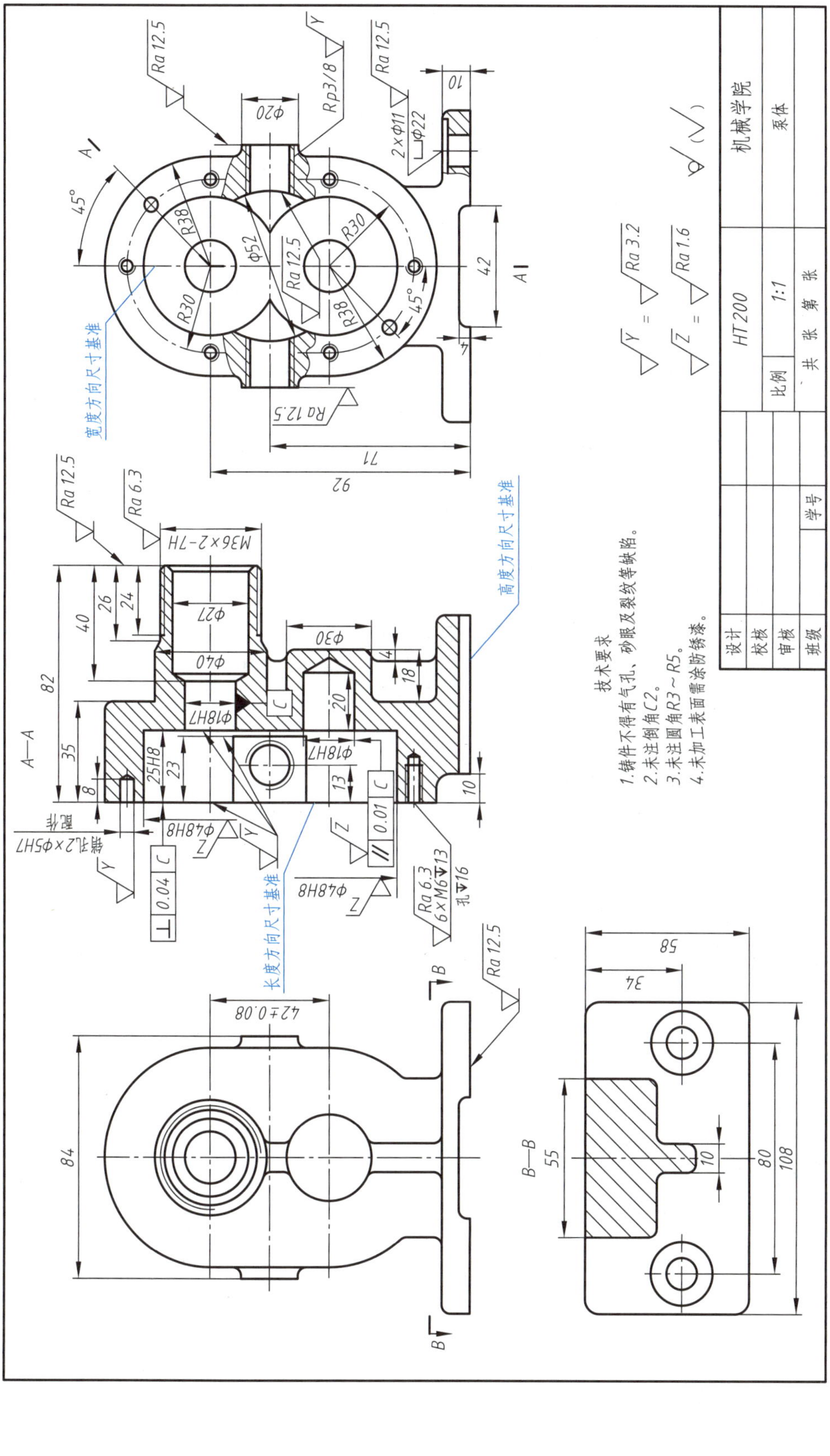

A—A

B—B

宽度方向尺寸基准

高度方向尺寸基准

长度方向尺寸基准

$\sqrt{Y} = \sqrt{Ra\ 3.2}$

$\sqrt{Z} = \sqrt{Ra\ 1.6}$

技术要求

1.铸件不得有气孔、砂眼及裂纹等缺陷。
2.未注倒角C2。
3.未注圆角R3～R5。
4.未加工表面需涂防锈漆。

设计			HT200	机械学院
校核			比例 1:1	泵体
审核				
班级		学号	共 张 第 张	

图 9-38 泵体零件图

箱体需要容纳其他零件,通常都具有较大的内腔。箱体还需要为容纳于内腔的零件提供支撑,因此局部会设置起加强作用的凸台和肋板,还有供零件定位的沟槽、凸台,供安装连接的螺纹孔、沉孔等。

箱体类零件通常结构复杂,大多由铸造形成毛坯,少数由焊接而成。

1. 箱体类零件的视图选择

(1) 通常按工作位置安放零件,以能反映工作状态且能明显反映结构特征的方向作为主视图投射方向。

(2) 箱体的内部结构较多,因此主视图通常采用全剖视图,或较大范围的局部剖视图,或半剖视图(视图对称时采用)表达。如图 9-38 泵体零件图,全剖的主视图清晰地表达了零件的内部结构。

(3) 如果外部结构较复杂,可采用局部剖视图,兼顾内、外形状表达的需要,必要时同一投射方向可用剖视图和视图分别表达内形和外形。

(4) 箱体类零件多为铸件,铸造表面常会出现过渡线,注意过渡线的画法。

2. 箱体类零件的尺寸标注

(1) 箱体类零件有长、宽、高三个方向的尺寸基准。一般以重要孔的轴线、安装面、对称面等作基准。如图 9-38 所示的泵体,左端面为长度方向基准,底板底面为高度方向基准,前后对称面为宽度方向基准。

(2) 箱体类零件结构多、形状复杂,标注尺寸时应利用形体分析法,分析各组成部分的结构形状特征,先标注各个结构的定形和定位尺寸,再依据合理标注尺寸的一些原则(见 9.3 节),总体考虑、调整,完成尺寸标注。

(3) 通常盘盖类零件通过螺纹连接件、销与箱体零件连接,标注尺寸时要注意相关零件尺寸标注的一致性。如图 9-35 所示的泵盖和图 9-38 所示的泵体,用六个螺钉和两个销连接,泵体左端面上的螺纹孔(6 个)和销孔(2 个),它们的定形尺寸和定位尺寸要与泵盖相关结构的尺寸相匹配。

9.5.5 钣金件

钣金是一种针对金属薄板的综合冷加工工艺,包括剪、冲、切、折、铆接、成形(如汽车车身)等。通过钣金工艺加工出的零件叫作钣金件,其显著的特征是同一零件厚度一致。

此类零件除绘制成形后的多面正投影图外,还应在图样中单独绘制出展开图,以便剪裁下料,如图 9-39 所示的卡板零件图。展开图上方应标出“展开图”字样,并用细实线画出弯制时的弯折位置。

9.5.6 常用件零件图

除本节介绍的普通零件和第 8 章介绍的标准件之外,另一类零件如齿轮、带轮、弹簧等,它们应用广泛,部分重要结构的形状和尺寸已标准化、系列化,这类零件习惯上称为常用件。

常用件需要绘制零件图。零件图除了包含视图、尺寸、技术要求、标题栏这四项内容外,通常需要通过图、表列明相应的参数信息。

如图 9-40 所示的齿轮零件图,按规定画法用一组视图表达齿轮的结构。由于轮齿的部分尺寸、重要参数等内容无法直接在图中标注,因此在图纸右上角列表说明这些内容。

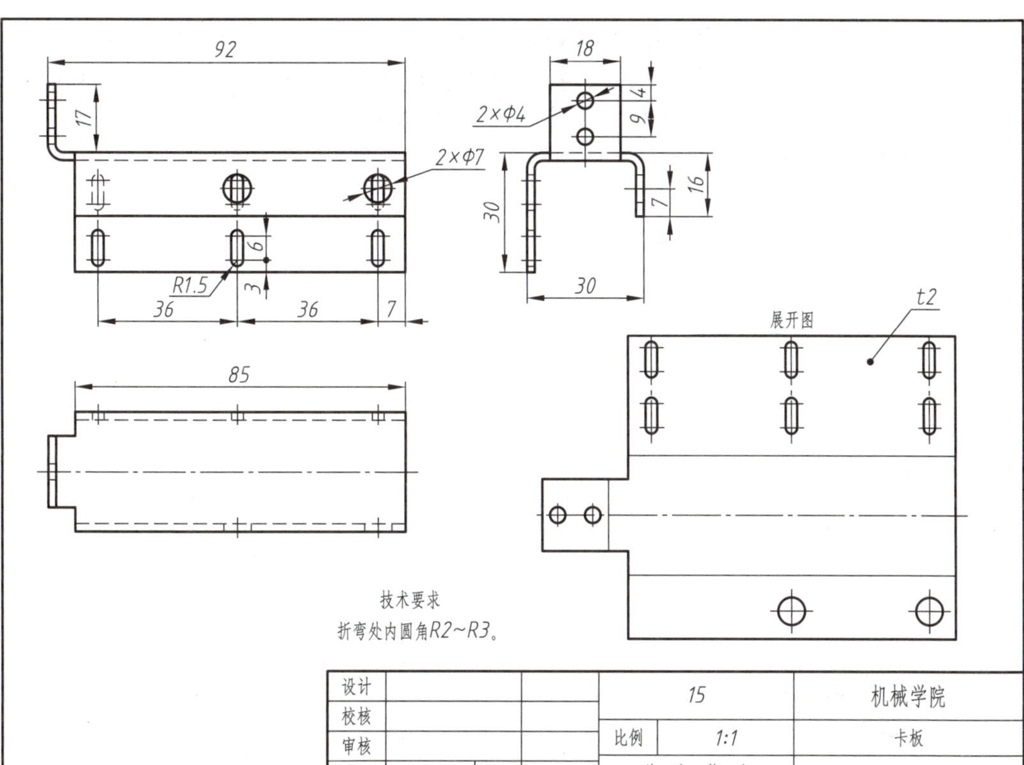

图 9-39 卡板零件图

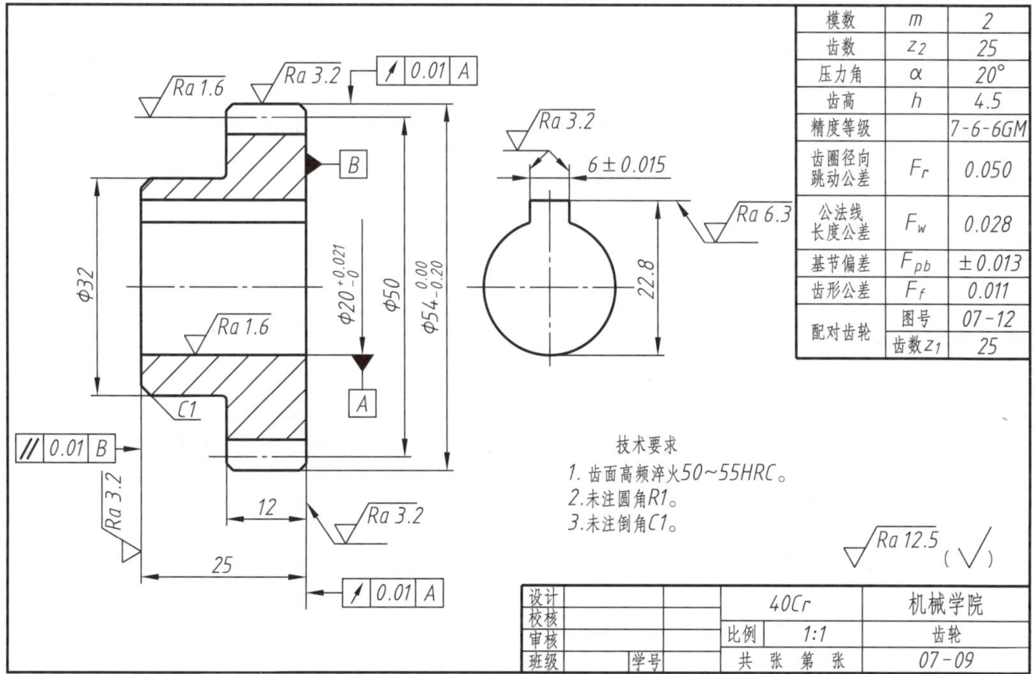

模数	m	2
齿数	z_2	25
压力角	α	20°
齿高	h	4.5
精度等级		7-6-6GM
齿圈径向跳动公差	F_r	0.050
公法线长度公差	F_w	0.028
基节偏差	F_{pb}	±0.013
齿形公差	F_f	0.011
配对齿轮	图号	07-12
	齿数z_1	25

图 9-40 齿轮零件图

图 9-41 为螺旋压缩弹簧的零件图。绘制弹簧零件图时应注意以下问题：

(1) 弹簧的材料直径 d、中径 D、外径 D_2、节距 t、自由高度 H_0 等尺寸应直接注写在图形上；其余参数包括旋向、有效圈数、总圈数、展开长度等，应在技术要求中说明。

(2) 一般用图解方式表示弹簧特性。对于螺旋压缩(拉伸)弹簧，在图形上方用斜线表示载荷与弹簧变形量之间的关系，其中：F_1 为弹簧的预加负荷，F_2 为弹簧的工作负荷，F_3 为弹簧的极限负荷。

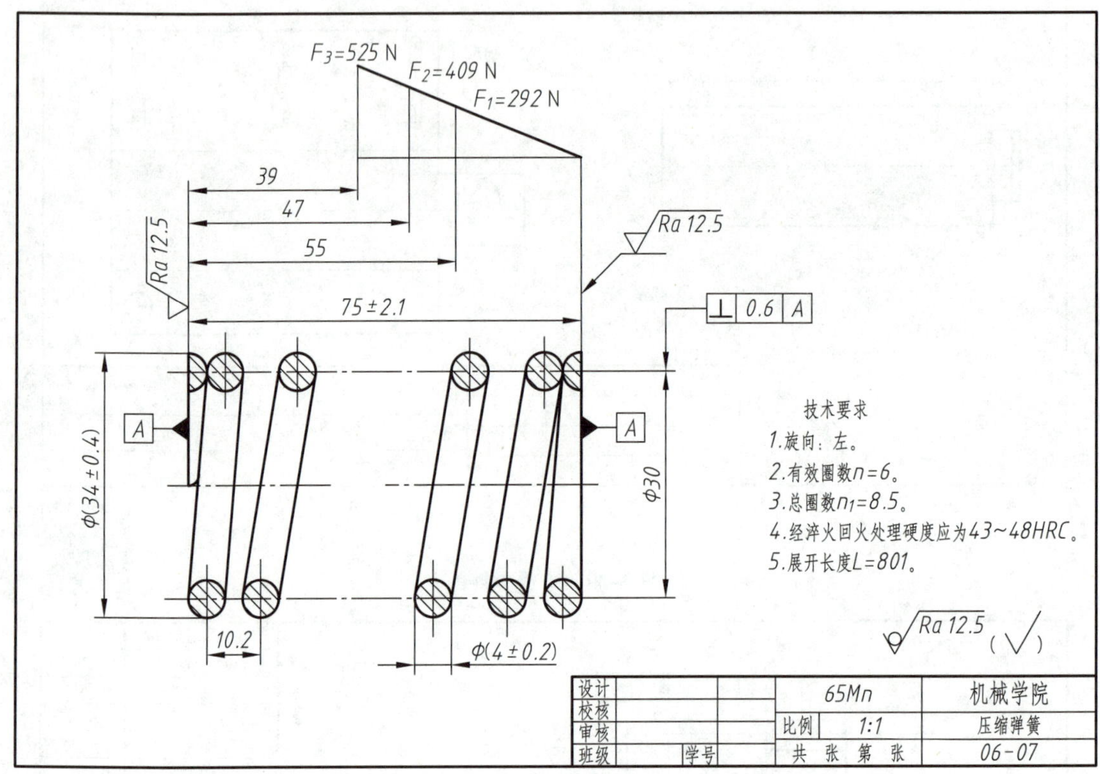

图 9-41 压缩弹簧零件图

9.6 零件测绘

零件测绘是对已有的零件进行分析和测量，并绘制零件图的过程。在工程上，零件测绘可为设计新产品、修配损坏零件、准备配件提供参考或依据。在机械制图课程教学中，零件测绘的目的更多在于加深对零件结构的了解，并完整、正确、合理地表达零件结构及标注尺寸。

9.6.1 零件测绘的步骤

零件测绘包括徒手绘制零件结构草图，测量并标注零件的尺寸，确定并标注加工表面，最后根据草图整理、绘制正规零件图。零件测绘的具体步骤如下：

(1) 了解、观察和分析。

1）了解零件的名称、材料，以及零件的功能和用途。附表7–1、附表7–2、附表7–3列出了常用材料的标准号、名称、牌号、性能及用途。

2）观察零件的结构特征，包括设计结构特征和工艺结构特征。

3）根据零件的功用分析各结构的作用；根据零件的名称、材料分析零件的主要加工方法、表面特征和工艺结构。

轴零件，材料为45钢，那么该轴的功用主要为支撑传动零件和传递动力，设计结构通常有键槽、螺纹、轴肩、孔等，工艺结构通常有倒角、砂轮越程槽和退刀槽等。支座零件，材料为铸铁，则该支座的主要功用为支撑运动零件，设计结构常包括固定结构、安装其他零件的结构以及连接结构；通过铸造获得毛坯，因此零件表面包含粗糙的铸造表面和平滑的机加工表面，并有铸造圆角等工艺结构。

(2) 根据零件的结构特征，选择恰当的表达方案。可依据9.5节典型零件图例分析中所述原则，结合具体零件的结构特点，拟定零件的表达方案。

(3) 目测零件整体和各部分的比例关系，徒手绘制零件草图。

(4) 确定零件尺寸基准，分结构测量、标注定形尺寸以及各结构的定位尺寸，再综合考虑是否需要标注总体尺寸。

(5) 检查、修改、完成零件草图后，根据零件大小选择合适的图幅、绘图比例，利用绘图工具绘制正规零件图。

9.6.2 零件测绘举例

下面以图9–42a所示的脚踏座零件为例，介绍零件测绘的步骤及方法。

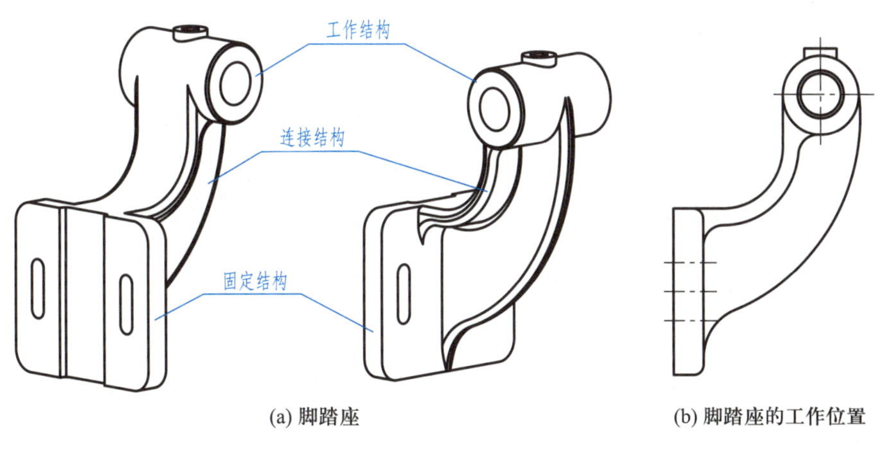

图9–42 脚踏座及其工作位置

1. 分析

(1) 结构分析。脚踏座属于支架类零件，该零件由铸造得到毛坯，再经机加工得到零件最终的结构形状。脚踏座由三大部分组成，方形带长圆孔的板为固定结构，穿孔的圆柱体为安装其他零件的工作结构，以及将这两部分连接起来的连接结构，连接结构断面为T形。

(2) 工作位置。方板的外侧平面为安装定位面，竖直安放，如图9–42b所示。

2. 选择表达方案

以最能反映零件安装位置和工作状态的视图作为主视图，即图 9-42b 所示的视图；应配置左视图表达零件宽度方向的结构特点，以及安装板的实形；采用俯视局部视图表达安装板上凹槽的深度；零件上的孔可采用局部剖视图表达。

3. 绘制零件草图

(1) 先画出长、宽、高三个方向的定位基准线，以及主要结构的轮廓，如图 9-43a 所示。

(2) 画中间的连接结构，如图 9-43b 所示。主视图中连接板的轮廓曲线，可先通过拓印的方式描出，然后尽可能用圆弧拟合轮廓曲线。

(3) 画细部结构，如安装板上的长圆孔、凹槽和圆角；画连接板的移出断面图；在左视图上画出通孔的局部剖视图，在俯视图上画出长圆孔的局部剖视图，如图 9-43c 所示。

(4) 画铸造圆角，整理图线，完成草图绘制，如图 9-43d 所示。

4. 测量并标注零件尺寸

分结构测量脚踏座各部分结构的定形尺寸。以图 9-43a 所示的基准面作为三个方向的尺寸基准，标注长度方向定位尺寸 74，高度方向定位尺寸 95 和 22，如图 9-44 所示。确定连接结

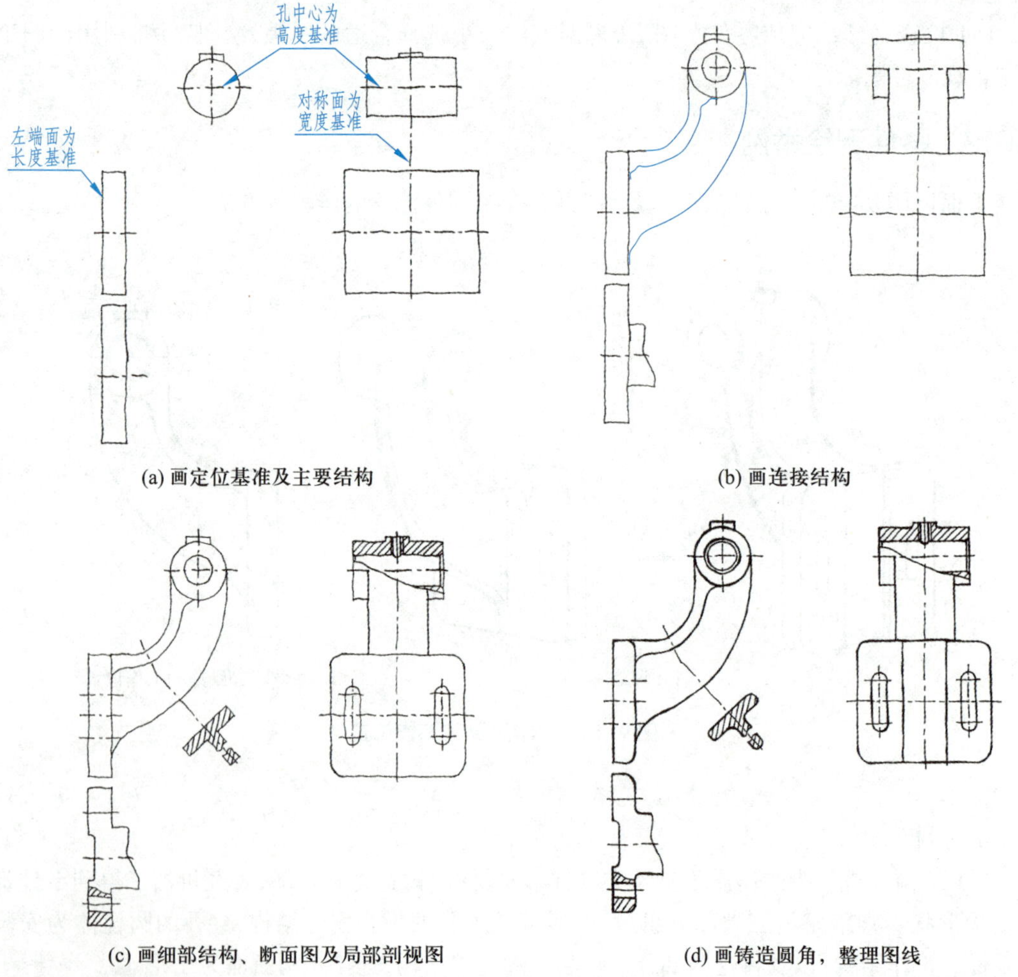

(a) 画定位基准及主要结构

(b) 画连接结构

(c) 画细部结构、断面图及局部剖视图

(d) 画铸造圆角，整理图线

图 9-43 绘制零件草图

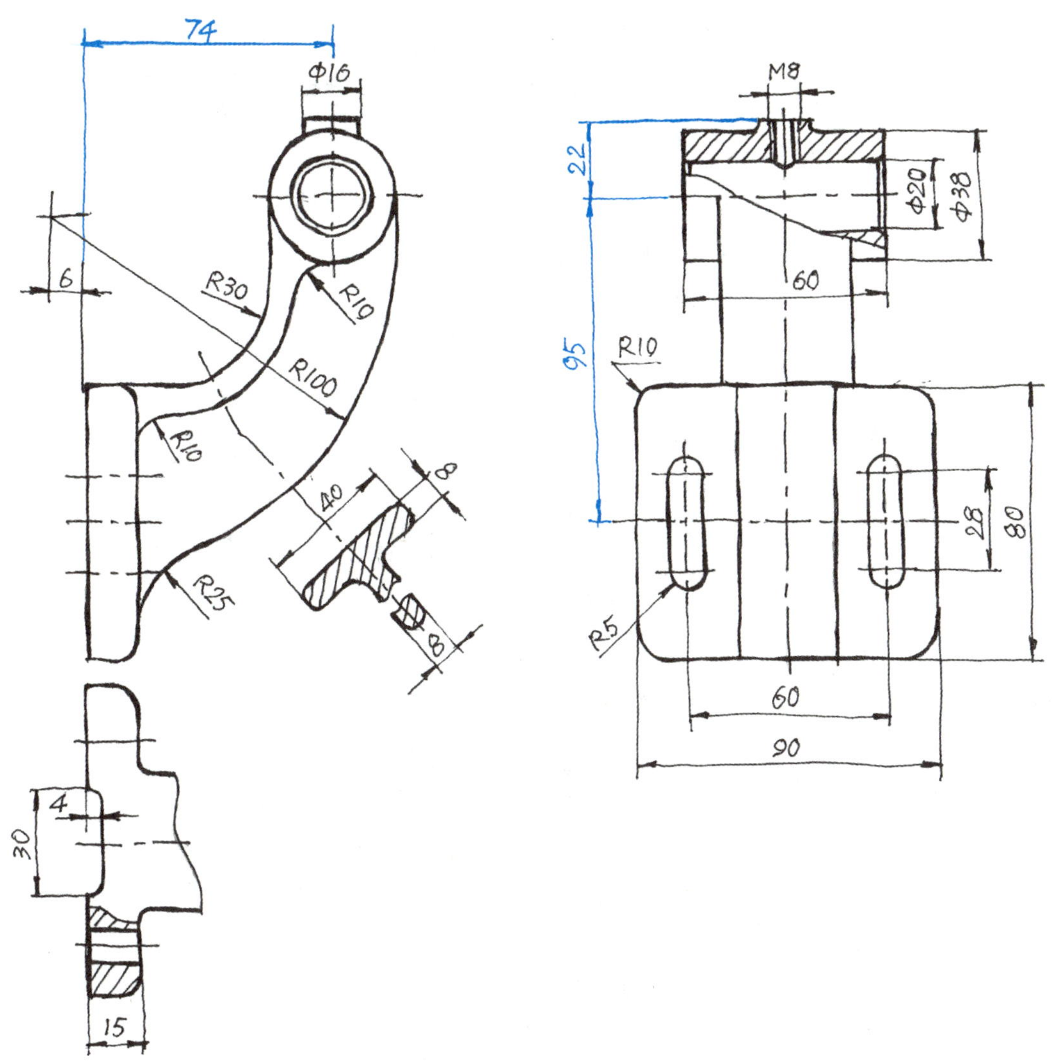

图 9-44 测量并标注零件尺寸

构轮廓尺寸的方法:将拓印得到的曲线分解并整理为圆弧连接,通过圆弧上的三个点可确定圆弧的半径及圆心位置。普通螺纹尺寸需要利用螺纹规测量。

5. 绘制正规零件图

根据零件草图完成零件视图绘制、尺寸标注后,要根据零件的使用要求确定并注写尺寸公差、几何公差、表面结构等技术要求,以及加工所需达到的技术要求,还需要根据相关国家标准确定铸造圆角的大小。完成的脚踏座零件图如图 9-45 所示。

9.6.3 常用测量工具及常见结构测量方法

测量零件尺寸常用工具有直尺、游标卡尺、外卡钳和内卡钳,如图 9-46 所示。

通常利用直尺、游标卡尺测量零件的长、宽、高等线性尺寸,以及外圆柱面和内圆柱面的直径,如图 9-47 所示。

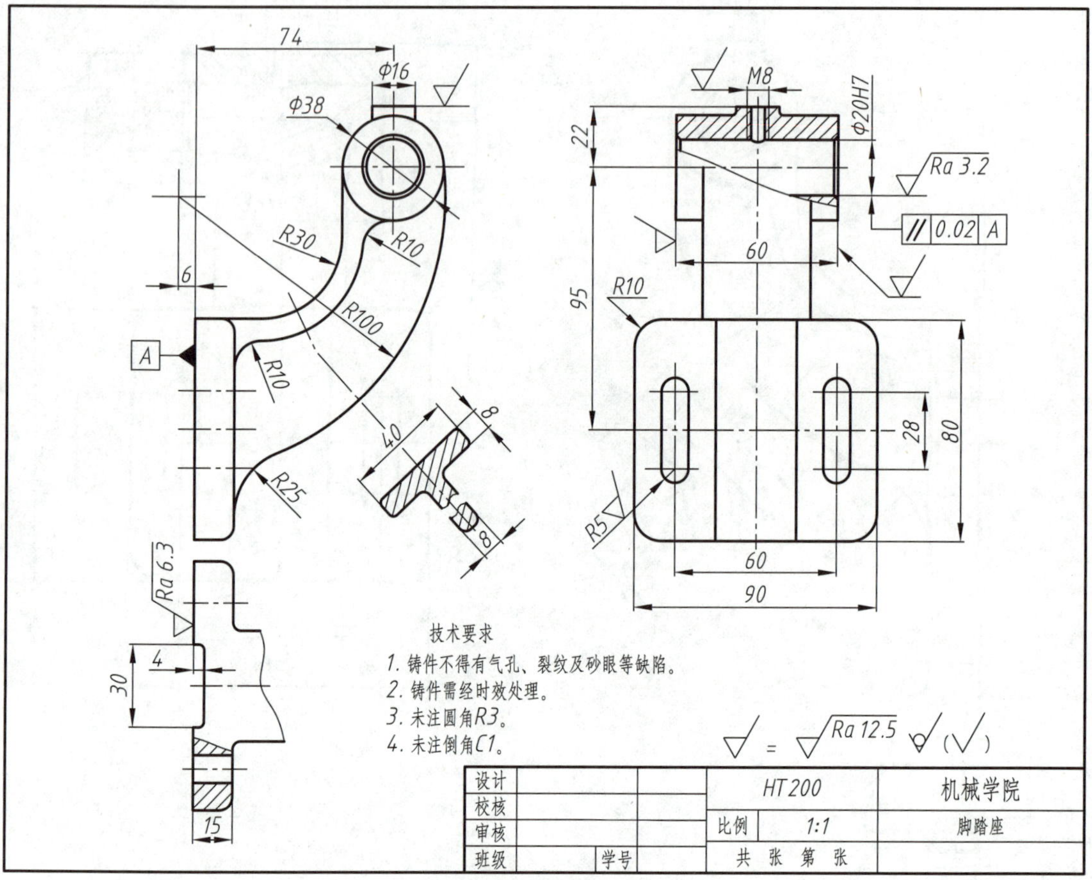

技术要求

1. 铸件不得有气孔、裂纹及砂眼等缺陷。
2. 铸件需经时效处理。
3. 未注圆角R3。
4. 未注倒角C1。

设计			HT200		机械学院
校核					
审核			比例	1:1	脚踏座
班级		学号	共 张 第 张		

图 9–45 脚踏座零件图

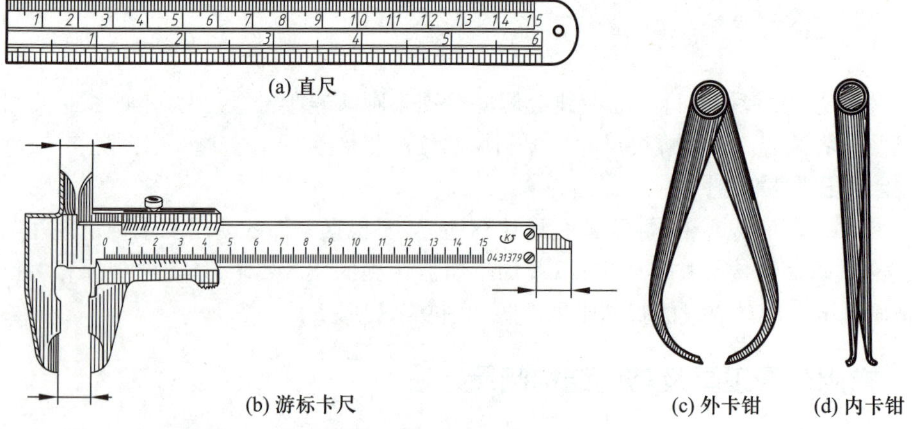

(a) 直尺

(b) 游标卡尺

(c) 外卡钳

(d) 内卡钳

图 9–46 常用测量工具

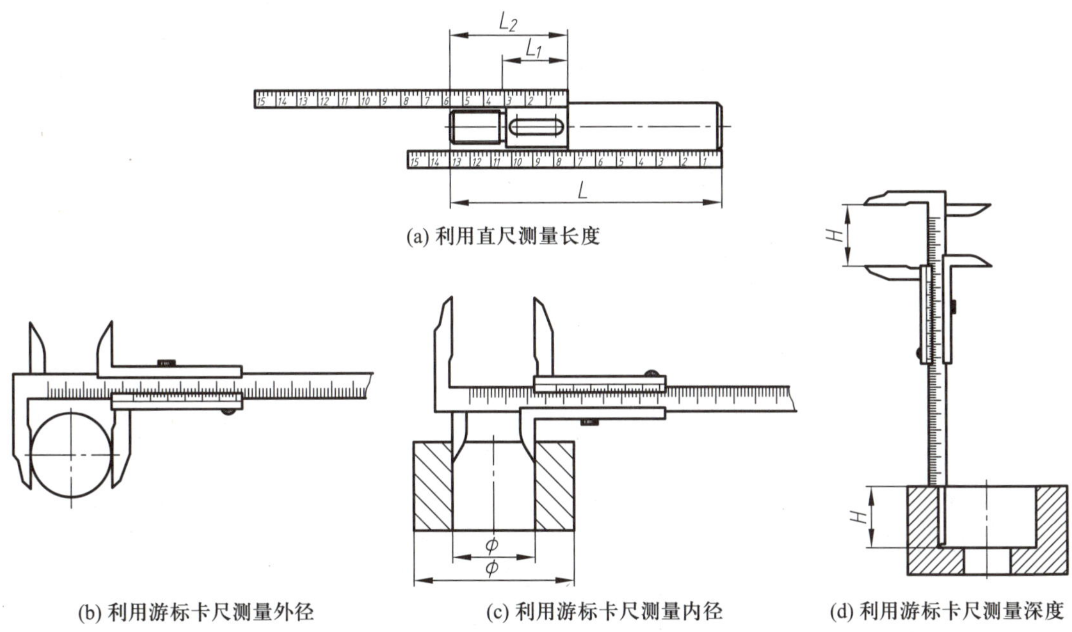

(a) 利用直尺测量长度

(b) 利用游标卡尺测量外径

(c) 利用游标卡尺测量内径

(d) 利用游标卡尺测量深度

图 9-47 利用直尺和游标卡尺测量线性尺寸和直径

内、外卡钳是辅助测量工具,将其与直尺组合使用,可测量零件上一些常见结构的尺寸,如内、外圆柱面的直径、凹腔的壁厚等,利用直尺还可以测量孔中心高度、两个孔的中心距等,如图 9-48 所示。

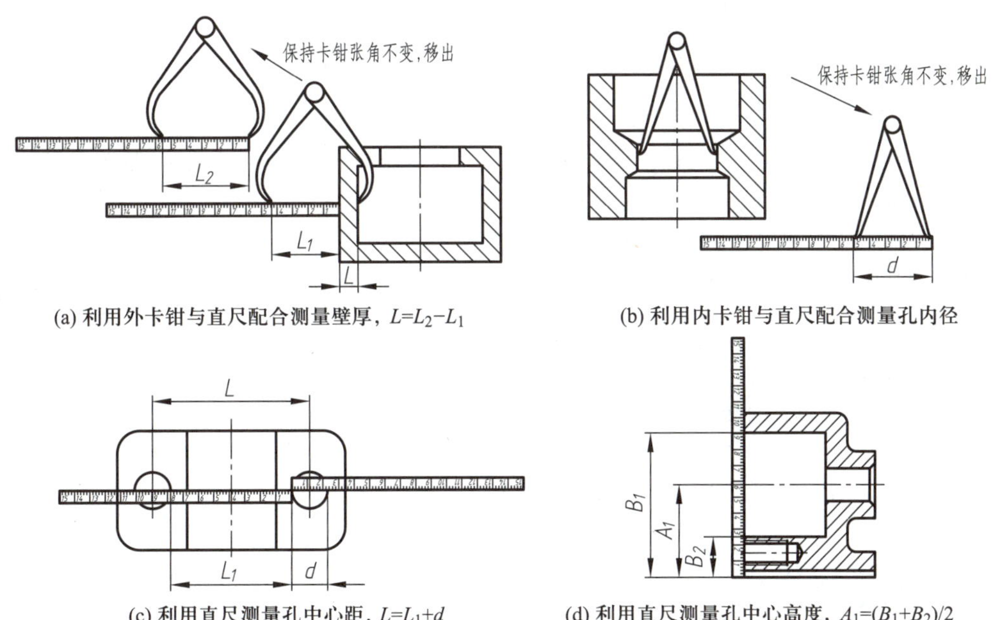

(a) 利用外卡钳与直尺配合测量壁厚,$L=L_2-L_1$

(b) 利用内卡钳与直尺配合测量孔内径

(c) 利用直尺测量孔中心距,$L=L_1+d$

(d) 利用直尺测量孔中心高度,$A_1=(B_1+B_2)/2$

图 9-48 利用直尺和内、外卡钳测量常见结构尺寸

零件上的螺纹、圆角等结构可采用专用测量工具,螺纹规和圆角规测量,如图 9-49 所示。

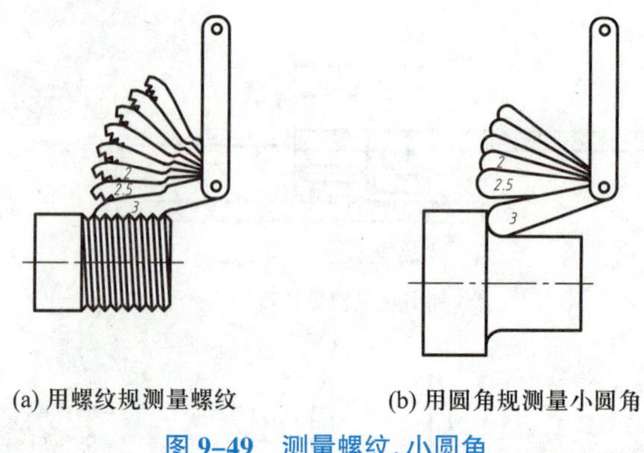

(a) 用螺纹规测量螺纹　　(b) 用圆角规测量小圆角

图 9-49　测量螺纹、小圆角

有时候需要借助测量得到的尺寸来确定标准齿轮的轮齿参数。下面是确定标准直齿圆柱齿轮轮齿参数的一种方法。

(1) 测量齿顶圆直径。可利用游标卡尺测量齿顶圆直径,如图 9-50 所示。假设所测齿顶圆的直径约为 46 mm,因为测量值并非标准值,因此以 d'_a 记齿顶圆直径参考值,即 d'_a= 46 mm。

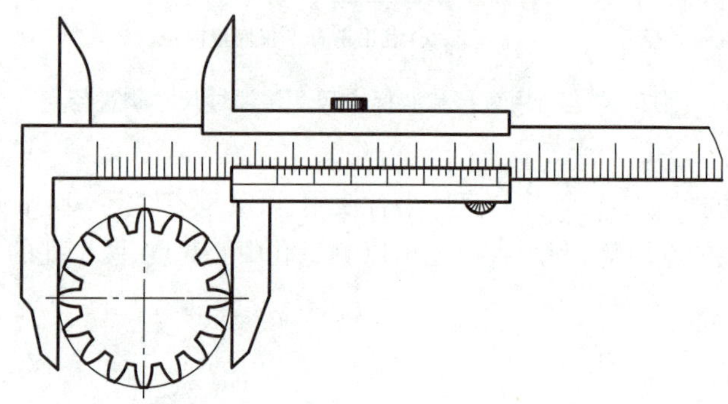

图 9-50　通过测量确定标准齿轮参数

(2) 数齿轮齿数。此例中,齿数 $z=16$。

(3) 计算模数参考值:标准直齿圆柱齿轮齿顶圆与模数、齿数的关系式为 $d_a=m(z+2)$,根据测量值 d'_a 计算出齿轮的模数参考值 $m'=d'_a/(z+2)$=46 mm/18≈2.556 mm。

(4) 查渐开线齿轮标准模数系列(GB/T 1357—2008)(见第 8 章表 8-9)确定标准模数,取最接近模数参考值的标准模数值,即 m=2.5 mm。

(5) 根据标准直齿圆柱齿轮轮齿各部分尺寸的计算公式(见第 8 章表 8-10)计算分度圆、齿顶圆、齿根圆直径。

分度圆直径:$d=mz$=2.5 × 16 mm=40 mm

齿顶圆直径:$d_a=m(z+2)$=2.5 × 18 mm=45 mm

齿根圆直径:$d_f=m(z-2.5)$=2.5 × 13.5 mm=33.75 mm

9.7 读零件图

以图 9-51 所示的箱体零件图为例,介绍读零件图的步骤和方法。

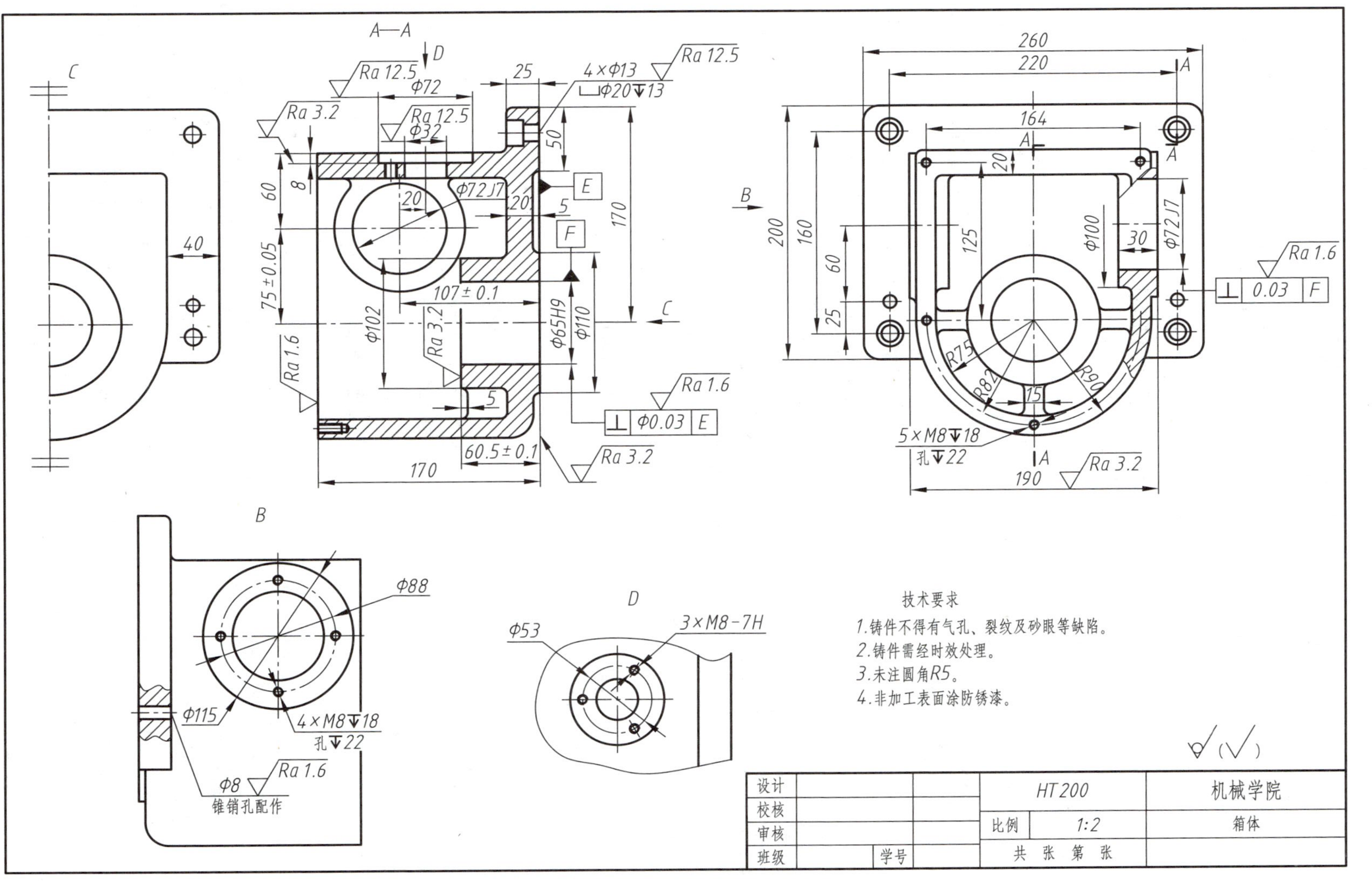
A—A
B
C
D
技术要求
1.铸件不得有气孔、裂纹及砂眼等缺陷。
2.铸件需经时效处理。
3.未注圆角R5。
4.非加工表面涂防锈漆。
3×M8-7H
Φ53
4×M8▼18
孔▼22
5×M8▼18
孔▼22
Φ8
锥销孔配作
设计
校核
审核
班级
学号
HT200
比例
1:2
共 张 第 张
机械学院
箱体

图 9-51 箱体零件图

1. 查看标题栏

从标题栏中可以获得零件名称、材料、绘图比例等信息，由此可以大致了解零件的作用、大小和毛坯获得方法。

(1) 零件名称为“箱体”，那么该零件应该具有容纳其他零件的空腔，以及支撑、固定其他零件的结构。

(2) 零件使用的材料为 HT200，即灰铸铁，抗拉强度为 200 MPa。由此可知，零件由铸造生产毛坯，因此零件不加工表面的过渡应有铸造圆角，其他结构需经机加工成形。

(3) 零件图绘图比例为 1 : 2，由此可了解零件的真实大小。

2. 分析零件图的表达方案

箱体零件共采用五个视图表达结构形状，读图时首先要确定主视图。如果需要用主、俯、左三视图表达零件结构形状时，主视图通常布置在零件图的左上角；如果同一方向(如长度方向、高度方向)有多个视图时，主视图通常居中。主视图表达的零件信息(包括结构、形状、尺寸、技术要求等)最多，这也可以作为确定主视图的一个依据。

箱体零件图在高度方向有三个视图，没有完整的俯视图，居中的 *A—A* 视图为主视图，其余两视图分别为左视图和右视图。主视图为全剖视图，主要表达内腔结构。左视图以表达可见结构形状为主，为表达位于前部的通孔，做了局部剖。*C* 向视图的目的是表达箱体右侧外形，因图形对称，可以只画一半。

B 向视图和 *C* 向局部视图是为了更直观地表达螺纹孔的分布情况，同时将相关尺寸标注在局部视图上，避免了尺寸过于集中在主、左视图标注，方便读图。

3. 查看视图，理解结构形状

这个过程是读零件图的核心任务，也是读图的重点和难点。分析视图时，应先了解整体结构，想象出零件的主体结构形状；再分析其余细节，想象出各部分的结构形状；还要根据零件的作用及零件主要的成形方法，理解零件上的工艺结构。

(1) 了解箱体的主体结构。忽略箱体零件图中的细部结构和工艺结构，提取表达主体结构的视图信息，如图 9-52a 所示；根据简化的视图去构想主体结构的形状，如图 9-52b 所示。

(2) 箱体结构的细节分析。为增加轴线侧垂的 ϕ102 圆柱凸台的强度，设置了 3 条肋板；左端面上有 5 个 M8 的螺纹孔；轴线铅垂的阶梯孔的台阶面上有 3 个 M8 的螺纹通孔；安装板上有 4 个螺栓孔，2 个销孔。

(3) 该箱体零件由铸造产生毛坯，因此不加工表面之间的过渡处有铸造圆角；右侧面有宽度为 5 的凹沉结构，是为了减少加工面而设置的工艺结构。

综合以上分析，完成对箱体零件图所表达的结构的理解。箱体的立体图如图 9-53 所示。

4. 尺寸分析

(1) 尺寸基准

以右端面作为长度基准，长度方向重要的定位尺寸有 107 ± 0.1 和 20，分别确定 ϕ72J7 正垂孔中心位置，以及 ϕ32 铅垂孔中心位置。以 ϕ72J7 孔轴线作为高度基准，高度方向重要的定位尺寸有 75 ± 0.05 和左视图中的 60，分别确定 ϕ65H9 侧垂孔中心位置和安装板上销孔的位置。宽度方向以前后对称面作为宽度基准，宽度方向重要的定位尺寸有 190。

(2) 功能尺寸

孔直径 ϕ72J7 和 ϕ65H9 以及相关定位尺寸 107 ± 0.1 和 75 ± 0.05，都是有较高要求的功能

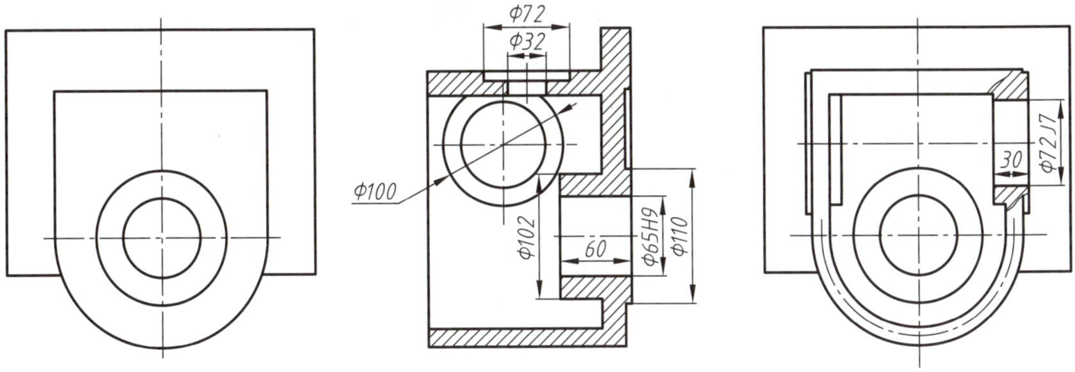

(a) 箱体主体结构视图

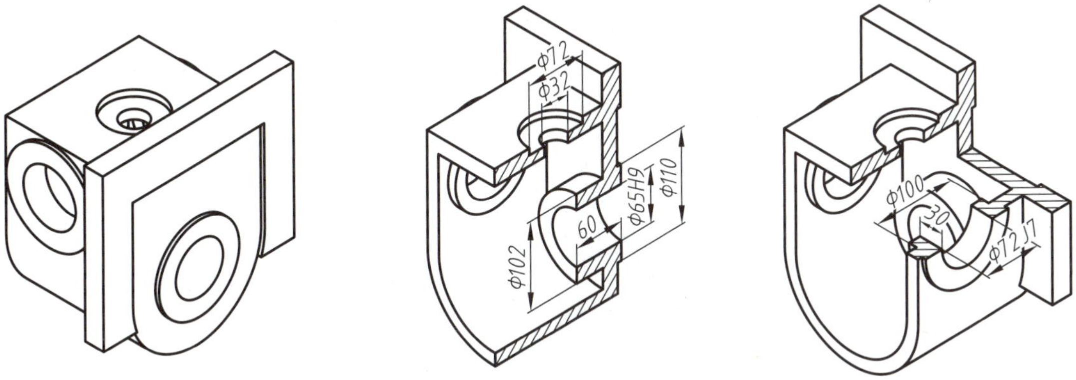

(b) 箱体主体结构立体图

图 9–52 箱体零件的主体结构分析

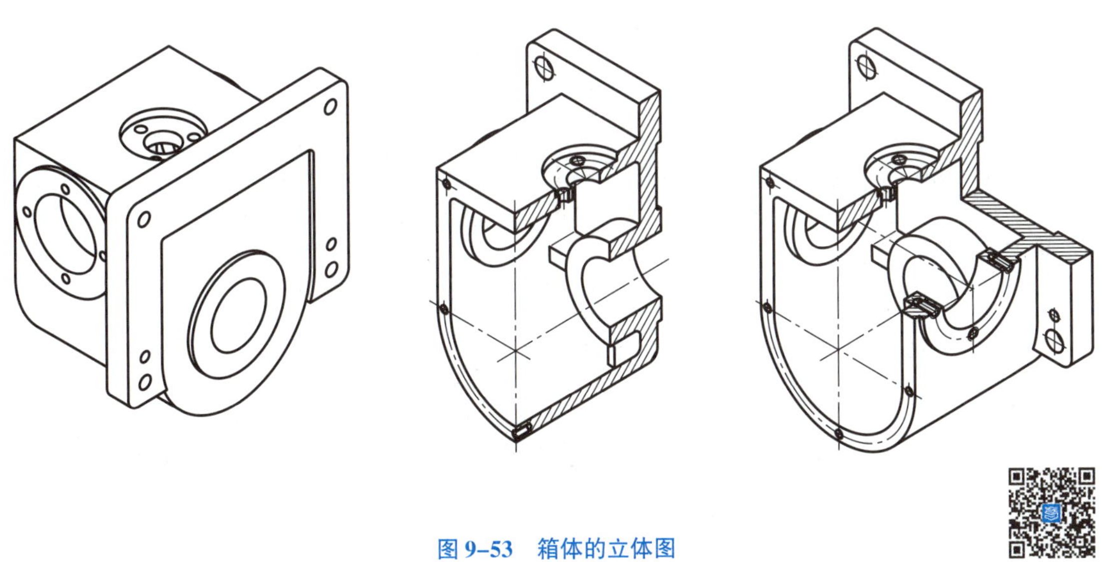

图 9–53 箱体的立体图

尺寸，与其他零件的安装和固定有关。

5. 技术要求分析

(1) 尺寸公差要求最高的是 ϕ72J7，上极限偏差为 +0.018，下极限偏差为 −0.012；其余有公

差要求的尺寸还有 ϕ65H9（上极限偏差为 +0.074，下极限偏差为 0）、107 ± 0.1 和 75 ± 0.05，精度要求都不是很高。

（2）几何公差包括：ϕ65H9 孔轴线相对右侧面的垂直度公差为 ϕ0.03；ϕ72J7 相对 ϕ65H9 孔轴线的垂直度公差为 0.03。

（3）表面结构要求最高的是左端面、ϕ72J7、ϕ65H9 孔表面以及销孔 ϕ8 表面，为 Ra1.6 μm；不加工的铸造毛坯表面的表面结构要求标注在标题栏上方。

第10章

装 配 图

10.1 装配图的作用和内容

装配图是表达机器、部件或设备的图样，一般分为总装图和部件装配图两种。表示整机的组成部分以及各部分的相互位置和连接、装配关系的图样称为总装图；表示部件的组成零件以及各零件的相互位置和连接、装配关系的图样称为部件装配图。

通过装配图可以了解机器或部件的结构形状、装配关系、工作原理和技术要求等，是设计、安装、检测、使用和维修等工作中的重要技术文件。图 10-1 所示为安装在油管路上的安全阀轴测剖视图，图 10-2 为该安全阀的装配图。从图 10-2 可以看出，一张完整的装配图应包括以下的内容。

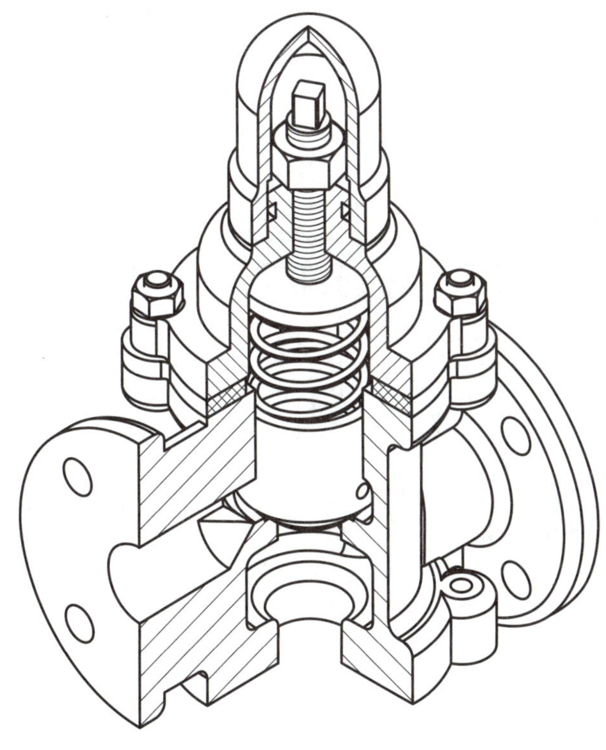

图 10-1 安全阀

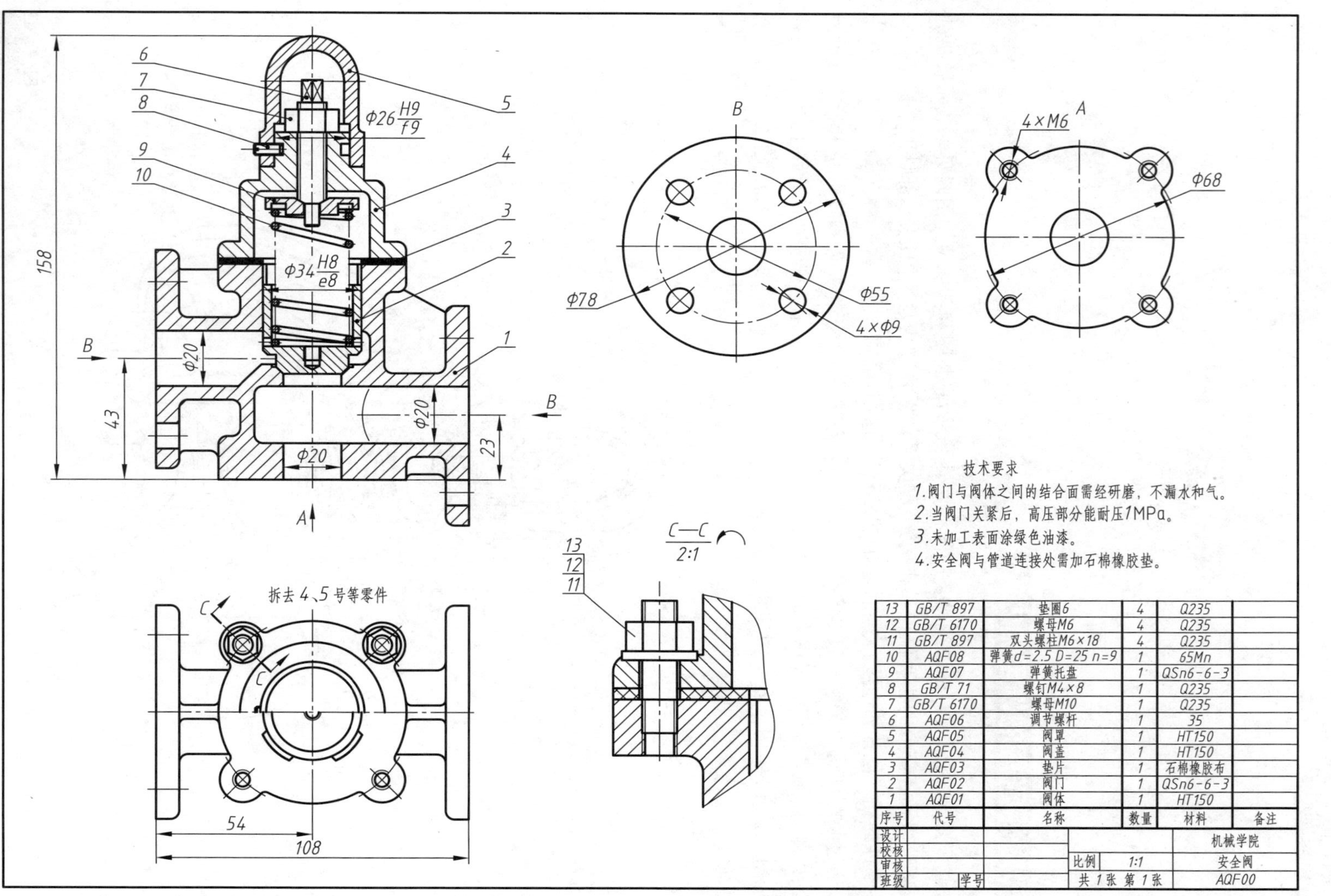

序号	代号	名称	数量	材料	备注
13	GB/T 897	垫圈6	4	Q235	
12	GB/T 6170	螺母M6	4	Q235	
11	GB/T 897	双头螺柱M6×18	4	Q235	
10	AQF08	弹簧d=2.5 D=25 n=9	1	65Mn	
9	AQF07	弹簧托盘	1	QSn6-6-3	
8	GB/T 71	螺钉M4×8	1	Q235	
7	GB/T 6170	螺母M10	1	Q235	
6	AQF06	调节螺杆	1	35	
5	AQF05	阀罩	1	HT150	
4	AQF04	阀盖	1	HT150	
3	AQF03	垫片	1	石棉橡胶布	
2	AQF02	阀门	1	QSn6-6-3	
1	AQF01	阀体	1	HT150	

设计				机械学院
校核				
审核			比例 1:1	安全阀
班级	学号		共 1 张 第 1 张	AQF00

图 10-2 安全阀装配图

(1) 一组图形

用来表示各组成部分的零部件以及它们的位置关系、装配关系，部件的工作原理，本装配体和其他部件或安装基座的连接、安装关系，以及重要零件的关键结构、形状。

(2) 必要的尺寸

用来表示零件的外形、零件间的配合以及安装尺寸。装配图中的尺寸包括机器或部件的规格(性能)尺寸、装配尺寸、安装尺寸、总体尺寸等。

(3) 技术要求

用文字或符号说明机器或部件的性能、装配、安装、检验、调试和使用等方面的要求。

(4) 零件序号、明细栏和标题栏

在装配图中将不同的零件按一定的格式编号，并在明细栏中依次填写零件的序号、代号、名称、数量、材料、质量、标准规格和标准编号等，方便阅读和生产管理。标题栏包括机器或部件的名称、代号、比例、主要责任人等。

10.2 装配图画法

前面所述表达零件的各种方法同样适用于表达机器或部件。但零件图与装配图表达的对象与目的不同，装配图还有一些特殊画法。

10.2.1 规定画法

(1) 两零件的接触表面和配合表面只画一条公共的轮廓线，如图 10–3 中①所示；不接触表面和非配合表面画出各自的轮廓线，如图 10–3 中的②所示；如果两条线间隙很小，可将其夸大画成两条线，如图 10–3 中③所示。

(2) 两零件邻接时，不同零件的剖面线方向相反，或者方向一致、间隔不等，如图 10–3 所示。同一零件在各视图上的剖面线方向和间隙必须一致。

(3) 对于紧固件以及轴、连杆、球、钩子、键、销等实心零件，若剖切平面通过其对称平面沿纵向剖切时，这些零件均按不剖绘制，如图 10–3 中④所示；必要时，可采用局部剖视，如图 10–3 中⑤所示。

10.2.2 特殊画法

1. 拆卸画法

在装配图中，如果想要表达部件的内部结构或装配关系被一个或几个零件遮住，而这些零件在其他视图已经表达清楚，则可以假想将这些零件拆去，这种方法称为拆卸画法。拆卸画法一般要标注“拆去 ××”。图 10–2 中的俯视图，就是拆去了阀罩和阀盖等零件后绘制的。

2. 沿接合面剖切画法

为了表达内部结构，可采用沿接合面剖切的画法。如图 10–4 所示的油杯轴承，其俯视图 *A—A* 是沿轴承盖与轴承座的接合面剖切的画法，拆去上面部分，表达了轴衬与轴承座孔的装配情况。

3. 假想画法

在装配图中，若要表达部件与相关零部件的安装连接关系时，可采用细双点画线画出相关

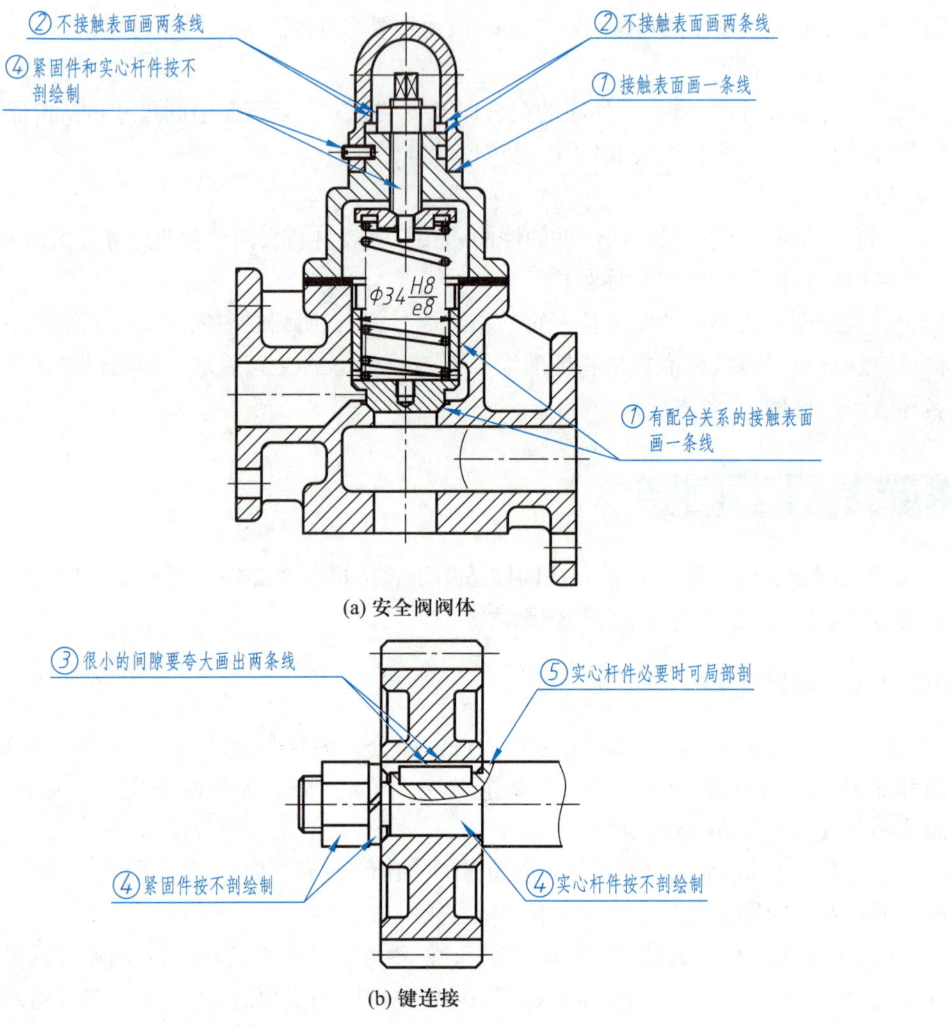

图 10-3　装配图的规定画法

零部件的轮廓。如图 10-4 所示，与油杯轴承底面相接的零件用细双点画线画出。如果要表达运动零件的运动范围与极限位置时，可用细双点画线画出其极限位置处的外形轮廓，如图 10-5 所示。

4. 夸大画法

对于细小结构与薄片零件、微小间隙等，如果很难以实际尺寸画出时，允许不按比例而采用夸大画法画出。图 10-2 中序号为 3 的垫片采用了夸大画法。

5. 简化画法

在装配图中，零件的工艺结构，如小圆角、倒角、退刀槽等可不画出，如图 10-4 中的螺母采用了简化画法。对于若干相同的零件，如螺栓连接等，可详细地画出一组或几组，其余的只需用细点画线表示其相对位置。

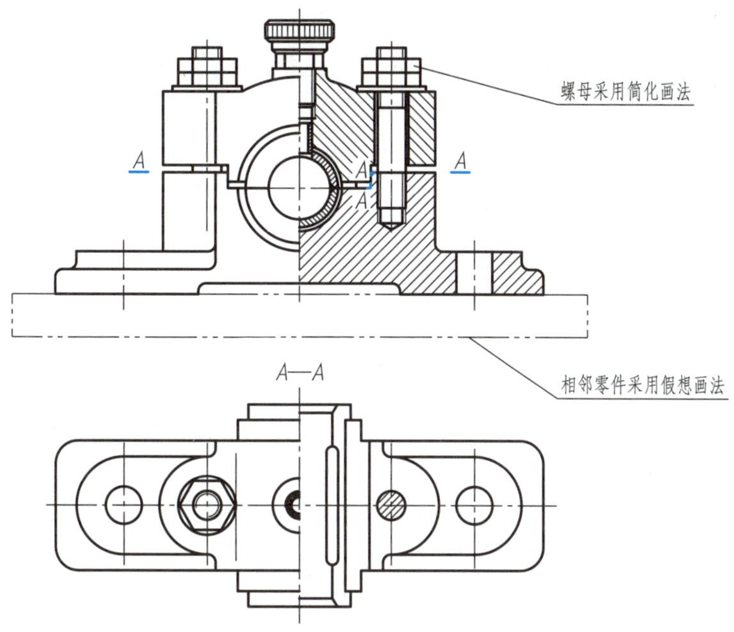

图 10-4 油杯轴承沿接合面剖切画法

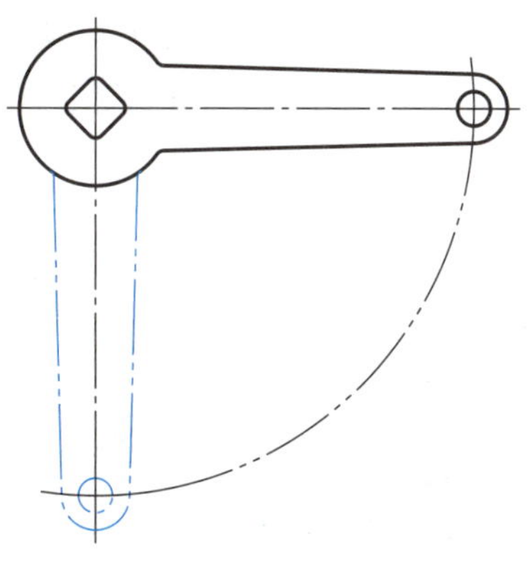

图 10-5 极限位置假想画法

10.3 装配图的尺寸标注和技术要求

装配图与零件图的作用不一样，因此对尺寸标注的要求也不同，装配图只需标注与部件的规格、性能、装配、安装、运输、使用等有关的尺寸，可分为以下几类。

1. 性能（规格）尺寸

表示机器或部件的性能、规格和特征的尺寸，它是设计、了解和选用机器的重要依据。对于阀类零件，体现其流量的尺寸即为其性能规格尺寸，如图 10-2 所示安全阀主视图中所标注的孔径 $\phi 20$。性能尺寸与部件的功能紧密相关。

2. 装配尺寸

表示机器或部件上有关零件间装配关系的尺寸。主要有下列两种：

(1) 配合尺寸

表示两个零件之间配合性质的尺寸，如图 10-2 中的$\phi 34\frac{H8}{e8}$尺寸等，它由公称尺寸和孔、轴的公差带代号组成，是拆画零件图时确定零件尺寸偏差的依据。

(2) 相对位置尺寸

表示装配机器时需要保证的零件间较重要的距离、间隙等尺寸。如图 10-23 所示齿轮油泵主动轴的高度尺寸 92。

3. 外形尺寸

表示机器或部件外形轮廓的尺寸，即总长、总宽、总高。反映了机器或部件所占空间的大小，是包装、运输、安装以及厂房设计时的参考依据，如图 10-2 中的总长 108 和总高 158，以及图 10-23 中的总长 179、总宽 108 以及总高 130 等均为外形尺寸。

4. 安装尺寸

表示将部件安装到机器上或将机器安装到地基上，需要确定其安装位置的尺寸，如图 10-2 中 *A*、*B* 向视图上的尺寸 $\phi 68$ 和 $\phi 55$，是将安全阀安装到油管路上的安装尺寸；图 10-23 左视图所标注的 $2\times\phi 11$ 和 80，是将齿轮油泵安装到基座上的安装尺寸。

5. 其他重要尺寸

在设计过程中，有些经过计算确定或选定，但又未包括在上述四类尺寸之中的重要尺寸。这种尺寸在拆画零件图时不能改变，如图 10-23 齿轮油泵的齿轮轴间距 42H8 和宽度尺寸 $25\frac{H8}{h7}$。

应当指出，不是每张装配图都必须标注上述各类尺寸，并且有时装配图上的同一尺寸往往有几种含义。因此，在标注装配图尺寸时，应在掌握上述各类尺寸意义的基础上，根据机器或部件的具体情况进行具体分析，合理地进行标注。

10.4 装配图的零件序号及明细栏

为了便于看图、装配、图样管理以及做好生产准备工作，需对每个不同的零件或组件编写序号。图 10-1 所示安全阀共有 13 种零件，在图 10-2 的装配图中给每一种零件编制了序号，并按顺序填写明细栏。

1. 零件序号

装配图中所有的零件(包括标准件)均需编写序号，零件序号标注有如下规定：

(1) 零部件序号(或代号)应标注在图形轮廓线外，并填写在指引线一端的横线(基准线)上或圆圈内，如图 10-6a、b 所示，也允许采用图 10-6c 所示的形式。

指引线、横线或圆均用细实线画出。指引线应从所指零件的可见轮廓线内引出，并在末端画一小圆点，序号字体要比尺寸数字大一号或两号。如所指部分内不宜画圆点时(很薄的零件或涂黑的剖面)，可在指引线的末端画出箭头，并指向该部分的轮廓，如图 10-7a 的序号 2。

(2) 指引线相互不能相交，也不要过长，当通过有剖面线区域时，指引线尽量不与剖面线平行。必要时，指引线可画成折线，但只允许曲折一次，如图 10-7a 的序号 1。

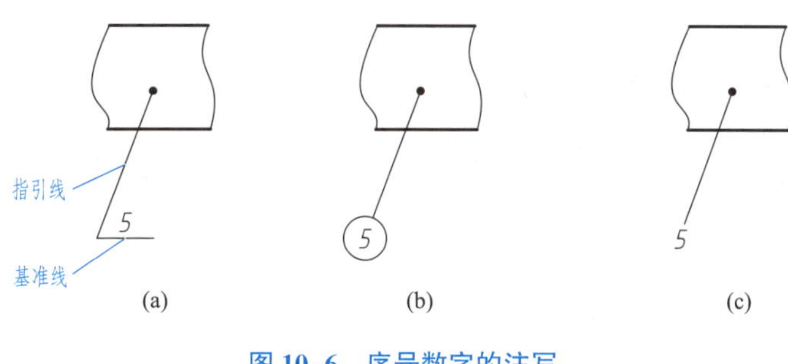

图 10-6　序号数字的注写

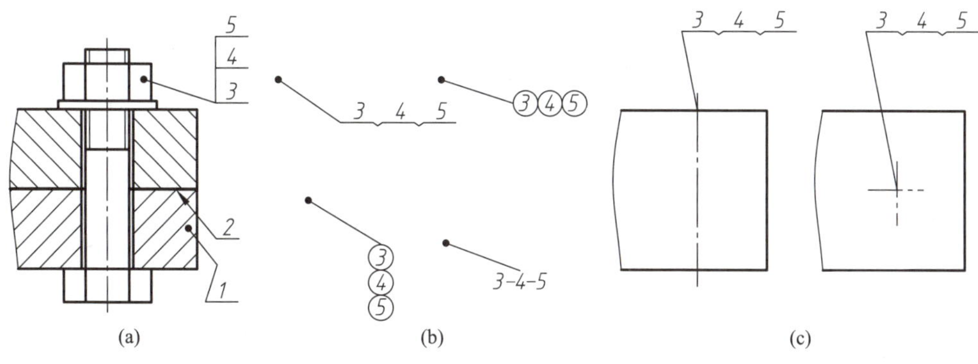

图 10-7　序号的编注形式

(3) 对于一组紧固件(如螺栓、螺母、垫圈)以及装配关系清楚的零件组,允许采用公共指引线,如图 10-7a、b 中的序号 3、4、5 所示。当省略图 10-7a 中所示紧固件的视图而仅用细点画线表示紧固件时,对于螺栓连接,应从装有螺母的一端引出公共指引线,而螺钉、螺柱连接则应从其装入端引出,如图 10-7c 所示。

(4) 在装配图中,对同种规格的零件使用一个序号,对同一标准的部件(如油杯、滚动轴承、电机等)也使用一个序号。

(5) 序号应按水平或竖直方向排列整齐,按顺时针或逆时针顺序排列,如图 10-7a 所示。

(6) 为了使指引线一端的横线或圆在全图上布置得均匀整齐,在画零件序号时,应先按一定位置画好横线或圆,然后再与零件一一对应,画出指引线。

2. 明细栏

明细栏是机器或部件中所有零部件的详细目录,栏内主要填写零件序号、代号、名称、材料、数量、质量及备注等内容。国家标准 GB/T 10609.2—2009 规定,明细栏画在标题栏上方,由下而上顺序填写。当位置不够时,也可紧靠标题栏左方自下而上延续。明细栏中的零件序号从下往上顺序填写,以便增加零件时可以继续向上画格。有时,明细栏也可不画在装配图内,按 A4 幅面单独画出,作为装配图的续页,但在明细栏下方应配置与装配图一致的标题栏。图 3-8 所示的简化的标题栏、明细栏格式可供学生作业使用。

10.5　装配结构的合理性

在设计和绘制装配图时,为了保证机器或部件的装配质量和所达到的性能要求,并考虑装拆方便,需要了解装配结构的合理性及装配工艺对零件结构的要求。下面仅就常见的装配结构做简要的对比、分析。

1. 接触面和配合面的结构

常见的接触面、配合面等装配结构设计的合理性分析，如表10–1所示。

表10–1 装配结构合理性对照表

内容	图示	说明
接触面和配合面的结构	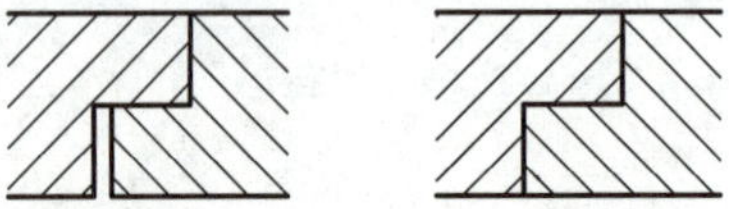 合理 不合理 (a) 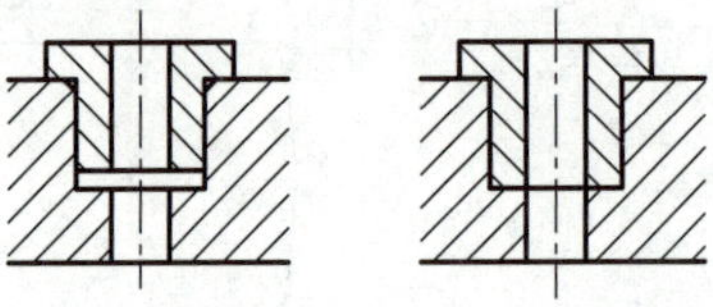 合理 不合理 (b) 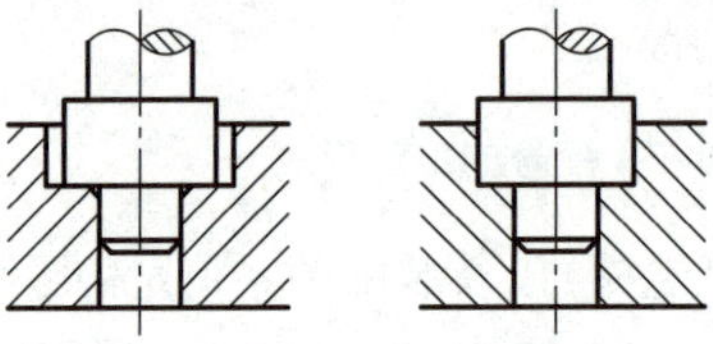 合理 不合理 (c)	两个零件的接触面，在同一方向上应只有一对： 图a，竖直方向的接触平面应只有一对； 图b，水平方向的接触平面应只有一对； 图c，径向最好只设置一对圆柱接触面
圆锥面和端面不能同时接触	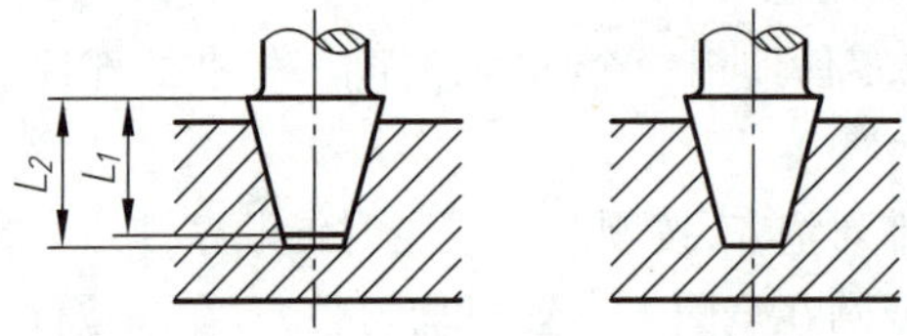 L_2 L_1 合理 不合理	对于锥面配合，锥体顶面与锥孔底面之间必须留有空隙，否则不能保证锥面配合
接触面转折处的结构	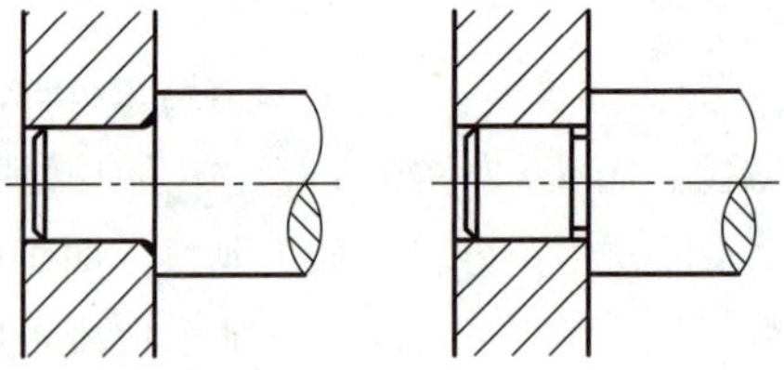 合理 合理 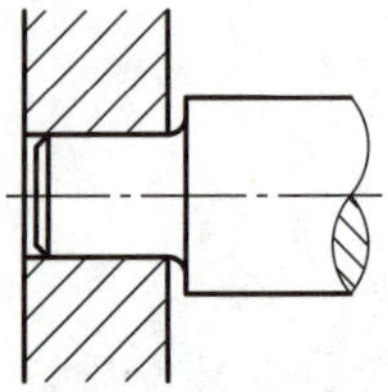 不合理	零件两个方向的接触面在转折处要制成倒角、退刀槽或不同半径的圆角，以保证两零件表面接触良好，不应都制成尖角或相同半径的圆角

2. 紧固件装拆的合理结构

紧固件位置的设计要保证有足够的拆装空间。如图 10–8a 所示，不合理的结构所留空间太小，扳手无法使用；如图 10–8b 所示，不合理的结构安装螺钉处的空间太小，螺钉无法装拆；如图 10–8c 所示，不合理的结构螺栓头部封闭在箱体内，很难安装，解决办法可在箱体上开一手孔或改用双头螺柱结构。

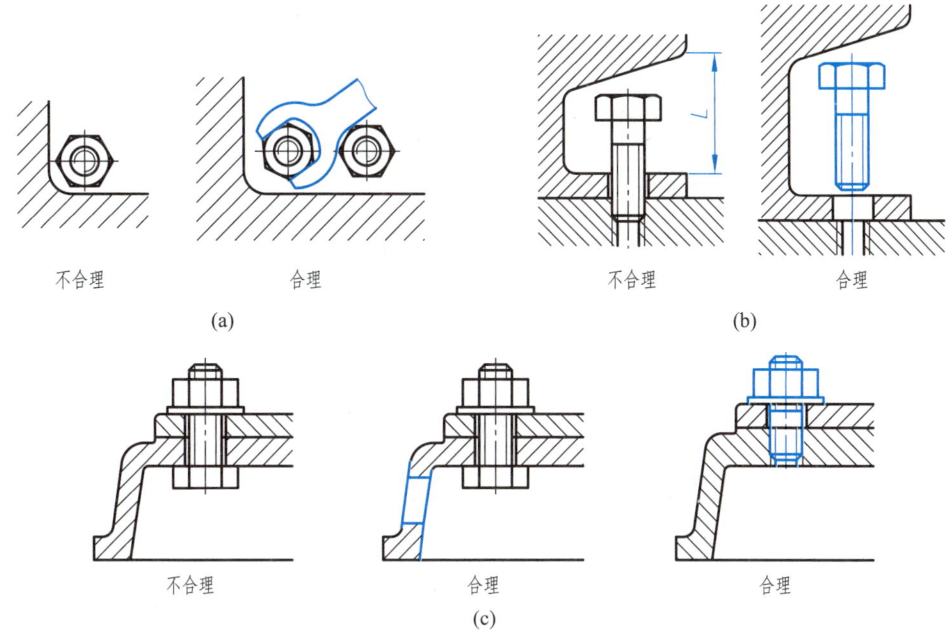

图 10–8　紧固件装拆的合理结构

3. 滚动轴承的固定、间隙调整及密封装置的结构

为了防止滚动轴承产生轴向窜动，须采用一定的结构来固定其内、外圈。常用的固定结构有以下几种。

(1) 用轴肩或孔肩固定。此时，轴肩或孔肩的高度须小于轴承内圈或外圈的厚度，否则不利于轴承拆卸。如图 10–9 中，合理设计的轴肩高度应小于轴承内圈的厚度；图 10–10 中，合理设计的孔肩高度应小于轴承外圈的厚度。

(2) 用轴端挡圈固定，如图 10–11a 所示。轴端挡圈为标准件，为了使挡圈能够压紧轴承内圈，轴颈的长度要小于轴承的宽度，否则挡圈起不了固定轴承的作用，轴端挡圈结构如图 10–11b 所示。

(3) 用弹性挡圈固定，如图 10–12 所示。弹性挡圈为标准件，其尺寸和轴端环槽的尺寸均可根据轴颈的直径，从有关手册中查取。

(4) 用套筒固定，如图 10–13 所示。图中双点画线表示轴端安装一个带轮，中间安装套筒，以固定轴承内圈。

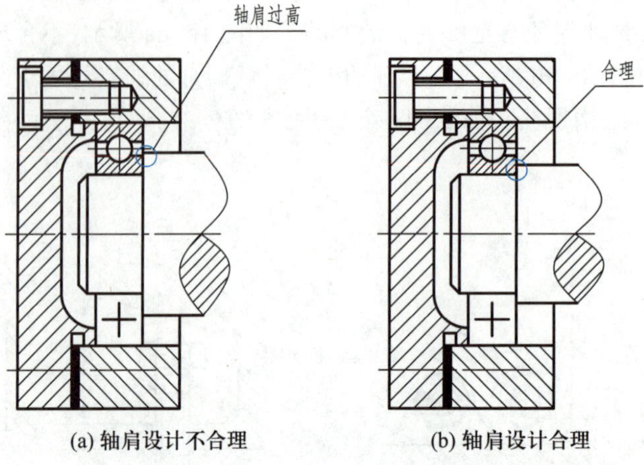

(a) 轴肩设计不合理　　(b) 轴肩设计合理

图 10-9　用轴肩固定轴承内圈

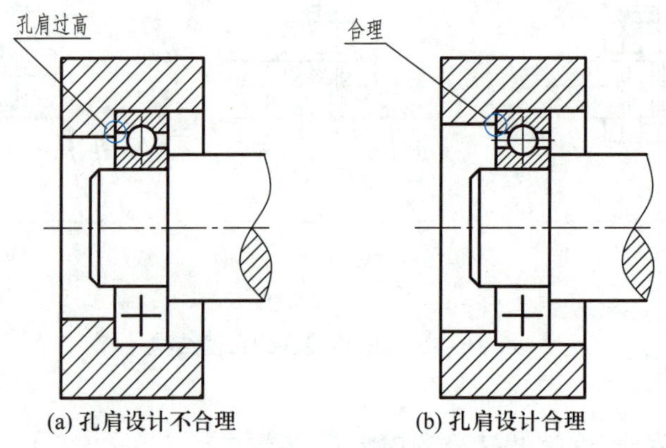

(a) 孔肩设计不合理　　(b) 孔肩设计合理

图 10-10　用孔肩固定轴承外圈

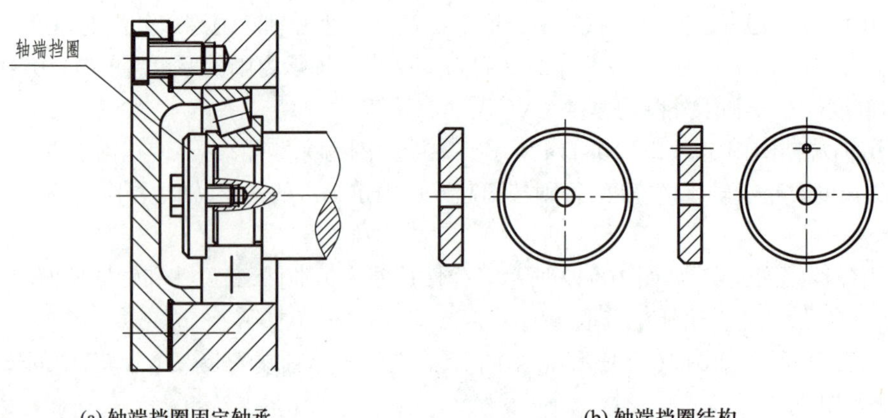

(a) 轴端挡圈固定轴承　　(b) 轴端挡圈结构

图 10-11　用轴端挡圈固定轴承内圈

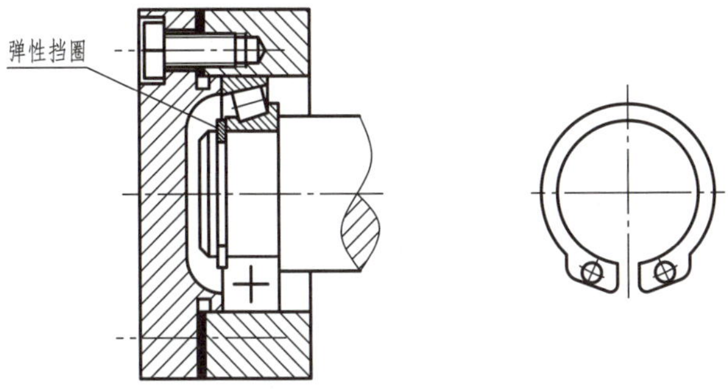

(a) 弹性挡圈固定轴承

(b) 弹性挡圈样式

图 10-12 用弹性挡圈固定轴承内圈

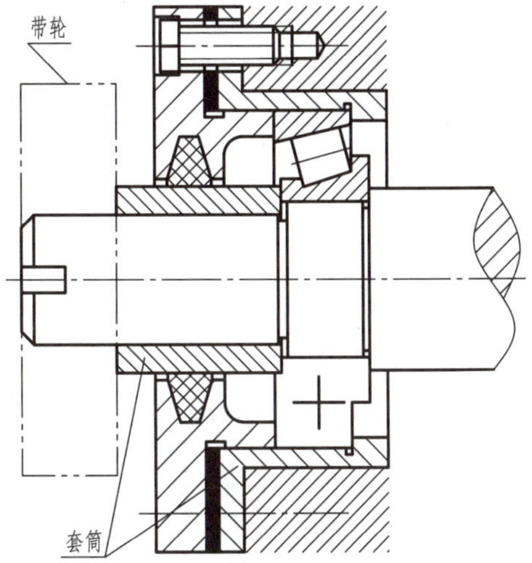

图 10-13 用套筒固定轴承内、外圈

10.6 画装配图

1. 分析部件的工作原理，选择表达方案

下面以图 10-1 所示的安全阀为例，说明画装配图的一般步骤。

安全阀又称溢流阀，阀门在弹簧的压力作用下处于常闭状态，当设备或管道内的介质压力升高超过规定值时，通过向系统外排放介质来防止管道或设备内介质压力超过规定数值。安全阀属于自动阀类，主要用于锅炉、压力容器和管道，控制压力不超过规定值，对人身安全和设备运行起重要的保护作用。安全阀必须经过压力试验才能使用。

图 10-14 为安全阀工作原理示意图。安全阀通过管道与机器或容器连接，油压力作用在阀杆上，当油路中压力过高并且超过由弹簧力确定的安全值时，阀杆被顶开，油通过安全阀的溢流口流出，使管道中压力下降；当油压力低于安全值时，弹簧驱动阀杆下移，关闭阀口。

实际工作中，弹簧的压力使阀门的锥部与阀体的锥形孔接触密闭，具有一定压力的油由阀体下端进油口流入，从右端出油口流出，如图 10-14a 所示。当主油路获得过量的油并超过允许的压力时，阀门受压抬起，过量的油就从阀体和阀门的缝隙中流出，从左端管道流回油箱，如图 10-14b 所示。调节螺杆可以调整弹簧的预加压力，以设定油压安全值。阀罩用来保护调节螺杆免受损伤和错误旋动。

2. 分析零件并画装配示意图

为了了解零件装配关系，将安全阀拆卸。组成安全阀的主要零件有阀体、阀门、阀盖、阀罩、弹簧、螺母，双头螺柱、调节螺杆、弹簧托盘、垫片等。在完成零件的拆卸工作后，画出安全阀的装配示意图。装配示意图是用简单的线条和机构运动简图用图形符号（GB/T 4460—2013）表达机器或部件的结构、装配关系、工作原理和传动路线等，可供画装配图时参考。图 10-15 为安全阀的装配示意图。

3. 测绘零件，画零件图

测绘完成的零件草图是画机器或部件装配图的主要依据。除了标准件外，其余的零件都要画出零件草图。绘制零件草图的方法与步骤详见第9章9.6节。阀体是安全阀中最重要的零件，结构也最复杂，图10-16是阀体零件模型，阀体零件图见第9章图9-2。图10-17为安全阀其他零件图。

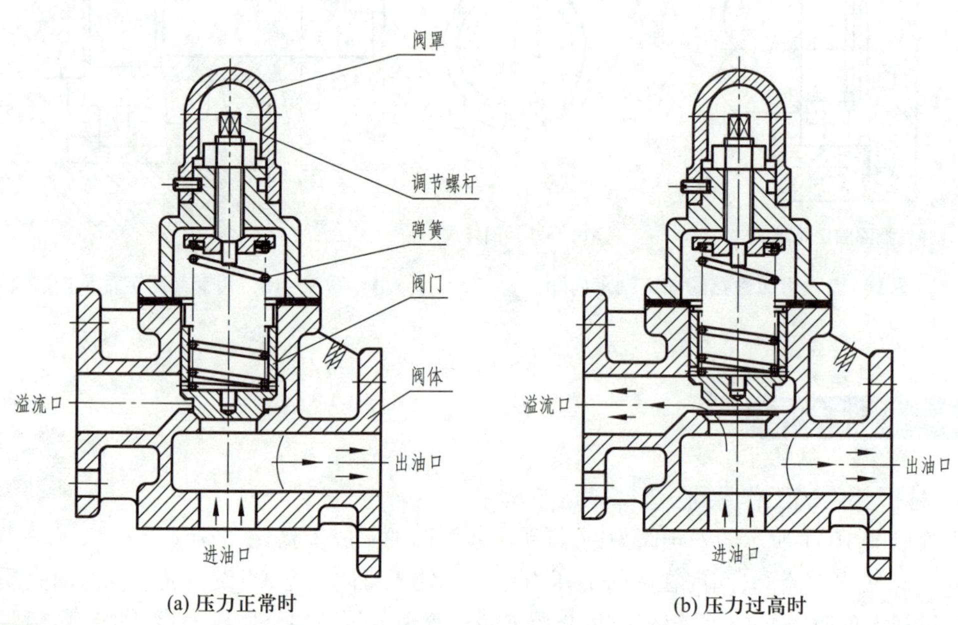

图10-14 安全阀工作原理

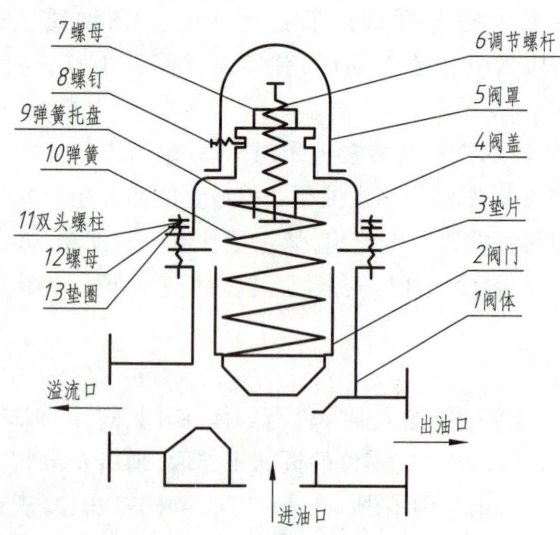

图10-15 安全阀装配示意图

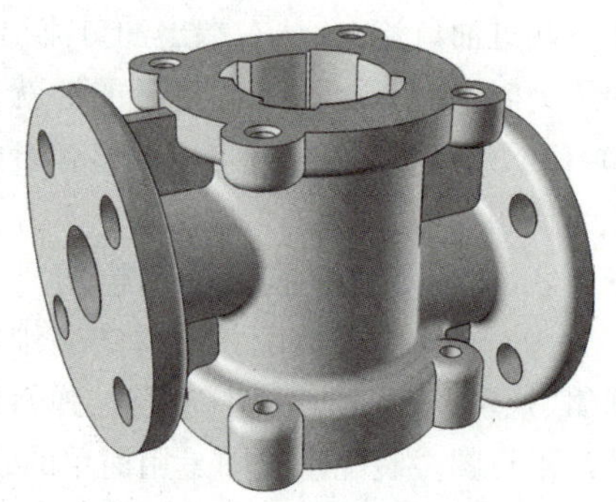

图10-16 安全阀阀体零件模型

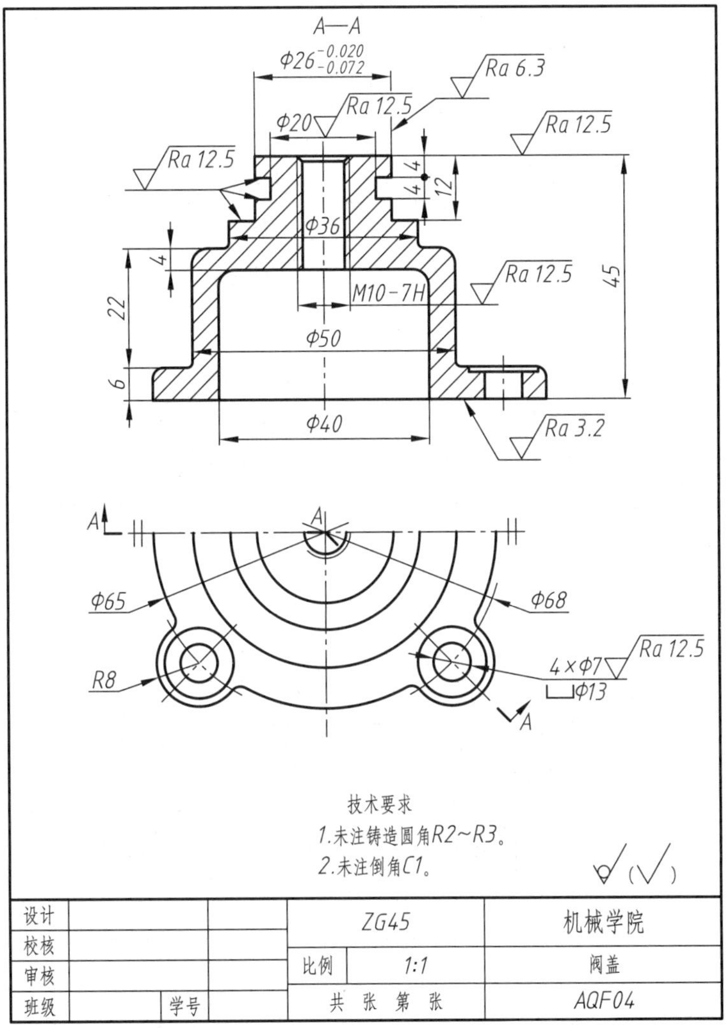

A—A

技术要求

1.未注铸造圆角R2~R3。

2.未注倒角C1。

设计			ZG45		机械学院
校核					
审核			比例	1:1	阀盖
班级		学号	共 张 第 张		AQF04

(a)

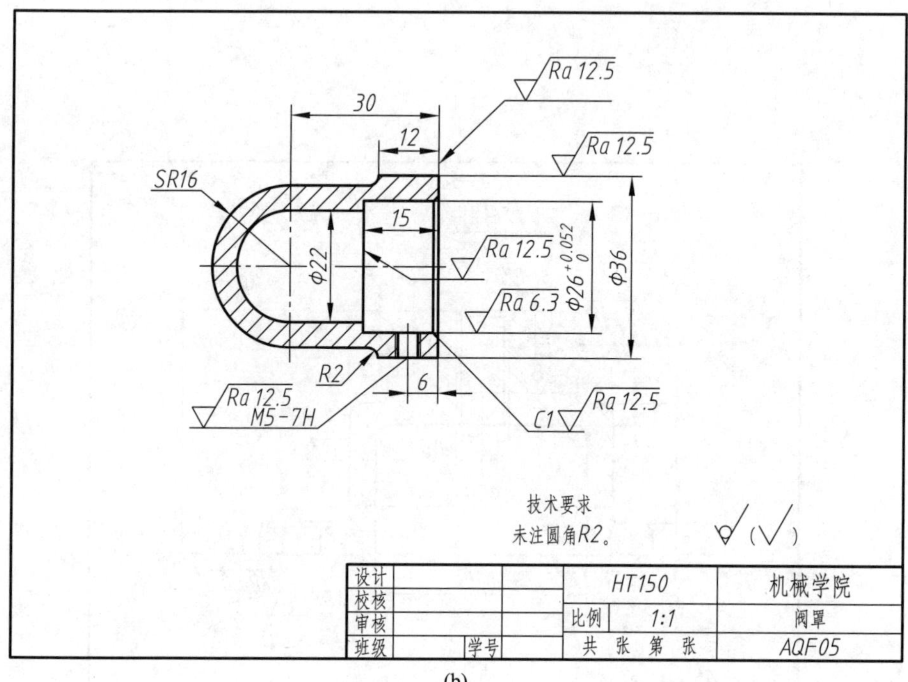
Ra 12.5
30
12
Ra 12.5
SR16
15
φ22
Ra 12.5
φ26+0.052 0
φ36
Ra 6.3
R2
6
Ra 12.5
M5-7H
C1
Ra 12.5
技术要求
未注圆角R2。
(√)
设计
校核
审核
班级
学号
HT150
机械学院
比例
1:1
阀罩
共 张 第 张
AQF05

(b)

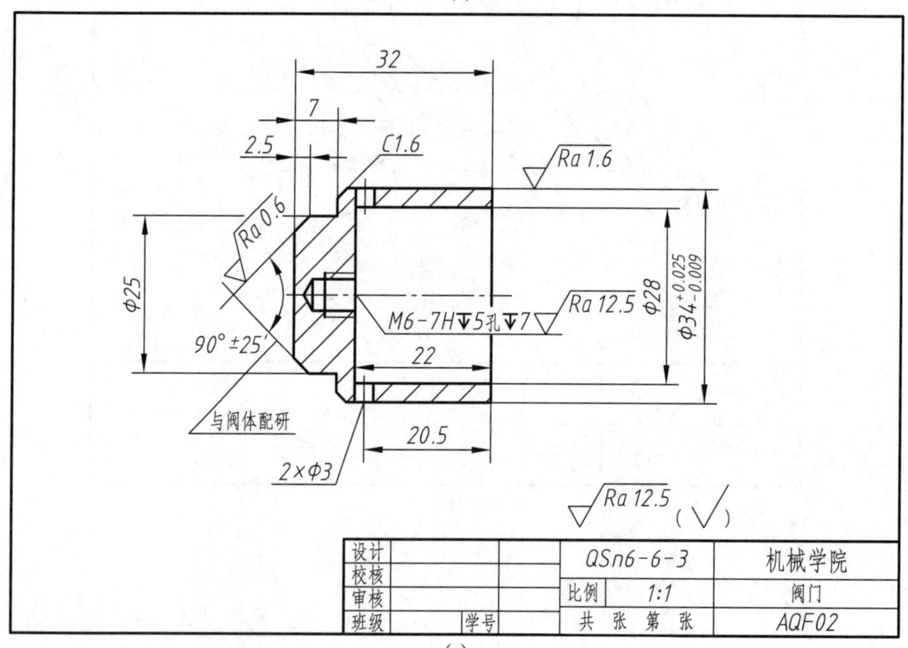
32
7
2.5
C1.6
Ra 1.6
Ra 0.6
φ25
M6-7H↧5孔↧7
Ra 12.5
φ28
φ34+0.025 -0.009
90°±25′
22
与阀体配研
20.5
2×φ3
Ra 12.5
(√)
设计
校核
审核
班级
学号
QSn6-6-3
机械学院
比例
1:1
阀门
共 张 第 张
AQF02

(c)

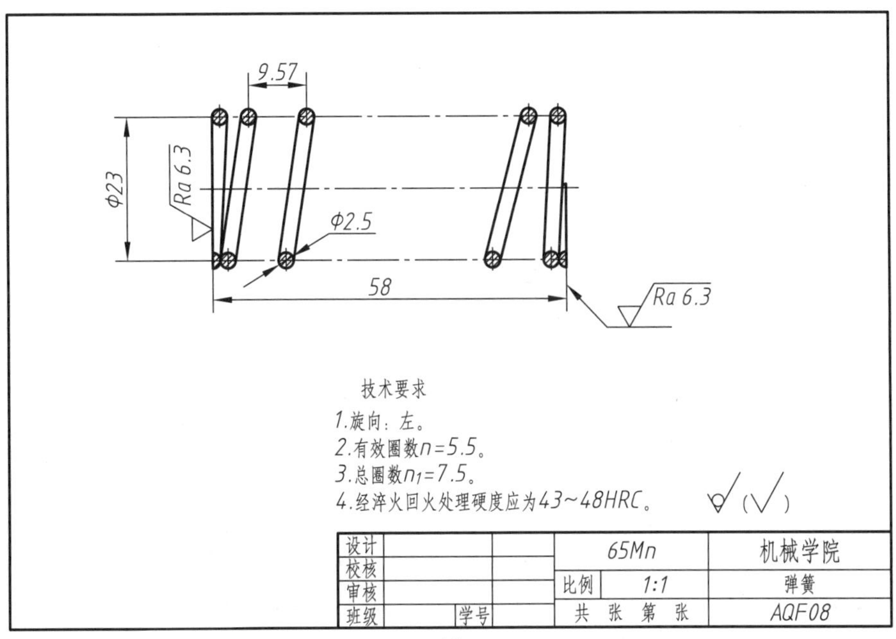

(d)

C0.4
Ra 6.3
□5
M10-6g
120°
Φ5
8
52
8
Ra 12.5 (√)

设计
校核
审核
班级
学号
35
比例
1:1
共 张 第 张
机械学院
调节螺杆
AQF06

(e)

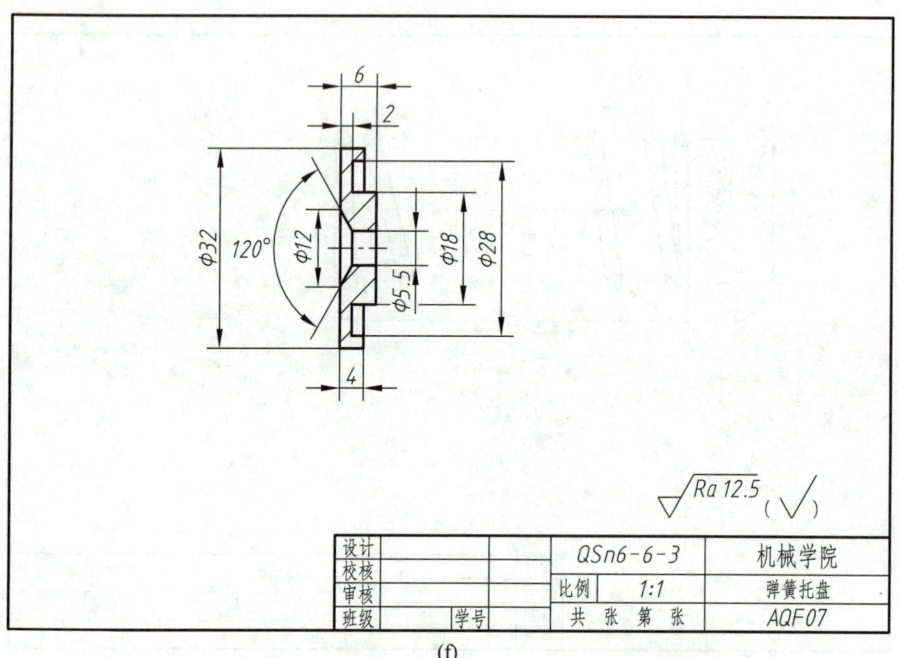

(f)

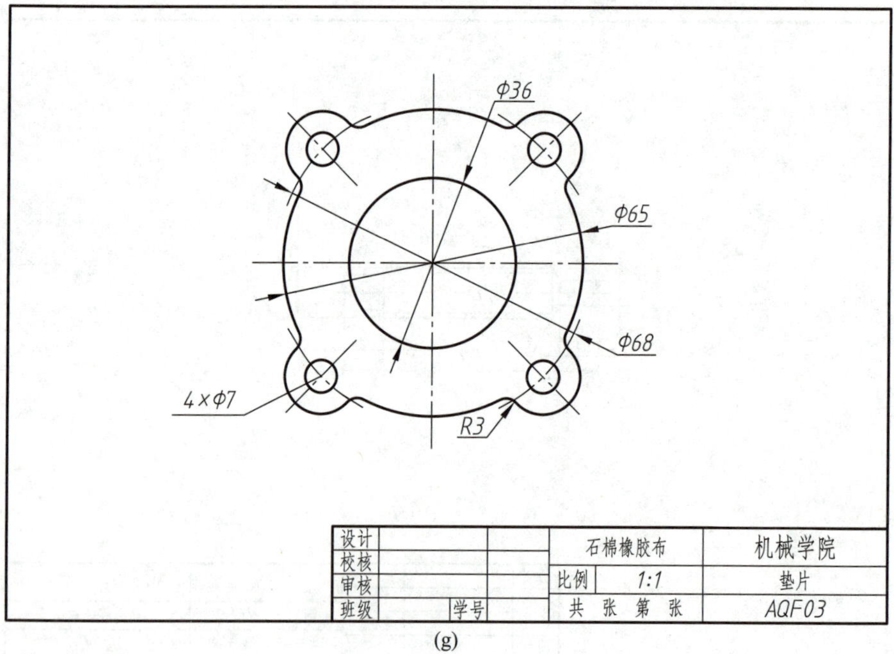

(g)

图 10-17 安全阀其他零件图

4. 画装配图

(1) 选主视图

安全阀按工作位置放置。采用全剖表达工作原理以及各零件之间的装配关系。

(2) 确定其他视图

主、俯视图基本已能表达各零件的装配关系。其中俯视图采用半剖,沿阀体与阀盖的结合面剖切,表达阀体上端面的结构形状。为表达安装尺寸,采用两个局部视图表达各法兰的形状以及上面的安装孔。

(3) 定比例、图幅

根据总体尺寸和视图数量,选择合适的图幅和比例(本例采用 A3 幅面,比例 1 : 1),如图 10-18 所示。

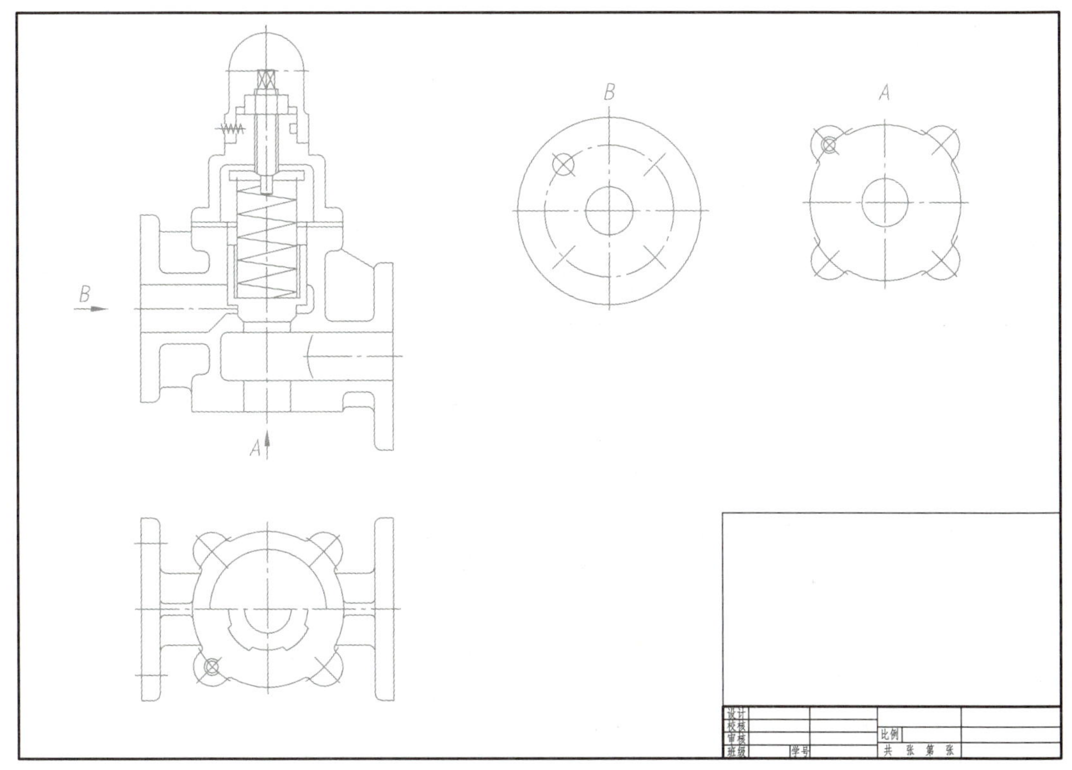

图 10-18 拟定表达方案,定比例、图幅

(4) 布局,画主要基准线、主要零件

装配图布局要考虑标题栏和明细栏等要素,如图 10-19 所示。

画各基本视图的主要基准线,这些基准线常是部件的主要轴线、对称中心线或某些零件的基面或端面,用淡、细线条画出,如图 10-20 所示。

画主要零件阀体,此时以确定阀体轮廓为主,细节结构可先不画,只画大致轮廓,如图 10-21 所示。

(5) 按装配顺序绘制其他零件

画好阀体,再画阀门,接着画阀盖、调节螺杆、弹簧、弹簧盘,然后画螺母、阀罩、螺钉等。最后画次要结构、细部结构以及其他视图,如图 10-22 所示。画图时以主视图为主兼顾其他视图,

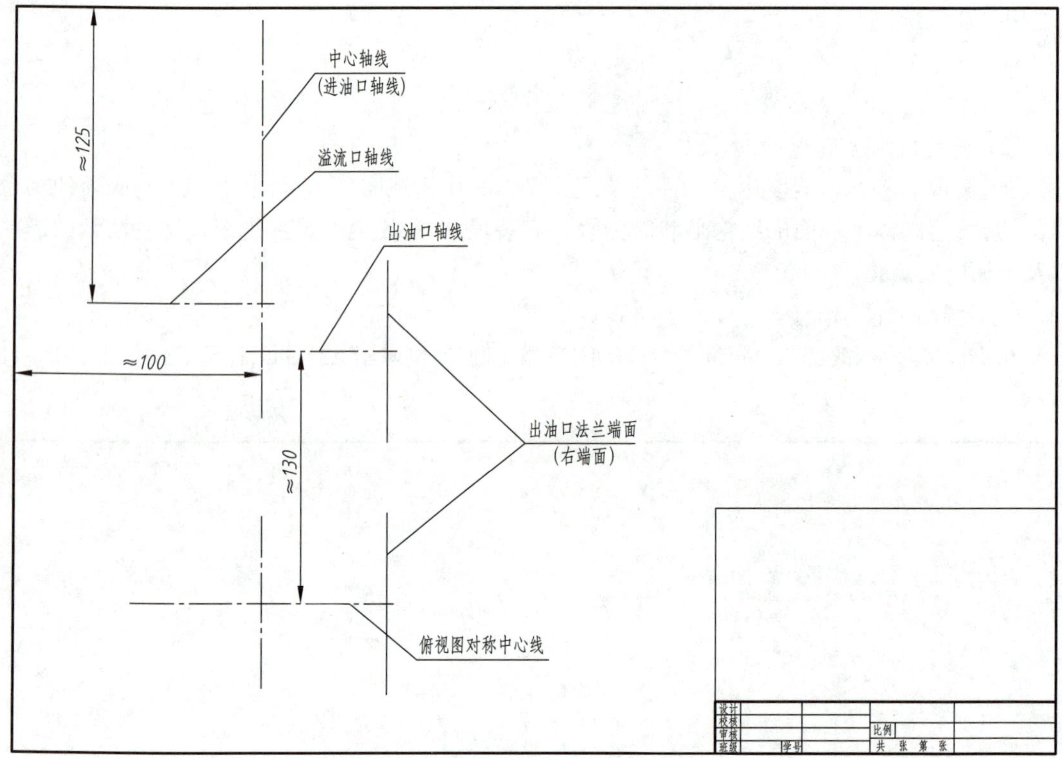

图 10-19 装配图布局

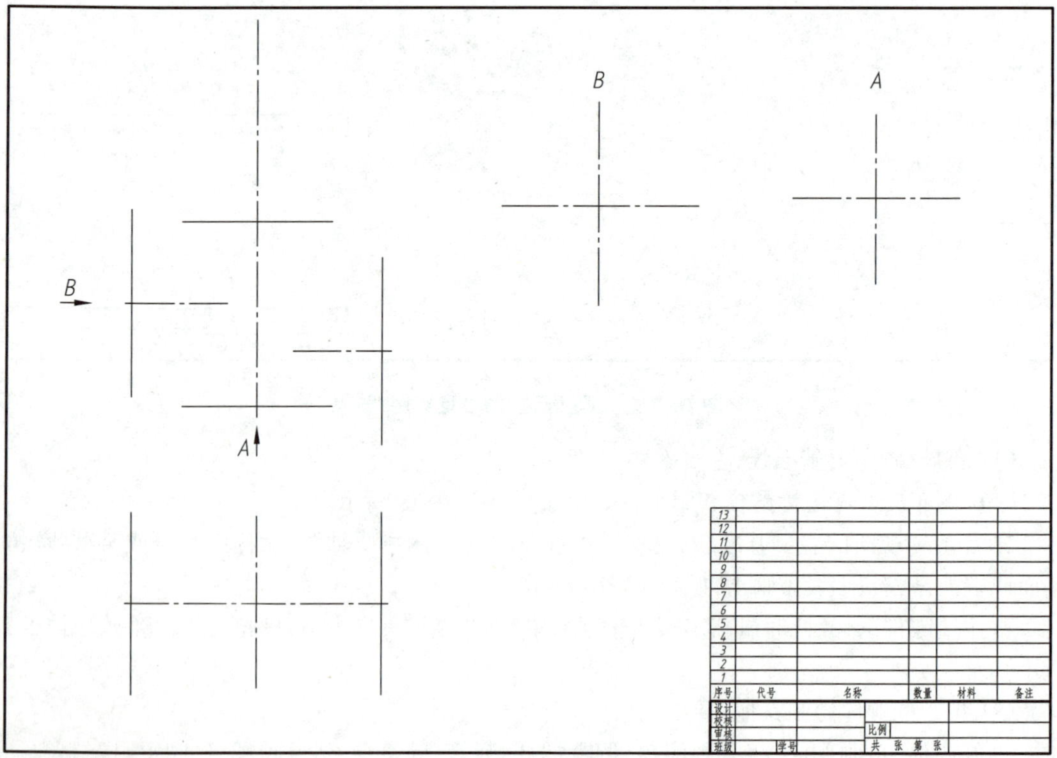

图 10-20 画主要基准线

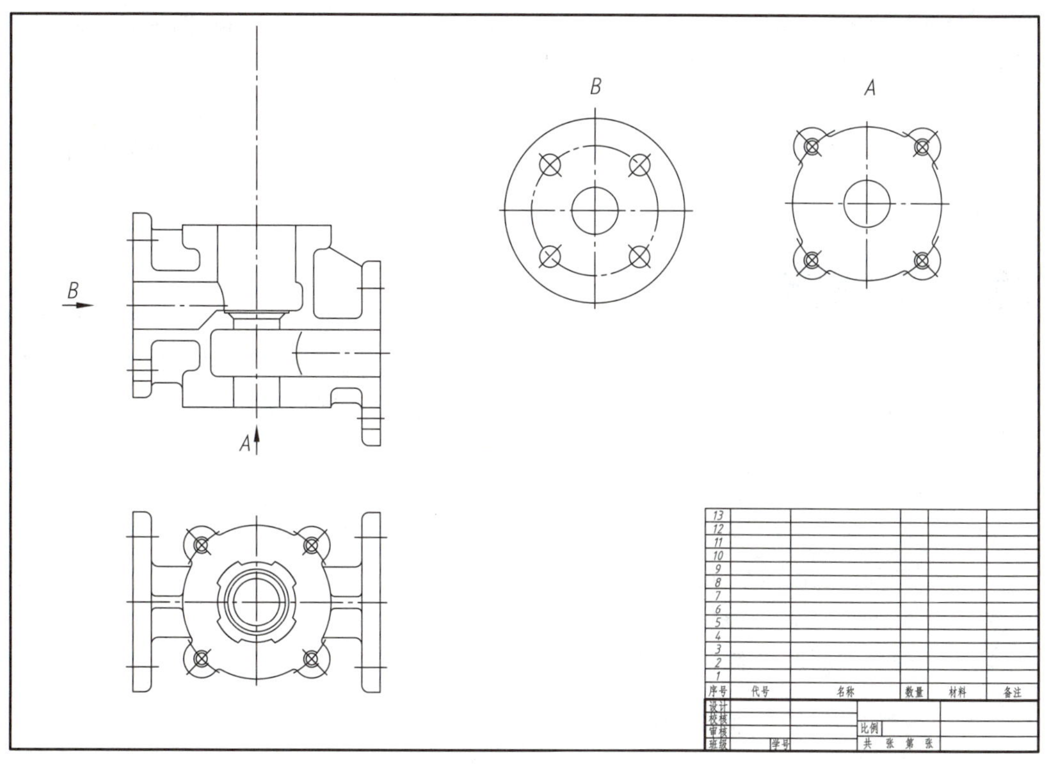

图 10-21 绘制阀体

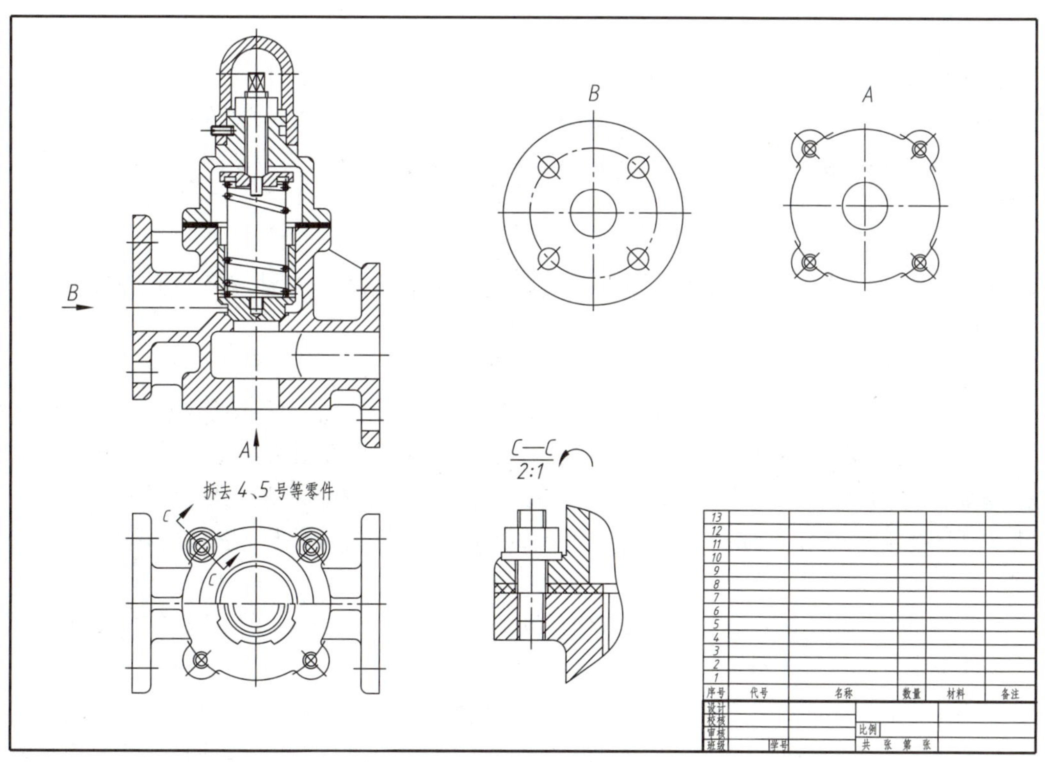

图 10-22 按装配顺序绘制其他零件

画剖视图时要尽量从主要装配线入手由内向外逐个画出。零件上的小圆角、倒角等工艺结构可简化不画。增加局部放大图（*C*—*C* 斜剖视）表达阀盖与阀体的连接。

(6) 完成装配图

标注尺寸，检查、描深图线，编零件号、填写明细栏、标题栏和技术要求，完成装配图。结果如图 10-2 所示。

10.7 读装配图

在机器或零部件的设计、制造、检验、使用和维修过程中，在技术革新、技术交流等生产活动中，常会遇到读装配图和拆画零件图的问题，工程技术人员必须具备熟练阅读装配图的能力。

读装配图时，主要应了解如下内容：

(1) 机器或部件的性能、用途和工作原理；

(2) 各零件间的装配关系和拆装顺序；

(3) 各零件的主要结构形状和作用；

(4) 其他系统的原理和构造，如润滑系统、防漏系统等。

10.7.1 读装配图的方法和步骤

1. 读装配图的方法

读装配图通常可按三个步骤进行。

(1) 概括了解

首先从标题栏入手，了解装配体的名称和绘图比例。从装配体的名称联系生产实践知识，往往可以知道装配体的大致用途。再从明细栏了解零件的名称和数量，并在视图中找出相应零件的位置。还应浏览一下所有视图、尺寸和技术要求，初步了解该装配图的表达方法及各视图间的大致对应关系，以便为进一步读图打下基础。

(2) 详细分析

详细分析包括分析装配体的工作原理，装配连接关系，结构组成情况及润滑、密封情况，零件的结构形状。

分析零件的结构形状时，要对照视图将零件逐一从复杂的装配关系中分离出来，想出其结构形状。可按零件的序号顺序进行，以免遗漏。标准件、常用件的标识一目了然，比较容易看懂。轴套类、轮盘类等简单零件一般通过一个或两个视图就能看懂。对于一些比较复杂的零件，应根据零件序号指引线所指部位，分析零件在视图中的范围及外形，然后对照投影关系，找出零件在其他视图中的位置及外形，并进行综合分析，想象出该零件的结构形状。

分离零件时，利用剖视图中剖面线方向或间隔的不同以及零件间互相遮挡的可见性规律来区分零件是十分有效的方法。

对照投影关系时，借助三角板、分规等工具往往能提高看图的速度和准确性。

对于运动零件的运动情况，可按传动路线逐一进行分析，分析其运动方向、传动关系及运动范围。

(3) 归纳总结

在概括了解、详细分析的基础上，还需对整个装配体有一个完整、全面的认识，并进行归纳总结。一般可按以下几个主要问题进行：

1）装配体的功能是什么？其功能是怎样实现的？

2）在工作状态下，装配体中各零件起什么作用？运动零件之间是如何协调运动的？

3）装配体的装配关系、连接方式是怎样的？有无润滑、密封？其实现方式如何？

4）装配体的拆卸及装配顺序如何？

5）装配体如何使用？使用时应注意哪些事项？

6）装配图中各视图的表达重点是什么？是否还有更好的表达方案？装配图中所注尺寸各属哪一类？

上述读装配图的方法和步骤仅是一个概括的说明，实际读图时，几个步骤往往是平行或交叉进行的。因此，读图时应根据具体情况和需要，灵活运用这些方法，通过反复的读图实践，才能逐渐掌握其中的规律，提高读装配图的能力和效率。

2. 读装配图举例

下面以齿轮油泵为例，说明读装配图的方法和步骤，如图 10-23 所示。

(1) 概括了解并分析视图

1）从标题栏和有关的说明书可以了解机器和部件的名称和大致用途、性能及工作原理。

齿轮油泵的工作原理：从图 10-23 主、左视图的投影关系可知，主动轴 1、键 5 和主动齿轮 10 组成一个主动轴齿轮组件，该组件和从动轴齿轮 11 是油泵中的运动零件。当主动齿轮 10 按逆时针方向（从左视图观察）转动时，通过啮合轮齿将扭矩传递给从动轴齿轮，带动从动轴齿轮 11 作顺时针方向转动。如图 10-24 所示，当一对齿轮在泵体内作啮合传动时，啮合区内右边的轮齿脱开啮合，空腔瞬时变大导致压力降低而产生局部真空，润滑油在大气压力作用下自进油口进入泵体，填满齿间，然后被带到出油口处，把油压入输油管，送往各润滑管路中。

当出油口的油压超过额定压力时，弹簧 17 压紧的钢珠 15 被顶开，使高低压通道相通，润滑油在泵体内循环，起到安全保护作用。旋转螺塞 19，可以改变弹簧 17 的压缩量，调节弹簧压力，达到控制油压的目的。

2）从零件的明细栏和图上零件的编号中了解标准件和非标准件的名称、数量和所在位置。

齿轮油泵是机器中用以输送润滑油的一个部件，主要由泵体、泵盖、运动零件（传动齿轮、齿轮轴等）、密封零件及标准件等组成。从明细栏中可看出，齿轮油泵由 19 种共 30 个零件组成，其中标准件 4 种、常用件和非标准件 15 种。对照视图，找到每一个零件的位置，对齿轮油泵的构成有初步了解。图 10-25 为齿轮油泵爆炸图。

3）分析视图。读装配图时，应分析全图采用了哪些表达方法，确定哪一个视图是主视图，明确视图间的投影对应关系，如果是剖视图还要找到剖切位置，然后分析各视图所要表达的重点内容是什么。

齿轮油泵的装配图采用三个视图表达。主视图是通过机件前后对称面剖切得到的全剖视图，反映了齿轮油泵各零件间的装配关系及位置；左视图是采用沿泵盖 9 与泵体 6 结合面剖切的局部剖视图 $B—B$，反映了这个泵的外部形状，齿轮的啮合情况及进、出油口的情况；俯视图用局部剖视图表达泵盖上油压控制装置及底板安装孔的位置。该齿轮油泵的外形尺寸是长

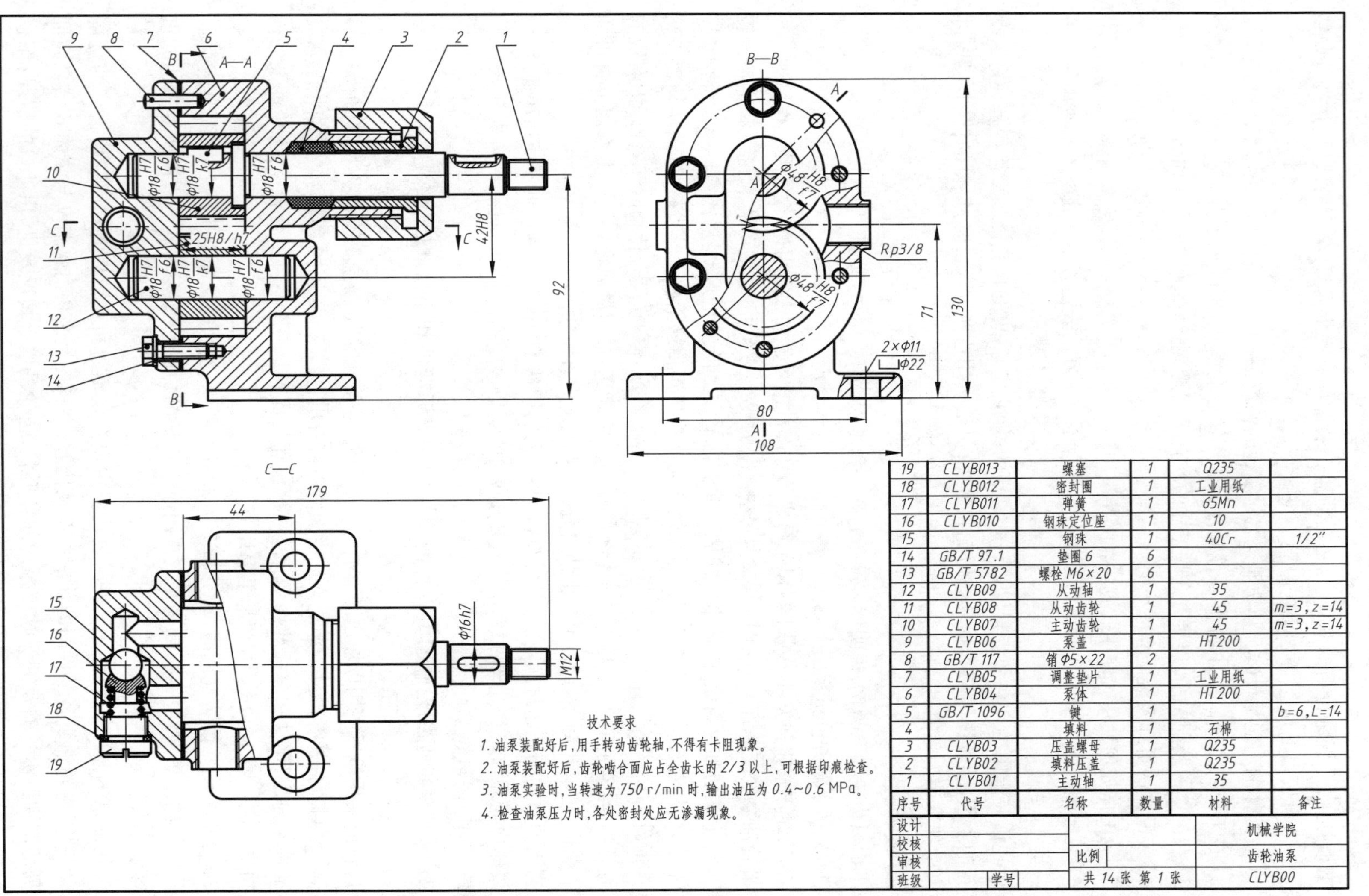

序号	代号	名称	数量	材料	备注
19	CLYB013	螺塞	1	Q235	
18	CLYB012	密封圈	1	工业用纸	
17	CLYB011	弹簧	1	65Mn	
16	CLYB010	钢珠定位座	1	10	
15		钢珠	1	40Cr	1/2"
14	GB/T 97.1	垫圈 6	6		
13	GB/T 5782	螺栓 M6×20	6		
12	CLYB09	从动轴	1	35	
11	CLYB08	从动齿轮	1	45	m=3, z=14
10	CLYB07	主动齿轮	1	45	m=3, z=14
9	CLYB06	泵盖	1	HT200	
8	GB/T 117	销 Φ5×22	2		
7	CLYB05	调整垫片	1	工业用纸	
6	CLYB04	泵体	1	HT200	
5	GB/T 1096	键	1		b=6, L=14
4		填料	1	石棉	
3	CLYB03	压盖螺母	1	Q235	
2	CLYB02	填料压盖	1	Q235	
1	CLYB01	主动轴	1	35	

设计			机械学院
校核		比例	齿轮油泵
审核			
班级	学号	共 14 张 第 1 张	CLYB00

图 10-23 齿轮油泵装配图

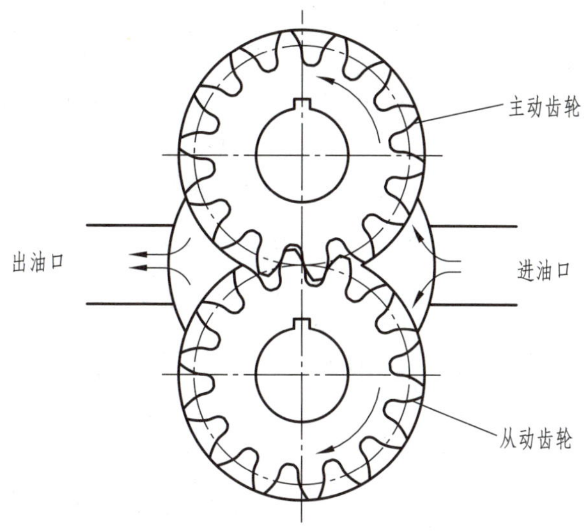

图 10-24 齿轮油泵工作原理

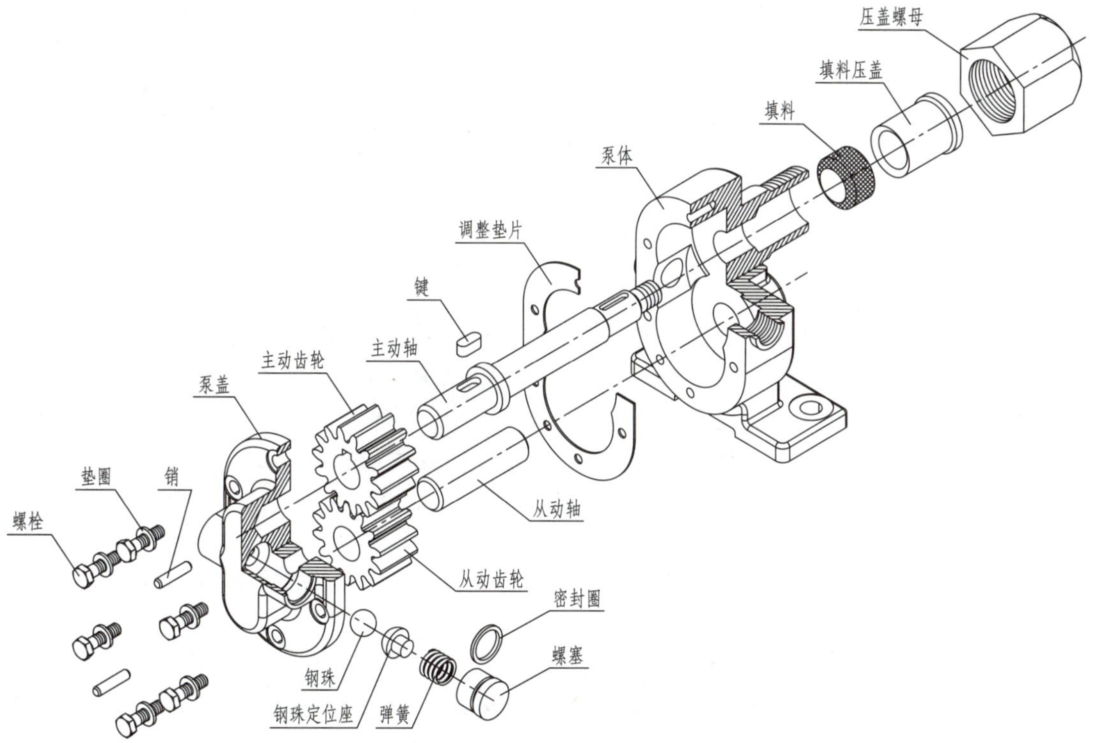

图 10-25 齿轮油泵爆炸图

179、宽 108、高 130。

齿轮油泵的装配关系：泵体 6 是齿轮泵中的主要零件，它的内腔可以容纳一对齿轮；将主动齿轮 10、从动齿轮 11 装入泵体后，另一侧由泵盖 9 支承一对齿轮轴的旋转运动；由销 8 将泵盖与泵体定位后，再用螺栓 13 将泵盖与泵体连接成整体；为了防止泵体与泵盖结合面处以及主动轴1伸出端漏油,分别用调整垫片7及填料4、填料压盖2、压盖螺母3密封;调整垫片还起到调节轴向压紧的作用,以达到尺寸25 H8/h7的配合要求。

根据零件在装配体中的作用和要求,以及图上所注公差配合代号,弄清零件间配合种类、松紧程度、精度要求等。例如主动轴1利用键5与主动齿轮10连接,通过齿轮啮合传递扭矩带动从动齿轮11转动;齿轮孔和轴有配合,从装配图中可以看到它们之间的配合尺寸是ϕ18 H7/k7,属于基孔制的过渡配合,齿轮和轴不允许有相对运动,轴、孔对中性有较高要求,须经常拆卸,所以采用过渡配合。

轴与泵体、泵盖在支承处的配合尺寸是ϕ18 H7/f6,为基孔制的间隙配合,保证轴能在孔中旋转灵活。齿轮的齿顶圆与泵体内腔的配合尺寸是ϕ48 H8/f7,泵盖和泵体形成的空腔与齿轮厚度方向的配合为25 H8/h7,都是基孔制的间隙配合,这保证了有相对运动零件之间必要的精度,又能使齿轮在空腔中灵活转动。尺寸42 H8是一对啮合齿轮的中心距,这个尺寸准确与否将直接影响齿轮的啮合传动。尺寸92是主动轴轴线距泵体安装面的高度。进、出油口的尺寸均为Rp3/8。两个安装螺栓孔之间的尺寸为80。图10-26所示为齿轮油泵的轴测剖视图,供读图分析思考后对照参考。

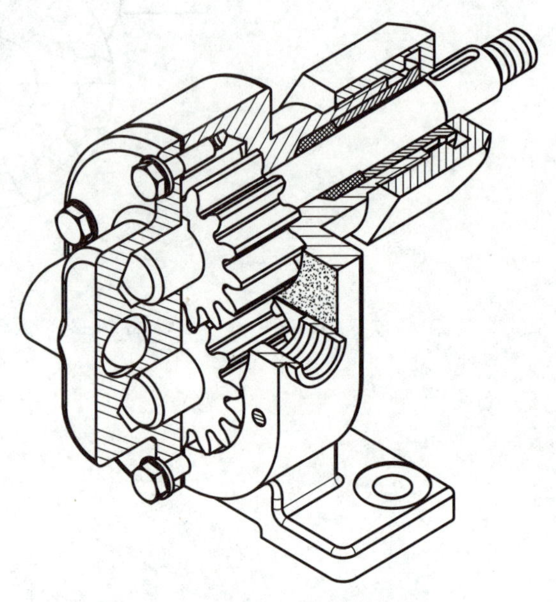

图10-26 齿轮油泵轴测剖视图

(2) 分析零件

分析零件的目的是弄清楚每个零件的结构形状和各零件间的装配关系。分析时,一般从装配主干线上的主要零件(对部件的作用、工作情况或装配关系起主要作用的零件)开始,应用前述归纳总结中的6条一般方法来确定零件的范围、结构、形状、功用和装配关系。

齿轮油泵的泵体是一个主要零件,从视图分析可看出,泵体的主体形状为长圆形,内部为空腔,用以容纳一对啮合齿轮。泵体左端面、泵盖右端面有两个连通的销孔和六个连通的螺钉孔,用以将泵盖与泵体准确定位,并连接固定起来。从左视图可知,泵体的前、后有两个对称的凸台,内有管螺纹,用以连接进、出油管。泵体底部为安装板,上面有两个螺栓孔,用以将齿轮油泵安装固定。齿轮油泵立体图如图10-27所示。其余零件的结构形状可用同样的方法,逐个分析清楚。

10.7.2 由装配图拆画零件图

由装配图拆画零件图是设计工作中的一个重要环节,应在读懂装配图基础上进行。首先应考虑零件的结构形状、图形的表达方法,然后考虑零件的尺寸标注和注写技术要求等问题。零件图的作用、要求和画法已在第9章中讲述,这里着重介绍拆画零件图时应注意的几个问题。

1. 拆画零件图要处理的几个问题

(1) 对零件结构形状的处理

由于装配图主要表示部件的工作原理和零件间的装配关系,对于每个零件的局部形状和结构不一定都要表达清楚。如图10-28所示的螺塞头部和图10-29所示的泵盖端部凸台形状,若

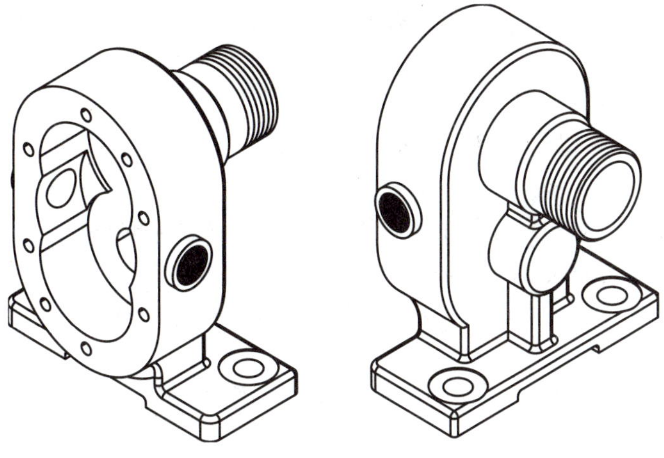

图 10-27 泵体立体图

在装配图中没有完整表达，拆画零件图时要根据装配图中的已有信息并结合使用功能要求，设计并补画这些结构。

零件上的一些标准结构和工艺结构（如倒角、倒圆、砂轮越程槽、退刀槽等），通常装配图也未完全表达，拆画零件图时应综合考虑设计和工艺要求，补画这些结构。

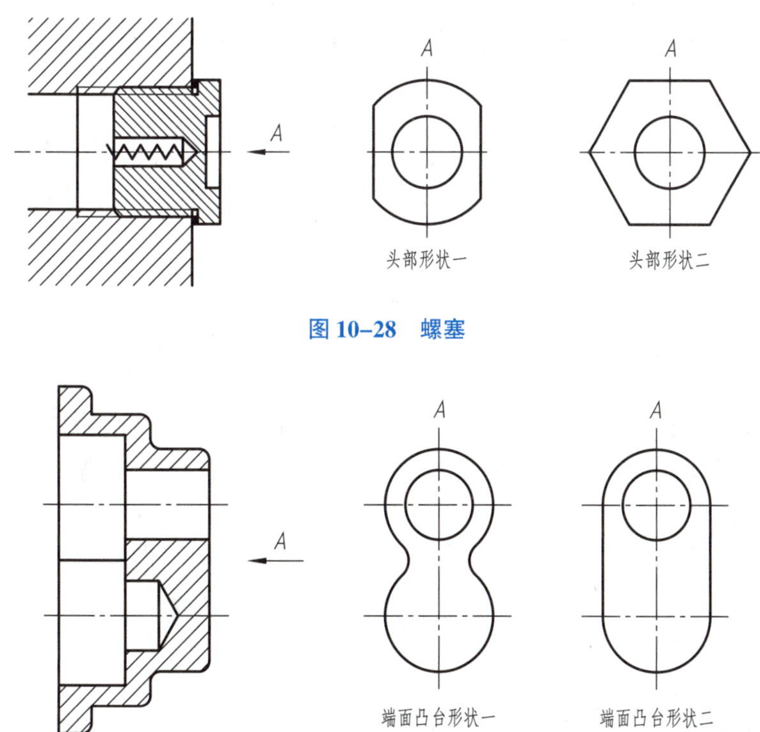

图 10-28 螺塞

图 10-29 泵盖

（2）对零件表达方案的处理

拆画零件图时，一般不照搬装配图中零件的表达方法。因为装配图的视图选择主要从整个部件出发,不一定符合每个零件视图选择的要求,应根据零件的结构形状、工作位置或加工位置统一考虑表达方案。

(3) 对零件图上尺寸的处理

零件图上的尺寸可按以前介绍的方法和要求标注。由装配图画零件图时,其尺寸应根据不同情况分别处理:

1) 在装配图中已注出的尺寸都是比较重要的尺寸,在有关的零件图上应直接注出。对于配合尺寸,要注出尺寸公差代号或偏差值。

2) 与标准件相连接或配合的有关尺寸,如螺纹的有关尺寸、销孔直径等,要从相应的标准中查取。

3) 对零件上的标准结构,应查阅有关标准确定,如倒角、沉孔、退刀槽、砂轮越程槽、键槽等尺寸。

4) 某些零件的尺寸,如弹簧尺寸、垫片厚度等,应按明细栏中所给定的尺寸数据标注。

5) 根据装配图所给数据进行计算的尺寸,如齿轮的分度圆、齿顶圆直径等,要经过计算后标注。

6) 零件间有配合、连接关系的尺寸,应注意协调一致,以保证正确装配。

其他尺寸可用比例尺从装配图上直接量取标注。对于一些非重要尺寸应取整数。

(4) 有关零件的表面结构及技术要求

零件上各表面的表面结构是根据其作用和使用条件来确定的。一般接触面、有相对运动和有配合要求的表面结构数值应较小,不加工表面的数值一般较大,有密封要求和耐腐蚀表面的数值应较小。

零件图上技术要求的制定和注写是否正确,将直接影响零件的加工质量和使用。正确制定技术要求涉及许多专业知识,如加工、检验和装配等方面的知识,这里不做进一步介绍。可通过查阅有关手册或参考其他同类型产品的图纸,进行比较确定。

2. 拆画零件图举例

首先对零件进行分类,区分标准零件和一般零件。标准零件可以外购,不需专门加工,因此不拆画零件图,如齿轮油泵中的螺栓、垫圈和销。对标准零件要求能正确写出标记,能根据标记查表和编写外购清单。

装配图中不属于标准零件的均为一般零件,一般零件是拆图的主要对象,这些零件要按装配图所表示的结构形状、大小和相关技术要求来绘制,在具体操作中,应先拆画主要零件,后拆画次要零件。

下面以图 10-23 所示齿轮油泵的泵体为例,介绍由装配图拆画零件图的一般方法和步骤。

(1) 分离零件,采用恰当的表达方法表达零件的结构形状

1) 分离零件

从装配图的主、左视图上分离出泵体的轮廓,由于泵体的部分投影被其他零件遮挡,所以是一幅不完整的图形,如图 10-30 所示。

2) 零件的表达

根据泵体的作用及与其他零件的装配关系,按投影关系补齐视图中所缺的图线,针对零件图要完整表达零件结构的要求,调整泵体零件的表达方案,如图 10-31 所示。

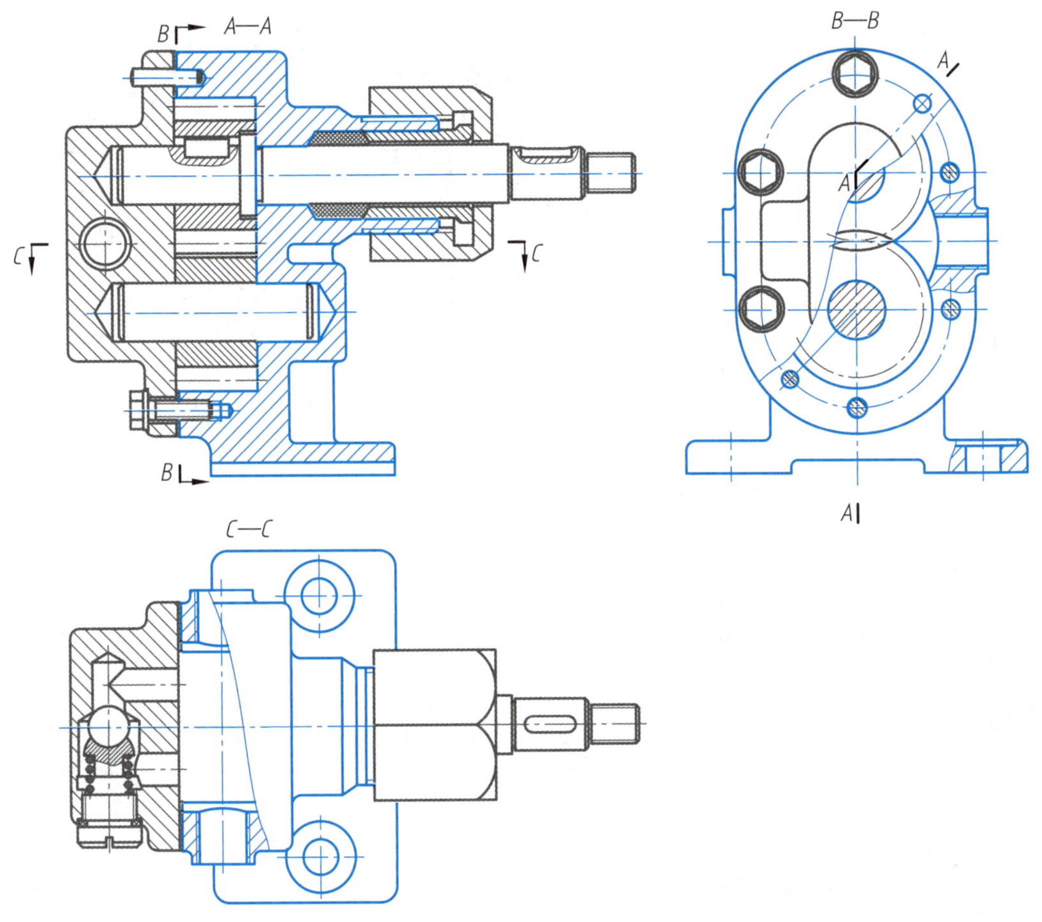

图 10-30 在装配图中分离出泵体零件的轮廓

泵体的主视图仍可采用装配图主视图的表达方案，反映其工作位置，可表达泵体的内、外结构形状。左视图与装配图中的左视图基本一致。补画右视图，表示泵体右端凸缘的形状。作出 *B—B* 剖切的俯视图，表达底板形状及安装孔的位置以及连接处肋板的断面形状。

(2) 尺寸标注

装配图上已标注的尺寸可以直接标注到零件图上，如图 10-23 中主动轴的高度 92。对于配合尺寸可注出极限偏差数值或公差代号，如图 10-23 中依据主动轴与孔的配合尺寸 ϕ18 H7/f6，标注泵体上孔的尺寸和公差代号 ϕ18 H7。对于标准结构，应查阅有关手册。零件上不重要的或非配合尺寸，可从装配图上按比例量取。

(3) 注写技术要求

零件上注写的表面结构要求、极限与配合、几何公差以及热处理等技术要求，应根据泵体在油泵中的作用和使用条件确定。如，泵体空腔内表面与传动齿轮配合精度要求较高，表面结构参数选用 *Ra*1.6，而螺孔精度要求较低，选用 *Ra*6.3；为保证两齿轮的平稳啮合，两齿轮轴的轴线有平行度要求。

完成的泵体零件图如图 9-38 所示。

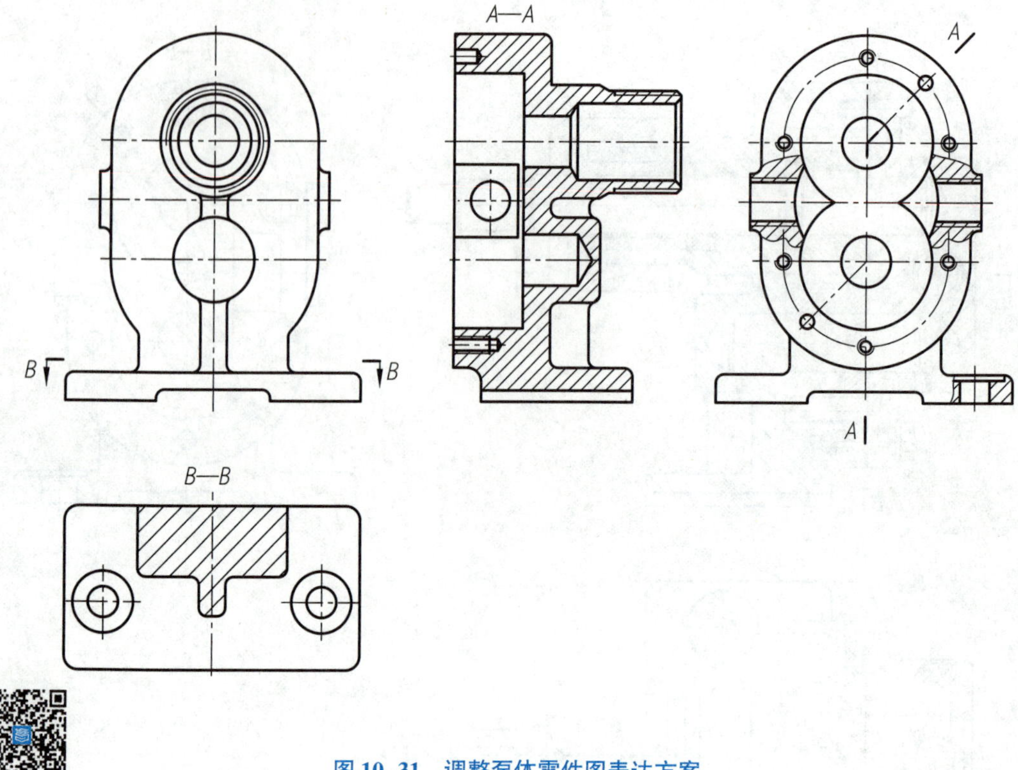

图 10-31 调整泵体零件图表达方案

10.8 焊接件表示法

焊接是将零件的连接处加热熔化或者加热加压熔化(用或不用填充材料),使连接处熔合为一体的制造工艺,焊接属于不可拆连接。常见的焊接接头和焊缝形式如图 10-32 所示。

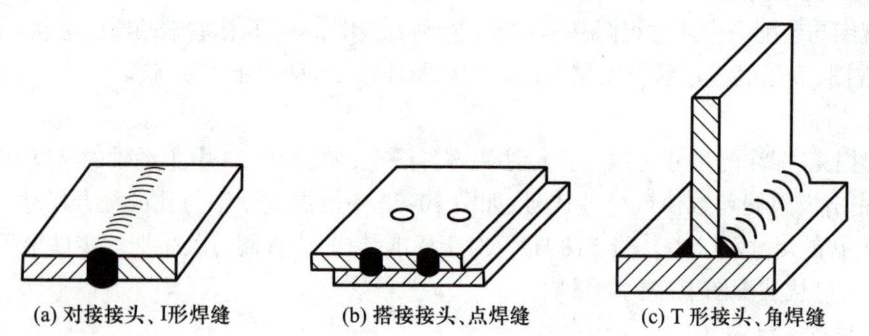

图 10-32 常见的焊接接头和焊缝形式

焊接图是焊接加工时要求的一种图样。焊接图应将焊接件的结构和与焊接有关的技术参数表示清楚。国家标准中规定了焊缝的种类、画法、符号、尺寸标注方法以及焊缝标注方法。

10.8.1 焊缝符号及其标注方法

(1) 焊缝的结构形式用焊缝符号来表示，焊缝符号由基本符号、指引线、补充符号和尺寸符号及数据等组成。常见焊缝的基本符号如表 10-2 所示，它用来说明焊缝横截面的形状，线宽为标注字符高度的 1/10，如字高为 3.5 mm，则符号线宽为 0.35 mm。

表 10-2 常用焊缝基本符号

焊缝名称	焊缝形式	基本符号
I 形焊缝		ǁ
V 形焊缝		V
单边 V 形焊缝		V
角焊缝		◺
点焊缝		○
带钝边 U 形焊缝		Y

补充符号如表 10-3 所示，是用来补充说明焊缝或接头的某些特征（如表面形状、衬垫、焊缝分布、施焊地点等）的符号。

表 10-3 焊缝补充符号

名称	示意图	符号	说明
永久衬垫		M	衬垫永久保留
三面焊缝		⊏	表示三面带有焊缝

续表

名称	示意图	符号	说明
周围焊缝符号		○	表示四周有焊缝
现场焊缝			表示在现场进行焊接

(2) 指引线采用细实线绘制，一般由带箭头的指引线（箭头线）和两条基准线（其中一条为实线，另一条为虚线，基准线一般与图纸标题栏的长边平行）组成，必要时可以加上尾部（90°夹角的两条实线），如图 10-33 所示。

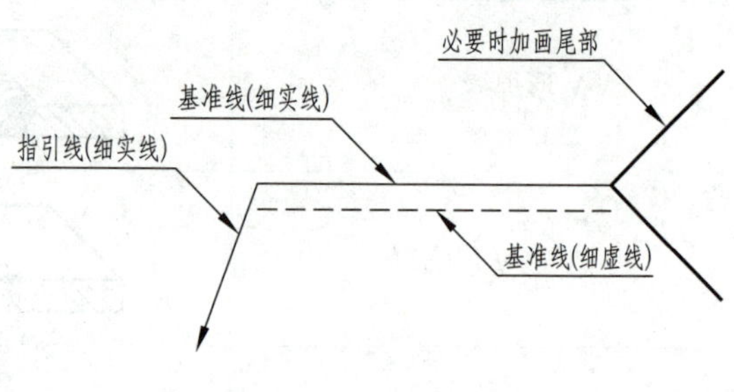

图 10-33　焊缝符号

(3) 指引线对于焊缝的位置一般没有特殊的要求。当指引线箭头直接指向焊缝时，可以指向焊缝的正面或反面。但当标注单边 V 形焊缝、带钝边单边 V 形焊缝、带钝边 J 形焊缝时，箭头线应当指向有坡口一侧的工件，如图 10-34a、b 所示。

(4) 基准线虚线也可以画在基准线实线的上方，如图 10-34c 所示。

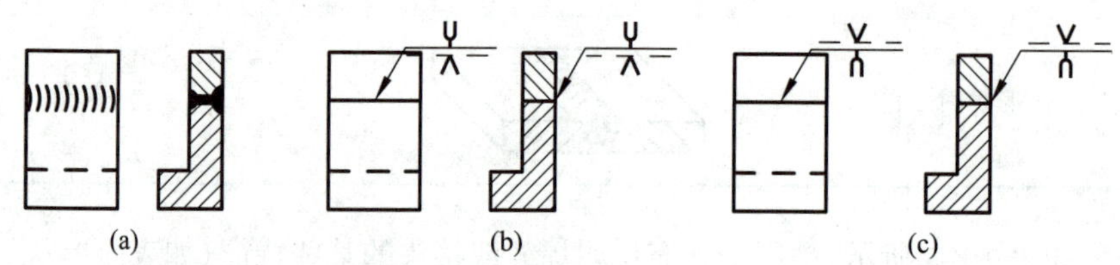

图 10-34　基本符号相对基准线的位置（U、V 形组合焊缝）

(5) 当指引线箭头直接指向焊缝时，基本符号应标注在实线侧，如图 10-35 中的角焊缝符号。当箭头线指向焊缝的另一侧时，基本符号应标注在基准线的虚线侧，如图 10-34c 中的 V 形焊缝。

(6) 标注对称焊缝和双面焊缝时，基准线中的虚线可省略，如图 10-36、图 10-37 所示。

(7) 在不致引起误解的情况下，当箭头线指向焊缝，而另一侧又无焊缝要求时，允许省略基准线的虚线。

(8) 焊缝的尺寸符号如图 10-38 所示。

1) 在焊缝基本符号的左侧标注焊缝横截面上的尺寸，如钝边高度 p、坡口深度 H、焊角高度 K 等。如果焊缝的左侧没有任何标注又无其他说明时，说明对接焊缝要完全焊透。

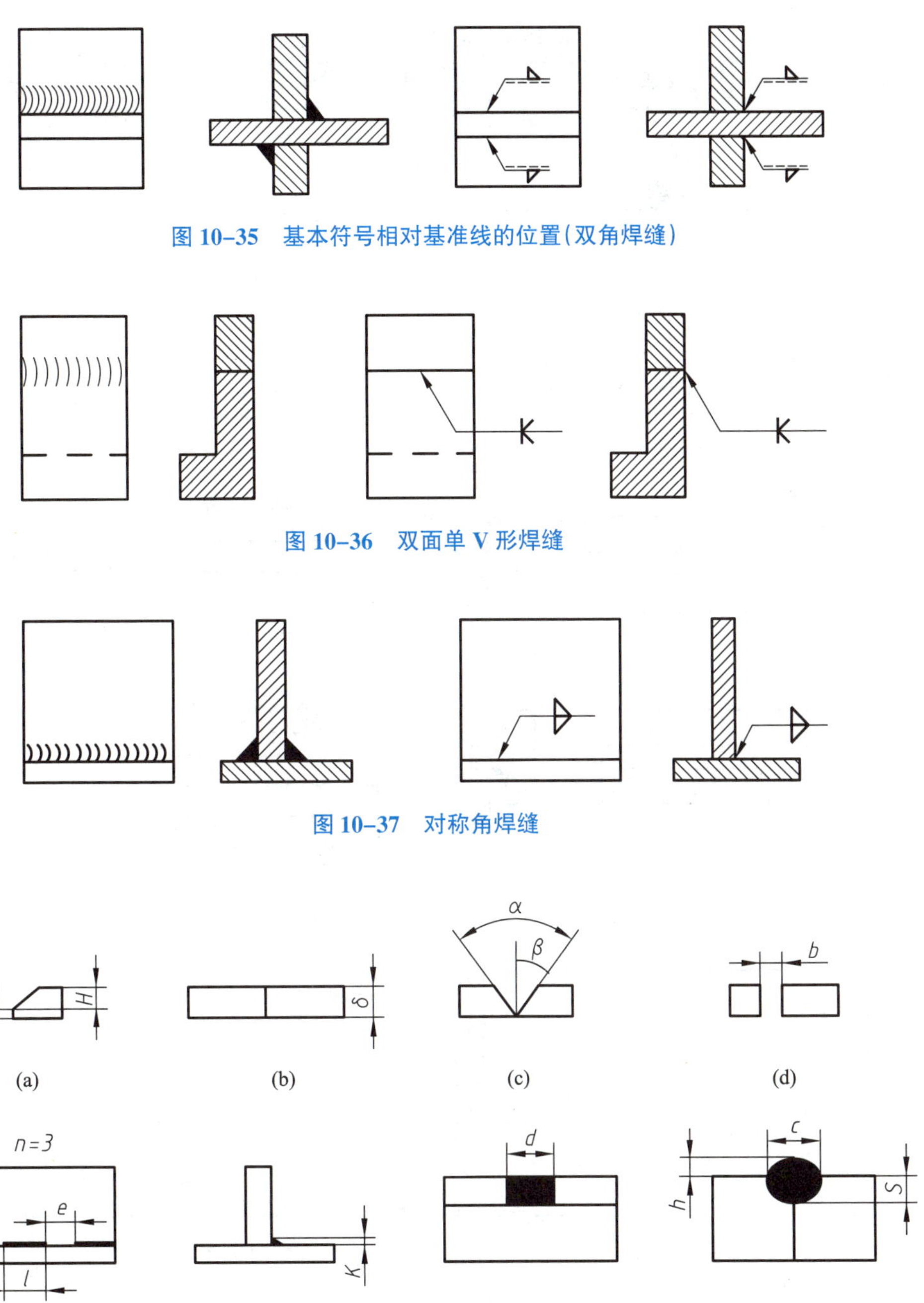

图 10-35 基本符号相对基准线的位置(双角焊缝)

图 10-36 双面单 V 形焊缝

图 10-37 对称角焊缝

图 10-38 常用焊接尺寸

2）在焊缝基本符号的右侧标注焊缝长度方向的尺寸,如焊缝段数 n、焊缝长度 l、焊缝间距 e。如果基本符号右侧无任何标注又无其他说明时,表明焊缝在整个工件长度方向上是连续的。

3）在焊缝基本符号的上侧或下侧,标注坡口角度 α、坡口面角度 β 和根部间隙 b。

4）在指引线的尾部标注相同焊缝的数量 N 和焊接方法。

焊缝标注与说明见表 10-4。

表 10-4 常见焊缝标注及说明

接头形式	焊缝形式	标注示例	说明
对接头	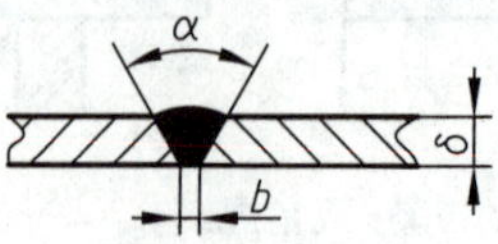 α δ b	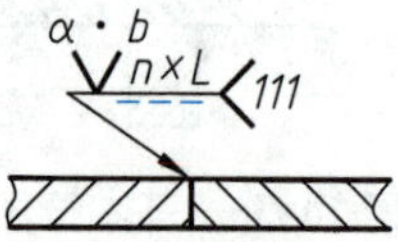 α · b n×L 111	V形坡口，坡口角度 *α*，根部间隙 *b*，有 *n* 段焊缝，焊缝长度 *l*，111 表示焊条电弧焊
T形接头	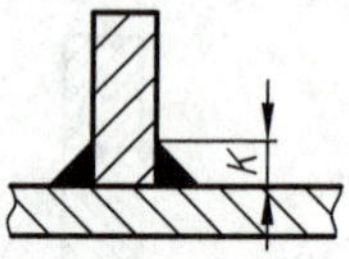 K	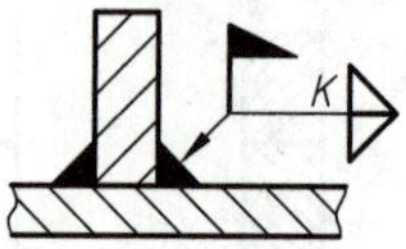 K	现场装配时焊接，双面角焊缝，焊脚尺寸为 *K*
	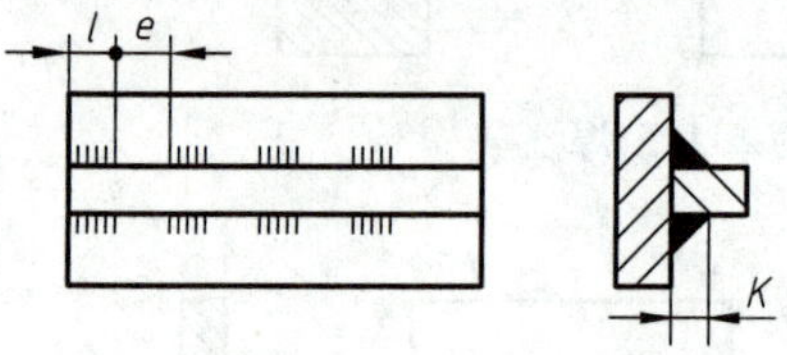 l e K	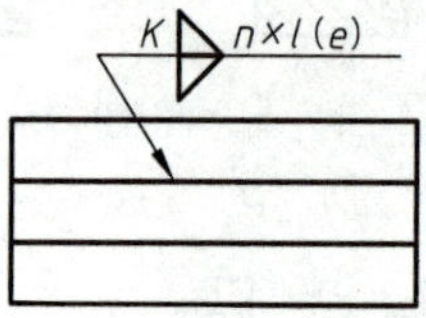 K n×l(e)	有 *n* 段断续双面角焊缝，每段焊缝长度 *l*，每段焊缝间距 *e*
	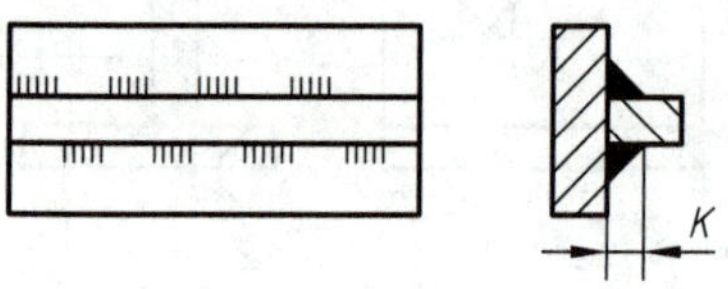 K	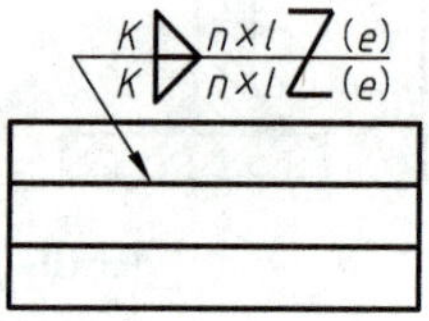 K n×l (e) K n×l (e)	交错断续焊缝
搭接接头	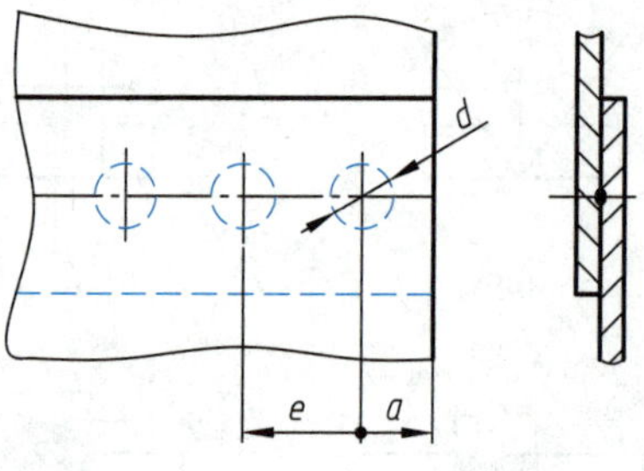 d e a	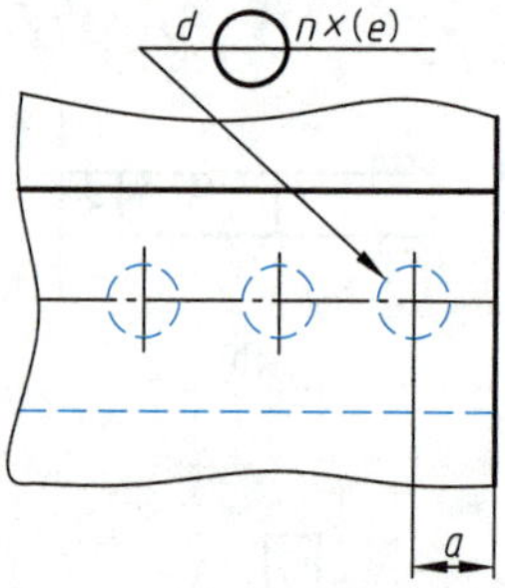 d n×(e) a	点焊缝，焊点数量 *n*，焊点直径 *d*，焊点的间距 *e*，焊点至板边的距离 *a*

10.8.2 读焊接图

金属焊接件图是焊接施工所用的一种图样。除了应把金属构件的结构、尺寸和技术要求表达清楚外，还必须把焊接有关的内容表达清楚。如图 10-39 所示焊接装配图，表达了各个零件的装配、焊接要求等内容。

其中 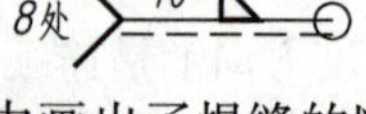 8处 10 ○ 的“○”表示环绕孔的周围均须进行焊接，在局部放大的剖视图 *A*—*A* 和 *B*—*B* 中画出了焊缝的断面图，每块板各有 4 处，共有 8 处。

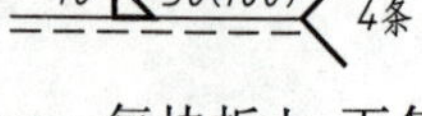

10 50(100) 4条 的“50(100)”表示为断续焊缝，焊缝长度为 50 mm，断续焊缝的间距为 100 mm，每块板上、下各一条，共有 4 条。

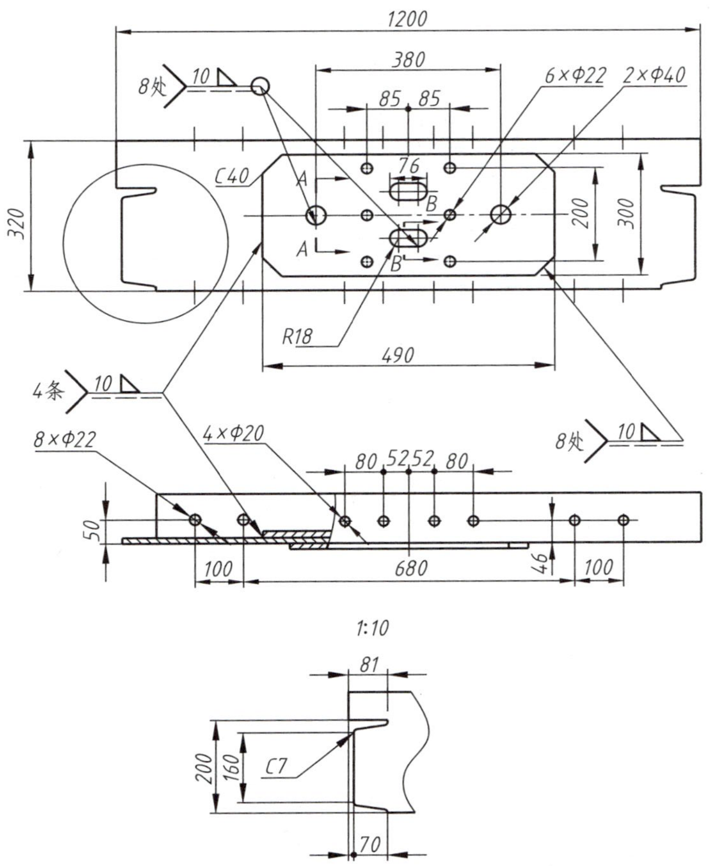

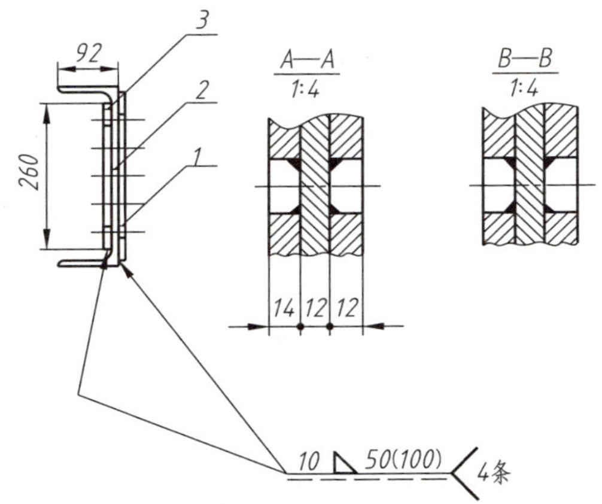

技术要求

1.切割边缘表面结构要求 $\sqrt{Ra\ 25}$ ，圆孔、长圆孔的表面结构要求 $\sqrt{Ra\ 50}$ 。

2.所有焊缝不准有不透、熔蚀等缺陷。

3.本构件焊后应进行整形，最后钻6×Φ22的孔。

4.焊接加强板后，板面如有焊渣凹凸不平，须及时铲平。

5.全部焊缝均采用焊条电弧焊。

3		后加强板	1	Q235	t=14
2		梁	1	Q235	
1		前加强板	1	Q235	t=12
序号	代号	名称	数量	材料	备注

设计				机械学院
校核			比例 1:15	上框架梁
审核			共 1 张 第 1 张	
班级	学号			

图 10-39 焊接装配图(上框架梁)

与 4条 $\rangle$ 10 ◺ 相接的两条指引线表示前、后两块加强板的焊接要求相同，“◺”表示角焊缝，焊脚的尺寸为 10 mm，共有 4 条。由于焊缝基本符号的右侧无任何尺寸标注，又无其他说明，所以每条焊缝都是连续的。

8处 $\rangle$ 10◺ 表示前后两块加强板 4 个切角处的焊缝，共有 8 处。

第 11 章

计算机绘图及建模基础

本章从工程应用的角度，以 AutoCAD 和 SOLIDWORKS 软件为平台，通过实例介绍 AutoCAD 的基本绘图方法，以及用 SOLIDWORKS 建模、生成装配体和工程图的方法。

11.1 AutoCAD 绘图基础

11.1.1 设置样板图

应用 Auto CAD 绘制工程图，需要设置图纸幅面、线型、线宽及颜色、文本样式和尺寸标注样式等，这些设定可以以样板图的方式（即绘图模板）存储以备后续绘图时调用。

本节以绘制一个如图 11-1 所示的 A3 幅面的样板图为例，介绍如何根据需要设置不同幅面的样板图。A3 图框的尺寸参见第 3 章的表 3-1。

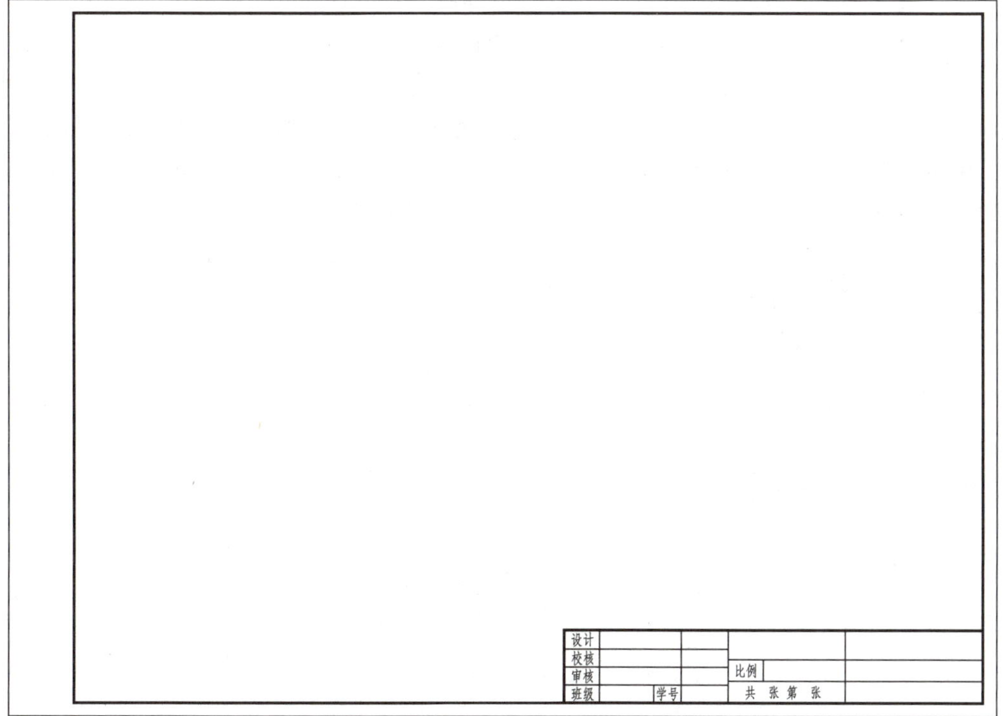

图 11-1　A3 幅面样板图的图框格式

要完成样板图的绘制，需要掌握 AutoCAD 图层、文字样式和标注样式设置的方法，以及一些最基本的绘图命令和修改命令的操作。图 11–2 所示为 AutoCAD 2021 的界面，本节所讲内容均以 AutoCAD 2021 为基础。

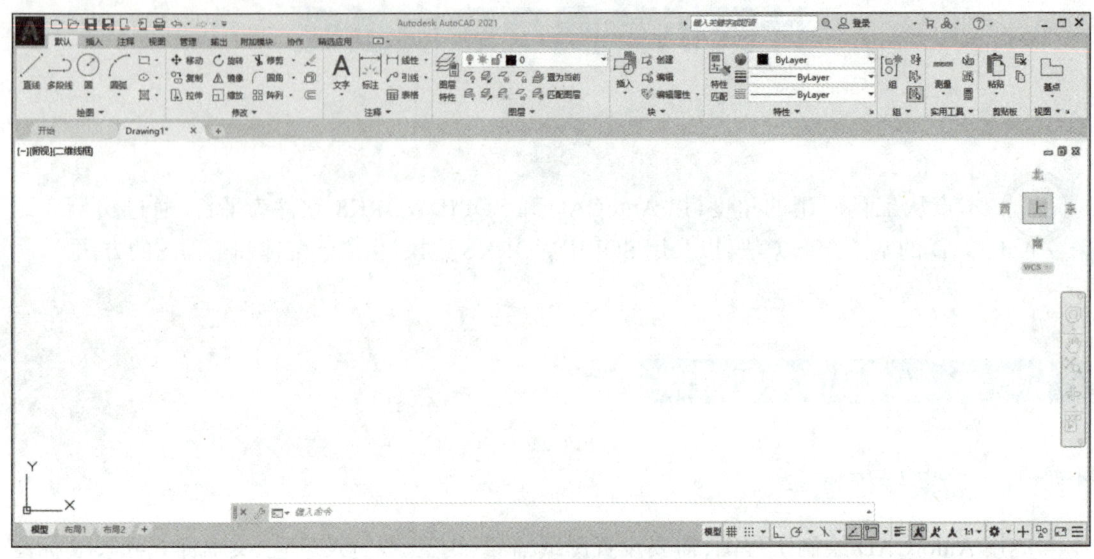

图 11–2 AutoCAD 2021 界面

1. 图层设置

利用图层，可以有效地管理具有不同属性的图形对象。工程图样中的图形对象指图线、图块等，图层通常用来管理图线的线型、线宽、颜色等属性。设置好图层的线型、线宽和颜色等属性后，在该图层上绘制的每一条图线就具有相同的特性。

在 AutoCAD 中，可以通过以下两种方式设置图层：① 从命令行输入命令：Layer；② 点击“默认”主菜单下“图层”工具条上的“图层特性”按钮，如图 11–3 所示。以上两种方法均可打开图 11–4 所示的图层特性管理器。“0”层为系统默认设置的图层，建议在自定义的图层绘图，而不要在“0”层绘图。

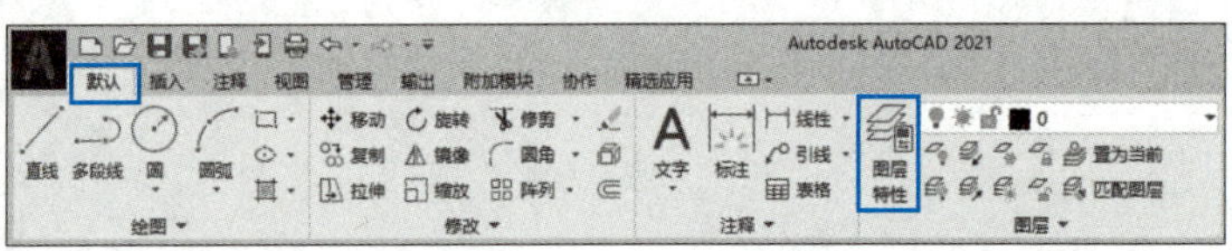

图 11–3 “图层”工具条

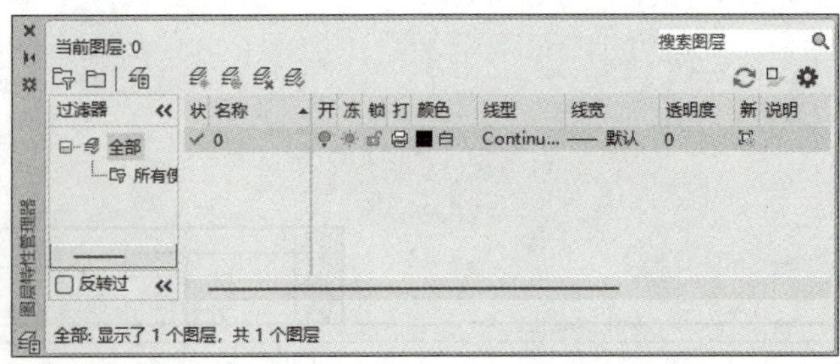

图 11–4 图层特性管理器

如图 11–5 所示，点击“新建图层”按钮，新建一个名字默认为“图层 1”的图层。

重命名图层并修改颜色。重命名“图层 1”为“点画线”；点击“颜色”列下面的默认颜色“白”，在弹出的“选择颜色”面板中用鼠标左键点选颜色索引中的红色块，把颜色从“白”改为“红”；点击“确定”按钮返回上一对话框，如图 11–6 所示。

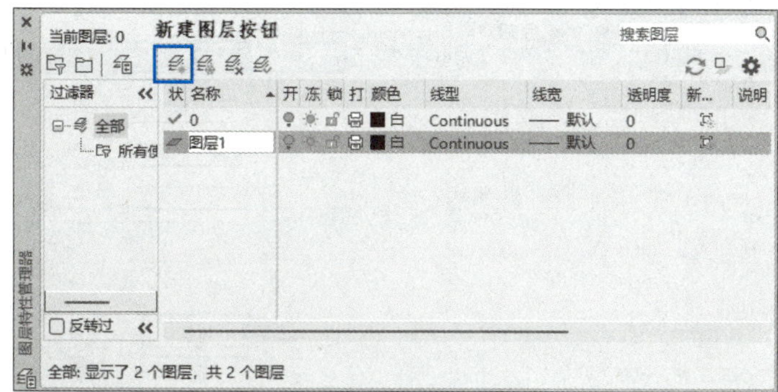

图 11–5　新建图层

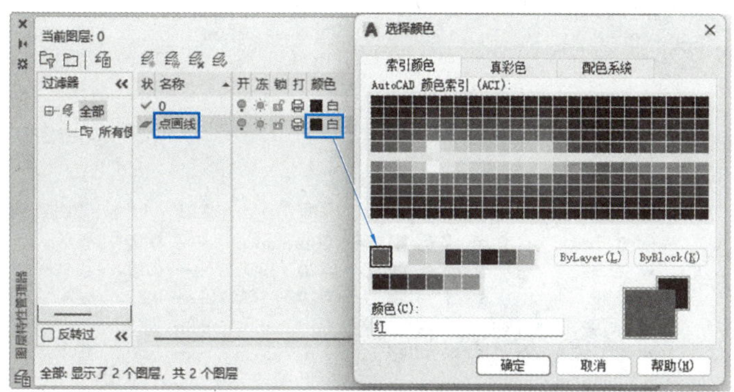

图 11–6　修改图层名称和颜色

继续修改图层线型。如图 11–7 所示：① 点击“线型”下面的“continuous”；② 在弹出的“选择线型”面板中点击“加载（L）...”按钮；③ 在弹出的“加载或重载线型”面板中选择图示点画线线型“ACAD_ISO04W100”，点击“确定”按钮返回“选择线型”面板；④ 在“选择线型”面板中，选择新加载的线型“ACAD_ISO04W100”，并点击“确定”按钮，完成线型的修改。

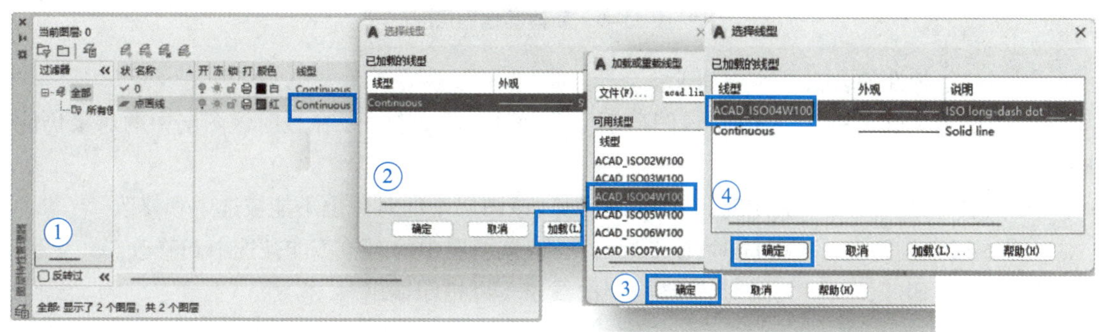

图 11–7　加载线型

修改图层线宽。参照修改颜色的方法，点击“线宽”列下的“默认”，在弹出的“线宽”面板中选择“0.25 mm”，完成线宽的修改，如图 11-8 所示。

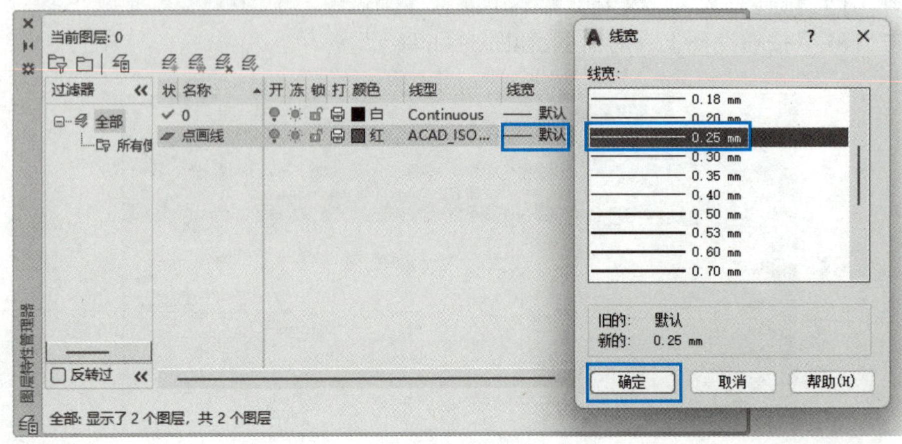

图 11-8 修改线宽

参照上述方法，新建“虚线”“细实线”和“粗实线”三个图层，各图层的线型、线宽和颜色属性的设置如图 11-9 所示。

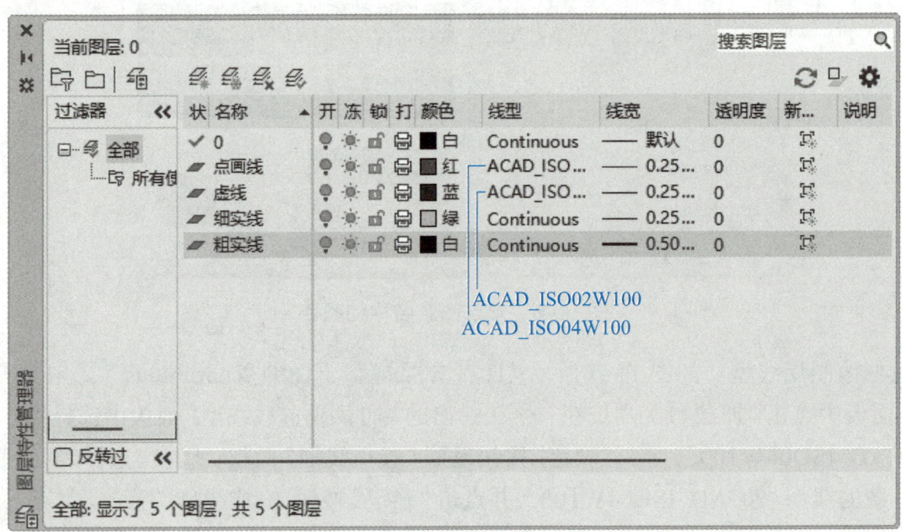

图 11-9 新建其他图层

图层其他特性的含义及作用如下：

图层可见开关——关闭时，该图层不可见，但用“全部选择”命令时该图层中的对象仍能被选中和修改。

图层冻结开关——关闭时，该图层不可见，该图层中的对象也不能被选中和修改。

图层上锁开关——关闭时，该图层可见，但该图层中的对象不能被选中和修改。

图层打印开关——关闭时，该图层上的线条不可打印输出。

2. 设置文字样式

工程图样上常使用汉字（填写标题栏、书写技术要求等）、数字（标注尺寸等）、英文字符（标记视图名称等),因此样板图中应预先设置文字样式,在每种文字样式中指定专门的字体,以适应图样的需要。

推荐采用 Autodesk 公司开发的矢量字体,汉字样式可选用“gbenor.shx”、大字体“gbcbig.shx”,当选用该样式书写文字的时候,文字中的英文和数字会采用“gbenor.shx”字体,而汉字则采用“gbcbig.shx”字体;数字和英文字符可采用“gbeitc.shx”(斜体)或“gbenor.shx”(直体)样式。

设置文字样式的操作步骤如下:

(1) 如图 11-10 所示,点击“注释”主菜单下“文字”工具条右下角的箭头图标按钮,打开“文字样式”面板。点击“文字样式”面板上的“新建”按钮,在弹出的“新建文字样式”面板的“样式名”后输入“中文”两字作为新建文字样式的名称,点击“确定”按钮完成样式名称的命名后,继续下一步操作。

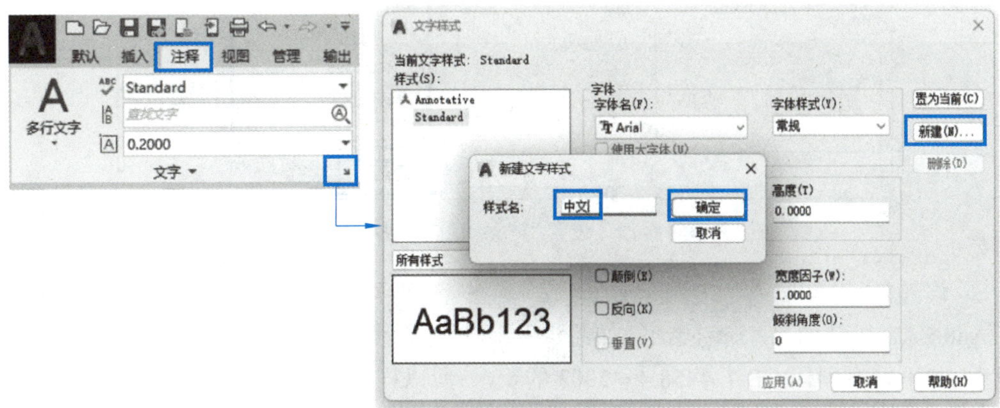

图 11-10 新建“中文”文字样式

(2) 在“文字样式”对话框中的“字体”栏,选择 SHX 字体的“gbenor.shx”字体,在勾选“使用大字体”前的复选框后,在“大字体”栏中选择“gbcbig.shx”字体,高度设为“5”(小数点后多余的“0”由系统自动添加,此类问题不再一一注释),宽度因子设为“0.707”,完成汉字字体的设置,点击“应用”按钮,即可关闭此面板完成“中文”文字样式的设置,如图 11-11 所示。

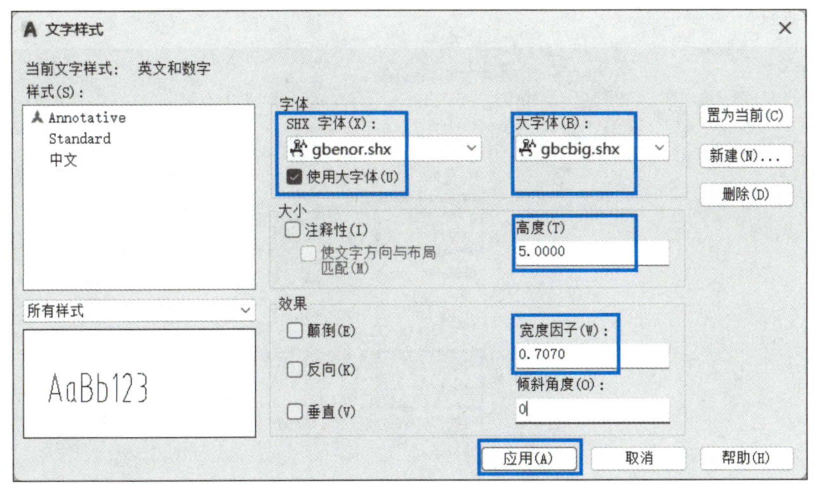

图 11-11 设置“中文”文字样式

(3) 用同样的方法设置名为“英文和数字”文字样式，选择 SHX 字体的“gbeitc.shx”字体，不勾选“使用大字体”，高度设为“3.5”，宽度因子为“1”，倾斜角度为“0”，如图 11-12 所示。此文字样式用于英文以及数字的书写和尺寸标注。

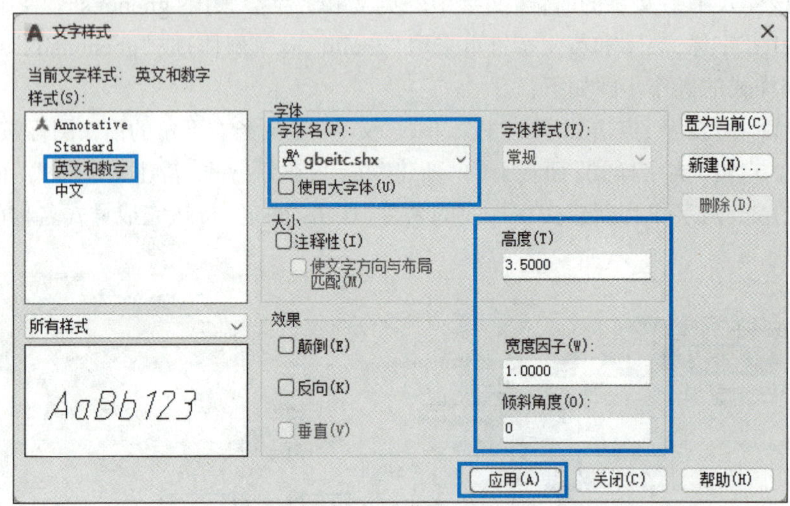

图 11-12 设置“英文和数字”文字样式

3. 设置标注样式

AutoCAD 默认的尺寸标注参数，如箭头大小、尺寸界线超出尺寸线的长度、尺寸文字样式、高度等，并不符合国标 GB/T 4458.4—2003 的要求，所以样板图中应对尺寸标注的各项参数进行设置。这样在调用样板图绘图时，不需要再设置各参数，可以取得事半功倍的效果。以下为最基础的尺寸标注样式设置步骤。

(1) 点击“注释”主菜单下“标注”工具条右下角的箭头图标按钮，打开“标注样式管理器”对话框，点击“新建”按钮，在打开的“创建新标注样式”面板的“新样式名”框格中输入“线性尺寸”字样，作为新标注样式的名称，点击“继续”按钮完成样式名称的命名后，继续下一步操作，如图 11-13 所示。

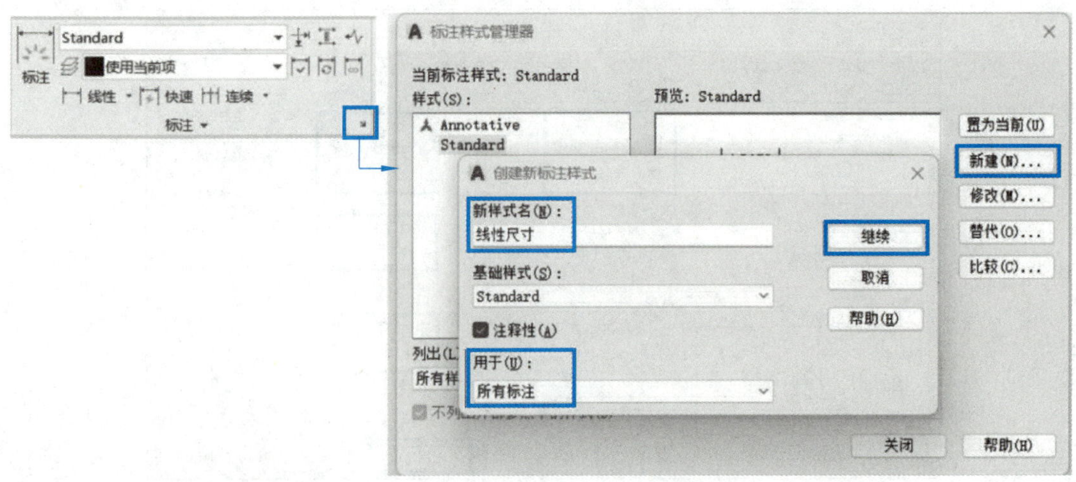

图 11-13 创建“线性尺寸”标注样式

(2) 设置线。上一步完成后,在弹出的"新建标注样式:线性尺寸"面板中进行"线""符号和箭头"等设置。选择"线"选项卡,将"基线间距(A)"的值设置为"3.8","超出尺寸线(X)"的值设置为"2","起点偏移量(F)"设置为"0",如图 11-14 所示。

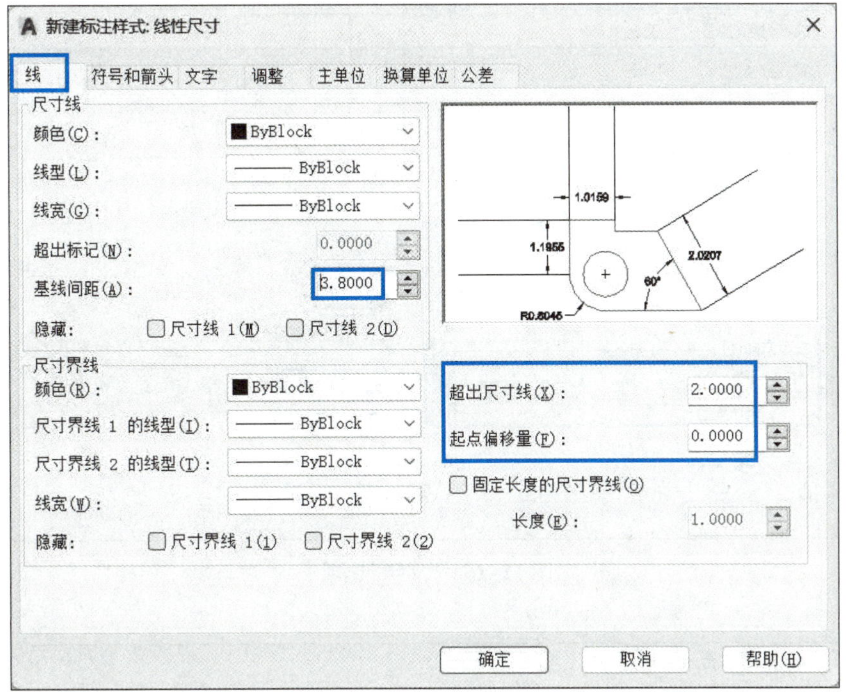

图 11-14 "线"选项卡

(3) 设置箭头。点击"符号和箭头"选项卡,"箭头"采用默认样式"实心闭合",将"箭头大小(I)"设置为"3",如图 11-15 所示。

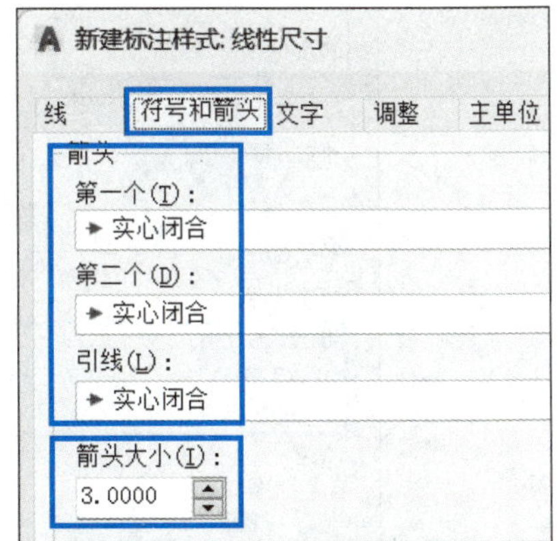

图 11-15 "符号和箭头"选项卡

(4) 设置文字。点击"文字"选项卡,点击"文字样式(Y)"右侧按钮[...],在出现的文字样式清单中选择预先设置好的"英文和数字"文字样式,尺寸数字的高度直接调用"英文和数字"文字样式里设置好的高度 3.5,不须手动输入;"文字位置"下方"垂直(V)"选择"上","水平(Z)"选择"居中","从尺寸线偏移(O)"输入"0.625";"文字对齐(A)"选择"ISO 标准",如图 11-16 所示。

(5) 设置单位。点击"主单位"选项卡,按绘图要求设置"精度",通常将"精度"设置为整数;如按 1 : 1 的比例绘图,则比例因子按默认"1",如图 11-17 所示。完成最基础设置之后,点击"确定"按钮,回到"标注样式管理器"对话框。

(6) 以"线性尺寸"标注样式为基础,设置角度标注子样式。国标 GB/T 4458.4—2003 规定,角度的尺寸数字一律水平书写,但在"线性尺寸"标注样式中,尺寸数字的设置为"与尺寸线对齐",因此需单独设置角度标注子样式以符合国标要求。

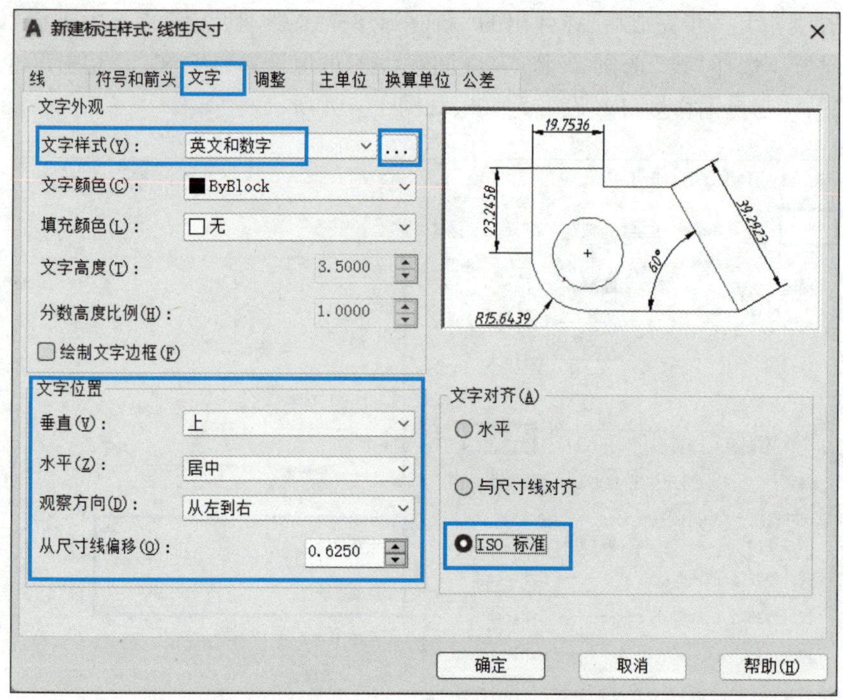

图 11-16 “文字”选项卡

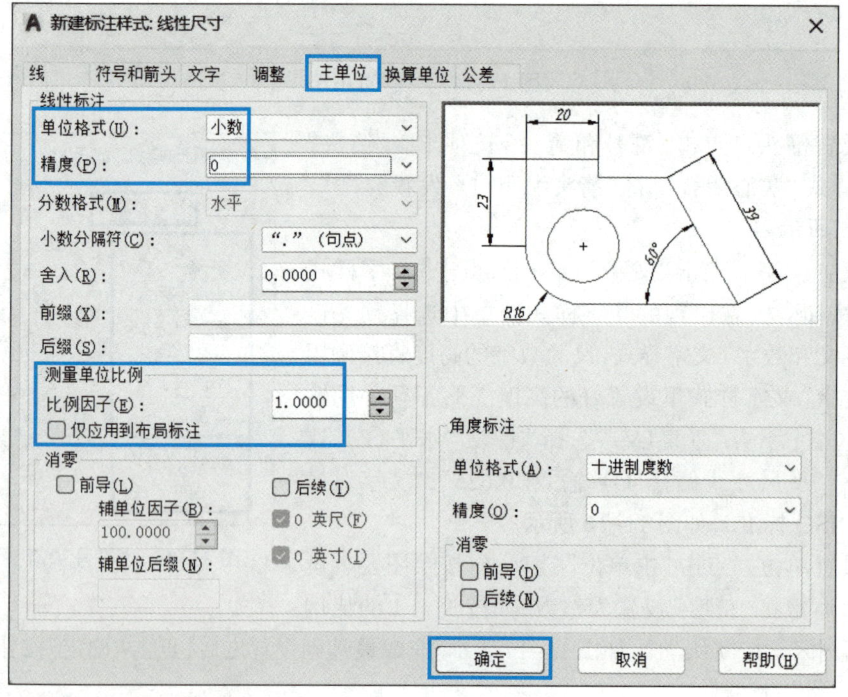

图 11-17 “主单位”选项卡

在“标注样式管理器”对话框中，点击“新建(N)...”按钮，打开“创建新标注样式”面板，在该面板下方“用于(U)”框格中选择“角度标注”，如图 11-18a 所示；点击“继续”按钮，在打开的对话框中选择“文字”选项卡，将“文字对齐(A)”由“ISO 标准”改为“水平”；点击“确定”按钮，完成角度标注子样式的设置，如图 11-18b 所示。

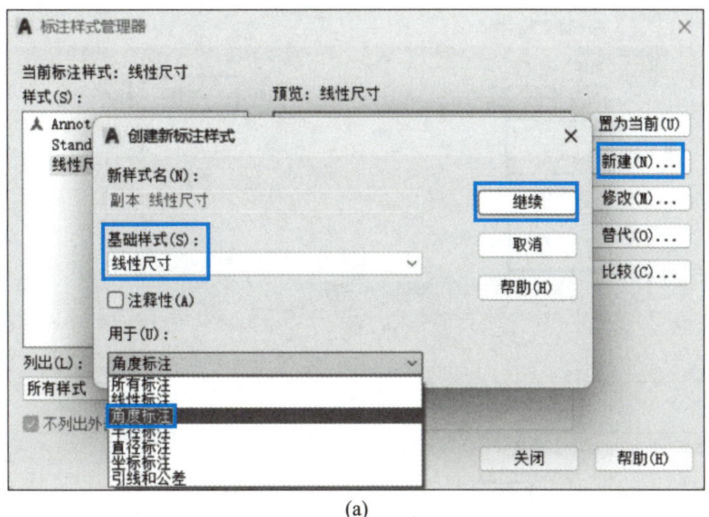

(a)

(b)

图 11-18 设置角度标注子样式

(7) 继续以“线性尺寸”标注样式为基础，设置直径标注子样式。在“标注样式管理器”对话框中，点击“新建(N)...”按钮，弹出“创建新标注样式”面板。在该面板下方“用于(U)”框格中选择“直径标注”，如图 11-19a 所示；点击“继续”按钮。在打开的对话框中选择“调整”选项卡，将“调整选项(F)”由原来的“文字或箭头(取最佳效果)”改为“箭头”；再在“优化(T)”选项中勾选“在尺寸界线之间绘制尺寸线(D)”复选框；点击“确定”按钮，完成直径标注子样式的设置，如图 11-19b 所示。

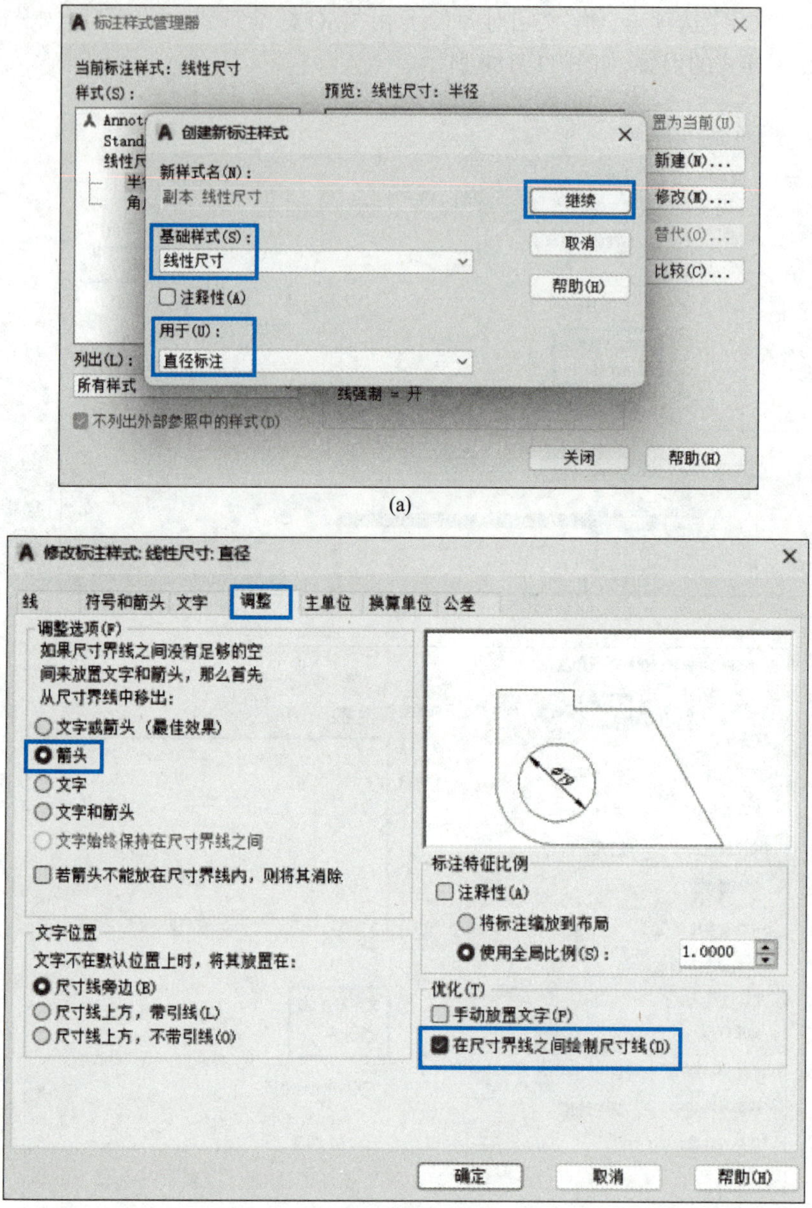

(a)

(b)

图 11–19 设置直径标注子样式

(8) 继续以“线性尺寸”标注样式为基础，设置半径标注子样式。在“标注样式管理器”对话框中，点击“新建(N)...”按钮，弹出“创建新标注样式”面板，在该面板下方“用于(U)”框格中选择“半径标注”，点击“继续”按钮，在打开的对话框中选择“调整”选项卡，勾选“文字或箭头(取最佳效果)”；再在“优化(T)”选项中勾选“在尺寸界线之间绘制尺寸线(D)”复选框；点击“确定”按钮，完成半径标注子样式的设置，如图 11–20 所示。

在绘制工程图样时，根据具体要求也可以临时设置新的尺寸样式，以保证尺寸标注符合国标要求。

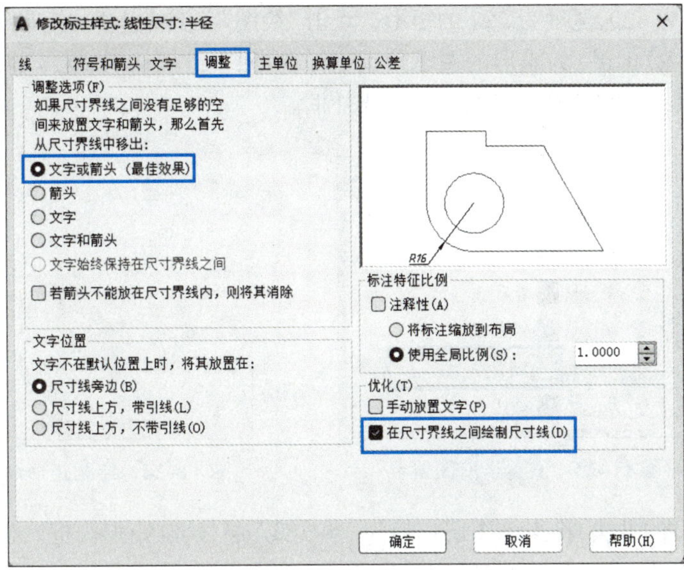

图 11-20　设置半径标注子样式

4. 绘制图框

按照图 11-21 所示的图框格式和尺寸绘制图框。

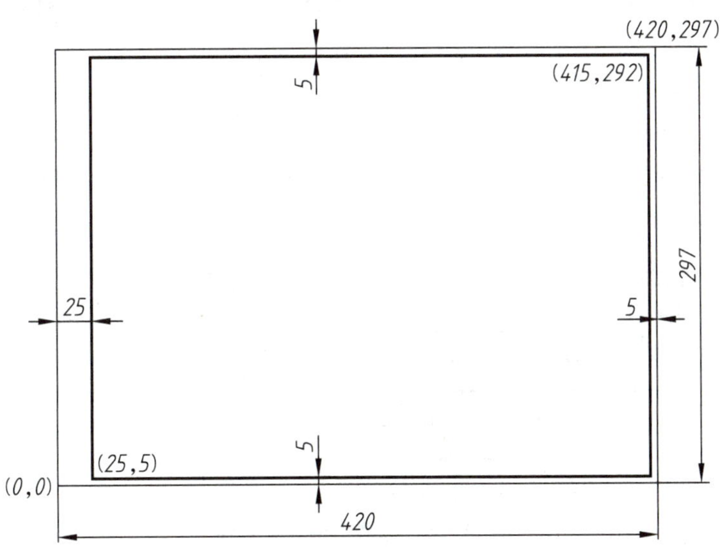

图 11-21　图框格式

在开始绘图之前，可通过图 11-22 了解屏幕下方状态栏中的一些开关按钮的作用。

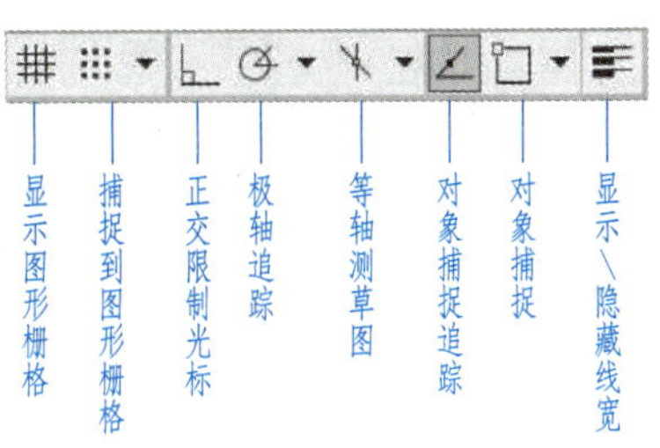

图 11-22　状态栏

(1) 设置当前图层。根据当前所要绘制的图线设置当前绘图图层，例如要绘制细实线矩形，点击“图层”工具条中的框格，在弹出的预先设置好的各图层中选择“细实线”层为当前图层，如图 11-23。此时，在绘图界面上绘制的线条都属于该图层，具有细实线图层的颜色、线宽等属性。

(2) 绘制长度为 420，宽度为 297 的矩形。点击“绘图”工具条上的“矩形”按钮，如图 11–24 所示；通过键盘输入“0,0”，为矩形的左下角点坐标；按回车键确认后，继续输入“420,297 ”，为矩形右上角点坐标；按回车键确认，画出细实线外框。

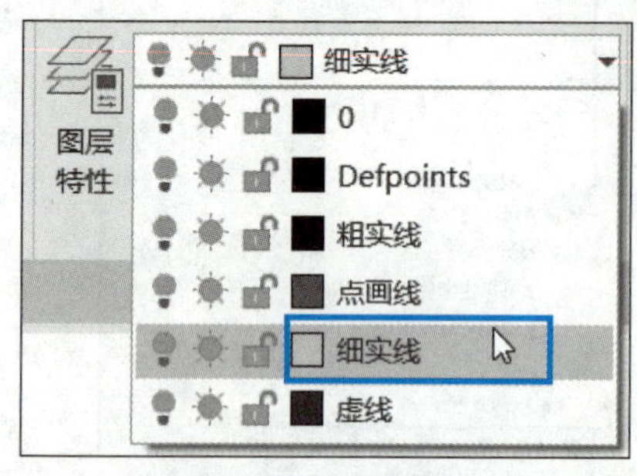

图 11–23　设置当前图层

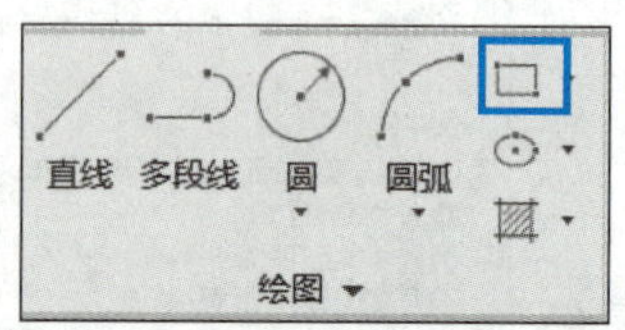

图 11–24　绘制矩形命令

(3) 按步骤(1)的方法，将当前图层切换为“粗实线”层，绘制矩形内框。根据图 11–21 所标注的尺寸可知，内框尺寸为 390 × 287，当外框的左下角坐标为(0,0)时，内框的左下角坐标应为(25,5)，按照步骤(2)的方法画出内框。注意，在命令行输入的坐标是绝对坐标，内框右上角点的坐标应该输入(415,292)；但如果在屏幕动态输入，此时输入的是相对坐标，即相对于左下角点(25,5)的长度和高度，所以此时右上角点的相对坐标应为(390,287)。

注意：当屏幕下方状态栏的“显示 / 隐藏线宽”按钮处于“开”状态时，粗实线属性才能显示出来。否则，粗实线也显示为细线线宽。

5. 绘制标题栏

在图框的右下角绘制如图 11–25 所示尺寸和内容的标题栏。绘制标题栏需要应用“修改”工具条中的“偏移(S)”“修剪(T)”和“分解(X)”命令，如图 11–26 所示，这三个命令的说明见表 11–1。

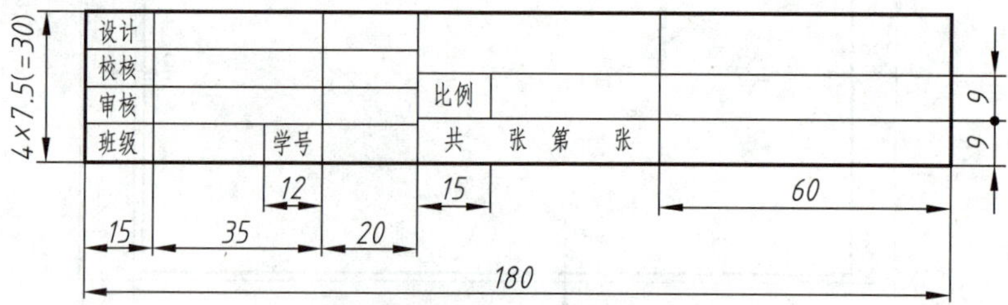

图 11–25　标题栏格式及内容

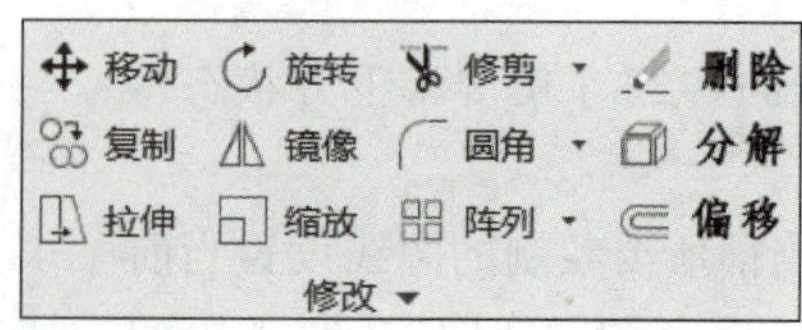

图 11–26　“修改”工具条常用命令

表 11-1 “偏移”“修剪”和“分解”命令说明

命令名称	命令行命令	工具条图标	命令功能	示例
偏移	OFFSET		在距现有对象指定的距离处创建对象	偏移距离 选定对象 1 选定的一侧　偏移结果
修剪	TRIM		通过此操作删除超出对象边界部分的对象。 2021 版 AutoCAD，直接点选要修剪的对象即可完成修剪 2020 版及之前版本的 AutoCAD，修剪对象时须先选择边界，然后按回车键并用鼠标左键选择要修剪的对象，才能完成修剪，如右图所示	选择要修剪的对象 3　2　1 选择边界 修剪结果
分解	EXPLODE		将块、多段线等复合对象分解为其组件对象	1　1 分解前　分解后

(1) 设置“粗实线”为当前图层，图 11-22 所示状态栏中的“对象捕捉”按钮处于“开”状态。

(2) 点击“绘图”工具条上的“矩形”命令按钮(图 11-24)，将光标移至图框右下角点处自动捕捉该点为标题栏外框的右下角点，然后在屏幕动态输入坐标(-180,30)，或在命令行输入@-180,30(坐标值前加 @ 符号，说明输入的数值是相对坐标)，绘制出标题栏外框。

(3) 用“矩形”命令绘制的矩形是一个“图块”(block)，即矩形的四条边是一个整体，为了便于后续绘图，可使用“分解(X)”命令将图块分解为可单独选择的四条边。

(4) 应用“偏移(S)”命令创建指定距离的平行线，利用“修剪(T)”命令修剪超出指定边界的图线，得到符合尺寸要求的标题栏。

(5) 最后将标题栏内的线条，修改到“细实线”图层。

6. 填写标题栏文字内容

(1) 把当前图层切换到“细实线”层。点击图 11-27 所示“注释”工具条上的多行文字图标按钮，按照命令行提示，按下鼠标左键拖出文字书写区域，松开鼠标，点击如图 11-28 所示“样式”工具条上预设的“中文”文字样式，并在文字书写区域中输入“设计”二字。在屏幕空白区域单击鼠标左键，即可确认完成本次的文字输入。

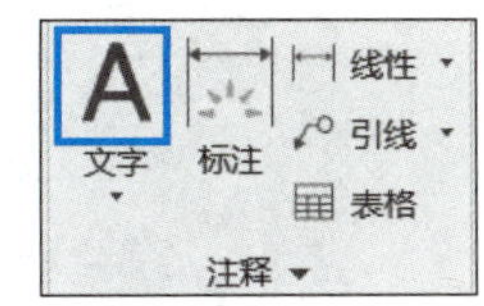

图 11-27 “注释”工具条上的多行文字按钮

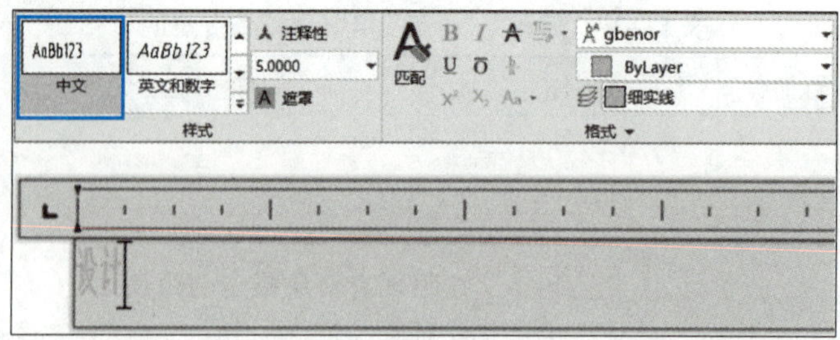

图 11-28 在文字输入框中输入文字

（2）通过执行“修改”工具条上的“移动”按钮，把上一步书写的文字移动到标题栏左上第一个框格内，如图 11-29 所示。

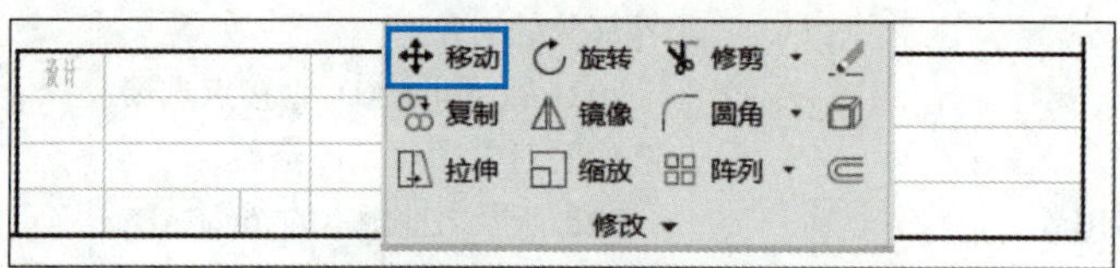

图 11-29 把文字移动到标题栏框格中

（3）重复步骤（1）、（2），完成标题栏中其他内容的填写。其中“比例”等文字所在框格较高（9mm），应将字高调整为 7。

7. 保存和调用样板图

（1）如图 11-30 所示，点击主菜单上方快捷工具条中的另存为按钮，或者最左边的图标按钮“A”，在打开的“图形另存为”对话框的文件类型中选择“AutoCAD 图形样板（*.dwt）”；保存位置默认为图形样板所在的文件夹“Template”，输入文件名“我的 A3 图框”（图 11-31），点击“保存（S）”按钮，此时会打开“样板选项”对话框，无须修改，点击“确定”按钮完成样板图保存。

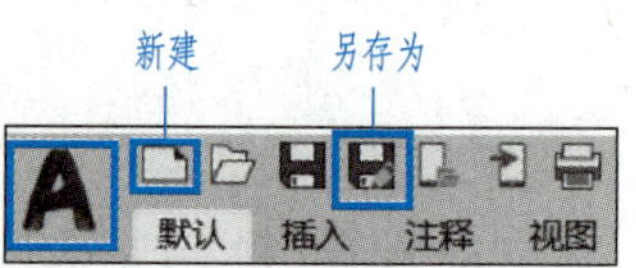

图 11-30 快捷工具条

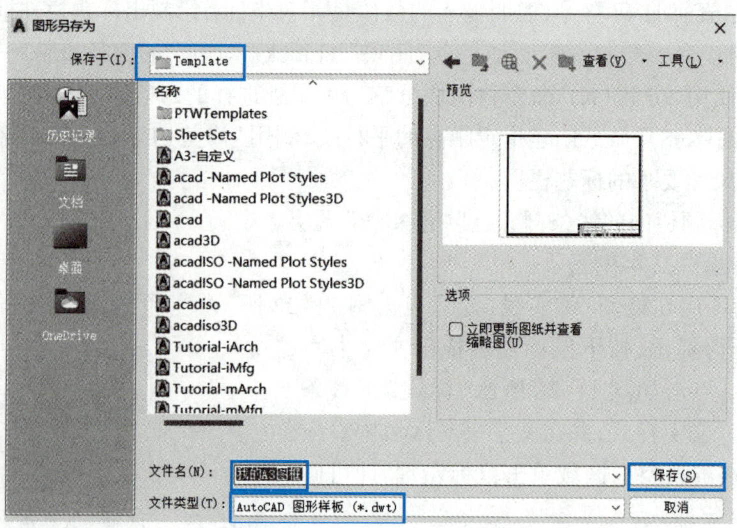

图 11-31 保存样板图

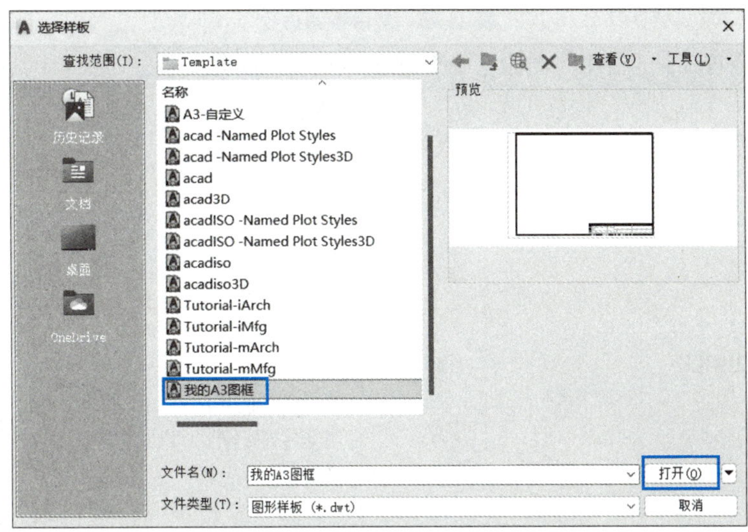

图 11-32 调用“我的 A3 图框”样板图

(2) 需创建新的图形文件时，点击图 11-30 所示工具条上的新建按钮，在打开的图 11-32 所示的“选择样板”对话框中选择“我的 A3 图框”样板图，即可在此样板图中开始图形绘制。不再需要对图层、文字样式、标注样式等进行设置。

11.1.2 绘制平面图形

本节将通过绘制图 11-33 所示的平面图形，学习和熟悉一些基本的绘图、修改以及标注命令。

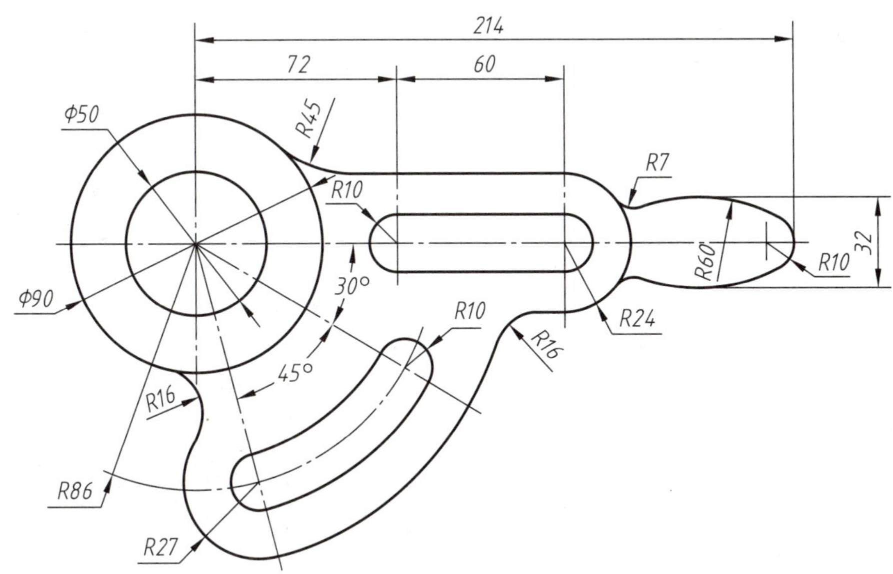

图 11-33 平面图形

绘图用到的命令：直线，“圆心、半径”方式绘制圆，“相切、相切、半径”方式绘制圆，“圆心、起点、端点”方式绘制圆弧，见表 11-2；修改用到的命令：修剪、打断、删除、镜像，见表 11-1 和表 11-3；标注用到的命令：线性、半径、直径等，见表 11-4。

表 11-2 常用绘图命令

命令名称	命令行命令	工具条图标	命令功能	绘图方法	示例
直线	LINE	 直线	画直线	通过确定一系列端点画直线	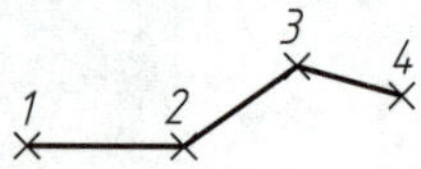 1 2 3 4
圆	CIRCLE	 圆	画圆	通过确定圆心以及半径数值画圆	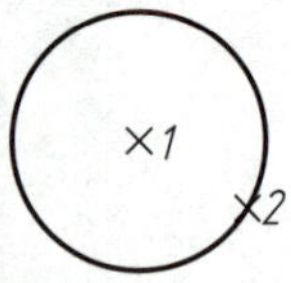 ×1 ×2
				通过确定两个切点以及圆的半径画圆	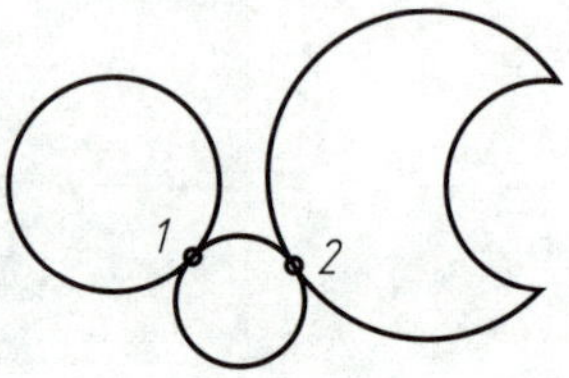 1 2
圆弧	ARC	 圆弧	画圆弧	通过确定圆心以及起点和端点按逆时针方向画圆弧	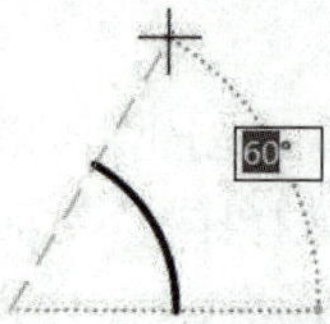 60

表 11-3 常用修改命令

命令名称	命令行命令	工具条图标	命令功能	示例
删除	ERASE		可以从图形中删除选定的对象	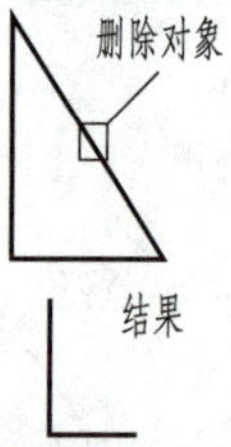 删除对象 结果
打断	BREAK		在两点之间打断选定对象；如果打断的对象是圆弧，则按逆时针方向打断第一个断点和第二个断点之间的圆弧	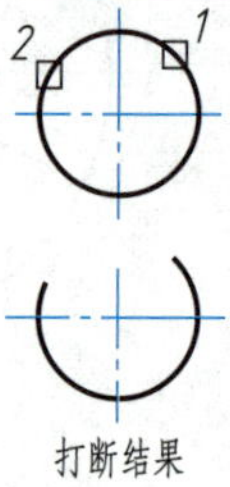 2 1 打断结果
镜像	MIRROR	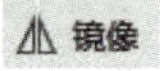 镜像	创建选定对象的镜像副本	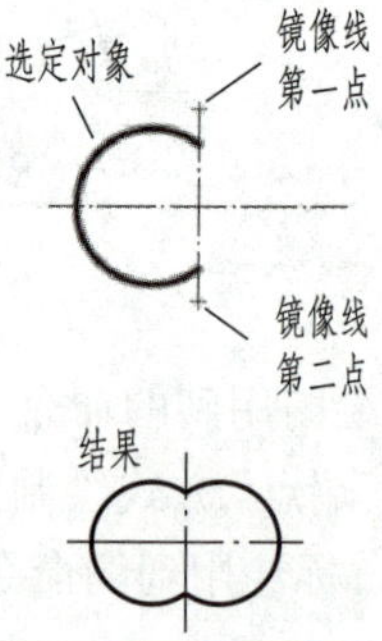 选定对象 镜像线第一点 镜像线第二点 结果

表 11-4 线性、角度、半径、直径标注命令列表

命令名称	命令行命令	工具条图标	命令功能	示例
线性	DIMLINEAR	线性	标注水平、竖直方向的尺寸	38 58
对齐	DIMALIGNED	对齐	标注倾斜尺寸	47
角度	DIMANGULAR	角度	标注角度尺寸	54°
半径	DIMRADIUS	半径	标注圆或圆弧的半径	R10
直径	DIMDIAMETER	直径	标注圆或圆弧的直径	Φ18

在绘图过程需要临时指定捕捉点时，可在图 11-22 所示状态栏的“对象捕捉”按钮中选择相应的捕捉点。

启动 AutoCAD，新建文件，选择上一节创建的“我的 A3 图框”绘图模板，开始绘图。

1. 绘制定位中心线及已知圆

选择“点画线”作为当前图层，确认图 11-22 所示“状态栏”上的“正交限制光标”开关处于“开”状态；点击“绘图”工具条上的“直线”命令按钮，在适当位置绘制水平和竖直方向的点画线。

把当前图层切换到“粗实线”层，点击“绘图”工具条上的“圆”命令按钮，用“圆心、半径”的

方式画圆。以两条点画线的交点为圆心(鼠标接近交点位置即可捕捉交点),绘制 $\phi50$ 和 $\phi90$ 两个已知圆,如图 11-34 所示。

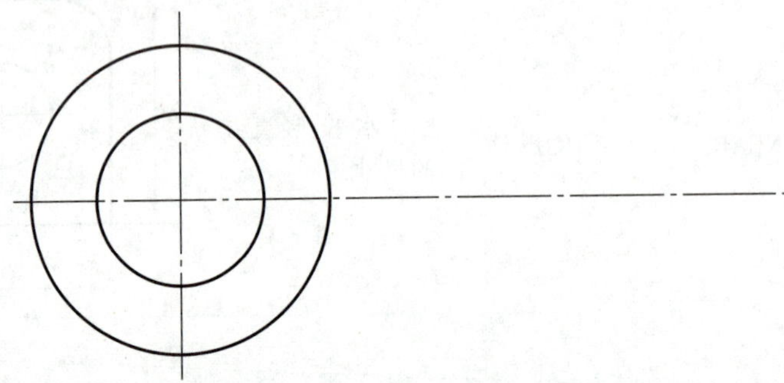

图 11-34 绘制定位中心线以已知圆

2. 绘制 $R24$ 半圆、水平直线及 $R45$ 连接圆弧

点击"修改"工具条上的"偏移"命令按钮,把竖直点画线向右偏移 72,完成后再次使用"偏移"命令把得到的竖直点画线继续向右偏移 60,如图 11-35a 所示;点击"绘图"工具条上的"圆"命令按钮,用"圆心、半径"的方式画 $R24$ 的圆;点击"绘图"工具条上的"直线"命令按钮绘制直线,捕捉 $R24$ 圆周与点画线的交点作为直线的第一个端点,终点在靠近 $\phi90$ 的圆附近即可,如图 11-35b 所示;再次用"圆"命令的"相切、相切、半径"的方式画 $R45$ 的完整圆,如图 11-35c 所示;用"修改"工具条上的"修剪"命令把多余的线段修剪掉,如图 11-35d 所示。

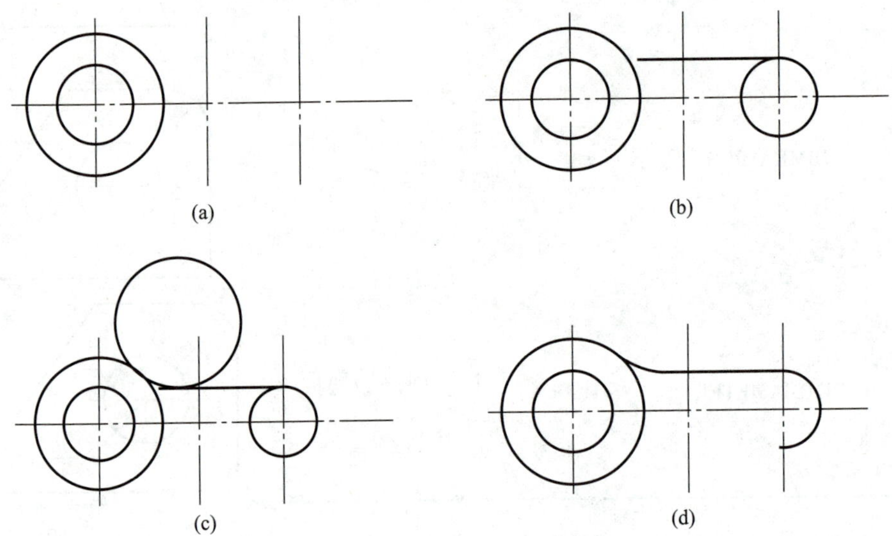

图 11-35 绘制中部半圆、直线和连接圆弧

3. 绘制水平直线及槽口

用"直线"命令画直线,捕捉 $R24$ 圆周与点画线的交点作为直线的一个端点,画水平直线,长度适当即可;再用"圆"命令,以右边两条竖直点画线与水平点画线的交点为圆心绘制两个 $\phi20$ 的圆;用"直线"命令绘制两直线,相切连接两个圆,如图 11-36a 所示。最后用"修剪"命令剪裁掉两个多余的半圆,如图 11-36b 所示。

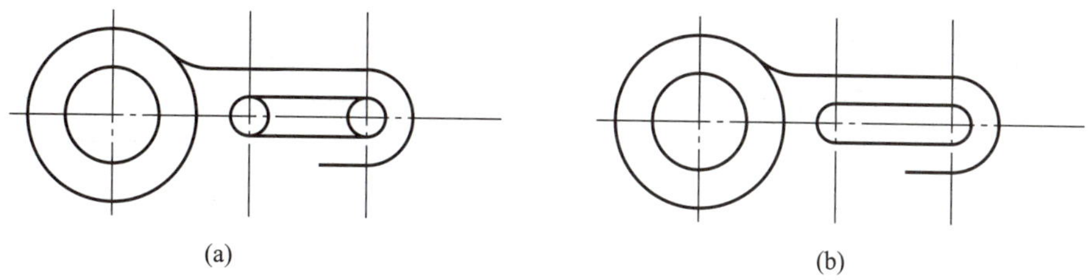

(a) (b)

图 11-36 绘制中部槽口和直线

4. 整理点画线

要求点画线超出轮廓为 5，可以把相关的轮廓向外偏移 5（图 11–37a），再用“修剪”命令剪裁掉超出的部分（图 11–37b），最后删除前面偏移得到的轮廓线条，结果如图 11–37c 所示。

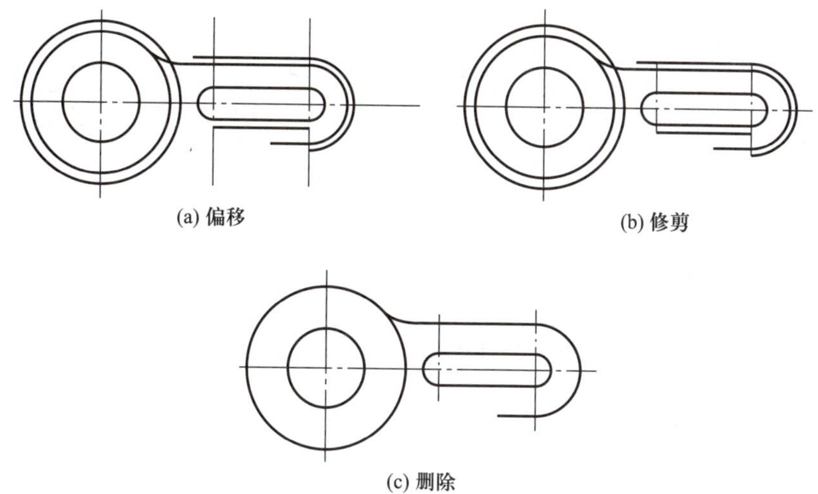

(a) 偏移 (b) 修剪

(c) 删除

图 11–37 整理点画线

5. 绘制左下定位中心线

先确认界面下部状态栏上的“正交限制光标”处于“关”状态（图 11–38a），以便绘制倾斜的直线。把图层切换到“点画线”层，用直线命令绘制两条倾斜的直线，再用“圆”命令绘制一个 $R86$ 的圆（图 11–38b）；用“修改”工具条上的“打断”命令把这个点画线圆打断成圆弧，注意，使用“打断”命令时应该按逆时针顺序选择第 1 和第 2 个打断点（图 11–38c）；结果如图 11–38d 所示。

6. 绘制左下图形

先用“圆”命令绘制 $R27$ 的圆，如图 11–39a 所示；再利用“圆弧”命令的“圆心、起点、终点”方式绘制圆弧，其中圆弧的终点靠近水平直线附近位置即可，如图 11–39b 所示；再利用“圆”命令的“相切、相切、半径”方式绘制两个 $R16$ 的圆，如图 11–39c 所示；最后利用“修剪”命令整理图形，剪裁掉不需要的线条，如图 11–39d 所示。

7. 绘制左下槽口

先用“圆”命令绘制两个 $\phi20$ 的圆，如图 11–40a 所示；再用“圆弧”命令的“圆心、起点、终点”方式绘制两段圆弧，如图 11–40b 所示；之后用“修剪”命令把两个圆剪裁成半圆，如图 11–40c 所示；最后用“偏移”命令和“修剪”命令整理中心线，如图 11–40 所示。

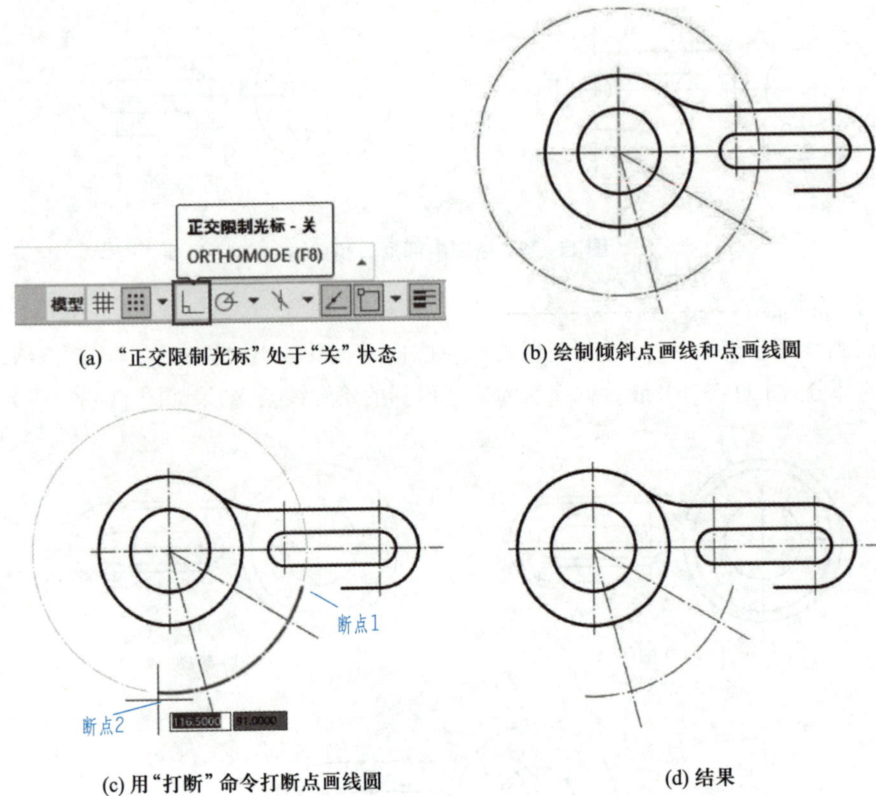

(a) “正交限制光标”处于“关”状态 (b) 绘制倾斜点画线和点画线圆

(c) 用“打断”命令打断点画线圆 (d) 结果

图 11-38 绘制定位中心线

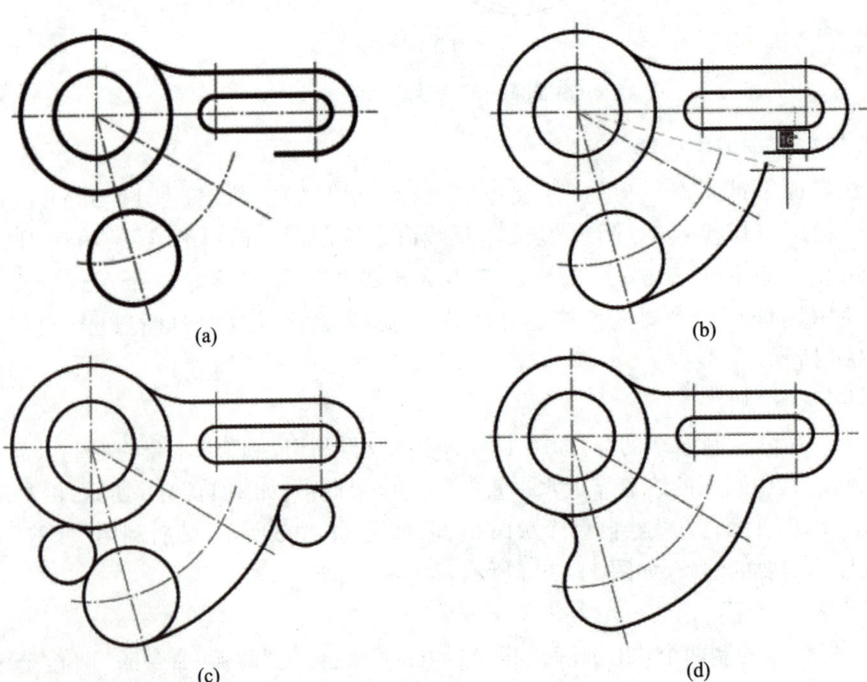

(a) (b)

(c) (d)

图 11-39 绘制左下图形

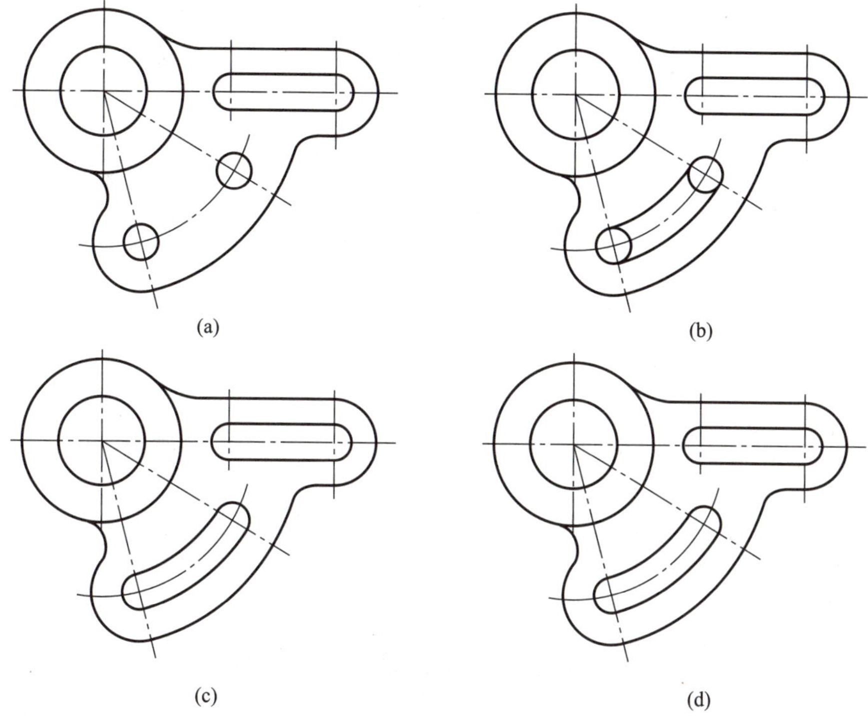

图 11-40 绘制左下槽口及整理中心线

8. 绘制右部图形

用“偏移”命令把图 11-41a 所示的竖直中心线向右偏移 72，并适当调整其长度；用“圆”命令，以偏移得到的中心线和水平中心线的交点为圆心，绘制一个 *R*10 的圆；用“偏移”命令把水平中心线向上偏移 16；用“圆”命令的“相切、相切、半径”方式绘制一个与上面水平中心线以及右侧圆相切的 *R*60 的圆，如图 11-41b 所示；用“修剪”命令剪裁掉多余的线，如图 11-41c 所示。

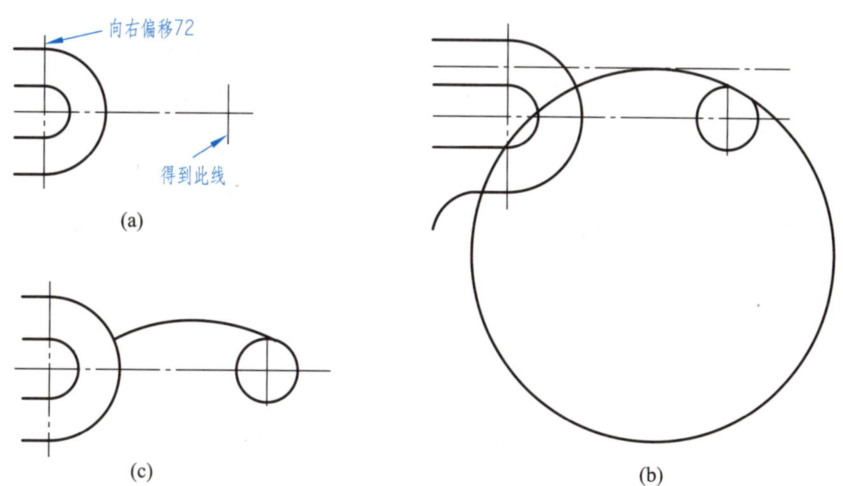

图 11-41 绘制右部图形

9. 完成右部图形绘制

用“圆”命令的“相切、相切、半径”方式绘制一个 *R*7 的圆，如图 11-42a 所示；用“修剪”命令剪裁掉多余的线，如图 11–42b 所示；用“镜像”命令把 *R*7 圆弧和 *R*60 圆弧向下镜像，如图 11–42c 所示；用“修剪”命令剪裁最右端 *R*10 圆为圆弧，并整理中心线的长度，如图 11–42d 所示。

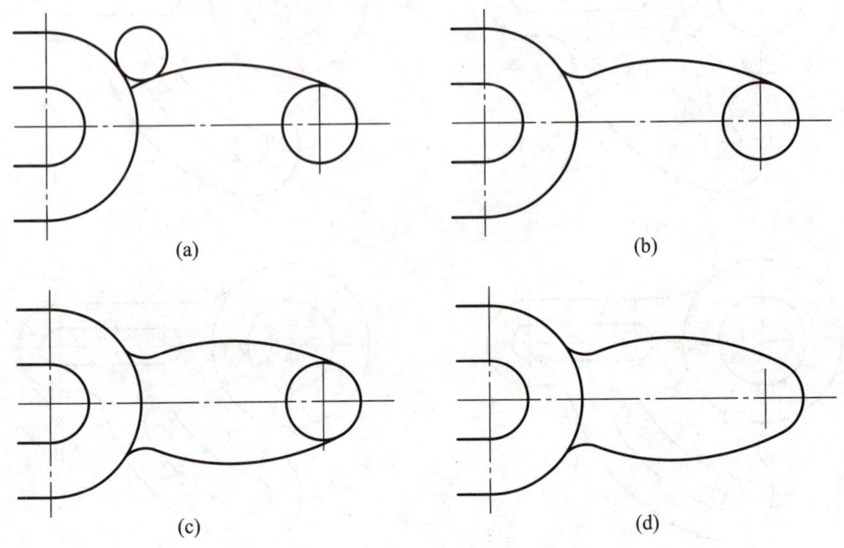

图 11–42 绘制相切圆弧并镜像，完成右部图形的绘制

10. 标注尺寸

选择“细实线”作为当前图层，点击“注释”菜单，确认当前标注样式是在前面样板图设置中已设置好的“线性尺寸”样式，如图 11–43 所示。

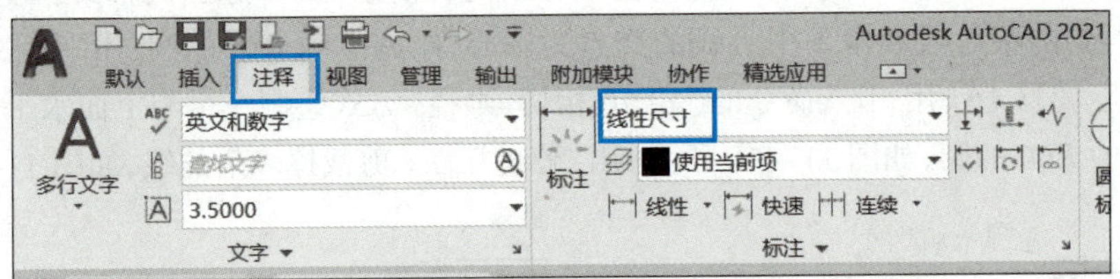

图 11–43 选择“线性尺寸”样式

图 11–33 所示平面图形包含的尺寸类型有线性尺寸、角度尺寸、半径和直径尺寸。如图 11–44 所示，点击“标注”工具条中“线性”图标旁边的下拉三角形按钮，在弹出的快捷菜单中可以选择需要的标注样式，以完成“线性”“角度”“半径”和“直径”等尺寸标注。标注完成后的平面图形如图 11–45 所示。

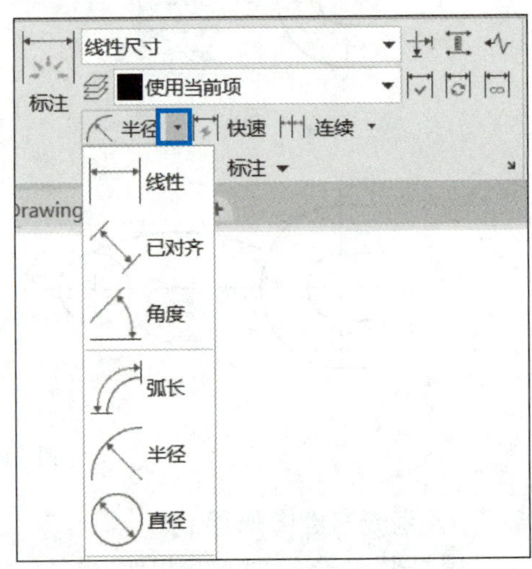

图 11–44 “标注”工具条上的各个标注按钮

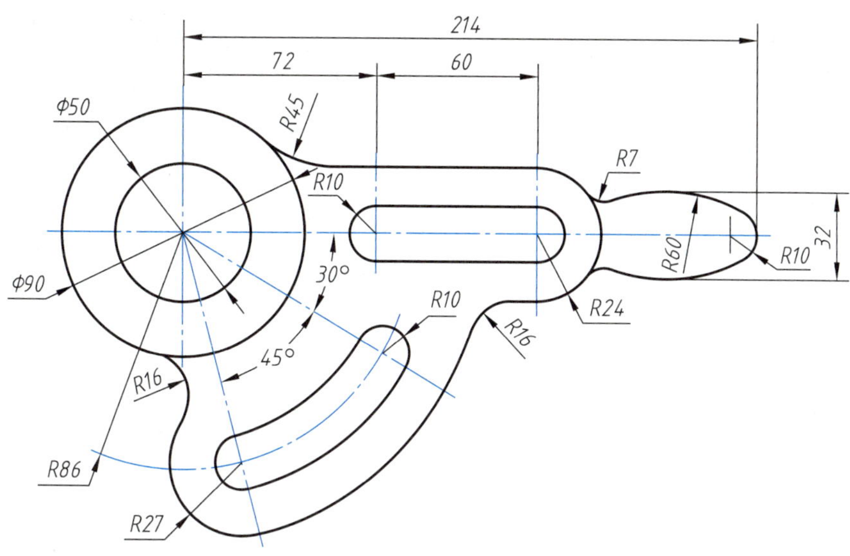

图 11–45　完成的平面图形

11.1.3　绘制剖视图

本节通过绘制图 11–46 所示的剖视图图例，学习用 AutoCAD 绘制机件多视图以及剖视图的方法。重点学习绘制圆角、样条曲线、图案填充等命令，以及在线性尺寸数字前加注直径符号 ϕ 的方法。

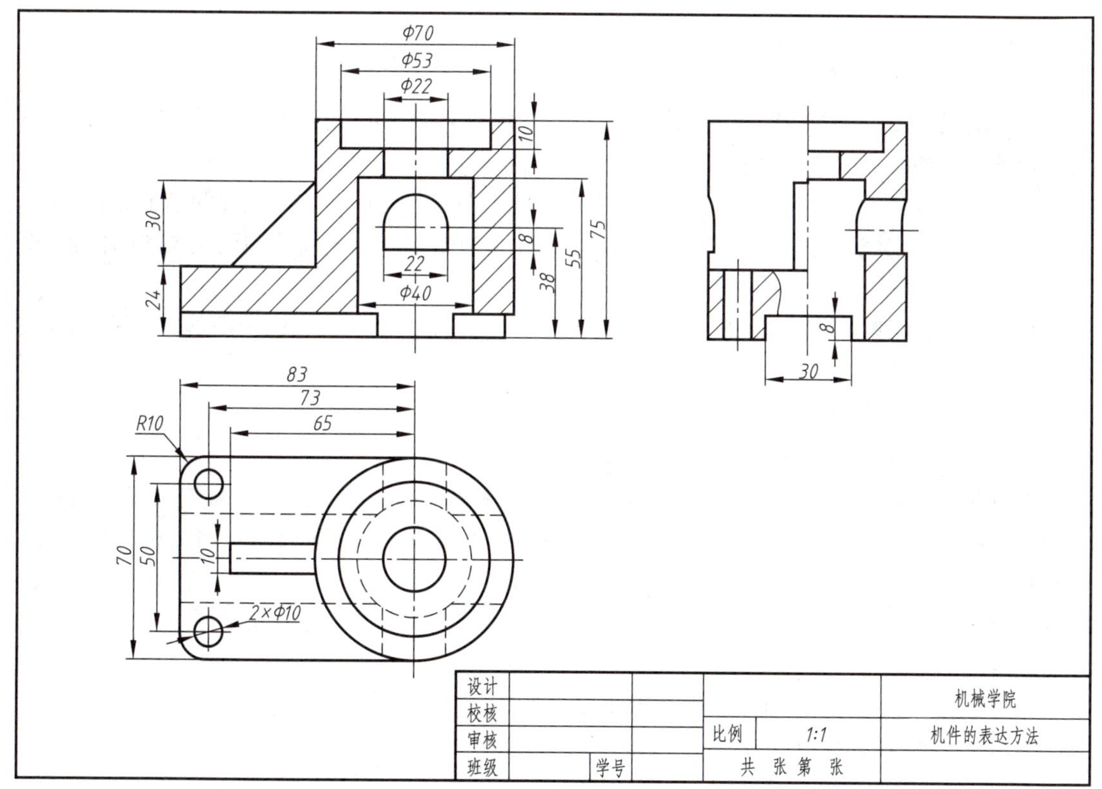

图 11–46　剖视图图例

绘图中用到的“圆角”命令在“修改”工具条(图 11–26),“样条曲线”和“图案填充”命令在“绘图”工具条(图 11–24)。这三个命令的说明见表 11–5。

表 11–5 “圆角”“样条曲线”“图案填充”命令列表

命令名称	命令行命令	工具条图标	命令功能	示例
圆角	FILLET	圆角	给对象加圆角	1 R5 2
样条曲线	SPLINE		创建通过或接近指定点的平滑曲线	
图案填充	HATCH		使用填充图案对封闭区域或选定对象进行填充	

调用“我的 A3 图框”模板,开始绘图,具体绘图步骤如下:

1. 绘制三视图的定位线

选择“点画线”为当前图层,在适当位置画定位中心线;选择“粗实线”为当前层,绘制主、左视图底面基准线,如图 11–47 所示。

2. 绘制各视图

选择合适的线型,用“圆”“直线”“偏移”及“修剪”命令绘制图 11–48a 俯视图中的圆,以及主视图中的图线。注意主、俯视图相应图线的对应关系。

用“修改”工具条中的“复制”命令,以主视图中点画线与底面粗实线交点为基准点,以左视图中点画线与粗实线交点为第二个点,将图 11–48a 主视图中蓝色图线复制到左视图的位置,修剪后得到图 11–48b 所示的左视图。

用“圆”“直线”“偏移”及“修剪“命令画出底板、肋板的主要轮廓图线,如图 11–48c 所示。

3. 画相贯线、圆角、局部剖边界线

选择合适的线型,用“圆”“直线”及“修剪“命令。

绘制正垂穿孔在主、俯视图中的图线,以及左视图的投影连线(图 11–49a 中的细实线)。

用“偏移”命令确定左视图相贯线的位置,具体操作:点击“偏移”命令,将光标移至 a 点,用鼠标左键确认后将光标移至 b 点;用鼠标左键确认(此时确定 ab 距离为偏移间距)后点击鼠标左键选择左视图点画线,点击鼠标左键选择点画线右侧任意点,完成上述操作,确定内圆柱面相贯线的关键位置。

重复上述方法,确定外圆柱面相贯线的关键位置。相贯线曲线部分用圆弧代替,利用“删除”命令删掉多余图线,作图结果如图 11–49a 所示。

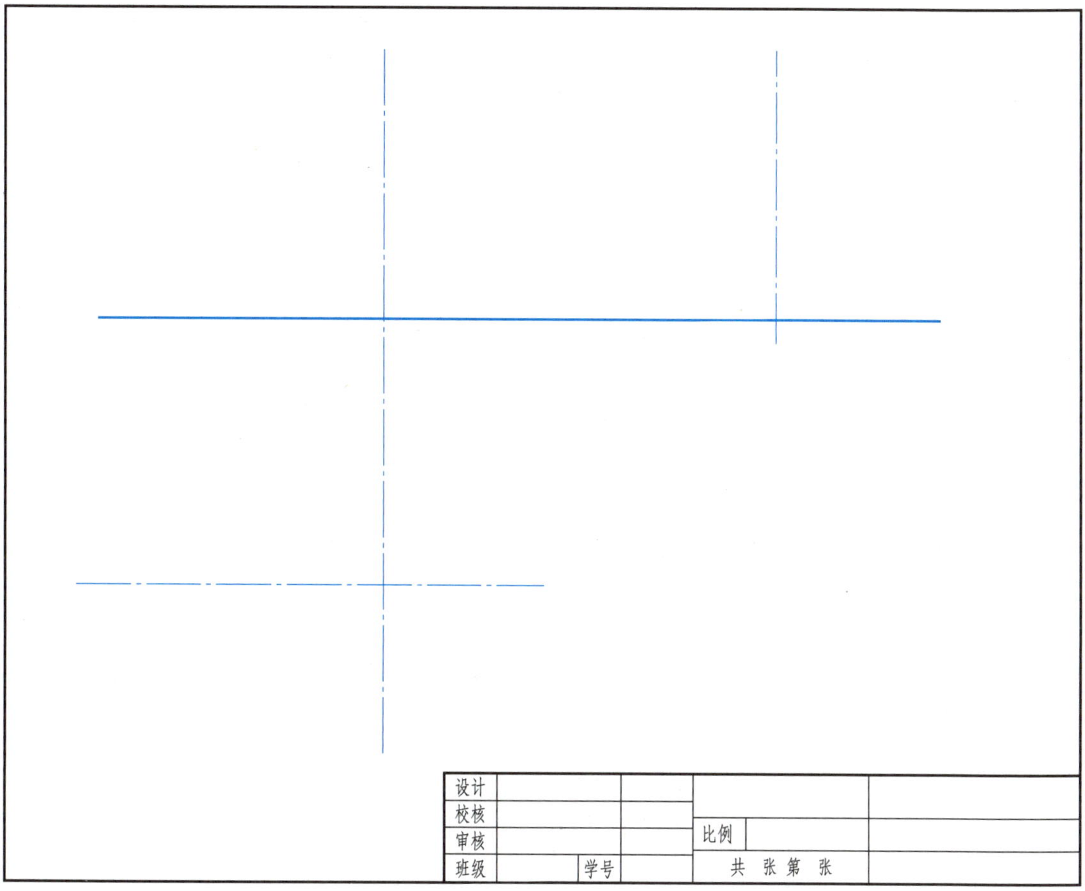

设计					
校核					
审核			比例		
班级	学号		共 张 第 张		

图 11-47 绘制三视图定位线

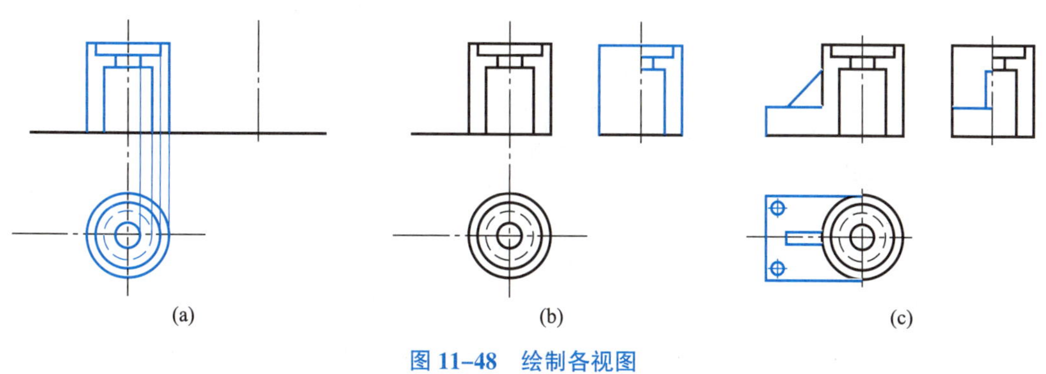
(a) (b) (c)

图 11-48 绘制各视图

用“偏移”“直线”及“修剪”命令，画底板底部槽的俯视图及左视图，根据俯视图确定槽的侧面与内、外圆柱面的交线位置，正确画出各段交线的正面投影。作图结果如图 11-49b 所示。

选择“细实线”图层，利用“样条曲线”“修剪”命令，画出左视图局部剖视图区域的边界波浪线。

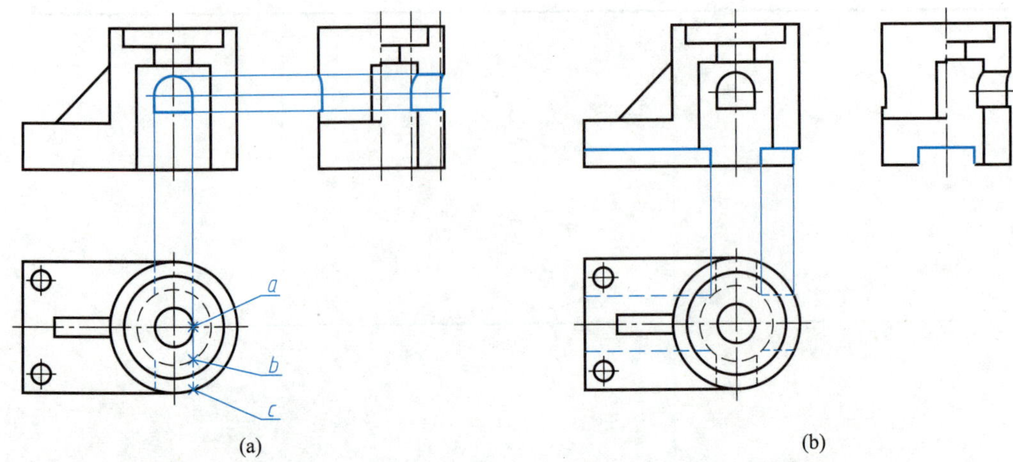

图 11-49　绘制正垂方向穿孔及底部通槽

利用“圆角”命令绘制俯视图底板的圆角。在“修改”工具条中点击“圆角”命令输入字母“R”(说明要修改半径数值);点击鼠标左键或按回车键指定圆角半径,输入数值 10;使用“偏移”命令,选择第一个对象(如图 11-50b 所示),点击鼠标左键或按回车键,选择第二个对象(选择相邻边),点击鼠标左键或按回车键,即可完成圆角的绘制,如图 11-50a 所示。注意:绘制圆角时,相邻两边中的任一条边都可作为第一个对象。

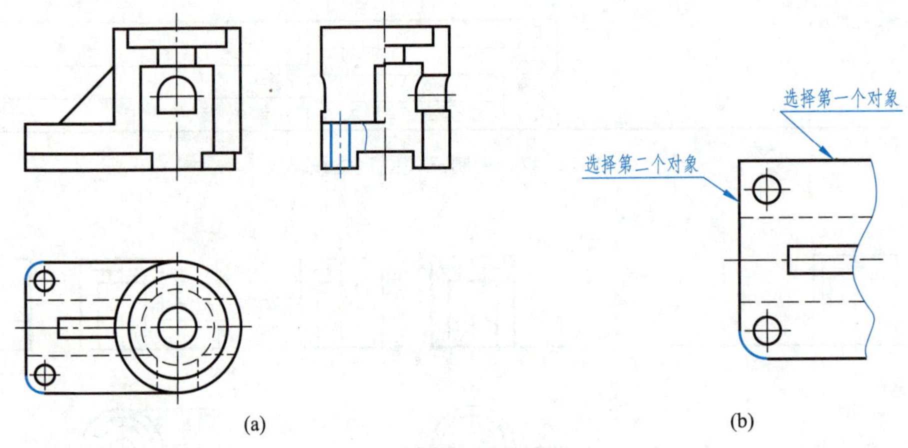

图 11-50　画圆角及局部剖边界波浪线

4. 绘制剖面线

将当前图层切换到“细实线”层。利用“绘图”工具条中的“图案填充”命令绘制剖面线。

(1) 选择填充图案

点击“绘图”工具条上的“图案填充”按钮,切换到“图案填充创建”工具条,如图 11-51 所示。先在“图案”区域选择剖面图案,例如选择“ANSI31”作为金属材料的剖面线;如需选择其他剖面线图案,可以点击“图案”区域右下角的小按钮打开图案选择面板,进行剖面图案选择。在“特性”区域的“角度”框格设置剖面线角度,默认“0”,代表所绘制的剖面线和水平成 45° 夹角;“角度”下面的框格用来设置剖面线间距。

(2) 选择填充区域

点击“边界”区域的“拾取点”按钮后，在绘制剖面线的图形区域内单击鼠标左键，以选中需要绘制剖面线的区域，之后即可看到“预览”的填充效果。如果剖面线的间距不合适，可直接修改间隔数据，修改后按回车键可预览修改的效果，再按一次回车键则完成剖面线的绘制。

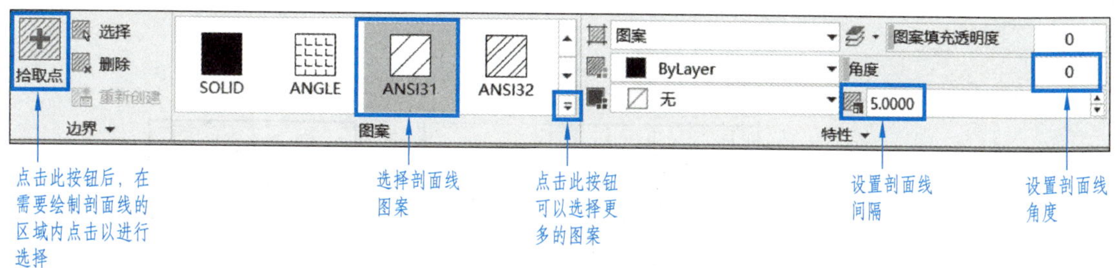

图 11-51　设置“图案填充创建”工具条

本例选择的填充区域如图 11-52 所示，为主视图中的 A、B 区域以及左视图中的 C、D 区域；按回车键确认后得到如图 11-53 所示结果。

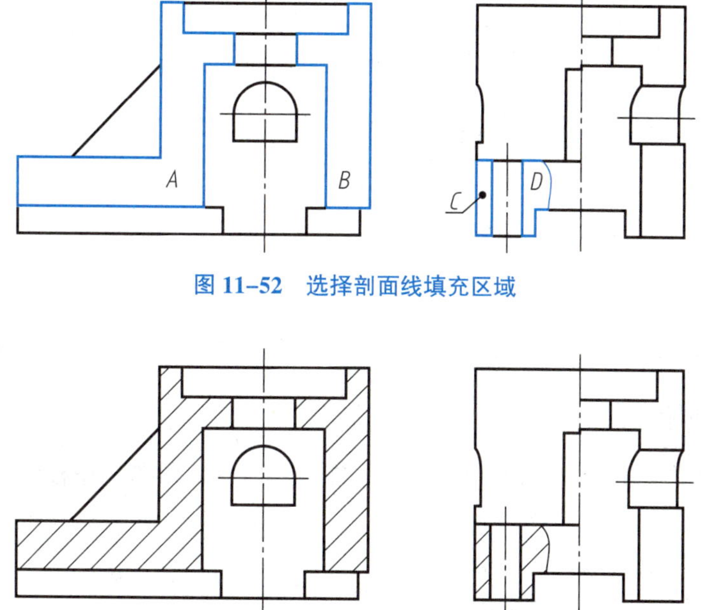

图 11-52　选择剖面线填充区域

图 11-53　完成剖面线填充

5. 标注尺寸

本例中有几处在非圆视图上标注直径尺寸，即在线性尺寸数字前加注符号“ϕ”，以及标注“2×ϕ10”，这些尺寸的标注需要通过修改尺寸文本来实现。下面以俯视图中“2×ϕ10”、主视图中“ϕ70”为例，说明具体的标注步骤。

选择“注释”工具条中的“直径”命令，选择俯视图中的小圆，输入字母“t”，输入“2×%%c10”(其中“%%c”是直径符号ϕ，符号“×”可用字母 x 替代)，点击鼠标右键或按回车键，调整尺寸注写的位置，点击鼠标左键确认，完成该尺寸标注。

选择“注释”工具条中的“线性”命令，如同标注长度尺寸一样选择 $\phi70$ 圆柱两条转向轮廓线顶部端点，在命令行输入字母“t”，输入“%%c70”，点击鼠标右键或按回车键，调整尺寸注写的位置，点击鼠标左键确认，完成该尺寸标注。利用同样的方法可以完成 $\phi53$、$\phi22$、$\phi40$ 等尺寸的标注，如图 11–54 所示。

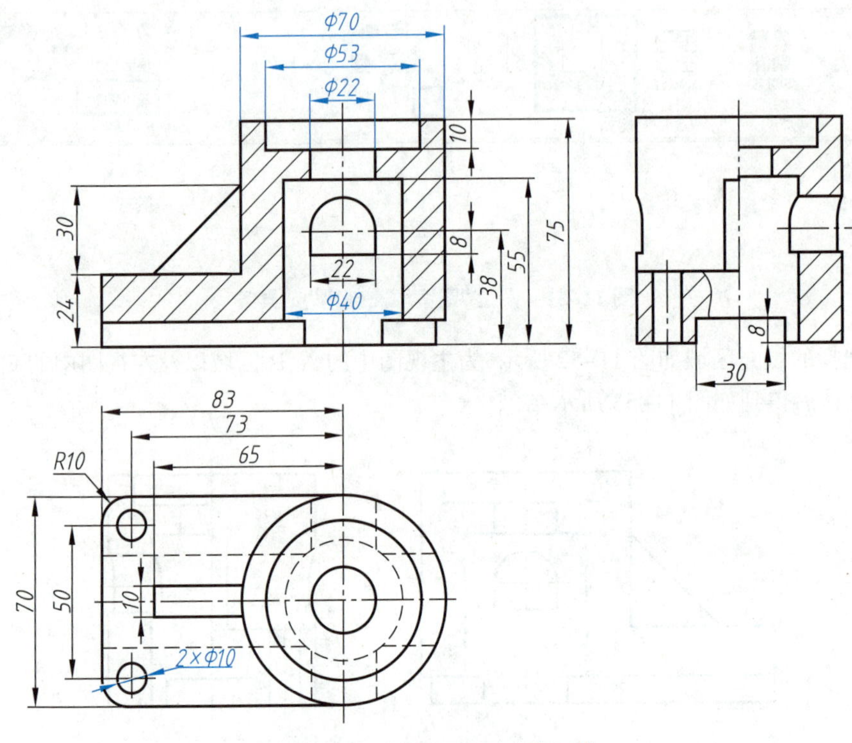

图 11–54 标注剖视图上的尺寸

当尺寸数字与图线重叠时，应用“打断”命令断开点画线，以使尺寸数字清晰、明了。

11.1.4 绘制零件图

本节通过绘制图 11–55 所示的脚踏座零件图，重点学习在零件图中标注尺寸公差代号、表面结构符号、几何公差符号的方法。

1. 绘制零件视图

主要介绍移出断面图和倒角的画法。

(1) 移出断面图的绘制步骤

1) 过图 11–56 中的点 C 画水平方向的点画线，以此为移出断面图的对称线，按照断面图的尺寸，应用“直线”“偏移”“修剪”“样条曲线”和“圆角”命令，画出断面图，如图 11–56a 所示。

2) 将绘制完成的断面图旋转至倾斜位置。在“修改”工具条中点击“旋转”命令；选择对象，选择断面图所有图线，点击鼠标右键或按回车键；指定基点，用鼠标捕捉并选择点 C；指定旋转角度，输入字母“R”（参照），点击鼠标右键或按回车键；指定参照角度，用鼠标捕捉并选择点 C，再用鼠标捕捉并选择水平点画线端点；指定新角度，用鼠标捕捉并选择倾斜点画线端点。完成操作后，移出断面图被旋转至剖切位置，删除水平方向点画线。

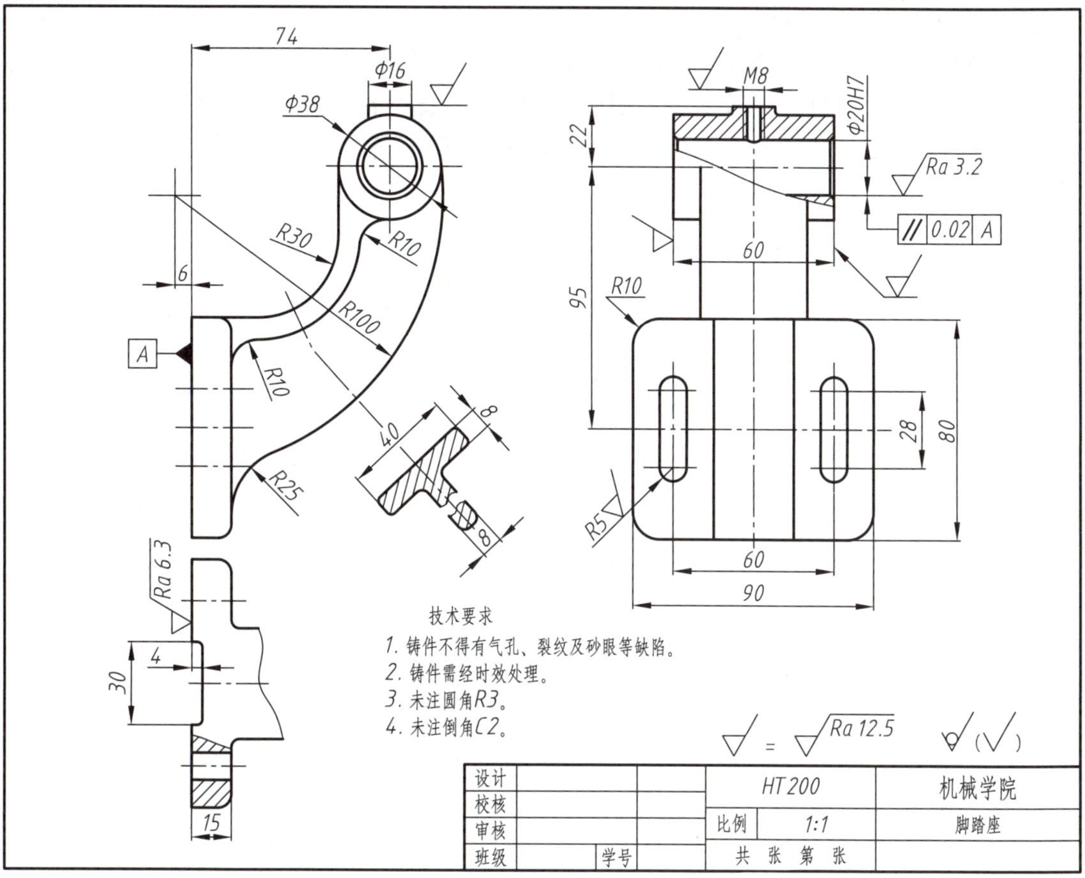

74
Φ16
Φ38
R30
R10
6
R100
A
R10
40
8
R25
8
Ra 6.3
4
30
15
M8
Φ20H7
22
Ra 3.2
// 0.02 A
60
95
R10
28
80
R5
60
90
技术要求
1. 铸件不得有气孔、裂纹及砂眼等缺陷。
2. 铸件需经时效处理。
3. 未注圆角R3。
4. 未注倒角C2。
= Ra 12.5
设计
校核
审核
班级
学号
HT200
机械学院
比例 1:1
脚踏座
共 张 第 张

图 11-55　脚踏座零件图

C

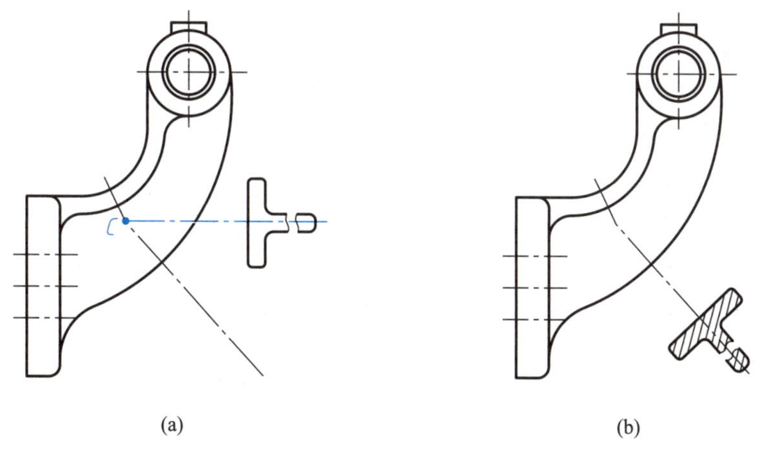

(a)　(b)

图 11-56　绘制移出断面图的方法

3）填充剖面线。因为断面图主要轮廓线与水平方向倾斜，若按照默认的剖面线角度填充，则剖面线基本与主要轮廓线平行，此时应按国家标准规定，将剖面线图案倾斜 30°。选择填充图案样例之后，在图 11-51 的“特性”区域，修改角度为“30”（30°），再选择填充区域，完成剖面线填充，如图 11-56b 所示。

(2) $C2$ 倒角的绘制步骤

1) 在“修改”工具条中点击“倒角”命令;选择第一条直线,输入字母“T”(修剪);选择修剪模式,输入字母“N”,选择不修剪模式;选择第一条直线,输入字母“D”(距离);指定第一个倒角距离,输入“2”;指定第二个倒角距离,点击鼠标右键或按回车键确认(默认前一数值“2”),完成设置。

2) 如图 11-57a 所示,选中两条倒角边,绘制出倒角斜边。重复倒角命令,绘制出右侧两处倒角的斜边。

3) 经过斜边端点绘制竖直线,如图 11-57b 所示。修剪多余图线,完成倒角绘制,如图 11-57c 所示。

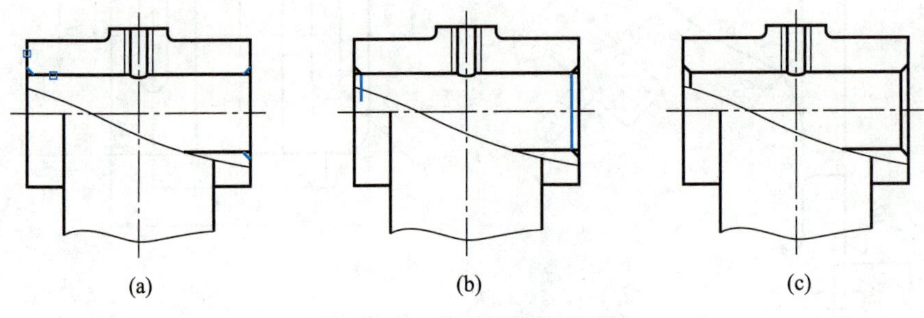

图 11-57 绘制倒角的方法

2. 标注尺寸

标注脚踏座零件图的尺寸,有两个问题需要说明:

(1) 左视图中普通螺纹的尺寸 M8 以及有尺寸公差代号的尺寸 ϕ20H7,可利用上例修改尺寸数字的方法来标注。

(2) 移出断面图中的尺寸标注方向倾斜,需要利用“已对齐”命令标注。“已对齐”命令在“标注”工具条中,见图 11-44。

3. 标注表面结构符号

零件的各个表面,因为工作要求不同会有不同的表面结构要求。利用“块”,尤其是具有可变属性的“块”,可简化表面结构符号的标注。

块的意义是将一个完整的或常用的图形组合成一个整体。块可以存储在当前图形文件中,在当前文件中可反复调用;也可以作为一个 DWG 文件单独存储,以供其他文件调用。

表面结构符号是一个标准图形,符号的画法和相关尺寸参数见本书第 9 章中的图 9-30 和表 9-9。下面根据脚踏座零件图的需要,设置两种类型的块。

(1) 创建一个不带属性的块

绘制如图 11-58a 所示的表面结构符号,符号的具体尺寸参照表 9-9 第一列的参数,如图 11-58b 所示。

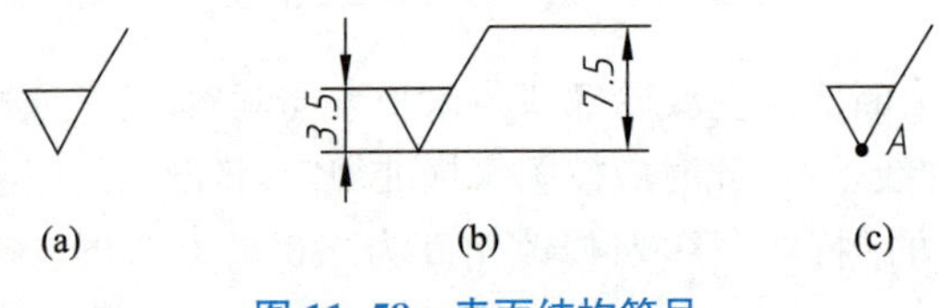

图 11-58 表面结构符号

选择“默认”主菜单，点击“块”工具条上的“创建”按钮（图 11-59），打开图 11-60 所示的“块定义”对话框，在图示位置输入块的名称“表面结构符号－通用”；在“基点”复选框下点击“拾取点”按钮，在图形区域选择图 11-58c 所示的 A 点作为插入块的基准点；在“对象”复选框下点击“选择对象（T）”按钮，在图形区域选择整个表面结构符号图形，点击鼠标右键返回“块定义”对话框，点击“确定”按钮，即完成一个不带属性块的创建。

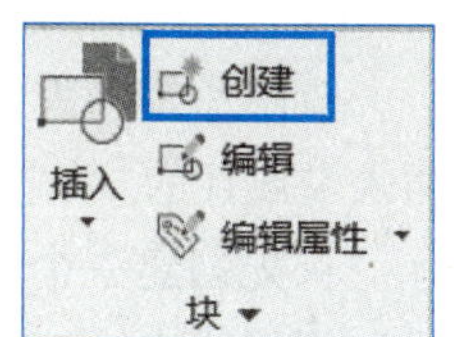

图 11-59　创建块按钮

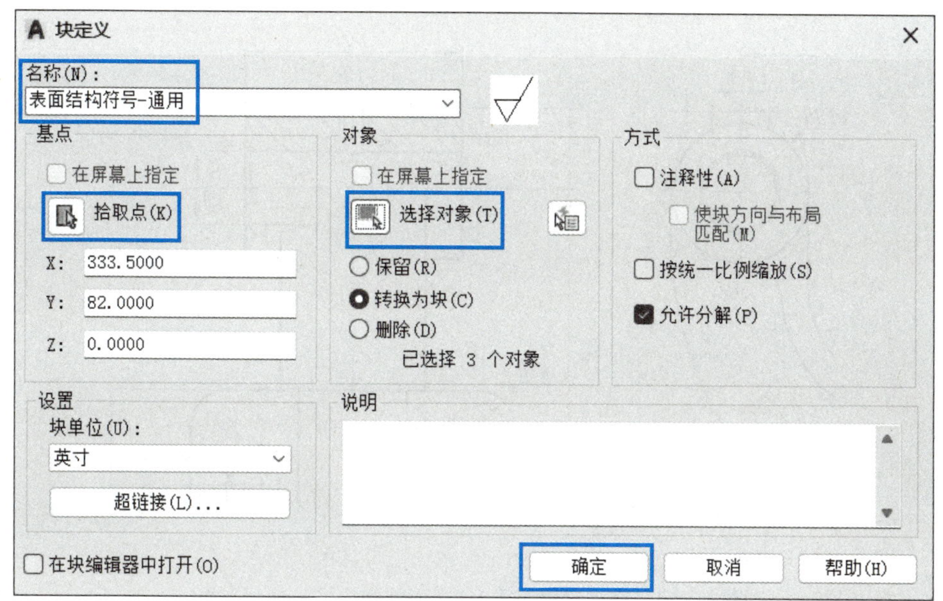

图 11-60　定义“表面结构符号－通用”块

（2）插入块

点击“块”工具条上的“插入”按钮（图 11-61），会出现刚创建的“表面结构符号－通用”块；用鼠标左键点击，即可在图形界面中插入该块，将块插入到脚踏座凸台顶面以及螺纹孔处，如图 11-62 所示。

若需要在左端面标注表面结构，则在选择插入点之前，在命令行输入“R”（旋转），然后再输入旋转角度“90”；标注右端面或者底部表面时，需要先绘制一条引线，再把表面结构符号标注在引线的水平线上，如图 11-62 所示。

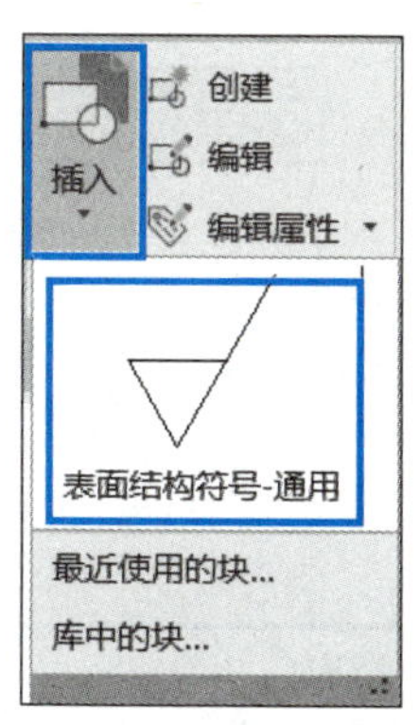

图 11-61　插入“表面结构符号－通用”块

（3）写块

上述步骤定义的块只能在本文件中使用。通过“写块”的方式把已定义的块作为文件保存起来，就可以在其他的文件中调用这个块。

在命令行输入“WBLOCK”命令，打开如图 11-63 所示的“写块”对话框。在对话框的“源”复选框中，如选择“对象”作为源，则如前述创建块一样，先把界面的图形创建为块，再保存为文件；如选择“块（B）”作为源，则选择已定义的块，在设定文件名和保存路径后，点击“确认”按钮，即可将已定义好的块作为一个单独的文件保存，供其他的文件调用。

(4) 定义和创建带属性的块

脚踏座零件表面有 *Ra*3.2、*Ra*6.3 和 *Ra*12.5 三种参数值，可将参数定义为块的可变属性，在插入带属性的“块”的时候，根据实际需要输入参数值。

首先创建一个名字为“英文和数字 2.5”的文字样式，参数除了文字高度改为“2.5”之外，其他和前面创建的“英文和数字”一致。其次需要在图 11-58a 所示基本符号的基础上添加一条水平线及文字 *Ra*，其中 *Ra* 的字高为 2.5，如图 11-64 所示。

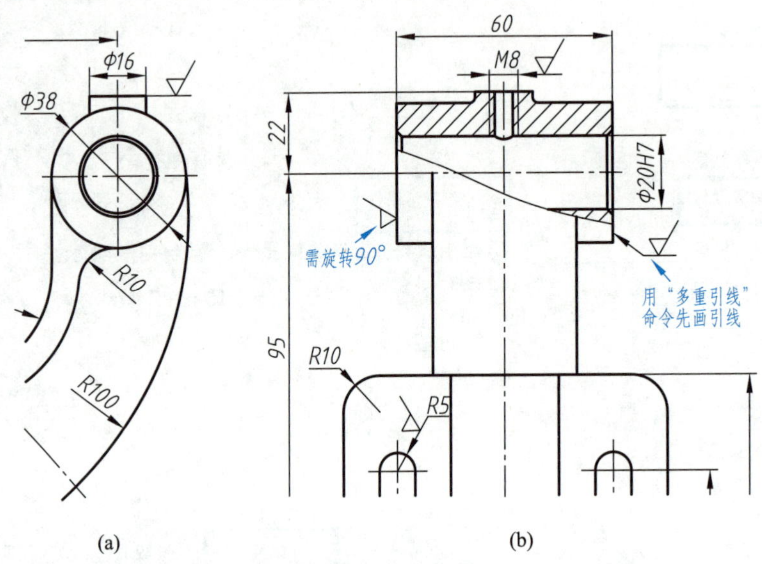

图 11-62 在相应位置插入“表面结构符号 – 通用”块

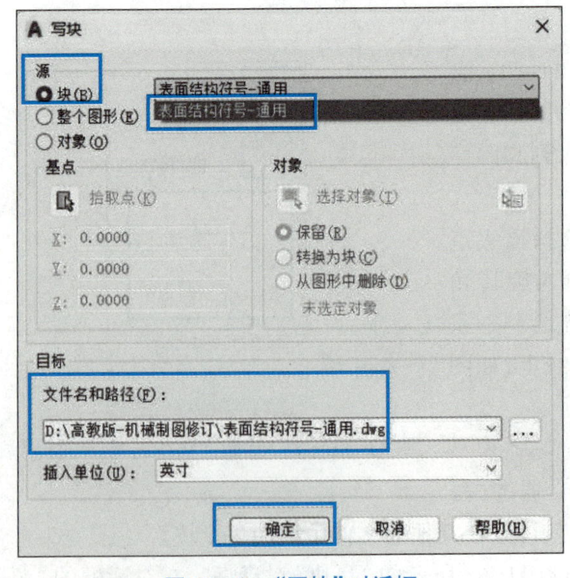

图 11-63 “写块”对话框

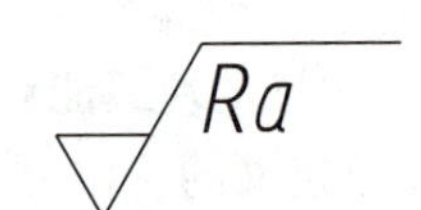

图 11-64 创建带属性块的表面结构符号

如图 11-65 所示，点击“块”工具条上的“块”按钮，再点击图 11-65b 所示的“属性定义”按钮，打开“属性定义”对话框，在“属性定义”对话框中按图 11-66a 设置，之后点击“确定”按钮，返回图形界面，将属性“RA”放至图 11-66b 所示的位置。

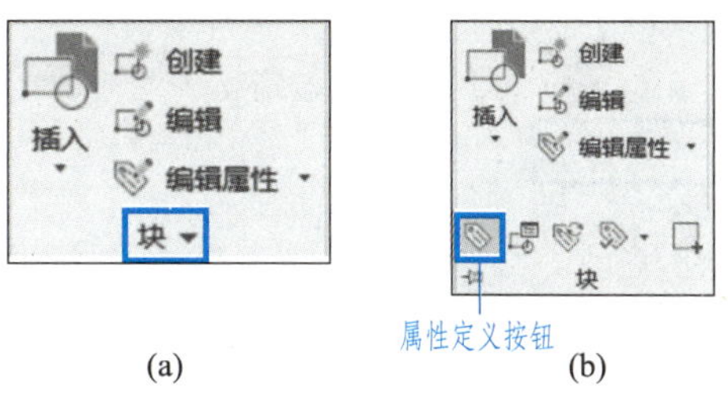

图 11-65　属性定义按钮

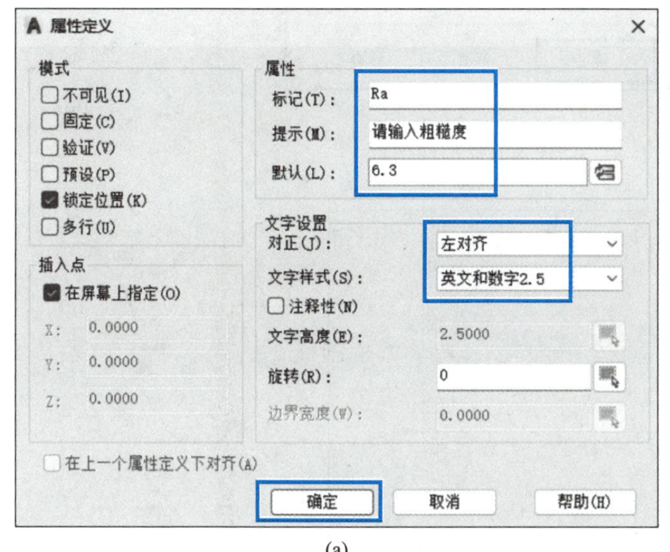

(a)

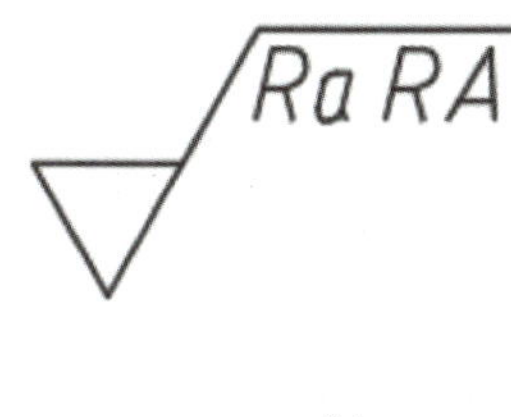

(b)

图 11-66　属性定义

接下来按“(1) 创建一个不带属性的块”的方法创建这个带属性的块。点击“块”工具条上的“创建”按钮，在“块定义”对话框中设置块名称为“表面结构符号 - 带属性”（图 11-67a）；点击“拾取点”按钮，拾取图 11-67b 所示点作为插入点；点击“选择对象”按钮，选择图 11-67b 中图形，选好后按回车键回到“块定义”对话框；点击“确定”按钮后打开图 11-68a 所示的“编辑属性”对话框，在此不做任何设置，直接点击该对话框的“确定”按钮，完成带属性的块的创建，如图 11-68b 所示。

(5) 插入带属性的块

按照“(2) 插入块”的方法，在脚踏座零件图中插入带属性的块。在“插入”对话框的“名称”复选框选择“表面结构符号 - 带属性”块，“确定”后将图形区域出现的“块”定位至需要标注的表面，然后在打开的图 11-68 所示“编辑属性”对话框中“请输入粗糙度”后的框格中输入所需的参数值，点击“确定”按钮后，完成标注。

按以上步骤，完成图 11-55 俯视图中左端面表面粗糙度 *Ra* 6.3，以及左视图中 ϕ20H7 孔表面粗糙度 *Ra* 3.2 的标注。

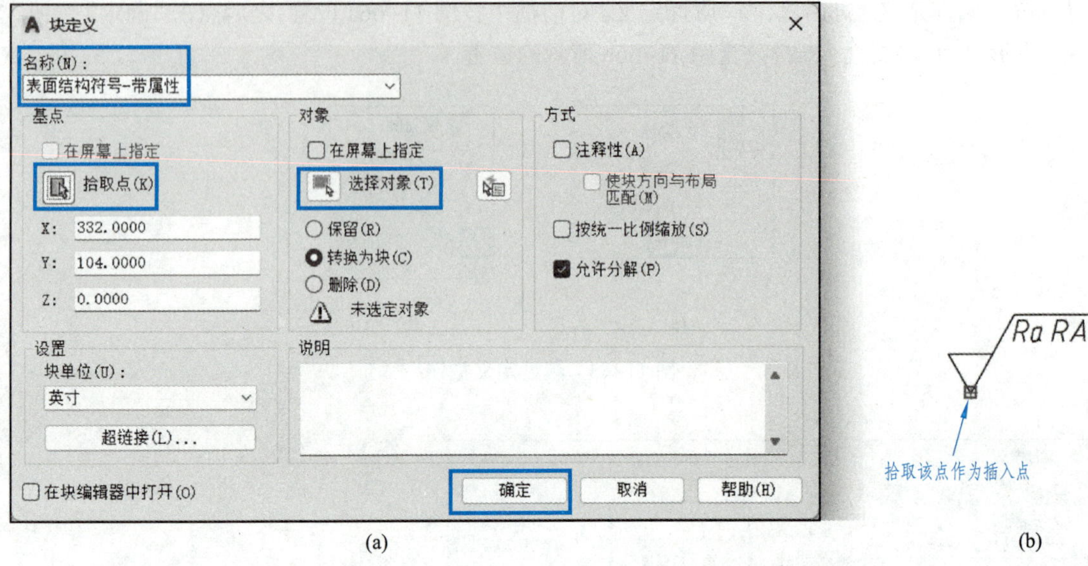

图 11-67 创建带属性的块

图 11-68 完成带属性的块创建

最后绘制如图 11-69 所示图形，在标题栏上方对表面结构的统一说明补充完整。

图 11-69 表面结构统一说明

4. 标注几何公差

标注几何公差分两个步骤：第一步，创建一个带属性的几何公差基准符号块；第二步，插入几何公差。

(1) 创建几何公差基准符号块及插入基准符号

几何公差基准包含以英文字母表示的基准名称，因此要创建一个带属性的几何公差基准块

(字母设定为可变属性),方便后续使用。创建方法和前面创建带属性的表面结构符号的方法类似。具体步骤如下:

1) 绘制如图 11-70a 所示的图形,正方形尺寸是文字尺寸的两倍,竖直线长度和下面等边三角形边长合适即可,等边三角形内部用“图案填充”命令,选“Solid”图案填充。

2) 属性定义。点击图 11-65b 所示的“属性定义”按钮,打开“属性定义”对话框,在“属性定义”对话框内设置属性参数,如图 11-70b 所示;点击“确定”按钮后返回图形界面,将属性符号“A”放置在框格内,如图 11-70c 所示。

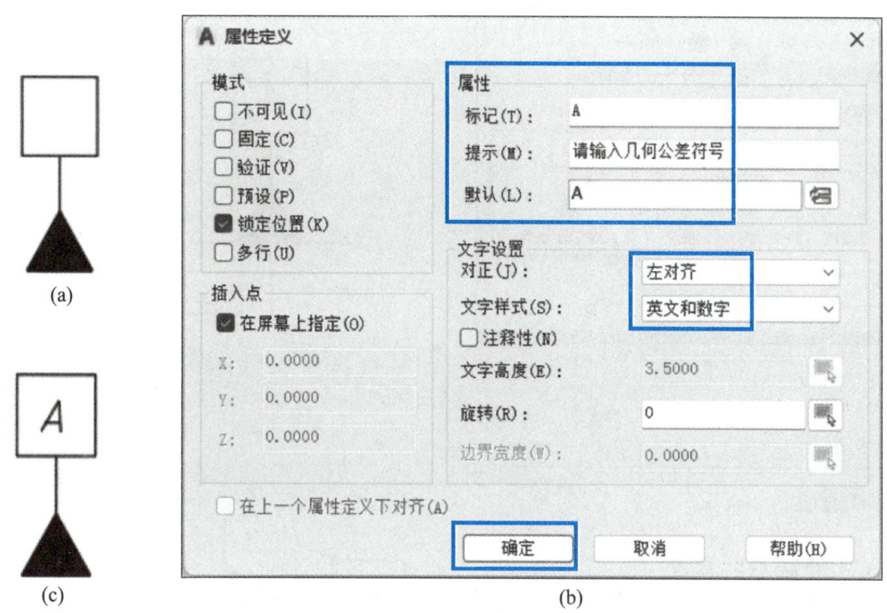

图 11-70 几何公差符号属性定义

3) 创建块。按前述创建块的方法,创建“几何公差基准”块,其中“基点”应选择三角形底边的中点,如图 11-71 所示。

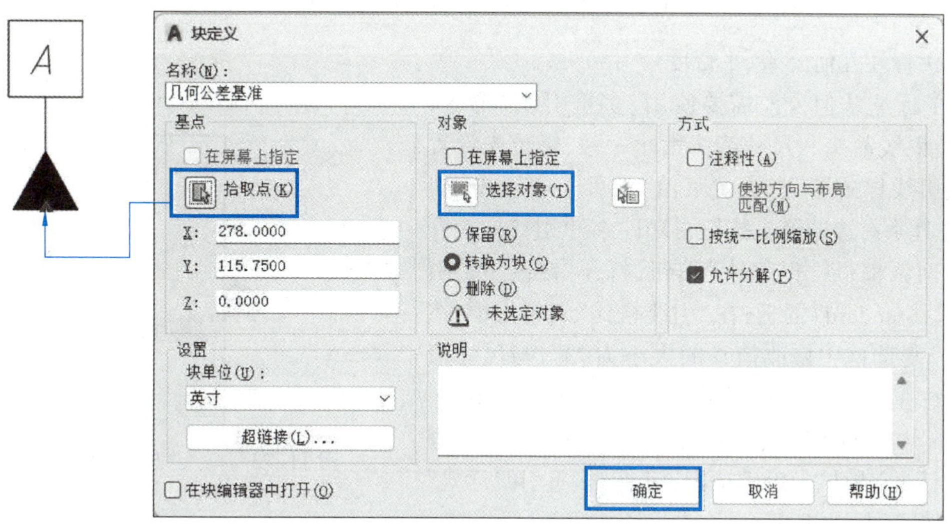

图 11-71 创建“几何公差基准”块

4）在零件图中插入“几何公差基准”块。脚踏座零件的左端面和 ϕ20H7 孔轴线有平行度公差，其中左端面为基准，因此需要在左端面插入基准符号。如图 11–72 所示，点击“块”工具条上的“插入”按钮，选择前面创建的“几何公差基准”块，在主视图中插入该块。选择插入点之前，在命令行输入旋转命令“R”，然后输入旋转角度“90”（90°），再在图形界面中捕捉符号放置位置，确定后在打开的“编辑属性”对话框中输入相应的基准字母；这里基准符号是默认的字母“A”，所以无须修改，点击“确定”按钮，完成基准符号块的插入，结果如图 11–73 所示。同样，也可以通过“写块”的方式把“几何公差基准”块作为文件保存起来，方便后续调用。

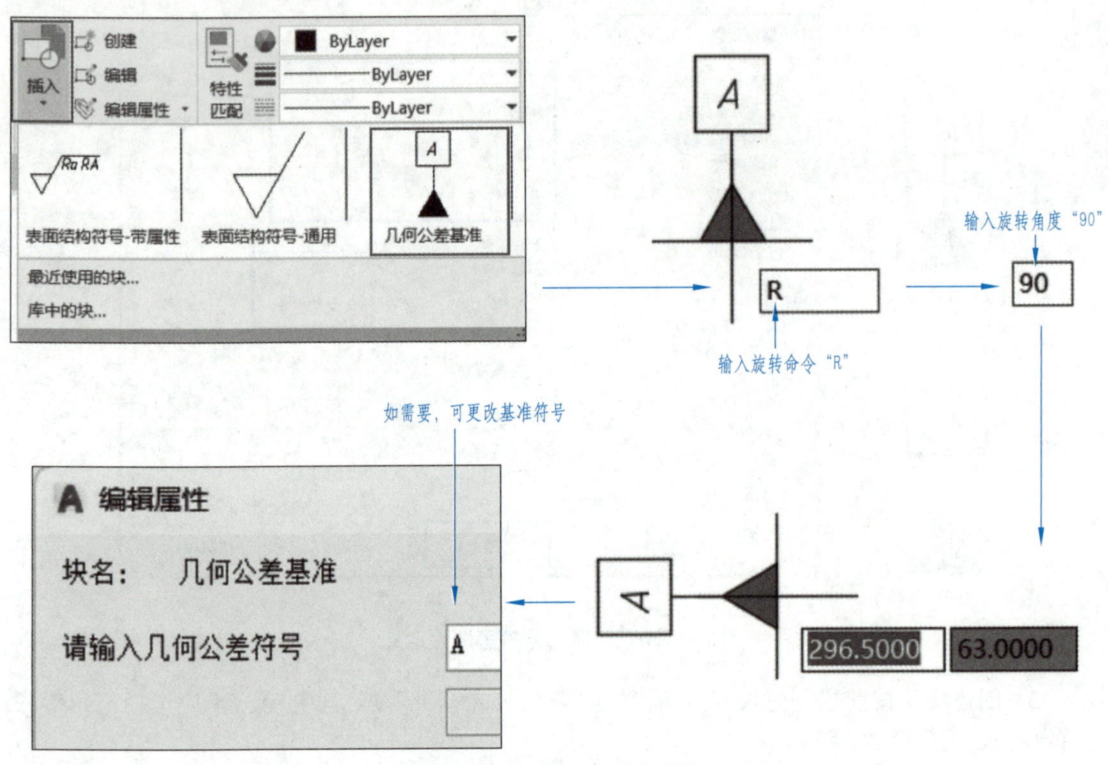

图 11–72 插入“几何公差基准”块的过程

（2）标注几何公差（平行度）

1）标注几何公差需要使用“多重引线”命令，为了使引线箭头和尺寸箭头大小一致，需要先设置“多重引线样式”。点击主菜单“注释”，再点击“引线”工具条右边的箭头按钮，打开“多重引线样式管理器”对话框；点击“修改”按钮，打开“修改多重引线样式：Standard”面板；在“引线格式”对话框中，在“箭头”复选框中修改箭头的大小为“3”，与尺寸箭头一致；在“引线结构”对话框中，“设置基线距离”为“5”；点击“确定”按钮，回到“多重引线样式管理器”对话框，点击“关闭”按钮，完成“多重引线样式”设置，如图 11–74 所示。

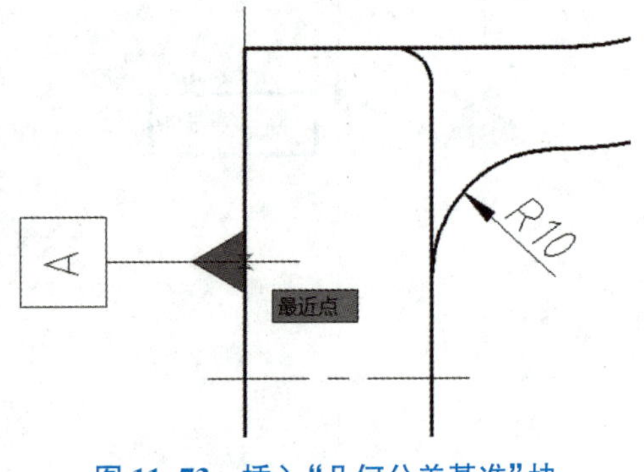

图 11–73 插入“几何公差基准”块

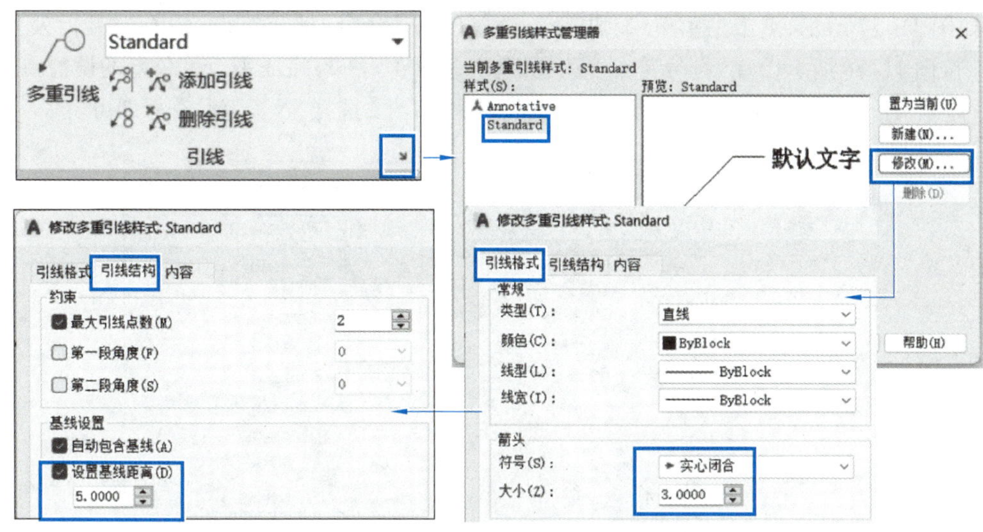

图 11–74　设置“多重引线样式”

2）点击“引线”工具条上的“多重引线”按钮，把引线箭头对准尺寸线箭头放置，如图 11–75 所示；不需要输入文字，按键盘上的 Esc 键即可，完成多重引线的插入。

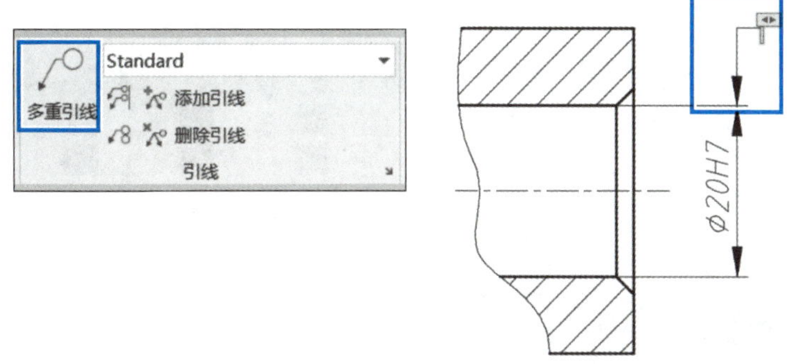

图 11–75　插入多重引线

3）设置平行度公差。因为“公差”命令需要在“标注”主菜单中选取，所以需先调出“标注”主菜单。如图 11–76 所示，点击界面上方右侧按钮，在弹出的快捷菜单中选择“显示菜单栏”，界面上方即会显示主菜单。

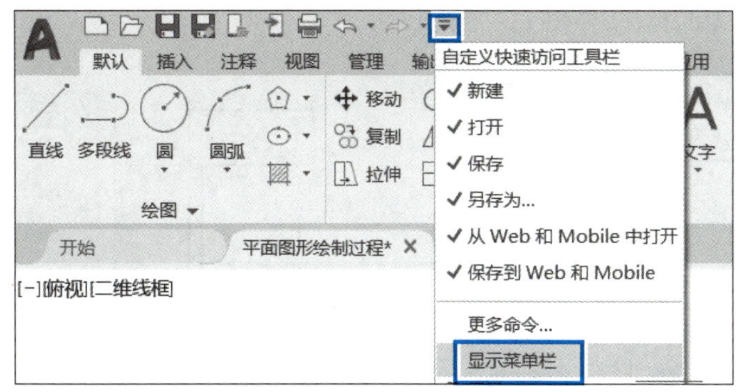

图 11–76　在界面显示菜单栏

如图 11-77 所示，点击主菜单“标注(N)/ 公差(T)...”命令，打开“形位公差”(几何公差)对话框。按图 11-78 所示设置“符号”“公差 1”数值、“基准 1”字母，完成平行度公差的设置。其中，点击“符号”下方的黑色框格，会弹出的“特征符号”对话框，选择“平行度”符号即可。

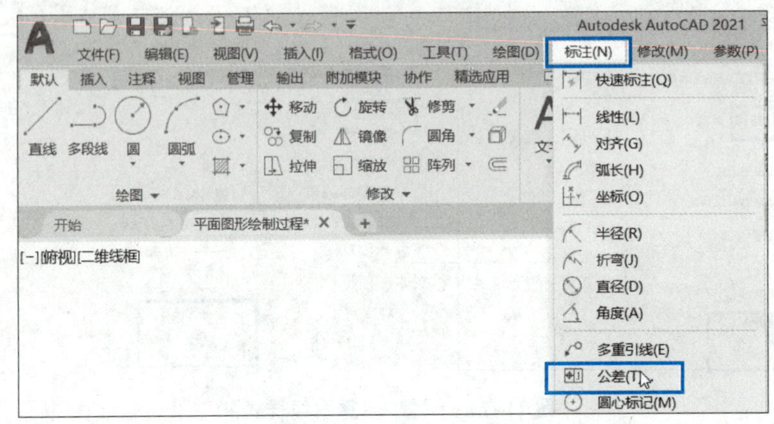

图 11-77 选择“公差”命令

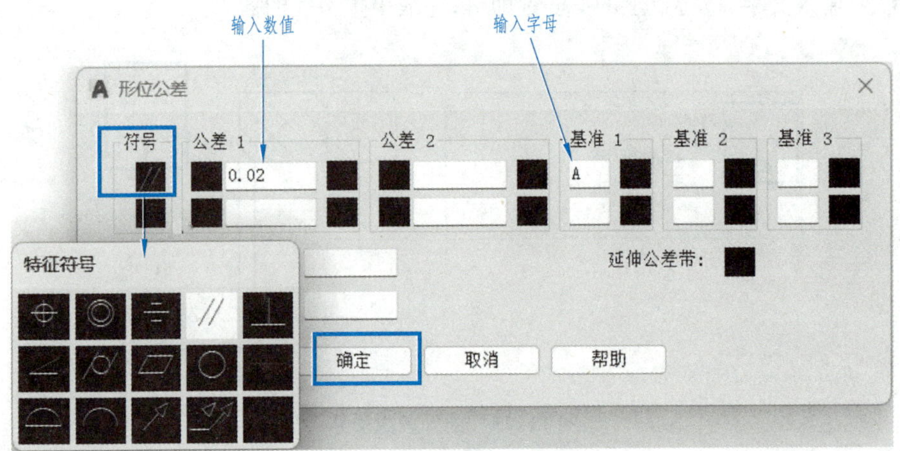

图 11-78 设置形位公差

4）插入平行度公差。完成参数设置后，点击“确定”按钮，返回图形界面；在左视图上标注该几何公差，将公差框格的位置放置在多重引线的端点，如图 11-79a 所示；确定好标注位置，完成该平行度几何公差的标注，如图 11-79b 所示。

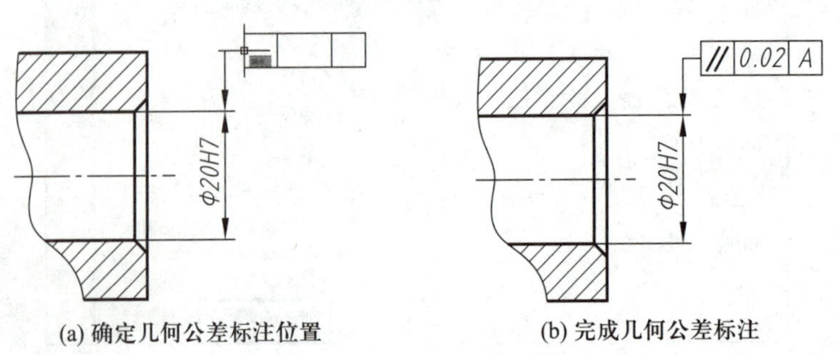

(a) 确定几何公差标注位置 (b) 完成几何公差标注

图 11-79 标注平行度公差

5. 书写技术要求，填写标题栏内容

把当前图层切换到“细实线”层，在图纸界面右下方合适位置书写技术要求的文字，其中“技术要求”这四个字为 7 号字，下面的具体内容为 5 号字。标题栏主要填写材料、比例、单位名称、零件名称和零件代号等内容。本图因零件未编号，因而标题栏的右下框格暂未填写。完成的技术要和标题栏如图 11-80 所示。

至此，完成了图 11-55 的绘制。

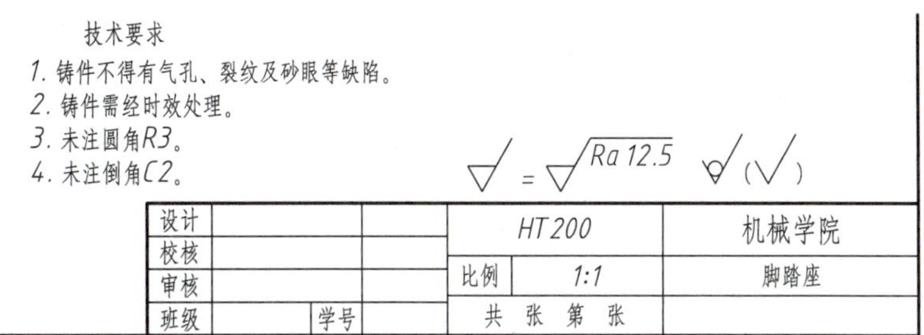

图 11-80 书写文字技术要求和填写标题栏

11.2 SOLIDWORKS 建模和生成工程图

11.2.1 SOLIDWORKS 草图绘制

SOLIDWORKS 建模的第一步是绘制草图，通过对草图“拉伸”“旋转”等特征建模的方式生成立体模型，所以，SOLIDWORKS 中绘制草图的目的是建立立体模型。下面以图 11-81 所示的平面图形为例，说明用 SOLIDWORKS 绘制草图的方法。

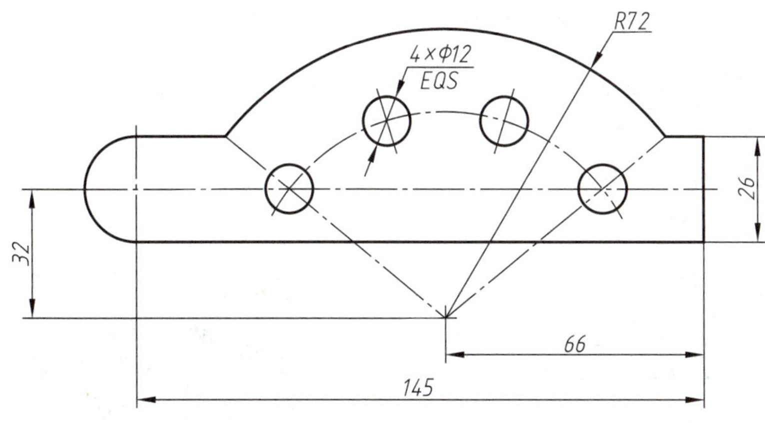

图 11-81 平面图形

新建一个 SOLIDWORKS 文件时，有“零件”“装配体”和“工程图”三种模块可供选择，绘制草图是建立零件模型的基础，所以选择“零件”模块开始草图绘制，如图 11-82 所示。

SOLIDWORKS 的三大特点是参数化、尺寸驱动和特征建模。在绘制草图时，其最主要的特点就是尺寸驱动，无论绘制直线还是圆、圆弧，通常先画出这些线条，然后通过“智能尺寸”标

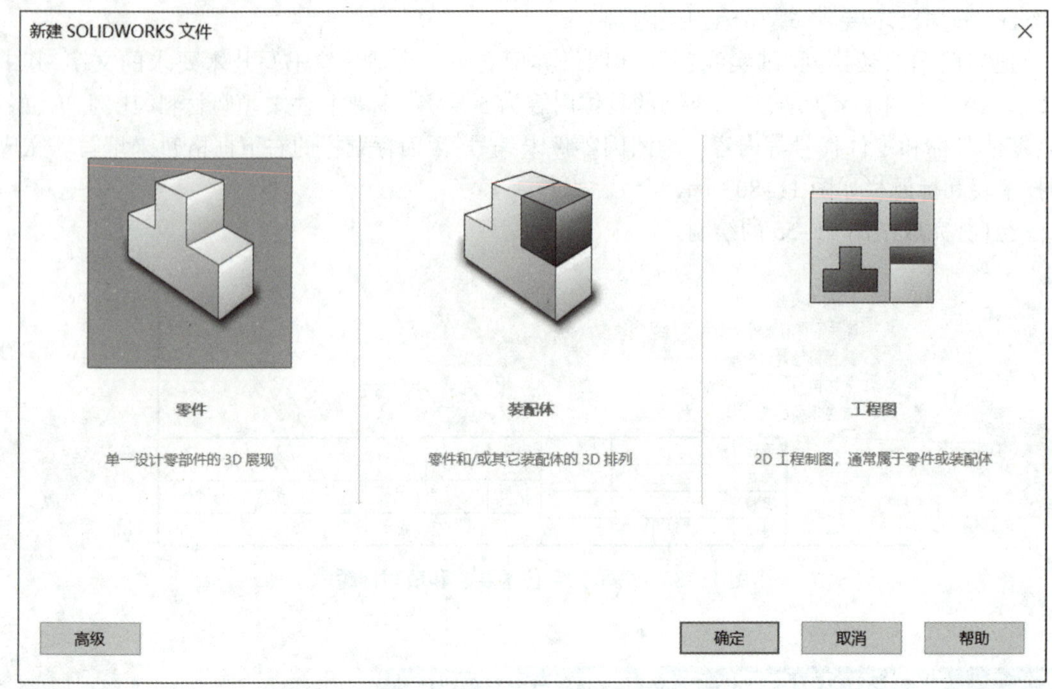

图 11-82 选择“零件”模块

注来确定直线的长度、圆的直径和圆弧的半径。

在 SOLIDWORKS 中，草图是在基准面上绘制的，有三个默认的基准面可以选择，如图 11-83 所示，此处选择在“前视基准面”上绘制草图。鼠标右键点击前视基准面，在弹出的快捷菜单中点击草图按钮，或者点击图 11-84 所示“草图”工具条最左端的“草图绘制”按钮，即可在前视基准面上进行草图绘制。“草图”工具条上的“智能尺寸”按钮用以驱动图形的大小，右侧是绘制“直线”“矩形”“圆”等基本图形的工具按钮。

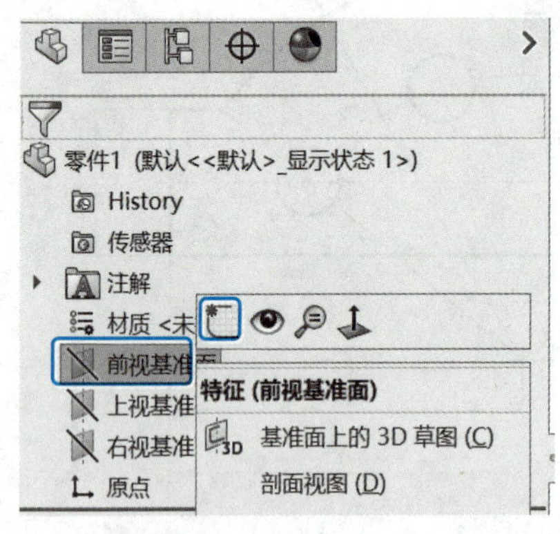

图 11-83 选择基准面

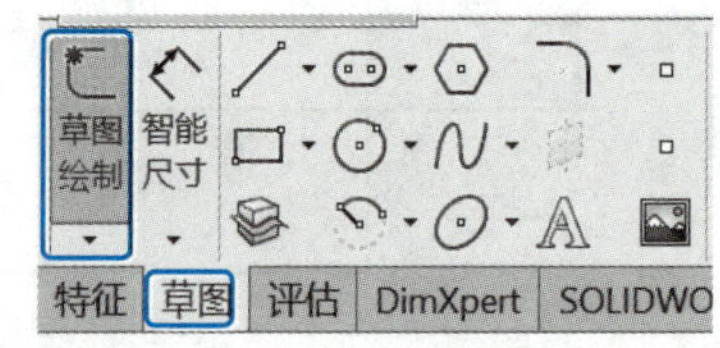

图 11-84 “草图”工具条

图 11-81 的绘图步骤如下：

1. 绘制 $R72$ 圆弧

如图 11-85 所示，点击“草图”工具条上的“圆弧”按钮，采用默认的“圆心、起点、终点”方

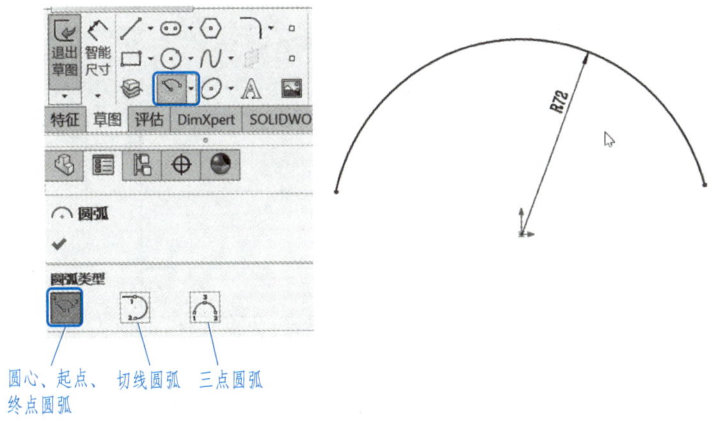

图 11-85 绘制 *R*72 圆弧

式绘制圆弧，以原点为圆心在界面上绘制一个圆弧，并使用“草图”工具条上的“智能尺寸”按钮，标注该圆弧的半径为 *R*72。其中圆弧的起点和端点位置大致给定即可。

2. 绘制水平点画线并标注尺寸 32

如图 11-86 所示，点击“草图”工具条上直线按钮右侧的下拉箭头，在打开的选项中选择“中心线(N)”(直接点击“直线”按钮则绘制实线)，先在原点上方适当位置绘制一条水平点画线，再使用“智能尺寸”命令标注尺寸 32。

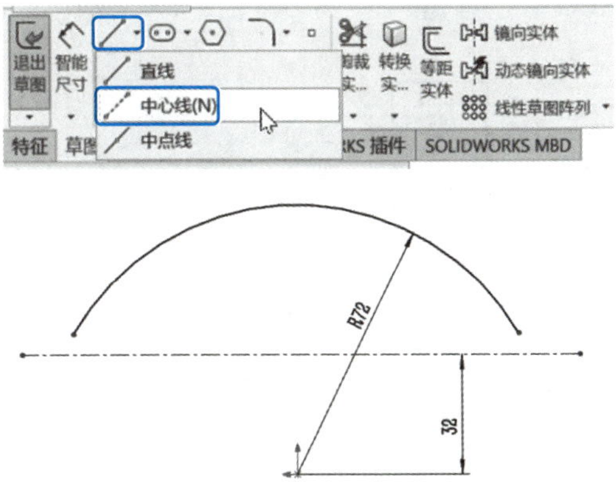

图 11-86 绘制水平点画线

3. 绘制相对于水平点画线对称的水平直线，以及右侧的竖直线和左侧的半圆

如图 11-87 所示，在水平点画线一侧绘制出一条水平直线，然后点击“草图”工具条上的“镜向实体”按钮，绘制另一侧的水平直线。

再用“直线”命令连接两水平直线右侧端点，用“圆弧”命令的“切线弧”绘制左侧半圆，并用“智能尺寸”命令标注尺寸 26、66 和 145，如图 11-88 所示。

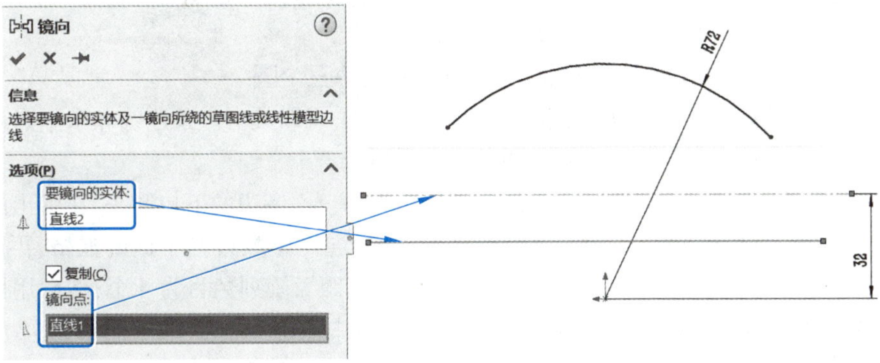

图 11-87 镜向实体

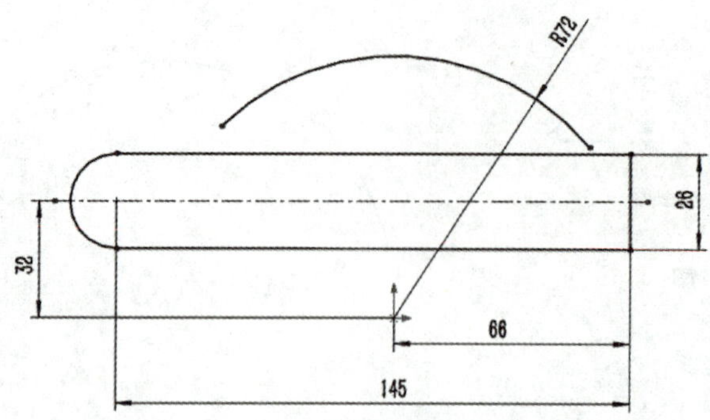

图 11-88 绘制竖直线和半圆并标注尺寸

4. 连接 $R72$ 圆弧端点和上方水平直线，剪裁 $R72$ 圆弧端点之间的直线

如图 11-89 所示，按住键盘上的 Ctrl 键，同时鼠标左键单击圆弧左端点（点 6）和上方的水平直线（直线 4），在左侧“属性”对话框的“所选实体”栏中显示已选中端点和直线；在“添加几何关系”栏点击“重合”，完成 $R72$ 圆弧左端点和水平直线的重合。用同样方法使圆弧右端点和直线重合。

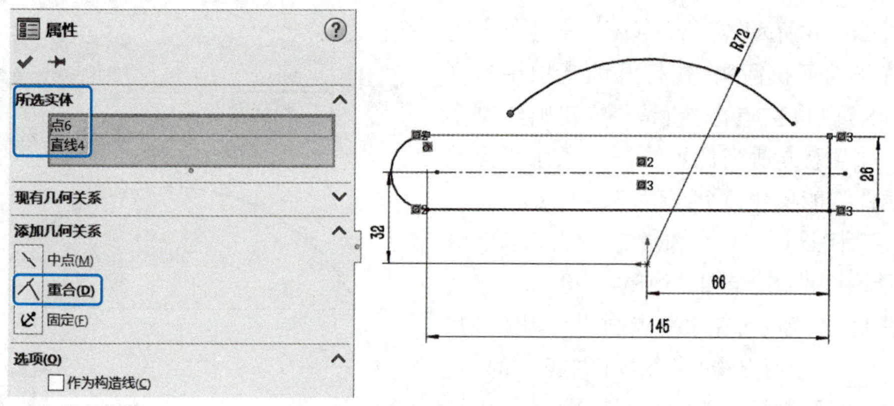

图 11-89 添加“重合”的几何关系

如图 11-90 所示，点击“草图”工具条上的“剪裁实体（T）”按钮，打开“剪裁”属性管理器。有五种剪裁线条的方式，常用的是“强劲剪裁（P）”和“剪裁到最近端（T）”。使用“强劲剪裁（P）”，需要按住鼠标左键，划过线条，则该线条被剪裁掉；使用“剪裁到最近端（T）”，需要把鼠标移动到被剪裁的线条上，点击鼠标左键，即可剪裁掉该线条。

5. 绘制直径 $\phi12$ 圆，并用“圆周阵列”绘制出其他三个圆

先用“中心线”连接 $R72$ 圆弧的圆心及其左、右端点，再以其中一条连线和水平点画线的交点为圆心，绘制一个圆，并标注直径 $\phi12$，如图 11-91 所示。

如图 11-92 所示，点击“草图”工具条上“线性草图阵列”旁边的下拉箭头，在弹出的菜单中选择“圆周草图阵列”，在“圆周阵列”属性管理器中先点击“参数（P）”下面的框格，再选择 $R72$ 的圆心（点 7）作为阵列中心点；其他参数确认勾选“等间距”，阵列数目为 4 个；然后用鼠标左键把 $\phi12$ 圆的圆心拖动到阵列中心点附近，在属性管理器中点击“确认”，得到图 11-92 所示的阵列结果。此时，阵列中心和原点并没有“重合”的几何关系，所以可以拖动后三个圆的某个圆心，

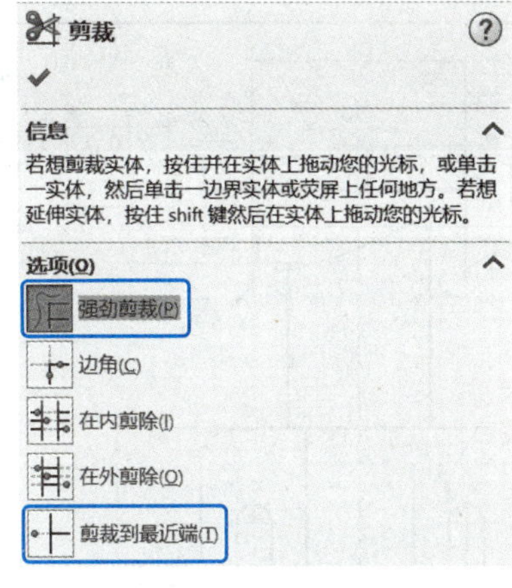

图 11-90 “裁剪实体”命令

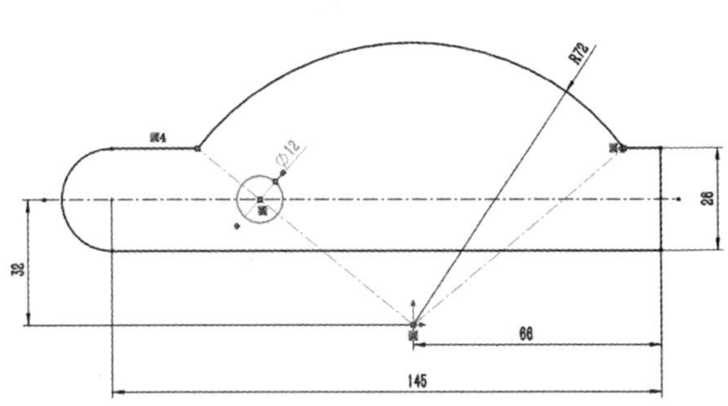

图 11-91 绘制直径 ϕ12 的圆

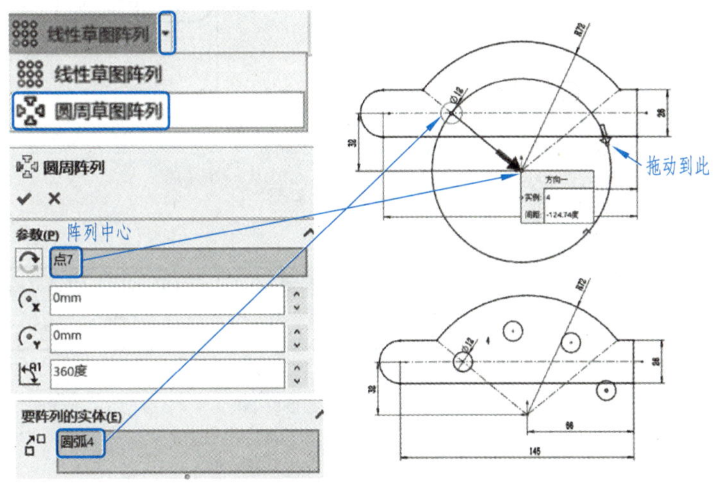

图 11-92 圆周阵列

把阵列中心拖离原点，然后按住 Ctrl 键，用鼠标左键选择阵列中心点和原点，再添加“重合”的几何关系；同样地，在最后圆的圆心和两条中心线之间添加“交叉点”的几何关系，完成圆周阵列，从而完成了整个草图的绘制。完成后的草图如图 11-81 所示。

11.2.2 SOLIDWORKS 零件建模

SOLIDWORKS 建模的方式和 AutoCAD 不太一样，AutoCAD 可以按照圆柱体、长方体和球体等基本体的方式建立立体模型；而 SOLIDWORKS 建模必须先绘制草图，然后通过把草图拉伸、旋转或者扫描、放样等方式来建立立体模型。但是，就建模的策略和路线而言，两者具有一定的相似性，都可以按照组合体构成的思路分析零件，把零件分拆成不同的基本立体，按照先加后减（先把基本立体叠加建模，再进行切除、穿孔）的原则进行建模。

根据图 11-93 所示脚踏座零件图建立其立体模型，并添加材质灰铸铁，计算其质量。对脚踏座进行形体分析，可以把它看作由三部分组成：左侧安装板，上部带凸台的圆柱，连接两部分的 T 形连接板。

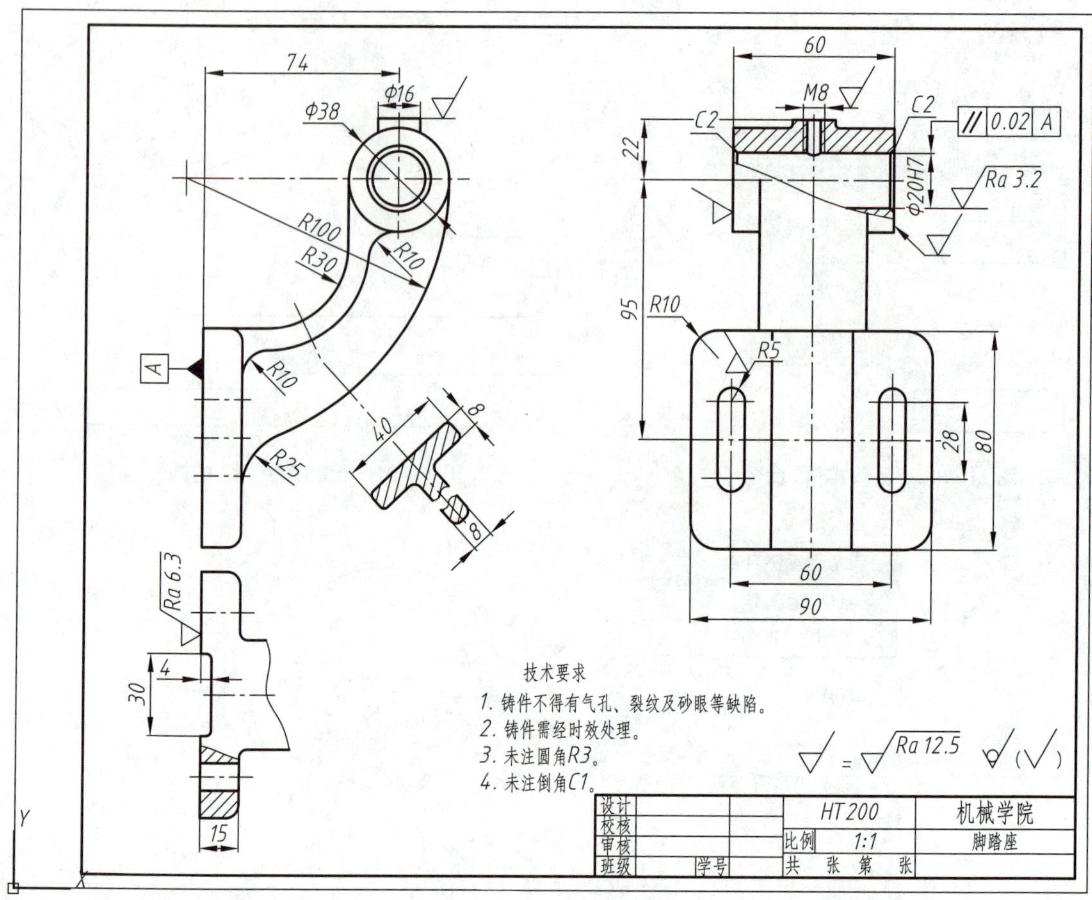

图 11–93 脚踏座零件图

1. 左侧安装板建模

如图 11–94 所示，根据视图的特点选择"右视基准面"来绘制安装板的底面草图，再选择"矩形"命令中的"中心矩形"命令，把矩形的中心定在坐标原点上；利用"智能尺寸"命令标注矩形的长、宽，利用"圆角"命令绘制 $R10$ 圆角。

如图 11–95 所示，利用"槽口"命令绘制安装板上的槽口，并用"镜像实体"命令绘制另一侧对称的槽口；标注相应的尺寸，完成安装板的草图绘制。

点击"特征"工具条上的"拉伸凸台 / 基本"命令按钮，设置拉伸距离为安装板的厚度 15，生成安装板模型，如图 11–96 所示。再选择安装板左侧面（或者右视基准面）作为草图基准面，建立安装板上矩形槽的草图，并用"拉伸切除"命令切出矩形槽，如图 11–97 所示。

2. 上部圆柱建模

如图 11–98 所示，选择"前视基准面"，新建草图，绘制圆，并标注尺寸。点击"特征"工具条上"拉伸凸台 / 基本"命令按钮，因为草图基准面位于圆柱的中部，所以拉伸的终止条件选择"两侧对称"，拉伸距离则是整个圆柱的长度 60，如图 11–99 所示。

选择"上视基准面"新建草图，绘制顶部凸台小圆柱草图。为了圆心的定位更方便，先过原点绘制一条水平中心线，并通过点击菜单"视图（V）/ 隐藏 / 显示（H）/ 临时轴（X）"命令，显示前面绘制的上部圆柱的轴线；在"草图"工具条上点击"圆"命令按钮，在合适的位置绘制一个圆，

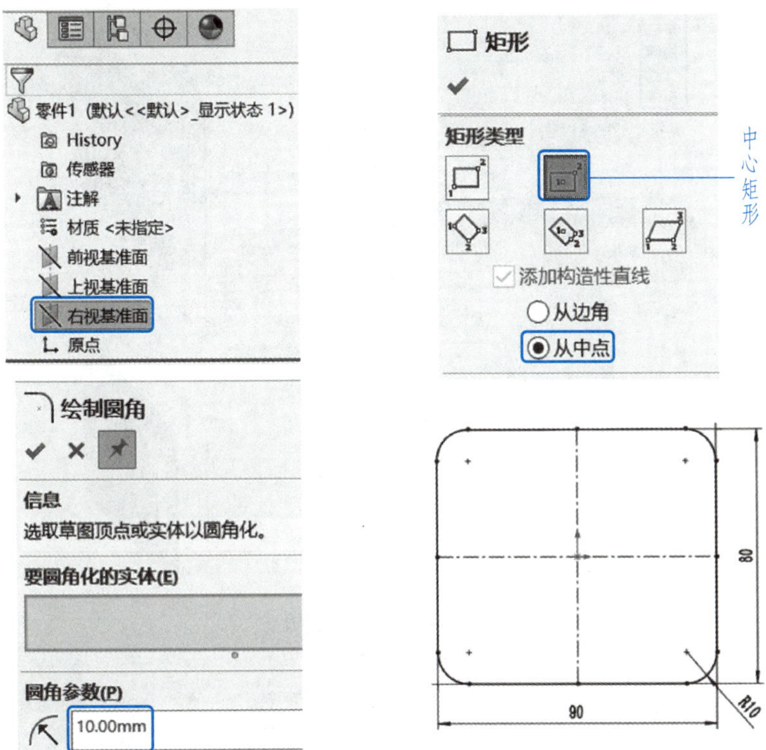

图 11-94 绘制安装板草图矩形

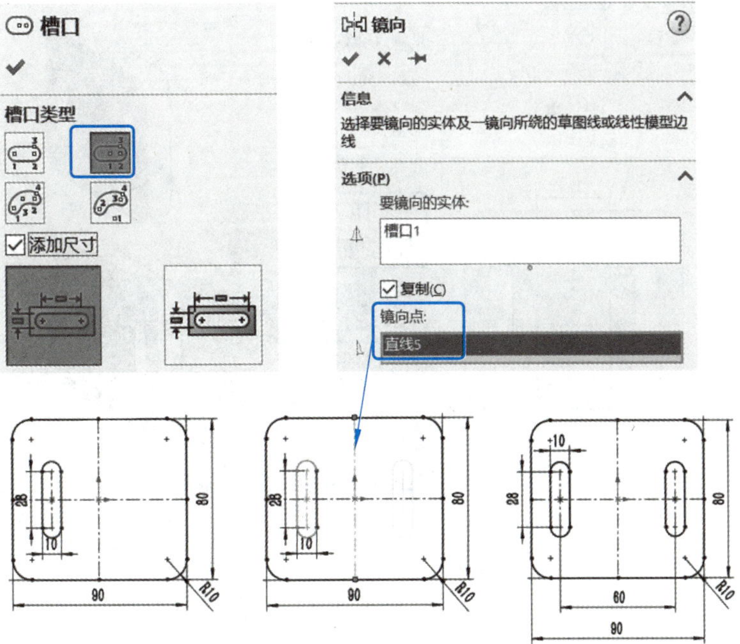

图 11-95 绘制安装板槽口

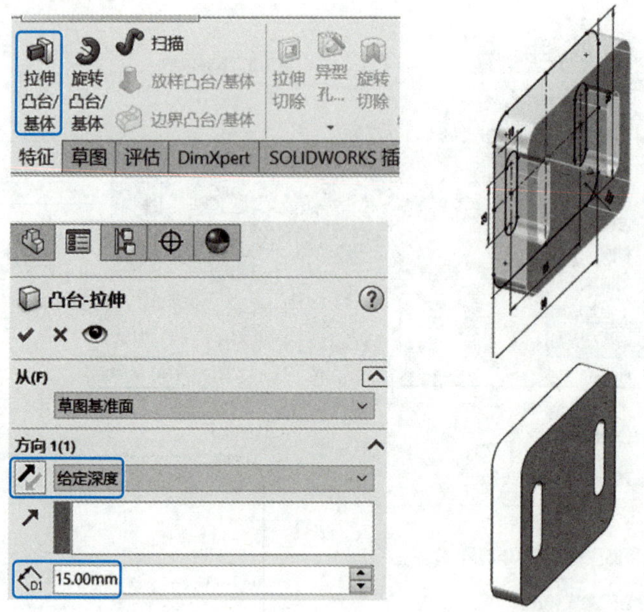

图 11-96 拉伸底板

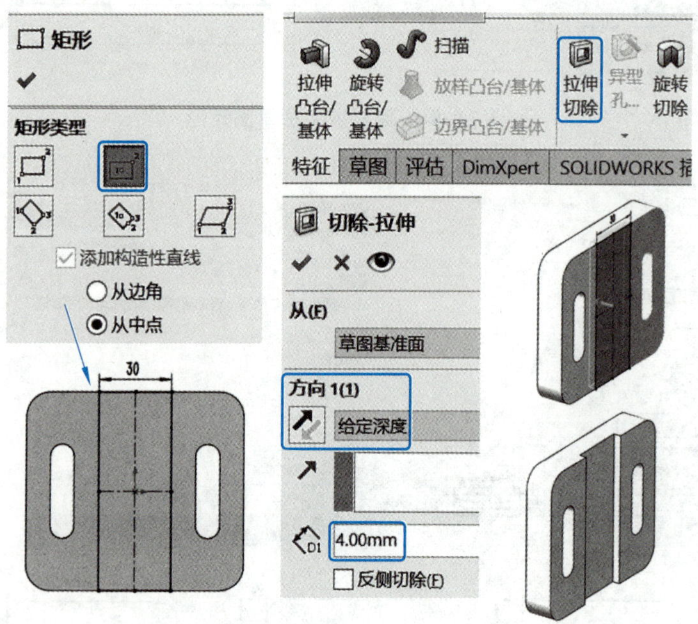

图 11-97 切出安装板左侧面矩形槽

再用鼠标点选圆心(点 2)、临时轴(基准轴 <1>)和水平中心线(直线 1),添加“交叉点”几何关系,即可将圆心定位;最后标注圆的直径 $\phi16$,完成小圆柱的草图绘制。如图 11-100 所示。

点击“特征”工具条上的“拉伸凸台 / 基体”命令按钮,在拉伸起始位置的“从(F)”复选框选择“等距”(如果按默认的“草图基准面”,则草图在哪个基准面绘制,拉伸就从哪里开始),设置等距的距离为 117,即从距离草图平面 117 mm 的位置(凸台顶面位置)开始拉伸;拉伸的终止条

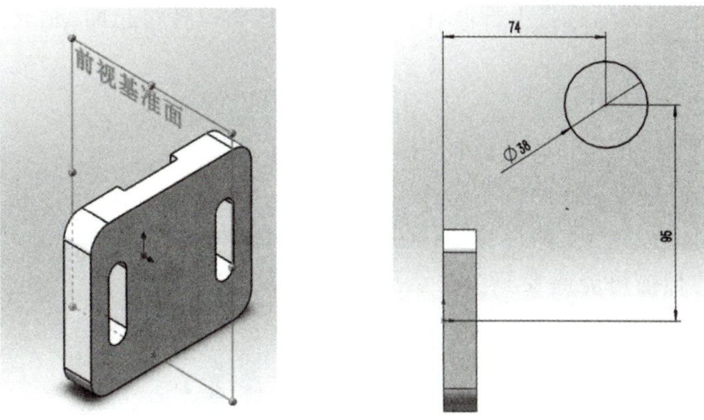

图 11-98 绘制上部圆柱草图

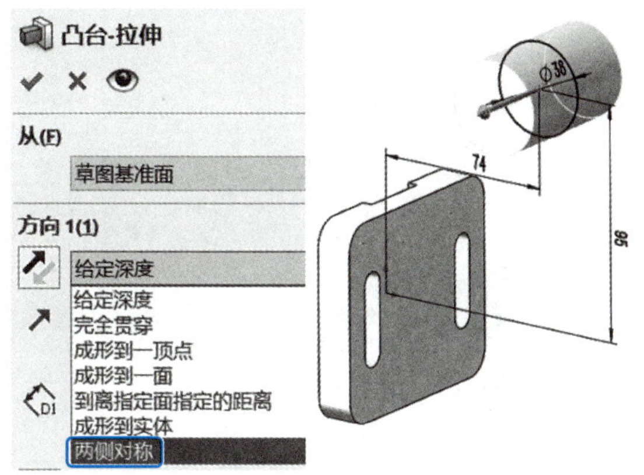

图 11-99 拉伸上部圆柱

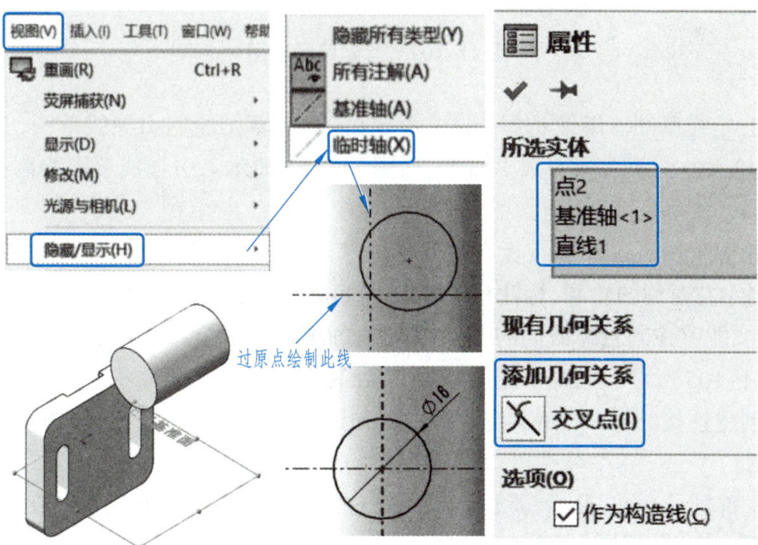

图 11-100 绘制凸台小圆柱草图

件选择“成形到一面”，然后选择上部圆柱面（面 <1>）作为拉伸终止面，完成小圆柱的拉伸。如图 11–101 所示。

3. T 形连接结构建模

这个结构通过“特征”工具条上的“扫描”命令来完成。“扫描”一般需要两个草图，一个是轮廓，即扫描的断面；另一个是路径，即断面扫掠的轨迹。更复杂的扫描可能需要三个甚至更多草图，比如此处的扫描，除了轮廓和路径草图外，还需要绘制一个引导线草图，用以控制扫描过程中轮廓的变化。

(1) 绘制路径草图。选择“前视基准面”新建草图，绘制路径草图。注意竖直线和圆要添加“相切”的几何关系，$R30$ 圆弧可以用“圆角”命令来绘制，如图 11–102 所示。绘制完成后点击界面右上角的“确认”按钮，保存并退出此草图。

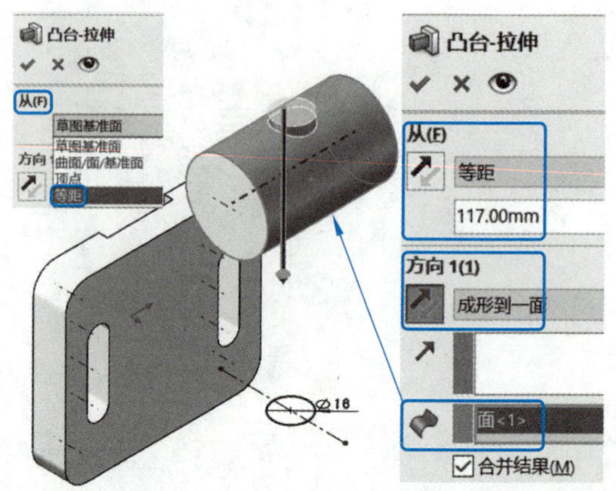

图 11–101 拉伸凸台小圆柱

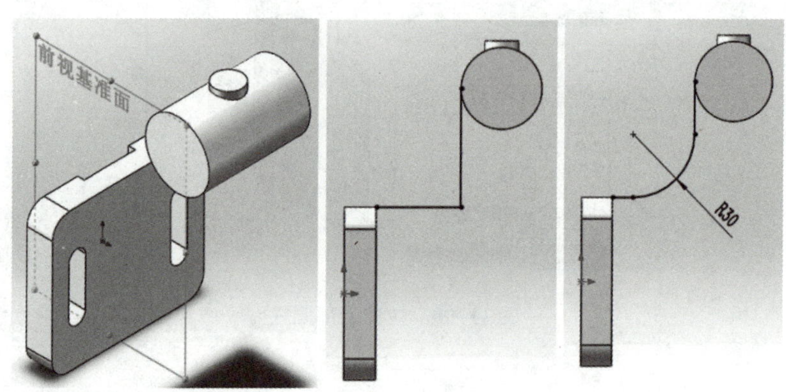

图 11–102 绘制路径草图

(2) 绘制引导线草图。继续选择“前视基准面”新建草图绘制引导线草图，其中 $R100$ 圆弧和上部圆柱面轮廓的圆心在同一水平面上，如图 11–103 所示。引导线草图绘制完成后，保存并退出草图。

(3) 绘制轮廓草图。选择安装板右端面作为草图基准面新建草图，先过原点绘制一条竖直中心线，再绘制左右对称的轮廓，标注尺寸，如图 11–104 所示。

为了引导线能够控制轮廓截面的变化，需要添加轮廓和引导线上端点“重合”（重合 7）的几何关系，如图 11–105 所示。轮廓草图绘制完成后，保存并退出草图。

(4) 扫描创建连接结构。点击“特征”工具条上的“扫描”命令按钮，扫描创建连接结构，如图 11–106 所示。

(5) 创建上部圆柱通孔、凸台螺纹孔，以及圆柱倒角。如图 11–107 所示，在上部圆柱左端面上绘制圆，并标注尺寸，再点击“特征”工具条上的“拉伸切除”命令按钮，方向选择“成形到下一面”，完成圆柱穿孔的创建。

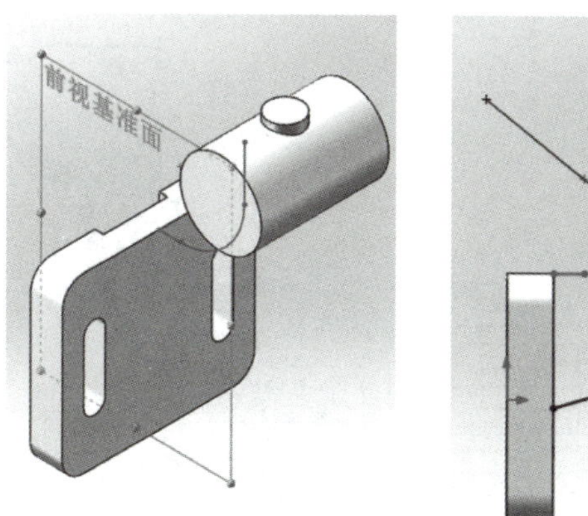

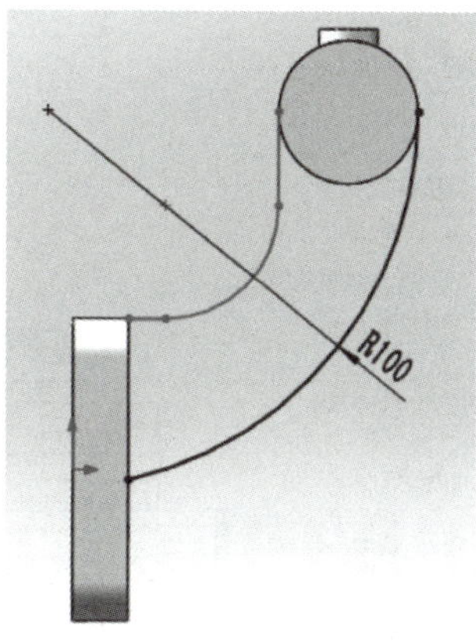

图 11-103 绘制引导线草图

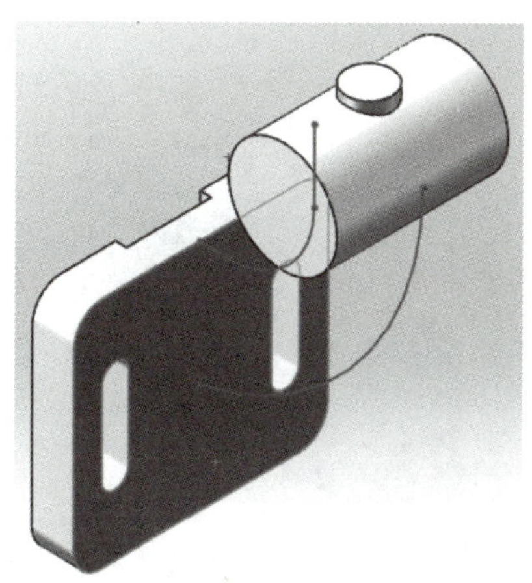
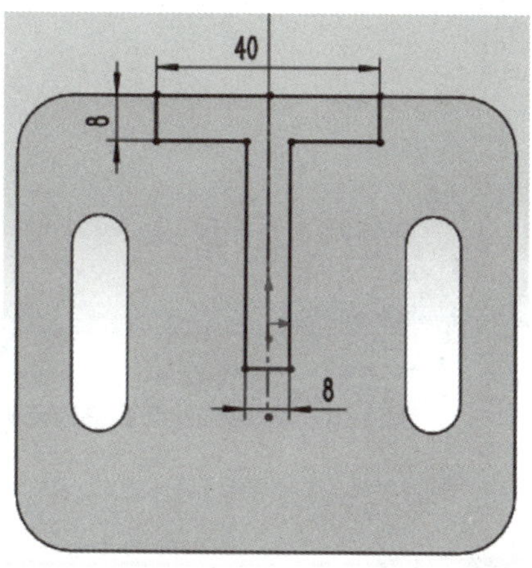

图 11-104 绘制轮廓草图

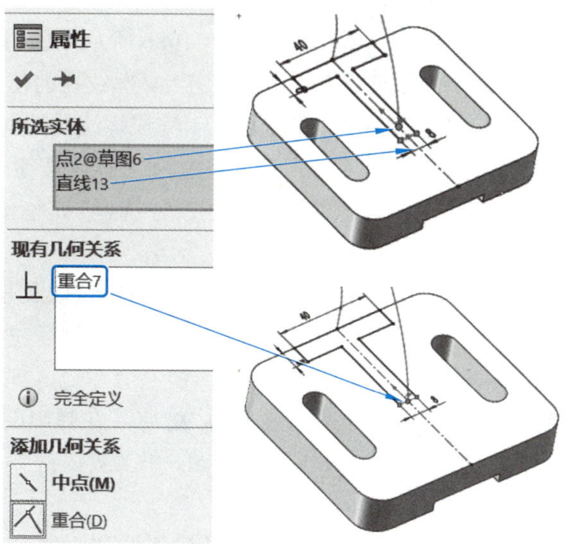

图 11-105 添加“重合”几何关系图

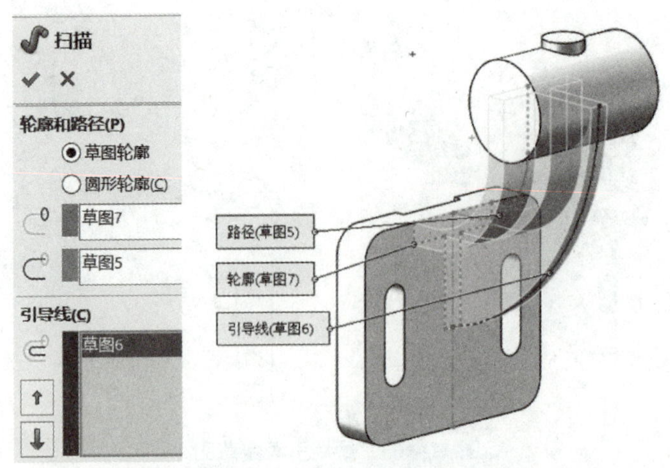

图 11–106 “扫描”创建连接结构

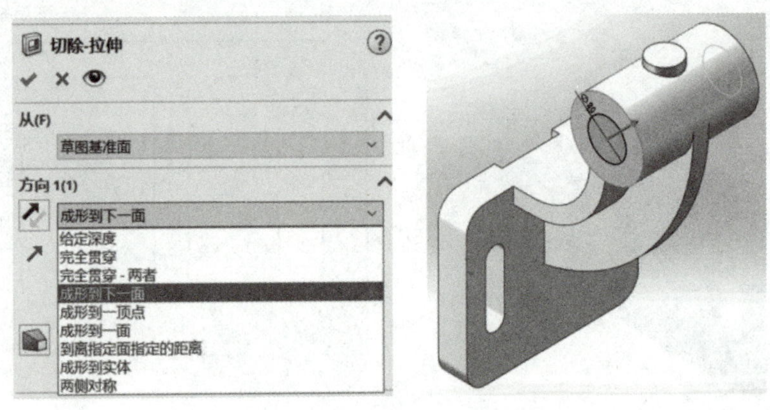

图 11–107 创建上部圆柱孔

运用“特征”工具条上的“异型孔向导”创建顶部小圆柱 M8 螺纹孔。如图 11–108a 所示，点击“特征”工具条上的“异型孔向导”命令按钮，按图 11–108b 所示“孔规格”面板设置参数；之后点击“位置”选项，先点击小圆柱顶面，然后选择圆心确定 M8 螺纹孔的位置（提示：把光标移动到边线圆上停顿数秒，会出现圆心，再移动光标去捕捉圆心），完成螺纹孔的创建（图 11–108c）。

创建倒角。如图 11–109 所示，点击“特征”工具条上的“圆角”按钮下的下拉按钮，选择“倒角”命令，按默认的“角度距离”方式，设置倒角距离为 2，并选择“完整预览（W）”；设置完成后，光标选择上部圆柱孔的两条边线，完成倒角的创建。

(6) 绘制连接结构上的 $R25$、$R10$ 圆角，安装板上槽的 $R3$ 圆角以及其他必要的圆角，完成整个脚踏座模型的创建，如图 11–110 所示。

4. 添加材质，查看质量信息

如图 11–111 所示，鼠标右键点击设计树列表上的“材质”，在弹出的快捷菜单中点击“编辑材料（A）”打开“材料”对话框，选择“solidworks materials/ 铁 / 灰铸铁”。给模型添加材料属性，模型会显示为材质的颜色和纹理。

如图 11–112 所示，点击“评估”工具条，再点击“质量属性”按钮，在弹出的面板中可以查看模型的质量、体积和表面积等信息。

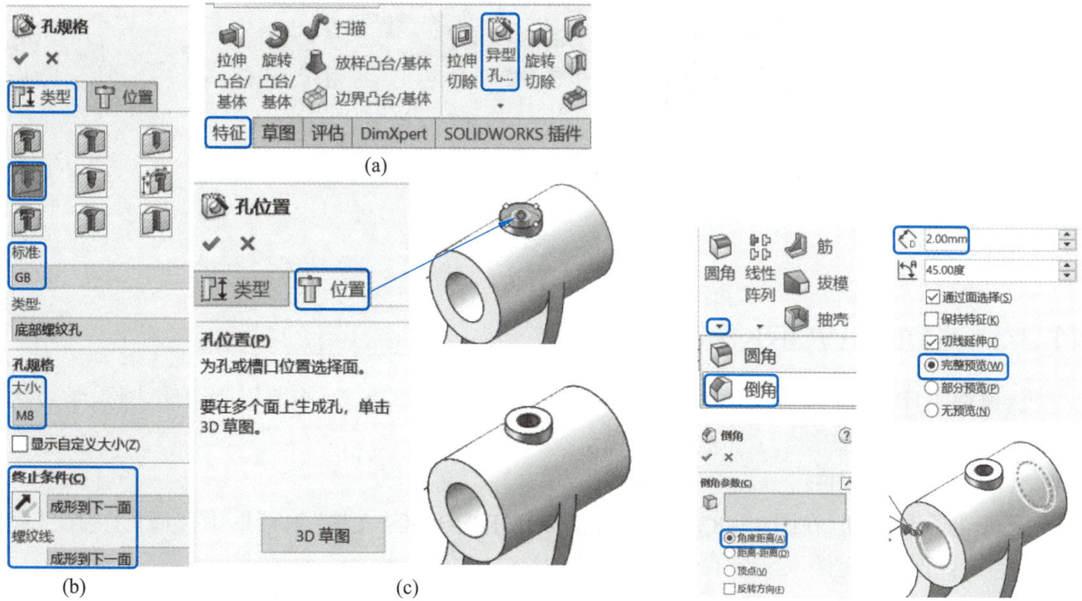

(a)
(b) (c)

图 11-108 创建 M8 螺纹孔

图 11-109 创建 *C*2 倒角

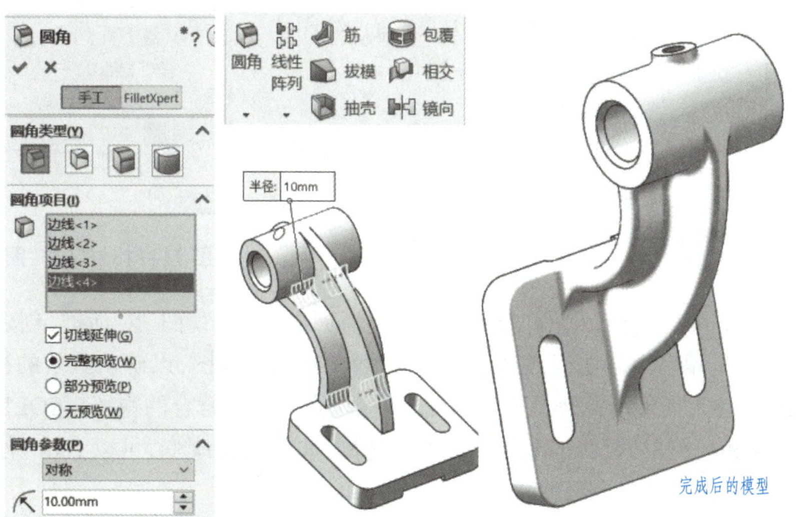

图 11-110 创建圆角完成模型

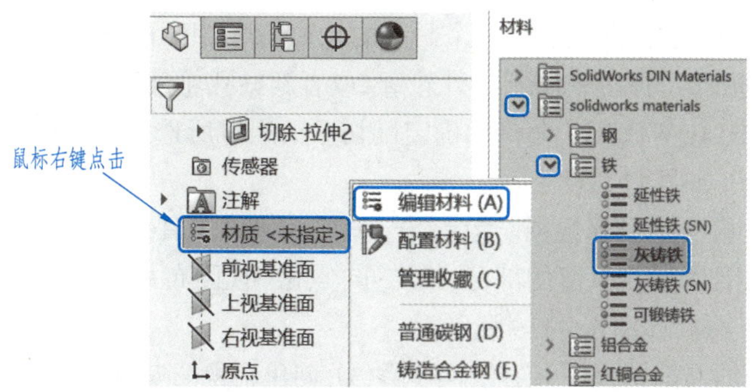

图 11-111 添加材质

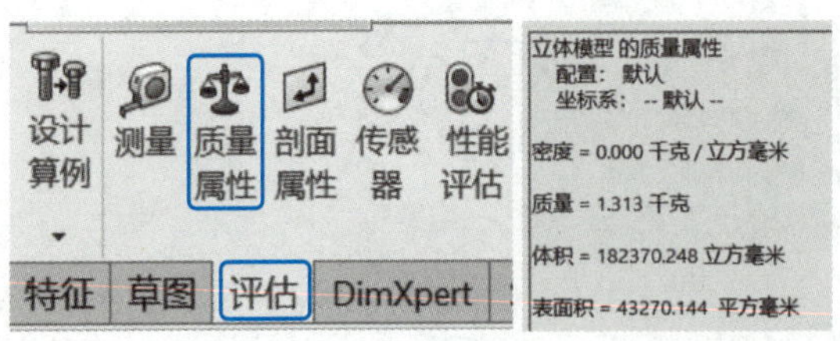

图 11–112　查看质量等信息

11.2.3　SOLIDWORKS 零件工程图

从模型生成工程图，是 SOLIDWORKS 的三大功能模块之一。本节以脚踏座为例，学习从模型生成工程图的方法。

1. 设置“图纸属性”

点击“新建”按钮，在图 11–82 所示“新建 SOLIDWORKS 文件”对话框中选择“工程图”模块，新建一个工程图文件。

如图 11–113 所示，鼠标右键点击界面下方的“图纸”按钮，在弹出的快捷菜单中选择“属性 ...(H)”，打开图 11–114 所示的“图纸属性”面板，选择“A3(GB)”幅面，绘图比例设置为“1 : 1”，投影类型为默认的“第一视角”。

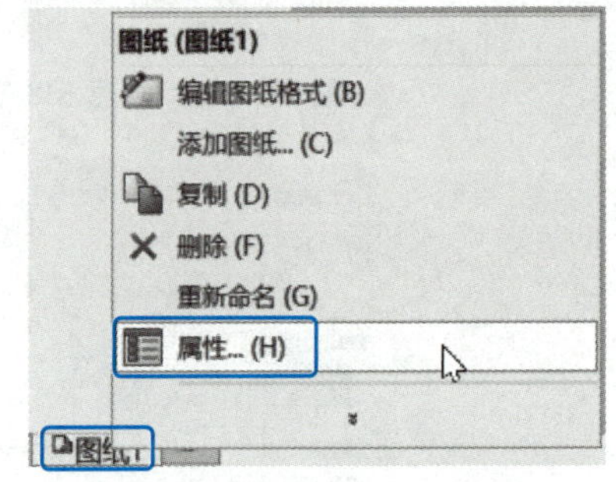

图 11–113　打开“图纸属性”面板

2. 创建视图

(1) 点击“视图布局”工具条上的“模型视图”按钮(图 11–115a)，在打开的“模型视图”对话框(图 11–115b)中点击“浏览”按钮，在弹出的“打开”面板找到“脚踏座”模型文件(图 11–115c)。

选择“脚踏座”模型文件，点击“打开”按钮之后回到“模型视图”对话框，创建主视图如图 11–116 所示。勾选“预览”复选框，以便在加载过程中能看到视图，以确认默认的视图方向是否是需要的主视图投影；如果不符合，可以在标准视图里点选其他符合的视图。SOLIDWORKS 会根据图纸的幅面和模型的尺寸自动确定视图的比例，如果需要改变，可以点击“使用自定义比例”复选框，在下方选择一个合适的比例。

(2) 点击“视图布局”工具条上的“投影视图”按钮，创建左视图和俯视图，如图 11–117 所示。

(3) 创建左视图上部圆柱的局部剖视图。点击“视图布局”工具条上的“断开的剖视图”按钮，在需要绘制局部剖的左视图上绘制一个封闭的轮廓(默认用“样条曲线”绘制)；在“断开的剖视图”的“深度”复选框，选择主视图圆柱外轮廓(或者圆柱孔轮廓，也可以通过输入距离来确定剖切平面的位置)，SOLIDWORKS 会自动确定剖切平面通过所选圆柱的轴线；勾选“预览”复选框可以预览剖切结果，如图 11–118 所示。

(4) 分两步创建俯视图局部视图。第一步，点击“草图”工具条上的“样条曲线”按钮，绘制一条封闭的曲线，包围住需要保留的部分；第二步，点击“视图布局”工具条上的“剪裁视图”按钮，完成局部视图的绘制，如图 11–119 所示。

(5) 创建俯视图的局部剖视图。方法同步骤(3)，创建俯视图安装板上安装孔的局部剖视图，如图 11–120 所示。

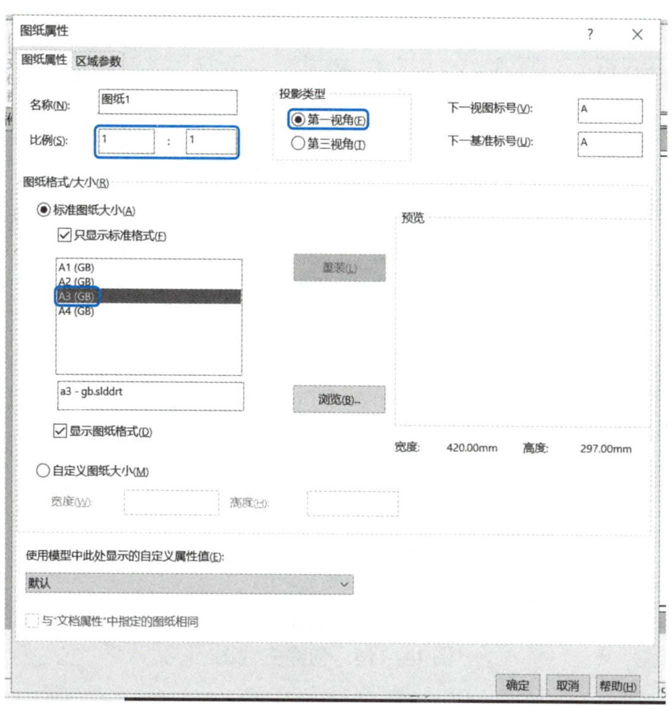

图 11-114　在“图纸属性”面板设置图纸属性

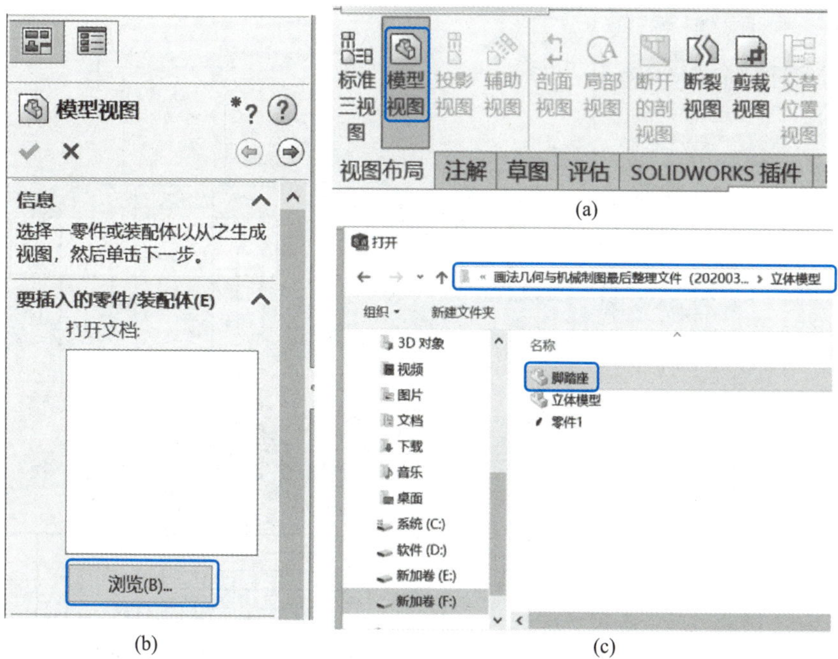

图 11-115　打开“脚踏座”模型文件

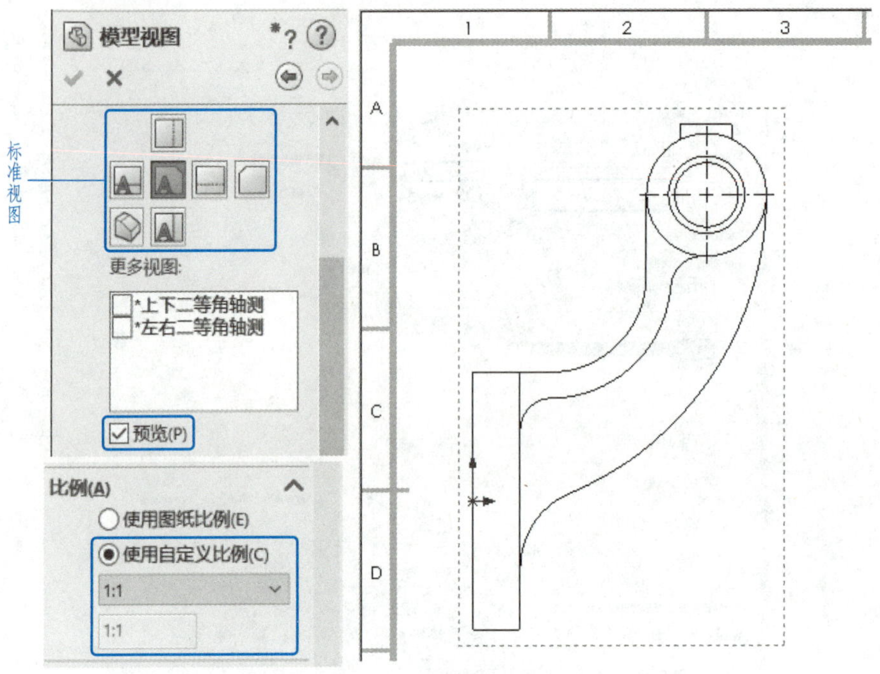

图 11–116 创建主视图

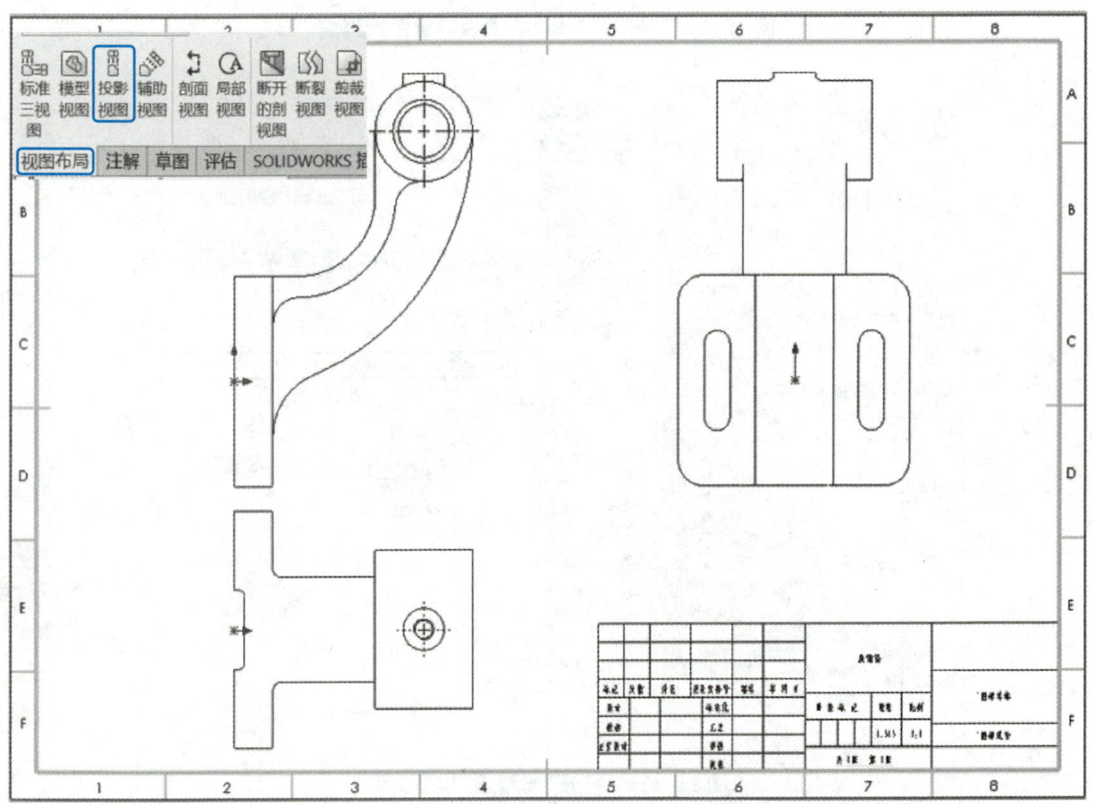

图 11–117 创建左视图和俯视图

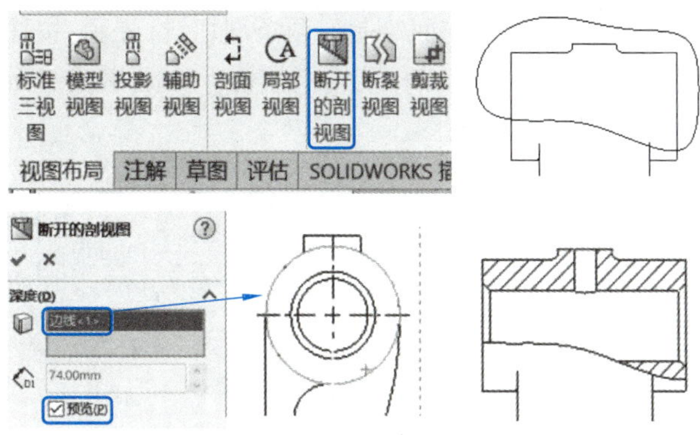

图 11-118 创建局部剖视图

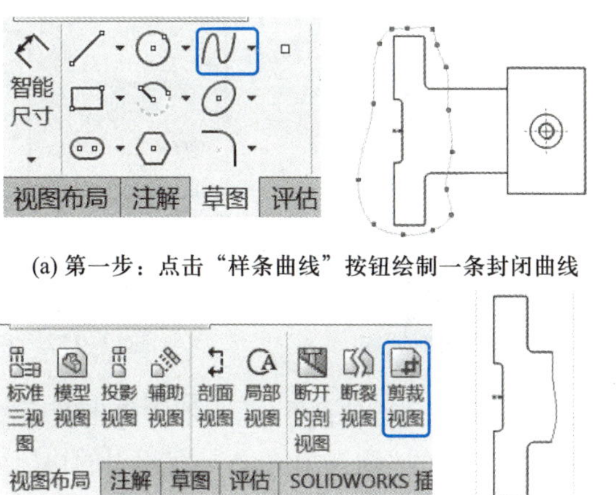

(a) 第一步：点击“样条曲线”按钮绘制一条封闭曲线

(b) 第二步：点击“剪裁视图”命令，完成局部视图

图 11-119 创建局部视图

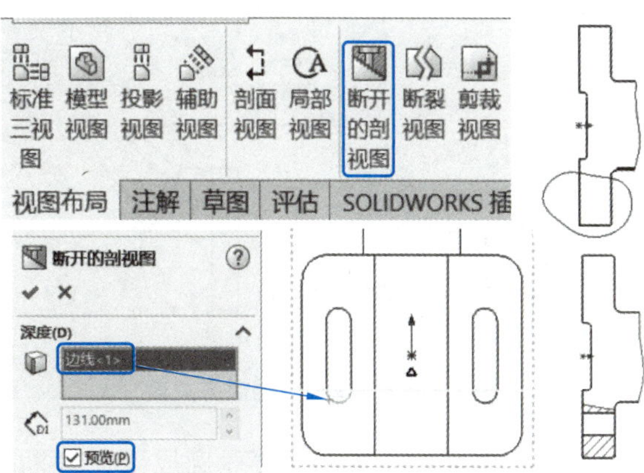

图 11-120 创建俯视图上的局部剖视图

(6) 创建移出断面图。第一步，绘制两条和圆弧交点切线垂直的直线作为剖切线，利用 SOLIDWORKS 的推理线可以绘制此直线。绘制直线时，先在圆弧外点击作为直线的第一点，然后移动光标到圆弧稍做停顿，出现推理线后在推理线上点击，即绘制出和圆弧垂直的直线，如图 11-121 所示。

第二步，如图 11–122 所示，先选中前面绘制的两条剖切线（提示：按住 Ctrl 键可同时选中多条线段），再点击“视图布局”工具条上的“剖面视图”按钮，勾选“横截剖面”复选框，把断面图放置到合适位置，即生成该结构的移出断面图。

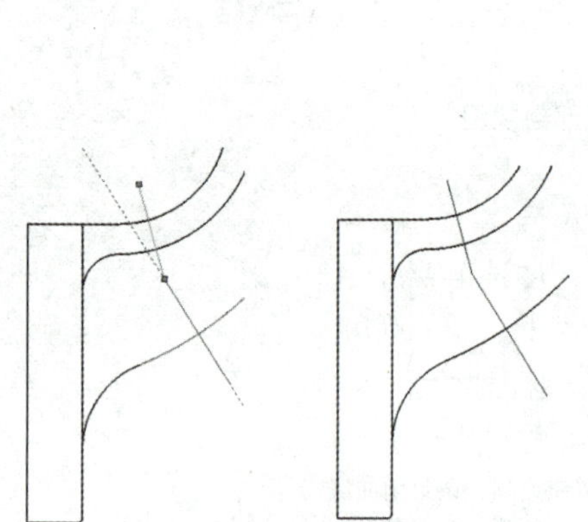

图 11–121　绘制和圆弧切线垂直的剖切线

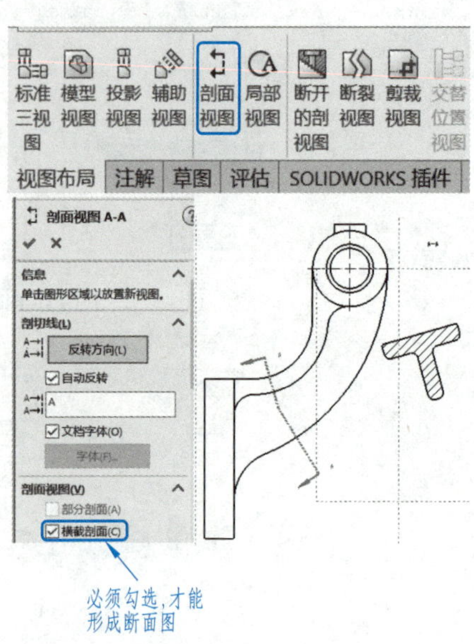

图 11–122　创建移出断面图

为了把移出断面图放置在图纸中合适的位置，需先解除移出断面图的视图对齐关系。如图 11–123 所示，鼠标右键点击设计树中的“剖视图 A–A”，在弹出的快捷菜单中点击“视图对齐”，在下一级快捷菜单中点击“解除对齐关系（A）”，即可移动断面图到任意位置。

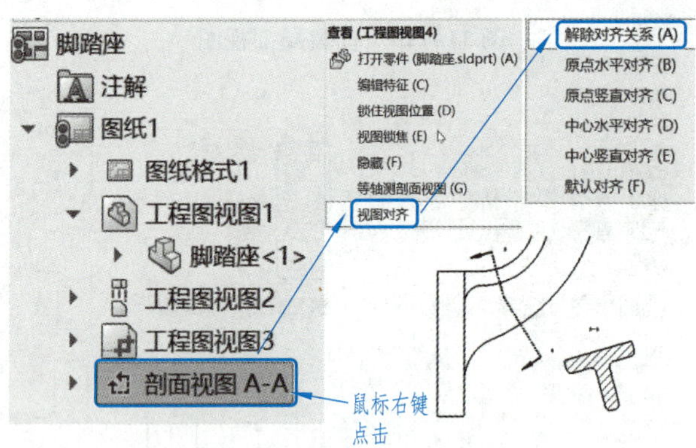

图 11–123　解除视图对齐关系

调整断面图剖面线的角度。剖面线一般与主要轮廓成 45°，此断面图的剖面线与水平成 45°，需要调整。如图 11–124 所示，先用鼠标点击断面图，在“区域剖面线 / 填充”对话框中去掉“材质剖面线（M）”的勾选，在“角度”框输入 45°（45.00 度），按回车键确认，即可得到图 11–124 中右下图的结果。

此断面图由两个相交的剖切平面剖切而成，中间应用波浪线断开，可用“剪裁视图”命令实现此操作。先在“草图”工具条点击“样条曲线”，绘制图 11–125a 所示的封闭轮廓线；再点击“视

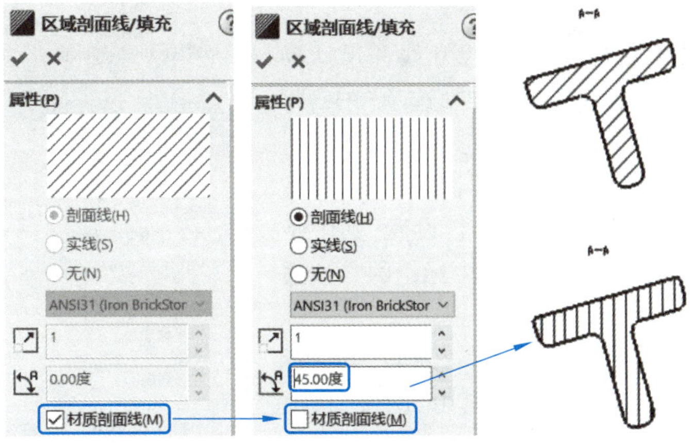

图 11-124　调整断面图的剖面线角度

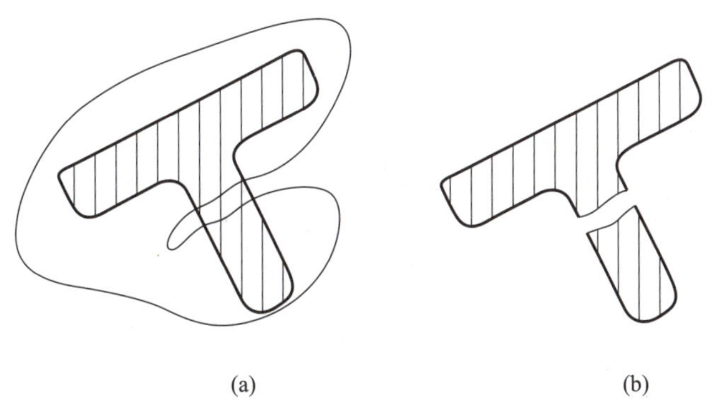

图 11-125　剪裁断面图

图布局”工具条上的“剪裁视图”按钮，完成视图的剪裁，如图 11-125b 所示。

（7）添加对称中心线，轴线。点击“注解”工具条上的“中心线”按钮，如图 11-126 所示；选择需要添加对称线、轴线结构的两条轮廓边线，实现添加中心线。用同样的方法给图中其他结构添加中心线，完成视图的绘制。

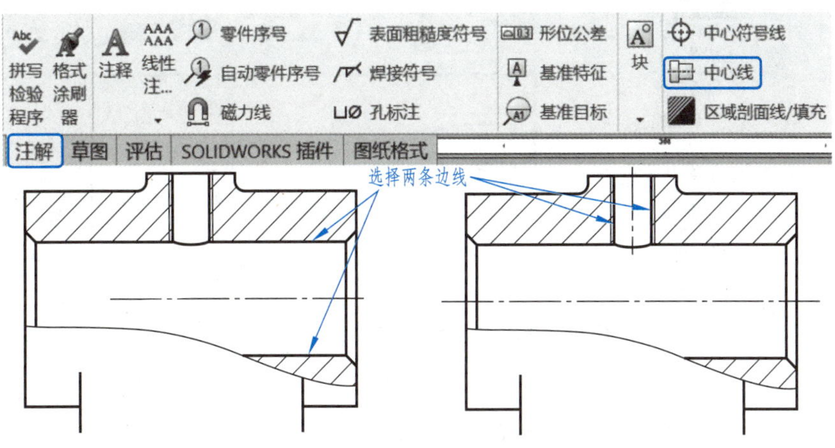

图 11-126　添加中心线

3. 标注尺寸

先根据国标要求对尺寸数字、尺寸线和尺寸界线等进行设置。点击菜单“工具(T)/ 选项(P)...”，或者点击工具条上的“选项”按钮，打开“文档属性”面板，把“总绘图标准”设置为“GB”，如图 11–127；再对“尺寸”的“字体”和“箭头”进行设置，其中字体选择“ISOCP”，其余按图 11–128 中标记的参数进行设置。

继续对“尺寸”选项下的“角度”“倒角”等进行设置。选择图 11–129 标记的参数，其中“图层”选项全部选择为“细实线”。

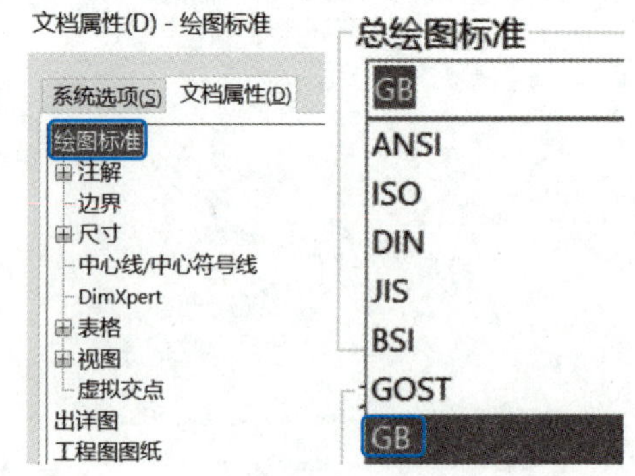

图 11–127 设置绘图标准为“GB”

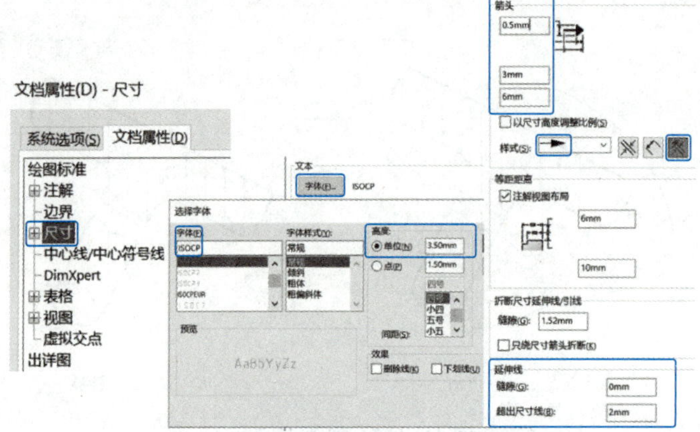

图 11–128 设置尺寸“字体”和“箭头”样式

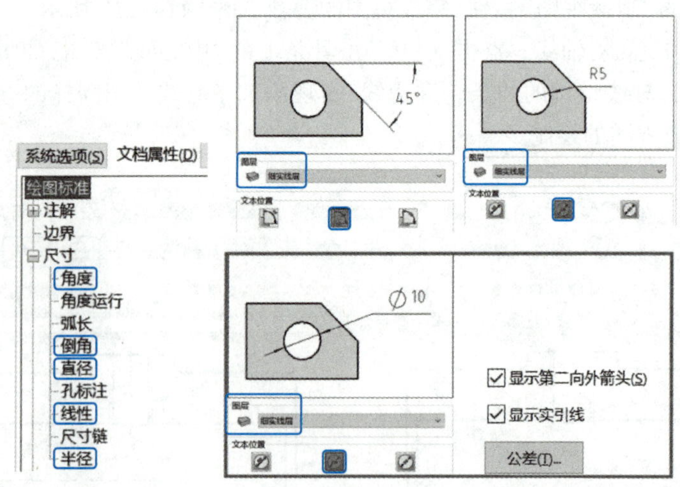

图 11–129 设置“角度”“直径”等参数

设置完成后，点击“注解”工具条上的“智能尺寸”按钮，同绘制草图时进行的标注一样，对各视图进行标注。图 11–130 是标注完成的工程图，其中主视图中的 $R30$ 和 $R100$ 是通过“注解”工具条上的“模型项目”按钮进行标注的。

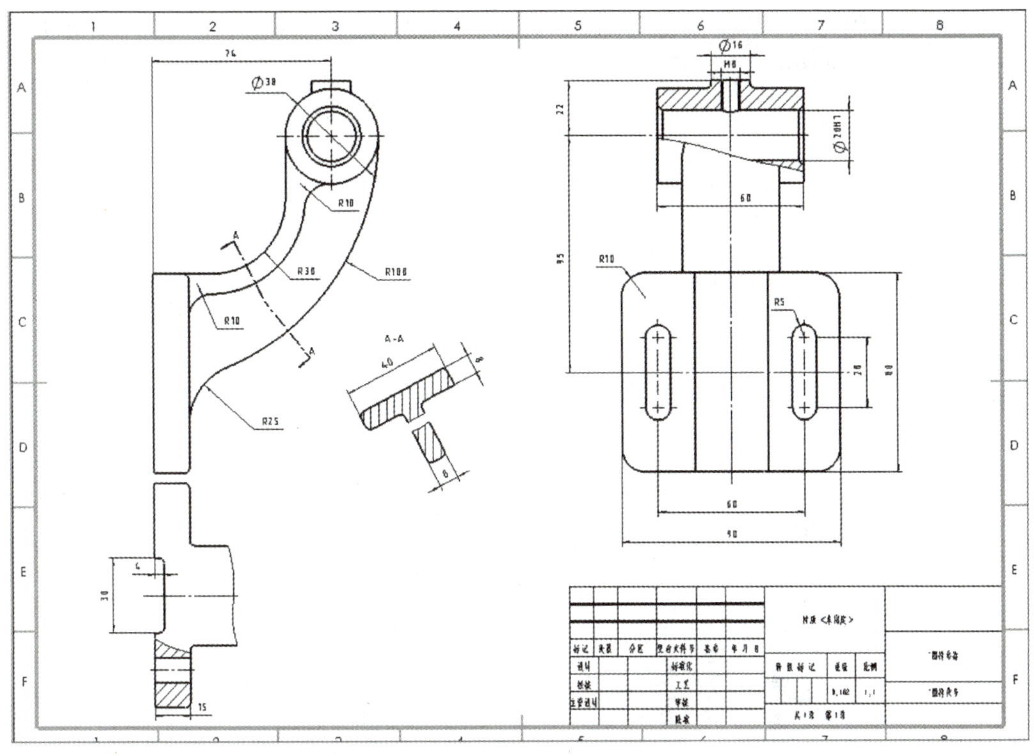

图 11-130 标注尺寸后的工程图

4. 标注“表面结构”“公差”和“注解”等内容

(1) 设置基准符号。先点击“选项”按钮,再点击“文档属性(D)/ 注解 / 基准点”,把引线和框架的线宽从默认的 0.18 改为 0.25,字体选择“ISOCP”,“基准特征”的显示类型选择“方形”,“定位样式”按图示选择,如图 11-131 所示。

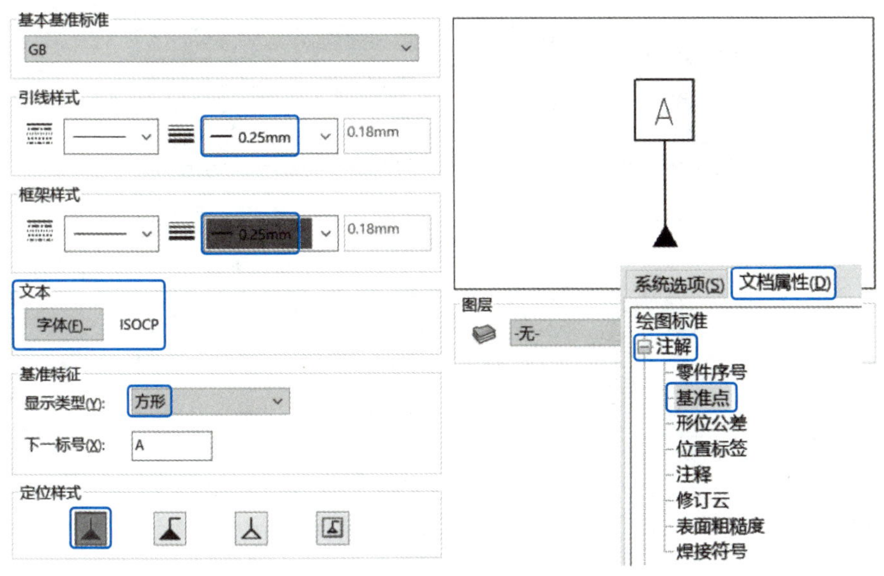

图 11-131 设置基准符号

设置好基准符号后，点击“注解”工具条上的“基准特征”按钮，选择主视图上安装板的边线，添加基准符号，如图 11–132 所示。

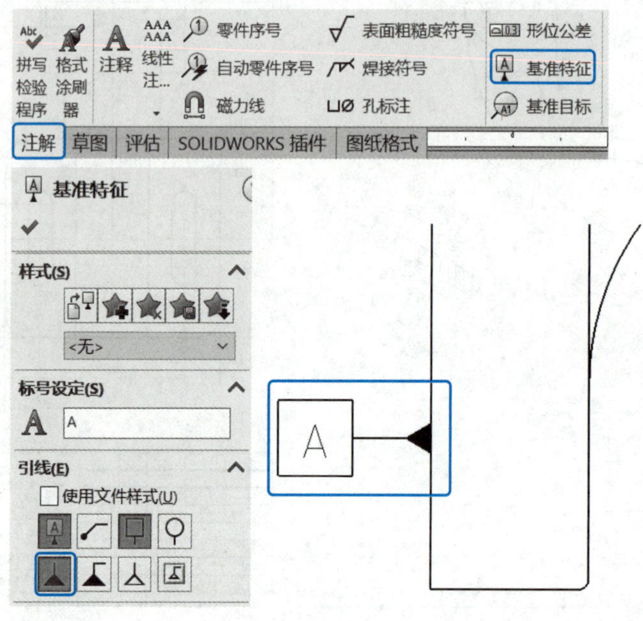

图 11–132 设置基准符号

(2) 标注平行度公差。点击“注解”工具条上的“形位公差”(几何公差)按钮，打开“属性”面板；点击“符号”下框格右侧的下拉按钮，在弹出的图标按钮列表中选择“平行”按钮；在“公差 1”下框格中输入公差值 0.02，在“主要”下框格输入基准符号 A，如图 11–133 所示。

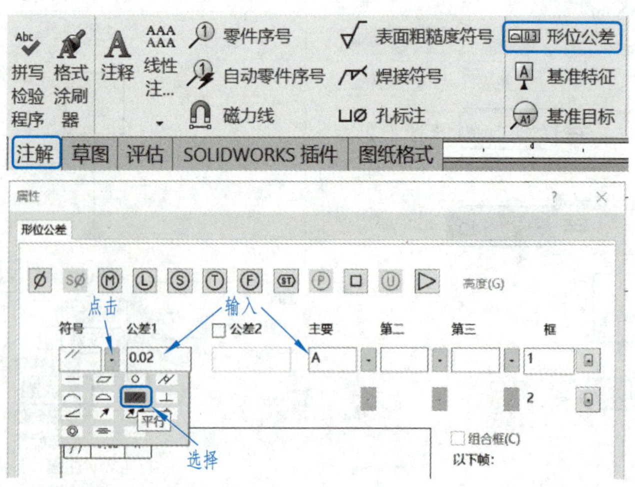

图 11–133 标注平行度公差

如图 11–134 所示，在界面左侧属性管理器里的“引线(L)”位置，点选标记的引线样式按钮，在左视图中相应位置标注公差。

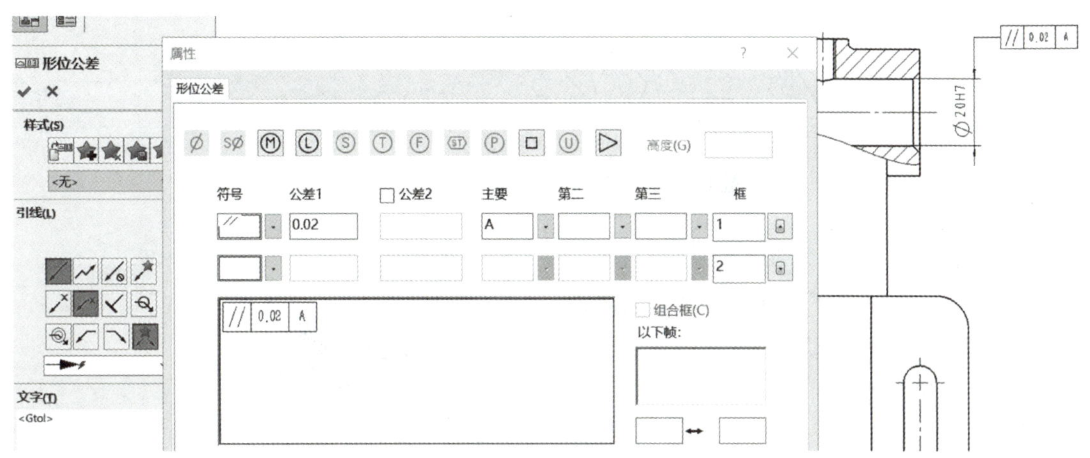

图 11–134 设置引线样式，标注公差

(3) 标注“表面粗糙度符号”(表面结构符号)。点击“注解”工具条上的“表面粗糙度符号”按钮，如图 11–135 所示。首先在属性管理器的“符号(S)”面板选择第二个样式；标注左侧表面的表面结构时，在“角度(A)”面板选择第二个样式，标注顶部端面的表面结构时，在“角度(A)”面板选择第一个样式。当标注右侧面和底部端面的表面结构时，在“角度(A)”面板选第一样式，同时在“引线(L)”面板点选需要的引线样式按钮，之后再对需要标注的右侧面或下部端面进行标注。

表面结构符号上的文字可以在“符号布局(M)”面板进行设置和填写，如图 11–136 所示。

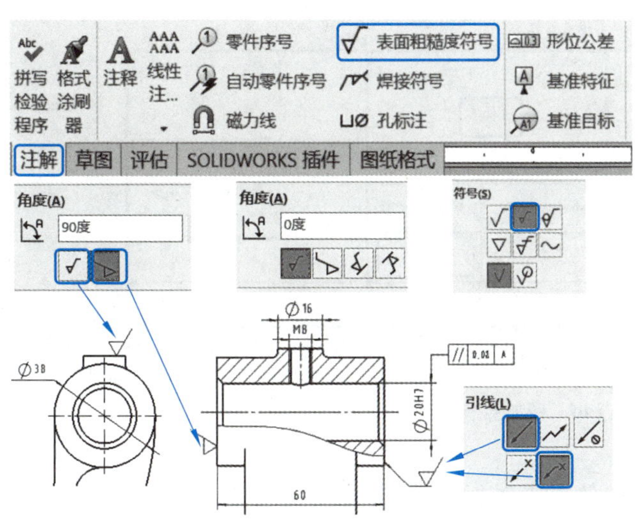

图 11–135 标注表面粗糙度符号

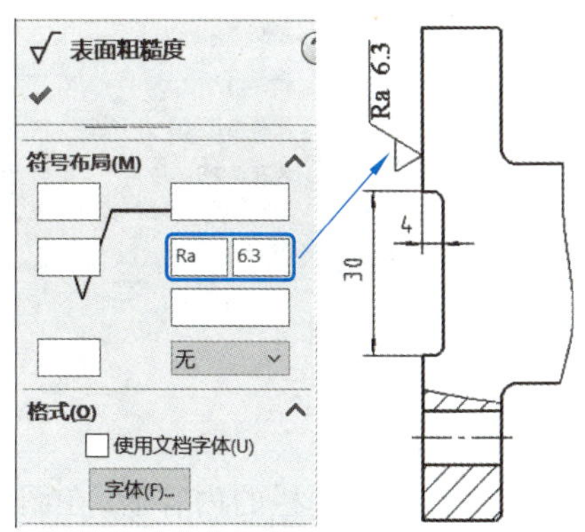

图 11–136 设置和填写表面粗糙度符号文字

图纸右下角统一注写的表面结构符号，如图 11–137 所示，同样可通过“注解”工具条上的“表面粗糙度符号”按钮来添加。其中“=”号是通过“注解”工具条上的“注释”按钮输入的，方法和下述书写“技术要求”的方法相同。

Ra 12.5

图 11–137 统一注写的表面结构符号

(4) 添加技术要求。点击“注解”工具条上的“注释”按钮，在图纸上合适的位置点击鼠标左键，设置好字体和字号，即可输入技术要求文字，如图 11–138 所示。

(5) 填写标题栏。在图纸空白处点击鼠标右键，在弹出的快捷菜单中选择“编辑图纸格式”，则可对标题栏的内容进行编辑，如图 11–139 所示。

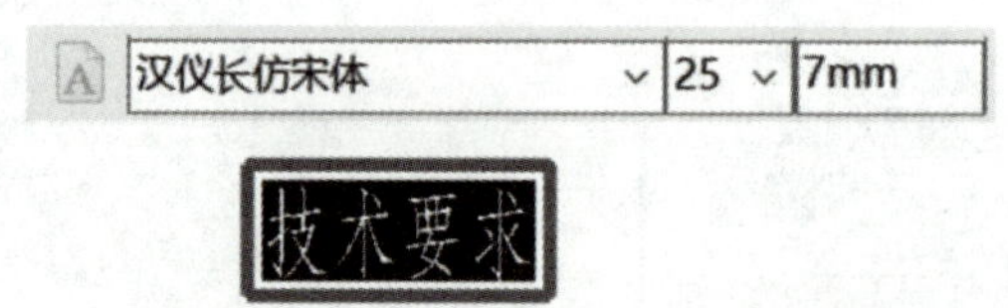

1. 铸件不得有气孔、裂纹及砂眼等缺陷。
2. 铸件需经时效处理。
3. 未注圆角R3。
4. 未注倒角C2。

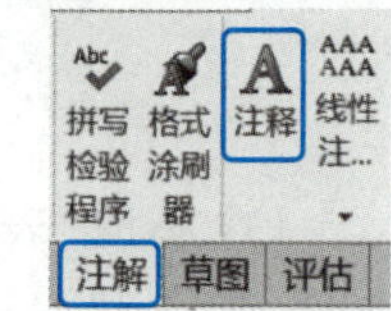

图 11–138 添加技术要求

标题栏内容的填写有两种方式。一种是通过链接到属性来添加，如图中的“比例”和“质量”，该栏默认设置了链接属性，所以“比例”和“质量”会自动显示。材料“灰铸铁”则需要通过把这个文本链接到模型里的“材质”属性，才能自动在图纸的标题栏内显示(可参考其他相关资料)。另一种方式是通过“注解”工具条上的“注释”按钮，直接在标题栏相应位置书写。

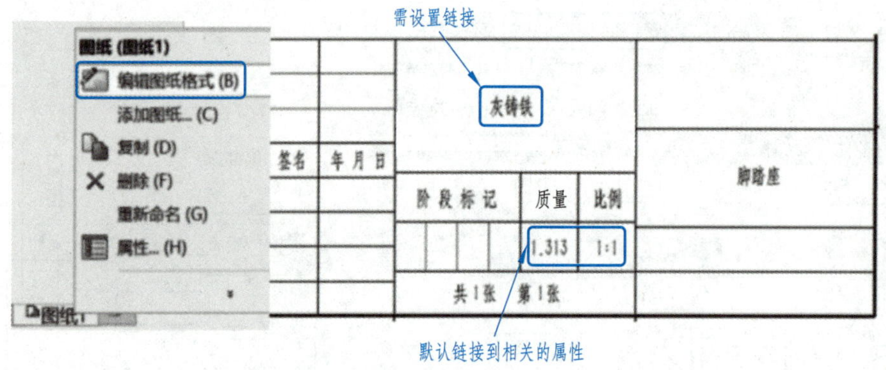

图 11–139 填写标题栏

填写好标题栏的内容后，在图纸空白处点击鼠标右键，在弹出的快捷菜单中选择“编辑图纸”，完成标题栏内容的填写。至此，整张工程图就绘制完成了，完成后的图纸如图 11–140 所示。

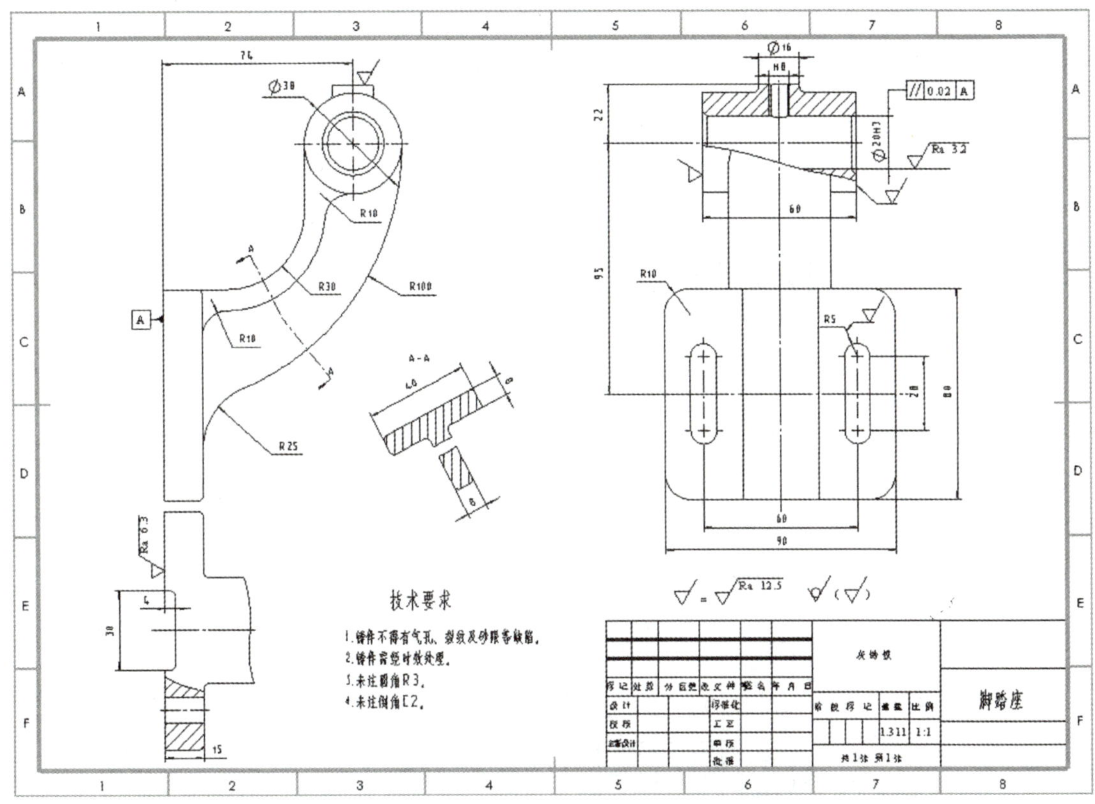

图 11-140 脚踏座工程图

11.2.4 SOLIDWORKS 装配体

SOLIDWORKS 通过“装配”模块,按照一定的配合条件把各个零件组合在一起,实现装配功能。本节以螺旋压紧机构为例,介绍装配过程。在按照图 11-141 和图 11-142 所示的各零件图完成零件建模后,参照图 11-143 螺旋压紧机构装配图中各零件的装配关系,建立螺旋压紧机构装配体。

1. 新建装配体文件

点击“新建”图标按钮,在图 11-82 所示的“新建 SOLIDWORKS 文件”对话框中选择“装配体”模块,进入装配体建模界面。

2. 插入第一个零件

通常把箱体、架体、泵体、阀体等类型的零件作为装配体的第一个零件插入到装配体中,第一个插入的零件默认为固定零件,即该零件的位置相对于坐标系是固定,不可移动和旋转。如图 11-144 所示,点击“装配体”工具条上的“插入零部件”按钮,在弹出的“插入零部件”属性管理器中,点击“浏览”按钮,选择需要插入的零件(本例为架体),点击“打开”按钮,即把第一个零件插入到装配体界面,如图 11-145 所示。

3. 插入其他零件,并添加相应的配合关系

插入衬套。点击“装配体”工具条上的“配合”按钮,如图 11-146a 所示,选择架体的右侧圆孔表面和衬套的圆柱表面(图 11-146b),在属性管理或弹出的快捷菜单中选择“同心”配合类型,

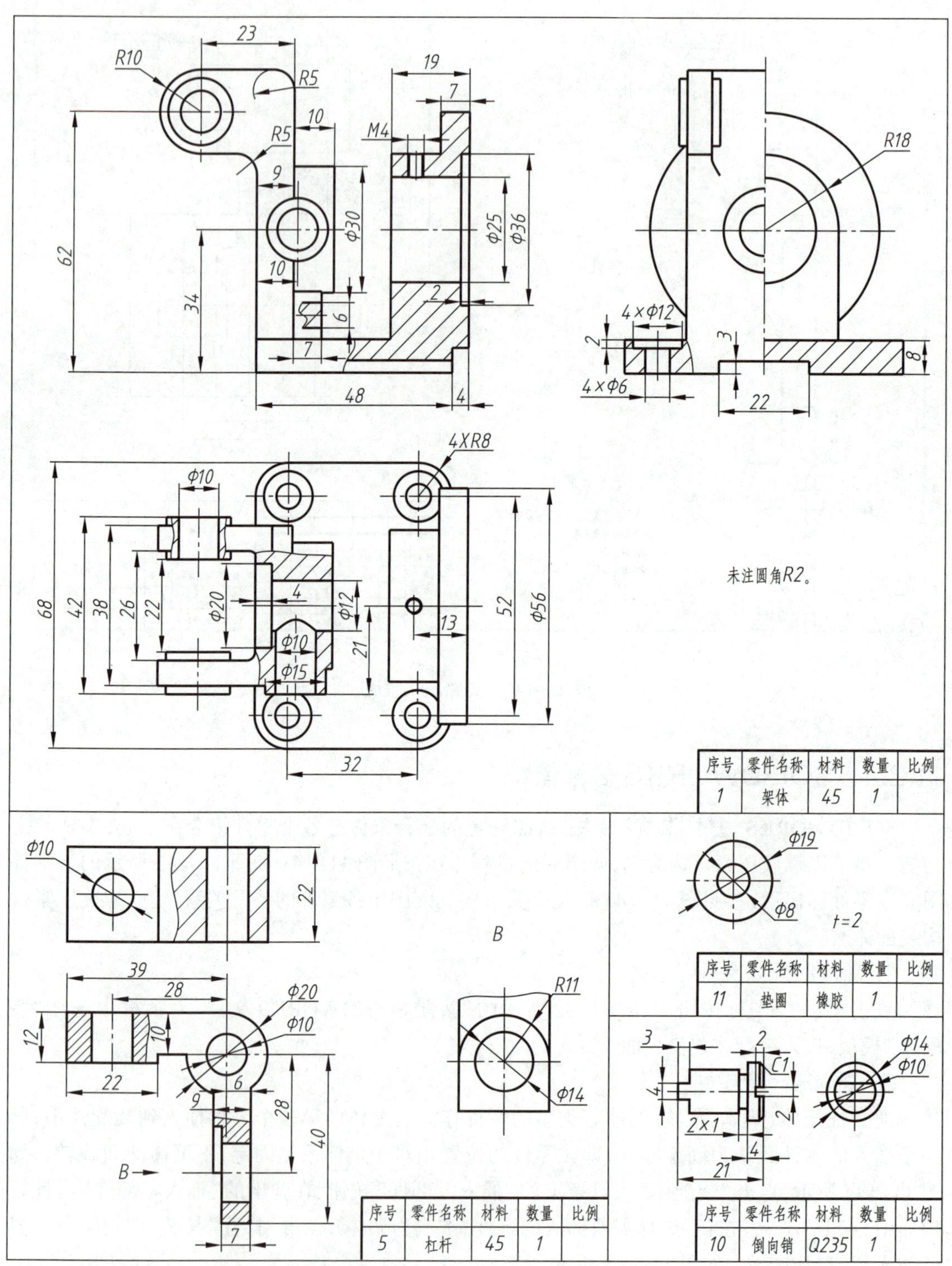

图 11-141 螺旋压紧机构零件图(一)

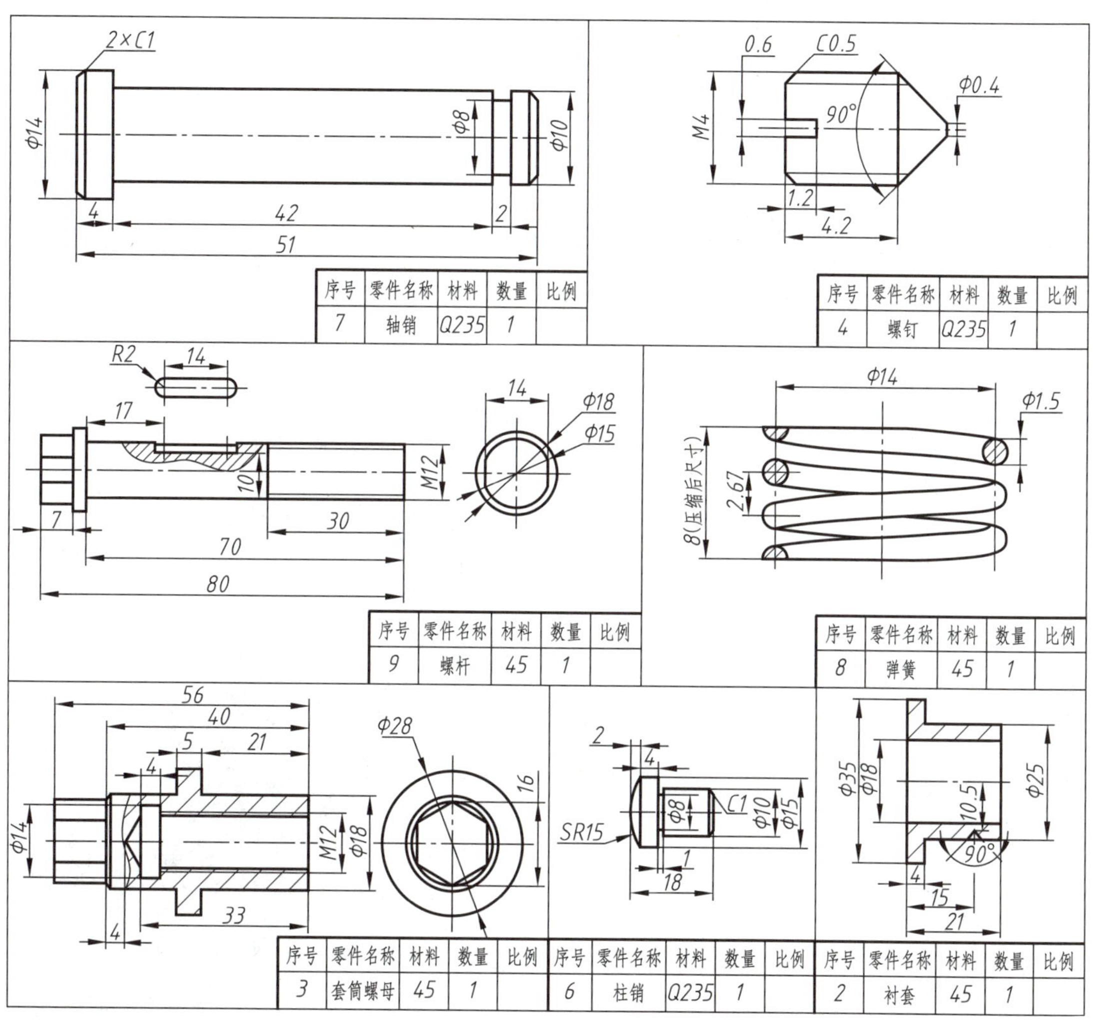

图 11-142 螺旋压紧机构零件图(二)

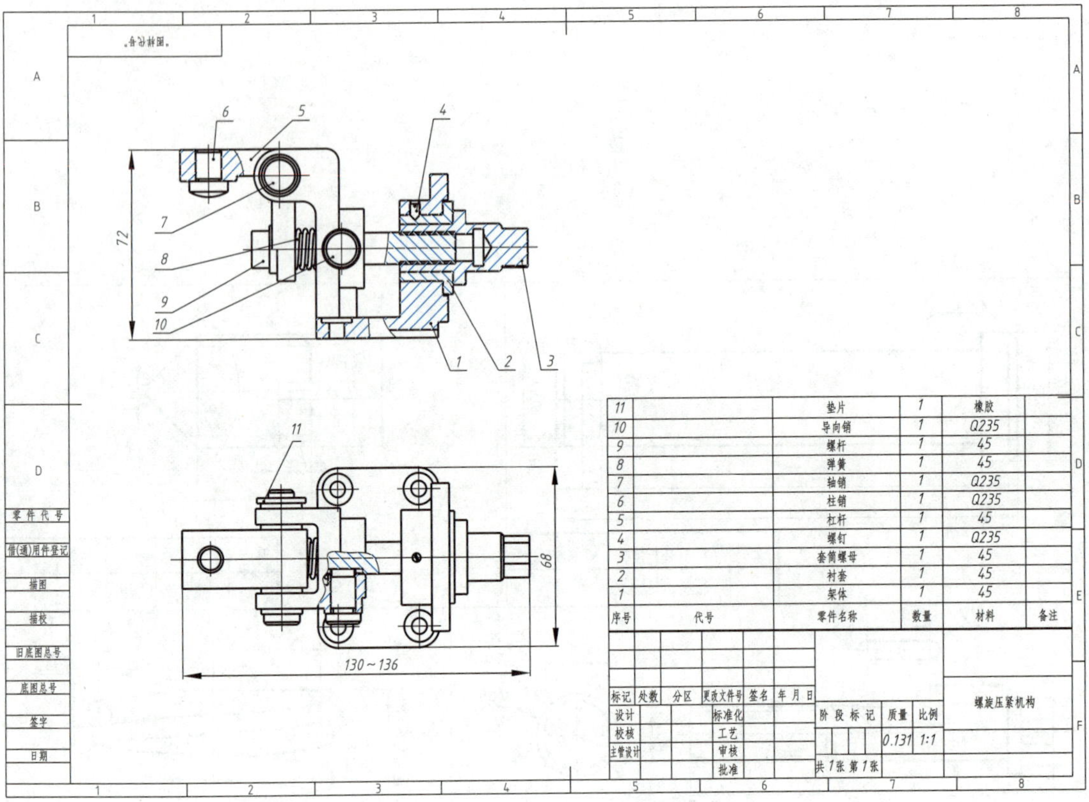

序号	代号	零件名称	数量	材料	备注
11		垫片	1	橡胶	
10		导向销	1	Q235	
9		螺杆	1	45	
8		弹簧	1	45	
7		轴销	1	Q235	
6		柱销	1	Q235	
5		杠杆	1	45	
4		螺钉	1	Q235	
3		套筒螺母	1	45	
2		衬套	1	45	
1		架体	1	45	

螺旋压紧机构

阶段标记 质量 0.131 比例 1:1

共 1 张 第 1 张

图 11-143 螺旋压紧机构装配图

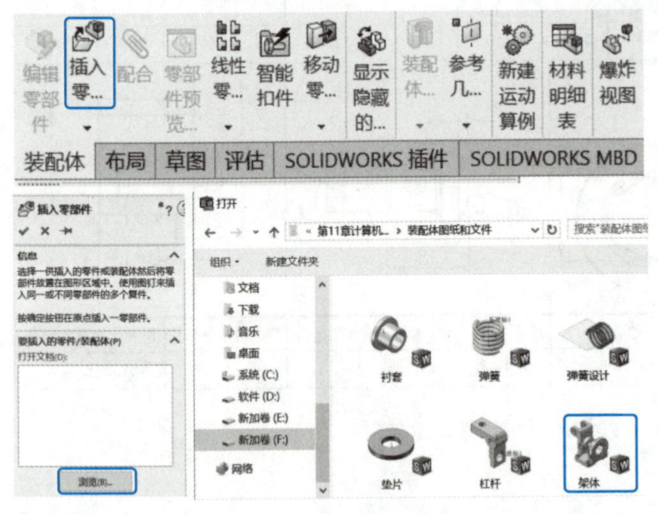

图 11-144 选择要插入的零件

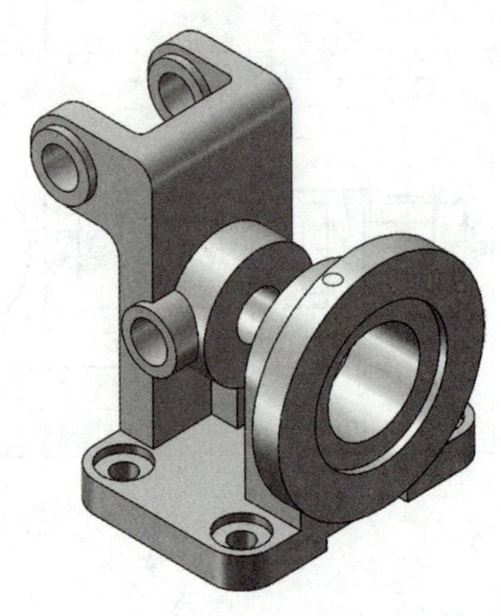

图 11-145 第一个零件架体插入界面

并点击“对齐”按钮，得到图 11-146c 所示结果。继续选择架体右侧顶部的螺纹孔圆柱面和衬套的圆锥孔面，添加“同心”配合，完成衬套和架体的所有配合，如图 11-147 所示。

插入套筒螺母。添加套筒螺母和衬套圆柱孔的“同心”配合，再添加套筒螺母端面和衬套右端面的“重合”配合，如图 11-148 所示。

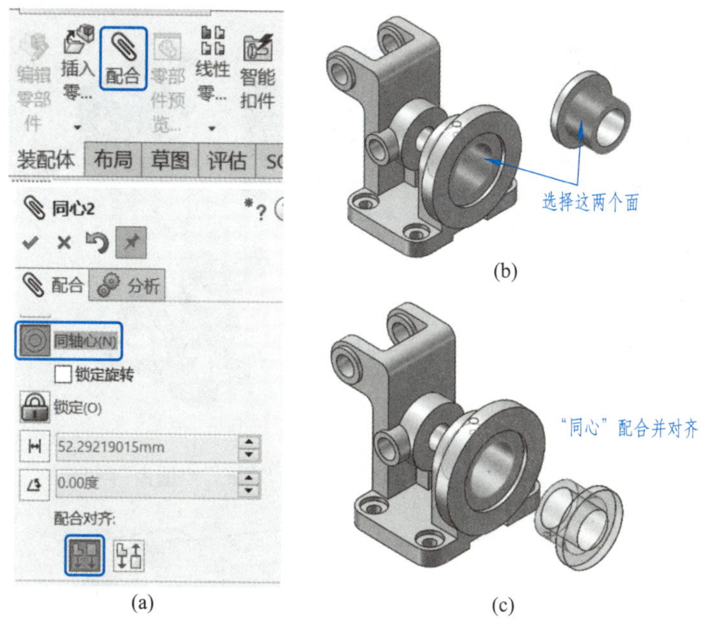

(a) (b) (c)

图 11-146　添加衬套和架体右侧圆柱孔的“同心”配合

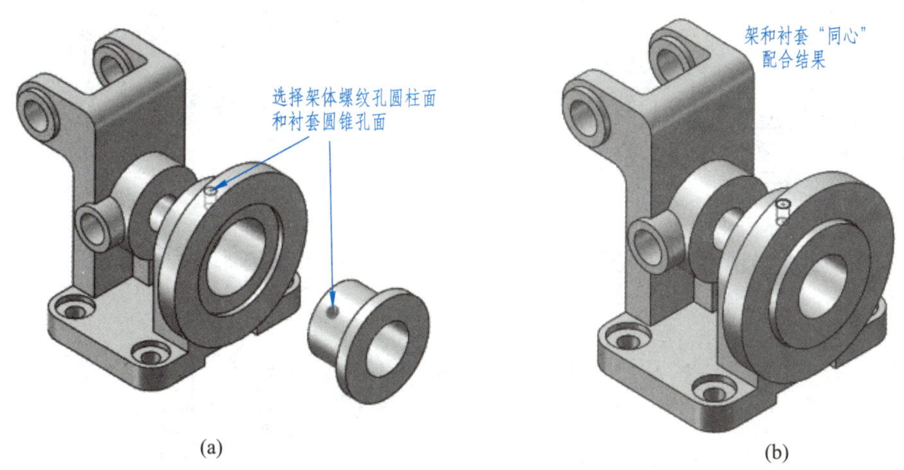

(a) (b)

图 11-147　添加衬套圆锥孔和架体右侧顶部螺纹孔的“同心”配合

插入螺钉。添加螺钉和架体螺纹孔的“同心”配合，再添加螺钉圆锥面和衬套圆锥面的“重合”配合，如图 11-149 所示。

按照杠杆、柱销、轴销、垫片、弹簧、螺杆、导向销的顺序，继续插入这些零件，并添加“同心”和“重合”等配合。其中，螺杆和套筒螺母之间还需要添加“螺旋”配合，完成后的螺旋压紧机构如图 11-150 所示。因为弹簧是在未压缩的状态下装配的，所以装配体可以制作爆炸动画，但无法制作运动动画。如需制作运动动画，弹簧应该在装配体中进行设计（此种设计方法也称为“自顶向下”的设计），具体方法请参考其他相关资料。

4. 创建“爆炸视图”

点击“装配体”工具条上的“爆炸视图”按钮，点选第一个爆炸的零件导向销，按照安装时的反方向拖动此零件到合适的位置，如图 11-151 所示。用类似的方法完成所有零件的爆炸，如

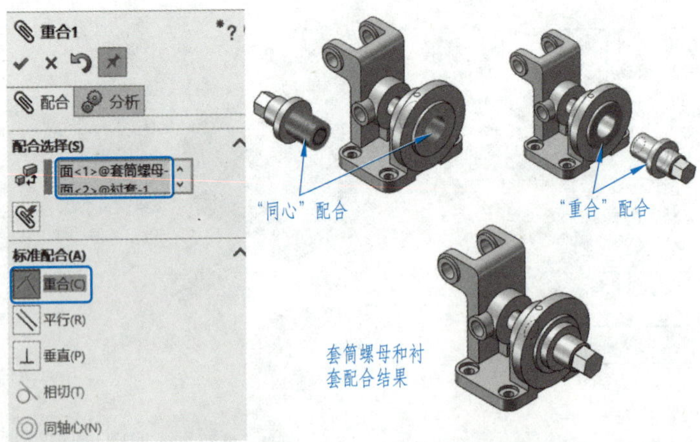

图 11–148　添加衬套和套筒螺母的“同心”“重合”配合

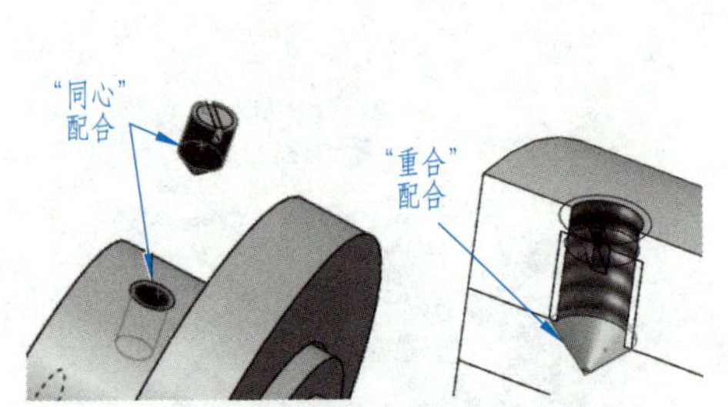

图 11–149　添加螺钉和架体的“同心”“重合”配合

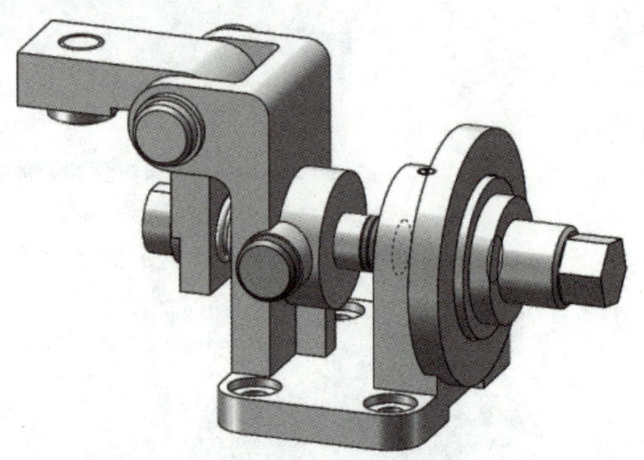

图 11–150　完成后的螺旋压紧机构装配体

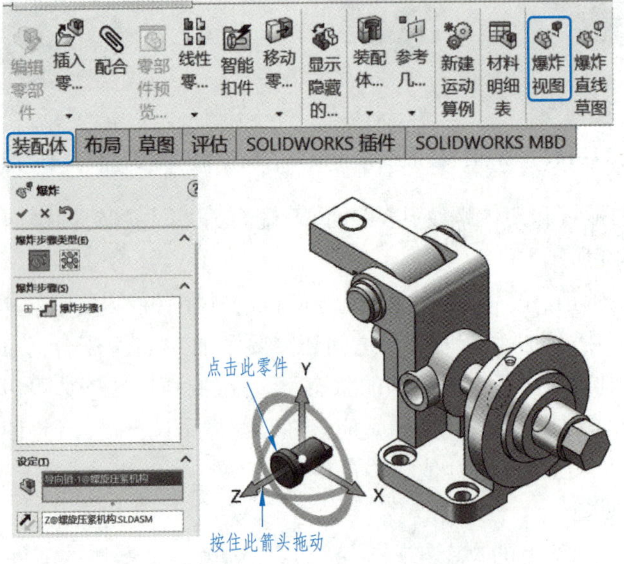

图 11–151　创建第一个零件导向销的爆炸视图

图 11–152 所示。

生成爆炸视图之后，如果想重新回到装配体状态，可以在界面空白处单击鼠标右键，在弹出的快捷菜单中选择“解除爆炸（W）”，视图可以恢复装配状态，如图 11–153 所示。

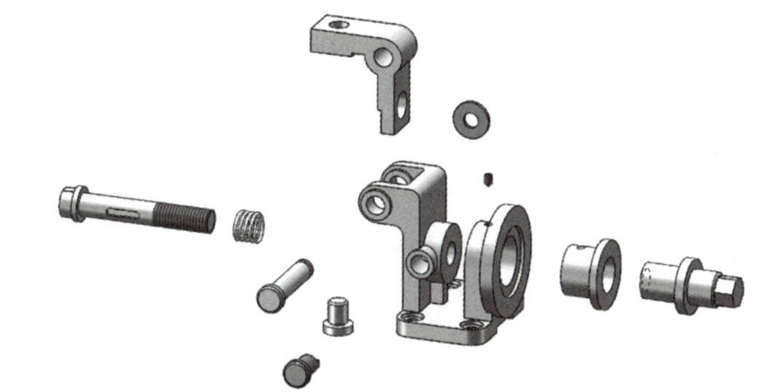

图 11–152 螺旋压紧机构的爆炸视图

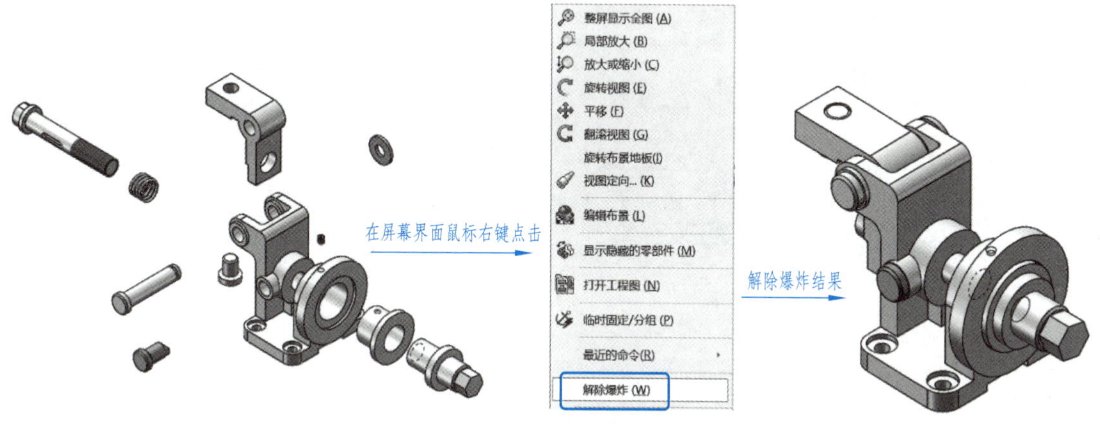

图 11–153 解除爆炸

爆炸视图是作为一种视图的配置而保存，解除爆炸后，如果需要重新打开爆炸视图，可以点击属性管理器中的配置按钮，在配置界面中鼠标左键双击“爆炸视图 1”，即可重新打开爆炸视图，如图 11–154 所示。

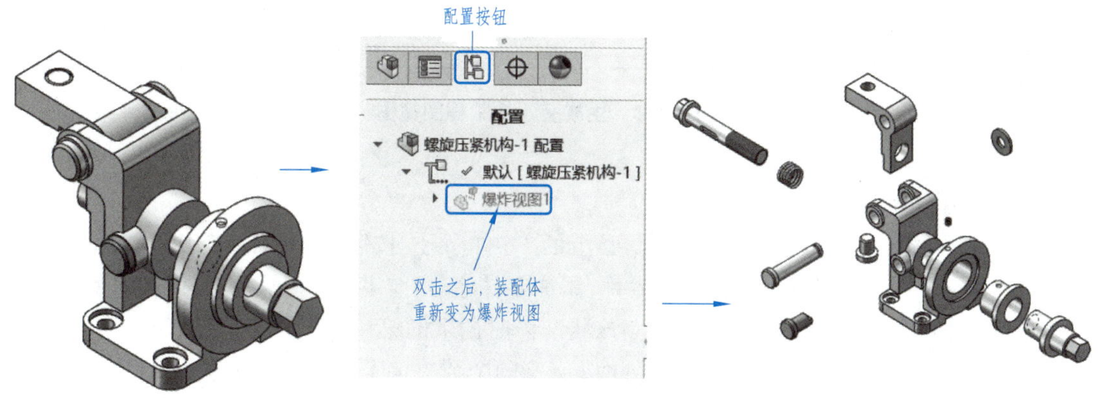

图 11–154 重新打开爆炸视图

11.2.5 生成装配工程图

建立好装配体模型后，可以生成装配工程图和爆炸工程图。建立装配工程图的方法和过程和建立零件工程图类似，不同之处在于装配工程图需要添加零件序号，并建立零件明细表。下面以“螺旋压紧机构”为例，介绍如何建立装配工程图和爆炸工程图。

1. 生成装配体工程图视图

参照前述生成零件工程图的方法，选择 GB 格式的 A3 图框，生成螺旋压紧机构装配体的主视图和俯视图；对主视图的右侧、左上柱销位置和底板安装孔，以及俯视图的导向销位置进行局部剖（注意：剖面线的类型和方向可以手动更改）；添加中心符号线和中心线，完成装配体工程图视图的生成。如图 11-155 所示。

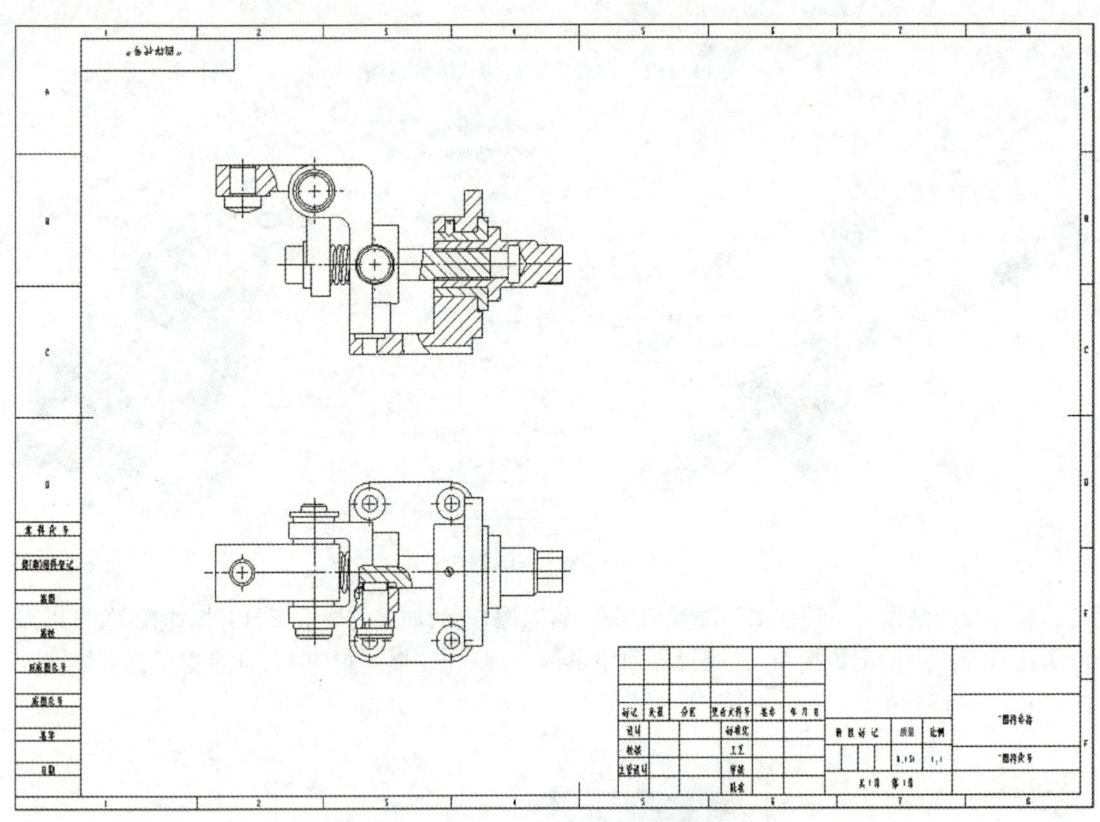

图 11-155 生成装配体工程图视图

2. 添加零件序号

如图 11-156a 所示，点击“注解”工具条上的“零件序号”按钮，按图 11-156b 设置属性管理器中的参数，然后在主视图中选择各个零件，添加零件序号。“零件序号文字”中的“项目数”默认为装配时插入零件的顺序。例如，建立该装配体时插入的第一个零件是架体、第二个零件是衬套，它们的零件序号即为 1 和 2。“下划线”字符的个数决定零件序号中水平折线的长度。结果如图 11-156c 所示。

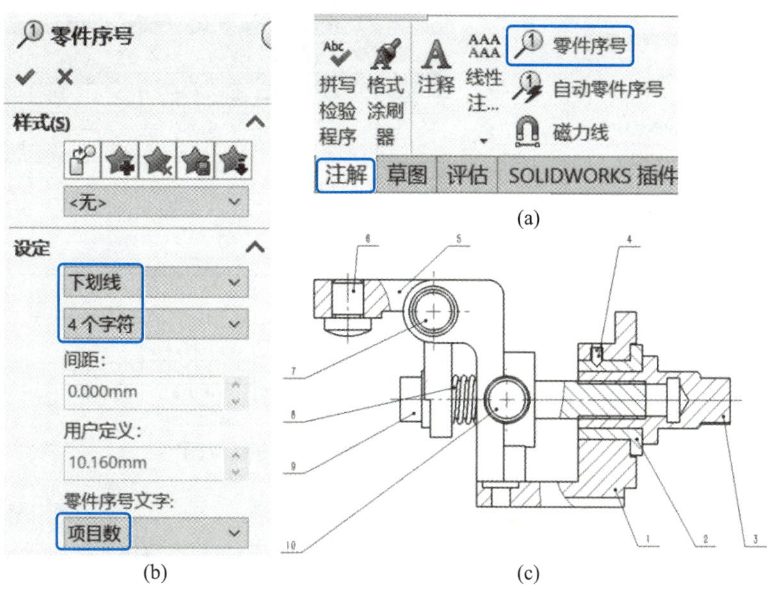

(a)

(b)

(c)

图 11-156　添加零件序号

3. 添加材料明细表(明细栏)

先在界面中点选主视图,再点击"注解"工具条上的"表格"按钮,然后在弹出的菜单中选择"材料明细表",如图 11-157 所示。默认的表格模板"bom-material"不是此处所需要的,点击其右侧按钮,在模板文件夹中选择"bom-material.sldbomtbt",并点击"打开"按钮,把材料明细表模板添加到界面。

图 11-157　添加材料明细表模板

取消材料明细表中"表格位置(P)"下"附加到定位点(O)"前复选框的勾选,再移动明细表使其左下角点和标题栏的左上角点重合,如图 11-158 所示。点击图 11-158 右上角标示出的按钮,把位于明细表顶端位置的表头调整到明细表的下部。

材料明细表如同 Excel 表格一样,可以插入新的列,调整列的位置,调整列宽,双击表格内的文字可进行修改,完成的材料明细表如图 11-159 所示。明细表中"零件名称""材料"和"数量"列里的内容是这个表格模板中链接了相应的信息后自动添加上去的。"代号"列中的内容可以直接输入文字进行添加,也可以建立链接自动添加(可参考其他相关资料)。

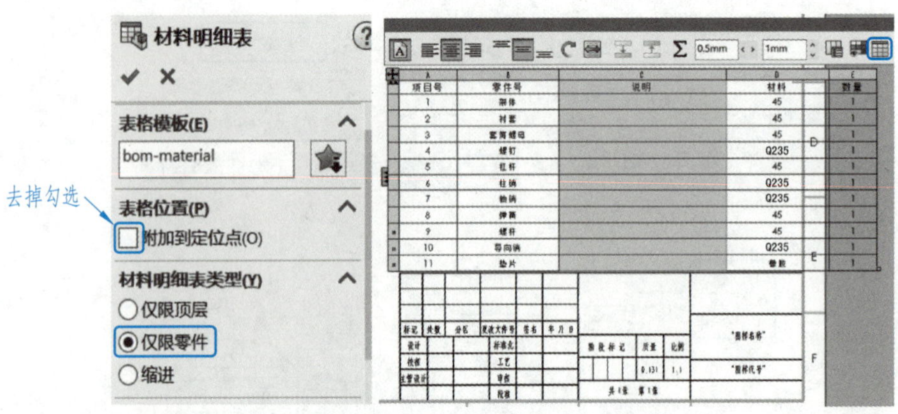

图 11-158 设置材料明细表的表格标题

11		垫片	1	天然橡胶	
10		导向销	1	Q235	
9		螺杆	1	45	
8		弹簧	1	45	
7		轴销	1	Q235	
6		柱销	1	Q235	
5		扛杆	1	45	
4		螺钉	1	Q235	
3		套筒螺母	1	45	
2		衬套	1	45	
1		架体	1	45	
序号	代号	零件名称	数量	材料	备注

标记	处数	分区	更改文件号	签名	年 月 日	阶段标记	质量	比例	"图样名称"
设计			标准化				0.131	1:1	"图样代号"
校核			工艺			共1张 第1张			
主管设计			审核						
			批准						

图 11-159 完成的材料明细表

最后，标注必要的尺寸。完成的螺旋压紧机构装配工程图如图 11-160 所示。

11.2.6 生成爆炸工程图

生成爆炸工程图的过程和生成装配工程图的过程类似。首先在模型文件中把“螺旋压紧机构”装配体切换到爆炸视图状态，再新建一个工程图文件（选择 A3 图框），把爆炸状态的装配体轴测视图添加到图纸（图 11-161），然后按前述方法添加零件序号和明细表。完成的螺旋压紧机构爆炸工程图如图 11-162 所示。

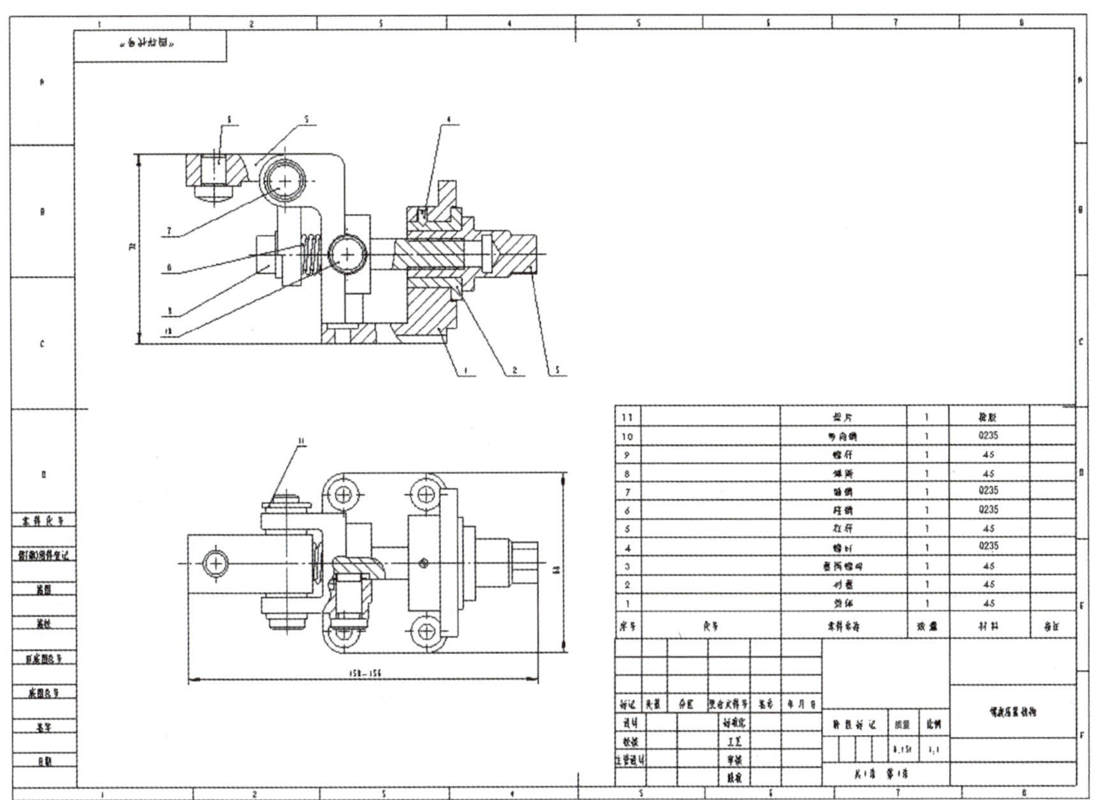

图 11-160 完成的螺旋压紧机构装配工程图

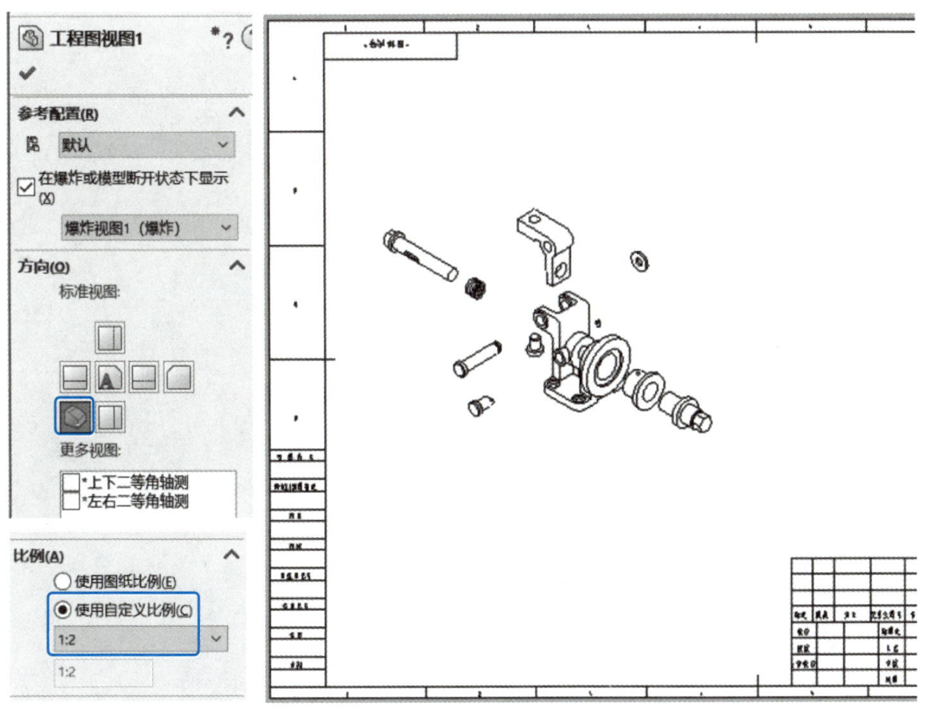

图 11-161 添加爆炸状态的装配体轴测视图到图纸

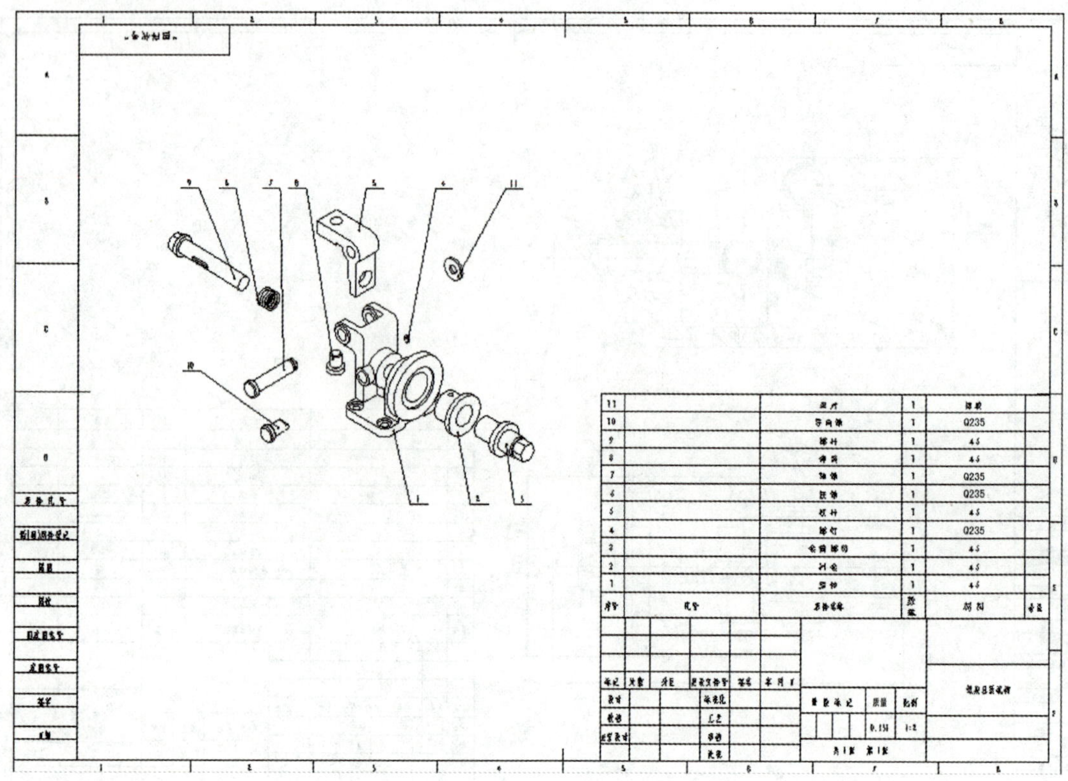

图 11-162　完成的螺旋压紧机构爆炸工程图

附 录

附录 1 螺纹

1.1 普通螺纹（摘自 GB/T 193—2003、GB/T 196—2003）

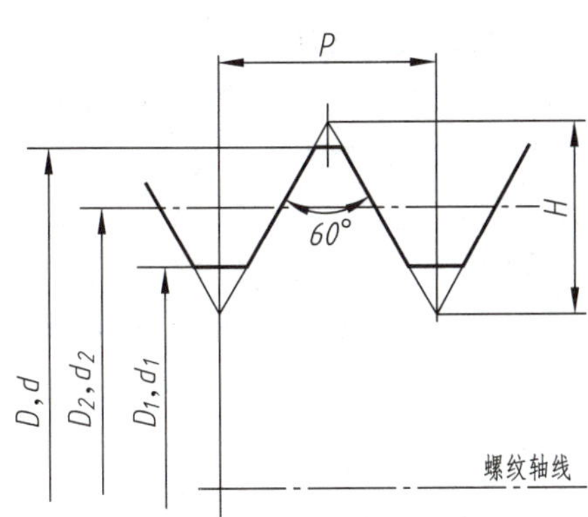

$$d_2=d-2\times\frac{3}{8}H,D_2=D-2\times\frac{3}{8}H,$$

$$d_1=d-2\times\frac{5}{8}H,D_1=D-2\times\frac{5}{8}H,$$

$$H=\frac{\sqrt{3}}{2}P$$

D、d—内、外螺纹基本大径；

D_2、d_2—内、外螺纹基本中径；

D_1、d_1—内、外螺纹基本小径；

P—螺距；H—原始三角形高度

附表 1-1 普通螺纹公称直径与螺距标准组合系列 mm

公称直径 D、d		螺距 P		粗牙小径	公称直径 D、d		螺距 P		粗牙小径
第一系列	第二系列	粗牙	细牙	D_1、d_1	第一系列	第二系列	粗牙	细牙	D_1、d_1
3		0.5	0.35	2.459	16		2	1.5，1	13.835
	3.5	0.6		2.850		18	2.5	2，1.5，1	15.294
4		0.7	0.5	3.242	20				17.294
	4.5	0.75		3.688		22			19.294
5		0.8		4.134	24		3		20.752
6		1	0.75	4.917		27			23.752
8		1.25	1，0.75	6.647	30		3.5	(3)，2，1.5，1	26.211
10		1.5	1.25，1，0.75	8.376		33		(3)，2，1.5	29.211
12		1.75	1.5，1.25，1	10.106	36		4	3，2，1.5	31.670
	14	2	1.5，1.25*，1	11.835		39			34.670

注：优先选用第一系列，其次选用第二系列，最后选择第三系列（本表未列）。

* M14×1.25 仅用于火花塞。

附表 1-2 细牙普通螺纹螺距与小径的关系

mm

螺距 P	小径 D_1、d_1	螺距 P	小径 D_1、d_1	螺距 P	小径 D_1、d_1
0.35	d−1+0.621	1	d−2+0.918	2	d−3+0.835
0.5	d−1+0.459	1.25	d−2+0.647	3	d−4+0.752
0.75	d−1+0.188	1.5	d−2+0.376	4	d−5+0.670

1.2 55°非密封管螺纹(摘自 GB/T 7307—2001)

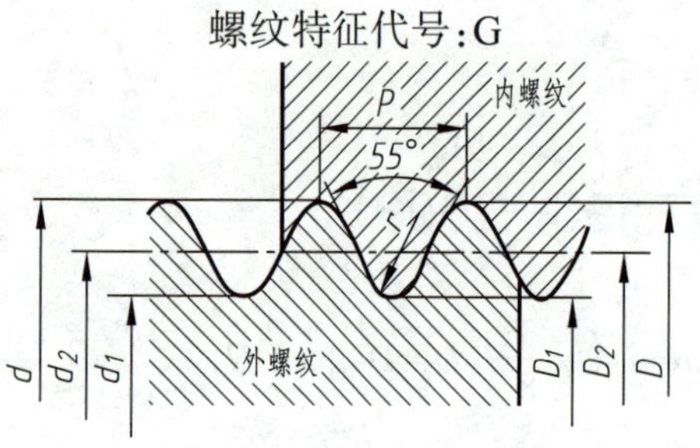

标记示例:G1/2A-LH

标记说明:尺寸代号为 1/2 的 A 级左旋圆柱外螺纹。

附表 1-3 管螺纹的基本尺寸

尺寸代号	每 25.4 mm 内所包含的牙数 n	螺距 P/mm	牙高 h/mm	圆弧半径 r/mm	基本直径 /mm		
					大径 $d=D$	中径 $d_2=D_2$	小径 $d_1=D_1$
1/16	28	0.907	0.581	0.125	7.723	7.142	6.561
1/8					9.728	9.147	8.566
1/4	19	1.337	0.856	0.184	13.157	12.301	11.445
3/8					16.662	15.806	14.950
1/2	14	1.814	1.162	0.249	20.955	19.793	18.631
5/8					22.911	21.749	20.587
3/4					26.441	25.279	24.117
7/8					30.201	29.039	27.877
1	11	2.309	1.479	0.317	33.249	31.770	30.291
$1\,^1/_4$					37.897	40.431	38.952
$1\,^1/_2$					41.910	46.324	44.845
2					59.614	58.135	56.656
$2\,^1/_2$					75.184	73.705	72.226
3					87.884	86.405	84.926
4					113.030	111.551	110.072

注:r 由公式 r=0.137 329P 计算得出。

1.3　梯形螺纹（摘自 GB/T 5796.3—2022、GB/T 5796.4—2022）

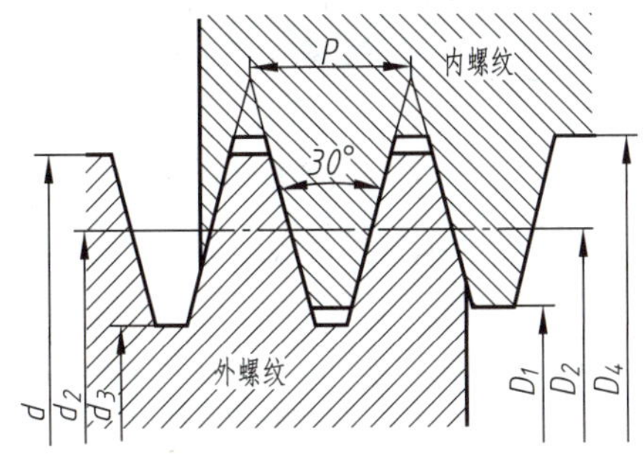

d—设计牙型上的外螺纹大径；
d_2—设计牙型上的外螺纹中径；
d_3—设计牙型上的外螺纹小径；
D_4—设计牙型上的内螺纹大径；
D_2—设计牙型上的内螺纹中径；
D_1—设计牙型上的内螺纹小径

标记示例：Tr28×5-7H

标记说明：公称直径 28 mm，螺距 5 mm，中径公差带代号为 7H 的单线右旋梯形内螺纹。

标记示例：Tr28×10P5-8e-LH

标记说明：公称直径 28 mm，导程 10 mm，螺距 5 mm，中径公差带代号为 8e 的双线左旋梯形外螺纹。

附表 1-4　梯形螺纹直径与螺距系列、基本尺寸　mm

公称直径 d		螺距 P	中径 $d_2=D_2$	大径 D_4	小径		公称直径 d		螺距 P	中径 $d_2=D_2$	大径 D_4	小径	
第一系列	第二系列				d_3	D_1	第一系列	第二系列				d_3	D_1
8		1.5	7.250	8.300	6.200	6.500	16		2	15.000	16.500	13.500	14.000
									4	14.000		11.500	12.000
	9	1.5	8.250	9.300	7.200	7.500		18	2	17.000	18.500	15.500	16.000
		2	8.000	9.500	6.500	7.000			4	16.000		13.500	14.000
10		1.5	9.250	10.300	8.200	8.500	20		2	19.000	20.500	17.500	18.000
		2	9.000	10.500	7.500	8.000			4	18.000		15.500	16.000
	11	2	10.000	11.500	8.500	9.000		22	3	20.500	22.500	18.500	19.000
		3	9.500		7.500	8.000			5	19.500		16.500	17.000
12		2	11.000	12.500	9.500	10.000			8	18.000	23.000	13.000	14.000
		3	10.500		8.500	9.000	24		3	22.500	24.500	20.500	21.000
	14	2	13.000	14.500	11.500	12.000			5	21.500		18.500	19.000
		3	12.500		10.500	11.000			8	20.000	25.000	15.000	16.000

续表

公称直径 d		螺距 P	中径 $d_2=D_2$	大径 D_4	小径		公称直径 d		螺距 P	中径 $d_2=D_2$	大径 D_4	小径	
第一系列	第二系列				d_3	D_1	第一系列	第二系列				d_3	D_1
	26	3	24.500	26.500	22.500	23.000		34	3	32.500	34.500	30.500	31.000
		5	23.500		20.500	21.000			6	31.000	35.000	27.000	28.000
		8	22.000	27.000	17.000	18.000			10	29.000		23.000	24.000
28		3	26.500	28.500	24.500	25.000	36		3	34.500	36.500	32.500	33.000
		5	25.500		22.500	23.000			6	33.000	37.000	29.000	30.000
		8	24.000	29.000	19.000	20.000			10	31.000		25.000	26.000
	30	3	28.500	30.500	26.500	29.000		38	3	36.500	38.500	34.500	35.000
		6	27.000	31.000	23.000	24.000			7	34.500	39.000	30.000	31.000
		10	25.000		19.000	20.000			10	33.000		27.000	28.000
32		3	30.500	32.500	28.500	29.000	40		3	38.500	40.500	36.500	37.000
		6	29.000	33.000	25.000	26.000			7	36.500	41.000	32.000	33.000
		10	27.000		21.000	22.000			10	35.000		29.000	30.000

附录 2　常用螺纹紧固件

2.1　六角头螺栓　C 级(摘自 GB/T 5780—2016),六角头螺栓　A、B 级(摘自 GB/T 5782—2016)

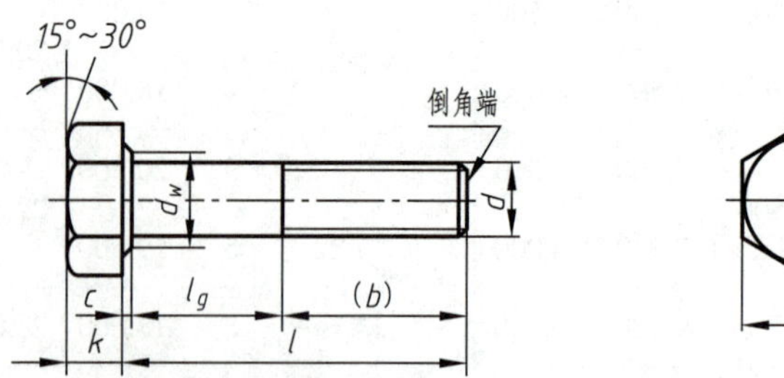

标记示例:螺栓　GB/T 5782　M12 × 80

标记说明:螺纹规格为 M12、公称长度 l=80、性能等级为 8.8 级、表面不经处理、产品等级为 A 级的六角头螺栓。

附表 2-1　优选的螺纹规格　　mm

螺纹规格			M3	M4	M5	M6	M8	M10	M12	M16	M20	M24	M30	M36	M42
b 参考	$l_{公称}$≤125		12	14	16	18	22	26	30	38	46	54	66	—	—
	125<$l_{公称}$≤200		18	20	22	24	28	32	36	44	52	60	72	84	96
	$l_{公称}$>200		31	33	35	37	41	45	49	57	65	73	85	97	109
c max			0.40	0.40	0.50	0.50	0.60	0.60	0.60	0.8	0.8	0.8	0.8	0.8	1.0
d_w min	产品等级	A	4.57	5.88	6.88	8.88	11.63	14.63	16.63	22.49	28.19	33.61	—	—	—
		B、C	4.45	5.74	6.74	8.74	11.47	14.47	16.47	22	27.7	33.25	42.75	51.11	59.95
e min	产品等级	A	6.01	7.66	8.79	11.05	14.38	17.77	20.03	26.75	33.53	39.98	—	—	—
		B、C	5.88	7.50	8.63	10.89	14.20	17.59	19.85	26.17	32.95	39.55	50.85	60.79	71.3
k 公称			2	2.8	3.5	4	5.3	6.4	7.5	10	12.5	15	18.7	22.5	26
r min			0.1	0.2	0.2	0.25	0.4	0.4	0.6	0.6	0.8	0.8	1	1	1.2
s 公称 =max			5.50	7.00	8.00	10.00	13.00	16.00	18.00	24.00	30.00	36.00	46	55.0	65.0
$l_{公称}$范围		A、B	20~30	25~40	25~50	30~60	40~80	45~100	50~120	65~160	80~200	90~240	110~300	140~360	160~440
		C										100~240	120~300		180~420
$l_{公称}$系列			12,16,20,25,30,35,40,45,50,55,60,65,70,80,90,100,110,120,130,140,150,160,180,200,220,240,260,280,300,320,340,360,380,400,420,440,460,480,500												

注：1. A 级用于 d≤24 mm和l≤10d 或l≤150 mm的螺栓；B级用于d>24 mm和l>10d 或l>150 mm的螺栓。

2. 螺纹规格d范围：GB/T 5780为M5~M64；GB/T 5782 为 M1.6~M64。

3. 公称长度范围：GB/T 5780为25~500 mm；GB/T 5782为12~500 mm。

2.2　双头螺柱

双头螺柱 b_m=1d（摘自 GB/T 897—1988）　双头螺柱 b_m=1.25d（摘自 GB/T 898—1988）

双头螺柱 b_m=1.5d（摘自 GB/T 899—1988）　双头螺柱 b_m=2d（摘自 GB/T 900—1988）

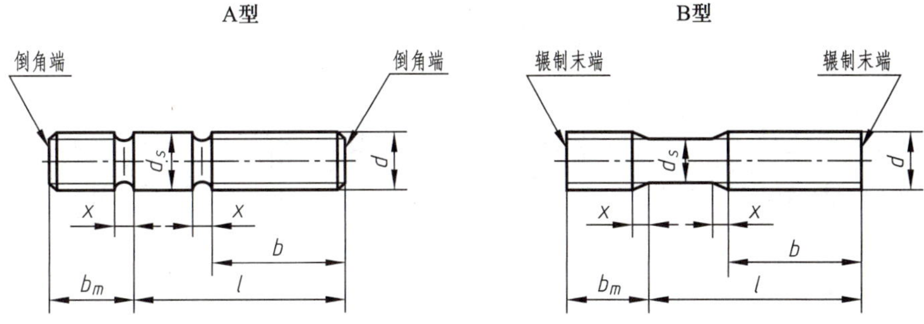

标记示例：螺柱　GB/T 900　M10 × 50

标记说明：b_m、b 两段均为粗牙普通螺纹、d=10 mm、l=50 mm、性能等级为 4.8 级、不经表面处理、B 型、b_m=2d 的双头螺柱。

标记示例：螺柱 GB/T 899 AM10–M10 × 1.25 × 50

标记说明：b_m 段为粗牙普通螺纹、b 段为螺距 1.25 mm 的细牙普通螺纹、d=10 mm、l=50 mm、性能等级为 4.8 级、不经表面处理、A 型、b_m=1.5d 的双头螺柱。

附表 2–2 双头螺柱基本尺寸 mm

螺纹规格		M5	M6	M8	M10	M12	M16	M20	M24	M30	M36	M42
b_m（公称）	GB/T 897	5	6	8	10	12	16	20	(24)	(30)	36	(42)
	GB/T 898	6	8	10	12	15	20	25	30	38	45	52
	GB/T 899	8	10	12	15	18	24	30	36	45	54	63
	GB/T 900	10	12	16	20	24	32	40	48	60	72	84
d_s(max)		5	6	8	10	12	16	20	24	30	36	42
X(max)		1.5P（GB/T 897、GB/T 898），2.5P（GB/T 899、GB/T 900）										
$\frac{l}{b}$		16~22/10	20~22/10	20~22/12	25~28/14	25~30/16	30~38/20	35~40/25	45~50/30	60~65/40	65~75/45	65~80/50
		25~50/16	25~30/14	25~30/16	30~38/16	32~40/20	40~55/30	45~65/35	55~75/45	70~90/50	80~110/60	85~110/70
			32~75/18	32~90/22	40~120/26	45~120/30	60~120/38	70~120/46	80~120/54	95~120/66	120/78	120/90
					130/32	130~180/36	130~200/44	130~200/52	130~200/60	130~200/72	130~200/84	130~200/96
										210~250/85	210~300/97	210~300/109
l 系列（公称）		16，(18)，20，(22)，25，(28)，30，(32)，35，(38)，40，45，50，(55)，60，(65)，70，(75)，80，(85)，90，(95)，100，110，120，130，140，150，160，170，180，190，200，210，220，230，240，250，260，280，300										

2.3 螺钉

1. 开槽圆柱头螺钉（摘自 GB/T 65—2016）、开槽盘头螺钉（摘自 GB/T 67—2016）

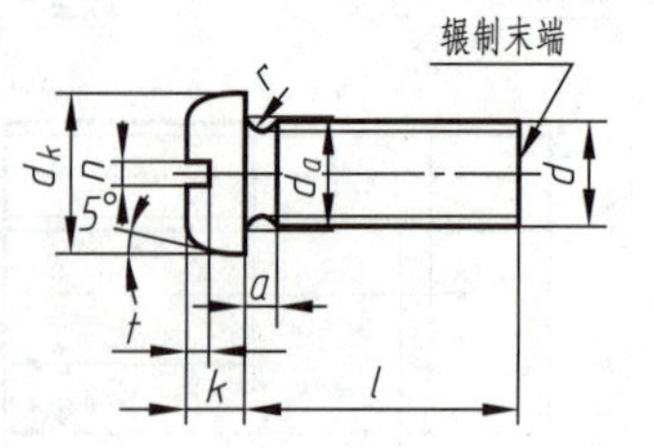

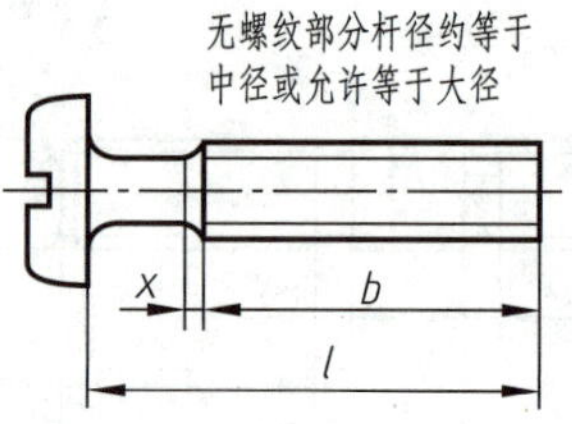

标记示例：螺钉 GB/T 67 M5 × 20

标记说明：螺纹规格为 M5、公称长度 l=20、性能等级为 4.8 级、不经表面处理的 A 级开槽盘头螺钉。

附表 2–3　开槽圆柱头、开槽盘头螺钉基本尺寸　　mm

螺纹规格			M3	M4	M5	M6	M8	M10
a max			1	1.4	1.6	2	2.5	3
b min			25	38	38	38	38	38
x max			1.25	1.75	2	2.5	3.2	3.8
n 公称			0.8	1.2	1.2	1.6	2	2.5
GB/T 65	d_k	公称 =max	5.50	7.00	8.50	10.00	13.00	16.00
		min	5.32	6.78	8.28	9.78	12.73	15.73
	k	公称 =max	2.00	2.60	3.30	3.9	5.0	6.0
		min	1.86	2.46	3.12	3.6	4.7	5.7
	t	min	0.85	1.10	1.30	1.60	2.00	2.40
GB/T 67	d_k	max	5.6	8	9.5	12	16	20
		min	5.3	7.64	9.14	11.57	15.57	19.48
	k	max	1.8	2.4	3	3.6	4.8	6
		min	1.6	2.2	2.8	3.3	4.5	5.7
	t	min	0.7	1	1.2	1.4	1.9	2.4
r min			0.10	0.20	0.20	0.25	0.40	0.40
d_a max			3.6	4.7	5.7	6.8	9.2	11.2
$\frac{l}{b}$			$\frac{4\sim30}{l-a}$	$\frac{5\sim40}{l-a}$	$\frac{6\sim40}{l-a}$ $\frac{45\sim50}{b}$	$\frac{8\sim40}{l-a}$ $\frac{45\sim60}{b}$	$\frac{10\sim40}{l-a}$ $\frac{45\sim80}{b}$	$\frac{12\sim40}{l-a}$ $\frac{45\sim80}{b}$

注：1. 表中形式(4~30)/(l–a)表示全螺纹，其余同。

2. 螺钉长度系列 l(公称)：4，5，6，8，10，12，(14)，16，20，25，30，35，40，45，50，(55)，60，(65)，70，(75)，80。尽可能不采用括号内的规格。

2. 十字槽沉头螺钉（摘自 GB/T 819.1—2016）

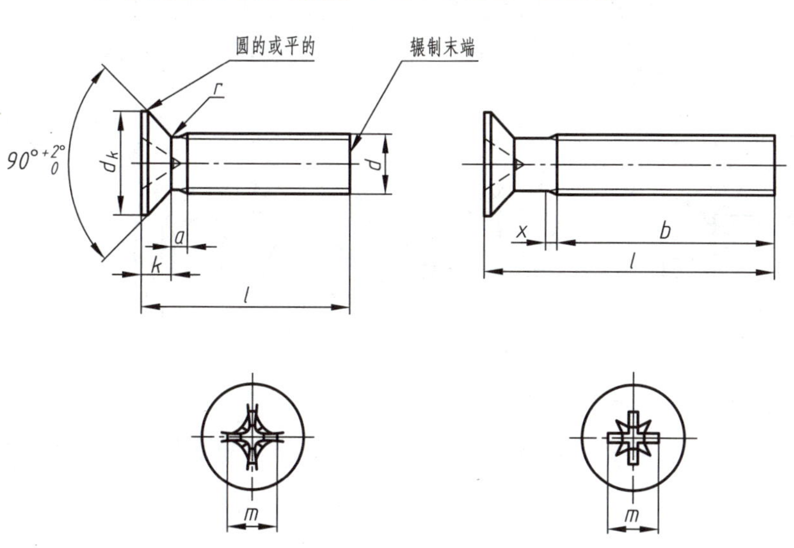

标记示例：螺钉 GB/T 819.1　M5 × 20

标记说明：螺纹规格为 M5、公称长度 l=20、性能等级为 4.8 级、H 型十字槽、不经表面处理的 A 级十字槽沉头螺钉。

附表 2-4　十字槽沉头螺钉基本尺寸

mm

螺纹规格				M1.6	M2	M2.5	M3	(M3.5)*	M4	M5	M6	M8	M10
P(螺距)				0.35	0.4	0.45	0.5	0.6	0.7	0.8	1	1.25	1.5
a max				0.7	0.8	0.9	1	1.2	1.4	1.6	2	2.5	3
b min				25	25	25	25	38	38	38	38	38	38
d_k	理论值　max			3.6	4.4	5.5	6.3	8.2	9.4	10.4	12.6	17.3	20
	实际值	公称 =max		3.0	3.8	4.7	5.5	7.30	8.40	9.30	11.30	15.80	18.30
		min		2.7	3.5	4.4	5.2	6.94	8.04	8.94	10.87	15.37	17.78
k 公称 =max				1	1.2	1.5	1.65	2.35	2.7	2.7	3.3	4.65	5
r max				0.4	0.5	0.6	0.8	0.9	1	1.3	1.5	2	2.5
x max				0.9	1	1.1	1.25	1.5	1.75	2	2.5	3.2	3.8
十字槽(系列 1，深的)	槽号　No.			0		1		2			3	4	
	H 型	m 参考		1.6	1.9	2.9	3.2	4.4	4.6	5.2	6.8	8.9	10
		插入深度	max	0.9	1.2	1.8	2.1	2.4	2.6	3.2	3.5	4.6	5.7
			min	0.6	0.9	1.4	1.7	1.9	2.1	2.7	3.0	4.0	5.1
	Z 型	m 参考		1.6	1.9	2.8	3	4.1	4.4	4.9	6.6	8.8	9.8
		插入深度	max	0.95	1.20	1.73	2.01	2.20	2.51	3.05	3.45	4.60	5.64
			min	0.70	0.95	1.48	1.76	1.75	2.06	2.60	3.00	4.15	5.19

* 尽可能不采用括号内的规格。

3. 紧定螺钉

开槽锥端紧定螺钉（摘自 GB/T 71—2018）

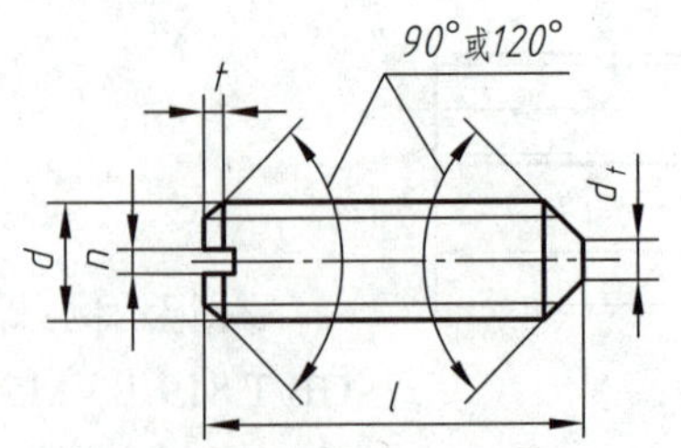

开槽平端紧定螺钉（摘自 GB/T 73—2017）

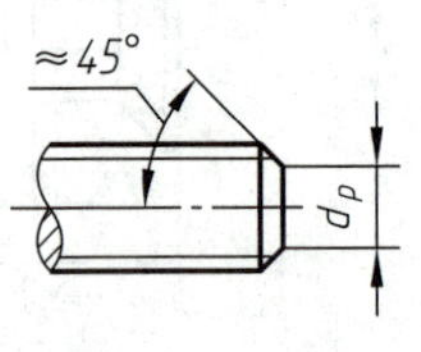

开槽长圆柱端紧定螺钉（摘自 GB/T 75—2018）

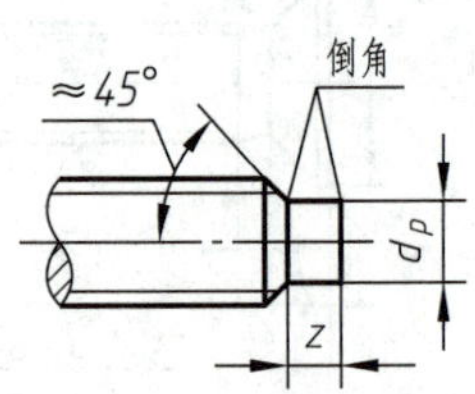

标记示例：螺钉　GB/T 75　M5 × 12

标记说明：螺纹规格为 M5、公称长度 l=12、性能等级为 14H 级、表面氧化处理的开槽长圆柱端紧定螺钉。

附表 2–5　紧定螺钉基本尺寸

mm

螺纹规格		M1.6	M2	M2.5	M3	M4	M5	M6	M8	M10	M12
P(螺距)		0.35	0.4	0.45	0.5	0.7	0.8	1	1.25	1.5	1.75
n 公称		0.25	0.25	0.4	0.4	0.6	0.8	1	1.2	1.6	2
t max		0.74	0.84	0.95	1.05	1.42	1.63	2.00	2.50	3.00	3.60
d_r max		0.16	0.20	0.25	0.30	0.40	0.50	1.50	2.00	2.50	3.00
d_p max		0.80	1.00	1.50	2.00	2.50	3.50	4.00	5.50	7.00	8.50
z max		1.05	1.25	1.5	1.75	2.25	2.75	3.25	4.3	5.3	6.3
l 公称	GB/T 71	2~8	3~10	3~12	4~16	6~20	8~25	8~30	10~40	12~50	14~60
	GB/T 73	2~8	2~10	2.5~12	3~16	4~20	5~25	6~30	8~40	10~50	12~60
	GB/T 75	2.5~8	3~10	3~12	4~16	6~20	8~25	8~30	10~40	12~50	14~60
l 公称系列		2,2.5,3,4,5,6,8,10,12,(14),16,20,25,30,35,40,45,50,(55),60									

注:1. *l* 为公称长度。

2. 括号内的规格尽可能不采用。

2.4　螺母

1 型六角螺母　C 级（摘自 GB/T 41—2016）　1 型六角螺母　A 级和 B 级（摘自 GB/T 6170—2015）　六角薄螺母（摘自 GB/T 6172.1—2016）

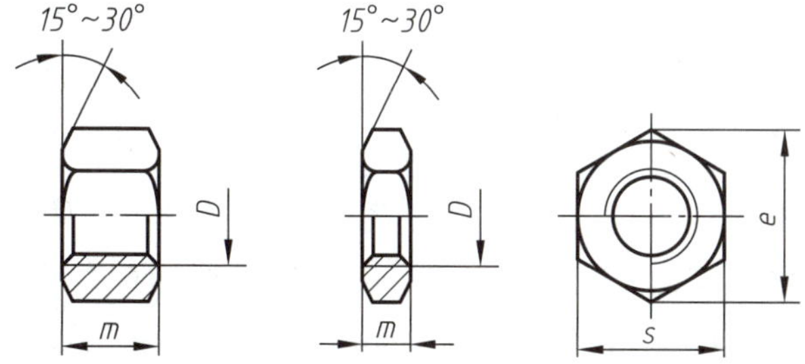

标记示例:螺母　GB/T 6170　M24

标记说明:螺纹规格为 M24、性能等级为 6 级、不经表面处理、产品等级为 B 级的 1 型六角螺母。

附表 2–6　螺母优选规格基本尺寸

mm

螺纹规格		M3	M4	M5	M6	M8	M10	M12	M16	M20	M24	M30	M36	M42
e min	GB/T 41			8.63	10.89	14.20	17.59	19.85	26.17	32.95	39.55	50.85	60.79	71.30
	GB/T 6170	6.01	7.66	8.79	11.05	14.38	17.77	20.03	26.75	32.95	39.55	50.85	60.79	71.30
	GB/T 6172.1	6.01	7.66	8.79	11.05	14.38	17.77	20.03	26.75	32.95	39.55	50.85	60.79	71.30
s 公称 =max	GB/T 41			8.00	10.00	13.00	16.00	18.00	24.00	30.00	36.00	46.00	55.00	65.00
	GB/T 6170	5.50	7.00	8.00	10.00	13.00	16.00	18.00	24.00	30.00	36.00	46.00	55.00	65.00
	GB/T 6172.1	5.50	7.00	8.00	10.00	13.00	16.00	18.00	24.00	30.00	36.00	46.00	55.00	65.00
m max	GB/T 41			5.60	6.40	7.90	9.50	12.20	15.90	19.00	22.30	26.40	31.90	34.90
	GB/T 6170	2.40	3.20	4.70	5.20	6.80	8.40	10.80	14.80	18.00	21.50	25.60	31.00	34.00
	GB/T 6172.1	1.80	2.20	2.70	3.20	4.00	5.00	6.00	8.00	10.00	12.00	15.00	18.00	21.00

注:A 级用于 $D \leqslant 16$ mm;B 级用于 $D > 16$ mm。

2.5 垫圈

1. 平垫圈

小垫圈 A 级（摘自 GB/T 848—2002） 平垫圈 A 级（摘自 GB/T 97.1—2002） 平垫圈 倒角型 A 型（摘自 GB/T 97.2—2002）

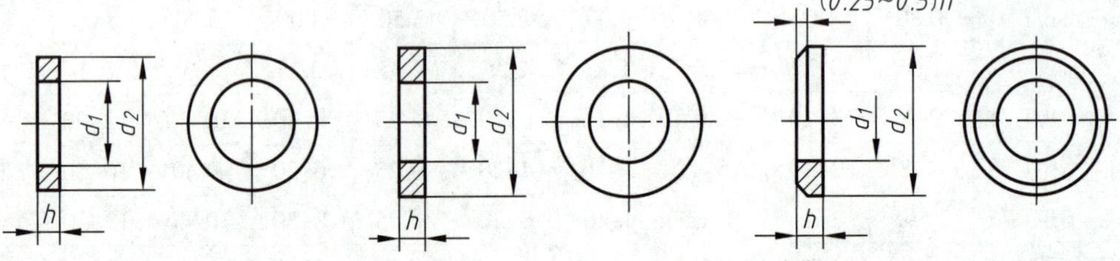

标记示例：垫圈 GB/T 97.1 24

标记说明：标准系列、规格为 24 mm、由钢制造的硬度等级为 200 HV 级、不经表面处理、产品等级为 A 级的平垫圈。

附表 2-7 平垫圈优选规格基本尺寸 mm

公称尺寸（螺纹规格 d）		1.6	2	2.5	3	4	5	6	8	10	12	16	20	24	30	36
d_1 公称 =min	GB/T 848	1.7	2.2	2.7	3.2	4.3	5.3	6.4	8.4	10.5	13	17	21	25	31	37
	GB/T 97.1	1.7	2.2	2.7	3.2	4.3	5.3	6.4	8.4	10.5	13	17	21	25	31	37
	GB/T 97.2						5.3	6.4	8.4	10.5	13	17	21	25	31	37
d_2 公称 =max	GB/T 848	3.5	4.5	5	6	8	9	11	15	18	20	28	34	39	50	60
	GB/T 97.1	4	5	6	7	9	10	12	16	20	24	30	37	44	56	66
	GB/T 97.2						10	12	16	20	24	30	37	44	56	66
h 公称	GB/T 848	0.3	0.3	0.5	0.5	0.5	1	1.6	1.6	1.6	2	2.5	3	4	4	5
	GB/T 97.1	0.3	0.3	0.5	0.5	0.8	1	1.6	1.6	2	2.5	3	3	4	4	5
	GB/T 97.2						1	1.6	1.6	2	2.5	3	3	4	4	5

2. 弹簧垫圈

标准型弹簧垫圈（摘自 GB/T 93—1987） 轻型弹簧垫圈（摘自 GB/T 859—1987）

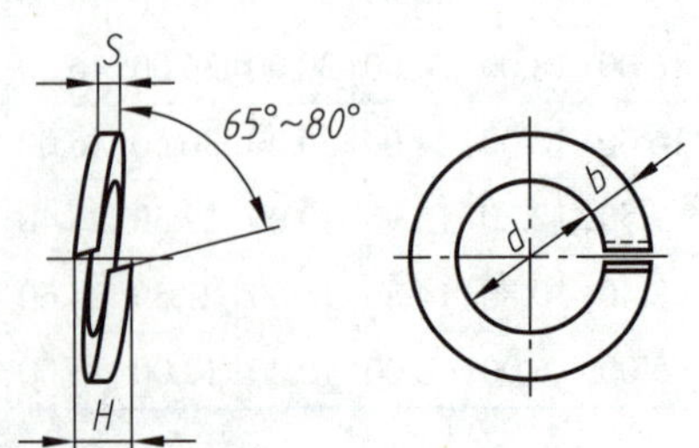

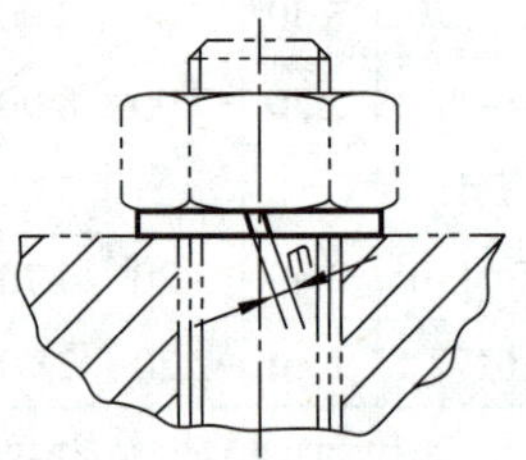

标记示例：垫圈 GB/T 93 24

标记说明：规格为 24 mm、材料为 65 Mn、表面氧化处理的标准型弹簧垫圈。

附表 2-8 弹簧垫圈基本尺寸

mm

规格（螺纹大径）		3	4	5	6	8	10	12	(14)	16	(18)	20	(22)	24	(27)	30
d min		3.1	4.1	5.1	6.1	8.1	10.2	12.2	14.2	16.2	18.2	20.2	22.5	24.5	27.5	30.5
H min	GB/T 93	1.6	2.2	2.6	3.2	4.2	5.2	6.2	7.2	8.2	9	10	11	12	13.6	15
	GB/T 859	1.2	1.6	2.2	2.6	3.2	4	5	6	6.4	7.2	8	9	10	11	12
S(*b*)公称	GB/T 93	0.8	1.1	1.3	1.6	2.1	2.6	3.1	3.6	4.1	4.5	5	5.5	6	6.8	7.5
*S*公称	GB/T 859	0.6	0.8	1.1	1.3	1.6	2	2.5	3	3.2	3.6	4	4.5	5	5.5	6
m≤	GB/T 93	0.4	0.55	0.65	0.8	1.05	1.3	1.55	1.8	2.05	2.25	2.5	2.75	3	3.4	3.75
	GB/T 859	0.3	0.4	0.55	0.65	0.8	1	1.25	1.5	1.6	1.8	2	2.25	2.5	2.75	3
*b*公称	GB/T 859	1	1.2	1.5	2	2.5	3	3.5	4	4.5	5	5.5	6	7	8	9

注：1. 括号内的规格尽可能不采用。

2. *m* 应大于零。

附录 3 键和销

3.1 键

1. 普通平键及键槽尺寸（摘自 GB/T 1095—2003）

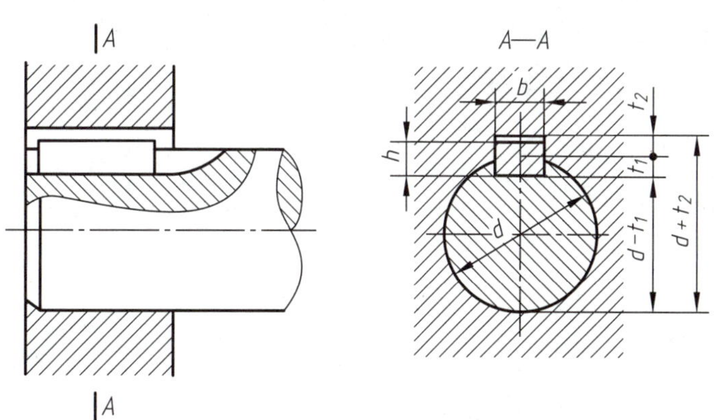

注：在工作图中，轴上键槽深度用（$d-t_1$）标注，轮毂上键槽深度用（$d+t_2$）标注。

附表 3-1　普通平键键槽的尺寸与公差　　mm

键尺寸 $b\times h$	键槽									
	宽度 b						深度			
	基本尺寸	极限偏差					轴 t_1		毂 t_2	
		正常连接		紧密连接	松连接		基本尺寸	极限偏差	基本尺寸	极限偏差
		轴 N9	毂 JS9	轴和毂 P9	轴 H9	毂 D10				
2×2	2	−0.004 −0.029	±0.012 5	−0.006 −0.031	+0.025 0	+0.060 +0.020	1.2	+0.1 0	1.0	+0.1 0
3×3	3						1.8		1.4	
4×4	4	0 −0.030	±0.015	−0.012 −0.042	+0.030 0	+0.078 +0.030	2.5		1.8	
5×5	5						3.0		2.3	
6×6	6						3.5		2.8	
8×7	8	0 −0.036	±0.018	−0.015 −0.051	+0.036 0	+0.098 +0.040	4.0	+0.2 0	3.3	+0.2 0
10×8	10						5.0		3.3	
12×8	12	0 −0.043	±0.021 5	−0.018 −0.061	+0.043 0	+0.120 +0.050	5.0		3.3	
14×9	14						5.5		3.8	
16×10	16						6.0		4.3	
18×11	18						7.0		4.4	
20×12	20	0 −0.052	±0.026	−0.022 −0.074	+0.052 0	+0.149 +0.065	7.5		4.9	
22×14	22						9.0		5.4	
25×14	25						9.0		5.4	
28×16	28						10.0		6.4	
32×18	32	0 −0.062	±0.031	−0.026 −0.088	+0.062 0	+0.180 +0.080	11.0		7.4	
36×20	36						12.0	+0.3 0	8.4	+0.3 0
40×22	40						13.0		9.4	
45×25	45						15.0		10.4	
50×28	50						17.0		11.4	
56×32	56	0 −0.074	±0.037	−0.032 −0.106	+0.074 0	+0.220 +0.100	20.0		12.4	
63×32	63						20.0		12.4	
70×36	70						22.0		14.4	
80×40	80						25.0		15.4	
90×45	90	0 −0.087	±0.043 5	−0.037 −0.124	+0.087 0	+0.260 +0.120	28.0		17.4	
100×50	100						31.0		19.5	

2. 普通平键(摘自 GB/T 1096—2003)

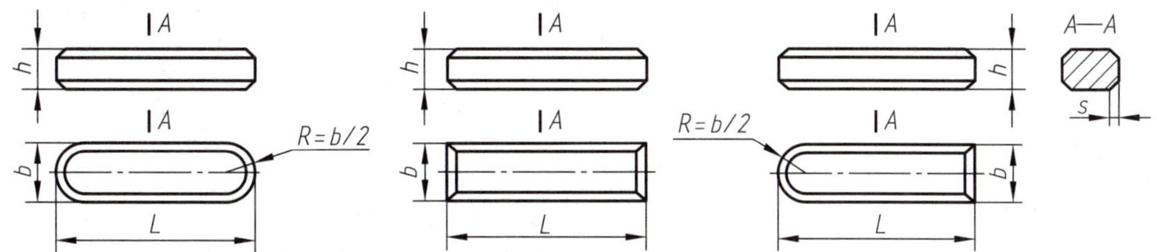

标记示例：GB/T 1096 键 18 × 11 × 100
标记说明：公称尺寸为 b=18 mm、h=11 mm、L=100 mm 的普通 A 型平键。

标记示例：GB/T 1096 键 B 18 × 11 × 100
标记说明：公称尺寸为 b=18 mm、h=11 mm、L=100 mm 的普通 B 型平键。

标记示例：GB/T 1096 键 C 18 × 11 × 100
标记说明：公称尺寸为 b=18 mm、h=11 mm、L=100 mm 的普通 C 型平键。

附表 3–2 普通平键的尺寸与公差 mm

宽度 b	公称尺寸		2	3	4	5	6	8	10	12	14	16	18	20	22
	极限偏差(h8)		0 −0.014		0 −0.018			0 −0.022		0 −0.027				0 −0.033	
高度 h	公称尺寸		2	3	4	5	6	7	8	8	9	10	11	12	14
	极限偏差	矩形(h11)	—		—			0 −0.090					0 −0.010		
		方形(h8)	0 −0.014		0 −0.018			—					—		
倒角或圆角 s			0.16~0.25			0.25~0.40			0.40~0.60					0.60~0.80	
长度 L															
公称尺寸	极限偏差(h14)														
6	0 −0.36				—	—	—	—	—	—	—	—	—	—	—
8						—	—	—	—	—	—	—	—	—	—
10							—	—	—	—	—	—	—	—	—
12	0 −0.43						—	—	—	—	—	—	—	—	—
14								—	—	—	—	—	—	—	—
16					标准			—	—	—	—	—	—	—	—
18									—	—	—	—	—	—	—
20	0 −0.52								—	—	—	—	—	—	—
22			—							—	—	—	—	—	—
25			—				长度			—	—	—	—	—	—
28			—								—	—	—	—	—
32	0 −0.62		—								—	—	—	—	—
36			—									—	—	—	—
40			—	—					范围			—	—	—	—
45			—	—									—	—	—
50			—	—	—									—	—

3.2 销

1. 圆柱销(摘自 GB/T 119.1—2000)

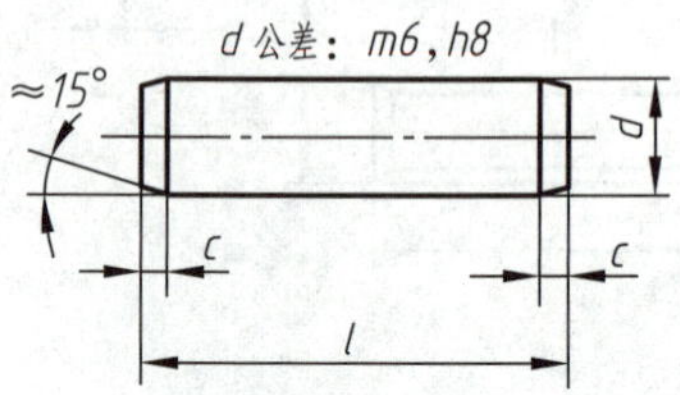

标记示例：销 GB/T 119.1 6 m6 × 30

标记说明：公称直径 d=6 mm、公差为m6、公称长度 l=30 mm材料为钢、不经淬火、不经表面处理的圆柱销。

附表 3–3 圆 柱 销 mm

d(公称) m6/h8	2	3	4	5	6	8	10	12	16	20	25
c≈	0.35	0.5	0.63	0.8	1.2	1.6	2	2.5	3	3.5	4
l范围	6~20	8~30	8~40	10~50	12~60	14~80	18~95	22~140	26~180	35~200	50~200
$l_{系列}$(公称)	2,3,4,5,6~32(按2递增),35~100(按5递增),120~200(按20递增),>200(按20递增)										

2. 圆锥销(摘自 GB/T 117—2000)

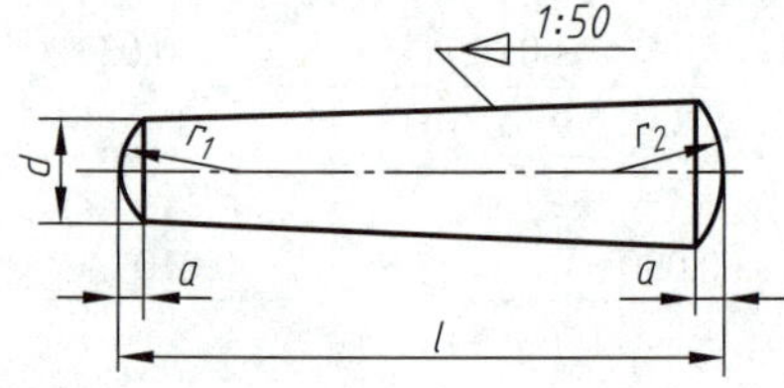

$$r_1 \approx d$$
$$r_2 \approx d + \frac{a}{2} + \frac{(0.02l)^2}{8a}$$

标记示例：销 GB/T 117 10 × 60

标记说明：公称直径 d=10 mm、公称长度 l=60 mm、材料为35钢、热处理硬度为28~38HRC、表面氧化处理的A型圆锥销。

附表 3–4 圆 锥 销 mm

$d_{公称}$	2	2.5	3	4	5	6	8	10	12	16	20	25
a≈	0.25	0.3	0.4	0.5	0.63	0.8	1	1.2	1.6	2	2.5	3
l范围	10~35	10~35	12~45	14~55	18~60	22~90	22~120	26~160	32~180	40~200	45~200	50~200
$l_{系列}$	2,3,4,5,6~32(按2递增),35~100(按5递增),120~200(按20递增),>200(按20递增)											

3. 开口销(摘自 GB/T 91—2000)

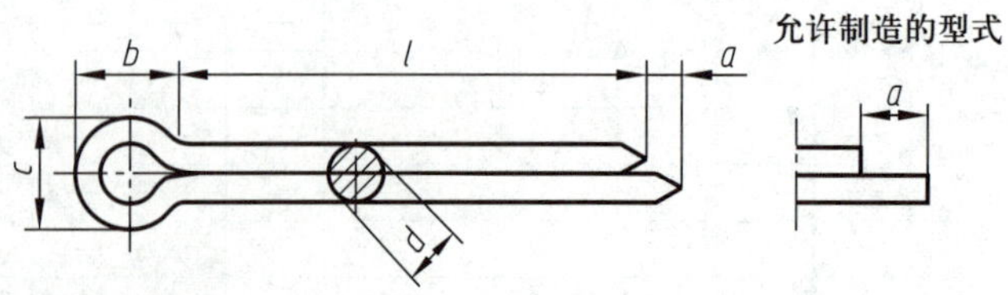

标记示例：销 GB/T 91 5 × 50

标记说明：公称直径 d=5 mm、公称长度 l=50 mm、材料为Q215或Q235，不经表面处理的开口销。

附表 3-5 开 口 销

mm

d	公称	0.6	0.8	1	1.2	1.6	2	2.5	3.2	4	5	6.3	8	10	13
	min	0.4	0.6	0.8	0.9	1.3	1.7	2.1	2.7	3.5	4.4	5.7	7.3	9.3	12.1
	max	0.5	0.7	0.9	1.0	1.4	1.8	2.3	2.9	3.7	4.6	5.9	7.5	9.5	12.4
c	max	1.0	1.4	1.8	2.0	2.8	3.6	4.6	5.8	7.4	9.2	11.8	15.0	19.0	24.8
	min	0.9	1.2	1.6	1.7	2.4	3.2	4.0	5.1	6.5	8.0	10.3	13.1	16.6	21.7
b	≈	2	2.4	3	3	3.2	4	5	6.4	8	10	12.6	16	20	26
a	max	1.6			2.50				3.2	4				6.30	
l 系列公称		4,5,6,8,10,12,14,16,18,20,22,24,25,28,32,36,40,45,50,56,63,71,80,90,100,112,125,140,160,180,200,224,250,280													

附录4 滚动轴承

4.1 深沟球轴承(摘自 GB/T 276—2013)

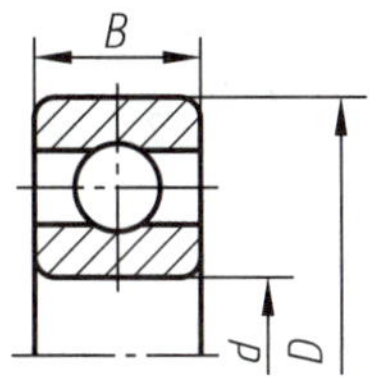

标记示例:滚动轴承 6204 GB/T 276—2013

标记说明:内径 d=20 mm 的 60000 型深沟球轴承,尺寸系列为 02。

附表 4-1 深沟球轴承

mm

轴承代号	尺寸			轴承代号	尺寸		
	d	*D*	*B*		*d*	*D*	*B*
尺寸系列 10				60/28	28	52	12
606	6	17	6	6006	30	55	13
607	7	19	6	60/32	32	58	13
608	8	22	7	6007	35	62	14
609	9	24	7	6008	40	68	15
6000	10	26	8	6009	45	75	16
6001	12	28	8	6010	50	80	16
6002	15	32	9	6011	55	90	18
6003	17	35	10	6012	60	95	18
6004	20	42	12	尺寸系列 02			
60/22	22	44	12	623	3	10	4
6005	25	47	12	624	4	13	5

续表

轴承代号	尺寸			轴承代号	尺寸		
	d	*D*	*B*		*d*	*D*	*B*
625	5	16	5	6305	25	62	17
626	6	19	6	63/28	28	68	18
627	7	22	7	6306	30	72	19
628	8	24	8	63/32	32	75	20
629	9	26	8	6307	35	80	21
6200	10	30	9	6308	40	90	23
6201	12	32	10	6309	45	100	25
6202	15	35	11	6310	50	110	27
6203	17	40	12	6311	55	120	29
6204	20	47	14	6312	60	130	31
62/22	22	50	14	尺寸系列 04			
6205	25	52	15	6403	17	62	17
62/28	28	58	16	6404	20	72	19
6206	30	62	16	6405	25	80	21
62/32	32	65	17	6406	30	90	23
6207	35	72	17	6407	35	100	25
6208	40	80	18	6408	40	110	27
6209	45	85	19	6409	45	120	29
6210	50	90	20	6410	50	130	31
6211	55	100	21	6411	55	140	33
6212	60	110	22	6412	60	150	35
尺寸系列 03				6413	65	160	37
633	3	13	5	6414	70	180	42
634	4	16	5	6415	75	190	45
635	5	19	6	6416	80	200	48
6300	10	35	11	6417	85	210	52
6301	12	37	12	6418	90	225	54
6302	15	42	13	6419	95	240	55
6303	17	47	14	6420	100	250	58
6304	20	52	15	6422	110	280	65
63/22	22	56	16				

4.2 圆锥滚子轴承(摘自 GB/T 297—2015)

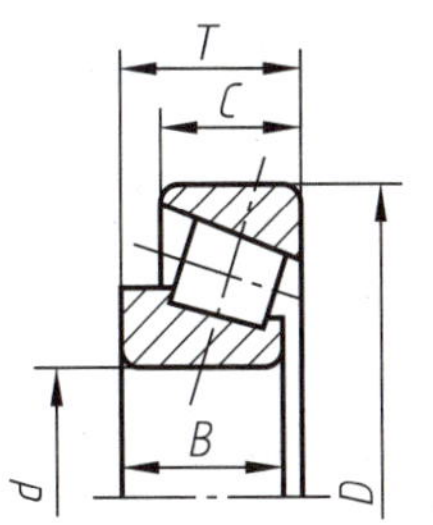

标记示例:滚动轴承 30204 GB/T 297—2015

标记说明:内径 d=20 mm 的 30000 型圆锥滚子轴承,尺寸系列为 02。

附表 4-2 圆锥滚子轴承

mm

轴承代号	尺寸					轴承代号	尺寸				
	d	*D*	*T*	*B*	*C*		*d*	*D*	*T*	*B*	*C*
尺寸系列 02						30304	20	52	16.25	15	13
30202	15	35	11.75	11	10	30305	25	62	18.25	17	15
30203	17	40	13.25	12	11	30306	30	72	20.75	19	16
30204	20	47	15.25	14	12	30307	35	80	22.75	21	18
30205	25	52	16.25	15	13	30308	40	90	25.25	23	20
30206	30	62	17.25	16	14	30309	45	100	27.25	25	22
302/32	32	65	18.25	17	15	30310	50	110	29.25	27	23
30207	35	72	18.25	17	15	30311	55	120	31.5	29	25
30208	40	80	19.75	18	16	30312	60	130	33.5	31	26
30209	45	85	20.75	19	16	30313	65	140	36	33	28
30210	50	90	21.75	20	17	30314	70	150	38	35	30
30211	55	100	22.75	21	18	30315	75	160	40	37	31
30212	60	110	23.75	22	19	30316	80	170	42.5	39	33
30213	65	120	24.75	23	20	30317	85	180	44.5	41	34
30214	70	125	26.25	24	21	30318	90	190	46.5	43	36
30215	75	130	27.25	25	22	30319	95	200	49.5	45	38
30216	80	140	28.25	26	22	30320	100	215	51.5	47	39
30217	85	150	30.5	28	24	尺寸系列 23					
30218	90	160	32.5	30	26	32303	17	47	20.25	19	16
30219	95	170	34.5	32	27	32304	20	52	22.25	21	18
30220	100	180	37	34	29	32305	25	62	25.25	24	20
尺寸系列 03						32306	30	72	28.75	27	23
30302	15	42	14.25	13	11	32307	35	80	32.75	31	25
30303	17	47	15.25	14	12	32308	40	90	35.25	33	27

续表

轴承代号	尺寸					轴承代号	尺寸				
	d	D	T	B	C		d	D	T	B	C
32309	45	100	38.25	36	30	33012	60	95	27	27	21
32310	50	110	42.25	40	33	33013	65	100	27	27	21
32311	55	120	45.5	43	35	33014	70	110	31	31	25.5
32312	60	130	48.5	46	37	33015	75	115	31	31	25.5
32313	65	140	51	48	39	33016	80	125	36	36	29.5
32314	70	150	54	51	42	尺寸系列 31					
32315	75	160	58	55	45	33108	40	75	26	26	20.5
32316	80	170	61.5	58	48	33109	45	80	26	26	20.5
尺寸系列 30						33110	50	85	26	26	20
33005	25	47	17	17	14	33111	55	95	30	30	23
33006	30	55	20	20	16	33112	60	100	30	30	23
33007	35	62	21	21	17	33113	65	110	34	34	26.5
33008	40	68	2224	2224	1819	33114	70	120	37	37	29
33010	50	80	24	24	19	33115	75	125	37	37	29
33011	55	90	27	27	21	33116	80	130	37	37	29

4.3 推力球轴承(摘自 GB/T 301—2015)

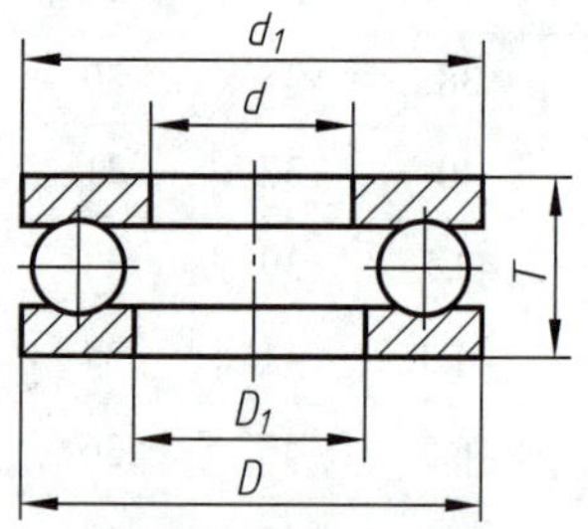

标记示例:滚动轴承 51204 GB/T 301—2015

标记说明:内径 d=20 mm 的 51000 型单向推力球轴承,尺寸系列为 12。

附表 4-3 推力球轴承

mm

轴承代号	尺寸					轴承代号	尺寸				
	d	D	T	$D_{1\,smax}$	$d_{1\,smax}$		d	D	T	$D_{1\,smax}$	$d_{1\,smax}$
尺寸系列 11						51108	40	60	13	42	60
51104	20	35	10	21	35	51109	45	65	14	47	65
51105	25	42	11	26	42	51110	50	70	14	52	70
51106	30	47	11	32	47	51111	55	78	16	57	78
51107	35	52	12	37	52	51112	60	85	17	62	85

续表

轴承代号	尺寸					轴承代号	尺寸				
	d	D	T	$D_{1\,smax}$	$d_{1\,smax}$		d	D	T	$D_{1\,smax}$	$d_{1\,smax}$
51113	65	90	18	67	90	51308	40	78	26	42	78
51114	70	95	18	72	95	51309	45	85	28	47	85
51115	75	100	19	77	100	51310	50	95	31	52	95
51116	80	105	19	82	105	51311	55	105	35	57	105
51117	85	110	19	87	110	51312	60	110	35	62	110
51118	90	120	22	92	120	51313	65	115	36	67	115
51120	100	135	25	102	135	51314	70	125	40	72	125
尺寸系列 12						51315	75	135	44	77	135
51204	20	40	14	22	40	51316	80	140	44	82	140
51205	25	47	15	27	47	51317	85	150	49	88	150
51206	30	52	16	32	52	51318	90	155	50	93	155
51207	35	62	18	37	62	51320	100	170	55	103	170
51208	40	68	19	42	68	尺寸系列 14					
51209	45	73	20	47	73	51405	25	60	24	27	60
51210	50	78	22	52	78	51406	30	70	28	32	70
51211	55	90	25	57	90	51407	35	80	32	37	80
51212	60	95	26	62	95	51408	40	90	36	42	90
51213	65	100	27	67	100	51409	45	100	39	47	100
51214	70	105	27	72	105	51410	50	110	43	52	110
51215	75	110	27	77	110	51411	55	120	48	57	120
51216	80	115	28	82	115	51412	60	130	51	62	130
51217	85	125	31	88	125	51413	65	140	56	68	140
51218	90	135	35	93	135	51414	70	150	60	73	150
51220	100	150	38	103	150	51415	75	160	65	78	160
尺寸系列 13						51416	80	170	68	83	170
51304	20	47	18	22	47	51417	85	180	72	88	177
51305	25	52	18	27	52	51418	90	190	77	93	187
51306	30	60	21	32	60	51420	100	210	85	103	205
51307	35	68	24	37	68	51422	110	230	95	113	225

附录 5 常用零件结构要素

5.1 倒角与倒圆（摘自 GB/T 6403.4—2008）

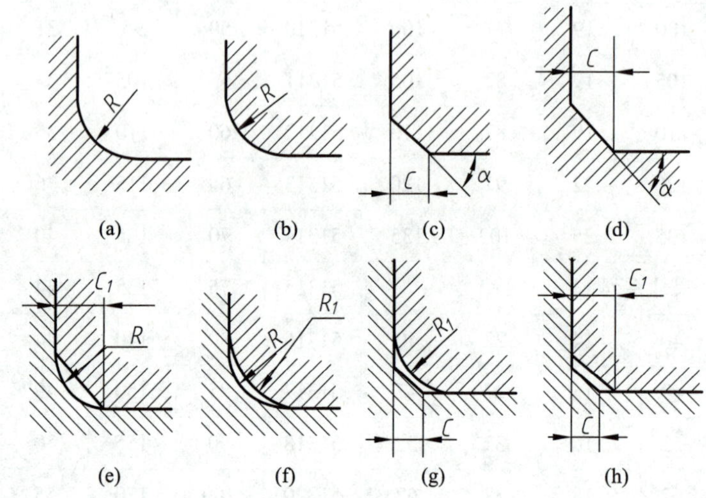

附表 5-1 与零件直径 ϕ 相应的倒角与倒圆推荐值 mm

零件直径 ϕ	<3	>3~6	>6~10	>10~18	>18~30	>30~50
C 或 R	0.2	0.4	0.6	0.8	1.0	1.6
零件直径 ϕ	>50~80	>80~120	>120~180	>180~250	>250~320	>320~400
C 或 R	2.0	2.5	3.0	4.0	5.0	6.0
零件直径 ϕ	>400~500	>500~630	>630~800	>800~1 000	>1 000~1 250	>1 250~1 600
C 或 R	8.0	10	12	16	20	25

5.2 砂轮越程槽（摘自 GB/T 6403.5—2008）

附表 5-2 砂轮越程槽 mm

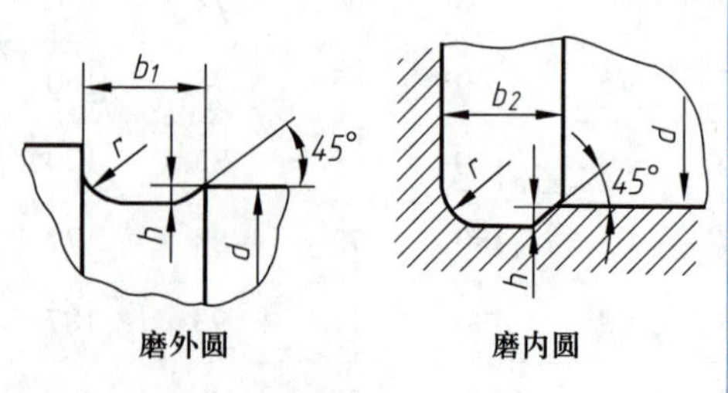

磨外圆 磨内圆

d	≤10			10~50		50~100		100	
b_1	0.6	1.0	1.6	2.0	3.0	4.0	5.0	8.0	10
b_2	2.0	3.0		4.0		5.0		8.0	10
h	0.1	0.2		0.3	0.4		0.6	0.8	1.2
r	0.2	0.5		0.8	1.0		1.6	2.0	3.0

续表

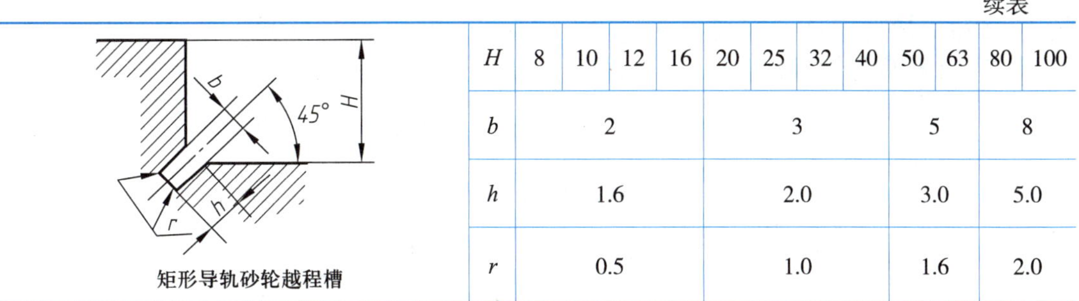

矩形导轨砂轮越程槽	H	8	10	12	16	20	25	32	40	50	63	80	100
	b	2				3				5		8	
	h	1.6				2.0				3.0		5.0	
	r	0.5				1.0				1.6		2.0	

5.3　普通螺纹退刀槽与倒角（摘自 GB/T 3—1997）

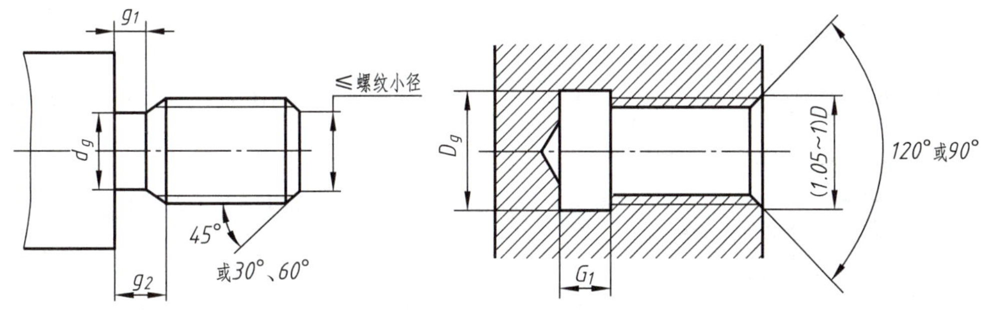

附表 5–3　普通外、内螺纹退刀槽与倒角尺寸

mm

螺距	外螺纹			内螺纹		螺距	外螺纹			内螺纹	
	g_2 max	g_1 min	d_g	G_1 一般	D_g		g_2 max	g_1 min	d_g	G_1 一般	D_g
0.5	1.5	0.8	d–0.8	2	D+0.3	2	6	3.4	d–3	8	D+0.5
0.7	2.1	1.1	d–1.1	2.8		2.5	7.5	4.4	d–3.6	10	
0.8	2.4	1.3	d–1.3	3.2		3	9	5.2	d–4.4	12	
1	3	1.6	d–1.6	4	D+0.5	3.5	10.5	6.2	d–5	14	
1.25	3.75	2	d–2	5		4	12	7	d–5.7	16	
1.5	4.5	2.5	d–2.3	6		5	15	9	d–7	20	
1.75	5.25	3	d–2.6	7		5.5	17.5	11	d–7.7	22	

注：1. d、D 为螺纹公称直径代号。

2. 外螺纹始端端面的倒角一般为 45°，也可采用 30° 或 60° 倒角；倒角深度应大于或等于螺纹牙型高度。内螺纹入口端面的倒角一般为 120°，也可采用 90° 倒角；端面倒角直径为（1.05~1）D。

5.4 螺纹紧固件通孔及沉孔(摘自 GB/T 5277—1985、GB/T 152.2—2014、GB/T 152.3—1988、GB/T 152.4—1988)

附表 5-4 螺纹紧固件通孔及沉孔尺寸

mm

螺纹规格			M3	M4	M5	M6	M8	M10	M12	M14	M16	M18	M20	M22	M24	M27	M30	M36
通孔直径 GB/T 5277—1985		精装配	3.2	4.3	5.3	6.4	8.4	10.5	13	15	17	19	21	23	25	28	31	37
		中等装配	3.4	4.5	5.5	6.6	9	11	13.5	15.5	17.5	20	22	24	26	30	33	39
		粗装配	3.6	4.8	5.8	7	10	12	14.5	16.5	18.5	21	24	26	28	32	35	42
六角头螺栓和六角螺母用沉孔	d_2 d_3 t d_1 GB/T 152.4—1988	d_2	9	10	11	13	18	22	26	30	33	36	40	43	48	53	61	71
		d_3	—	—	—	—	—	—	16	18	20	22	24	26	28	33	36	42
		d_1	3.4	4.5	5.5	6.6	9.0	11.0	13.5	15.5	17.5	20.0	22.0	24	26	30	33	39
沉头螺钉用沉孔	90°±1° D_c t d_h GB/T 152.2—2014	D_c min (公称)	6.30	9.40	10.40	12.60	17.30	20.0	—	—	—	—	—	—	—	—	—	—
		t≈	1.55	2.55	2.58	3.13	4.28	4.65	—	—	—	—	—	—	—	—	—	—
		d_h min (公称)	3.40	4.50	5.50	6.60	9.00	11.00	—	—	—	—	—	—	—	—	—	—
圆柱头用沉孔	d_2 d_3 t d_1 GB/T 152.3—1988 适用于 GB/T 70	d_2	6.0	8.0	10.0	11.0	15.0	18.0	20.0	24.0	26.0	—	33.0	—	40.0	—	48.0	57.0
		t	3.4	4.6	5.7	6.8	9.0	11.0	13.0	15.0	17.5	—	21.5	—	25.5	—	32.0	38.0
		d_3	—	—	—	—	—	—	16	18	20	—	24	—	28	—	36	42
		d_1	3.4	4.5	5.5	6.6	9.0	11.0	13.5	15.5	17.5	—	22.0	—	26.0	—	33.0	39.0
	适用于 GB/T 65	d_2	—	8	10	11	15	18	20	24	26	—	33	—	—	—	—	—
		t	—	3.2	4.0	4.7	6.0	7.0	8.0	9.0	10.5	—	12.5	—	—	—	—	—
		d_1	—	—	—	—	—	—	16	18	20	—	24	—	—	—	—	—
		d_2	—	4.5	5.5	6.6	9.0	11.0	13.5	15.5	17.5	—	22.0	—	—	—	—	—

附录 6　极限与配合

附表 6–1　标准公差数值（摘自 GB/T 1800.1—2020）

公称尺寸/mm		标准公差等级																			
		IT01	IT0	IT1	IT2	IT3	IT4	IT5	IT6	IT7	IT8	IT9	IT10	IT11	IT12	IT13	IT14	IT15	IT16	IT17	IT18
大于	至	μm													mm						
—	3	0.3	0.5	0.8	1.2	2	3	4	6	10	14	25	40	60	0.1	0.14	0.25	0.4	0.6	1	1.4
3	6	0.4	0.6	1	1.5	2.5	4	5	8	12	18	30	48	75	0.12	0.18	0.3	0.48	0.75	1.2	1.8
6	10	0.4	0.6	1	1.5	2.5	4	6	9	15	22	36	58	90	0.15	0.22	0.36	0.58	0.9	1.5	2.2
10	18	0.5	0.8	1.2	2	3	5	8	11	18	27	43	70	110	0.18	0.27	0.43	0.7	1.1	1.8	2.7
18	30	0.6	1	1.5	2.5	4	6	9	13	21	33	52	84	130	0.21	0.33	0.52	0.84	1.3	2.1	3.3
30	50	0.6	1	1.5	2.5	4	7	11	16	25	39	62	100	160	0.25	0.39	0.62	1	1.6	2.5	3.9
50	80	0.8	1.2	2	3	5	8	13	19	30	46	74	120	190	0.3	0.46	0.74	1.2	1.9	3	4.6
80	120	1	1.5	2.5	4	6	10	15	22	35	54	87	140	220	0.35	0.54	0.87	1.4	2.2	3.5	5.4
120	180	1.2	2	3.5	5	8	12	18	25	40	63	100	160	250	0.4	0.63	1	1.6	2.5	4	6.3
180	250	2	3	4.5	7	10	14	20	29	46	72	115	185	290	0.46	0.72	1.15	1.85	2.9	4.6	7.2
250	315	2.5	4	6	8	12	16	23	32	52	81	130	210	320	0.52	0.81	1.3	2.1	3.2	5.2	8.1
315	400	3	5	7	9	13	18	25	36	57	89	140	230	360	0.57	0.89	1.4	2.3	3.6	5.7	8.9
400	500	4	6	8	10	15	20	27	40	63	97	155	250	400	0.63	0.97	1.55	2.5	4	6.3	9.7
500	630			9	11	16	22	32	44	70	110	175	280	440	0.7	1.1	1.75	2.8	4.4	7	11
630	800			10	13	18	25	36	50	80	125	200	320	500	0.8	1.25	2	3.2	5	8	12.5
800	1 000			11	15	21	28	40	56	90	140	230	360	560	0.9	1.4	2.3	3.6	5.6	9	14
1 000	1 250			13	18	24	33	47	66	105	165	260	420	660	1.05	1.65	2.6	4.2	6.6	10.5	16.5
1 250	1 600			15	21	29	39	55	78	125	195	310	500	780	1.25	1.95	3.1	5	7.8	12.5	19.5
1 600	2 000			18	25	35	46	65	92	150	230	370	600	920	1.5	2.3	3.7	6	9.2	15	23
2 000	2 500			22	30	41	55	78	110	175	280	440	700	1 100	1.75	2.8	4.4	7	11	17.5	28
2 500	3 150			26	36	50	68	96	135	210	330	540	860	1 350	2.1	3.3	5.4	8.6	13.5	21	33

附表 6-2　轴的基本偏差数值

公称尺寸 /mm		基本偏差：上极限偏差 *es*（所有公差等级）												IT5 和 IT6	IT7
大于	至	a	b	c	cd	d	e	ef	f	fg	g	h	js	j	
—	3	-270	-140	-60	-34	-20	-14	-10	-6	-4	-2	0	偏差 = ± $\frac{ITn}{2}$，式中 *n* 为标准公差等级数	-2	-4
3	6	-270	-140	-70	-46	-30	-20	-14	-10	-6	-4	0		-2	-4
6	10	-280	-150	-80	-56	-40	-25	-18	-13	-8	-5	0		-2	-5
10	14	-290	-150	-95		-50	-32		-16		-6	0		-3	-6
14	18														
18	24	-300	-160	-110		-65	-40		-20		-7	0		-4	-8
24	30														
30	40	-310	-170	-120		-80	-50		-25		-9	0		-5	-10
40	50	-320	-180	-130											
50	65	-340	-190	-140		-100	-60		-30		-10	0		-7	-12
65	80	-360	-200	-150											
80	100	-380	-220	-170		-120	-72		-36		-12	0		-9	-15
100	120	-410	-240	-180											
120	140	-460	-260	-200		-145	-85		-43		-14	0		-11	-18
140	160	-520	-280	-210											
160	180	-580	-310	-230											
180	200	-660	-340	-240		-170	-100		-50		-15	0		-13	-21
200	225	-740	-380	-260											
225	250	-820	-420	-280											
250	280	-920	-480	-300		-190	-110		-56		-17	0		-16	-26
280	315	-1 050	-540	-330											
315	355	-1 200	-600	-360		-210	-125		-62		-18	0		-18	-28
355	400	-1 350	-680	-400											
400	450	-1 500	-760	-440		-230	-135		-68		-20	0		-20	-32
450	500	-1 650	-840	-480											
500	560					-260	-145		-76		-22	0			
560	630														
630	710					-290	-160		-80		-24	0			
710	800														
800	900					-320	-170		-86		-26	0			
900	1 000														
1 000	1 120					-350	-195		-98		-28	0			
1 120	1 250														
1 250	1 400					-390	-220		-110		-30	0			
1 400	1 600														
1 600	1 800					-430	-240		-120		-32	0			
1 800	2 000														
2 000	2 240					-480	-260		-130		-34	0			
2 240	2 500														
2 500	2 800					-520	-290		-145		-38	0			
2 800	3 150														

注：公称尺寸≤1 mm 时，不使用基本偏差 *a* 和 *b*。

（摘自 GB/T 1800.1—2020）

μm

差数值																
下极限偏差 *ei*																
IT8	IT4~IT7	≤IT3 >IT7	所有公差等级													
	k		m	n	p	r	s	t	u	v	x	y	z	za	zb	zc
−6	0	0	+2	+4	+6	+10	+14		+18		+20		+26	+32	+40	+60
	+1	0	+4	+8	+12	+15	+19		+23		+28		+35	+42	+50	+80
	+1	0	+6	+10	+15	+19	+23		+28		+34		+42	+52	+67	+97
	+1	0	+7	+12	+18	+23	+28		+33		+40		+50	+64	+90	+130
										+39	+45		+60	+77	+108	+150
	+2	0	+8	+15	+22	+28	+35		+41	+47	+54	+63	+73	+98	+136	+188
								+41	+48	+55	+64	+75	+88	+118	+160	+218
	+2	0	+9	+17	+26	+34	+43	+48	+60	+68	+80	+94	+112	+148	+200	+274
								+54	+70	+81	+97	+114	+136	+180	+242	+325
	+2	0	+11	+20	+32	+41	+53	+66	+87	+102	+122	+144	+172	+226	+300	+405
						+43	+59	+75	+102	+120	+146	+174	+210	+274	+360	+480
	+3	0	+13	+23	+37	+51	+71	+91	+124	+146	+178	+214	+258	+335	+445	+585
						+54	+79	+104	+144	+172	+210	+254	+310	+400	+525	+690
	+3	0	+15	+27	+43	+63	+92	+122	+170	+202	+248	+300	+365	+470	+620	+800
						+65	+100	+134	+190	+228	+280	+340	+415	+535	+700	+900
						+68	+108	+146	+210	+252	+310	+380	+465	+600	+780	+1 000
	+4	0	+17	+31	+50	+77	+122	+166	+236	+284	+350	+425	+520	+670	+880	+1 150
						+80	+130	+180	+258	+310	+385	+470	+575	+740	+960	+1 250
						+84	+140	+196	+284	+340	+425	+520	+640	+820	+1 050	+1 350
	+4	0	+20	+34	+56	+94	+158	+218	+315	+385	+475	+580	+710	+920	+1 200	+1 550
						+98	+170	+240	+350	+425	+525	+650	+790	+1 000	+1 300	+1 700
	+4	0	+21	+37	+62	+108	+190	+268	+390	+475	+590	+730	+900	+1 150	+1 500	+1 900
						+114	+208	+294	+435	+530	+660	+820	+1 000	+1 300	+1 650	+2 100
	+5	0	+23	+40	+68	+126	+232	+330	+490	+595	+740	+920	+1 100	+1 450	+1 850	+2 400
						+132	+252	+360	+540	+660	+820	+1 000	+1 250	+1 600	+2 100	+2 600
	0	0	+26	+44	+78	+150	+280	+400	+600							
						+155	+310	+450	+660							
	0	0	+30	+50	+88	+175	+340	+500	+740							
						+185	+380	+560	+840							
	0	0	+34	+56	+100	+210	+430	+620	+940							
						+220	+470	+680	+1 050							
	0	0	+40	+66	+120	+250	+520	+780	+1 150							
						+260	+580	+840	+1 300							
	0	0	+48	+78	+140	+300	+640	+960	+1 450							
						+330	+720	+1 050	+1 600							
	0	0	+58	+92	+170	+370	+820	+1 200	+1 850							
						+400	+920	+1 350	+2 000							
	0	0	+68	+110	+195	+440	+1 000	+1 500	+2 300							
						+460	+1 100	+1 650	+2 500							
	0	0	+76	+135	+240	+550	+1 250	+1 900	+2 900							
						+580	+1 400	+2 100	+3 200							

附表 6-3　孔的基本偏差数值

公称尺寸 / mm		基本偏																		
		下极限偏差 *EI*																		
		所有公差等级												IT6	IT7	IT8	≤IT8	>IT8	≤IT8	>IT8
大于	至	A	B	C	CD	D	E	EF	F	FG	G	H	JS	J			K		M	
—	3	+270	+140	+60	+34	+20	+14	+10	+6	+4	+2	0	偏差 = ± $\frac{ITn}{2}$，式中 *n* 为标准公差等级数	+2	+4	6	0	0	−2	−2
3	6	+270	+140	+70	+46	+30	+20	+14	+10	+6	+4	0		+5	+6	+10	$-1+\Delta$		$-4+\Delta$	−4
6	10	+280	+150	+80	+56	+40	+25	+18	+13	+8	+5	0		+5	+8	+12	$-1+\Delta$		$-6+\Delta$	−6
10	14	+290	+150	+95		+50	+32		+16		+6	0		+6	+10	+15	$-1+\Delta$		$-7+\Delta$	−7
14	18																			
18	24	+300	+160	+110		+65	+40		+20		+7	0		+8	+12	+20	$-2+\Delta$		$-8+\Delta$	−8
24	30																			
30	40	+310	+170	+120		+80	+50		+25		+9	0		+10	+14	+24	$-2+\Delta$		$-9+\Delta$	−9
40	50	+320	+180	+130																
50	65	+340	+190	+140		+100	+60		+30		+10	0		+13	+18	+28	$-2+\Delta$		$-11+\Delta$	−11
65	80	+360	+200	+150																
80	100	+380	+220	+170		+120	+72		+36		+12	0		+16	+22	+34	$-3+\Delta$		$-13+\Delta$	−13
100	120	+410	+240	+180																
120	140	+460	+260	+200		+145	+85		+43		+14	0		+18	+26	+41	$-3+\Delta$		$-15+\Delta$	−15
140	160	+520	+280	+210																
160	180	+580	+310	+230																
180	200	+660	+340	+240		+170	+100		+50		+15	0		+22	+30	+47	$-4+\Delta$		$-17+\Delta$	−17
200	225	+740	+380	+260																
225	250	+820	+420	+280																
250	280	+920	+480	+300		+190	+110		+56		+17	0		+25	+36	+55	$-4+\Delta$		$-20+\Delta$	−20
280	315	+1 050	+540	+330																
315	355	+1 200	+600	+360		+210	+125		+62		+18	0		+29	+39	+60	$-4+\Delta$		$-21+\Delta$	−21
355	400	+1 350	+680	+400																
400	450	+1 500	+760	+440		+230	+135		+68		+20	0		+33	+43	+66	$-5+\Delta$		$-23+\Delta$	−23
450	500	+1 650	+840	+480																
500	560					+260	+145		+76		+22	0					0		−26	
560	630																			
630	710					+290	+160		+80		+24	0					0		−30	
710	800																			
800	900					+320	+170		+86		+26	0					0		−34	
900	1 000																			
1 000	1 120					+350	+195		+98		+28	0					0		−40	
1 120	1 250																			
1 250	1 400					+390	+220		+110		+30	0					0		−48	
1 400	1 600																			
1 600	1 800					+430	+240		+120		+32	0					0		−58	
1 800	2 000																			
2 000	2 240					+480	+260		+130		+34	0					0		−68	
2 240	2 500																			
2 500	2 800					+520	+290		+145		+38	0					0		−76	
2 800	3 150																			

注：1. 公称尺寸≤1 mm 时，不使用基本偏差 A 和 B。

2. 对小于或等于 IT8 的 K、M、N 和小于或等于 IT7 的 P~ZC，确定基本偏差所需 Δ 值从表内右侧选取。例如，18~

3. 特例：公称尺寸大于 250~315 mm 的公差带代号 M6，ES=−9 μm（代替计算结果 −11 μm）。

（摘自 GB/T 1800.1—2020） μm

差数值															Δ 值					
上极限偏差 ES																				
≤IT8	>IT8	≤IT7	标准公差等级大于 IT7												标准公差等级					
N		P~ZC	P	R	S	T	U	V	X	Y	Z	ZA	ZB	ZC	IT3	IT4	IT5	IT6	IT7	IT8
-4	-4	在>IT7的标准公差等级的基本偏差数值上增加一个 Δ 值	-6	-10	-14		-18		-20		-26	-32	-40	-60	0	0	0	0	0	0
-8+Δ	0		-12	-15	-19		-23		-28		-35	-42	-50	-80	1	1.5	1	3	4	6
-10+Δ	0		-15	-19	-23		-28		-34		-42	-52	-67	-97	1	1.5	2	3	6	7
-12+Δ	0		-18	-23	-28		-33		-40		-50	-64	-90	-130	1	2	3	3	7	9
								-39	-45		-60	-77	-108	-150						
-15+Δ	0		-22	-28	-35		-41	-47	-54	-63	-73	-98	-136	-188	1.5	2	3	4	8	12
						-41	-48	-55	-64	-75	-88	-118	-160	-218						
-17+Δ	0		-26	-34	-43	-48	-60	-68	-80	-94	-112	-148	-200	-274	1.5	3	4	5	9	14
						-54	-70	-81	-97	-114	-136	-180	-242	-325						
-20+Δ	0		-32	-41	-53	-66	-87	-102	-122	-144	-172	-226	-300	-405	2	3	5	6	11	16
				-43	-59	-75	-102	-120	-146	-174	-210	-274	-360	-480						
-23+Δ	0		-37	-51	-71	-91	-124	-146	-178	-214	-258	-335	-445	-585	2	4	5	7	13	19
				-54	-79	-104	-144	-172	-210	-254	-310	-400	-525	-690						
-27+Δ	0		-43	-63	-92	-122	-170	-202	-248	-300	-365	-470	-620	-800	3	4	6	7	15	23
				-65	-100	-134	-190	-228	-280	-340	-415	-535	-700	-900						
				-68	-108	-146	-210	-252	-310	-380	-465	-600	-780	-1 000						
-31+Δ	0		-50	-77	-122	-166	-236	-284	-350	-425	-520	-670	-880	-1 150	3	4	6	9	17	26
				-80	-130	-180	-258	-310	-385	-470	-575	-740	-960	-1 250						
				-84	-140	-196	-284	-340	-425	-520	-640	-820	-1 050	-1 350						
-34+Δ	0		-56	-94	-158	-218	-315	-385	-475	-580	-710	-920	-1 200	-1 550	4	4	7	9	20	29
				-98	-170	-240	-350	-425	-525	-650	-790	-1 000	-1 300	-1 700						
-37+Δ	0		-62	-108	-190	-268	-390	-475	-590	-730	-900	-1 150	-1 500	-1 900	4	5	7	11	21	32
				-114	-208	-294	-435	-530	-660	-820	-1 000	-1 300	-1 650	-2 100						
-40+Δ	0		-68	-126	-232	-330	-490	-595	-740	-920	-1 100	-1 450	-1 850	-2 400	5	5	7	13	23	34
				-132	-252	-360	-540	-660	-820	-1 000	-1 250	-1 600	-2 100	-2 600						
-44			-78	-150	-280	-400	-600													
				-155	-310	-450	-660													
-50			-88	-175	-340	-500	-740													
				-185	-380	-560	-840													
-56			-100	-210	-430	-620	-940													
				-220	-470	-680	-1 050													
-65			-120	-250	-520	-780	-1 150													
				-260	-580	-840	-1 300													
-78			-140	-300	-640	-960	-1 450													
				-330	-720	-1 050	-1 600													
-92			-170	-370	-820	-1 200	-1 850													
				-400	-920	-1 350	-2 000													
-110			-195	-440	-1 000	-1 500	-2 300													
				-460	-1 100	-1 650	-2 500													
-135			-240	-550	-1 250	-1 900	-2 900													
				-580	-1 400	-2 100	-3 200													

30 mm 段的 K7，Δ=8 μm，所以 ES=-2+8=+6 μm；18~30mm 段的 S6：Δ=4 μm，所以 ES=-35+4=-31 μm。

附表 6-4 轴的极限偏差（摘自 GB/T 1800.2—2020） μm

公称尺寸/mm		公差带														
		c	d	e	f	g	h				js	k	n	p	r	s
大于	至	11	9	8	7	6	6	7	9	11	6	6	6	6	6	6
—	3	-60 -120	-20 -45	-14 -28	-6 -16	-2 -8	0 -6	0 -10	0 -25	0 -60	±3	+6 0	+10 +4	+12 +6	+16 +10	+20 +14
3	6	-70 -145	-30 -60	-20 -38	-10 -22	-4 -12	0 -8	0 -12	0 -30	0 -75	±4	+9 +1	+16 +8	+20 +12	+23 +15	+27 +19
6	10	-80 -170	-40 -76	-25 -47	-13 -28	-5 -14	0 -9	0 -15	0 -36	0 -90	±4.5	+10 +1	+19 +10	+24 +15	+28 +19	+32 +23
10	18	-95 -205	-50 -93	-32 -59	-16 -34	-6 -17	0 -11	0 -18	0 -43	0 -110	±5.5	+12 +1	+23 +12	+29 +18	+34 +23	+39 +28
18	24	-110 -240	-65 -117	-40 -73	-20 -41	-7 -20	0 -13	0 -21	0 -52	0 -130	±6.5	+15 +2	+28 +15	+35 +22	+41 +28	+48 +35
24	30															
30	40	-120 -280	-80 -142	-50 -89	-25 -50	-9 -25	0 -16	0 -25	0 -62	0 -160	±8	+18 +2	+33 +17	+42 +26	+50 +34	+59 +43
40	50	-130 -290														
50	65	-140 -330	-100 -174	-60 -106	-30 -60	-10 -29	0 -19	0 -30	0 -74	0 -190	±9.5	+21 +2	+39 +20	+51 +32	+60 +43	+72 +53
65	80	-150 -340													+62 +43	+78 +59
80	100	-170 -390	-120 -207	-72 -126	-36 -71	-12 -34	0 -22	0 -35	0 -87	0 -220	±11	+25 +3	+45 +23	+59 +37	+73 +51	+93 +71
100	120	-180 -400													+76 +54	+101 +79
120	140	-200 -450	-145 -245	-85 -148	-43 -83	-14 -39	0 -25	0 -40	0 -100	0 -250	±12.5	+28 +3	+52 +27	+68 +43	+88 +63	+117 +92
140	160	-210 -460													+90 +65	+125 +100
160	180	-230 -480													+93 +68	+133 +108
180	200	-240 -530	-170 -285	-100 -172	-50 -96	-15 -44	0 -29	0 -46	0 -115	0 -290	±14.5	+33 +4	+60 +31	+79 +50	+106 +77	+151 +122
200	225	-260 -550													+108 +80	+159 +130
225	250	-280 -570													+113 +84	+169 +140

续表

公称尺寸/mm		公差带														
		c	d	e	f	g	h				js	k	n	p	r	s
大于	至	11	9	8	7	6	6	7	9	11	6	6	6	6	6	6
250	280	-300 -620	-190 -320	-110 -191	-56 -108	-17 -49	0 -32	0 -52	0 -130	0 -320	±16	+36 +4	+66 +34	+88 +56	+126 +94	+190 +158
280	315	-330 -650													+130 +98	+202 +170
315	355	-360 -720	-210 -350	-125 -214	-62 -119	-18 -54	0 -36	0 -57	0 -140	0 -360	±18	+40 +4	+73 +37	+98 +62	+144 +108	+226 +190
355	400	-400 -760													+150 +114	+244 +208
400	450	-440 -840	-230 -385	-135 -232	-68 -131	-20 -60	0 -40	0 -63	0 -155	0 -400	±20	+45 +5	+80 +40	+108 +68	+166 +126	+272 +232
450	500	-480 -880													+172 +132	+292 +252

附表 6-5　孔的极限偏差（摘自 GB/T 1800.2—2020）　μm

公称尺寸/mm		公差带														
		C	D	E	F	G	H				JS	K	N	P	R	S
大于	至	11	10	9	8	7	7	8	9	11	7	7	7	7	7	7
—	3	+120 +60	+60 +20	+39 +14	+20 +6	+12 +2	+10 0	+14 0	+25 0	+60 0	±5	0 -10	-4 -14	-6 -16	-10 -20	-14 -24
3	6	+145 +70	+78 +30	+50 +20	+28 +10	+16 +4	+12 0	+18 0	+30 0	+75 0	±6	+3 -9	-4 -16	-8 -20	-11 -23	-15 -27
6	10	+170 +80	+98 +40	+61 +25	+35 +13	+20 +5	+15 0	+22 0	+36 0	+90 0	±7.5	+5 -10	-4 -19	-9 -24	-13 -28	-17 -32
10	18	+205 +95	+120 +50	+75 +32	+43 +16	+24 +6	+18 0	+27 0	+43 0	+110 0	±9	+6 -12	-5 -23	-11 -29	-16 -34	-21 -39
18	30	+240 +110	+149 +65	+92 +40	+53 +20	+28 +7	+21 0	+33 0	+52 0	+130 0	±10.5	+6 -15	-7 -28	-14 -35	-20 -41	-27 -48
30	40	+280 +120	+180 +80	+112 +50	+64 +25	+34 +9	+25 0	+39 0	+62 0	+160 0	±12.5	+7 -18	-8 -33	-17 -42	-25 -50	-34 -59
40	50	+290 +130														

续表

公称尺寸 / mm		公差带														
		C	D	E	F	G	H				JS	K	N	P	R	S
大于	至	11	10	9	8	7	7	8	9	11	7	7	7	7	7	7
50	65	+330 +140	+220 +100	+134 +60	+76 +30	+40 +10	+30 0	+46 0	+74 0	+190 0	±15	+9 −21	−9 −39	−21 −51	−30 −60	−42 −72
65	80	+340 +150													−32 −62	−48 −78
80	100	+390 +170	+260 +120	+159 +72	+90 +36	+47 +12	+35 0	+54 0	+87 0	+220 0	±17.5	+10 −25	−10 −45	−24 −59	−38 −73	−58 −93
100	120	+400 +180													−41 −76	−66 −101
120	140	+450 +200	+305 +145	+185 +85	+106 +43	+54 +14	+40 0	+63 0	+100 0	+250 0	±20	+12 −28	−12 −52	−28 −68	−48 −88	−77 −117
140	160	+460 +210													−50 −90	−85 −125
160	180	+480 +230													−53 −93	−93 −133
180	200	+530 +240	+355 +170	+215 +100	+122 +50	+61 +15	+46 0	+72 0	+115 0	+290 0	±23	+13 −33	−14 −60	−33 −79	−60 −106	−105 −151
200	225	+550 +260													−63 −109	−113 −159
225	250	+570 +280													−67 −113	−123 −169
250	280	+620 +300	+400 +190	+240 +110	+137 +56	+69 +17	+52 0	+81 0	+130 0	+320 0	±26	+16 −36	−14 −66	−36 −88	−74 −126	−138 −190
280	315	+650 +330													−78 −130	−150 −202
315	355	+720 +360	+440 +210	+265 +125	+151 +62	+75 +18	+57 0	+89 0	+140 0	+360 0	±28.5	+17 −40	−16 −73	−41 −98	−87 −144	−169 −226
355	400	+760 +400													−93 −150	−187 −244
400	450	+840 +440	+480 +230	+200 +135	+165 +68	+83 +20	+63 0	+97 0	+155 0	+400 0	±31.5	+18 −45	−17 −80	−45 −108	−103 −160	−209 −279
450	500	+880 +480													−109 −172	−229 −292

附录 7　常用材料及热处理、表面处理名词

附表 7–1　常用黑色金属材料

<table>
<tr><th>标准</th><th>名称</th><th colspan="2">牌号</th><th>性能及应用举例</th><th>说明</th></tr>
<tr><td rowspan="6">GB/T 700—2006</td><td rowspan="6">碳素结构钢</td><td rowspan="2">Q215</td><td>A</td><td rowspan="2">具有高的塑性、韧性和焊接性能，但强度较低；用于承受载荷不大的金属结构件，也在机械制造中用作铆钉、螺钉、垫圈、地脚螺栓、冲压件及焊接件等</td><td rowspan="6">“Q”为碳素结构钢屈服强度“屈”字汉语拼音首位字母，后面的数字表示是屈服强度数值；例如“Q235”表示碳素结构钢屈服强度不小于 235 MPa</td></tr>
<tr><td>B</td></tr>
<tr><td rowspan="4">Q235</td><td>A</td><td rowspan="4">具有一定的强度、良好的塑性、韧性和焊接性能；广泛用于一般要求的金属结构件，如桥梁、吊钩，也可制作受力不大的转轴、心轴、拉杆、摇杆、螺栓等；Q235C、Q235D也用于制造重要的焊接结构件</td></tr>
<tr><td>B</td></tr>
<tr><td>C</td></tr>
<tr><td>D</td></tr>
<tr><td rowspan="11">GB/T 699—2015</td><td rowspan="11">优质碳素结构钢</td><td colspan="2">10</td><td rowspan="4">10~25 钢的含碳量低，属低碳钢，这类钢的强度、硬度较低，塑性、韧性及焊接性能良好；易轧制成薄板、薄带及各种型材，主要用于制作冲压件、焊结构件及强度要求不高的机械零件及渗碳件，如冷冲压件、压力容器、冷拉钢丝、小轴、销、法兰、拉杆、渗碳齿轮、螺栓和垫圈等</td><td rowspan="11">牌号的两位数字表示平均含碳量（质量分数）的万分数，例如：“35”表示平均碳含量为 0.35%；当锰含量在 0.7%~1.2% 时需注出“Mn”</td></tr>
<tr><td colspan="2">15</td></tr>
<tr><td colspan="2">20</td></tr>
<tr><td colspan="2">25</td></tr>
<tr><td colspan="2">35</td><td rowspan="3">35~55 钢属中碳钢，这类钢具有较高的强度和硬度，其塑性和韧性随含碳量的增加而逐渐降低，切削性能良好；这类钢经调质后，能获得较好的综合性能，主要用来制作受力较大的机械零件，如连杆、蜗杆、传动轴、曲轴、齿轮和联轴器、受力较小的弹簧等</td></tr>
<tr><td colspan="2">45</td></tr>
<tr><td colspan="2">55</td></tr>
<tr><td colspan="2">60</td><td rowspan="2">60 钢以上牌号属高碳钢，这类钢具有较高的强度、硬度和弹性，但焊接性能不好，切削性能较差，冷变形塑性低；主要用来制作具有较高强度、耐磨性和弹性的零件，如气门弹簧、弹簧垫圈、板簧、螺旋弹簧、钢丝绳、曲轴、凸轮、轧辊等</td></tr>
<tr><td colspan="2">70</td></tr>
<tr><td colspan="2">15Mn</td><td rowspan="2">含锰量较高的优质碳素钢，其用途和上述相同牌号的钢基本相同，但淬透性稍好，可制作截面稍大或力学性能要求稍高的零件</td></tr>
<tr><td colspan="2">65Mn</td></tr>
</table>

续表

标准	名称	牌号	性能及应用举例	说明
GB/T 1299—2014	工模具钢	T8	一般均需热处理后使用，主要制作低速切削刀具，以及对热处理变形要求低的一般模具、低精度量具等	"T"为"碳"字汉语拼音首字母，后面的数字表示钢平均碳含量（质量分数）的千分数；例如"T8"表示平均含碳量为0.8%
		T8Mn		
GB/T 3077—2015	合金结构钢	20Mn2	一般用作较小截面的零件，可作渗碳小齿轮、小轴、钢套、活塞销、柴油机套筒、气门顶杆等；也可作调质钢用，如冷镦螺栓或较大截面的结构件	钢中加入一定量的合金元素，提高了钢的机械性能和耐磨性，也提高了钢的淬透性，保证金属在较大截面上获得高的力学性能
		15Cr	用于工作速度较高而断面不太大、心部韧性高的渗碳零件，如套管、曲柄销、活塞销、活塞环、联轴器，以及工作速度较高的齿轮、凸轮轴和轴承圈等	
		35SiMn	用于制造传动齿轮、主轴、心轴、转轴、连杆、蜗杆、电车轴、发电机轴、曲轴、飞轮和大小锻件	
		20CrMnTi	用于截面直径小于 30 mm 的承受高速重载、冲击及摩擦的重要零件，如齿轮、齿圈、轴等，用途较广	
GB/T 11352—2009	一般工程用铸造碳钢件	ZG 270-500	用于制作飞轮、车辆车钩、水压机工作缸、机架、蒸汽锤气缸、轴承座、连杆、箱体、曲拐	"ZG"是"铸钢"汉语拼音的首字母，后面的数字表示的是屈服强度和抗拉强度数值；如"ZG 270-500"表示屈服强度为 270 MPa，抗拉强度为 500 MPa
		ZG 310-570	用于各种形状的零件，如联轴器、齿轮、气缸、轴、机架、齿圈等	
GB/ T 9439—2023	灰铸铁件	HT100 HT150	用于低强度铸件，如盖、手轮、支架等；用于中强度铸件，如底座、刀架、轴承座、胶带轮、端盖等	"HT"表示灰铸铁，后面的数字表示抗拉强度值（MPa）
		HT200 HT250	用于高强度铸件，如床身、机座、齿轮、凸轮、气缸缸体、联轴器等	
		HT300 HT350	用于高强度耐磨铸件，如齿轮、凸轮、重载荷床身、高压泵、阀壳体、锻模、冷冲、压模等	

附表 7-2　常用有色金属材料

<table>
<tr><th>标准</th><th>名称</th><th>牌号</th><th>性能及应用举例</th><th>说明</th></tr>
<tr><td rowspan="7">GB/ T 1176—2013</td><td>5-5-5 锡青铜</td><td>ZCuSn5Pb5Zn5</td><td>较高负荷、中速下工作的耐磨耐蚀件，如轴瓦、衬套、缸套及蜗轮等</td><td rowspan="7">“Z”为铸造汉语拼音的首位字母，各化学元素后面的数字表示该元素含量(质量分数)的百分数</td></tr>
<tr><td>10-1 锡青铜</td><td>ZCuSn10P1</td><td>高负荷(20 MPa 以下)和高滑动速度(8 m/s)下工作的耐磨件，如连杆、衬套、轴瓦、蜗轮等</td></tr>
<tr><td>9-2 铝青铜</td><td>ZCuAl9Mn2</td><td rowspan="2">强度要求高、耐磨、耐蚀的零件，如轴套、螺母、蜗轮、齿轮等</td></tr>
<tr><td>10-3-2 铝青铜</td><td>ZCuAl10Fe3Mn2</td></tr>
<tr><td>38 黄铜</td><td>ZCuZn38</td><td>一般结构件和耐蚀件，如法兰、阀座、螺母等</td></tr>
<tr><td>38-2-2 锰黄铜</td><td>ZCuZn38 Mn2Pb2</td><td>一般用途的结构件，如套筒、衬套、轴瓦、滑块等耐磨零件</td></tr>
<tr><td rowspan="2">GB/ T 15115—2009</td><td>压铸铝合金 YL102</td><td>YZAlSi12</td><td>具有较好的抗热裂性能和很好的气密性及流动性，不能热处理强化，抗拉强度低；用于承受低负荷、形状复杂的薄壁铸件，如各种仪器壳体、牙科设备、活塞等</td><td rowspan="2">合金代号中“YL”为“压”“铝”两字汉语拼音首字母，YL 后的第一个数字 1、2、3、4 分别表示 Al-Si、Al-Cu、Al-Mg、Al-Sn 系列合金，YL 后的第二、三两个数字为顺序号</td></tr>
<tr><td>压铸铝合金 YL302</td><td>YZAlMn5Si1</td><td>耐蚀性能强，冲击韧性高，伸长率差，铸造性能差；常用于汽车变速器的油泵壳体，摩托车的衬垫和车架的联结器，农机具的连杆、船外机螺旋桨、钓鱼竿及其卷线筒等零件</td></tr>
</table>

附表 7-3　常用非金属材料

<table>
<tr><th>标准</th><th>材料名称</th><th>牌号(代号)</th><th>应用举例</th><th>说明</th></tr>
<tr><td rowspan="2">GB/T 539—2008</td><td rowspan="2">耐油石棉橡胶板</td><td>NY510</td><td>适用于温度 510 ℃以下、压力 5 MPa 以下的油类介质</td><td>表面颜色：草绿色</td></tr>
<tr><td>HNY300</td><td>适用于温度 300 ℃以下的航空燃油、石油基润滑油及冷气系统的密封垫片</td><td>表面颜色：蓝色</td></tr>
<tr><td>GB/T 5574—2008</td><td>工业用橡胶板</td><td>C-05-4-H6-Ts</td><td>具有耐酸碱性能，可在 -30~60 ℃的 20% 浓度的酸碱液体中工作；用于冲制密封性能较好的垫圈</td><td>拉伸强度大于等于 5 MPa、拉断伸长率大于等于 400%、公称硬度为 60 级、抗撕裂的耐油裸胶板</td></tr>
</table>

附表 7-4 常用热处理和表面处理名词解释

名称	代号	说明	目的
退火	5111	将钢件加热到临界温度以上，保温一段时间，然后以一定速度缓慢冷却	用于消除铸、锻、焊零件的内应力，细化晶粒、改善组织、增加韧性，以利于切削加工
正火	5121	将钢件加热到临界温度以上，保温一段时间，然后在空气中冷却	用于处理低碳和中碳结构钢及渗碳零件，细化晶粒，增加强度和韧性，减少内应力，改善切削性能
淬火	5131	将钢件加热到临界温度以上，保温一段时间，然后急速冷却	提高钢件强度及耐磨性，但淬火后会引起内应力，使钢变脆，所以淬火后必须回火
回火	5141	将淬火后的钢件重新加热到临界温度以下某一温度，保温一段时间后，再冷却到室温	降低淬火后的内应力和脆性，提高钢的塑性和冲击韧性
调质	5151	淬火后在 450~600 ℃进行高温回火	提高韧性及强度，重要的齿轮、轴及丝杠等零件需调质
表面淬火	5210	用火焰或高频电流将钢件表面迅速加热到临界温度以上，急速冷却	提高钢件表面的强度及耐磨性，而心部又保持一定的韧性，使钢件既耐磨又能承受冲击，常用来处理齿轮等
渗碳	5310	将钢件在渗碳剂中加热，停留一段时间，使碳渗入钢的表面后，再淬火和低温回火	提高钢件表面的硬度、耐磨性、抗拉强度等，主要适用于低碳、中碳（C 的质量分数 <0.40%）结构钢的中小型零件
渗氮	5330	将零件放入氨气中加热，使氮原子渗入零件的表面，获得含氮强化层	提高钢件表面的硬度、耐磨性、疲劳强度和耐蚀能力，适用于合金钢、碳钢、铸铁件，如机床主轴、丝杠，重要液压元件中的零件
时效处理	时效	机件精加工前加热到 100~150 ℃，保温 5~20 h，空气冷却；铸件可进行天然时效处理，露天放一年以上	消除内应力，稳定机件形状和尺寸，常用于处理精密机件，如精密轴承、精密丝杠等
发蓝发黑	发蓝或发黑	将零件置于氧化性介质内加热氧化，使表面形成一层氧化铁保护膜	防腐蚀，美化，常用于螺纹连接件
镀镍	镀镍	用电解方法，在钢件表面镀一层镍	防腐蚀，美化
镀铬	镀铬	用电解方法，在钢件表面镀一层铬	提高钢件表面的硬度、耐磨性和耐蚀能力，也用于修复零件上磨损了的表面
硬度	布氏硬度（HBW）	硬度是指材料抵抗局部变形，特别是塑性变形、压痕或划痕的能力，是衡量材料软硬的判据，材料的硬度越高，耐磨性越好；常用的硬度指标有布氏硬度（HBW）、洛氏硬度（HRA、HRB、HRC 等）和维氏硬度（HV）	常用来测定原材料、半成品及性能不均匀的材料（如铸铁）的硬度
	洛氏硬度（HRA、HRB、HRC 等）		压痕小，故可直接测量成品或较薄工件的硬度
	维氏硬度（HV）		适用于测定金属镀层、薄片金属及化学热处理后的表面硬度，其结果精确可靠

注：热处理工艺代号尚可细分，如空冷淬火代号为 5131a，油冷淬火代号为 5131e，水冷淬火代号为 5131w。

参考文献

[1] 刘朝儒,吴志军,高政一,等. 机械制图[M]. 5 版. 北京:高等教育出版社,2006.

[2] 大连理工大学工程图学教研室. 画法几何学[M]. 7 版. 北京:高等教育出版社,2011.

[3] 大连理工大学工程图学教研室. 机械制图[M]. 7 版. 北京:高等教育出版社,2013.

[4] 冯开平,莫春柳. 工程制图[M]. 4 版. 北京:高等教育出版社,2023.

[5] 张京英,张辉,焦永和. 机械制图[M]. 4 版. 北京:北京理工大学出版社,2017.

[6] 李学京. 机械制图和技术制图国家标准学用指南[M]. 北京:中国质检出版社,2013.

[7] 叶玉驹,焦永和,张彤. 机械制图手册[M]. 5 版. 北京:机械工业出版社,2012.